粉末X線解析の実際 第2版

中井　　泉
泉　富士夫 [編集]

朝倉書店

執 筆 者

赤坂 正秀	島根大学総合理工学部地球資源環境学科
池田 卓史	(独)産業技術総合研究所コンパクト化学プロセス研究センター
泉 富士夫*	(独)物質・材料研究機構量子ビームセンター
井田 隆	名古屋工業大学セラミックス基盤工学研究センター
植草 秀裕	東京工業大学大学院理工学研究科物質科学専攻
表 和彦	(株)リガク
河野 正規	The Division of Advanced Materials Science, POSTECH
紺谷 貴之	(株)リガク
西郷 真理	(株)リガク
佐川 孝広	日鐵セメント(株)技術部
佐々木 聡	東京工業大学応用セラミックス研究所
関口 晴男	(株)島津総合分析試験センター表面分析部
寺田 靖子	(財)高輝度光科学研究センター利用研究促進部門
中井 泉*	東京理科大学理学部応用化学科
永嶌 真理子	Institute of Geoscience, University of Bern
中牟田 義博	九州大学総合研究博物館
中村 利廣	明治大学理工学部応用化学科
中山 健一	明治大学理工学部応用化学科
橋爪 大輔	(独)理化学研究所基幹研究所
福田 功一郎	名古屋工業大学大学院工学研究科物質工学専攻
藤井 孝太郎	東京工業大学大学院理工学研究科物質科学専攻
藤縄 剛	(株)リガク
藤森 宏高	山口大学大学院理工学研究科物質工学系学域先端材料工学分野
八島 正知	東京工業大学大学院総合理工学研究科材料物理科学専攻
山路 功	スペクトリス(株)パナリティカル事業部
山田 尚	ブルカー・エイエックスエス(株)X線営業本部

(五十音順;＊は編集者)

第2版刊行にあたって

本書の初版が出版されてから7年半の歳月が流れたが，幸い多くの読者を得て9刷まで版を重ねることができた．初版は，「リートベルト法入門」と副題をつけたことからも明らかなように，わが国におけるリートベルト法の普及を大目標の一つとしていた．結晶学の基礎から説き起こし，リートベルト解析プログラムの具体的な使用法や解析結果の評価，さらには論文の記述法までを詳述した和書は，現時点でも本書以外に存在しない．結晶構造解析の経験のない人たちがリートベルト解析にチャレンジするのを大いに助けたという意味で，初版はその目標をほぼ達成できたと言ってよかろう．

初版で紹介したリートベルト解析プログラムRIETAN-2000は数多くの研究成果に貢献してきたが，数年にわたる改良の末，RIETAN-FPへとバージョンアップした．RIETAN-FPは単なるリートベルト解析のプログラムではなく，オリジナルな構造精密化法である最大エントロピー法（MEM）に基づくパターンフィッティング（MPF解析），Le Bail解析，個別プロファイルフィッティングなどに使える多目的の粉末データ解析システムであり，MEM解析プログラムPRIMA，3次元可視化システムVESTAとも密接に連携している．本書は，RIETAN-FP，PRIMA，VESTA利用の手引きとしても有用であろう．

ここ数年，粉末回折分野で特に進歩・発展が著しいのが，未知構造解析である．低分子量の有機化合物のみならず，非対称単位内の原子がかなり多いネットワーク錯体などの構造解析まで報告されるようになってきており，医薬品への応用など，産業界における活用も期待されている．そこで，本改訂にあたって新たに一章を設け，その基本原理から無機・有機結晶への応用までを，実際の解析手順に力点を置いて平易に解説した．粉末回折による未知構造解析に関する詳細な解説として，未知構造解析に新たにチャレンジする人たちの一助となれば幸いである．

この10年は，放射光が産業界を含めて一般に広く普及した歳月でもあった．大型放射光施設SPring-8ではデバイ-シェラー法により数分で高分解能の粉末回折データが測定できるようになっただけでなく，測定の自動化も進み，室温実験ならば1日300試料の回折データを測定できる．リートベルト法による精密解析と未知構造の解析には放射光は理想に近い光源であることから，試料調製法を含む放射光の応用についても詳しく述べた．

一方，実験室における粉末法による天然物・合成物の未知試料の同定や格子定数の計算などには，依然として粉末法が最も広く利用されている．そこで粉末X線回折データの活用法については，「粉末X線回折データを読む」と「粉末X線回折データ解析の基礎」の2つの章に分け，さらに力を入れて執筆した．また本書の姉妹書『蛍光X線分析の実際』で好評を博している応用事例の章を新たに設けて，セメント成分の定量分析やMPF解析など，実際の利用法について基礎から応用まで幅広く紹介した．そして，初版と同様にできるだけ実践的な内容となるように心がけ，本書が1冊あれば粉末回折法の全容について一通り理解できるようにした．

本書の表紙と13章の扉を飾っている構造模型はVESTAの開発者の一人，門馬綱一氏の手によるものである．ここに記して謝意を表する．東京理科大学OBの児玉良治氏をはじめ，中井研究室の学生諸君からは多くの協力を得た．また，本書の出版にあたり終始お世話になった朝倉書店編集部にも厚く御礼申し上げる．

2009年6月

中井　　泉
泉　富士夫

序

　粉末回折法は結晶性物質の同定，定量分析，構造解析の手段として広く普及している強力な評価・解析手法である．近年の回折装置の改良とパソコン，データベース，粉末回折データ処理技術の飛躍的進歩により，結晶学や粉末回折についての深い知識がなくても，粉末X線回折装置をブラックボックス的に使用することにより，未知試料の同定や種々の解析を容易に行えるようになった．粉末回折法についての書籍も国内外で多数出版されている．ただ，教科書的で実践的でないものや，平易さを優先し理論を避けた結果，粉末回折の本質を素通りしてしまっている本が少なくない．さらに，粉末回折データから構造パラメーターを求めるリートベルト解析がすでに広く普及しており，これから取り組みたいという方々も数多いにもかかわらず，日本語の詳細な解説書が皆無であり，切望の声が上がっていた．

　本書の前半には，粉末回折データを日常測定している人の疑問点に答えるような内容を随所に盛り込んだ．粉末回折法の本質を理解したい人に最適な内容であることを確信している．また後半のリートベルト法関連の章では，初めてリートベルト法にチャレンジする人にとって頼もしい援軍となるように，入力データや解析例などについてできるだけ具体的に記述するよう心がけた．総じて本書は現場で実際に粉末法を使う人のための手引きとなることを目指しており，実務に役立つ情報を惜しみなく提供するように心がけた．

　本書の特徴は，単結晶X線解析のアプローチを基本的に導入したことである．粉末試料は微小な単結晶の集まりにほかならない．結晶構造の対称性，周期性や，単結晶によるX線の回折現象を理解せず，単にブラッグの式によるX線の鏡面反射という便宜的な理解だけですましていたら，粉末法の本質に迫ることはできない．とくに本書の大きな目的の1つであるリートベルト法を使いこなすには，結晶学の基礎について学ぶことが必要不可欠である．

　本書のもう1つの特徴は，リートベルト解析用フリーソフトウェアとして高く評価され，国産の回折計に接続されているパソコン上でも利用できるRIETANの実践的使用法を詳述したことである．世界的には，複数のリートベルト解析ソフトが利用されているのは事実だが，1つの定評あるプログラムに習熟しておけば，必要に応じて他のプログラムに切り換えるのは比較的容易だろう．そこで，本書では編者者の1人（泉）が作成したRIETANに絞って，回折強度の計算法，入力パラメーターの意味，解析の勘どころなどを平易かつ具体的に記述した．巻末付録には粉末回折に直接・間接に役立つ情報をまとめた．粉末回折とリートベルト解析には，高校レベルの数学が必要であるが，長いこと使わないでいるうちに忘れてしまった人のために，最低限必要な数学の基礎も概説した．

　本書を編むに当たり，東京理科大学助手の保倉明子さん，ならびに児玉良治君をはじめとする中井研究室の学生諸君には，読者の立場からの助言をはじめ，多くの協力を得た．ここに記して謝意を表する．また，本書の企画から出版までお世話になり，著者らの度重なる要望に逐一お応えくださった朝倉書店編集部に厚く御礼申し上げる．

　2002年1月

中　井　　　泉
泉　　富士夫

本書の内容と使い方

　1章では，粉末X線回折パターンがどのような意味をもつのか，その原理と結晶学的背景を結晶構造因子の式と逆格子の考え方も導入し，できるだけわかりやすく説明するよう心がけた．粉末X線回折装置の光学系，X線源，検出器について詳述したのが2章である．後半では，回折プロファイルやピーク位置のシフトに影響を及ぼす種々の要因について詳細に述べ，良質の回折データを測定するための基礎知識とノウハウを提供した．3章では，PCにより計測・制御する最近の回折計を念頭に置き，粉末X線回折による未知試料の同定法について解説した．4章は，粉末回折データから格子定数，結晶子サイズ，格子ひずみなどを求め，定量分析を行う方法について初心者向きに説明している．1～4章を通読することにより，粉末X線回折法に関する理解が一段と深まるであろう．

　5章においては，X線回折の応用技術として微小部回折計，ガンドルフィカメラ，薄膜回折計など，特殊な装置を活用した測定法を紹介するとともに，より高度な結晶子サイズと格子ひずみの解析法について述べた．

　6章では，リートベルト解析や未知構造解析に必要な結晶学を学ぶ．単結晶X線解析のユーザーにも有用な，対称操作，空間群の表の読み方，結晶構造因子の計算法など，結晶解析における基礎的で重要な概念について，そのエッセンスを体系的に解説した．数式が多く，ややレベルの高い内容となっているが，最初からすべてを理解しようとせず，わかりにくい箇所は読み飛ばしても差し支えない．

　リートベルト解析を習得しようとする読者は，まず7，8，11章を通読するようお勧めする．7章はリートベルト法の原理，回折強度計算式に含まれる関数，解析の手順，混合物の定量分析などを詳述している．諸関数については，最初はざっと眺めておき，実際にリートベルト解析に取り組み始めてから必要に応じて読み直すと，それぞれの式の意味がわかってきて，有益な情報となるであろう．8章では，リートベルト解析と未知構造解析用の回折データを測定する方法について述べており，試料調製法や測定テクニックに関する実践的ノウハウが得られる．放射光を利用した測定についても詳しく解説した．9章は，リートベルト解析プログラム RIETAN-FP をどのように操っていくかについて，ユーザー入力ファイル中の実例を示しながら，具体的に解説している．RIETAN-FP を使う際には，座右において活用することをお勧めする．

　10章は，古典的構造精密化法であるリートベルト法に習熟した人のための上級コースであり，最大エントロピー法（MEM）の活用法について詳述している．MEM/リートベルト法はリートベルト解析の構造モデルを改善するのに有効である．またモダンな構造精密化法であるMPF法は，リートベルト法では解析が困難な電子密度分布や原子の静的・動的不規則分布を決定する強力な研究手段として役立つ．11章の前半ではリートベルト法と密接に関連した事柄に焦点を絞って結晶学の初歩知識をおさらいし，後半では解析結果の解釈や論文の記述法を教授した．

　12.1では，粉末X線回折データを使った未知構造解析の原理と手法を学ぶ．12.2，12.3では，代表的な解析プログラムを紹介しながら，それぞれ無機結晶と有機結晶を対象とする構造決定の手法と手続きを詳細に説明した．12章を通読することで，未知構造解析の全容を概観できるであろう．

　粉末解析の応用例を見開き2頁の読みやすい形で紹介したのが13章である．実例を通して，粉末回折法が多種多様な領域でどのように活用されているかについて理解を深めることができるであろう．初心者には具体的イメージを提供し，熟練者には新たな分野への導入のヒントを与えることが期待できる．

　初版において付録としていた標準試料とデータベースは，新たに14章としてまとめた．あらゆる機器測定がそうであるように，粉末回折データの測定におい

ても，標準試料の測定を通じ，初めて解析結果の信頼性を高めることができる．国際的に通用しているデータベースが粉末解析技術の活用にあたって大いに役立つのは言うまでもない．

本書では，粉末回折法やリートベルト法を使いこなしていくには，これだけは知っておいてほしいという結晶学的知識について，1, 6, 11章の3段階に分け，多角的な視点から解説した．これらの章では，結晶学的知識について，同じ内容を違う表現で繰り返し記述しているのが目につくだろうが，このような重複は，初学者になじみにくい結晶学の概念を身につけてもらうことを目指したため生じたことをお断りしておく．

リートベルト解析と未知構造解析の基本原理は単結晶構造解析の場合と同じであるが，世に多数ある結晶構造解析の専門書は粉末回折法のユーザーに親切に書かれているとは言いがたい．それは，結晶学的な厳密さを追究するあまり非専門家には難解であり，粉末回折法の習得にとって余分な記述も多いためである．本書は，日本結晶学会が日本分析化学会X線分析研究懇談会と共催で開催している講習会「粉末X線解析の実際」の講師が中心となって執筆した．その講習会における経験に基づき，これまでの類書に欠けている部分を埋めるよう心がけ，参加者からの多くの質問なども参考にして，できるだけユーザーに親切で，役立つ本となるよう配慮した．

なお，わが国では結晶学関連の学術用語が公式に制定されておらず，各研究者がまちまちな「方言」を使っているという現状を踏まえ，あえて学術用語は統一しなかった．また，本書には多くの回折パターンが含まれているが，便宜上，横軸のラベルをすべて $2\theta(\mathrm{deg})$ と表した．$2\theta(°)$ とすると，やや奇異に見えるためである．

付録は有用な情報を満載しているので，積極的に活用していただきたい．付録1にShannonの有効イオン半径を，付録2にファンデルワールス半径を，付録3に酸化物イオンに対するbond valence parameterを収録した．付録4は，粉末X線解析に携わる方々にとって有用な書籍を紹介している．付録5では，本書に含めた数式を理解するのに必要な数学の基礎を提供した．特に6, 7章を読み進んでいく際，随時参照されたい．

RIETAN-FPの最新版は編者の一人（泉）のWebサイト（http://homepage.mac.com/fujioizumi/）から無料ソフトウェアとしてダウンロードできる．高価なワークステーションなど使わなくても，標準的なWindows機やMacintosh上できびきび動く．リートベルト法やRIETAN-FPなどに関連した情報も上記のWebサイトで手に入る．本書のサポートページもその中に開設している．スペースの関係で本書に書けなかった情報を提供する場としたい．また，歳月の流れとともにRIETAN-FPがさらにポリッシュアップされ，WebサイトのURLなどが変わっていくのは確実なので，本書の記述に変更すべきところが出てきたら，このホームページで改訂すべき箇所をそのつど公開し，アフターサービスを心がけていく．

結晶性物質の同定や結晶格子に関する情報の入手のために粉末回折法を使う方は，1～4章をお読みいただきたい．粉末回折データの測定技術について学びたいのなら，2, 8章だけを拾い読みするだけでも有意義だろう．リートベルト法を初めて使う人には7章が，電子密度レベルの構造精密化に挑戦したい人には10章が役立つ．本書の各章は独立しているので，どの章から読み始めても問題ない．ただし，粉末回折法を定性的な目的にだけ使う方々でも，リートベルト法について知ることは，回折強度，回折プロファイル，ひいては粉末X線回折パターンに含まれている種々の情報を理解し，粉末回折法を活用するのに大いに役立つので，できるだけ幅広く通読されることをぜひお勧めする．

目　　次

1章　粉末X線回折法の原理を理解しよう　　　　　　　　　　　　　　　　　　　　[中井　泉]‥1
1.1　粉末回折のためのX線結晶学入門‥‥1
　1.1.1　X線と原子‥‥‥‥‥‥‥‥‥‥1
　1.1.2　結晶とは‥‥‥‥‥‥‥‥‥‥‥2
　1.1.3　結晶構造をどのように記述するか‥‥4
　1.1.4　X線と結晶の相互作用‥‥‥‥‥7
1.2　粉末回折パターンはどのような情報を含むか‥‥‥‥‥‥‥‥‥‥‥‥‥‥‥‥‥‥13
1.3　粉末回折パターンをつくってみよう‥‥‥15

2章　粉末X線回折データを測定する　　　　　　　　　　　　　　　　　　　　　　[藤縄　剛]‥18
2.1　粉末X線回折装置‥‥‥‥‥‥‥‥18
　2.1.1　粉末X線回折のための光学系‥‥18
　2.1.2　X線源‥‥‥‥‥‥‥‥‥‥‥23
　2.1.3　検出器‥‥‥‥‥‥‥‥‥‥‥26
2.2　回折プロファイルの変形・変位‥‥‥31
　2.2.1　光学系の原理的な系統誤差‥‥‥32
　2.2.2　不十分な装置調整による誤差‥‥35
　2.2.3　試料の調製と温度に起因する誤差‥‥36
　2.2.4　機械加工精度や制御方法に起因する誤差‥‥‥‥‥‥‥‥‥‥‥‥‥‥‥‥37
　2.2.5　集中法光学系における回折角の誤差‥‥37
　2.2.6　粉末試料自体の性質の影響‥‥‥38
2.3　どうすれば良質のデータを測定できるか‥‥38
　2.3.1　X　線‥‥‥‥‥‥‥‥‥‥‥38
　2.3.2　測定試料‥‥‥‥‥‥‥‥‥‥44
　2.3.3　最適測定条件‥‥‥‥‥‥‥‥47

3章　粉末X線回折データを読む　　　　　　　　　　　　　　　　　　　　　　　　[山路　功]‥49
3.1　測定データの前処理‥‥‥‥‥‥‥49
　3.1.1　平滑化‥‥‥‥‥‥‥‥‥‥‥49
　3.1.2　バックグラウンド除去‥‥‥‥‥49
　3.1.3　$K\alpha_2$成分の除去‥‥‥‥‥‥‥‥‥50
　3.1.4　自動ピークサーチ‥‥‥‥‥‥‥50
3.2　未知試料を同定する‥‥‥‥‥‥‥51
　3.2.1　PDFの活用‥‥‥‥‥‥‥‥51
　3.2.2　結晶相同定‥‥‥‥‥‥‥‥‥54
　3.2.3　コンピュータによる自動検索‥‥‥55
　3.2.4　検索に有効な情報‥‥‥‥‥‥57
　3.2.5　同定時の注意‥‥‥‥‥‥‥‥57
　3.2.6　うまく同定できない場合‥‥‥‥58

4章　粉末X線回折データ解析の基礎　　　　　　　　　　　　　　　　　　　　　　[紺谷貴之]‥59
4.1　格子定数の精密測定‥‥‥‥‥‥‥59
　4.1.1　格子定数決定のための回折データ測定‥‥59
　4.1.2　回折角の算出方法‥‥‥‥‥‥60
　4.1.3　格子定数の算出方法‥‥‥‥‥‥60
　4.1.4　格子定数算出の例‥‥‥‥‥‥61
4.2　結晶子サイズ，ひずみ解析‥‥‥‥61
　4.2.1　結晶子サイズと回折線の広がり‥‥62
　4.2.2　格子ひずみによる回折線の広がり‥‥62
　4.2.3　半値幅と積分幅の算出‥‥‥‥62
　4.2.4　シェラー法‥‥‥‥‥‥‥‥‥63
　4.2.5　Williamson-Hall法‥‥‥‥‥‥63
　4.2.6　装置による回折線の広がりの影響‥‥‥64
　4.2.7　解析の注意点‥‥‥‥‥‥‥‥64
　4.2.8　解析事例‥‥‥‥‥‥‥‥‥‥64
4.3　定　量　分　析‥‥‥‥‥‥‥‥‥65
　4.3.1　定量分析の原理‥‥‥‥‥‥‥65
　4.3.2　内標準法‥‥‥‥‥‥‥‥‥‥66
　4.3.3　標準添加法‥‥‥‥‥‥‥‥‥66
　4.3.4　検量線を用いない方法‥‥‥‥‥67
　4.3.5　定量分析用の試料調製‥‥‥‥‥67
　4.3.6　定量方法の選択‥‥‥‥‥‥‥68

5章　X線回折応用技術　………………………………………………………………69

5.1 微小部回折 ……………………[山田　尚]‥69
5.1.1 光学系 ………………………………69
5.1.2 ゴニオメーター …………………69
5.1.3 検出器 …………………………70
5.1.4 応用 …………………………70
5.2 ガンドルフィカメラ ………[中牟田義博]‥74
5.3 薄膜への応用 ………………[表　和彦]‥76
5.3.1 薄膜表面におけるX線の反射・屈折 ‥‥76
5.3.2 薄膜のX線回折測定 …………………78
5.4 結晶子サイズと格子ひずみの解析
　　　………………………………[井田　隆]‥81
5.4.1 シェラーの式 ………………………81
5.4.2 結晶子の形状の異方性の影響 …………82
5.4.3 結晶のサイズ分布の影響 ……………83
5.4.4 サイズとひずみの影響の分離 ………83
5.4.5 装置による線幅の広がりの影響 ……83
5.4.6 転位による格子ひずみ ………………84
5.4.7 積層不整による線幅の広がり …………85

6章　これだけは知っておきたい結晶学 ……………………………………[佐々木　聡]‥86

6.1 回折でなぜ構造が求まるか ………………86
6.1.1 結晶構造 ……………………………86
6.1.2 原子座標と結晶面 ………………86
6.1.3 回折の条件 …………………………87
6.1.4 原子が結晶面に存在する場合 ………89
6.2 空間群を理解しよう …………………………89
6.2.1 対称要素とラウエ群 …………………90
6.2.2 並進対称性 …………………………90
6.2.3 エッシャーの絵から対称性を学ぶ …91
6.2.4 空間群 …………………………………92
6.2.5 空間群の図 ……………………………93
6.2.6 International Tables の使い方 …94
6.2.7 空間群の情報 …………………………96
6.2.8 結晶軸の変換の仕方 …………………96
6.2.9 ペロブスカイトの例 ………………98
6.3 回折強度はどのように決まるか …………100
6.3.1 原子散乱因子の物理的意味 …………100
6.3.2 結晶構造因子 ………………………102
6.3.3 結晶構造因子の計算 …………………102
6.3.4 消滅則 ………………………………103
6.3.5 空間群を決める ………………………105
6.3.6 積分反射強度 …………………………106
6.3.7 単結晶から粉末結晶へ ………………106
6.4 結晶構造解析に必要な概念をやさしく学ぼう
　　　……………………………………………107
6.4.1 サイト（席） ………………………107
6.4.2 席占有率 ……………………………108
6.4.3 温度因子 ……………………………108
6.4.4 フリーデル則と異常分散 ……………109
6.4.5 フーリエ合成 ………………………110
6.4.6 差フーリエ合成 ……………………111
6.5 中性子の利用 ………………………………112
6.5.1 中性子回折の特徴 ……………………112
6.5.2 核散乱 ………………………………112
6.5.3 磁気散乱 ……………………………113

7章　リートベルト法 ……………………………………………………………[泉　富士夫]‥115

7.1 リートベルト法の原理 ……………………115
7.2 理論回折強度に含まれる関数 ……………117
7.2.1 表面粗さ補正因子 ……………………117
7.2.2 吸収因子 ……………………………117
7.2.3 一定照射幅補正因子 …………………118
7.2.4 ブラッグ角 …………………………118
7.2.5 結晶構造因子 …………………………118
7.2.6 選択配向関数 …………………………119
7.2.7 ローレンツ・偏光因子 ………………119
7.2.8 バックグラウンド関数 ………………120
7.3 プロファイル関数 …………………………120
7.3.1 対称プロファイル関数 ………………120
7.3.2 プロファイルの非対称化法 …………122
7.3.3 ピーク位置の移動 …………………123
7.3.4 プロファイルパラメーターを精密化する際の留意点 …………………………123
7.3.5 部分プロファイル緩和の技法 ………124
7.4 リートベルト解析の進み具合と結果の評価‥125
7.4.1 フィットのよさの尺度 ………………125
7.4.2 精密化パラメーターの標準偏差 ……126
7.5 リートベルト解析の手順 …………………127
7.6 粉末回折データへの構造情報の追加 ……128

7.7	パターン分解との比較 ……… 129	7.8.1	結晶相 ……………………… 131
7.8	混合物の定量分析 …………… 131	7.8.2	無定形成分 ………………… 132

8章　構造解析のための回折データを測定する ……………………… 134

8.1	試料調製の勘所 ……………[藤縄　剛]… 134	8.2.9	特性 X 線の種類 …………… 139
8.1.1	粒　径 ……………………… 134	8.3	有機結晶の取扱い法 ……[橋爪大輔]… 139
8.1.2	選択配向 …………………… 135	8.3.1	有機結晶の特徴 …………… 139
8.1.3	試料表面の平滑さ ………… 136	8.3.2	有機粉末結晶の調製法 …… 140
8.1.4	結晶子サイズと格子ひずみ … 136	8.3.3	有機粉末結晶のマウント … 140
8.1.5	回折角・強度標準物質の混合 … 136	8.4	放射光利用測定 …[橋爪大輔・八島正知]… 142
8.2	測定における注意点 ………[藤縄　剛]… 137	8.4.1	平板試料とアナライザー結晶を組み合わせた光学系 ……………… 143
8.2.1	装置と光学系の調整 ……… 137		
8.2.2	照射幅と発散スリット …… 137	8.4.2	キャピラリー試料とイメージングプレートを組み合わせた光学系 ……… 143
8.2.3	受光スリット ……………… 137		
8.2.4	試料の厚みと照射体積 …… 138	8.4.3	分解能 $\Delta d/d$ と格子面間隔 d の範囲 … 144
8.2.5	測定 2θ 間隔 ……………… 138	8.4.4	放射光利用前の注意点 …… 144
8.2.6	測定 2θ 範囲 ……………… 139	8.4.5	予備実験 …………………… 145
8.2.7	計数方法 …………………… 139	8.4.6	放射光施設での測定 ……… 146
8.2.8	検出器の数え落とし ……… 139	8.5	中性子粉末回折測定 ……[八島正知]… 147

9章　RIETAN-FP を使ってみよう ……………………………[八島正知]… 149

9.1	リートベルト解析を行うための準備 … 149	9.6.6	仮想化学種 ………………… 155
9.2	RIETAN-FP および関連ソフトウェア … 150	9.6.7	空間群 ……………………… 156
9.3	RIETAN-FP の入出力ファイル …… 150	9.6.8	選択配向関数 ……………… 156
9.4	強度データファイル *.int のフォーマット … 151	9.6.9	プロファイル関数の選択 … 156
9.4.1	一般フォーマット ………… 151	9.6.10	ピーク位置シフト関数 …… 157
9.4.2	RIETAN フォーマット …… 151	9.6.11	バックグラウンド関数と尺度因子 … 157
9.4.3	Igor Pro テキストフォーマット … 152	9.6.12	部分プロファイル緩和 …… 157
9.5	入力ファイル *.ins 作成のための文法 … 152	9.6.13	TCH の擬フォークトプロファイル関数 ……………………………… 158
9.5.1	入力ファイルのプリプロセッサー … 152		
9.5.2	一行の長さの制限 ………… 152	9.6.14	分割プロファイル関数 …… 159
9.5.3	注　釈 ……………………… 152	9.6.15	格子定数と構造パラメーター … 159
9.5.4	変数とその値 ……………… 152	9.6.16	構造パラメーター：占有率 … 159
9.5.5	If ブロックと Go to 文 …… 153	9.6.17	構造パラメーター：分率座標 … 160
9.5.6	Select ブロック …………… 153	9.6.18	構造パラメーター：原子変位パラメーター ……………………… 161
9.5.7	If・Select ブロックのネスト … 153		
9.6	入力ファイル（*.ins）の編集 …… 154	9.6.19	複数の相が含まれている試料における入力 ……………………… 161
9.6.1	RIETAN-FP の解析手順の概要 … 154		
9.6.2	回折強度を計算するためのパラメーターの入力 ……………………… 154	9.6.20	線形制約条件式 …………… 161
		9.6.21	除外 2θ 領域 ……………… 162
9.6.3	精密化の指標 ……………… 154	9.6.22	非線形最小二乗法 ………… 162
9.6.4	タイトル，線源の種類，測定条件など … 155	9.6.23	結合距離と結合角の計算 … 162
9.6.5	化学種 ……………………… 155	9.6.24	原子間距離，結合角，二面角に対する非線

形抑制条件 ……………………163	9.7.5 初期段階2：安定な収束を目指して ‥165
9.7 リートベルト解析の進め方とノウハウ ‥164	9.7.6 解析中期における留意点1 …………165
9.7.1 *.ins と *.int の用意 ……………164	9.7.7 解析中期における留意点2 …………166
9.7.2 粉末回折パターンのシミュレーション‥164	9.7.8 解析後期における留意点1 …………166
9.7.3 リートベルト解析のスタート ………164	9.7.9 解析後期における留意点2 …………166
9.7.4 初期段階1：線形パラメーターの精密化 …165	9.7.10 解析後期における留意点3 ………166

10章　MEMによる解析 …………………………………………………………………168

10.1 MEMによる電子・散乱長密度の決定 ………………………[泉　富士夫]‥168	10.3 最大エントロピーパターソン法 ………………………[泉　富士夫]‥174
10.1.1 MEMの原理 ……………………168	10.4 MEMとMPF法による電子・核密度と不規則性の解析 ………[八島正知]‥175
10.1.2 MEMの特徴 ……………………169	10.4.1 不規則性 …………………………175
10.1.3 粉末回折データへのMEMの適用 ‥170	10.4.2 イオン伝導体 α-CuI における電子密度分布 …………………………………176
10.2 MEMによる構造精密化 ………………………[泉　富士夫]‥171	
10.2.1 前処理と反復改良 ………………171	10.4.3 熱振動と不規則性 ………………176
10.2.2 MEM/リートベルト法 ……………172	10.4.4 MEM，MPF，電子・核密度と不規則構造の解析におけるノウハウ …………176
10.2.3 MPF法 ……………………………173	

11章　リートベルト解析に取り組む人へのアドバイス ………………[泉　富士夫]‥181

11.1 空間格子と同価位置 ………………181	11.3.1 反射と格子面の指数 ……………186
11.1.1 空間格子 …………………………181	11.3.2 構造パラメーターの表記法 ……186
11.1.2 同価位置 …………………………182	11.3.3 熱振動に関係した物理量 ………187
11.1.3 構造因子計算時の同価位置の取扱い ‥183	11.3.4 構造パラメーターの表 …………187
11.2 熱振動の取扱い ……………………184	11.3.5 結晶構造の図示 …………………187
11.2.1 原子の熱振動 ……………………184	11.3.6 解析結果の考察 …………………188
11.2.2 デバイ-ワラー因子の計算法 ……184	付記1 有効イオン半径 …………………189
11.2.3 リートベルト解析時の注意 ……186	付記2 bond valence sum ………………190
11.3 論文執筆の際の記述法 ……………186	付記3 有効配位数と電荷分布 …………190

12章　粉末結晶構造解析 ………………………………………………………………191

12.1 粉末結晶構造解析の概要 ………………………[植草秀裕・藤井孝太郎]‥191	12.2.5 パターン分解による積分強度の抽出 ‥208
	12.2.6 直接法による初期構造モデルの探索 ‥210
12.1.1 はじめに …………………………191	12.2.7 実空間法による初期構造モデルの探索 …………………………………213
12.1.2 粉末回折データの特徴 …………191	
12.1.3 構造解析の手順 …………………193	12.2.8 pCF法 ……………………………215
12.1.4 未知構造解析の実際 ……………197	12.2.9 MEMによる部分構造の推定 ……216
12.2 無機結晶解析の実際 ………[池田卓史]‥201	12.2.10 中性子回折データの利用 ………217
12.2.1 はじめに …………………………201	12.3 有機結晶解析の実際 ………[橋爪大輔]‥220
12.2.2 解析における注意と手順 ………202	12.3.1 はじめに …………………………220
12.2.3 データ収集 ………………………204	12.3.2 解析の手順 ………………………220
12.2.4 結晶格子と空間群の決定 ………205	12.3.3 格子定数，空間群の決定，強度の抽出

............................221　12.3.5　構造の精密化 225
　　12.3.4　初期構造モデル導出 ....223　12.3.6　結果の評価 227

13章　実例で学ぶ粉末X線解析 229
　A．自動検索による同定と近似構造の検索方法 　　　　　　................[赤坂正秀・永嶌真理子]‥242
　　　　................[西郷真理]‥230　H．構造材料の構造解析 ....[八島正知]‥244
　B．アスベストの分析 ..[中山健一・中村利廣]‥232　I．触媒の構造と電子・核密度の解析
　C．セメント分野での定量分析への応用 　　　　　　　　................[八島正知]‥246
　　　　................[佐川孝広]‥234　J．熱電変換特性を示す層状炭化物の結晶構造解析
　D．ポリキャピラリー型平行光学系を用いたX線回 　　　　　　　　................[福田功一郎]‥248
　　　折法とその応用 ....[関口晴男]‥236　K．アシル尿素誘導体の1次相転移ダイナミクスの観
　E．X線応力測定 ....[関口晴男]‥238　　　察 ....[橋爪大輔]‥250
　F．水酸アパタイトの構造精密化 ..[藤森宏高]‥240　L．細孔性ネットワーク錯体の構造解析
　G．鉱物の結晶化学的研究 　　　　　　　　................[河野正規]‥252

14章　粉末X線解析に役立つ標準試料とデータベース ....[紺谷貴之]‥254
　14.1　標準物質 ....254　14.2　データベース 257

コラム：ポータブル粉末X線回折計による考古資料のその場分析 ....[中井　泉]‥260

付　　録 262
　1．有効イオン半径 r ....[寺田靖子]‥262　5．粉末解析に必要な数学の基礎
　2．ファンデルワールス半径 r ....[橋爪大輔]‥265　　　　................[佐々木　聡]‥270
　3．bond valence parameter, l_0 ..[寺田靖子]‥266　6．主要粉末回折用ソフトウェア
　4．知っていると便利な粉末X線の関連情報 　　　　　　................[泉　富士夫]‥277
　　　　................[佐々木　聡]‥267

索　　引 279

1章　粉末X線回折法の原理を理解しよう

粉末回折法に用いる試料は多結晶体すなわち，微細な単結晶の集合体である．この粉末試料にX線を照射し，回折されたX線の強度を測定することにより試料を同定したり，格子定数，結晶構造などの情報を得たりする手法が粉末回折法である．多結晶体といっても，その最小単位は単結晶であり，微細な単結晶の集合体からの回折情報を利用している．したがって，粉末回折法の理解と解析技術のレベルアップには，結晶と結晶構造についての最低限の結晶学的知識を修得し，単結晶とX線との相互作用について理解を深めることが早道である．本章では，これらの結晶学の基礎と粉末回折法の原理をできる限り平易に，かつ近似できるところは近似して解説する．より厳密で体系だった結晶学の手引きは6章で詳述される．

1.1　粉末回折のためのX線結晶学入門

1.1.1　X線と原子

X線は，可視光（波長，約360～830 nm）のように目で見ることはできないが，可視光と同じ電磁波の一種である．回折実験に用いるX線の波長は0.5～10 Å（1 Å = 0.1 nm）と可視光に比べてずっと短く，エネルギーが高い．いろいろな電磁波の波長を現実の物の大きさと比較して図1.1に示す．X線の波長は，ちょうど原子間距離や原子の大きさに相当するオングストロームのオーダーである．

RöntgenによるX線の発見は，1895年にさかのぼるが，結晶によるX線の回折現象がLaueによって見出されたのはX線の発見からだいぶ経った1912年のことである[1]．そして，1913年にはBragg父子がX線回折によるNaClの結晶構造解析に成功している．これらの業績により1901年第1回ノーベル物理学賞がRöntgenに，1914年にはLaueに，1915年にはBragg父子に相次いで授与された．このようにX線回折法は長い歴史をもつが，21世紀の今日においてもタンパク質やフラーレンなどの構造決定に代表されるように，結晶性物質の最も強力な構造解析のツールとして，ますますその重要性が増している．

では，X線が結晶に当たるとなぜ回折が起こるのであろうか．X線は振動数νと波長λをもつ電磁波

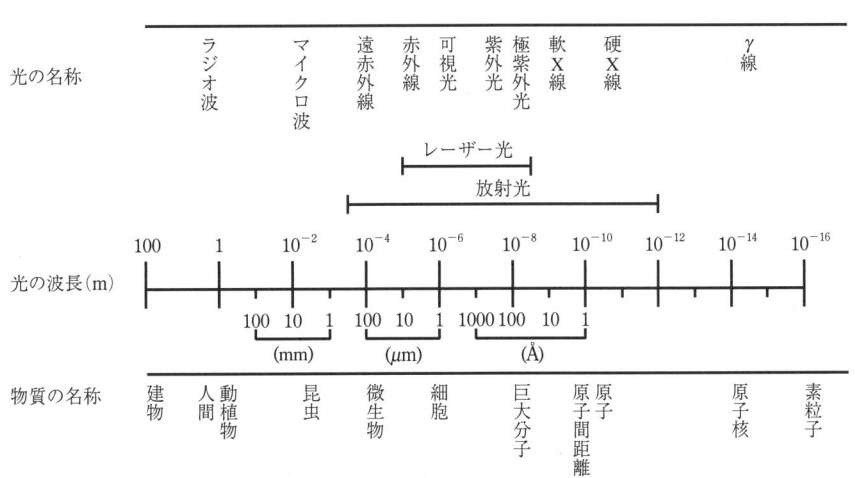

図1.1　物質のスケールで見た電磁波の波長

であり，光の速度で直進しその進行方向に垂直な平面に広がりをもつ交番電場を伴っている．このようなX線が原子と衝突すると，核外電子はX線の交番電場によってX線波と同じ振動数で強制的に振動させられる．電子が振動すると，その振動周期と同じ周期をもった電磁波が電子から放射され，電子を中心に球面上に広がっていく．これをトムソン散乱と呼ぶ．トムソン散乱によって発生するX線は，照射X線と同じ波長のX線でかつ互いに一定の位相の関係があることから，トムソン散乱は干渉性散乱といわれる．

1つの原子からの散乱は，その原子を構成する全電子からの散乱の合成波として表される．したがって，原子がX線を散乱する能力は，電子の数が多い，すなわち原子番号の大きい原子ほど大きい．また，入射X線の進行方向から散乱X線を観測する方向（これは散乱角 2θ で表される）が離れるほど，その散乱能は小さくなる．個々の原子がもつX線の散乱能を原子散乱因子と呼び，記号 f で表す．f の値の散乱角（θ の正弦を波長で割った $\sin\theta/\lambda$ を横軸にとる）に対する変化をいくつかの原子について図1.2に示す[2]．この図は，原子によるX線の散乱能が電子数（中性原子の場合，原子番号に等しい）とX線の観測方向で決まるということを示している．$\theta=0°$（$\sin\theta/\lambda=0$）では，f の値は散乱原子の電子数にちょうど等しくなる．図1.2の場合，散乱能は銀原子がいちばん大きく，炭素原子がいちばん小さい．また f の値は散乱（回折）角 2θ が大きくなるほど小さくなる．これが，一般にX線回折データにおいて 2θ の大きな高角領域で回折線の強度が低下する主な理由である．また，原子番号の小さな軽元素は回折強度にはあまり寄与しないこともわかる．このため，リートベルト法（7章参照）を使って散乱能の小さな水素やリチウムのような軽元素の原子位置を決めるのは，通常は困難である．

1つの散乱原子からトムソン散乱によって2次的に発生するX線は球面波としてあらゆる方向に射出されるが，結晶の場合は散乱原子が周期的に配列しているので，特定の方向で散乱波の位相がそろって強め合う干渉が起こり，回折X線として観測される．そこで，結晶のもつ周期性について以下の1.1.2と1.1.3で説明し，X線の回折条件については1.1.4で詳しく述べる．

1.1.2 結晶とは

結晶とは，原子が規則的に3次元的に周期配列した固体物質である．本書の後半で取り扱う結晶構造解析の最終目標は，物質の結晶構造を明らかにすることにあるので，読者はまず結晶や結晶構造を記述するのに必要な，慣用的表現に慣れることが大切である．結晶学ではいろいろと専門用語が多く登場するが，特に高度な数学は不要であり，基本的には高校レベルの数学で十分理解できるので，気後れせずにチャレンジしてほしい．数式を忘れてしまったならば，巻末の付録5を参照されたい．

まずたとえばクレゾール分子（図1.3(a)）が，図1.3(b)のように規則的に配列した仮想的な2次元構造を想定してみよう．クレゾール分子の配列の周期性を，たとえば酸素原子の位置で代表させて点で表現すると，図1.3(c)のように格子状に点が配列する．これを2次元格子と呼ぶ．このとき，酸素原子でなく，分子中のメチル（CH_3）基の炭素原子の位置で配列を代表させても，得られる点の配列は図1.3(c)と同じである．周期を代表する点は，このような原子の位置である必要もなく，六角形のベンゼン環の中心を点で表したとしても，図1.3(c)と全く同じ点の配列となる．このような点を格子点と呼ぶ．ここで，格子点は繰り返しの周期を代表する点であって，個々の原子の位置を表す点ではないことを理解していただきたい．

さて，この分子の繰り返しの最小単位は図1.3(c)の4つの格子点を結んでできる図1.3(d)の平行四辺形であり，これを単位格子と呼ぶ．図1.3(b)の配列が2次元であるため，単位格子は2次元図形の平行四辺形となるが，配列を3次元に拡張すれば，単位格子

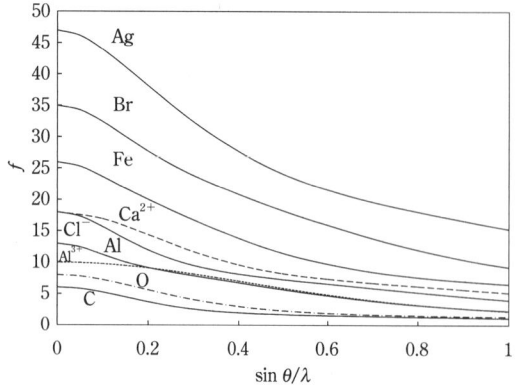

図1.2 原子散乱因子の $\sin\theta/\lambda$ 依存性[2]

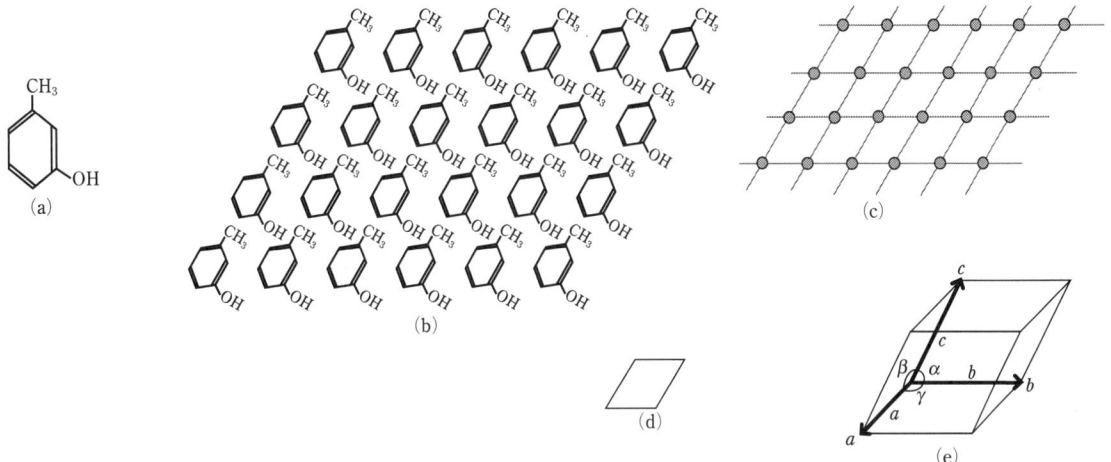

図 1.3 格子点と単位格子

表 1.1 7 つの結晶系

名　　　称		格子定数の間の関係	不可欠な対称要素
立方（等軸）晶系	cubic system	$a=b=c,\ \alpha=\beta=\gamma=90°$	3（4）
正方晶系	tetragonal system	$a=b\neq c,\ \alpha=\beta=\gamma=90°$	4 または $\bar{4}$
斜方晶系	orthorhombic system	$a\neq b\neq c,\ \alpha=\beta=\gamma=90°$	2 または m（3つ直行する）
六方晶系	hexagonal system	$a=b\neq c,\ \alpha=\beta=90°,\ \gamma=120°$	6 または $\bar{6}$
三方晶系	trigonal system	$a=b\neq c,\ \alpha=\beta=90°,\ \gamma=120°$	3
（菱面体晶系）	rhombohedral system	$a=b=c,\ \alpha=\beta=\gamma\neq90°$	3
単斜晶系	monoclinic system	$a\neq b\neq c,\ \alpha=\gamma=90°\neq\beta$	2 または m
三斜晶系	triclinic system	$a\neq b\neq c,\ \alpha\neq\beta\neq\gamma\neq90°$	なし

は図 1.3(e) に示す平行六面体となる．平行六面体の形はその 3 軸の長さ a,b,c とそのなす角 α,β,γ で一義的に決めることができ，これらのパラメータを格子定数という．そして，a,b,c を 3 本の軸とする立体座標系で結晶構造を表現する．このとき右手系といって，右手の親指が a，人差し指が b，中指が c となるように軸を設定する約束があり，この 3 軸を結晶軸と呼ぶ．すべての結晶性物質の単位格子の形は，表 1.1 に示した 7 つの結晶系（crystal system，晶系ともいう）のどれかに属することが知られている．何十万，何百万という数の物質がそれぞれ独特の結晶構造をもっているのに，たった 7 つの結晶系のどれかに属するというのは，自然が産み出した神秘の一つといえよう．

次に，格子点を結んでできる格子面についての表現方法を学ぼう．図 1.4 に示すようにすべての格子点は，互いに平行で等間隔に配列した平面群の上にのせることができる．この平面を格子面と呼ぶ．格子面群の中で，単位格子の原点を通る格子面に最も近い格子面が結晶軸を $a/h, b/k, c/l$（h,k,l は互いに素の整数）の位置で切るとき，この格子面群をミラー指数 (hkl) で表し，その面間隔は d_{hkl} と表す．たとえば図 1.4 で斜線をつけた格子面のうち原点にいちばん近い面は a 軸を $1/3$，b 軸を $1/2$，c 軸を $1/2$ で切ることから，そのミラー指数は (322) で表される．他のミラー指数の例を図 1.5 に示す．格子面が座標軸に平行な場合は，その軸についての指数をゼロとする．結晶軸をマイナスの方向で切る場合は指数の上にバーをつける．たとえば，原点について (hkl) 面と点対称の面は $(\bar{h}\bar{k}\bar{l})$ となる．ミラー指数はもともと結晶の外形に現れる平滑な結晶面を表すために使われる表記法で，3 次元空間のいろいろな面を簡単な面指数で表すことができる便利な表現方法である．

六方晶系の場合，図 1.5(c) に示すように，c 軸に

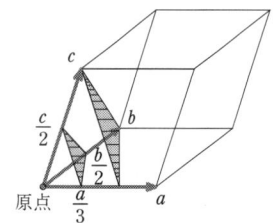

図1.4 ミラー指数
斜線の面は (322) 面.

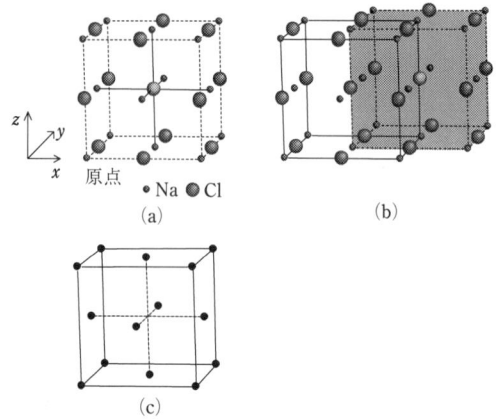

図1.6 NaCl の構造と格子点

1.1.3 結晶構造をどのように記述するか

次に結晶構造を記述する際の決まりを，NaCl（岩塩）の構造を例にとって説明する．図1.6(a) にNaCl の結晶構造の単位格子を示す．NaCl は立方（または等軸）晶系に属する結晶なので，単位格子の形は立方体となる．NaCl の3次元結晶構造は，この単位格子を軸方向に1格子長ずつ平行移動すること（この平行移動を並進操作という）を無数に繰り返せばでき上がる．もちろん，繰り返しの最小単位は単位格子となる．したがって，NaCl の結晶構造を記述するには，単位格子の中身を記述すれば十分である．

では，単位格子の中身，すなわち単位格子中の原子の位置はどのように表すのであろうか．数学では3次元空間のある点の位置は座標 (x, y, z) で表す．結晶学でも原子の位置は同様に座標で表すが，単位格子の大きさや形に影響されない分率座標（fractional coordinate）を用いる．すなわち，x, y, z 座標軸をそれぞれ単位格子の a, b, c 軸方向にとり，各座標を格子定数 a, b, c を1としたときの部分分数または小数で (x, y, z) と表す．

たとえば図1.6(a) の1つのNa原子を原点 $(0,0,0)$ に置くと，他のNa原子の位置は

$$0, \tfrac{1}{2}, \tfrac{1}{2} \quad \tfrac{1}{2}, 0, \tfrac{1}{2} \quad \tfrac{1}{2}, \tfrac{1}{2}, 0$$

で，一方 Cl 原子の位置は

$$\tfrac{1}{2}, \tfrac{1}{2}, \tfrac{1}{2} \quad \tfrac{1}{2}, 0, 0 \quad 0, \tfrac{1}{2}, 0 \quad 0, 0, \tfrac{1}{2}$$

と表せる．また立方体の8つの隅にある Na 原子は

$$0,0,0 \quad 1,0,0 \quad 0,1,0 \quad 0,0,1 \quad 1,1,0 \quad 0,1,1$$
$$1,0,1 \quad 1,1,1$$

と表されるが，これらは隣接するそれぞれの単位格子

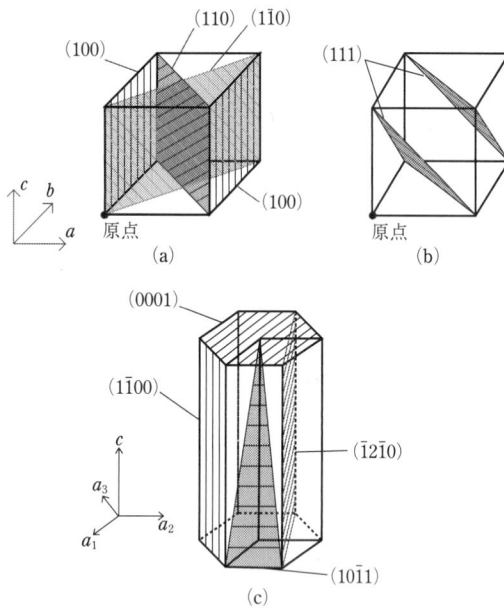

図1.5 ミラー指数の例

垂直な面内で互いに120°で交差する3本の軸 a_1, a_2, a_3 を定義し，4つの軸を使ってミラー指数を $(hkil)$ で表すことが多い．ただし $i = -(h+k)$ の関係が成り立つので，指数 i を省略してもかまわない．

なお，後述するように，X線の回折は格子面からのX線の反射とみなせるが，特定の反射を表すときは，対応する格子面のミラー指数から（ ）を取り去った回折指数 hkl を用いる．X線の反射を考えるときは，格子面の概念を拡張して，(hkl) 面に対して $(nh\,nk\,nl)$ の面（n は整数）を考えることがある．$(nh\,nk\,nl)$ 面は (hkl) 面に平行であるが，面間隔は $1/n$ で，(hkl) 面も含み，それ以外の面は格子点を通らない．

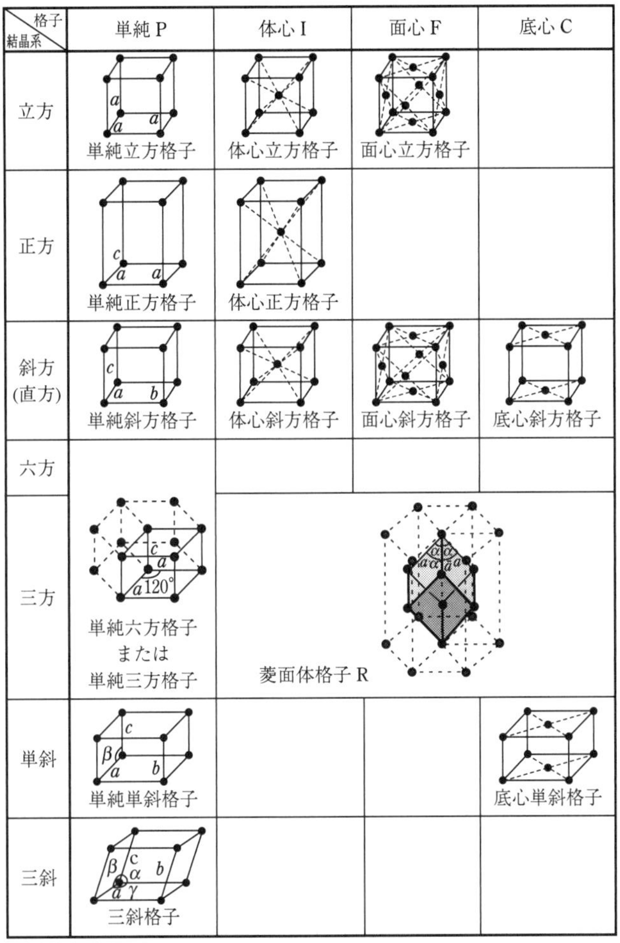

格子\結晶系	単純 P	体心 I	面心 F	底心 C
立方	単純立方格子	体心立方格子	面心立方格子	
正方	単純正方格子	体心正方格子		
斜方(直方)	単純斜方格子	体心斜方格子	面心斜方格子	底心斜方格子
六方				
三方	単純六方格子 または 単純三方格子	菱面体格子 R		
単斜	単純単斜格子			底心単斜格子
三斜	三斜格子			

図1.7 14のブラベー格子

の原点となる．このため，x, y, z 軸方向に 1 単位格子長だけ並進した座標は含める必要がない．また，後述する格子点のもつ周期性（NaCl では面心格子という用語で表現される）のために，実は上述の 4 つの Na 原子は互いに同価となる．同様に，4 つの Cl 原子も同価なので，結局，NaCl の結晶構造を表現するのに必要な独立な原子座標は Na 原子について 0, 0, 0，Cl 原子について $\frac{1}{2}, \frac{1}{2}, \frac{1}{2}$ のみと単純化される．

図 1.6(a) では，x 軸方向に沿って Na と Cl 原子が -Na-Cl-Na-Cl-Na-… というように交互に配列している．y 軸方向にも，z 軸方向にも Na と Cl 原子が同じ原子配置を同じ周期で無限に繰り返している．Na-Na 距離は 5.628 Å (20 ℃) で，その長さが各軸の繰り返しの最小値，すなわち NaCl の格子定数となる ($a = b = c = 5.628$ Å)．ここで，図 1.6(a) の原点を $(\frac{1}{2}, \frac{1}{2}, 0)$ に移動しても，図 1.6(b) のように完全にもとの構造と重なる．すなわち，仮に原点 $(0, 0, 0)$ に人間が立って周りを見渡したとき見える原子配列の景色と，$(\frac{1}{2}, \frac{1}{2}, 0)$ に立ったとき見える景色は全く同一となる．$(0, 0, 0)$ と $(\frac{1}{2}, \frac{1}{2}, 0)$ が互いに同価なためである．したがって NaCl 構造における格子点の配列は図 1.6(c) のようになり，8 つの頂点の他に面の中心にも格子点が存在することから，面心格子と呼ばれる．図 1.6(a) で x 軸に平行に並んだ隣り合う Na と Cl 原子の中点のつくる配列を考えると，その配列は格子点の配列と同じになる．図 1.3(b) でベンゼン環の中心を格子点と考えたのと同様である．このように，格子点は原子配列の繰り返しを代表する点であり，格子点に立ってその周りの格子点の配列を見渡すと，どの格子点に立っても完全に同じ世界が広がっていることを覚えておいてほしい．

実存するすべての結晶に見られる格子点の配列形式

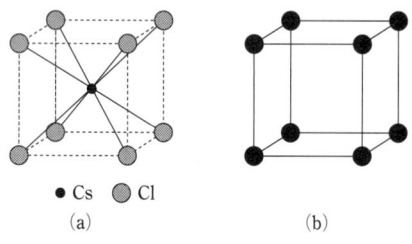

図1.8 CsClの結晶構造とブラベー格子

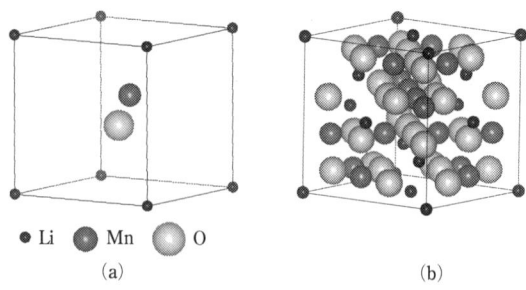

図1.9 LiMn₂O₄の結晶構造

は，図1.7に示したブラベー格子と呼ばれる，たった14種類のどれかに属することがわかっている．これは結晶の世界の秩序の高さと単純さを象徴する事実である．格子タイプは記号で表され，平行六面体の8つの頂点にのみ格子点をもつ単純格子（P），頂点に加え $(\frac{1}{2}, \frac{1}{2}, \frac{1}{2})$ に格子点がある体心格子（I），すべての面の中心に格子点がある面心格子（F），底面に格子点がある底心格子（A, B, C：面心の位置がある格子面で呼び方が決まる）がある．P 以外は複合格子と総称される．

さて，格子点に必ずしも原子が存在する必要はないことをここでもう一度強調しておく．塩化セシウム CsCl の構造を図1.8(a) に示す．立方体の中心に Cs があって，一見体心格子のように見えるが，この格子の格子タイプは図1.8(b) に示すように，格子の8隅のみに格子点がある単純格子である．それは，図1.8(a) の構造で Cs 原子の位置から周りを見たときの景色と Cl 原子の位置から見た景色が異なり，図1.6(b) のように互いに重ね合わせられないことから容易にわかる．教科書などでも誤解を与えかねない記述を見かけることがあるので，原子位置と格子点の違いはよく認識しておいてほしい．

NaCl が面心立方（F）格子の構造をもつことがわかれば，$(0, 0, 0)$ と $(0, \frac{1}{2}, \frac{1}{2})$ に位置する Na 原子は格子点で関係づけられるので，構造を記載するとき後者の座標は記述する必要がなくなる．6章で詳述するが，単位格子の中の原子は，さらに結晶構造のもつさまざまな対称性で関係づけることができる．たとえば図1.6(a) の NaCl の構造は3回回転軸，4回回転軸，鏡面などのさまざまな対称要素を含んでいる．

結晶学では，ある結晶のもつ格子タイプとさまざまな対称要素の組合せを空間群として表現する．たとえば NaCl は空間群 $Fm\bar{3}m$ に属する．F は格子タイプを表す．$\bar{3}$ と m は NaCl の構造に含まれる対称要素で，それぞれ3回回反軸と鏡面を意味する（詳細は6.2.1参照）．空間群は全部で230しかなく，すべての結晶構造はそのどれかに属することが知られている．空間群は，初心者には最初はなじみにくい面があるかもしれないが，結晶構造を記述するときには不可欠な情報で，空間群を指定すれば，対称操作で関連づけられる原子は記述する必要がなくなり，独立な原子だけを記述すればすむのでたいへん便利な表現である．

空間群の具体的意味を理解するために，たとえばスピネル構造をもつ LiMn₂O₄ の結晶構造を取り上げてみよう．LiMn₂O₄ は格子定数 $a = 8.240$ Å，空間群 $Fd\bar{3}m$ で，独立な原子座標は Li $(0, 0, 0)$，Mn $(0.625, 0.625, 0.625)$，O $(0.388, 0.388, 0.388)$ である．空間群に関する情報を入れずにこれら3つの原子だけを結晶模型作図ソフトで描くと図1.9(a) が得られる．単位格子の頂点にある8個の Li に加え，Mn と O が1つずつ描かれているにすぎず，構造図として意味をなしていない．そこで，作図ソフトに空間群 $Fd\bar{3}m$ のデータを与えてやると，Mn は16個に，O は32個に増え，図1.9(b) が得られ，単位格子に含まれるすべての原子が描かれた結晶構造図となる．すなわち，空間群は結晶構造中の原子配列の周期性と対称性を記号で表したものにほかならない．

以上で，ある物質の結晶構造は，格子定数，空間群，（単位格子中の独立な）原子座標という3つの情報によって記述できることがわかった．本書の後半で説明する結晶構造解析ではこの3つを決めることが主目的となる．なお，結晶系は空間群を指定すれば一義的に決まるが，直感的にわかりにくいので，結晶構造を記述するとき通常は明示する．以上で結晶構造の表現方法の概要を理解していただけたであろう．次に，このような結晶にX線を当てるとどのような現象が

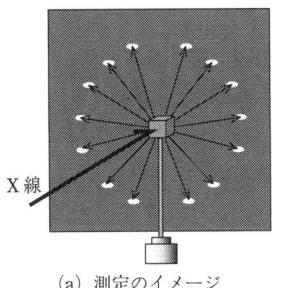

(a) 測定のイメージ

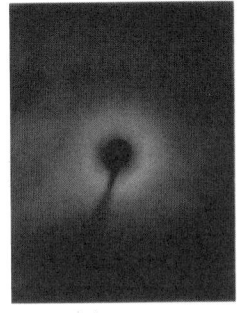　

(b) ガラス　　　　(c) NaClの単結晶

図1.10　回折写真

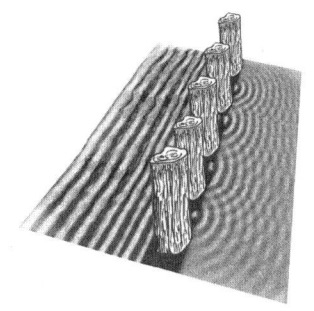

図1.11　波の干渉

起こるかを説明する．

1.1.4　X線と結晶の相互作用
a．原子によるX線の散乱

1.1.1で述べたように，X線を散乱するのは，原子（厳密には原子中の電子）である．ただし，回折波が観測されるためには，核外電子が強制振動することによって2次的に発生するX線が互いに干渉し合う必要がある．原子が無秩序に配列した非晶質物質（気体，液体，ガラスなど）にX線を当てても，はっきりした回折は見られない．プリセッションカメラという，回折像を写すカメラで実際にガラスとNaClの単結晶に図1.10(a)のようなイメージでX線を当てて，試料の後方にフィルムを置いて回折写真を撮影した結果を図1.10(b), (c)に示す．ガラス試料では，図1.10(b)のようにぼんやりしたハローしか写らない．一方NaClの場合，図1.10(c)のように回折斑点が規則性をもって並んでいる様子がわかる．これは，試料が単結晶であるため，周期的に規則配列した原子から2次的に発生したX線が特定の方向で干渉により強め合う条件が成立した結果，回折波が観測されたことを示している．また，それぞれの回折斑点の強度（白点の大きさ）に違いのあることもわかる．後述するように，この回折強度は結晶構造に関する情報を含んでいる．

回折現象を具体的なイメージを通じて理解してみよう．湖を走るボートからの波が岸に近いところに規則的に配列した杭に当たったときの様子を図1.11に示す．杭の隙間から2次的に発生する波は同心円上に広がり，隣の隙間からの波と波の山どうしが重なったところでは，より高い波が出現する．このような波の山と山が合致することを，波の位相が合うという．ここで，干渉波が観測されるためには，杭に当たる波の波長が杭の周期と同程度である必要がある．結晶における原子間距離（杭の間隔）は1～3Å程度，単位格子の大きさは数～数十Å程度である．このような周期をもつ原子の規則的配列に，ちょうど同程度の波長（0.5～数Å程度）のX線の波が当たると，原子から2次的に同じ波長のX線の波が発生し，位相がそろったときに限り，干渉により強め合い，回折波が観測されることになる．

b．回折の条件

単結晶にX線を当てると，図1.10(c)の回折写真に見られるように，特定の方向にだけシャープな回折波が出現する．高校の物理の授業で，光が干渉するには周期的に並んだ散乱体（回折格子など）が必要で，その周期と回折角は互いに密接に関係していると学んだことを覚えているだろうか．1.1.2で述べた格子点は，まさに結晶構造に見られる原子配列の周期を表す点の集まりにほかならない．結晶にX線を当てたときX線を散乱するのは個々の原子（電子）であるが，回折条件を考えるときは，原子配列の周期性を代表する格子点の配列だけ考えれば十分である．2つの波の山と山とが重なる（位相がそろう）と，合成波の振幅はもとの2倍になる．そこで，どのようなときにこの

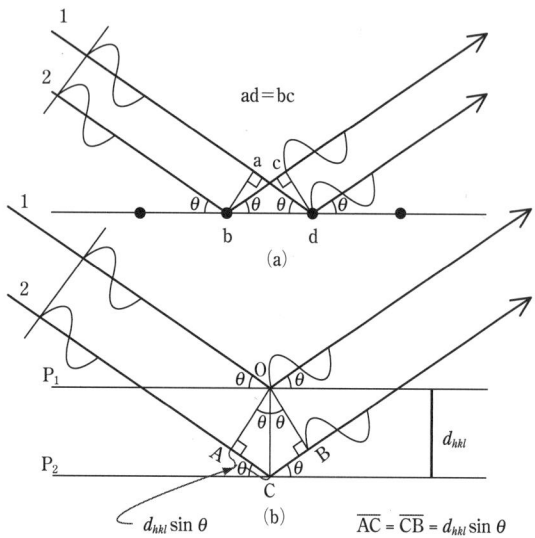

図1.12 格子面による散乱波の干渉

ように位相がそろうのか,波の干渉の条件について考えてみよう.

同種の原子が等間隔で配列している仮想的格子面(原子網面ともいう)があるとする.格子点の性質から,原子をこのように並べてもかまわないことはすでに学んだ.図1.12(a)のように平行なX線1,2が角θで入射したとき,散乱角もθである(鏡面反射)場合に散乱X線の位相がそろう(波1の光路 ad と波2の光路 bc の長さが等しい).したがって,平面上に等しい間隔で配列した原子から鏡面反射した散乱X線は位相がそろって,互いに強め合う.

次に,d_{hkl}の間隔で平行に配列しているミラー指数(hkl)の格子面P_1とP_2を想定してみよう.図1.12(b)のように両者は互いに平行で,d_{hkl}だけ隔たっている.このような面に入射した波1と波2は,波2の方が AC+CB=$2d_{hkl}\sin\theta$ だけ長い距離を進むので,$2d_{hkl}\sin\theta$ だけ位相が遅れて出射する.この光路差 $2d_{hkl}\sin\theta$ がもしX線の波長λの整数倍であれば,出射した波1と2の位相がそろうので,互いに強め合う.

$$n\lambda = 2d_{hkl}\sin\theta \tag{1.1}$$

ここで,nは整数である.すなわち,格子面(hkl)に入射した波長λのX線が,格子面間隔d_{hkl}の周期的配列によって回折されるための条件は,式(1.1)を満たすような角θでX線が格子面に入射し鏡面反射することである.これをブラッグの条件という.

いま,たとえば1辺0.1 mmの立方体の形をしたNaClの単結晶にX線を照射したケースを考えてみよう.NaClの格子定数は$a=5.628$ Å$=0.5628$ nm$=0.5628\times10^{-6}$ mmなので,その単位格子の体積は$a^3=(0.5628\times10^{-6})^3$ mm^{3}である.したがって0.1 mm角の結晶に含まれる単位格子の数は$(0.1)^3\div(0.5628\times10^{-6})^3=5.558\times10^{15}$もの膨大な数になる.このことから,ブラッグの条件が満たされると,合成波の振幅は極めて大きくなることが容易に想像できよ

表1.2 (hkl)面の格子面間隔(d_{hkl})と格子定数との関係式

立方晶系	$\dfrac{1}{d^2}=\dfrac{h^2+k^2+l^2}{a^2}$ あるいは $d=\dfrac{a}{\sqrt{h^2+k^2+l^2}}$
正方晶系	$\dfrac{1}{d^2}=\dfrac{h^2+k^2}{a^2}+\dfrac{l^2}{c^2}$ あるいは $d=\dfrac{a}{\sqrt{h^2+k^2+l^2/(c/a)^2}}$
斜方晶系	$\dfrac{1}{d^2}=\dfrac{h^2}{a^2}+\dfrac{k^2}{b^2}+\dfrac{l^2}{c^2}$
菱面体晶系	$\dfrac{1}{d^2}=\dfrac{(h^2+k^2+l^2)\sin^2\alpha+2(hk+kl+lh)(\cos^2\alpha-\cos\alpha)}{a^2(1-3\cos^2\alpha+2\cos^3\alpha)}$
六方晶系	$\dfrac{1}{d^2}=\dfrac{4}{3}\left(\dfrac{h^2+hk+k^2}{a^2}\right)+\dfrac{l^2}{c^2}$ あるいは $d=\dfrac{a}{\sqrt{(4/3)(h^2+hk+k^2)+l^2/(c/a)^2}}$
単斜晶系	$\dfrac{1}{d^2}=\dfrac{1}{\sin^2\beta}\left(\dfrac{h^2}{a^2}+\dfrac{k^2\sin^2\beta}{b^2}+\dfrac{l^2}{c^2}-\dfrac{2hl\cos\beta}{ac}\right)$
三斜晶系	$\dfrac{1}{d^2}=\dfrac{1}{V^2}(S_{11}h^2+S_{22}k^2+S_{33}l^2+2S_{12}hk+2S_{23}kl+2S_{13}lh)$
	$V=abc\sqrt{1-\cos^2\alpha-\cos^2\beta-\cos^2\gamma+2\cos\alpha\cos\beta\cos\gamma}$
	$S_{11}=b^2c^2\sin^2\alpha,\quad S_{22}=a^2c^2\sin^2\beta,\quad S_{33}=a^2b^2\sin^2\gamma$
	$S_{12}=abc^2(\cos\alpha\cos\beta-\cos\gamma)$
	$S_{23}=a^2bc(\cos\beta\cos\gamma-\cos\alpha)$
	$S_{13}=ab^2c(\cos\gamma\cos\alpha-\cos\beta)$

式 (1.1) より，波長 λ の X 線を結晶に照射したときにどの方向に回折するか（回折角 θ）は，その格子面間隔 d_{hkl} で決まることがわかった．1.1.2 で述べたように，各格子面にはミラー指数 (hkl) がつけられている．図 1.10(c) 中の回折斑点（hkl 反射）は，それぞれある特定の (hkl) というミラー指数をもつ面（の集合）からの回折により生じたことになる．(hkl) 面の格子面間隔 d_{hkl} は，表 1.2 に示した式により結晶の格子定数から簡単に計算できるので，回折角 θ は物質の格子定数によって決まることがわかる．

厳密には回折はラウエの条件（6.1.3 参照）で表現すべきであるが，鏡面反射を考えた方が直感的で理解しやすいので，ここではブラッグの式にのっとって説明した．実際には格子面に原子が並んでいる必要はなく，あくまでも格子面は結晶構造の中の周期性の一表現であり，ある方向にどのような周期で構造単位（原子）が並んでいるかを表したものであることを覚えておいてほしい．散乱波が干渉した結果，特定方向に回折波が観察される現象は，原子配列の周期性に基づく格子面の周期 d に依存することを理解するための，一つの表現方法としてブラッグの式は役立つ．

以上で，単結晶に X 線を照射したとき，どの方向で回折 X 線が観測されるかを説明した．次に回折 X 線の強度は，何によって決まるのかを考えてみよう．

c．回折強度は何によって決まるか

個々の原子はその電子数に応じた X 線の散乱能，すなわち原子散乱因子 f をもつことを 1.1.1 で述べた．6 章で詳述するように，単位格子（単位胞）中に散乱能 f_j をもつ N 個の原子が含まれており，それぞれの原子（分率）座標が (x_j, y_j, z_j) であるとすると，ある格子面 (hkl) からの散乱に寄与する N 個の原子からの散乱波の合成波は，原子の熱振動を無視すれば，

$$F(hkl) = \sum_{j=1}^{N} f_j \exp\{2\pi i (hx_j + ky_j + lz_j)\} \quad (1.2)$$

で与えられる．ここで，$F(hkl)$ は結晶構造因子で $F(hkl) = |F(hkl)| \exp\{i\phi(hkl)\}$ という形の複素数であり，$|F(hkl)|$ は構造振幅，$\phi(hkl)$ は位相である．X 線回折装置で測定される（吸収因子やローレンツ・偏光因子などで補正した）積分強度 $I(hkl)$ とは

$$|F(hkl)|^2 = sI(hkl) \quad (1.3)$$

という式で関係づけられる．ここで，s は装置や実験条件に依存するパラメーターをすべて盛り込んだ比例定数であり，尺度因子と呼ばれる．単位格子中のどこにどの原子が位置するか，言い換えればそれぞれの原子の座標 (x_j, y_j, z_j) が求まれば，式 (1.2)，(1.3) から，hkl 反射の回折強度 $I(hkl)$ を計算できる．すなわち，回折強度は原子の種類と配列（原子座標）によって決まる．

d．単結晶 X 線回折法と粉末 X 線回折法

ある結晶性物質を図 1.13(a) の S 点に置き，試料の左側の紙面上の A 点から波長 λ の X 線を入射したときに発生する回折 X 線を，S を中心とし，半径 R の円弧（紙面上）に沿って回転する X 線検出器 D で計数する場合を想定してみよう．試料 S が単結晶で

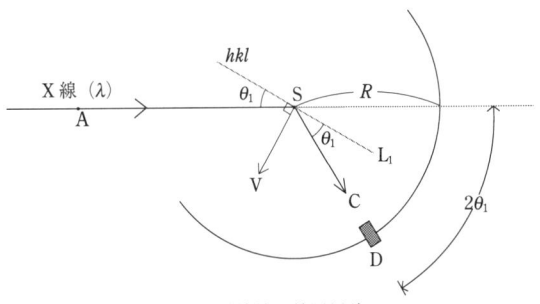

(a) 単結晶 X 線回折計

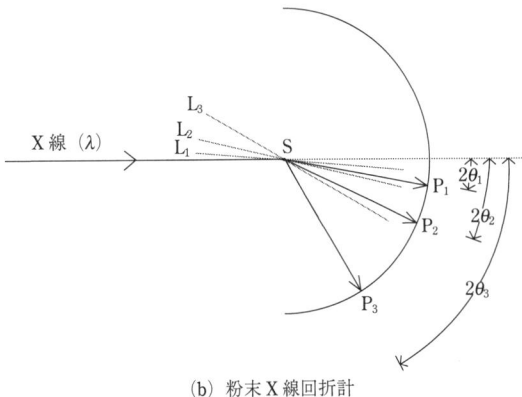

(b) 粉末 X 線回折計

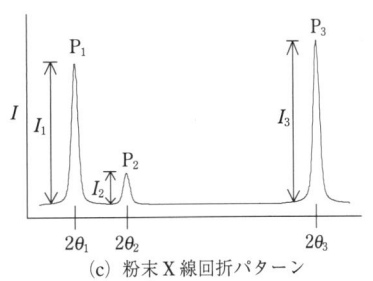

(c) 粉末 X 線回折パターン

図 1.13 X 線回折装置の比較

あると，(hkl) 面 L_1（格子面間隔 d_{hkl}）の反射を D で観測するには，式 (1.1) で $n=1$ の場合に該当する $\lambda=2d_{hkl}\sin\theta_1$ を満たし，回折角 $\theta=\theta_1$ となる位置 C に D を置き，かつ格子面 L_1 の法線 V が紙面上にあり，角 ASC の2等分線となるように単結晶を動かさねばならない．このとき，L_1 は紙面に垂直である．すなわち，単結晶 X 線回折装置は，強度を測定したい格子面の法線 V を任意の方向に動かすことができる2軸駆動機構を備えている必要がある．

一方，粉末試料の場合は，微細な単結晶の集合体なので，それらの数が十分多いと，試料を動かさなくても，図 1.13(a) 中の L_1 のように，紙面に垂直となる格子面が必ず存在する．したがって，粉末試料から回折データを測定する粉末 X 線回折装置は単結晶回折装置に比べ駆動機構が簡単になる．

粉末試料で3つの格子面 L_1, L_2, L_3 の回折強度を測定する場合を図 1.13(b) に示す．理想的な粉末試料の場合，紙面に垂直な格子面 L_1, L_2, L_3 が必ず存在するので，それぞれのブラッグ条件を満たす回折角を $\theta_1, \theta_2, \theta_3$ とすると，図 1.13(a) と同様に円弧上の P_1, P_2, P_3 に X 線検出器を置けば，回折 X 線を検出できる．ここで，I_1, I_2, I_3 はそれぞれ $2\theta_1, 2\theta_2, 2\theta_3$ で測定した回折強度を表す．実際の測定では，試料の周りの半径 R の円弧上に検出器を走査し，逐次回折強度を測定する．そして縦軸を回折強度 I，横軸を 2θ としてプロットすると，図 1.13(c) に示す粉末 X 線回折パターンが得られる．このように，粉末回折法では単結晶を動かすかわりに，あらゆる方向に無秩序に格子面が向いた粉末試料を用いる．単結晶を得ることは必ずしも容易ではない．粉末法は単結晶法と比べて試料を調製しやすい上，回折装置の駆動機構も単純となる．

1.1.4 b, c で述べたように，ある物質における回折角 θ はその物質の格子定数によって決まり，回折強度はその物質の構成原子の配列（座標）によって決まる．したがって，ある物質の粉末回折パターン（すなわち回折角と回折強度の集合）はその結晶構造に依存するため，既知物質と未知物質の粉末 X 線回折パターンを比べることで，未知物質を同定できる．これが粉末回折法による同定の原理である．

一方，実測 X 線回折強度から原子配列を決められそうであることが式 (1.2), (1.3) から予想できよう．X 線回折データから未知の結晶構造を明らかにする手法を X 線結晶構造解析という．ここで単位格子中の点 (x, y, z) における電子密度 $\rho(x, y, z)$ は $F(hkl)$ を振幅（フーリエ係数）とするフーリエ級数で表される．

$$\rho(x, y, z) = \frac{1}{V}\sum_h\sum_k\sum_l F(hkl) \cdot \exp\{-2\pi i(hx + ky + lz)\} \quad (1.4)$$

この計算をフーリエ合成と呼ぶ（6.4.5 参照）．未知構造を解明したいときは，単結晶に X 線を入射して多数の hkl 反射の $I(hkl)$ を測定し，式 (1.3) により $|F(hkl)|$ を求める．このように測定値から直接得られる $|F(hkl)|$ と直接法やパターソン法と呼ばれる構造解析の手法により求めた位相 $\phi(hkl)$ の情報から $F(hkl)$ が求まり，式 (1.4) で表されるフーリエ合成により電子密度分布 $\rho(x, y, z)$ が決まる．電子密度の最も高いところが原子座標 (x_j, y_j, z_j) に相当する．$|F(hkl)|$ から $F(hkl)$ を求めるのが構造解析の難所で，$F(hkl)$ さえ求まれば，式 (1.4) の計算はプログラムで簡単に行える．これが X 線結晶構造解析の概要であり，詳細は 6, 12 章に記されている．

このような X 線結晶構造解析を行うには通常，単結晶を用いて多数の $I(hkl)$ の値を精密測定し，$|F(hkl)|$ を求める必要があるが，単結晶試料を得ることは必ずしも容易ではない．粉末回折データから結晶構造を解析せざるを得ないことも多い．その場合は，まず未知構造の構造モデルを構築し（12 章），引き続きリートベルト法により結晶構造を精密化していくことになる（7 章）．

e．逆格子を使ってみよう

単結晶に X 線を照射し，その後ろに写真フィルムを置き露光すると，格子面 (hkl) からの回折波が写真上で点として写る．図 1.10(c) はその例である．次にこの面と点との関係に着目してみよう．すなわち，実際の結晶内に一定の周期で並んだ，(hkl) 「面」によって回折された X 線は，写真上の回折像で

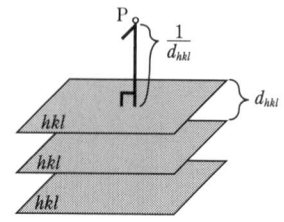

図 1.14　格子面 (hkl) に対応する逆格子点 P

は hkl という回折指数をもつ「点」に変換されるという関係である.

いま,ある物質の結晶構造に着目して格子面を考えるとき,実際の格子(実格子という)で (331) 面や (721) 面などの面の空間配置を理解するのは,その物質の結晶構造模型があったとしても,相当やっかいである.そこで,結晶学の先達たちは 3 次元の格子面を点で表す便利な表記法を編み出した.ある格子面を定義するには,その面がどの方向を向いて,どのような周期(面間隔)で並んでいるかを表現できれば十分であり,面の 2 次元的広がりは意味をもたない.図 1.14 を見ると,ある面 (hkl) の方向は,面に立てた垂線の方向によって表せることがわかる.さらにその面の周期に関する情報を盛り込むために,垂線と面との交点から面間隔の逆数 $(1/d)$ だけ離れた垂線上の点 P を想定する.この点 P は面に垂直で長さが $1/d$ のベクトル(逆格子ベクトルと呼ぶ)の頂点(先端)に位置する.このように約束すれば,3 次元的に複雑に並んだ格子面についての必須情報(面の方向と面間隔)をシンプルな 1 つの点に変換できるので,非常に便利である.

上記の規則に従って,結晶に含まれるすべての格子面を点に変換すると,それらの点の集合は結晶の周期性を反映して格子状の配列をつくる.これを逆格子,各点を逆格子点と呼ぶ.逆格子の大きさ,すなわち逆格子定数はそれぞれ $a^*, b^*, c^*, \alpha^*, \beta^*, \gamma^*$ というようにアスタリスク付きで表す(a^* はエースターと呼ぶ).逆格子定数と実際の結晶格子(実格子)の格子定数との間には,三斜晶系の場合,表 1.3 中の式が成立する(その他の晶系では,より単純な式となる).ここで a^* は bc 面,b^* は ac 面に,c^* は ab 面にそれぞれ垂直であることも知っておくと頭の中にイメージしやすい.

さて,図 1.10(c) に示したように,単結晶に X 線を当てると,格子面からの回折が写真上で点になる.勘が働く人なら,この現象が上述の格子面を逆格子点で表した変換とよく似ていることに気づくであろう.以下で具体的に説明するが,逆格子を考えると,X 線回折の現象がたいへんわかりやすくなる.ある単結晶にある方向からある波長 λ の X 線を入射するとき,どの方向に回折 X 線が出射するかは,その結晶の逆格子を考え,以下のように作図すると容易にわかるのである.

ある実格子に対応する逆格子を組立てることは,各格子面に対する逆格子(散乱)ベクトルを求めることにほかならない.格子定数,ひいては格子面間隔 d さえわかれば簡単に逆格子をつくることができる.

ある単結晶試料を図 1.15 の O 点に置き,X 線を試料の左から照射したとしよう.置いた結晶の結晶軸 a, b, c の向きを考え,それと対応する逆格子の原点は O に置くこととする.逆格子定数は格子定数から表 1.3 中の式により求まるので,それらを使って図 1.15 のように逆格子を格子模様として図示する.実際の測定では,逆格子のイメージを頭に思い描くだけでもよい.実際に作図する場合は,$1/d$ という長さの逆数が単位であることに注意する(後述のエワルド球も同様).たとえば実格子で 1 Å の距離を逆格子では 2 cm で図に表すとすると,実格子の 2 Å は 1 cm となる.

O を通る入射 X 線の線上に中心 E をもつ半径 $1/\lambda$

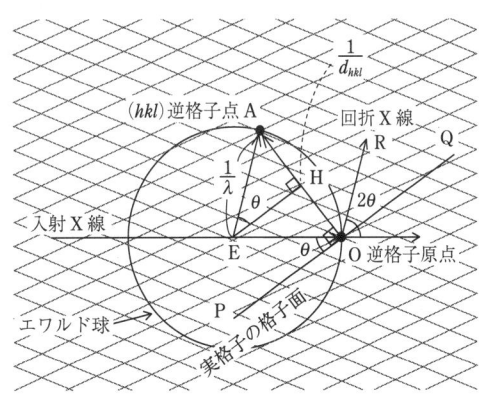

図 1.15 ブラッグの条件を満たすエワルド球上の逆格子点

表 1.3 三斜晶系の結晶における格子定数と逆格子定数との関係

$$a^* = \frac{bc \sin \alpha}{V}, \quad a = \frac{b^* c^* \sin \alpha^*}{V^*}, \quad b^* = \frac{ac \sin \beta}{V}, \quad b = \frac{a^* c^* \sin \beta^*}{V^*}, \quad c^* = \frac{ab \sin \gamma}{V}, \quad c = \frac{a^* b^* \sin \gamma^*}{V^*}$$

$$V^* = \frac{1}{V} = a^* b^* c^* \sqrt{1 - \cos^2 \alpha^* - \cos^2 \beta^* - \cos^2 \gamma^* + 2 \cos \alpha^* \cos \beta^* \cos \gamma^*}$$

$$\cos \alpha^* = \frac{\cos \beta \cos \gamma - \cos \alpha}{\sin \beta \sin \gamma}, \quad \cos \beta^* = \frac{\cos \alpha \cos \gamma - \cos \beta}{\sin \alpha \sin \gamma}, \quad \cos \gamma^* = \frac{\cos \alpha \cos \beta - \cos \gamma}{\sin \alpha \sin \beta}$$

の球（エワルド球と呼ぶ．λ は使用する X 線の波長）を描く．ただし，球の中心 E の位置は球面が O を通るように決める．

図 1.15 中の逆格子点のうちエワルド球上に乗っている点を探すと，A 点（回折指数を hkl とする）が見つかる．A 点と E および O と結んでみよう．結んでできた AOE は二辺（EA と EO）の長さが $1/\lambda$ の二等辺三角形である．この三角形の底辺 OA の長さは O から逆格子点 A までの長さにあたるので，定義より (hkl) 面の格子面間隔 d_{hkl} の逆数 $1/d_{hkl}$ に等しい．二等辺三角形の頂点 E から OA におろした垂線 EH は ∠AEO を 2 等分し，その角を θ とすると，

$$2 \times \frac{1}{\lambda} \times \sin\theta = \frac{1}{d_{hkl}}$$

という関係が成り立つ．この式を変形すると

$$\lambda = 2 d_{hkl} \sin\theta$$

となる．これは，ブラッグの条件式（1.1）にほかならない．したがって，ブラッグの条件が満たされたため，回折 X 線は EA の方向に θ の回折角で出射するということになる．ベクトル EA を逆格子の原点まで平行移動させたベクトル OR を回折 X 線の出射方向とみなせば，逆格子の原点から回折 X 線が出てくるという形になり，わかりやすい（EA と OR は平行であるため，回折線の方向を考える際には同一ベクトルとみなせる）．

また，EH に平行で，逆格子の原点 O を通る直線 PQ を引くと，PQ は OA に垂直で，逆格子点 hkl に対応する実格子面 (hkl) と紙面の交線を表す．EO に沿って入射した X 線が実格子面 PQ で鏡面反射され，OR の方向に回折されると考えれば，まさにブラッグ条件が成立していることがわかる．この OA を格子面 PQ に対する散乱ベクトルと呼ぶ．散乱ベクトルは図 1.13(a) の法線 V の方向に一致する．

エワルド球上に乗っている逆格子点はすべてブラッグの条件を満たし，エワルド球の中心とその逆格子点を結んだ方向に X 線が回折されるということが以上の説明から理解できよう．単結晶試料を X 線に対して動かすと，エワルド球は不動であるのに対し，逆格子は結晶とともに動く．したがって，エワルド球の上に逆格子点が乗るように結晶を動かしてやれば，ブラッグの条件が満たされ，回折が起こる．このように，入射 X 線に対しどのように単結晶試料を動かしたら回折が起こるのかは，逆格子を考えることにより，容易に知ることができる．

こうして撮影された回折写真が図 1.10(c) である．詳しい説明は省略するが，このような単結晶回折像上の回折点は，逆格子点をフィルム上に射影したものにほかならない．逆格子は表 1.3 中の式を使えば実格子に変換できる．したがって，回折写真を撮影すると，まず逆格子定数が求まり，結晶系や格子定数を簡単に決めることができる．すなわち，回折写真上で原点から回折斑点までの距離を測ることにより逆格子の大きさが求まり，表 1.2, 1.3 の関係から格子定数が決定できる．

一方，ある格子面 (hkl) の回折強度 $I(hkl)$ は，回折写真（ネガ）上では濃淡として表される．したがって，各逆格子点には強度 $I(hkl)$ が付随していることになる．この回折強度は式（1.3）を通じて結晶構造因子と結びつけられる．さらに回折写真に現れる，強度を含めた逆格子点の対称性から，結晶系，対称性（ラウエ群という；6.2.1 参照），後述する消滅則，空間群に関する情報が得られる．

以上の記述をまとめておこう．実空間にある単結晶に X 線を当てると，図 1.10(c) のような X 線回折像が得られ，回折線の方向 (θ) とその強度 (I) は，写真上では濃淡をもった回折斑点，すなわち回折強度の重みをもった逆格子点の像として観察される．このような回折像（回折パターン）は実際の結晶構造（格子定数，原子座標など）と 1:1 で対応する．すなわち，回折波の方向 θ （図 1.10(c) で点の位置）はブラッグ反射を起こす格子面の面間隔 d_{hkl}，すなわち格子定数で決まり，回折強度 I は式（1.2）で表現したように原子の種類に依存する f_j とその位置 (x_j, y_j, z_j) で決まる．格子面によるブラッグ反射が点に変換されるわけであるが，これはちょうど格子面を逆格子点に変換する関係とよく対応しており，逆格子点の位置は格子面の方向と面間隔についての情報，その強度は原子座標の情報を含んでいる．したがって，X 線の回折を理解するには，実空間における格子面の方向や面間隔でなく，逆空間の逆格子点を利用する方がはるかに容易である．このように逆格子はたいへん実用的で便利な表現であり，決して難しい考え方ではない．

f. 粉末試料による X 線の回折

単結晶では，格子面は一つの逆格子点として扱えるので，回折波を観測するには，この逆格子点がエワルド球に乗るように結晶を動かす必要がある（図 1.13

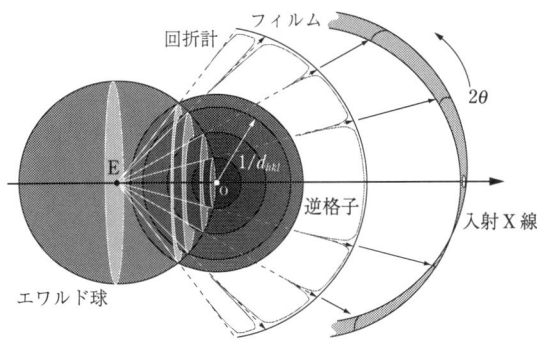

図1.16 粉末試料の逆格子点と回折X線の方向

(a)，1.15参照）．一方，粉末試料は無数の結晶子を含んでおり，入射X線に対してあらゆる方向に向いた（hkl）面が存在するため，それらに対応する逆格子点の集合は$1/d_{hkl}$を半径とする球を形成する．したがって，粉末結晶の逆格子は，半径$1/d_{hkl}$の異なる同心球として図1.16のように表される．これらの同心球とエワルド球との交わりはさまざまな半径の円となる．そして，エワルド球の中心Eと円を結ぶ円錐状の軌跡が回折X線の進む方向となる．

デバイ-シェラーカメラを用い，図1.16のように細長い長方形のフィルムを置いて粉末試料の回折写真を撮影すると，回折線が曲率の異なる円弧となるのはこのためである（図2.8）．ガンドルフィカメラ（5.2参照）でも同様の回折写真（図5.14(a)）が得られる．また，平板フィルムを置いた場合は，同心円となる（図2.53など）．一方，通常の粉末X線回折計では，図1.13(b)のようにフィルムのかわりにX線検出器を試料の周りで回転させて回折X線を計数する．そのときに得られる回折パターンのイメージもあわせて図1.16に図示した（2.1.1aで述べるアンブレラ効果も，この図から理解できよう）．一方，微小部回折計（5.1参照）では，フィルムのかわりに1次元・2次元検出器であるPSPC（位置敏感型比例検出器）を置いて回折強度を一挙に測定する．

さて，粉末回折法により回折強度を正確に測定するには，逆格子点の集合が事実上均一な球を形成するくらい多くの結晶子からの回折X線を収集しなければならない．そのためには，試料調製が重要となる．結晶子が十分小さくなかったり，結晶子の数が少ない試料で回折写真を撮影すると，連続した均一の濃さの曲線が得られず，つぶつぶのあるまだらな円弧となってしまう（図2.53参照）．このような試料では，構造モデルの構築やリートベルト解析に使えるような良質な回折強度データは得られない．

以上のように，逆格子は粉末回折を理解するためにも役立つので，ぜひ逆格子の考え方に慣れていただきたい．

1.2　粉末回折パターンはどのような情報を含むか

さて，これまで説明してきた基本概念をもとに，粉末X線回折パターンからどのような結晶構造情報を抽出できるか考えてみよう．粉末X線回折計で測定した$LiMn_2O_4$の粉末回折パターンを図1.17に示す．横軸は回折角2θ，縦軸はX線検出器で計数した回折強度である．粉末回折法を未知試料の同定に用いるときは，回折パターン中の各反射について，回折角（通常はピーク位置の2θ）とピーク強度を読み取る．2θは式（1.1）にX線の波長を代入し，$n=1$とすれば，格子面間隔dに変換できる．ピーク位置での強度からバックグラウンドを差し引き，回折パターン中で最

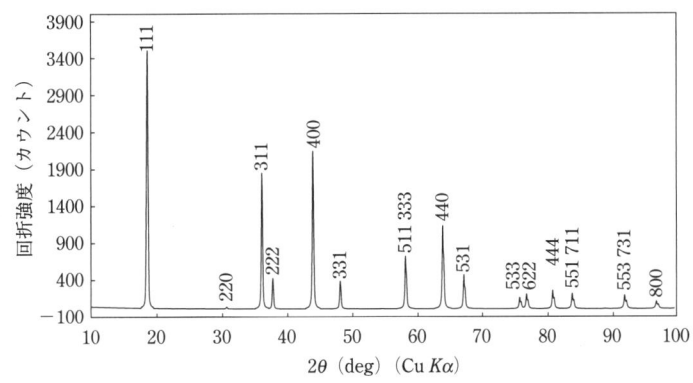

図1.17　$LiMn_2O_4$の実測粉末X線回折パターン

も高いピーク強度をもつ反射の強度を 100 としたときの相対強度を求める．後述の構造解析では，十分広い 2θ 範囲にわたる回折パターン全体を対象とするパターンフィッティングを行うが，同定用のデータとしては，単純にピーク強度を用いれば通常は十分である．

このようにして，粉末 X 線回折データから各反射の d 値と相対強度が求まる．粉末回折データのデータベース PDF（ICDD）には，数多くの物質について，hkl（格子定数が既知の場合），d，相対強度が収録されている．これらの情報を使って，未知物質を同定でき，その方法が 3.2 に詳述されている．

粉末回折データを使った結晶構造解析のような精密解析を行うには，粉末回折データに含まれるさらに多くの情報を利用する．実測の粉末回折パターンから直接得られる情報としては，

(1) 回折角 2θ
(2) 回折強度
(3) 回折線のプロファイル（半値全幅，ピークから裾にかけての減衰やプロファイルの非対称性に関係するパラメーター）
(4) 反射の消滅則

の 4 つがあげられる．(1) と (2) はそれぞれ格子定数と結晶構造に依存することを 1.1.4(b), (c) で詳述した．以下，(3) と (4) について説明しよう．

(3) の回折線のプロファイルは使用する X 線の単色性（X 線管球からの X 線は波長の異なる $K\alpha_1$, $K\alpha_2$, $K\beta$ 成分と白色 X 線を含む），結晶子サイズ，格子ひずみ，試料による吸収，回折装置の光学系（特に軸発散）など複数の要因の影響を受ける．逆に回折プロファイルを解析すれば，それらの情報が得られることも意味している．

粉末回折では，3 次元逆空間に分布する多数の逆格子点に関する情報が 2θ を横軸とする 1 次元のデータに集約されるので，反射の重なりが深刻な問題となる．7 章で詳述するリートベルト法では，重なった反射を分離せず，回折パターン全体を対象として最小二乗法による当てはめを行うことにより，反射の重なりによる構造情報の劣化を部分的に解決している．

(4) の消滅則については 6.3.4 で詳述するが，この後の説明で必要なため，ここで概要を解説しておく．結晶中の原子配列によっては，一部の反射の強度がゼロになることがある．こういう現象は，個々の原子から散乱された X 線が互いに弱め合うように干渉するときに観測される．すなわち，2 つの格子面から散乱した波の位相がちょうど 1/2 波長分だけずれ，かつ互いの格子面の $F(hkl)$ の大きさが等しいとき，規則的に反射が消滅するのである．これは I, F, C などの複合格子や，結晶構造が映進面やらせん軸のような対称要素を含むときに起こる．たとえば体心格子 I の場合 $h+k+l$ が奇数の反射は観測されない．このような回折指数 hkl に課せられる条件を消滅則と呼ぶ．

消滅則を定性的に理解するために，面心格子 F をとる NaCl を例に説明しよう．NaCl の粉末回折パターンには，消滅則により 101 反射は現れない．すなわち $F(101)$ はゼロである．図 1.18(a) に示すように，(101) 面上では Na^+ と Cl^- が b 軸方向に沿って交互に並んでいるが，それと同じ配列で Na^+ と Cl^- が並んだ面が 2 つの (101) 面のちょうど中間にも存在する．したがって，上下の (101) 面からの回折波がブラッグ条件を満たして 1 波長分位相がずれて互いに強め合うとき，中間の面からの散乱波はちょうど半波長分ずれることになる．同じ原子配列をもつ両面からの回折波は同じ振幅をもつが，位相が逆転しているので，両者の合成波は互いに打ち消し合って反射が消滅する．一方 (202) 面の場合は，このような等価な面が間に存在しないので，強い回折強度が観測される．

(111) 面は図 1.18(b) に示すように Na^+ のみからなる面であるが，そのちょうど中間に Cl^- のみからなる面が挟まっている．そのため，(111) 面が回折条件を満たすとき，その中間の面からの反射波は半波長ずれることになるが，Na^+ と Cl^- の原子散乱因子は互いに異なるので，散乱した波は完全には打ち消し合わず，111 反射が観測される．

一般に岩塩（NaCl）型構造では，111 反射の強度は陽イオンと陰イオンの原子番号の差が広がるにつれ

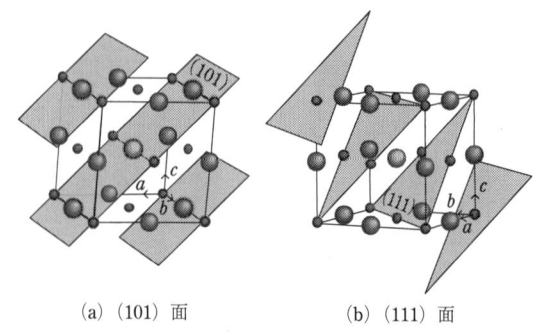

(a) (101) 面　　(b) (111) 面

図 1.18　NaCl の結晶構造と消滅則

て増大する．たとえばKClも岩塩型構造をもつが，K$^+$とCl$^-$はいずれも電子数が18なので散乱能が互いに等しく，111反射は実質的に観測されなくなる．ただし，これは消滅則とは呼ばない．なお，岩塩型構造のように面心格子Fをとる結晶では，h, k, lがすべて偶数か，奇数の反射だけが出現するという消滅則が成立する．

このように，消滅則を利用すると，格子タイプ，映進面，らせん軸に関する情報が得られ，空間群を絞り込める．したがって，消滅則の決定は結晶構造解析の初期段階で必要不可欠となる．なお，空間群が決まれば消滅則は一義的に決まるが，逆は必ずしも成り立たない．詳細については6.3.5を参照されたい．

1.3 粉末回折パターンをつくってみよう

ここで，これまで学習した知識の応用として，粉末X線回折パターンのシミュレーションに取り組んでみよう．使用したプログラムは本書の後半で詳述されるRIETANである．試料Fe$_3$O$_4$（磁鉄鉱）は立方晶系に属する格子定数$a=8.396$ Åの結晶で，スピネル型構造をもつ．これらの構造情報をもとに，Cu $K\alpha$特性X線で測定した$2\theta=40°$までのFe$_3$O$_4$の回折パターンのシミュレーションを行う過程を図1.19に示す．

(1) まず，消滅則は無視して，$2\theta<40°$の領域に現れる可能性がある全反射の回折角を表1.2中の立方晶系の式を使って格子定数$a=8.396$ Åから計算する．横軸を2θとし，得られた回折線の位置を棒で表したのが図1.19(a)である．回折強度は便宜上一定とし，回折指数を図の上部に示した．

(2) 結晶の対称性（空間群：$Fd\bar{3}m$）に関する情報を導入すれば，前述の消滅則から強度ゼロとなる反射がわかる．空間群$Fd\bar{3}m$よりF格子であるので，岩塩型構造と同様，h, k, lがすべて偶数か奇数である反射だけが出現する．さらにd映進面（図6.8参照）の存在により$hk0$に対して$h+k=4n$という消滅則があり200反射は観測されない．したがって，図1.19(b)のように4本の回折線のみが残る．

(3) 次に，これらの反射の回折強度を計算する．FeとOの原子散乱因子と原子座標を式(1.2)に代入して4本の回折線の$F(hkl)$を計算し，$|F(hkl)|^2$を相対強度に変換すれば，図1.19(c)のようにピーク位置に高さの情報を追加できる．

相対強度を計算する際には，反射の多重度（7章参照，式(7.2)のm_K）も考慮する必要がある．多重度とは格子面間隔dが同じで，同じ構造因子をもつ等価反射の数である．面の方位が異なるだけであるので，粉末試料の場合，それらの逆格子点は同一の球面

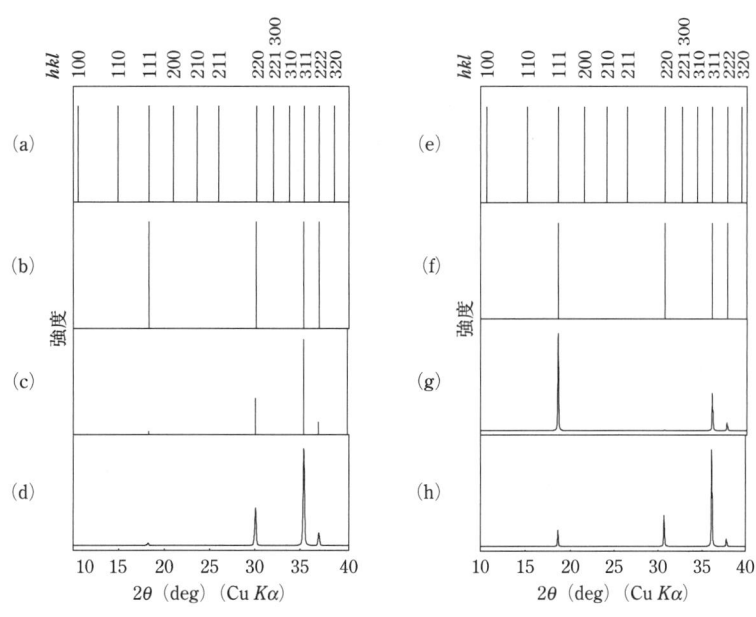

図 1.19 スピネル型化合物の粉末回折パターンのシミュレーション
(a)～(d) Fe$_3$O$_4$，(e)～(g) LiMn$_2$O$_4$，(h) Mn$_3$O$_4$．

表1.4 粉末回折パターンのシミュレーションに使用したパラメーター（表7.1参照）

	Fe$_3$O$_4$		LiMn$_2$O$_4$		Mn$_3$O$_4$	
a（格子定数（Å））	8.396		8.240		8.240	
space group（空間群）	$Fd\bar{3}m$　（Vol. A, No. 227）					
$x_j = y_j = z_j$（分率座標）	Fe1	0	Li	0	Mn1	0
	Fe2	0.625	Mn	0.625	Mn2	0.625
	O	0.3308	O	0.388	O	0.388
B_j（等方性原子変位パラメーター（Å^2））	すべての原子を1とする					
g_j（占有率）	すべての原子を1とする					
Z（ゼロ点シフト）	0.14849					
D_s（試料変位パラメーター）	-0.114695					
T_s（試料透過パラメーター）	0.0128877					
$b_0, b_1, b_2\cdots$（バックグラウンドパラメーター）	28.3634　-28.5985　18.6549　-14.8746　9.4926　-1.97782　0.0　0.0　0.0　0.0　0.0　0.0					
s（尺度因子）	8.809176×10^{-6}					
ガウス関数の半値幅パラメーター	$U = 1.49395 \times 10^{-4}$,　$V = 7.401285 \times 10^{-5}$ $W = 2.558033 \times 10^{-4}$,　$P = 0.0$					
ローレンツ関数の半値幅パラメーター	$X = 3.157068 \times 10^{-2}$,　$X_e = 2.282011 \times 10^{-3}$ $Y = 2.2879626 \times 10^{-2}$,　$Y_e = 1.928188 \times 10^{-2}$					
A_s（非対称パラメーター）	2.8×10^{-2}					
r（選択配向パラメーター）	1.0					

に乗ってしまう．たとえば立方晶系では

111　$\bar{1}11$　$1\bar{1}1$　$11\bar{1}$　$1\bar{1}\bar{1}$　$\bar{1}1\bar{1}$　$\bar{1}\bar{1}1$　$\bar{1}\bar{1}\bar{1}$

はすべて等価な反射なので，111反射の多重度は8（すなわち $m_K = 8$）となる．

（4）図1.19(c)の棒グラフを実際の回折パターンのように変更するには，回折強度にプロファイル関数（式（7.2）参照）を掛ける．その結果，図1.19(d)に示すFe$_3$O$_4$の粉末X線回折パターンが得られる．この最終パターンを計算するのに使ったすべてのパラメーターを表1.4に列挙した．各パラメーターの意味については7章を参照されたい．

次に，結晶構造が同一（同型という）で構成元素が異なると，回折パターンがどのように変化するか見てみよう．LiMn$_2$O$_4$はFe$_3$O$_4$と同様にスピネル構造をもつ．格子定数は，LiMn$_2$O$_4$の方（$a = 8.24$ Å）がやや小さく，その実測回折パターンはすでに図1.17に示した．LiMn$_2$O$_4$のX線回折パターンのシミュレーション過程を図1.19(e)〜(g)に示す．図1.19の(a)と(e)を比べるとわかるように，格子定数aが小さくなると，回折線の位置は高角側にシフトする．消滅則の情報を追加すると，LiMn$_2$O$_4$とFe$_3$O$_4$の空間群はともに$Fd\bar{3}m$なので，図1.19(f)のように回折線の数はやはり4本となる．次に，式(1.2), (1.3)を使って，Li, Mn, Oの原子散乱因子と原子座標から各回折線の回折強度を多重度を考慮して計算し，プロファイル関数を掛けることにより得られた回折パターンが図1.19(g)である．111反射が最も強くなり，4本のピークの相対強度がFe$_3$O$_4$の場合と比べて大きく変化していることがわかる．両者の比較から，構造タイプが同じで格子定数が同程度のときは，粉末回折パターン中でのピーク位置は互いに近いものの，原子番号がかなり異なる化学種が含まれていると，相対強度にはっきりと違いが出ることが実感できよう．粉末回折パターンで未知物質を同定するとき，回折角と回折強度の両方を使う理由はここにある．すなわち，回折角は格子定数，回折強度は原子の種類・座標に関する情報を含んでいるのである．

さて，LiMn$_2$O$_4$中のLiをMnで置き換えた仮想物質Mn$_3$O$_4$の粉末回折パターンをプロットすると，図1.19(h)のようになる．このパターンはFe$_3$O$_4$に対する図1.19(d)とよく似ている．FeとMnは原子番号が1しか違わないことから原子散乱能が同程度なの

で，X線回折では見分けるのは難しい．ただ，酸素原子座標のわずかな違いにより111反射と220反射の反射強度が多少異なっているため両者をかろうじて識別できる．

このように，ある物質の粉末回折データ（回折ピークのd値と相対強度）は，格子定数，空間群，原子座標がわかればシミュレーションできることがわかる．すなわち$LiMn_2O_4$の格子定数，空間群，原子座標のデータから，図1.19(g)の粉末回折データをつくることができ，実測の回折パターン（図1.17）とよく対応している．そして，注目してほしいことは，全く同一のデータを使って図1.9(b)の結晶構造図が描けることである．すなわち，図1.17の実測回折パターン（逆空間の情報）と図1.9(b)の$LiMn_2O_4$の結晶構造（実空間の情報）とは，1：1に対応している．換言すれば，回折パターンは結晶構造の別な表現とみなすことができる．粉末回折パターンから結晶構造を決定できるのはこのためである．

最後に，粉末回折パターンの見方をまとめておこう．粉末回折パターンにおける回折線の位置2θは格子定数で決まる．したがって，測定試料の回折パターンが参照試料のパターンとよく似ているが，ピーク位置がシフトしていたら，両者は構造が同じで格子定数が異なっている可能性が高い．格子定数が変化する原因としては，上記のFe_3O_4とMn_3O_4の場合のように一部のサイトがイオン半径の異なる元素で置換されていたり，何らかの格子欠陥が含まれていることがあげられる．また，実測した回折角から格子定数を計算できることもわかる．

回折線の強度Iは主としてどの原子がどこにあるかで決まるので，結晶構造解析にあたっては，回折強度を精密に測定することが必要不可欠である．消滅則からは，結晶の対称性，すなわち空間群に関する情報が得られる．また回折プロファイルからは，結晶子サイズや格子ひずみなどが求まる．粉末回折パターンから結晶構造に関係したパラメーターを精密化するリートベルト法について7章で，また未知構造の解析について12章で学ぶが，それらは基本的にはこのような原理に基づき，実測の粉末回折パターンに含まれているさまざまな情報を可能な限り抽出するための技術といってよい．

[中井　泉]

文　献

1) 加藤範夫，日本結晶学会誌，**37**, 283 (1995).
2) E. N. Maslen, A. G. Fox, and M. A. O'Keefe, "International Tables for Crystallography," Vol. C, 3rd ed., ed. by E. Prince, Kluwer, Dordrecht (2004), pp. 554-581.

2章 粉末X線回折データを測定する

2.1 粉末X線回折装置

粉末X線回折装置は，主としてX線源，回折光学系，検出器の3つの部分からなっている．さらに検出器の違いによって写真法とカウンター法に大別され，測定方法や目的に応じてさまざまな装置がある．これらのうち，カウンターを走査することによって回折強度を測定する装置（ディフラクトメーターあるいは回折計と呼ばれる）が最も一般的に使われている．また，イメージングプレート（IP）や電荷結合素子検出器（CCD）を用いた写真法による粉末回折装置もしばしば利用される．

2.1.1 粉末X線回折のための光学系

粉末X線回折装置は，できるだけ角度分解能が高く，S/N比の高い光学系を備えることが望ましい．しかし，分解能を上げることは，必然的に観測強度を低下させ，測定時間を増加させる．また，分解能を上げると，回折に寄与する結晶子の数がふつう減少するため，測定強度の再現性も悪化する．したがって，光学系の分解能は目的や要求精度に応じて，適切な値を選ぶべきである．

現在，使われている代表的な粉末X線回折用光学系を図2.1に示す．粉末X線回折光学系は，特性X線源の発散ビームを効率よく利用するための集中型光学系，コリメーターを用いた写真法，主として放射光を用いる平行ビーム光学系に大別される．また，X線の入射角と回折角とが等しい対称法と，両者が互いに異なる非対称法がある．対称法は，試料の厚みが十分であれば，あらゆる回折角においてX線の照射体積が一定になり，試料面に対して平行な格子面が回折に寄与するという特徴をもつ（図2.2）．さらに，試料により反射したビームを観測する反射法，試料を透過したビームを観測する透過法という分類もある．

特性X線を用いた回折装置では，ブラッグ-ブレンターノの集中法光学系[1]が最も広く利用されている．日本語では"集中法"と呼ぶのが一般的であるが，厳密には"対称反射型疑似集中法"というべきである．

以下に，代表的な粉末回折光学系の特徴について述べる．

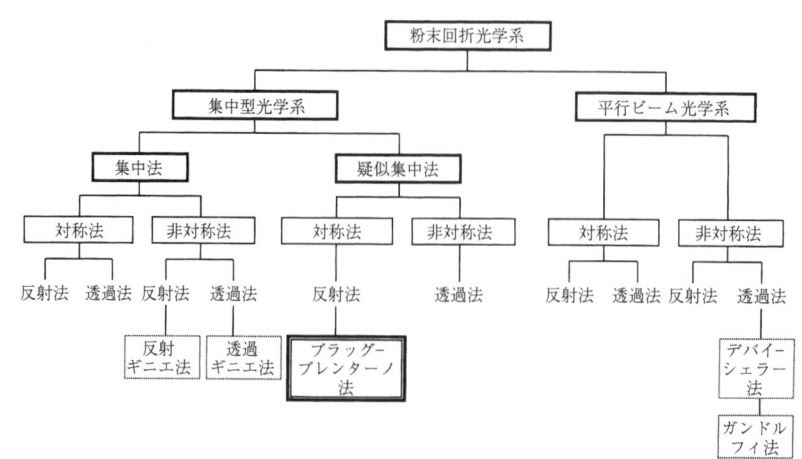

図2.1 粉末回折光学系の分類

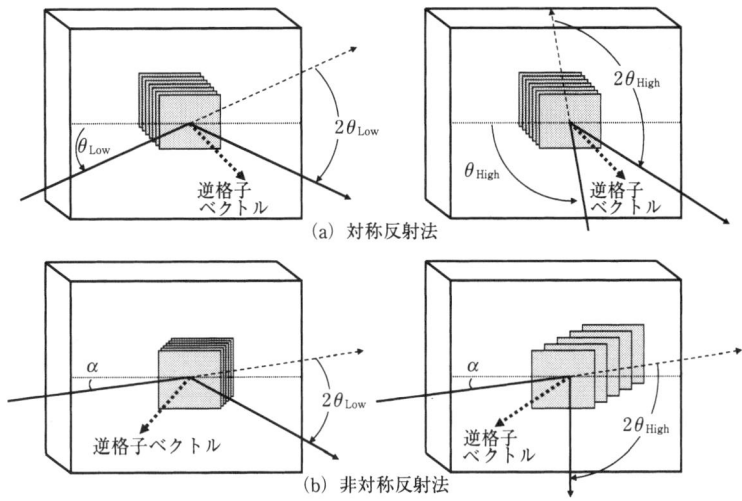

図2.2 対称・非対称反射光学系における逆格子ベクトルの違い
逆格子ベクトルは，対称反射法では試料面に対してつねに垂直だが，非対称反射法では回折角 2θ とともに変化する．

a．ブラッグ-ブレンターノの集中法光学系

ブラッグ-ブレンターノ型回折計は分解能と回折強度のバランスがよい光学系であり，特性X線を用いた光学系の典型として広く使われている．図2.3，2.4に示すように，この光学系は円周角の定理に基づいている．試料を中心とし，X線源と受光スリット（receiving slit：RS）を通るような円をディフラクトメーター円と呼ぶ．一方，焦点円（集中円）はX線源，ディフラクトメーターの回転中心（試料表面の中心位置），受光スリットの3点を通る仮想的な円で，その半径は回折角 2θ とともに変わる（図2.4）．粉末試料は試料板に詰め，その表面が焦点円と一致するようにセットする．焦点円上にあるX線源から発散したX線を試料に入射させると，試料からの回折X線は焦点円上の1点に焦点を結ぶ．この焦点にRSをセットする．さらに，入射側にソーラースリット（Soller slit）と発散スリット（divergence slit：DS），受光側に散乱スリット（scattering slit：SS），ソーラースリット，RSの順に一連のスリットを置く（図

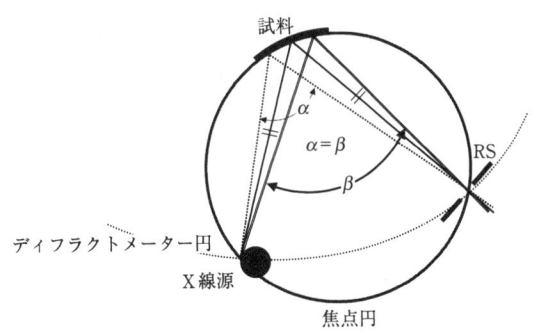

図2.3 ブラッグ-ブレンターノ型集中法の原理

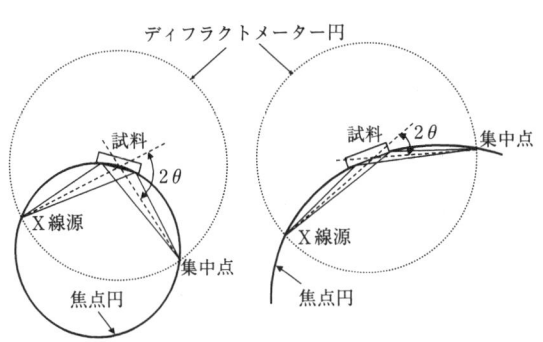

図2.4 ディフラクトメーター円と焦点円

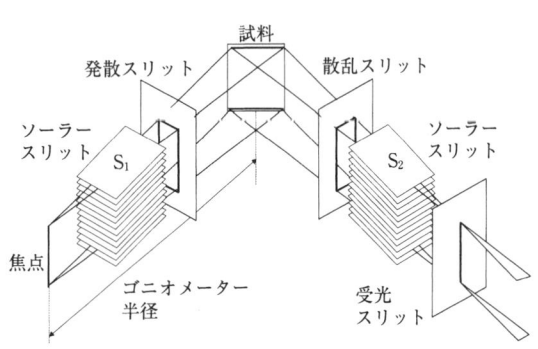

図2.5 集中法光学系を構成するスリット

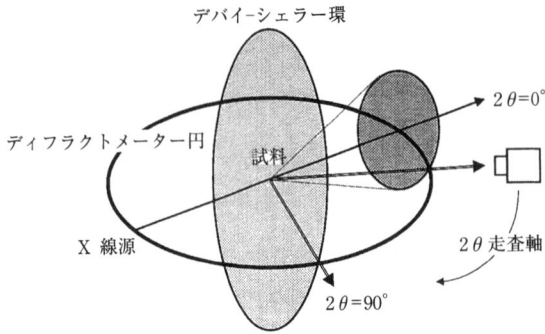

図2.6 $2\theta=0°$, $90°$に対するデバイ-シェラー環

2.5).

RSの位置に回折ビームが集光するには，X線源-ゴニオメーターの回転中心間距離とゴニオメーターの回転中心-受光スリット間距離とが等しくなければならない．この距離，言い換えればディフラクトメーター円の半径をゴニオメーター半径という．厳密には，試料表面は焦点円と同一の曲率をもった曲面でなければならないが，実際には平板試料を使用せざるを得ないため，ある程度の収差が生じる．

試料面がつねに焦点円に接するためには，入射X線の中心と試料面とのなす角（θ），入射X線の中心と回折X線とのなす角（2θ）とが，つねに1:2に保たれればよい（倍角回転機構と呼ぶ）．

回折X線は水平方向だけでなく，垂直方向にも発散しているため，観測プロファイルが変位するとともに非対称となる．これをアンブレラ効果と呼ぶ．図2.6から明らかなように，$2\theta=90°$ではRSがデバイ-シェラー環を垂直に受けるため，アンブレラ効果による回折線のシフトはないが，2θが低く（または高く）なるにつれ，回折線は低角（または高角）側にシフト

するとともに，同じ方向に裾を引いた非対称なプロファイルを呈する．ソーラースリットは，多数の薄い金属板を狭い間隔で平行に配置したもので，入射・回折X線の垂直方向の発散を制限する．縦長の線焦点から発生したX線は入射側のソーラースリットS_1により垂直発散が抑えられる（図2.7）．また，受光側のソーラースリットS_2はデバイ-シェラー環の一部分だけを取り出す役割を受け持つ．

DSは試料に照射されるX線の発散角を決定するスリットであり，これにより照射幅が変わる（8.2.2参照）．SSは焦点円から外れた位置からの回折線や散乱線を除去し，バックグラウンドの上昇を防ぐ効果をもつ．RSは焦点円に集光したX線の受光幅を決めるのに用いる．

集中法は，簡便に使用できる一方，入射角度を任意に設定できない（θ，2θ軸の周りに倍角回転しなければならない），試料形状が平板であることや試料内部からX線が回折することによって光学収差が生じる，観測強度が試料表面の凹凸に敏感である，試料面に平行な格子面をもつ結晶子からの回折X線しか観測できない，回折プロファイルが非対称になりやすい，といった欠点をもつ．

b．デバイ-シェラー光学系

デバイ-シェラー（Debye-Scherrer）光学系[2]は，カウンターによる計数が主流になる以前，最も一般的であった光学系である．放射光を利用した粉末回折データ測定では，主流の地位を占めている．円筒状のX線フィルム（図2.8）を使用することから，別名，円筒カメラ法とも呼ばれる．試料は通常，内径0.1～1.0 mmϕのガラスキャピラリーに詰めることから，選択配向が起こりにくく，試料が少量ですむという大きな利点がある．回折に寄与する結晶子の数をできるだけ増やすために，ふつうは試料軸を中心に，回転さ

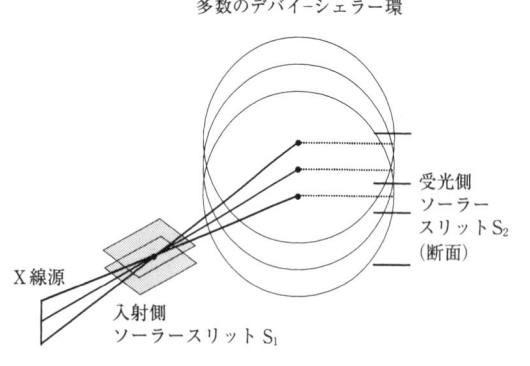

図2.7 デバイ-シェラー環の垂直発散とソーラースリット

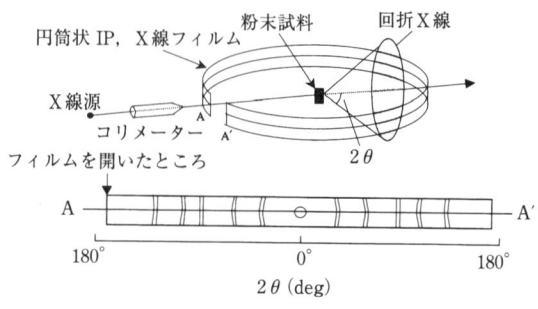

図2.8 デバイ-シェラー光学系

せながら測定する．最近では，X線フィルムのかわりに，強度の定量性がよいイメージングプレートを用いた装置が広く利用されている．また，5.2で述べるガンドルフィカメラもデバイ–シェラー光学系の一種であるが，試料の揺動機構に特色がある．

デバイ–シェラー光学系を用いる場合，次の4点に注意を払う必要がある．

(i) 試料径 デバイ–シェラー光学系における試料の直径の最適値は，$1/\mu$（単位：cm，μ：粉末試料の線吸収係数）であり，試料径の増大とともに，回折強度が指数関数的に減少する．

(ii) 入射X線ビームの幅 デバイ–シェラー光学系では，入射X線ビームに対し試料を完浴させなければならない．試料径が大きくなれば，それに対応して入射X線のビーム幅も広げる必要がある．しかし，それに伴って，ビーム幅で規定される回折X線束を直接検出するデバイ–シェラー光学系では，分解能が必然的に低下する．

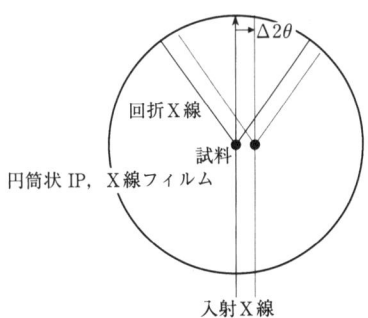

図2.9 デバイ–シェラー光学系における試料の偏心（入射X線に対して垂直方向）

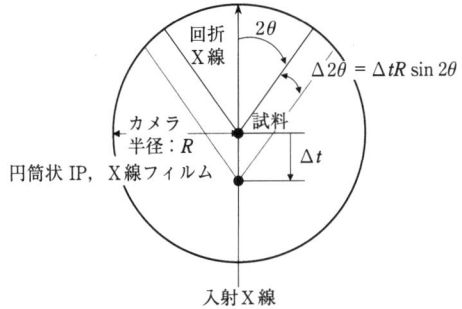

図2.10 デバイ–シェラー光学系における試料の偏心（入射X線に対して平行方向）

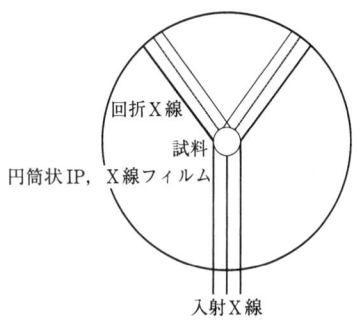

図2.11 デバイ–シェラー光学系における試料吸収の効果

(iii) 試料の偏心 デバイ–シェラー光学系において，試料位置の偏心は回折角に誤差を与える．入射X線に対して直交方向の偏心（図2.9）は，ゼロ点誤差を発生させるものの，その補正は容易である．しかし，図2.10のような平行方向の偏心は，デバイ–シェラー環の直径を変化させる．たとえば，カメラ半径Rが285 mmのデバイ–シェラー光学系において，入射X線方向と平行方向に0.2 mm偏心していると，$2\theta=10°$では0.007°，$2\theta=45°$では0.028°，$2\theta=90°$では0.040°の誤差が生じる．

(iv) 試料によるX線の吸収 図2.11から明らかなように，試料によるX線の吸収が大きい場合，試料表面近くからの回折X線だけが観測される．その結果，回折プロファイルが変形したり，極端な場合，分裂したりすることがある．

c．ギニエ光学系

ギニエ（Guinier）光学系[3]では，特性X線源からの発散ビームを結晶の完全性の高いSi，Ge，LiFなどの湾曲結晶モノクロメーターで単色化することにより，輝度の高い入射$K\alpha_1$線を得る．写真法のほか，カウンター法も利用される．

(i) 透過ギニエ法 図2.12に示すように，湾曲結晶モノクロメーターを入射側に配置して集中ビームをつくり，モノクロメーターと焦点の間に試料を置くと，試料と焦点を通り，試料面の法線方向に直径Dをもつ回折X線の焦点円が試料の透過側に形成される．試料からの回折X線はすべてこの円上に集中する．Dは

$$D = \frac{L}{\cos \phi} \tag{2.1}$$

と表される．ここで，Lは試料と焦点の距離，ϕは入射X線ビームと試料面に対する法線のなす角を示

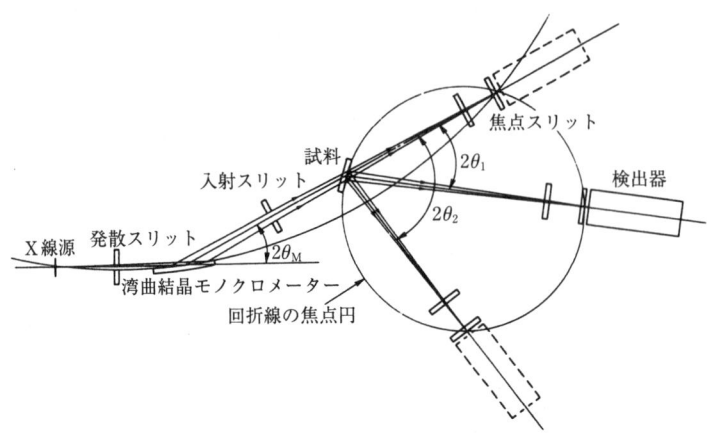

図2.12 透過ギニエ光学系

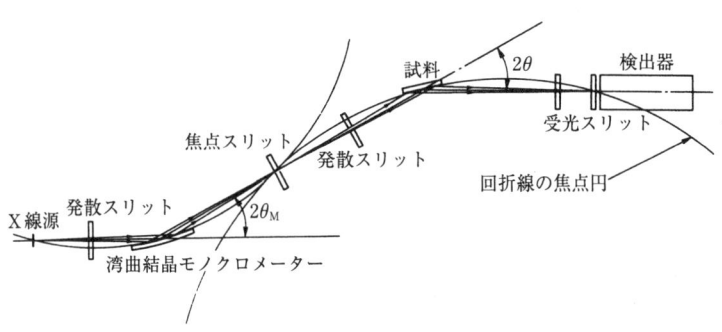

図2.13 反射ギニエ光学系

す.

試料は θ 軸上に,焦点スリットと検出器は 2θ 軸アーム上に設置する.ϕ を一定とし,焦点スリットと検出器を焦点円に沿って走査する.集中条件を満足している場合,試料から焦点までの回折X線の距離 m は

$$m = D\cos(2\theta - \phi) = \frac{L\cos(2\theta - \phi)}{\cos\phi} \quad (2.2)$$

となる.

(ii) 反射ギニエ法 図2.13のように,湾曲結晶モノクロメーターを入射側に配置して集中ビームをつくり,集中点を過ぎた後に試料を置くと,式(2.1)の関係を満たす焦点円が試料の反射側に形成される.2θ アーム上の焦点スリットと検出器を焦点円に沿って動かすのは,透過ギニエ法と同様である.ただし m は

$$m = -D\cos(2\theta + \phi) = -\frac{L\cos(2\theta + \phi)}{\cos\phi} \quad (2.3)$$

となる.

ギニエ光学系では $K\alpha_1$ 線だけからなる理想的な単色X線が得られ,入射モノクロメーターに平板単結晶を用いて単色化するのと比べて,100倍以上の強度が得られる(図2.14).また,試料軸 θ が固定されているため,光学収差が発生しにくい.したがって,特性X線を用いて粉末回折パターンを測定するには最

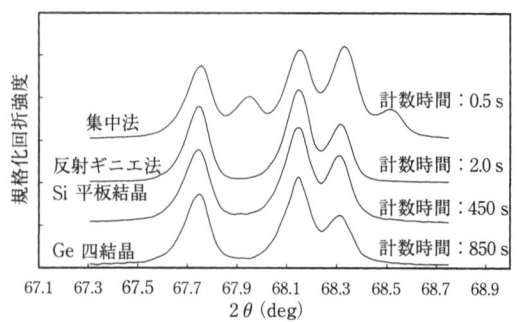

図2.14 各種粉末回折光学系による石英五重線の測定結果
すべての測定は,反射法で受光スリットを用いて行った.

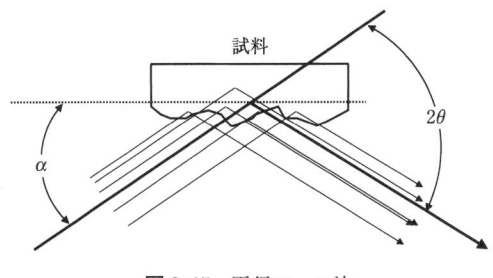

図2.15 平行ビーム法

適な光学系の一つであるが，装置が複雑になるのが欠点である．そこで，ギニエ光学系と同様に，入射側湾曲モノクロメーターで$K\alpha_1$線だけに単色化し，焦点をX線源とみなした$\theta:2\theta$走査の集中型光学系も使われている．しかし，この方法では，ブラッグ-ブレンターノ光学系と同じような光学収差などの問題が発生する．

d．平行ビーム光学系

平行ビーム法（図2.15）では，平行化した入射X線を試料に入射し，ソーラースリットや結晶アナライザーを経由した平行回折ビームだけを計数する．試料の形状や光学系の幾何学的な制限を受けないことから，薄膜（5.3参照），ひずみ，コリメーターを利用した測定などに利用される．

最も一般的に使用されている特性X線を利用した平行ビーム法は，管球から発生した発散X線ビームを試料に対して一定の低角度αで入射し，試料と検出器の間に水平方向平行スリットを置き，検出器だけを2θ走査する薄膜用光学系である．しかし，特性X線の発生装置は本質的に発散光源であるために，高分解能が得られず，回折強度の定量的な扱いが難しいという欠点がある．

平行ビーム法の原理に最も忠実なのは，完全性の高い結晶モノクロメーター（Si, Ge など）を入射側に置く光学系である．このような光学系を用いれば，単色性はもとより，平行性も高いビームが得られる．理想に近い平行X線源である放射光実験施設では一般

的な光学系となっている[4]．一方，特性X線発生装置では，単色化したX線の強度が極端に低くなり，粉末X線回折データを測定するには強度が不十分となりがちである（図2.14参照）．

各種光学系に使用されるモノクロメーターは，測定に要求される波長と角度分解能を考慮した上，できるだけ強いX線ビームが得られる結晶を選択する．Si, Ge, LiF, 石英，グラファイトなどの結晶が一般に用いられるが，近年の多層膜作成技術の向上に伴い，非常に反射率（$CuK\alpha$で約70%）の高い人工格子も用いられるようになった．

近年，格子面間隔が部位とともに連続的に変わる格子面間隔傾斜型放物面人工格子（graded d-spacing parabolic multilayer）が製造されるようになり，その特徴をいかした新たな光学系が出現してきた．この光学素子を用いて図2.16に示すような光学系を構築すると，発散特性X線を高効率で平行ビーム化することが可能となる．入射側には特性X線源からの発散ビームを単色化・平行化する人工格子素子，受光側には分解能を規定する長尺平行スリットを装備している[5]．

集中法光学系と比べ，平行ビーム光学系は，光学収差，試料偏心，試料表面の凹凸などによる回折プロファイルの変形が無視できるほど小さい．このため平行ビーム光学系は角度精度が高く，左右対称に近い回折プロファイルを与える．また，試料軸θと検出器軸2θを連動させる必要もないことから，光学系を切り換えずに反射法と透過法による強度を測定できる．さらに，デバイ-シェラー光学系配置においても，受光側に設置した長尺平行スリットによって，試料・入射ビームの径に起因する分解能の低下や試料の偏心による角度誤差の発生を抑制しうる（図8.3参照）．

2.1.2　X　線　源

特性X線を発生させるためのX線管球は熱電子2極真空管の構造をもつ．陰極にはWやLaB_6のフィ

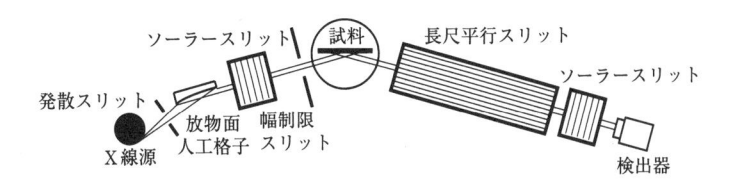

図2.16 放物面人工格子を用いた平行ビーム光学系

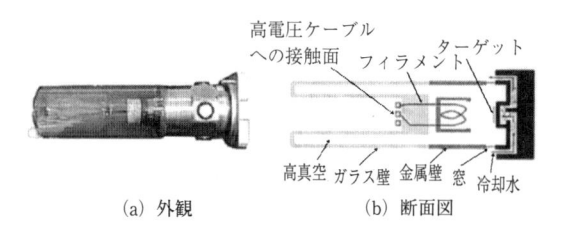

図 2.17 封入式 X 線管球

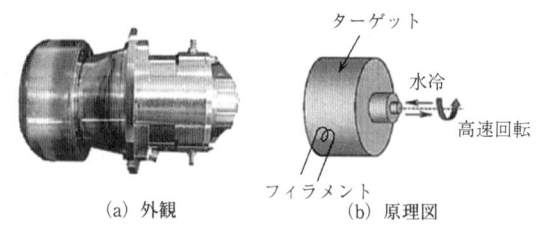

図 2.18 回転対陰極式 X 線管球

ラメントを使用する．加熱した陰極から発生した熱電子を高電圧で加速し，ターゲット（対陰極）に衝突させると，X 線が発生する．ターゲットへ向かう電子線束は，適当な電場とフィラメントを取り囲むウェネルト筒によって発散が抑えられ，ターゲット上に焦点を結ぶ．X 線はターゲット表面から，あらゆる方向に放射し，その一部がターゲット近傍の管壁に設けた窓から管外に取り出される．

a．X 線管球の種類

X 線管球には真空に封じ切った封入式管球と真空に引きながら使用する組立式管球とがある．ターゲットには V，Cr，Fe，Co，Cu，Mo，Ag，W などを用いる．

(i) 封入式管球　図 2.17 に封入式管球の外観と断面図を示す．ターゲットとフィラメントが一体となって真空に密閉されており，簡便に利用できる．フィラメントの寿命を長くし，ターゲット表面の汚染を防ぐために，その内部は $10^{-4} \sim 10^{-5}$ Pa の高真空になっている．X 線回折実験用には，ノーマルフォーカス（ターゲット上での実焦点サイズ 1.0×10 mm^2），ファインフォーカス（0.4×8 mm^2），ロングファインフォーカス（0.4×12 mm^2），ブロードフォーカス（2.0×12 mm^2）などを使う．ブラッグ-ブレンターノの集中法光学系が主流である粉末 X 線回折法では，強度と分解能の兼ね合いから，焦点幅が狭く，焦点長の大きなノーマルフォーカスやロングファインフォーカスをふつう選ぶ．封入式管球では，ウェネルト筒とフィラメントは同電位にしてあり，ウェネルト筒のみで電子線束の発散を抑えている．

(ii) 組立式管球　管球内をつねに排気しながら使用する X 線管球で，高出力や微小焦点を必要とする場合に使用する．排気には，一般にロータリーポンプとターボ分子ポンプを併用する．

組立式管球では，一般にドラム形のターゲットが高速回転する回転対陰極式 X 線管球を用いる（図2.18）．電子線束がつねに冷却されたターゲット面に照射されるため，非常に強い X 線が得られ，封入式管球では許容負荷が 3 kW 弱であるのに対し，組立式管球は 12～18 kW の負荷に耐える．特殊な用途には，60～90 kW の発生装置も利用される．焦点サイズは，使用目的に合わせてノーマルフォーカス（0.5×10 mm^2），ファインフォーカス（0.3×3 mm^2），ファインフォーカス（0.2×2 mm^2），ファインフォーカス（0.1×1 mm^2）の中から，カソード（フォーカスの大きさに対応したウェネルト筒をもつ陰極部分）を取り換えることにより選択する．粉末 X 線回折実験では，ノーマルフォーカスを利用することが多い．

組立式管球では，ウェネルト筒とフィラメントとの間に電位（バイアス）を与えることにより，規定の焦点サイズを得る．ノーマルフォーカスのカソードにおけるバイアスの効果を図 2.19 に示す．バイアス電位を印加しない場合，ウェネルト筒の効果があったとしても，電子線束はターゲット上で結像しない．また，バイアス電位を必要以上にかけると，フィラメントの側面や背面からまわり込んだ電子線束が副焦点を形成してしまう．バイアス電位は，フィラメントの大きさやウェネルト筒の形状により変化することから，カソードを交換する際には，最適値を調べなければならない．必要以上にバイアス電位を印加すると，フィラメントに過大な電流が流れ，その温度が上昇してターゲットを汚染したり，ターゲット表面を削ったりするおそれがある．

b．X 線焦点の取り出し方向と取り出し角度

X 線管球の焦点には，ビームの取り出し方が互いに異なるラインフォーカスとポイントフォーカスの 2 種類がある（図 2.20）．ラインフォーカスでは，焦点の長手方向と直角な方向に X 線を取り出す．短手方向の X 線ビームの発散が抑えられる一方，長手方向には非常に大きく発散することから，集中法などのスリットで X 線ビームを絞る光学系で利用される．ポ

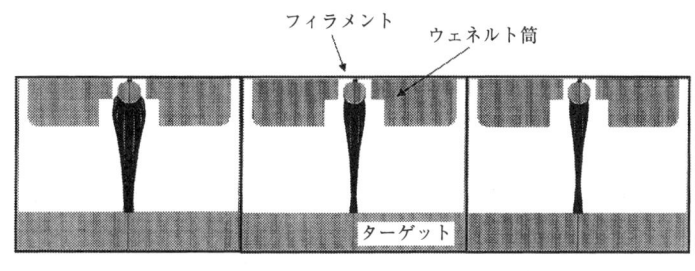

(a) バイアス不足　　(b) バイアス適正　　(c) バイアス過度

図 2.19 回転対陰極式 X 線管球の電界シミュレーション結果

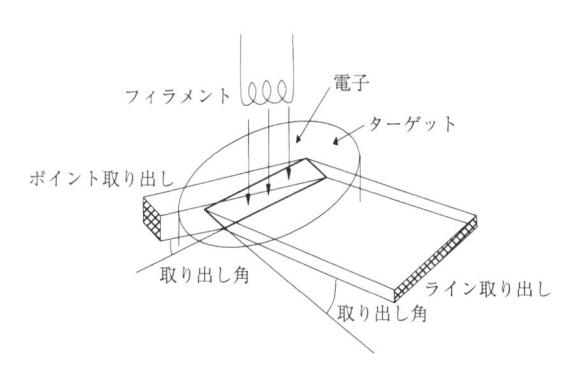

図 2.20 X 線の取り出し方向

インフォーカスでは，焦点の長手方向から X 線を取り出し，X 線源を見かけ上，点焦点として使用する．X 線ビームの発散がどの方向にも同程度であることから，単結晶 4 軸回折装置やプリセッションカメラのようなコリメーターで X 線を絞る光学系で使用される．

ターゲット表面と X 線を取り出す方向とのなす角を取り出し角度（見込み角度）と呼ぶ．図 2.21 に示すように，ターゲット上での焦点（実焦点）の大きさを ω，取り出し角度を α とすれば，X 線を取り出す方向に沿った見かけ上の焦点（実効焦点）の大きさは $\omega \sin \alpha$ となる．集中法光学系の場合，分解能は実効焦点サイズに反比例するので，α を小さくすると分解能が向上する．しかし，α の減少は X 線強度を低下させるため，通常は $\alpha = 6°$ とする．封入式ノーマルフォーカス（実焦点サイズ 1×10 mm²）の X 線管球をラインフォーカスかつ $\alpha = 6°$ で取り出すと，実効焦点サイズは 0.1×10 mm² となる．

c. X 線源の取扱いと保守

(i) 封入式管球

(1) 初めて使用する管球は，メーカーの指定する条件に従ってエージングする．

(2) 許容負荷・管電圧・管電流の範囲内で使用する．

(3) 熱膨張率の異なる金属，セラミックス，ガラスが真空中に共存しているので，急激な温度変化が生じるような操作は避ける．

(4) ベリリウム窓の表面は毒性の高い酸化ベリリウムに変化しているおそれがあるので，絶対に触れない．

(5) ガラスやセラミックス壁面に汚れが付着すると耐電圧が低下するので，アルコールやヘキサンなどで清掃する．

(6) 水冷部内のフィルターを定期的に清掃する．また，再組立の際は，フィラメントの長手方向をジェッターのスリット方向に一致させるよう注意する．

(7) 高圧導入部の金属接点をみがく．ただし，電源を切り，放電させた後，高電圧回路に関する十分な知識をもった者が作業する．

(ii) 回転対陰極型組立式管球

(1) 管球やフィラメントを交換した後は，メーカーの指定する条件でエージングする．

(2) 焦点サイズを変えたり，ターゲットを交換し

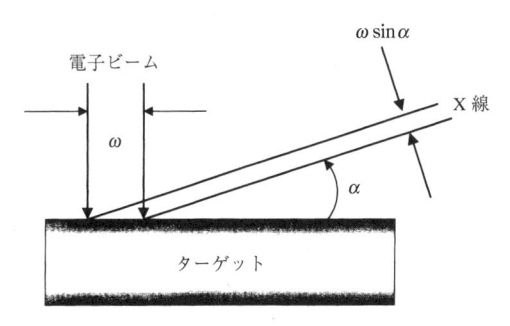

図 2.21 X 線の取り出し方向に沿った実効焦点

た場合，負荷・管電圧・管電流の許容範囲が変わることに注意する．

(3) 真空度が低い状態でX線を発生させてはならない．

(4) 焦点サイズによってバイアス調整値が異なることに注意する．また，必要以上にバイアスを加えない．

(5) 長期間使用すると，フィラメントからの蒸発物がターゲットに付着してX線強度を低下させるので，ターゲット表面をみがく．表面状態にもよるが，ふつうは#1000〜2000程度のエメリー紙で仕上げる．その際，研磨粉がターゲットの各構成部分に付着しないように，テープなどでマスクし，研磨後はヘキサン，ベンジンなどで研磨粉を十分拭き取った上，水分を乾燥させた後，ターゲットを取り付ける．

(6) フィラメントからの蒸発物はベリリウム窓も汚染してX線強度を下げるので，ベリリウム窓を交換する．ベリリウム窓の表面は毒性の高い酸化ベリリウムに変化しているおそれがあるので，装置メーカーに依頼すべきである．

(7) ターゲットや組立管球内壁面に水分や汚れが付着すると放電の原因となるので，ヘキサンやベンジンなどの揮発性の高い溶剤で清掃する．

(8) ダイレクトドライブ型のターゲットは，構造が複雑であり，バランス調整されているので，装置メーカーに保守を任せ，自分では分解しない．

(9) 交換用のフィラメントやカソードはデシケーター中に保管し，水分の付着を防ぐ．

(iii) 冷却水　X線発生装置では，施設内循環水，オーバーフロー式送水装置，空冷式循環送水装置，水冷式循環送水装置などにより管球を冷却する．X線管球内部の水冷系のトラブルを防ぐために，清浄な冷却水を使うのはもちろん，水温の変動にも注意すべきである．冷却水の温度が変化すると，ターゲットの冷却効率も変化し，ターゲット面，すなわちX線焦点の位置が移動して回折角がずれたり，入射X線強度が変動したりする．入射側に放物面人工格子やSi, Geなどの完全性の高い単結晶を用いたモノクロメーターを装備した回折計では，とりわけ水温変動の影響が大きい．市販の循環式送水装置の水温制御幅は約5℃程度であるが，上記の装置では1℃程度の高精度制御型を用いるべきである．また，何らかの理由で冷却水そのものの温度制御が不可能な場合は，半透過型比例計数管や使用していないX線窓に取り付けたモニターカウンターなどにより，入射X線強度を較正することが必要となる．

2.1.3 検出器

X線検出器は，走査を必要とする0次元検出器と走査を必要としない1次元・2次元検出器に大別される．特性X線を用いる粉末回折法では，必要とする分解能が手軽に得られる0次元検出器が一般的に利用されている．

a. 検出器の種類

粉末X線回折では，以下に記す5種類の検出器が主に使われる．

(i) シンチレーション計数管　シンチレーション計数管（scintillation counter : SC）は固体の発光（蛍光）を利用しており，粉末回折で最も広く使われている検出器である．シンチレーション計数管の構造を図2.22に示す．

発光体（シンチレーター）としては，微量のTlで活性化したNaI結晶が一般に使用される．シンチレーターはX線により励起されると，青紫色の光を発光する．この微弱な光が光電子増倍管の光電面（フォトカソード）に当たると，光電子（1次電子）が放出される．この光電子を10段程度積み重ねたダイノー

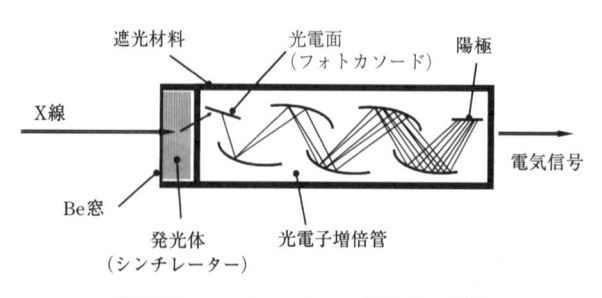

図2.22　シンチレーション計数管の構造

ドの2次電子放出によってねずみ算的に増加させ,パルスとして出力させる.

シンチレーターの発光量は,入射X線光子のエネルギーに比例するので,エネルギー選別が可能である.しかし,エネルギー分解能は40〜60％であり,あまり高いとはいえない.また,熱雑音が比較的多く,X線の波長が3Å以上になると,信号の波高が熱雑音と同程度となり,両者の選別が難しくなる.なお,粉末回折実験で用いるX線波長での検出効率は,ほぼ100％である.

(ii) 位置敏感型ガス計数管 位置敏感型比例計数管(position-sensitive proportional counter:PSPC)は,ガス比例計数管(gas proportional counter:gas-PC)の一種で,微小部回折や時分割測定に利用される1次元・2次元検出器である.1次元PSPCはPCの芯線の両端に生ずるパルスの時間差,あるいは出力差を検出することにより,PCの芯線方向に沿った位置分解能をもたせている.検出器の走査は不要であり,X線回折データを短時間で測定したい場合に利用される.計数効率は40〜80％,空間分解能は100〜200μm程度であり,光学系との組合せで,湾曲型と直線型とがある.角度分解能0.1〜0.2°程度の市販装置が多い.また,最近では芯線をXY方向に配置させた多線型2次元PSPC(multi-wire proportional counter:MWPC)も市販されている.

1次元位置敏感型ストリーマモード計数管(position sensitive detector:PSD)は,PSPCで用いる芯線のかわりに薄い金属板を陽極とし,比例領域より高い印加電圧(自己消滅ストリーマ領域)を与える.PSPCより検出効率が高く,大型の検出器をつくれる.有効範囲120°,角度分解能0.06°程度の装置が市販されている.また,最近では芯線や金属板のかわりに微細な半導体パターン技術を応用した1次元・2次元のマイクロストリップ型ガス検出器(micro-strip gas counter:MSGC)も開発され,100μm以下の高位置分解能と高ダイナミックレンジを実現している.

(iii) イメージングプレート イメージングプレート(imaging plate:IP)は輝尽性蛍光体(BaFBr:Eu^{2+})の微結晶をフィルム上に塗布したもので,デバイ-シェラー法やガンドルフィ法などの写真法で利用される.

IPにX線が入射すると,その部分に色中心が形成され,一種の潜像ができる.この色中心にHe-Neレーザー光(波長633 nm)を照射すると,波長390 nmにピークをもつ蛍光が発生する.レーザー光を走査しながらこの蛍光を検出すると,2次元の像が得られる.IPは従来のX線フィルムと比較して感度が10〜60倍にも達し,10^5〜10^6に及ぶ広いダイナミックレンジをもつ.1枚のIPで露光,読み取りを繰り返して使用できる.市販品の空間分解能は,大判のWhite-IPで100μm,120×120 mm^2のBlue-IPで25μmだが,読み取り装置の仕様によっても変化する.粉末回折実験で用いるX線波長での検出効率はほぼ100％であり,バックグラウンドは極めて低い.

(iv) CCD デジタルカメラやビデオカメラでも使われているCCD(charge coupled device)の急激な進歩によって,X線分野でもCCDが2次元検出器として広く利用されるようになってきた.高い検出感度と読み取り速度をもつことから,時分割測定を中心にいっそう利用範囲が拡大していくと予想される.

CCDはX線にも感度をもつ積分型検出器であるが,直接計数すると感度が低いため,いったん可視光に変換してから計数する間接方式が主流であり,その方式によって,さらに次の3つの方法に大別される.

(1) **テーパ方式** 蛍光板で可視光に変換した光を光ファイバー(テーパファイバー)で直径比1/3倍程度に集光し,CCDに結像させる方法で,比較的小型なCCDで大きな実効面積が得られる.しかし,光そのものをカウントするため,計数効率が低く,光ファイバーの自然発光によりノイズが発生する,という欠点がある.

(2) **イメージインテンシファイア方式** 入射側蛍光板で可視光に変換した光を特殊な光電管で電子に変換し,増幅・縮小化した後,出射側蛍光板で可視光に戻してCCDで検出する方法である.電子レンズで集光するため,計数効率が極めて高い上,光電子増幅が可能である.また,縮小率も直径比1/10程度と,テーパ方式以上の効率が得られる.しかし,テーパ方式と比べ,像のひずみや不均一性がより大きいという欠点がある.特に,中心から離れるほど大きくなる糸巻き状のひずみが問題となる.

(3) **ダイレクトイメージング方式** 蛍光板で可視光に変換した光を直接,大面積のCCDに入射する方式で,テーパ方式における集光ロスやイメージインテンシファイア方式における画像ひずみといった欠点がない.安定した大面積CCDをいかに製造するかがポ

イントである．有感面積 60×60 mm² 程度の CCD が市販されている．

CCD を利用した検出器の空間分解能は方式に依存するが，20～100 μm 程度である．粉末回折実験で用いる X 線波長での検出効率も，方式によって大きく異なる．また，電気的なノイズや暗電流によるバックグラウンドが存在するため，長時間にわたる微弱な回折強度の測定よりは，短時間の測定に向いている．

(v) 半導体検出器 近年の半導体技術の発展は，X 線計測分野においても大きな進歩をもたらし，さまざまな半導体検出器が市販されている．半導体検出器は低ノイズの光子計数型検出器である上，エネルギー分解能が高く，計数効率も X 線回折分野においては，ほぼ 100% である．

(1) 従来型半導体固体検出器 一般的に SSD (solid state detector) と呼ばれる半導体固体検出器は，X 線回折分野においても，試料周りに特殊シールドを必要とする極端環境下でのエネルギー分散型測定に古くから応用されている．それらに用いる Ge, Si (Li) 型などの半導体検出器は，P 型半導体と N 型半導体の間に空乏層と呼ばれる電荷をもたない絶縁層を接合した構造をもつ．PN 間に電圧を加えた状態で，この空乏層に X 線が入射すると，生成した電子と正孔がそれぞれの電極に集まってパルス状の信号を発する．この信号を FET（電界効果トランジスタ）によって増幅し，最終的な計数を得る．X 線による電子・正孔対の生成数は入射 X 線のエネルギーに比例し，ガス検出器に比較して数十倍になることから，エネルギー分解能に極めて優れている．エネルギー分解能は数～数十% 程度である．一般に分解能は冷却温度が低いほど高く，面積が大きいほど低くなる．通常，検出素子や増幅用 FET の熱雑音を抑えるため，液体窒素や電子方式などで冷却して使用する．

(2) シリコンドリフト検出器 (silicon drift detector: SDD) 空冷や電子式の簡易冷却でありながら，従来型半導体固体検出器を凌駕する高エネルギー分解能と高計数率をもつ半導体検出器である．最近の ED-XRF や SEM-EDX などの簡易元素分析装置は，ほとんどがこれを採用している．SDD は，従来型の Si 半導体固体検出素子と増幅用 FET を一体化し，渦巻き型形状の電位勾配リングが発生した電子を中心アノードに集める構造をもっている．これにより，静電容量，熱ノイズ，漏れ電流が減少し，電荷集荷力が向上することから，従来の Si 固体検出器に比較して格段にエネルギー分解能と計数直線性が向上する．また近年では，SDD の渦巻き型電位勾配リングをさらに改良した SDDD (silicon drift drop detector. SD³ とも呼ばれる) や多素子型 SDD も存在する．Cu 管球の K 特性 X 線を SDD 検出器に入射した場合のエネルギースペクトル（図 2.23）から明らかなように，Cu の $K\alpha$ と $K\beta$ 特性 X 線を完全に分離でき，検出器に対する取り込みエネルギーの設定によって，$K\alpha$ のみ，$K\beta$ のみ，両波長を取り込むといった設定が選べる．したがって，2.3.1c で述べる結晶モノクロメーターとは異なり，強度ロスなしで単色化が可能である上，図 2.24 に示した石英粉末からの回折図形のように，一度の測定で $K\alpha$ と $K\beta$ 特性 X 線による複数の回折図形を得ることもできる．なお，この測定例で使用した SDD は，有効面積 8 mmφ，エネルギー分解能 230 eV（0.375 μs の shaping time での動作時），数万 cps 程度の計数直線性を有する．

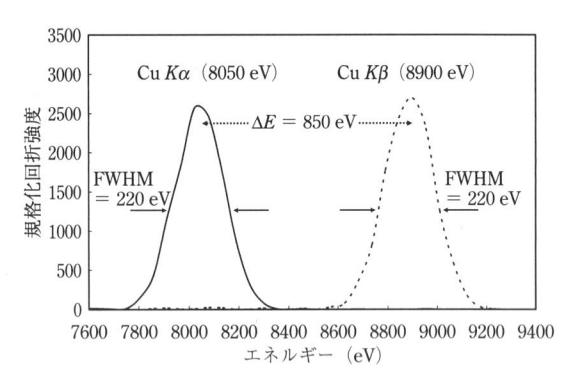

図 2.23 SDD 検出器による Cu K 特性 X 線スペクトル Cu $K\beta$ は強度を 4 倍に規格化してある．

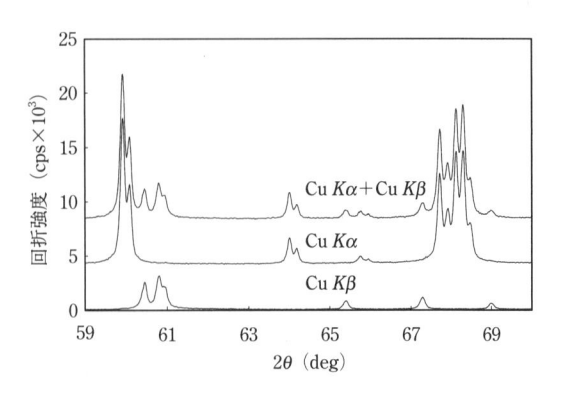

図 2.24 SDD 検出器で測定した石英粉末の回折プロファイル

(3) シリコンストリップ検出器　シリコンストリップ検出器は，最新の半導体実装技術により，Si ウェハー上に従来型半導体固体検出器を strip（縞）状や pixel（賽目）状に多数形成させた検出器である．1次元タイプを SSD（silicon strip detector），2次元タイプを SPD（silicon pixel detector）と区別することもあるが，これらをまとめて SSD と呼ぶ場合もある．粉末回折用には空冷1次元型，エネルギー分解能 20～40％，1素子の幅 100 μm 前後，素子数 100 本程度，ダイナミックレンジ 10^6 cps/素子程度の検出器が市販されている．また，2次元型も特殊目的用に量産化・市販されている．

b. 検出器の取扱いと保守

代表的な X 線検出器の取扱いと保守に関する注意点を以下に述べる．

(i) 数え落とし　X 線検出器は，X 線光子を1個1個計数する光子計数型（photon counting）と一定時間に得られる X 線強度を積分する積分計数型に大別される．SC，ガス計数管，半導体検出器は前者，IP と CCD は後者に属する．

光子計数型検出器では，1つの X 線光子が計数管に入ってから次の光子が入るまでの時間が短すぎると，計数できない．つまり，検出器の数え落としが起こり，検出器に入射した X 線の強度に計数が比例しなくなる．たとえば，SC では1つの X 線光子がシンチレーターに当たり，シンチレーターの発光が終了する以前に次の光子が進入すると，計数不能となる．たとえば市販の NaI シンチレーターを用いた SC では，30～50 kcps 程度で数え落としが発生する．したがって，高出力の回転対陰極型 X 線発生装置などを使用すると，試料によっては，強い反射の強度が実際より低く検出されたり，回折プロファイルが変形したりするおそれがある．このような場合には，数え落としが起こらない程度にまで，X 線発生装置の出力を下げるか，アルミ箔などのアッテネータ（X 線吸収板）で計数を減らす必要がある．

光子計数型検出器の数え落とし特性は，検出器の種類，計数回路，検出 X 線の波長分布に依存する．さらに，SC 中のシンチレーターの潮解，光電子増倍管の劣化，PSPC や PSD などのガス検出器におけるガス圧変化や芯線の劣化などの経年変化にも留意しなければならない．

(ii) 計数値の統計変動　X 線の計数値はポアソン分布に従う統計的な変動を示す．変動の程度は以下のようにして求める．

(1) バックグラウンドが無視できる場合　観測計数値を I_P（カウント）とすると，

標準偏差　　　　$\delta = \sqrt{I_P}$　　　　(2.4)

相対標準偏差（％）　$\dfrac{100\,\delta}{I_P} = \dfrac{100}{\sqrt{I_P}}$　　(2.5)

となる．たとえば，相対標準偏差を1％とするには，10 000 カウントの計数値が必要である．

(2) バックグラウンドが無視できない場合　バックグラウンドを差し引いた計数値を I_P（カウント），バックグラウンドを I_B（カウント），$\delta_{P+B} = \sqrt{I_P + I_B}$，$\delta_B = \sqrt{I_B}$ とすると，

標準偏差　　　　$\delta = \sqrt{\delta_{P+B}^2 + \delta_B^2}$　　(2.6)

相対標準偏差（％）

$$\dfrac{100\,\delta}{I_B} = \dfrac{1}{\sqrt{I_P}} \cdot \sqrt{\dfrac{I_P + 2I_B}{I_P}} \quad (2.7)$$

となる．相対標準偏差を1％とするのに必要な計数値と（ピーク位置におけるカウント）/（バックグラウンド）比（P/B 比）との関係を表2.1に示す．回折強度のゆらぎに P/B 比が大きく影響していることがわかる．

(iii) 1次元・2次元検出器の位置分解能　粉末回折実験における1次元・2次元検出器の利用は測定時間の短縮や微量試料の測定に役立つ．しかし，高分解能での測定が必要な場合には，試料-検出器間の距離と検出器の空間分解能に依存する角度分解能を考慮する必要がある．

(iv) SC の保守　標準的な SC のシンチレーターである NaI は白色半透明の結晶であるが，潮解によって黄色に変化する．この潮解した部分は，X 線による発光特性が劣化するため，計数効率が低下する．潮解によるシンチレーターの劣化の程度は，装置

表2.1　5つの P/B 比に対する相対標準偏差1％の再現性に必要なピーク強度 I_P

P/B 比	∞	10	5	2	1
回折線の強度 I_P（カウント）	10000	12000	14000	20000	30000

の使用環境に依存するが，潮解が進むと計数率やエネルギー分解能が低下するので，1〜2年を目安に交換する．その際，光学グリースを用いて光電子増倍管の受光面に付着させるが，空気が入らないよう注意する必要がある．交換後は，黒色テープなどを巻き，外部からの迷光が光電子増倍管に入らないようにする．

光電子増倍管に対しては，ダイレクトビームなどの超高強度X線は慎重に入射しなければならない．短時間の入射であれば，数十分程度で飽和状態（X線の入射を止めても，計数が続く現象）は解消するが，長時間入射すると，光電子増倍管が破損してしまう．

近年の電子技術の進歩によって，SCのノイズレベルは飛躍的に低下した．市販の標準品でも，1cps以下にすぎない．ゴニオメーター駆動系やX線発生装置からの電気ノイズ，光電子増倍管周りの迷光などがノイズ源となるので，装置やゴニオメーターのアース線に代表される電気的なシールドやSC内部の光シールドを外してはならない．

c. 1次元・2次元検出器による高速集中法測定

1次元・2次元検出器をブラッグ-ブレンターノ光学系を代表とする集中光学系に組み合わせると，いわゆる高速測定が可能となる．通常，この目的には小型で信号読み出し速度に優れた1次元シリコンストリップ検出器が用いられるが，PSPCやMSGCなどのガス検出器やCCDやSPDなどの2次元検出器を用いる場合もある．1次元・2次元検出器を用いた高速集中法測定では，多結晶試料からあらゆる方向に散乱され

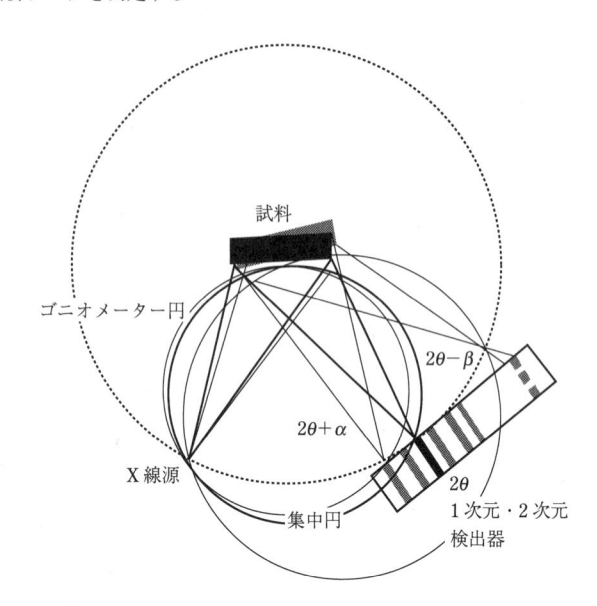

図2.26 1次元・2次元検出器による高速集中法測定

る，2θにして数度の範囲の回折線を多素子検出器で同時に取り込む．図2.25に示すように，SCなどの0次元検出器を用いた集中光学系においては，入射角と回折角は1:2の比に保つ必要がある（2.1.1a参照）．しかし実際の粉末試料では，試料表面が集中円に沿って湾曲しているわけでなく，入射X線が試料内部に浸透する上，回折に寄与する結晶子が無秩序に配向している．したがって，2θ走査方向に独立した多数の検出素子をもつ1次元・2次元検出器を利用すると，異なる回折角からの強度を同時に測定できる（図2.26）．

実際の高速集中法測定には，2つの方法がある．一つは，入射X線と試料面のなす角度θと，1次元・2次元検出器の走査方向に対する検出器の中心角度2θを静止させて，$2\theta \pm$数°を同時測定する方法である．もう一つは，通常の0次元検出器（SC）による集中法と同様にθと2θを連続的に同期走査させる方法であり，0次元検出器で複数回の繰り返し測定で得たカウントを積算したのに相当する結果を与える．

1次元シリコンストリップ検出器を用いた高速集中法での測定例を図2.27に示す．従来のSCによる集中法に比較して数十倍以上の強度が得られ，統計変動も抑えられている．SCの検出面積と受光スリットの固定位置がシリコンストリップ検出器の場合と同一で，しかもX線焦点と受光スリットの幅で規定される回折線束の幅が0.1mm以下ならば，幅100μm前

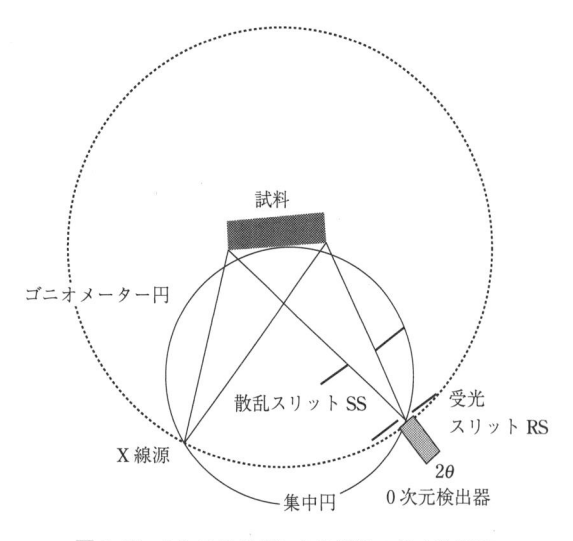

図2.25 0次元検出器による通常の集中法測定

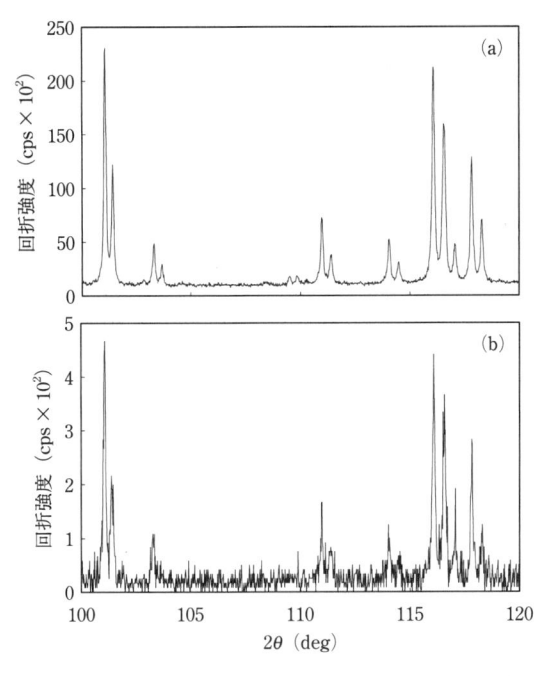

図 2.27 1次元シリコンストリップ検出器を用いる高速集中法（a）とSCを用いる従来型集中法（b）により測定したアルミナ粉末の粉末回折パターン（Cu $K\alpha$, 走査速度 10°/min）

後の素子が100本程度並んでいる1次元シリコンストリップ検出器を用いた高速集中法では，SCに比べ100倍程度の利得が得られる計算になる．

高速集中法測定では，厳密には集中条件から逸脱した回折線も観測するので，走査方向の検出器幅とゴニオメーター半径で規定される取り込み角度が大きくなると，非点収差とプロファイルの変形が顕著になる（図2.26中の回折角 $2\theta-\beta$ 位置）．また，この非点収差による散乱X線を除去するための散乱スリットがないので，試料の凹凸などによるプロファイルの変形，低角領域におけるダイレクトビームの裾によるバックグラウンド上昇などの影響を直接受ける．さらに，結晶モノクロメーターとSCを用いる集中法と比べて試料からの蛍光X線によるバックグラウンド上昇が顕著なので，使用特性X線の長波長側近傍に吸収端をもつ元素が測定試料に含まれている場合は，他の管球に交換することが望ましい．高速検出器用の結晶モノクロメーターも製作可能であるが，強度減衰率が極めて大きいことから，高速性が失われる．なお，1次元・2次元検出器による高速測定は，平行ビーム光学系においても，条件によっては利得が得られるが，薄膜試料測定のように入射角が非常に低い場合や，透過法で広いビームを太い試料に照射するといった場合には，回折線束が太くなり，満足できる利得は得られない．

2.2 回折プロファイルの変形・変位

実測粉末回折プロファイルは，表2.2に列挙したさまざまな要因により変形・変位している[6]．

表 2.2 集中法光学系における誤差要因

誤差の種類	誤差の原因	回折パターンへの影響		
		回折角	強度	半値幅
系統誤差	X線焦点の大きさ	小	中	大
	受光スリットの幅	小	大	大
	平板状試料	中	小	中
	回折ビームの垂直発散	大	小	大
	試料透過	中	小	中
装置調整誤差	偏心誤差	大	小	小
	管球部の熱膨張	大	小	小
試料調製誤差	試料表面の形状	小	中	大
	試料の厚み	中	大	中
	試料の熱膨張	大	中	小
機械精度・制御による誤差	ゴニオメーターの偏心	大	小	小
	ギヤのバックラッシュ	大	小	小
	金属の熱膨張	大	小	小
	制御方式	大	小	小

(a) X線焦点による誤差
(b) 平板状試料による誤差
(c) X線ビームの垂直発散による誤差
(d) 受光スリットによる誤差
(e) 試料透過による誤差
(f) 偏心誤差

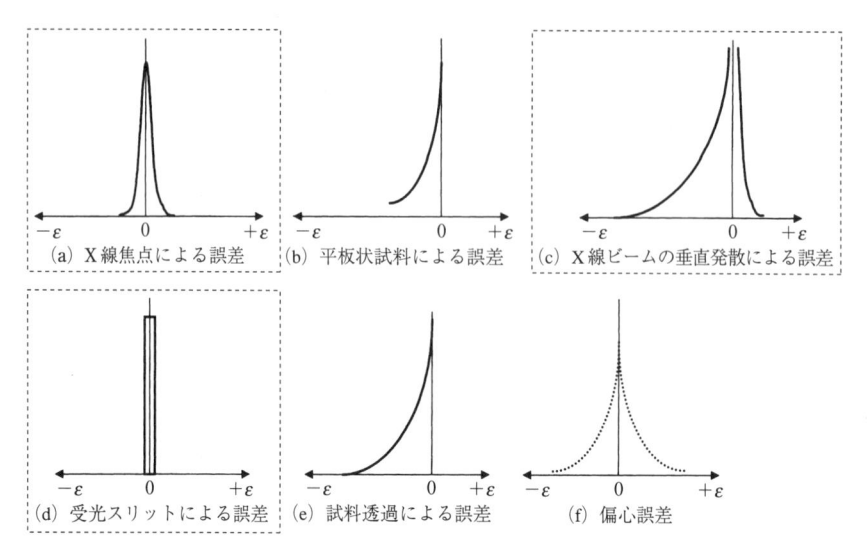

図2.28 粉末X線回折光学系における系統誤差

2.2.1 光学系の原理的な系統誤差

ブラッグ-ブレンターノ光学系やギニエ光学系などの集中型光学系（以後，集中法と記す）で原理的に発生する系統誤差を図2.28に示す．理想的に調整された集中法の系統誤差は，X線焦点の大きさ，平板試料の使用，X線ビームの垂直発散（アンブレラ効果），受光スリットの幅，試料透過により生じる[7]．なお，図2.28には，試料の偏心による誤差もあわせて示してある．

平行ビーム光学系では，図2.28の中で，点線で囲んだ3つの系統誤差だけが存在し，偏心誤差は発生しない．

a. X線焦点に起因する誤差

2.1.1aで述べたように，集中法は円周角の定理に基づいているが，起点であるX線焦点が有限の幅をもつため，結像点にも同じ幅が生じる．つまり，集中法では，X線源の実効焦点サイズに比例してプロファイルが広がる．

試料位置から観察したX線焦点の様子を図2.29に示す．ファインフォーカスのX線管球を装備したり，取り出し角度を小さくすると，実効焦点サイズが小さくなり，それに対応して回折プロファイルも鋭くなる．また，フィラメントやターゲット面が劣化した管球を用いると，実効焦点，ひいては回折プロファイルが広がる．さらに，X線焦点が光軸に対して傾いていると，実効焦点が広がる．

回転対陰極型X線発生装置の場合，2.1.2aで述べたように，バイアス電位とともに実効焦点の大きさが鋭敏に変化する．ノーマルフォーカスの陰極を装備した標準的な回転対陰極式X線発生装置におけるバイアス電位に対するダイレクトビームの半値全幅と観測角度の変化$\Delta 2\theta$を図2.30にプロットした．ここで，$\Delta 2\theta$はバイアス電位ゼロを基準としている．また，同一測定におけるダイレクトビームのピークトップ位置での強度と積分強度の変化を図2.31に示す．これらの図から明らかなように，適切なバイアス電位を与えることは，鋭く高強度の回折プロファイルを得るのに必要不可欠である．ただし，図2.30のようにバイ

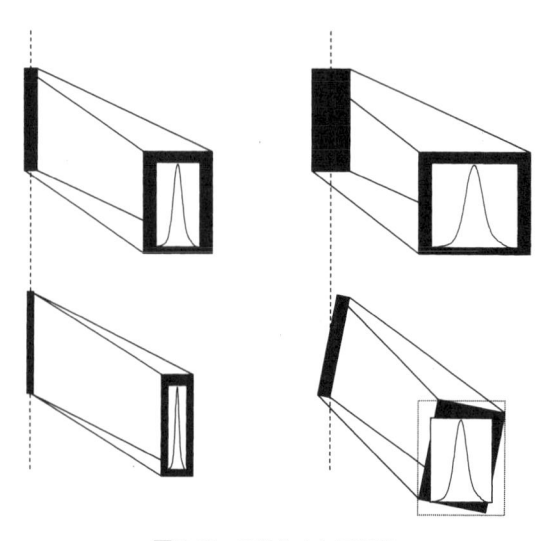

図2.29 X線焦点と回折像

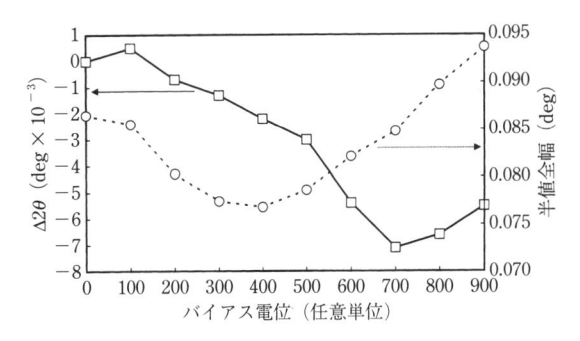

図 2.30 ダイレクトビーム（X線焦点）の角度変化と半値幅のバイアス電位（最大1000）依存性

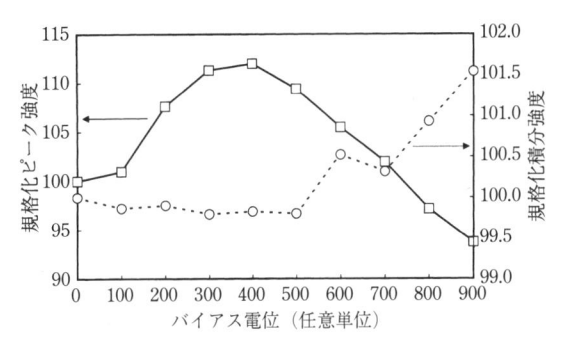

図 2.31 ダイレクトビーム（X線焦点）強度のバイアス電位（最大1000）依存性

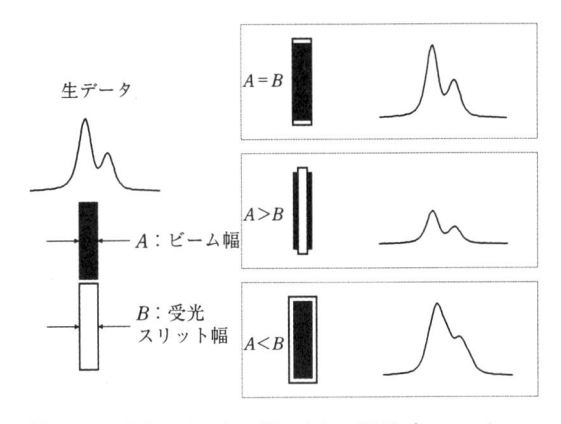

図 2.32 受光スリットの幅に応じた回折プロファイルの変化

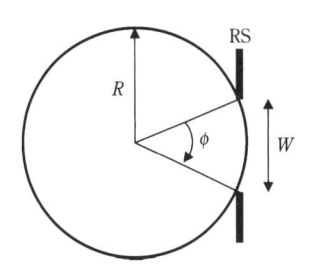

*実効焦点サイズ＝受光スリットの幅（W）

分解能 $\phi = 2\tan^{-1}(W/2R)$

$W = 0.1$ mm とすると，

$R = 185$ mm, $\phi = 0.031°$

$R = 285$ mm, $\phi = 0.020°$

$R = 385$ mm, $\phi = 0.015°$

図 2.33 角度分解能のゴニオメーター半径依存性

アス電位を変えると，ダイレクトビームの位置が変位することから，装置・光学系の調整前に適切なバイアス電位に設定しておかなければならない．

平行ビーム光学系では，X線源の実効焦点サイズでなく，入射X線ビームの発散角が重要である．入射側モノクロメーターなどで発散角を小さくすれば，鋭いプロファイルが得られる．

X線焦点に起因する誤差は，プロファイルの幅を対称に広げるため，回折角には影響しない．

b．受光スリットによる誤差

集中法においては，分解能は受光スリットの幅に反比例する．ただし，図2.32の場合のように，試料およびX線源に由来する回折線幅より狭い受光スリットを用いても，強度が低下するだけで，分解能は向上しない．したがって，試料の結晶性が低く，幅の広い回折線しか観測されない場合は，受光スリットを広げても問題ない．

ブラッグ-ブレンターノ光学系においてゴニオメーター半径を変えると，図2.33のように分解能が変化する．この図では，単純に実効焦点サイズによる効果だけを考慮して分解能を計算したが，0.1 mm幅の受光スリットを用いる場合，185 mm と 285 mm のゴニオメーター半径で，回折線の幅に約0.01°の差が生じる．

平行ビーム光学系では，回折線の幅は受光側に設置された平行スリットや結晶アナライザーの分解能に依存する．有限幅の受光スリットに起因する誤差は，プロファイルの幅を対称に広げるため，回折角には影響しない．

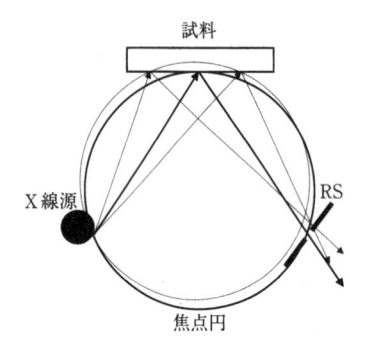

図 2.34 集中法光学系における平板状試料に由来する誤差

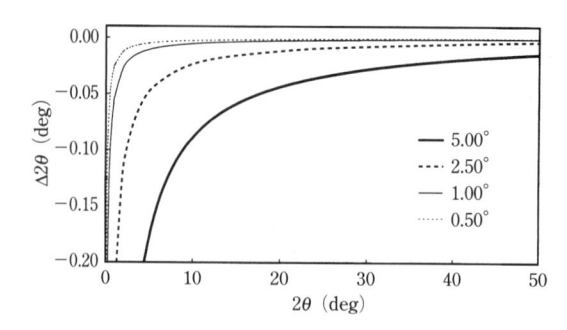

図 2.35 4つの異なるソーラースリットの開口角に対する回折角の誤差の 2θ 依存性

c. 平板状試料による誤差

集中法の原理によれば，試料表面は，回折角とともに直径が変化する焦点円と一致した円弧状となっているべきである．しかし，回折角に応じて試料を自在に曲げるのは不可能であるため，図 2.34 に示す誤差が必然的に発生する．この誤差はプロファイルを低角度側に非対称に広げ（図 2.28(b)），回折角を低角側に変位させる．この効果は焦点円が大きく，入射 X 線の照射幅が広がる低角側に向かうほど増大する．さらに，誤差が発散スリットの開口角の 2 乗に比例することから，開口角を狭めると，より鋭く，左右対称に近いプロファイルが得られる．しかし，X 線の垂直発散の効果と比べると，その効果は小さい．なお，平行ビーム光学系では，この誤差は生じない．

d. X 線ビームの垂直発散

2.1.1a で述べたように，X 線ビームの垂直発散（軸発散）はプロファイルの非対称化と回折角の変位をもたらす（図 2.28(c)）．図 2.28 中の (a)〜(e) の 5 つの系統誤差のうち，最も効果が大きく，低角領域でとりわけ顕著である．X 線ビームの垂直発散を抑制するソーラースリットの開口角を変えたとき，垂直発散に起因する回折角の誤差の 2θ 依存性がどのように変化するかを図 2.35 に示す．なお，国産の X 線回折装置では開口角度 5° が標準であり，20° 以下の 2θ 領域におけるプロファイルの非対称化とピーク位置の変位がかなり著しい．低角領域の反射を測定する機会が多い場合は，より開口角の小さいソーラースリットを装備すべきである．

Si 粉末における回折角の誤差の総和および垂直発散による誤差を図 2.36 にプロットした．最も d の大きい 111 反射が比較的，高角（Cu $K\alpha$ 特性 X 線で約

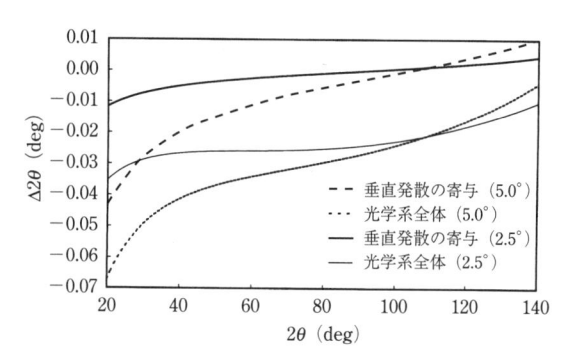

図 2.36 ブラッグ–ブレンターノの集中法光学系で測定した Si 粉末における回折角の誤差の 2θ 依存性
( ) 内は，ソーラースリットの開口角．

28.4°）に位置する Si においても，垂直発散による誤差はかなり大きいことがこの図からわかる．

e. 試料透過による誤差

試料による X 線の吸収が比較的小さい場合，試料内部にまで浸透した後，回折した X 線も計数されるため，図 2.37 に示すような誤差が生じる．この効果

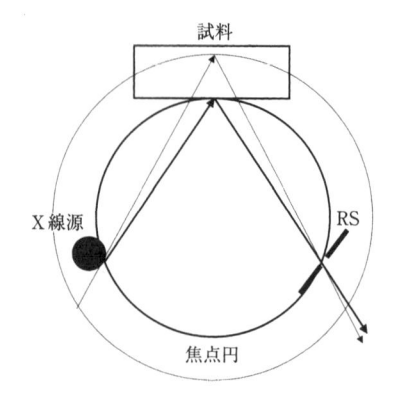

図 2.37 集中法光学系における試料透過による誤差

2.2 回折プロファイルの変形・変位

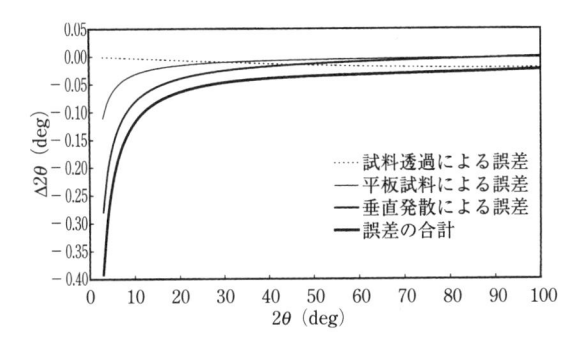

図2.38 Si粉末の回折データにおける回折角の誤差の計算値（特性X線：Cu $K\alpha$，ゴニオメーター半径：185 mm，ソーラースリット：5°，DS：1°）

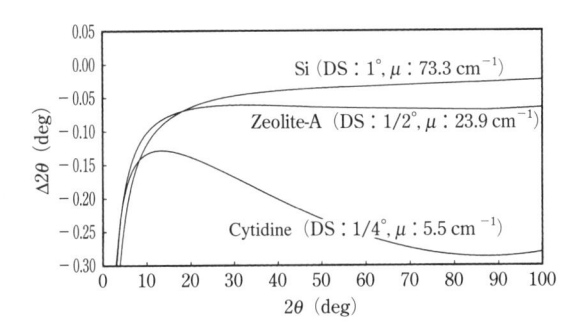

図2.39 線吸収係数の異なる3試料における回折角の誤差の計算値（特性X線：Cu $K\alpha$，ゴニオメーター半径：185 mm，ソーラースリット：5°）

はプロファイルを低角側に非対称に広げ（図2.28(e)），回折角を低角側に変位させる．その影響は，X線が深く試料内部に入り込む高角になるほど増大する．一般に，試料透過の効果は垂直発散の効果より小さいが，有機化合物のように線吸収係数 μ が小さな試料では，高角領域における回折角の誤差の主要因となるので，注意する必要がある．また，線吸収係数が小さな試料の回折線を高分解能で測定する手段として，作為的に試料を薄く調製する方法があるが，入射X線の一部が試料を突き抜けるため，X線回折強度を補正する必要がある．なお，平行ビーム光学系では，この誤差は発生しない．

Si粉末について，これら5つの回折角の系統誤差を計算した結果が図2.38である．また，線吸収係数の異なる3つの粉末試料に対して同様に計算した5つの系統誤差の和を図2.39に示す．系統誤差の 2θ 依存性が μ とともに大きく変化しているのが理解できよう．回折角の変位量が増えるほど，回折線の幅が広がり，非対称性も増すことに留意してほしい．

2.2.2 不十分な装置調整による誤差

装置の調整が不完全なために生じる誤差としては，X線焦点の移動によるゼロ点誤差と試料表面の位置が光軸から逸脱することに起因する偏心誤差がある．集中法光学系において，偏心誤差は最も大きな誤差の一つであり，角度精度を要求する測定では最小にとどめるよう努力すべきである．

a. ゼロ点誤差

回折光学系の調整は，ダイレクトビームの 2θ を $0°$ とすることから始まる．何らかの理由でこの位置がずれると，すべての観測点の 2θ が同様に移動してしまう．ダイレクトビームの位置とはX線焦点の位置にほかならない．このため，2.1.2c(iii)で述べたように，X線焦点を規定するターゲットの熱膨張が問題になる．

ターゲットの熱膨張に最も大きく影響するのは，X線管球に印加する管電流である．ゼロ点誤差は管電流に比例して増加する．回転対陰極式X線発生装置におけるゼロ点誤差の管電圧・管電流依存性を図2.40にプロットした．ただし，管電流によるターゲットの熱膨張は瞬間的に起こる現象である．また，装置のゼ

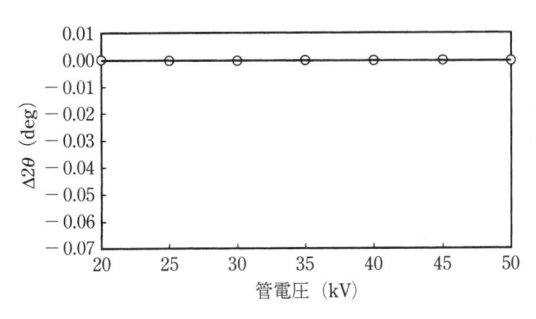

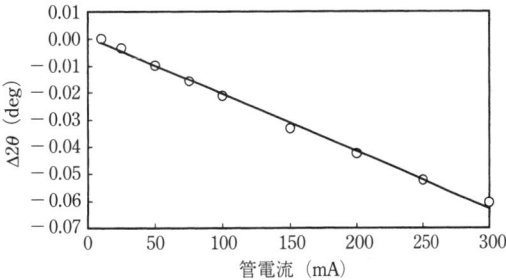

図2.40 回転対陰極式X線発生装置の出力に応じたゼロ点の移動

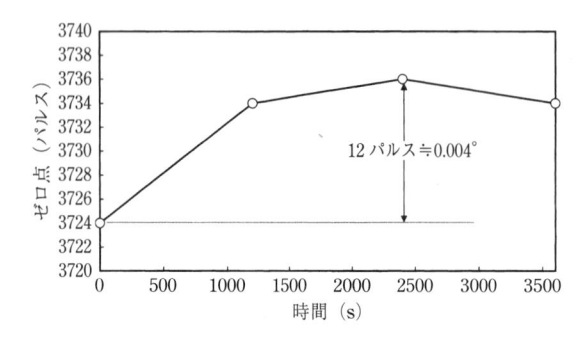

図 2.41 回転対陰極式 X 線発生装置（50 kV, 300 mA の出力）におけるターゲットの熱膨張に伴うゼロ点の経時変化

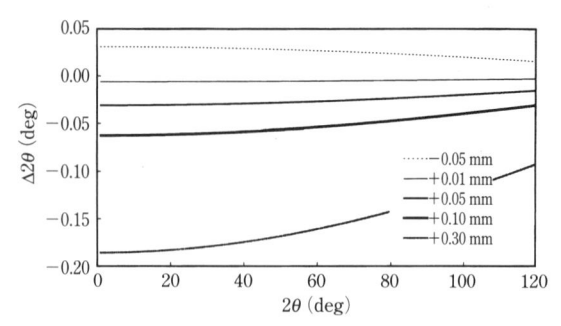

図 2.43 集中法光学系（ゴニオメーター半径：185 mm）における試料偏心に伴う回折角の誤差

ロ点調整時と試料の回折強度測定時の管電流が異なる場合には，その差に対応したゼロ点誤差が発生することに留意しなければならない．

ターゲットは比較的，長時間にわたる熱膨張も起こす．回転対陰極式 X 線発生装置の電源を切った後，十分時間が経ってから再立ち上げし，ゼロ点が時間とともにどのように変化するかを調べた結果が図 2.41 である．装置の仕様や個体差にもよるが，約 1 時間程度でゼロ点の移動は収まる．

ゼロ点誤差はすべての観測点において同一なので，簡単に補正できる．しかし，冷却水の温度の変動や装置金属部の熱膨張のような要因により生じる誤差の場合，測定中に刻々と変化して補正不能となる．

b．偏心誤差

集中法では，焦点円に沿った試料表面だけで X 線が回折するのが理想である．したがって，試料表面が正規の位置から逸脱すると，図 2.42 に誇張して表現したような誤差が発生する．この偏心誤差は，図 2.43 に示すように，プロファイルの回折角を変位させる誤差である．その影響は低角に向かうほど大きく，偏心量に比例する．偏心の方向が変わると，回折プロファイルの変位方向が逆転する．

市販の回折装置では，試料の前後位置を専用治具を用いて調整するが，試料板の差替作業でも試料位置はわずかに変化することから，厳密には測定する試料自体を用いて調整すべきである．理想的な試料位置は，試料表面が入射 X 線束を半分遮る位置であることから，この調整作業を"半割"と呼ぶ．なお，平行ビーム光学系では，この誤差は発生しない．

2.2.3 試料の調製と温度に起因する誤差

これらの誤差は，回折角の変位やプロファイルの広がりを引き起こす以外に，回折強度にも多大な影響を与える．

a．試料表面の平滑さ

集中法では，焦点円に沿ったなめらかな試料表面だけで X 線が回折するのが理想である．したがって，表面に凹凸が存在すると，正負両方向に偏心しているのと同様となり，凹凸の分布に対応したプロファイルの広がりが観測される．極端な場合，回折線が分裂することさえある．反射法による強度測定では，試料表面の凹凸は回折 X 線の自己吸収を増加させ，2θ の減少とともに回折強度を低下させる．測定波長における線吸収係数の大きな試料では，この効果がとりわけ顕著になる．

b．試料の厚み

対称反射法による測定では，試料が薄いと，照射体積一定の前提条件（8.2.4 参照）が成立せず，高角に向かうにつれて回折強度が低下する．

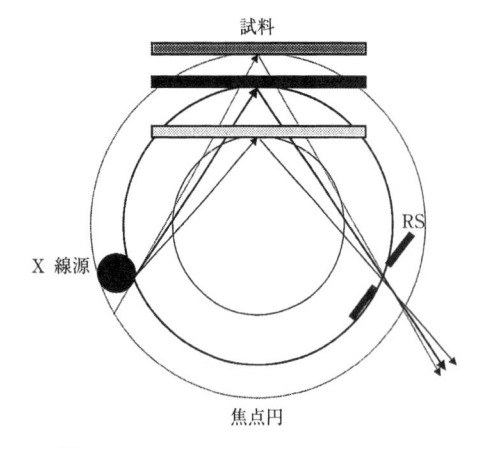

図 2.42 集中法光学系における偏心誤差

c. 粗大結晶の残留

粉砕が不十分で，粗大結晶が残っていると，一部の反射の強度が偶発的に強まり，実測回折強度の再現性が低下する（8.1.1参照）．

d. 選択配向

粉末回折による強度測定は，微結晶の方位が完全に無秩序であることを前提としている．しかし，層状化合物のようにへき開しやすい物質や，針状結晶を試料板に充填すると，それぞれへき開面と伸長方向が平板試料面に沿って配向しやすく，回折強度に影響を与える（8.1.2参照）．

e. 試料の熱膨張

試料の温度が変化すると，試料の熱膨張率に対応した格子定数の変化が回折角の変位をもたらす．Siの温度を変化させたときの回折角の変位（Cu $K\alpha$ 特性X線の場合）を図 2.44 にプロットした．2θ が増すにつれて回折角の変位は増加する．

さらに試料の温度上昇は，d の小さい反射の回折強度を相対的に低下させる（6.4.3参照）．等方性原子変位パラメーター B が増加すると，$\sin\theta/\lambda$ の増加に伴うデバイ-ワラー因子（6.4.3, 7.2.5参照）の減少はより顕著になる（図 2.45）．このため，有機化合物のように B が比較的大きな軽元素からなる物質では，高角領域において，回折強度が非常に弱まると同時にS/N比が悪化する．

2.2.4 機械加工精度や制御方法に起因する誤差

市販の粉末回折用ゴニオメーターの絶対角度精度は 0.01° 程度である．これ以上の高精度を要求する場合は，ゴニオメーターホイールの偏心，ギヤのバックラッシュ，ホイールやギヤなどの熱膨張などを抑制するとともに，角度制御方式などにも工夫をこらす必要がある．

2.2.5 集中法光学系における回折角の誤差

集中法光学系の場合，種々の要因に由来する回折角の誤差 $\Delta 2\theta$ の θ 依存性は式（2.8）〜（2.13）で表される[8]．

a. 平板状試料の使用

$$\Delta 2\theta = -\frac{\beta^2 \cot\theta}{6} \quad (2.8)$$

b. 垂直発散

$$\Delta 2\theta = -\frac{h^2}{3R^2}(Q_1 \cot 2\theta + Q_2 \operatorname{cosec} 2\theta) \quad (2.9)$$

$Q_1 = -0.010384q^6 + 0.113407q^5 - 0.439218q^4$
$\qquad + 0.614685q^3 + 0.013919q^2 + 0.129182q$
$\qquad + 0.000315$

$Q_2 = -0.001288q^6 + 0.032722q^5 - 0.221209q^4$
$\qquad + 0.567057q^3 - 0.467673q^2 + 0.134960q$
$\qquad - 0.004508$

$$q = \frac{R}{h} \cdot \frac{\Delta P}{L}$$

$$\phi = 2\tan^{-1}\left(\frac{\Delta P}{L}\right)$$

c. 試料内部へのX線の浸透（試料透過）

$$\Delta 2\theta = -\frac{\sin 2\theta}{2\mu R} \quad (2.10)$$

d. ゼロ点誤差

$$\Delta 2\theta = Z \quad (2.11)$$

e. 偏心

$$\Delta 2\theta = -\frac{2S\cos\theta}{R} \quad (2.12)$$

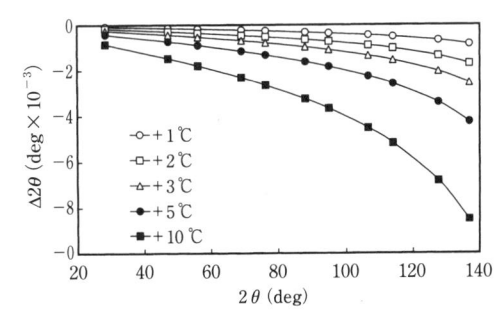

図 2.44 室温（25℃）からの温度上昇に伴う Si 粉末の回折角の変化（Cu $K\alpha$）

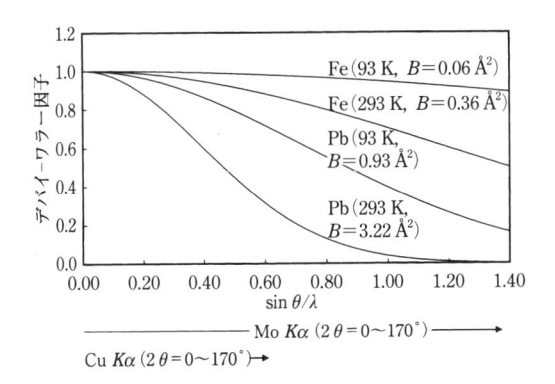

図 2.45 金属鉄と鉛のデバイ-ワラー因子の $\sin\theta/\lambda$ 依存性

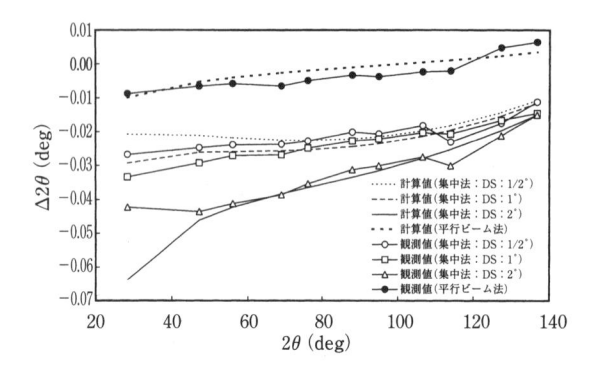

図 2.46 集中法と平行ビーム光学系における回折角の誤差

f. 試料の厚みの効果

$$\Delta 2\theta = \frac{2t\cos\theta}{R\left[\exp\left(\dfrac{2\mu t}{\sin\theta}\right)-1\right]} \quad (2.13)$$

ここで，2θ は回折角，β は DS の発散角，R はゴニオメーター半径，h は（X 線管球の）焦点長/2 (2.1.2b 参照)，ΔP はソーラースリット箔の間隔，L はソーラースリット箔の長さ，ϕ はソーラースリットの開口角，Z はゼロ点誤差，S は偏心量，μ は線吸収係数 (8.2.4 参照)，t は試料が薄い場合：試料の厚み，臨界厚 (8.2.4 参照) 以上の場合：$(2.305/\mu)(p/p')\sin\theta$，$p$ は結晶の密度，p' は粉末試料を充填したときの密度である．

集中・平行ビーム光学系を用いて測定した National Institute of Standards and Technology (NIST) 製角度標準試料 Si (SRM 640c；表 14.2 参照) の粉末回折データから求めた 2θ の観測値と角度誤差を補正した理論回折角の差を図 2.46 に示す．なお，ゼロ点誤差および偏心はゴニオメーターの調整により，無視できるほど小さくしたため，式 (2.11) と (2.12) は角度誤差の補正に使わなかった．

2.2.6 粉末試料自体の性質の影響

回折角，プロファイル，回折強度などに影響を与える要因のうち，粉末試料自身の性質に由来するものについて説明しておく．

a. 固溶体

固溶体には，結晶格子中の特定の原子が同程度の大きさの異種原子に置き換わる置換型固溶体と，結晶格子中の隙間に原子が侵入する侵入型固溶体とがある．

置換型固溶体では，置換率に対応して格子定数が直線的に変化することが多い（ベガード則と呼ぶ）．したがって，置換型固溶体では置換率ゼロの物質における回折角と比べて，高角もしくは低角側に回折角が移動し，移動量は回折角が高いほど大きくなる．

侵入型固溶体では，単位胞の体積は増加するが，格子定数が等方的，異方的に増大する 2 つのケースがある．後者の場合，回折指数によって回折角の移動の程度が異なるが，一般的な傾向として，高角になるほど移動量は増える．

いずれの型の固溶にせよ，均一に固溶していないと，回折線が広がる．相分離が起きるまでに至ると，回折線が分裂することさえある．

b. 結晶子サイズと格子ひずみ

結晶子サイズが極めて小さい場合や結晶格子がひずんでいる場合，回折線が広がる (4.2, 5.4, 7.3.1, 8.1.4 参照)．

c. 積層不整

層状構造をもつ化合物では，層の積み重ねの周期と順序に不整が生じると，回折線が広がる．

2.3 どうすれば良質のデータを測定できるか

質の高い粉末回折データを得るには，理想に近い粉末試料とよく調整された適切な光学系が必要となる．このようなデータを測定するのに必要な注意事項を以下に記す．結晶構造解析という特定の目的における留意点については，さらに 8 章を参照していただきたい．

2.3.1 X 線

a. 特性 X 線の選択

特性 X 線を用いて測定する場合，ターゲットに応じて，X 線の波長や試料による X 線の吸収などが異なる．また，ターゲットによって印加電圧・電流の上限，ひいては X 線強度も異なる．試料と測定の目的に応じて最適な X 線管球を選ぶべきである．

ターゲットの選択において，つねに留意しなければならない事項は，以下のとおりである．

(1) 試料による X 線の吸収と蛍光 X 線の発生
測定に使用する特性 X 線の波長が，試料に含まれる元素の吸収端波長よりわずかに短い場合，X 線が試料に吸収されやすくなると同時に，光電効果によってその元素の蛍光 X 線が強く放出される．蛍光 X 線はバックグラウンドとして観測されるため，P/B 比の悪

表2.3 5種類の特性X線に対するFeの質量吸収係数(単位：cm² g⁻¹)

管球	Mo		Cu		Co		Fe		Cr	
	$K\alpha$	$K\beta$	$K\alpha$	$K\beta$	$K\alpha$	$K\beta$	$K\alpha$	$K\beta$	$K\alpha$	$K\beta$
μ/ρ	38.5	27.7	308.0	238.0	52.8	349.0	66.4	50.0	108.0	82.2

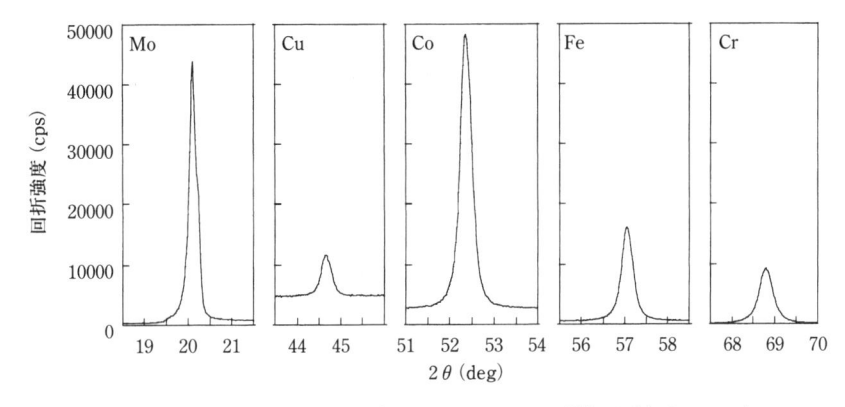

図2.47 5種類の特性X線で測定したα-Feの110反射の回折プロファイル
すべて封入式X線管球の最大定格で測定した．

表2.4 5種類のX線管球における $d=1\sim10$ Å に相当する回折角の範囲

管球	Mo	Cu	Co	Fe	Cr
波長(Å)	0.70926	1.54058	1.78892	1.93597	2.28964
2θの範囲	4.1〜41.5°	8.8〜100.8°	10.3〜126.9°	11.1〜150.9°	13.1〜180.0°

い回折パターンを与える．このような元素が含まれている場合は，X線の吸収のために回折強度も弱まる．

X線の波長と元素の吸収端波長の関係は，質量吸収係数によって知ることができる．大きな質量吸収係数を与える波長と元素の組合せでは，表2.3と図2.47に見られるように，回折図形のバックグラウンドが高くなり，回折強度自体も小さくなる．したがって，試料に含まれる元素を考慮し，質量吸収係数が小さくなるようなX線波長を選択することが望ましい．

(2) 格子面間隔の範囲　ある反射を測定する場合，波長が変われば回折角も変化する．このため，測定可能な格子面間隔 d の範囲は波長に依存する．通常，X線回折で測定する d の範囲は，1〜10 Å 程度である．各X線管球の $K\alpha_1$ 線を用いたときの $d=$ 1〜10 Å に相当する回折角を表2.4に示す．

(3) 測定の目的　X線管球は，測定の目的に応じて使い分けるべきである．たとえば，定性分析においては，広い d 範囲を走査し，しかも反射どうしの重なりを極力減らす必要がある．このため，両条件を比較的バランスよく満足するCu管球が主として用いられる．

一方，格子定数の精密化，残留応力測定など d 値を精密に測定する場合は，波長の長いX線を用いて，回折線を高角側に移動させ，比較的高分解能で測定することが望ましい．また，動径分布や結晶化度の解析では，広い範囲の d 値が必要なので，短波長のX線を用いる．

このように，高精度の解析結果を得るには，測定の目的に応じてX線の波長を選択することが重要である．

b．管電圧・管電流の選択

X線管球から発生するX線は，連続X線と特性X線からなる．連続X線の強度 I_W と特性X線の強度 I_C には

$$I_W \propto iV^2 Z \tag{2.14}$$

$$I_C \propto i(V-V_0)^n \tag{2.15}$$

表2.5 $K\beta$フィルター法で最大強度，最大P/B比の回折データを得るための管電圧(試料：Si粉末)

X線管球	励起電圧(kV)	最適管電圧(kV)	
		強度最大	P/B比最大
Mo	20.00	60	45〜55
Cu	8.86	40〜55	25〜35
Co	7.71	35〜50	25〜35
Fe	7.10	35〜45	25〜35
Cr	5.98	30〜40	20〜30

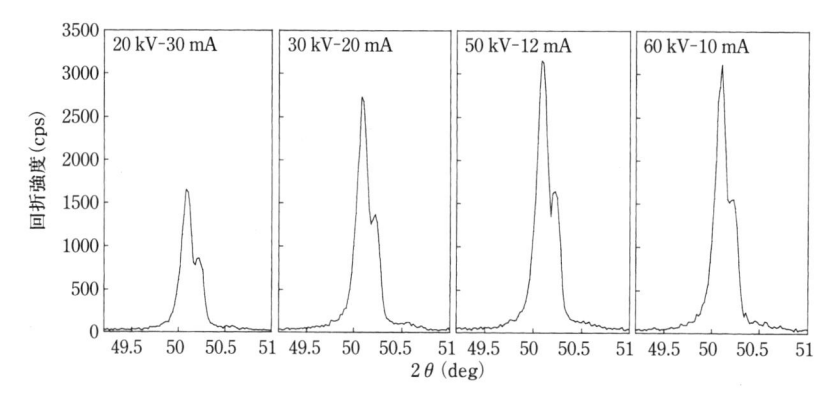

図2.48 管電圧，管電流の変化に伴う回折プロファイルの変化（Cu $K\alpha$，出力：0.6 kW）

という比例関係が成立する．ここで，iは管電流，Vは管電圧，Zはターゲット元素の原子番号，V_0は励起電圧，nは管電圧に依存する定数である．特性X線の場合，管電圧が小さいとき，nは2に近く，管電圧が大きくなるにつれて減少する．

$K\beta$フィルター法では，連続X線がバックグラウンドとなるため，最良のP/B比（2.1.3b参照）を得るための管電圧はターゲットごとに異なる．各ターゲットについて，最大強度と最高P/B比が得られる管電圧を表2.5にまとめた．$K\beta$フィルター法による単色化ではP/B比を，モノクロメーターによる単色化では最大強度を優先して，管電圧を設定するとよい．

Cu管球を用い，0.6kWの負荷をかけたときの回折図形の測定例を図2.48に示す．同じ負荷をかけても，管電圧によって回折強度が大きく異なることがわかる．このため，管球の種類に応じて最適な管電圧（Cu管球の場合，約50 kV）をかけて測定するとよい．ただし，通常のX線管球を低管電圧・大管電流で使用すると，フィラメントに過大な電流が流れ，フィラメントが断線するおそれがある．したがって，管電流を50 mA以上とする際には，管電圧の最小値を40 kV程度とする．

c．X線の単色化

一般にX線回折法では，連続X線でなく強度の強い特性X線を用いる．この場合，連続X線や試料からの蛍光X線はバックグラウンドとして観測され，P/B比を悪くする．また，$K\beta$線は比較的強度が強い（Cuターゲットの場合，$K\beta$線の強度は$K\alpha$線の約1/4）ため，これを取り除かないと，回折パターン上に$K\alpha$・$K\beta$線による回折線が混在し，解析が困難になる．したがって，回折データにおける連続X線，蛍光X線，$K\beta$線による寄与を最小限に抑え，$K\alpha$線による回折線の寄与を極力増やすよう努めなければならない．このように特定の波長のX線を選別することをX線の単色化と呼ぶ．

表2.6に代表的な単色化法をまとめた．一般に$K\beta$フィルターと波高分析器（pulse height analyzer：PHA）あるいはモノクロメーターとPHAを組み合わせて使用し，$K\beta$フィルターとモノクロメーターは併用しない．

(i) $K\beta$フィルター法の原理と特徴 各元素の質量吸収係数は，X線の波長が短くなるにつれて減

表 2.6 代表的な X 線単色化の方法

	単色化方法	原理	特徴	$K\alpha$ 線の減衰率(%)
物理的方法	$K\beta$ フィルター法	元素固有の吸収端波長を利用	$K\beta$ 線の大部分を除去 ($K\alpha:K\beta=100:1$)	約 50
	モノクロメーター法	分光結晶による回折を利用	特定波長の X 線のみを取り出すことが可能（連続 X 線，蛍光 X 線，$K\beta$ 線は，ほぼ完全に除去）	約 30 (湾曲グラファイトモノクロメーターの場合)
電気的処理	PHA 法	電気的にパルスを選別	連続 X 線と一部の蛍光 X 線を除去	約 90

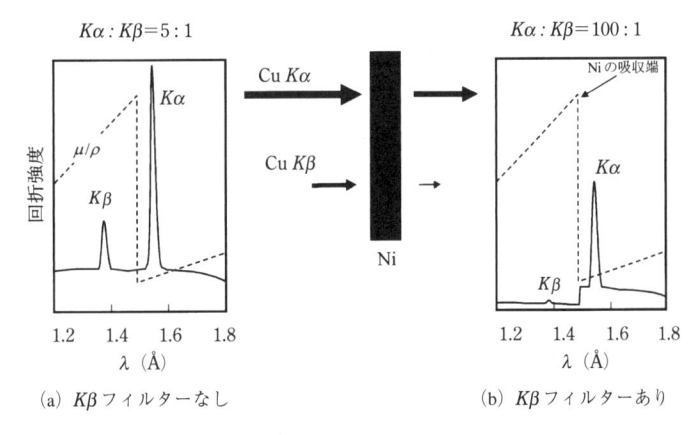

図 2.49 Cu $K\alpha$ の特性 X 線に対する Ni フィルターの効果

少する傾向があるが，特定の波長（吸収端）において不連続に変化する．この現象は X 線照射により原子の周りの軌道電子が励起され，光電子として原子から放出されること（光電効果）によって生じる．吸収端は，元素のどの軌道の電子が光電効果によって励起されるかによって，K 吸収端，L 吸収端などと呼ばれる．

吸収端を利用して特性 X 線を単色化するのが $K\beta$ フィルター法である．この方法では，特性 X 線の $K\beta$ 線と $K\alpha$ 線の波長の間に K 吸収端をもつ物質をフィルターとして X 線行路に挿入する．フィルターとしては，X 線管球のターゲット元素の原子番号より 1～2 番小さい原子番号をもつ金属を用いる．

Ni の K 吸収端近傍の Cu の特性 X 線強度と Ni の質量吸収係数の関係を図 2.49 に例示する．この図から，Ni の質量吸収係数は Cu $K\alpha$ 線の波長に対しては小さく，Cu $K\beta$ 線の波長に対しては著しく大きいことがわかる．このため，Ni の K 吸収端より波長の短い Cu $K\beta$ 線は Ni フィルターによって効率よく吸収される．減衰率はフィルターとして用いた金属の厚さに依存するが，通常，その厚さは $K\beta$ 線の強度が $K\alpha$ 線の強度に対して 1/100 となるように設定する．代表的なフィルターを表 2.7 に列挙した．

$K\beta$ フィルター法は，金属箔を X 線行路に挿入するだけですむという利点をもつ．一方，連続 X 線が除去できず，強い回折線のプロファイルの裾に吸収端による不連続部分を与えるという欠点もかかえている．このような不連続部分は 7 章で述べるリートベルト解析にとって好ましくない．

一般に，フィルターは試料と検出器の間に挿入する．しかし，フィルターに使用している元素と原子番号の近い物質（Ni フィルターでは Ni，Co，Fe）を試料が含む場合，$K\beta$ 線によって蛍光 X 線が励起されるため，フィルターは試料と X 線源の間に挿入すべきである．

(ii) モノクロメーター法の原理と特徴 モノク

表2.7 6種類のX線管球用の$K\beta$フィルター

管球	波長(Å)		$K\beta$ フィルター			
	$K\alpha$	$K\beta$	材料	吸収端の波長(Å)	$I(K\beta)/I(K\alpha_1)=1/100$	
					厚さ(mm)	$K\alpha_1$線の透過率(%)
Cr	2.2896	2.0848	V	2.269	0.011	63
Fe	1.9360	1.7565	Mn	1.896	0.011	62
Co	1.7889	1.6208	Fe	1.743	0.012	61
Cu	1.5406	1.3922	Ni	1.488	0.015	55
Mo	0.7093	0.6323	Zr	0.689	0.081	43
Ag	0.5594	0.4970	Rh	0.534	0.062	41

ロメーター法は，分光結晶による回折を利用してX線を単色化する方法である．選択した波長以外の連続X線，蛍光X線，$K\beta$線などをほぼ完全に除去でき，バックグラウンドの低い回折データが得られる．ただし，X線の散乱能が小さい軽元素からなる試料や，ターゲットと同じ元素を主成分とする試料の場合は効果が小さい．粉末法では，X線源と試料の間に置く入射モノクロメーターあるいは試料と検出器の間に置くカウンターモノクロメーターを用いる．入射モノクロメーターについては 2.1.1 c を参照していただくこととし，ここではカウンターモノクロメーターについて説明する．

カウンターモノクロメーターを装着した集中法光学系を図2.50に示す．また，各種管球を用いて α-Fe の110反射を $K\beta$ フィルター法とモノクロメーター法で測定したデータを比較したのが図2.51である．Cu・Co 管球のデータから，モノクロメーターの使用が P/B 比を著しく改善することがわかる．

(1) 結晶モノクロメーターの種類と形状　単色化のための結晶は測定の目的に応じて，グラファイト，LiF，石英，Ge，Si，人工多層膜などが利用される．結晶の形状には，平板，湾曲，楕円，放物面，ブロック状などがある．一般に，集中法光学系には湾曲グラファイト結晶が利用される．

(2) 受光側湾曲モノクロメーターの使用法　結晶モノクロメーターの回折角と取り付け位置（受光スリット-結晶間，結晶-検出器間の距離）は使用する管球によって異なり，回折条件と集光条件を満たすように結晶を配置する．曲率（2R）225 mm の湾曲グラファイト結晶における各波長に対する回折角と取り付け位置を表2.8に示す．

たとえば，Cu $K\alpha$ 線だけを取り出すには，グラファイトの（002）面と試料からの回折X線とのなす角が13.27°となるようにし，受光スリットから 51.5 mm の位置に結晶を置けば，Cu $K\alpha$ 線を選択的に取り出せる．回折角は，式（1.1）により算出できる．この際，d はモノクロメーターの結晶面に対応する反射の格子面間隔とする．たとえば，グラファイト（002）結晶の場合は 3.37 Å である．また，結晶の曲率を 2R とすれば，受光スリット-結晶間，結晶-検出器間の距離 L は次式で算出できる．

$$L = \frac{R\lambda}{d} \quad (2.16)$$

なお，結晶モノクロメーターによる特性X線の反射率は，結晶の種類・形状，波長によって大きく異なるが，湾曲グラファイトでは30％程度である．

(iii) **PHA の原理と特徴**　PHA は，検出器から生じるパルスの波高が入射X線のエネルギーに比

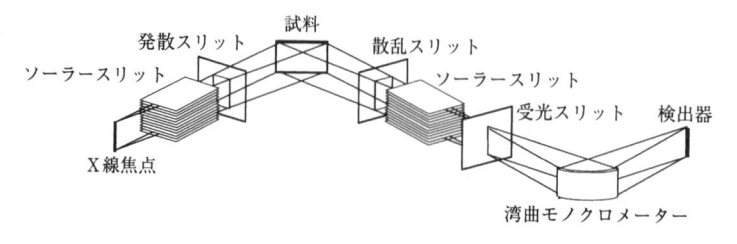

図2.50　カウンターモノクロメーター付き集中法光学系の概念図

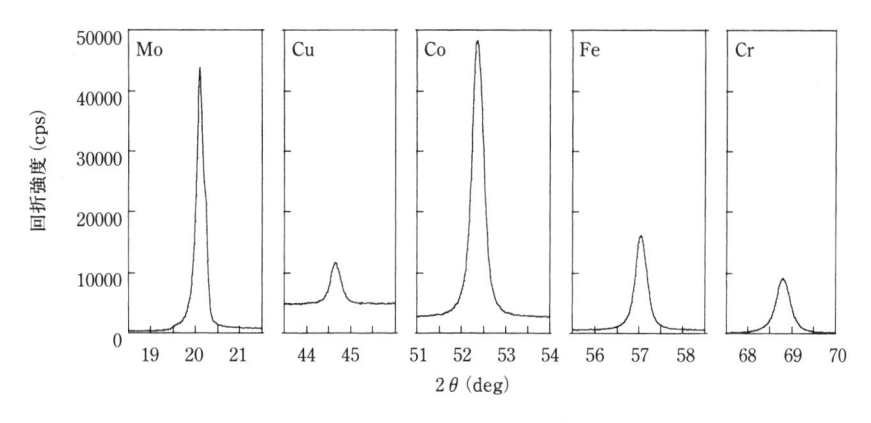

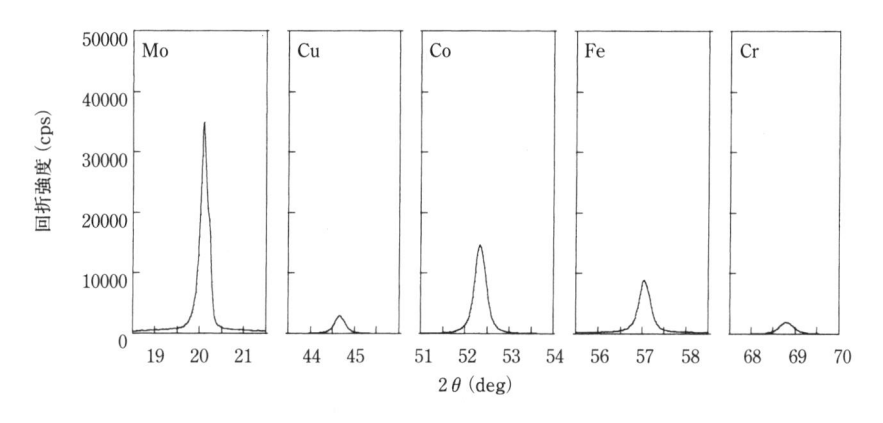

図2.51 5種類のX線管球で測定した α-Fe の 110 反射の回折プロファイル
すべて封入式X線管球の最大定格で測定した．

表2.8 湾曲グラファイト(002)結晶の分光角度と受光スリットからの距離

	管球				
	Mo	Cu	Co	Fe	Cr
分光角度 (deg)	6.08	13.27	15.48	16.78	19.97
受光スリットからの距離 (mm)	23.7	51.5	59.8	64.7	76.1

例することを利用し，不要なパルスを電気的に除去する装置である．

図2.52に示すように，ターゲットからの特性X線のパルスのみが通過するようにPHAを設定すると，その特性X線と大きく波長の異なる成分を除去できる．計数される波高の下限をベースライン，上限と下限との間の幅をウィンドウと呼ぶ．図2.52はCu管球の場合を示した．

PHAの動作モードには，微分モードと積分モードがある．微分モードでは，ベースラインとウィンドウを適切な値に設定し，そのウィンドウ内に入るパルスのみを計数する．積分モードでは，ベースラインだけ適切な値に設定し，ベースラインよりも高いパルスをすべて計数する．ふつうは微分モードを使う．

PHAの調整パラメーターは，検出器の経時変化に依存する．したがって，1カ月に一度程度は，再調整することが望ましい．

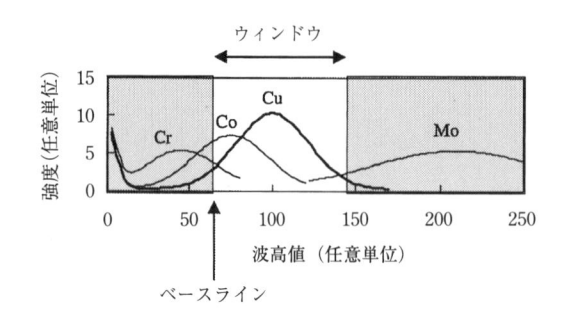

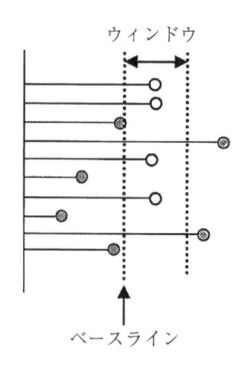

図 2.52 PHA の働き

2.3.2 測定試料
a. 試料の調製

粉末 X 線回折で使用する試料は微細結晶であり，試料ホルダーに充填した状態で，全体として結晶子の方位が完全に無秩序となっていることを前提として回折強度を測定する．ただし，へき開しやすい試料，針状結晶，集合組織を有する塊状試料の場合，この前提条件を満足させるのはかなり難しく，試料調製に工夫をこらす必要がある．

X 線回折用試料は，結晶質・非晶質（ガラス，液体，融液）を問わず広範囲にわたる．このうち，粉末 X 線回折の対象となる多結晶体は，その形状から粉末試料と塊状試料に分類することができる．

(i) 粉末試料 粉末試料の場合，粒径が回折強度に影響する．回折強度の再現性を確保するには，0.5～数 μm 程度の粒径が最適である．

粗大結晶が混入していると，デバイ-シェラー環に斑点が入り混じり，回折強度の再現性がなくなる（図 2.53）．また，粒径が 30 μm 以上になると，消衰効果によって低角領域の強い反射の回折強度が減少する．このため，粉砕可能な試料は，乳鉢や自動粉砕機などを用いて粉砕することが望ましい．ただし，結晶構造の変化，ひずみの発生，非晶質化などのメカノケミカルな変化を起こす試料もあるので，慎重に調製する必要がある．有機溶媒などに浸せきした状態で粉砕するのも一法である．構造解析用の粉末試料の調製につい

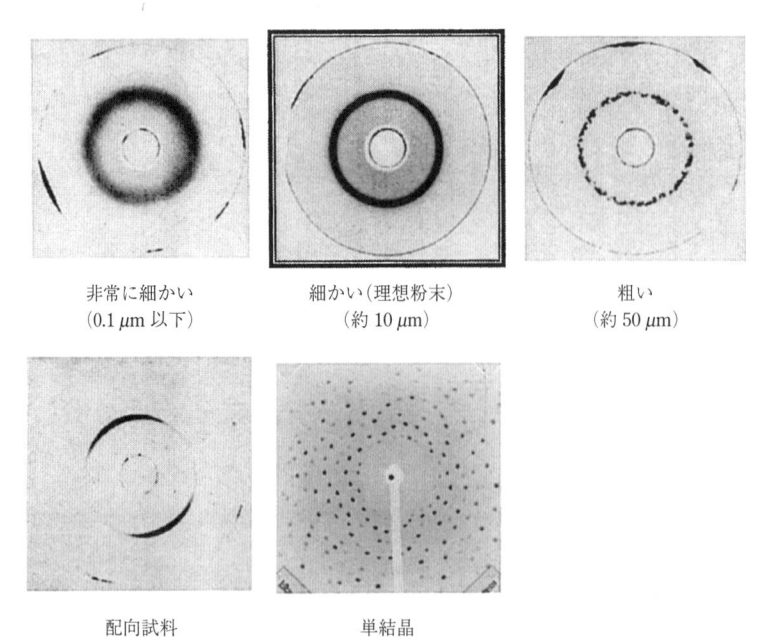

非常に細かい
(0.1 μm 以下)

細かい (理想粉末)
(約 10 μm)

粗い
(約 50 μm)

配向試料

単結晶

図 2.53 粒径の異なる 5 つの石英試料に対するデバイ-シェラー環
ラウエ法で測定した．

ては，さらに8.1で説明する．

(ii) 塊状試料 塊状試料には，金属，焼結体，ポリマー，凝固体などがあるが，粉砕可能なものは粉末にして測定することが望ましい．

集中法による粉末X線回折データの測定では，試料表面の平面度と平坦度が十分高くなければならない．測定面に凹凸があったり，湾曲している場合は，回折角のずれや回折線の変形（広がり，分裂）などが起きる．このため測定面の平面度および平坦度は少なくとも約0.02 mm以下に抑える必要がある．やむを得ずこの条件を満たさない試料を測定した場合は，回折データに影響があることを考慮して測定データを解析する（2.2.3 a 参照）．

b．試料板（試料ホルダー）の種類と利用法

粉末試料の場合は，試料の量や充填しやすさなどを考慮し，アルミニウム試料板，ガラス試料板，無反射試料板などから適当なものを選択する．

塊状試料の場合は，試料の形状，大きさ，重さなどに応じて，アルミニウム試料板，ブロック試料板などから選択する．

すべての試料板には測定面と一致する基準面が設定されており，他の面と比べ，より高い精度で加工されている．正確な測定を行うには，試料の測定面とこの基準面が一致するように試料調製する必要がある．基準面と試料面が一致していないと，回折角がずれてしまう（2.2.2 b 参照）．

表2.9に試料板の種類と特徴をまとめた．

(i) アルミニウム試料板による粉末試料の調製
試料の量が十分な場合は，次のような操作でアルミニウム試料板に試料を充填するとよい（図2.54）．

(1) 試料板の表側（基準面）が平らなガラス板に密着するよう，試料板を手でしっかり押さえ，試料板のくり抜き部分に試料を注ぎ込む．

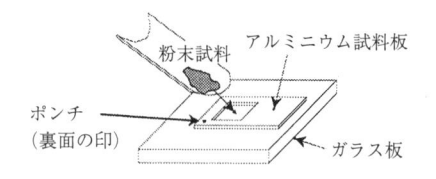

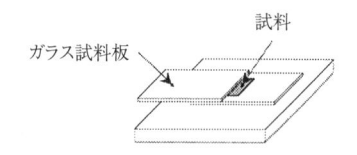

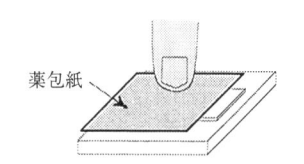

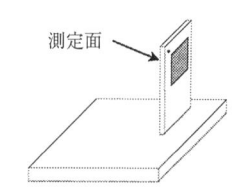

図2.54 アルミニウム試料板への粉末試料の充填

表2.9 粉末回折用試料板の種類と特徴

名 称	試料板の大きさ (mm)	充填部の大きさ (mm)	特 徴
アルミニウム試料板	35×50×1.5程度	20×18×1.5程度	充填が容易で，粉末・塊状試料のいずれも使用可能
ガラス試料板	35×50×1.5程度	20×16×0.5程度 20×16×0.2程度	少量試料に用いる．長期間使用しても試料板の変形が少ない．ガラスからのハローが観測される場合がある
無反射試料板	20×45×2.0程度	20×17×0.5程度 20×17×0.2程度	微量試料でもP/B比の高い回折データが得られる
	35×50×1.5程度	20×16×0.2程度 5ϕ×0.2程度	
ブロック試料板	20×50×16程度	55×16程度のステージ	試料の大きさや重さに制限がある
回転試料台用試料板	回転試料台に依存	30ϕ×(0.2～1.0)程度	回転試料台専用で，十分な試料量が必要

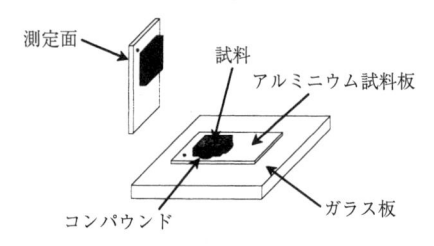

図 2.55 アルミニウム試料板による塊状試料の調製

(2) ガラス試料板を利用し，試料を充填部にほぼ均等に分布させる．
(3) 薬包紙をのせて，指先で試料を押し固める．この際，試料板が動かないように注意する．
(4) 試料板を持ち上げたとき，試料がくずれず，枠からはみ出ていないことを確認する．

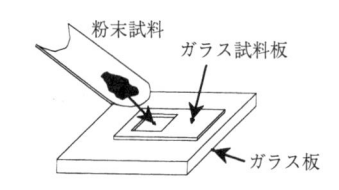

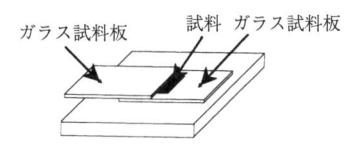

図 2.56 試料量が十分なときのガラス試料板による粉末試料の調製

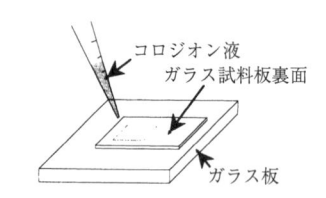

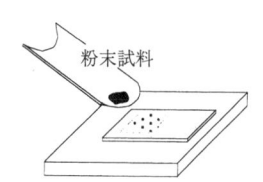

図 2.57 試料量が少量のときのガラス試料板による粉末試料の調製

(ii) アルミニウム試料板による塊状試料の調製
(i)の場合と同様に，アルミニウム試料板をガラス板にのせて，コンパウンドなどで試料を固定する（図2.55）．試料が小さいときには，コンパウンドからの回折を回避するため，コンパウンドが測定面に露出しないよう注意を払う．

(iii) ガラス試料板による粉末試料の調製 試料の量が十分な場合は，ガラス試料板の凹部に試料を入れ，別のガラス試料板で試料面と基準面が一致するよう均一に充填する（図2.56）．

試料が少量しかないときや試料の整形性が悪いときは，ガラス試料板の裏側にバインダーを薄く塗り，その箇所に試料をふりかけ，余分な試料をふるい落とす（図2.57）．ただし，この方法ではガラスやバインダーからのハローが観測される上，表面がなめらかにならないので，回折角や回折強度が精密に測定できない．

少量のアルコールやアセトンなどの揮発性有機溶剤と試料をめのう乳鉢でよくすり合わせて，ガラス板に薄く塗りつける方法は，スミアマウント法として，無機物質の同定に広く用いられている．ただし，試料量が少ないと，高角領域で特に回折強度が減少し，その信頼性が低くなってしまう．

バインダーには，通常，コロジオン溶液や電子顕微鏡用セメント（ネオプレン溶液）を酢酸イソアミルやトルエンなどの有機溶剤で希釈したものを用いる．セメダインなどの接着剤でもかまわない．ただし，揮発後に溶質が残るバインダーを使用すると，非晶質ハローが観測される．

(iv) 無反射試料板 無反射試料板は，少量の試料の粉末回折データを高S/N比で測定するのに使用する．通常は，特定結晶面に対して数度のオフセットをつけて切り出したSiやα-SiO$_2$の単結晶板が利用される．このように切り出した単結晶試料板を対称反射法で用いれば，試料面と平行な試料板結晶の格子面が存在せず，試料板からの回折線は観測されない．

試料は，ガラス試料板の場合と同様に充填するが，試料が極端に少ない場合は，スミアマウント法により調製する．

c．デバイ-シェラー法による測定用の試料の調製
通常，デバイ-シェラー法による測定に用いる試料は，ガラスキャピラリーに充填する．肉厚10 μm，内径0.1～2.0 mmのガラスキャピラリーが市販されている．ソーダガラス，リンデマンガラス，石英ガラス

などの材質があるが，粉末X線回折実験には，X線の吸収の問題から石英ガラスを使うことが多い．

ガラスキャピラリーの内径は，試料の線吸収係数（8.2.4参照）に合わせる必要があるが，0.3〜1.0mm程度とすることが多い．0.3mm以下では，粉末試料を詰めることが困難となる．また，試料を詰める際には，超音波洗浄器を利用するとよい．超音波洗浄器に少量の水を入れ，空のビーカを置く．広口部に試料を詰めたキャピラリーをビーカに静置した後，超音波洗浄器を作動させると，試料が閉口部に落下していく．

d．回転試料台用試料の調製

回転試料台は，実測観測強度に寄与する結晶子の数を極力，増やすために利用される．試料台に付属する回転試料板は，試料の落下を防止するため，十分な試料量が必要となることが多い．試料の量が少ないときは，脱落しないよう十分注意した上，両面テープなどで通常のガラス試料板を回転試料台に固定して使用する．その際，試料が偏心するので，試料の前後調整機能をもつ回転試料台を使わなければならない．

e．標準試料の利用方法

粉末回折における角度・強度・プロファイル幅を較正する目的のために，NIST製の標準試料が市販されている．試料によるX線の吸収を規格化するのに強度標準試料を用いる場合は，標準試料を内部標準として被検試料に混合すべきである．また，角度・プロファイル幅標準試料の場合も，種々の要因によって回折プロファイルが非対称化・変位する（2.2参照）ことから，厳密には被検試料と混合する必要がある．NIST製標準試料の詳細については，14.1に記載したURLを参照してほしい．

2.3.3 最適測定条件

集中法光学系で粉末X線回折データを測定する際の実験条件について，以下に記す．リートベルト解析用強度データの測定については，8.2も参照してほしい．

a．スリットの選択

測定の際，ユーザが選択すべきスリットは，DS，SS，RS（図2.5）である．

(i) DS　DSの幅は試料の幅，測定開始角度，必要な分解能によって決める．DSの幅を広げるほど回折強度は増加するが，分解能は悪くなる．図2.58は，DSの幅を変えて測定したα-SiO$_2$の回折プロファ

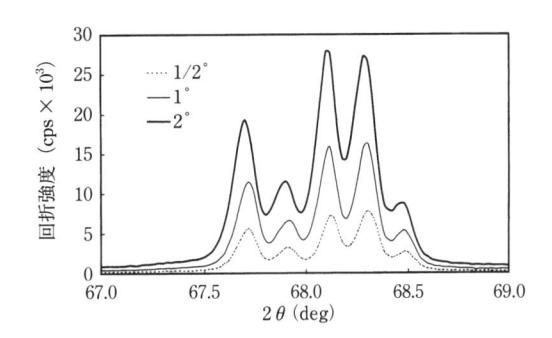

図2.58 α-SiO$_2$の回折プロファイルに及ぼすDSの開口角の影響

イルである．RSに比べると，DSの幅を広げたときの分解能の低下は大きくない．

2θの変化に応じてDSの幅を自動的に変えることにより，X線照射幅をつねに一定に保つタイプのDSも広く利用されている．高角領域での強度が相対的に強まり，S/N比が向上する．ただし，回折強度を解析するときは，後述の式（7.9）で補正しなければならない．

(ii) SS　DSと同じ発散角のSSを使用する．

(iii) RS　図2.59はRSの幅を変えて測定したα-SiO$_2$の回折プロファイルである．RSの幅を広げるほど回折強度は増加するが，分解能は悪化するため，反射の重畳が顕著な場合はRSの幅を狭める．

b．走査軸の選択と走査方式

X線源・試料・検出器の回転方式の異なる$\theta:2\theta$，$\theta:\theta$，θ単独，2θ単独走査の測定法がある．

最も一般的なブラッグ-ブレンターノ光学系では，X線源を固定し，試料と検出器を$\theta:2\theta$の比で同じ方向に回転させる2軸方式を採用している．平板試料を水平に固定し，X線源と検出器を$\theta:\theta$の比で逆方向に回転させるタイプのゴニオメーターは低・高温実験や落下しやすい試料の強度測定に役立つ．8.1.1bで述べる特定のブラッグ反射（ブラッグ角θ_K）に対するロッキングカーブの測定では，検出器を$2\theta_K$の位置に固定し，試料のθ軸だけをθ_Kを中心として走査する．薄膜測定に用いる非対称反射法では，入射角θを非常に低い一定値に保ち，検出器だけを2θ走査する．

c．計数方法の選択

測定方法には，連続測定，定時計数測定，定計数測定の3つがある．連続測定は一定速度で2θを変化させながら強度を測定する方法であり，同定のような定

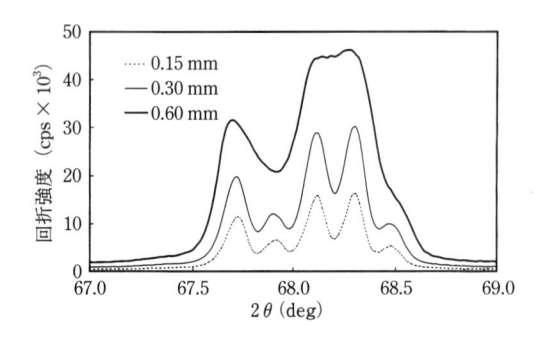

図 2.59 α-SiO$_2$ の回折プロファイルに及ぼす RS の開口幅の影響

性的な目的に適している.定時計数測定では,一定 2θ 間隔ごとに各軸を停止して,強度を一定時間計数する.パターンフィッティング用の精密な粉末回折データの測定に用いる.定計数測定は,一定の計数値に達するのに要する時間を測定する方法であり,統計変動が一定になるという利点がある.

d.ステップ間隔の設定

強度を記録する 2θ の間隔をステップ間隔あるいはサンプリング間隔という.

ステップ間隔を狭くすると,ふつうは1ステップ当たりの計数時間を短くせざるを得なくなり,統計変動が大きくなる.一方,ステップ間隔が広すぎると,各反射のプロファイルに関する情報が一部欠落してしまう.適切なステップ幅については,8.2.5を参照してほしい.

e.走査速度,計数時間の設定

連続測定の走査速度および定時計数測定の計数時間によって,測定データの質と全測定に要する時間が決まる.図 2.60 は,連続測定において,ステップ間隔を一定とし,走査速度を変えて測定した α-SiO$_2$ の 112 反射の回折プロファイルである.走査速度が大きいと測定時間を短縮できるが,一定間隔当たりの計数値が低くなるため統計変動が大きくなり,解析結果に誤差が生じる.走査速度を小さくし,計数時間を長くすることによって,質のよい測定データを得ることができる.

[藤縄 剛]

文 献

1) J. C. M. Brentano, *J. Appl. Phys.*, **17**, 420 (1946).
2) P. Debye and P. Scherrer, *Phys. Z.*, **17**, 277 (1916).
3) A. Guinier, "Radiocristallographite," Dunod, Paris (1945), Chap. 4.
4) J. B. Hastings, W. Thomlinson, and D. E. Cox, *J. Appl. Crystallogr.*, **17**, 85 (1984).
5) G. Fujinawa, H. Toraya, and J. L. Staudenmann, *J. Appl. Crystallogr.*, **32**, 1145 (1999).
6) R. Jenkins and R. L. Snyder, "Introduction to X-Ray Diffractometry," Wiley, New York (1996), Chap. 7.
7) L. E. Alexander, *J. Appl. Phys.*, **25**, 155 (1954).
8) A. J. C. Wilson, "Mathematical Theory of X-Ray Powder Diffractometry," Gordon and Breach, New York (1963), Chap. 2-4.

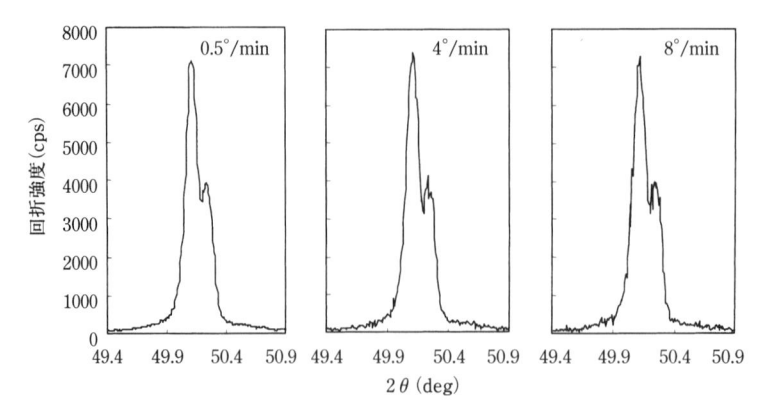

図 2.60 走査速度による回折プロファイルの違い(サンプリング間隔:0.01°)

3章　粉末X線回折データを読む

　粉末X線回折図形には，測定試料中の結晶からのさまざまな情報が含まれている．たとえば，ピーク位置からは格子定数，回折パターンからは結晶相の同定分析ができる．また，反射の積分強度には結晶相の含量との相関があるので，定量分析が可能となる．さらに席占有率や原子座標などの結晶構造パラメーターや選択配向に関する情報も入っている．回折線の幅は結晶子サイズや格子ひずみの情報が含まれている．バックグラウンドの強度には非晶質相からの散乱や試料からの蛍光X線の情報が含まれる．

　このように，粉末X線回折図形には多くの情報が入っているが，本章では同定分析を主眼に置き，粉末回折計で測定した測定データの前処理法，データベース，同定分析について解説する．

3.1　測定データの前処理

　測定者がX線回折パターンの中から必要な情報を正確に得るためには，不要なノイズやバックグラウンドなどの影響を軽減するために適切なデータ処理を施す必要がある．最近では，コンピュータを用いたデータ処理が一般的であり，X線装置メーカーから供給されているデータ処理・解析ソフトウェアが多く使われている．

3.1.1　平　滑　化

　X線強度の統計変動や検出器系からのノイズにより，誤った反射を認識する可能性がある．これを除くためにデータの平滑化を行う．平滑化処理は，一般的にはSavitskyとGolay[1]によるデジタルフィルター法が用いられている．この方法では，小さな2θ領域のデータを多項式で近似し平滑化を行う．同時に1次および2次微分係数を算出するので，後述するピークサーチに至る一連のデータ処理が可能となる．KaneとFisherの方法では高速フーリエ変換法を用い，ブラッグ反射によるシグナルとノイズ成分とを周波数特性の違いにより分けた後，低周波成分のみを通過させるフィルター関数を掛け，フーリエ逆変換して平滑化を行う．

　いずれの手法でも，過度の平滑化を行うとピークの形状が変わるので，定量，結晶化度の測定，結晶子サイズの決定，リートベルト解析など，回折線強度や半値幅を議論する解析の場合は，測定時間を延ばす，高感度の検出器を使用する，強力なX線源を利用するなどの方法によりカウントを増やすことで統計変動を減らし，平滑化の処理を必要としない測定を行うことが望ましい．

3.1.2　バックグラウンド除去

　測定プロファイルには，試料からの蛍光X線，コンプトン散乱，非晶質相からの散乱によるバックグラウンドが含まれている．正確な回折線強度や半値幅を求めるには，適切なバックグラウンドを見積もる必要があり，以下の3つの方法が一般的に用いられる．

(i) Sonneveld-Visser法[2]　　自動バックグラウンド処理として用いられる．この方法は，仮に20データポイントごとの測定点をバックグラウンド位置とする．このとき，バックグラウンド位置とピーク位置が重なることもあり適切なバックグラウンドにならないので，次の近似を行う．あるバックグラウンド位置でのX線強度を前後のバックグラウンド位置のX線強度の平均値と比較し，平均値より強度が高い場合は，平均値強度に置き換える．これをすべての測定範囲に適用し，さらに前後の平均値とバックグラウンド位置の強度差が所定の閾値以内になるまで繰り返し処理する．データポイント数や重み付けなどのパラメーターを変更することにより最適なバックグラウンドを近似する．バックグラウンドの形状が大きく変化しないルーチン分析などでは自動化しやすい方法である．

(ii) スプライン関数法　　測定者がバックグラウ

ンドの位置を複数点指定し，この点を通るスプライン関数によりバックグラウンドを補間する．個人差が生じる可能性がある半面，複雑なバックグラウンドの近似には便利である．

(iii) バックグラウンド関数法 リートベルト解析で用いられる方法である（7.2.8参照）．

3.1.3 $K\alpha_2$ 成分の除去

物質の同定をはじめ，格子定数の精密測定，指数付け，結晶子サイズや格子ひずみなどの解析を行う場合は，X線管球で発生した$K\alpha_1$と$K\alpha_2$線による回折線の重なりが問題となり，これらを分離する必要がある．

Rachinger[3]の方法（図3.1左）は，高速で処理できることから一般的に利用される．これは，$K\alpha_1$と$K\alpha_2$線の強度比が2：1で，さらに回折プロファイルが互いに相似であるという前提条件のもと，回折角が$\Delta 2\theta_r$だけずれていると近似すると，実測回折プロファイル$I(2\theta)$は，

$$I(2\theta) = i(2\theta) + \frac{1}{2}i(2\theta + \Delta 2\theta_r)$$

$$\Delta 2\theta_r = 2\tan\theta \cdot \frac{\Delta\lambda}{\lambda(K\alpha_1)}$$

と表される．ここで，$i(2\theta)$と$i(2\theta+\Delta 2\theta_r)$はそれぞれ$K\alpha_1$と$K\alpha_2$特性X線による回折プロファイル，$\Delta\lambda$は$K\alpha_1$と$K\alpha_2$特性X線の波長の差，$\lambda(K\alpha_1)$は$K\alpha_1$特性X線の波長を示す．この方法では，$K\alpha_1$と$K\alpha_2$のプロファイルが相似で強度比は2：1という近似が誤差の要因となる．

Ladell法[4]（図3.1右）は$K\alpha_1$と$K\alpha_2$のプロファイルが相似ではなく，$K\alpha_2$線を3，5または7本のサブプロファイルの合成と考える．$K\alpha_2$線の各サブプロファイルの回折角のずれと強度比は事前に求めておく．

いずれの方法でもプロファイルがひずむことや，$K\alpha_2$反射の近くにゴースト反射が発生することがある．したがって，$K\alpha_2$成分を除去したデータはプロファイルフィッティングやリートベルト解析に用いるべきでない．

3.1.4 自動ピークサーチ

ピークサーチには，2次微分係数を計算し，その極小値をピーク位置とする手法が使われている．この方法では隣接した反射を分離し，それらのピーク位置を正確に求めることができる．図3.2に1次微分と2次微分した図形を示す．1次微分図形では，もとのピーク位置は2θ軸との交点になり，さらに2次微分した図形では負の極小になる．近接している2つの回折線が半値幅以上離れている場合は，1次微分によりピークの認識が可能だが，それより近接すると認識できない．2次微分を用いれば，半値幅以内に近接している回折線も認識できる．ただし，2次微分は統計変動やノイズ成分に敏感で，誤ったピークを認識することがあるので，この処理の前に平滑化を行う方がよい．

X線回折装置メーカーから供給されているソフトはプロファイル幅やバックグラウンドの統計変動を閾値とするなどの工夫をこらしているが，最終的には，測定者が目視により反射とみなすことの妥当性を判断する必要がある．

自動ピークサーチで得られるピーク位置は，最大強度であり，反射の重なりや$K\alpha_2$線などの影響のため，必ずしも正確な位置ではない．したがって，格子定数の精密化などを行う場合は，プロファイルフィッティングなどによりパターン分解を行い，正確なピーク位置を求める必要がある．

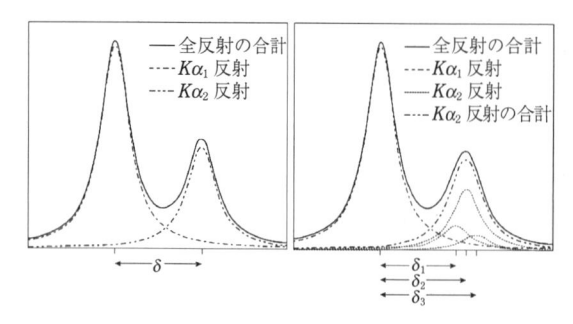

図3.1 $K\alpha_2$線の除去
Rachinger（左），Ladell（右）．

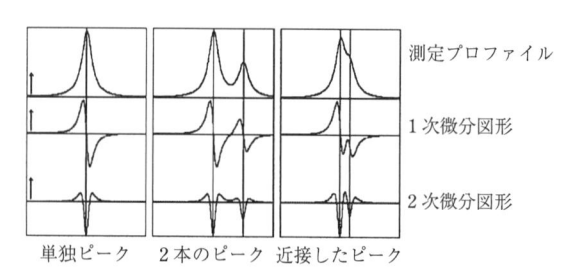

図3.2 2次微分によるピークサーチ

3.2 未知試料を同定する

測定試料と参照物質の回折線位置と相対強度を比較して，同じ相であるかどうかを判定する手法を同定という．参照データの回折パターンは過去に測定したデータをライブラリーとして保存し，データベースとして用いることも可能だが，一般には International Centre for Diffraction Data（ICDD）の Powder Diffraction File（PDF）が広く用いられている．

粉末 X 線回折による同定は，同一の元素からなる物質でも結晶構造の違いを識別できる．単なる元素分析ではなく結晶相の違いがわかるのが特徴である．たとえば，FeO，Fe_2O_3，Fe_3O_4 の区別がつく．さらにダイヤモンドとグラファイトのように，同一の化学組成でも結晶構造が異なる多形の同定が可能である．ただし，測定物質の参照物質がデータベースに登録されていない場合は，同定はできない．

測定試料量は数 mg〜数 g である．基本的には非破壊分析であり，分析した試料を他の分析に供したり，サンプリングした元の部分や工程に戻すことができる．測定試料の形状は，粉末試料を試料ホルダーに充填した状態が望ましいが，測定手法を工夫すれば，板状，塊状，薄膜，繊維，10 μm 程度の微小部などさまざまな試料の測定が行える．ただし，測定試料は結晶に限られ，液体，気体，非晶質試料は扱えない．

混合物における微量成分の検出下限は一概にいえないが，理想的な場合でも相対量で 0.1％ 程度であり，回折線の重なりや構成元素や結晶性によって異なる．特に非晶質成分の割合が多い場合などは，数十％ でも検出が困難なことがある．

3.2.1 PDF の活用[5]

PDF は粉末回折パターンによる同定のための参照物質のデータベースとして広く用いられている．これは，古くは ASTM（American Standard for Testing Materials）で管理され，その後 JCPDS（Joint Committee on Powder Diffraction Standard）に移管された後，現在の ICDD が管理するようになった．1941 年から毎年約 1500 の無機化合物と約 1000 の有機化合物のデータが追加され，2008 年現在の Set 58 には 10 万 2552 件にのぼる粉末回折パターンが登録されている．PDF には，同定に必要な回折指数 hkl，格子面間隔 d，最強反射のピーク位置における強度を 100 としたときの相対強度，化合物名，空間群，格子定数，測定条件，文献，コメントなどが記されている．

a．データベース供給元

ICDD は以下に示すデータベース供給元と協力しデータベースの充実をはかっている．

(1) ICSD‐FIZ（Inorganic Crystal Structure Database）　無機化合物の結晶構造データを収録している．2008 年現在，9 万 8488 件のデータが収録されている．

(2) CCDC（Cambridge Crystallographic Data Centre）　有機化合物・有機金属化合物の結晶構造のデータベース．2008 年現在，30 万 8978 件のデータが収録されている．

(3) NIST（National Institute of Standards and Technology）Crystal Data　NIST が収録しているデータベース．2008 年現在，1 万 67 件のデータが収録されている．

(4) MPDS（Material Phases Data System）　スイスで構築されているデータベース．2008 年現在，10 万 6963 件のデータが収録されている．

b．ICDD が供給している PDF データベースの種類

コンピュータ化が進み，最近では CD や DVD の電子媒体のデータベースが主流となってきていて，印刷物は廃止の方向にある．電子媒体のデータベースは，1 年または 5 年のライセンスで販売され，サイトライセンスとしての契約も可能である．

(1) PDF‐2　ICDD，ICSD，NIST のデータベースで，格子面間隔，相対強度，化合物名，化学式，鉱物名，回折指数 hkl，結晶データを収録している．データの総数は 2008 年現在 21 万 1107 で，CD‐ROM で供給されている．

(2) PDF‐4＋　PDF‐2 に分子構造モデル図や構造パラメーターを追加したデータベースである．データの総数は 2008 年現在 28 万 5402 で，DVD または CD‐ROM で供給されている．専用のソフトウェアにより，検索のほか，X 線回折パターンのシミュレーションや結晶構造のグラフィック表示などができる．

(3) PDF‐4/Mineral　PDF‐4 の中から，主に鉱物のデータを抽出したデータベース．データの総数は，2008 年現在 2 万 9607．

(4) PDF‐4/Organic　CCDC のデータと PDF‐4

の有機化合物・有機金属化合物のデータを合体したデータベース．データの総数は 2008 年現在 34 万 1540．

(5) Inorganic and Organic Data Book　ASTM カード以来続いている紙媒体のデータベース．カード形式はすでに廃止されているが，取り扱いやすいように製本されている．2008 年現在，Set 58 が発行され，データ総数は 10 万 2552．

c．PDF を利用するための索引書

2008 年現在，3 種類の索引書が発売されている．コンピュータが普及する前の時代には必須とされていたが，データのデジタル化に伴い廃止の方向にある．

(1) Alphabetical Index　無機物質を化合物名や鉱物名から検索するための索引書．2008 年現在 6 万 2780 のデータが収録されている．

(2) Hanawalt Search Manual　ハナワルト法により無機物質を検索するための索引書．最強線から 3 本の回折線をもとに，ハンドサーチを行う．2008 年現在 6 万 2978 のデータが収録されている．

(3) Organic & Organometallic Phases　有機化合物・有機金属化合物を検索するための索引書で，ハナワルト法による有機物質検索の索引書も含まれている．2008 年現在 2 万 7820 のデータが収録されている．

d．ICDD-PDF の使い方

ICDD-PDF は専用のソフトウェアによって，検索，カードの閲覧，結晶モデルの描画，粉末パターンの計算が可能である．カード検索は，周期表を用いた元素指定，PDF 番号，物質名，鉱物名，著者名など多彩な条件設定が可能である．また，未知試料の d 値と相対強度を入力することによりハナワルト法による同定も行える．

①	○○-×××-△△△△
②	Status　　　QM　　　　　　　　　　　Pressure/Temperature： Chemical Formula：　　　Weight %：　　　Atomic %： Compound Name：　　　Mineral Name：
③	Radiation：　　　λ：　　　d-Spacing：　　　Cutoff：　　　Intensity： I/Ic：　　　Reference：
④	SYS：　　SPGR：　　AuthCellVol：　　Z： Author's Cell ［AuthCell-a：　AuthCell-c：　AuthCellVol：　］　Dcalc： Dmeas：　　SS/FOM：　　Melting Point：　　R-factor： Reference：
⑤	Space Group：　　Z：　　Molecular Weight： Crystal Data ［XtlCell-a：　XtlCell-b：　XtlCell-c：　XtlCell.α：　XtlCell.β： XtlCell.γ：　XtlCellVol：　］ Crystal Data Axial Ratio Reduced Cell ［RedCell-a：　RedCell-b：　RedCell-c：　RedCell.α：　RedCell.β： RedCell.γ：　RedCellVol：　］
⑥	TF Type Atomic Coordinates： Atom　Num　Wyckoff　Symmetry　x　y　z　SOF　ITF　AET SG Symmetry Operators： Anisotropic Temperature Factors： Atom　Num　ATF 11　ATF 22　ATF 33　ATF 12　ATF 13　ATF 23
⑦	Structure： Subfile(s)： Entry Date：　Last Modification Date：　　Former PDF #： Cross-Ref PDF #'s：
⑧	Database Comments：
⑨	(Fixed Slit Intensity)-Cu $K\alpha_1$　1.54056 Å 2θ　d (Å)　I　h　k　l　　2θ　d (Å)　I　h　k　l　　2θ　d (Å)　I　h　k　l

図 3.3　ICDD-PDF 4 の記載書式例

表 3.1 PDF データの記載内容

欄	項目	記載内容
①	PDF 番号 ○○-×××-△△△△	最初の 2 桁：データベースコード（00：ICDD, 01：ICSD, 02：CCDC, 03：NIST, 04：LPF） 次の 3 桁：セット番号，最後の 4 桁：エントリー通し番号
②	QM	信頼性 "∗"（Star）：信頼性が最も高いデータ "I"（Indexed）：信頼性が高いデータ "C"（Calculated）：単結晶構造解析の結果からシミュレーションで求めた粉末データ "O"（Low-Precision）：信頼性が低いデータ "R"（Rietveld）：リートベルト法によって得られたデータ "P"（Prototyping）：空間群が記述されていないデータ "H"（Hypothetical）：原子座標と原子変位パラメーターから理論計算で求めたデータ 無印：評価していないデータ
	Pressure/Temperature	測定時の圧力や温度
	Chemical Formula	化学式
	Weight %	質量百分率
	Atomic %	原子百分率
	Compound Name	化合物名
	Mineral Name	鉱物名（登録されている場合のみ）
③	Radiation	線源の種類（特性 X 線，放射光，中性子）
	λ	使用波長（単位：Å）
	d-Spacing	格子面間隔の測定法（ギニエカメラ：Guin., デバイ-シェラーカメラ：D.S., ディフラクトメーター：Diff., 得られた d 値を用いて決定した格子定数より再計算：Calculated）
	Cutoff	測定開始角度（d 値）
	Intensity	強度測定に用いた回折計あるいはカメラの種類
	I/Ic	試料に α-Al_2O_3 を 50 mass%混合したときの α-Al_2O_3 の 113 反射と試料の最強線の強度比（半定量用）
	Reference	データの原著論文，参考文献
④	SYS	結晶系
	SPGR	空間群とその番号
	AuthCellVol	単位胞の体積
	Z	単位胞に含まれる化学式単位の数
	Author's Cell	格子定数
	Dcalc	単位胞の体積と Z から求めた計算密度
	Dmeas	実測密度
	SS/FOM	セルサーチ一致指数（Smith and Snyder による figure of merit）
	Melting Point	融点
	R-factor	信頼度因子
	Reference	データの原著論文，参考文献
⑤	Space Group	空間群とその番号
	Z	単位胞に含まれる化学式単位の数
	Molecular Weight	分子量
	Crystal Data	格子定数（$a, b, c, \alpha, \beta, \gamma$）
	Crystal Data Axial Ratio	軸比（A=a/b, C=c/b, ただし，正方・菱面体・六方晶系では C=c/a）
	Reduced Cell	縮小した単位胞
⑥	TF Type	温度因子の表記（B または U）
	Atomic Coordinates	原子座標
	SG Symmetry Operators	対称操作
	Anisotropic Temperature Factors	非等方性温度因子

⑦	備考	サブファイル，データ入力日，最終編集日
⑧	コメント	試料の作成方法，測定条件，色など
⑨	反射データ	観測された回折線の回折角，格子面間隔，相対強度，回折指数 hkl

① 2.15–2.09 (± .01)

	2.12_8	2.55_x	1.98_x	1.27_x	1.24_8	3.15_5	1.34_5	1.19_5	FeW_2B_2		21- 437	
i	2.11_x	2.55_x	2.97_3	1.37_1	1.09_1	1.98_1	1.51_1	1.16_1	$Ce_{0.78}Cu_{8.76}In_{3.88}$		43-1269	
	2.11_8	2.55_x	2.44_x	2.29_7	1.50_7	1.34_7	7.31_5	3.20_5	K_6MgO_4		27- 410	
i	2.10_x	2.55_7	2.61_4	1.45_4	1.29_4	1.80_3	3.88_2	2.49_2	Pd_2PrSi_2		32- 721	
	2.10_x	2.55_x	2.43_5	1.39_2	0.85_2	3.71_2	1.50_1	1.17_1	$PmCl_3$		33-1085	
	2.09_8	2.55_x	6.31_8	1.68_8	3.16_6	2.79_6	1.61_6	1.56_6	$K_{0.72}In_{0.72}Sn_{0.28}O_2$		34- 711	
	2.09_8	2.55_x	2.63_2	1.65_8	1.79_7	2.66_7	1.88_6	3.05_5	$IrB_{1.35}$		17- 371	
i	2.09_x	2.55_9	1.60_8	3.48_8	1.37_5	1.74_5	2.38_4	1.40_3	Al_2O_3	Corundum, syn ; alumina	10- 173	1.00
C	2.09_x	2.55_x	1.60_x	3.48_7	1.37_4	1.74_4	2.38_4	1.40_4	Al_2O_3	Corundum, syn	43-1484	0.98
*	2.08_x	2.55_8	3.22_8	1.57_6	2.00_4	1.61_4	1.75_3	2.40_2	$EuAl_2FuSi_2$		45-1237	
	2.08_x	2.55_8	2.16_8	1.18_x	1.17_x	2.20_8	1.16_8	2.33_6	Cr_2VC_2		19- 334	
	2.08_8	2.55_x	2.14_4	1.23_x	1.32_8	1.17_8	1.30_6	1.64_4	$HfPt$		19- 537	
C	2.16_x	2.54_6	2.74_5	2.19_4	2.51_4	1.38_4	1.27_2	1.50_1	$ErFe_3$		43-1373	5.42
	2.16_x	2.54_4	2.33_x	2.12_x	1.42_9	1.54_8	1.38_2	1.32_8	Cr_2Hf		15- 92	
C	2.16_x	2.54_7	1.38_2	4.14_2	1.46_2	1.27_2	2.07_1	0.93_1	Co_2Ho		29- 481	
②	③		④					⑤		⑥	⑦

図 3.4 Hanawalt Search Manual の記載例

表 3.2 Hanawalt Search Manual の記載内容

欄	項目	記載内容
①	格子面間隔 (d) の区分	d 値により 40 グループに区分され，d 値の大きいグループから小さいグループへと配列されている
②	データの信頼性	表 3.1 参照
③	3 強線の d 値	添字は，最大強度 "x" を 10 とした場合の相対強度を示す
④	8 強線の d 値	③の 3 強線とそれに続く 5 本の回折線
⑤	化学式	鉱物名が登録されている場合は，化学式/鉱物名称
⑥	PDF 番号	例：10-173（Set 10 の 173 番）
⑦	$I/I_{cor.}$	試料に α-Al_2O_3 を 50 mass% 混合したときの α-Al_2O_3 の 113 反射と試料の最強線の反射の強度比（半定量用）

e．PDF-4 の記載内容

ICDD-PDF-4 の記載書式例を図 3.3 に，記載内容を表 3.1 に示す．

3.2.2 結晶相同定[6]

Hanawalt Search Manual（図 3.4，表 3.2）を用いた人力による検索の手順を図 3.5 に示す．

ハナワルト法手順

(1) 未知試料のすべてのピークについて，格子面間隔 (d) と相対強度 (I/I_0) を求める．回折角の読み取り精度は 0.1° 程度で十分であり，相対強度はバックグラウンドを除いたピーク強度から求める．

(2) 相対強度の強いものから順に 3 本の回折線の格子面間隔 d_1, d_2, d_3 を選択する（同一物質からの回

3.2 未知試料を同定する

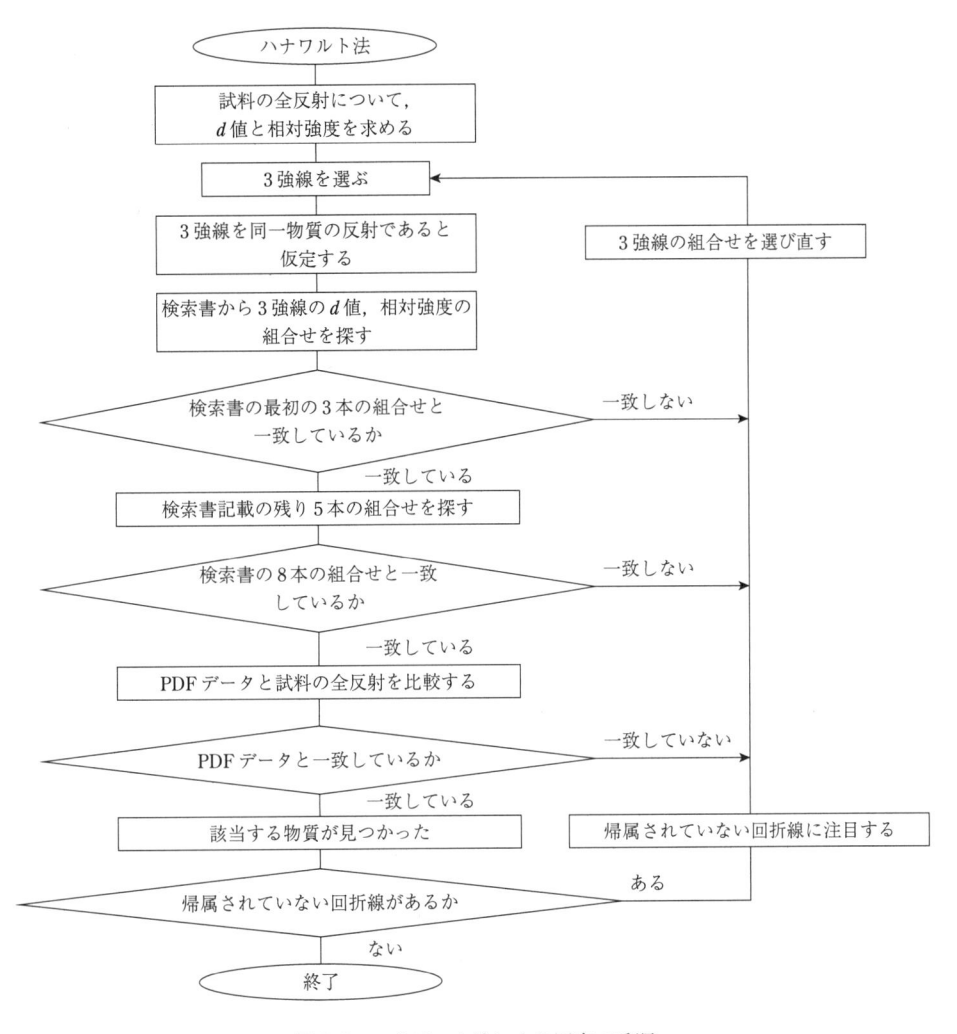

図3.5 ハナワルト法による同定の手順

折線であると仮定).

(3) 最強線 d_1 が索引書の d 値グループ（図3.4①, 表3.2①）の範囲に入っているページを開く.

(4) d_1 が1列目と一致している物質群を探し（図3.4③）, その中で d_2 が一致するものを探し, さらに d_3 が一致するものを探す. なお, 索引書では3強線の d_1, d_2, d_3 を2本ずつ組み合わせ $d_1 d_2, d_2 d_3, d_3 d_1$ で表示している.

(5) (4)に該当する物質が存在しない場合は(2)へ戻り, 3強線の組合せを変え, 再度やり直す.

(6) 選択した3強線が存在する場合は, 相対強度4〜8番目の回折線が一致するかどうかをチェックする.

(7) 一致した候補は, 該当する PDF データを参照し, それに記載されているすべての回折線と未知試料の回折線が一致していることが確認できたなら, その物質と特定する.

(8) 帰属できない反射がある場合は, (2)へ戻り2成分目の化合物の同定を行う. この際には, 主成分と2成分目の回折線が重なっている可能性を考慮する. あらかじめ存在の予想がつく物質がある場合や内標準試料を添加した場合は, 図3.6と表3.3に示す Alphabetical Indexes を用いて, PDF を探しておく.

3.2.3 コンピュータによる自動検索[7]

最近では, ほとんどの X 線回折装置に自動検索プログラムが付属していて, 人力による検索とは比較にならないほど短時間で, さらに, 解析者の不注意な思

i	Titanium Nitride :		Ti$_2$N	2.29$_x$	2.47$_8$	1.45$_8$	17- 386
i	Titanium Nitride :		α-TiN$_{0.30}$	2.27$_x$	2.40$_2$	1.75$_2$	41-1352
	Titanium Nitride :		η-Ti$_3$N$_{2-x}$	2.21$_x$	2.33$_9$	2.40$_6$	40- 958
i	Titanium Nitride :		ζ-Ti$_4$N$_{3-x}$	2.19$_x$	2.36$_9$	2.41$_5$	39-1015
*	Titanium Nitride : / **Osbornite, syn**		TiN	2.12$_x$	2.45$_7$	1.50$_5$	38-1420
C	Titanium Nitride :		TiN$_{0.26}$	1.26$_x$	2.56$_7$	2.26$_6$	44-1095
i	Titanium Nitride : Aluminum		Ti$_3$AlN	2.37$_x$	2.05$_7$	4.10$_5$	37-1140
i	Titanium Nitride : Aluminum		Ti$_3$Al$_2$N$_2$	2.26$_x$	2.15$_5$	2.37$_6$	37-1141
i	Titanium Nitride : Aluminum		Ti$_2$AlN	2.25$_x$	2.80$_8$	1.25$_8$	18- 70
	Titanium Nitride Bromide :		TiNBr	3.55$_x$	2.60$_8$	1.88$_5$	18-1398
	Titanium Nitride Chloride :		TiNCl	7.82$_x$	3.51$_7$	2.50$_7$	18-1399
C	Titanium Nitride : Cobalt		Co$_{0.3}$Ti$_{0.7}$N	1.91$_x$	2.55$_5$	2.60$_3$	29- 515
C	Titanium Nitride : Gallium		Ga$_2$Ti$_2$N	2.24$_x$	2.60$_2$	2.22$_2$	29- 632
*	Titanium Nitride : Hydride :		Ga$_2$Ti$_4$N$_2$	1.28$_x$	2.60$_8$	2.29$_6$	42- 796
C	Titanium Nitride : Indium		InTi$_2$N	6.99$_x$	2.31$_5$	2.62$_4$	29- 681

① ② ③ ④ ⑤

図 3.6 Alphabetical Indexes : Inorganic Phases の記載例

表 3.3 Alphabetical Indexes : Inorganic Phases の記載内容

欄	項目	記載内容
①	データの信頼性	表 3.1 参照
②	化合物名	鉱物名が登録されている場合は，化合物名／鉱物名
③	化学式	
④	3 強線の d 値	添字は，最大強度 "x" を 10 とした場合の相対強度を示す
⑤	PDF 番号	例：10-173（Set 10 の 173 番）

い込みによる間違いもなく同定作業ができるようになった．装置メーカーから供給されるソフトウェアは年々改良が加えられているが，ここでは，代表的な 2 種類の検索アルゴリズムについて解説する．

a．Johnson/Vand 法

コンピュータによる自動検索アルゴリズムとしては最も古く 1967 年に開発され，JCPDS より無償で提供された．検索は ICDD-PDF と測定データの格子面間隔 d と相対強度を比較すれば可能である．しかし実際には，試料の d 値の系統誤差や偶発的誤差，装置の調整不良によるずれ，あるいは原子置換などによるピーク位置（すなわち d 値）のずれのために，おのおののピーク位置に対して誤差ウィンドウの設定が必要になる．問題なのは，この誤差ウィンドウ幅の設定である．この幅を広げすぎると該当する反射が多くなり，検索結果の候補が増えすぎ，同定が困難になる．誤差ウィンドウを狭くすると，正解の PDF が候補から脱落してしまう可能性がある．なお，誤差ウィンドウ幅は逆格子空間上の幅として $d^*(=1000/d)$ を用い，d 値に応じたウィンドウ幅にしている．

b．SANDMAN（Search and Match on Nova）

1982 年に発表された市販のソフトウェアで，確率に基づいた検索，系統誤差の算出，逆検索の採用が大きな特徴である．

Johnson/Vand 法では，図 3.7(a) で示すように誤差ウィンドウを用い，この幅の中に標準物質のピークが入れば一致したと考え，一致確率は 1 となる．入らなければ不一致と考え，一致確率は 0 となる．これに対して，SANDMAN の PBS（probability based scoring）は，次式で表されるローレンツ型の確率分布関数をもち，$\Delta 2\theta$ の範囲で 0〜1 の値をとる確率を用いる（図 3.7(b)）．

$$P(\Delta d) = \frac{100}{1+(\Delta d/\sigma)} \tag{3.1}$$

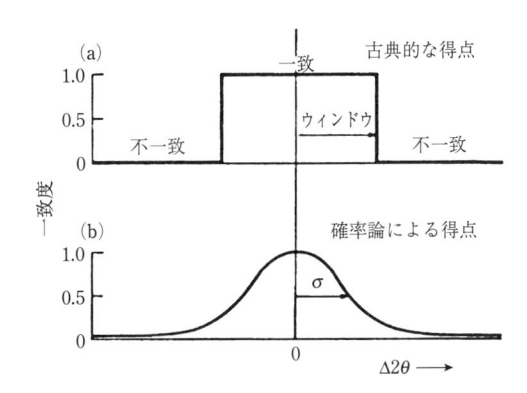

図 3.7 誤差ウィンドウ (a) と確率論 (b) による得点

この利点は，確率分布を連続関数で表現しているためきめ細かい評価ができるとともに，中心からかなり離れていても確率が 0 にならず，誤差ウィンドウのようにデータの切り捨てがないことである．さらに，確率分布関数は偶然誤差のみを表しているので，誤差幅（確率分布の半値幅）を小さくできる．

次に系統誤差について考える．集中光学系による測定データの場合，回折角の系統誤差は測定試料表面の垂直方向の偏位によって影響され，このことが $\Delta 2\theta$ を増大させる大きな要因となっている．ピークシフト量 $\Delta 2\theta$ と試料垂直方向のずれ S との間には，ゴニオメーター半径を R とした場合，次の関係式が成り立つ．

$$\Delta 2\theta = 2\theta_o - 2\theta_t = \frac{2S \cos \theta_t}{R} \quad (3.2)$$

ここで，θ_o は観測値，θ_t は理論値を表す．S を 1 つの可変パラメーターとみなせば，次式で定義される Δ が最小になるように最小二乗法で S を求めることができる．

$$\Delta = \sum_i w_i \left(\frac{2S}{R} \cos \theta_{ti} - (2\theta_{oi} - 2\theta_{ti}) \right)^2 \quad (3.3)$$

ここで，$2\theta_{ti}, 2\theta_{oi}$ は標準パターンと測定パターンに対応する i 番目の反射のピーク位置で，w_i は重みである．この系統誤差関数を用いれば，標準パターンと測定パターンの一致が相対的な位置で決まることになるので，絶対的な角度にこだわる必要がなくなる．

Johnson/Vand 法では，測定試料のパターンの特徴を調べてから，参照データの特徴を比較する．これに対して，SANDMAN では参照データの特徴を調べてから，測定パターンと比較を行う．前者を順検索，後者を逆検索という．手続きの順番が変わっただけのように見えるだろうが，測定試料に複数の結晶相が存在している場合は，順検索では測定試料パターンと参照パターンの特徴が一致しないので，正しく同定できないことが多い．逆検索は人間による同定作業に近く，測定試料パターンがそれぞれの参照データの特徴を有しているか否かを判定するので，混合物の検索にも適用できる．

3.2.4 検索に有効な情報

粉末 X 線回折法による測定試料の同定では，種々の注意が必要である．測定試料がつねに純粋で結晶性がよいとは限らず，不純物の混入や純度，固溶，結晶水，空気中の水分や酸素などによる変質，非晶質相の存在，試料の熱履歴，採取場所，測定環境など，あらゆる情報をもとに総合的に判断する必要がある．

あらかじめ試料の蛍光 X 線分析を行って得られた元素情報は，紛らわしい候補を少なくするためには特に有効な情報である．ただし，蛍光 X 線分析では水素やリチウムは検出できず，マグネシウムより原子番号の小さな軽元素は分析感度が低いという特徴を理解した上で，情報を扱う必要がある．試料の色や粉砕時の硬さが同定に役立つ場合もある．また，鉱物岩石試料では，偏光顕微鏡や EPMA による組成情報を利用するなど，他の分析手段を併用して同定を行うとよい．

3.2.5 同定時の注意

PDF データと測定データでは，次の 4 つの理由から d 値や相対強度が異なることがある．

(i) PDF の精度

(1) 同じ物質でも，複数の PDF が存在する場合がある．これらは，過去の PDF を改訂したもの，試料の由来や前処理，固溶体の組成がわずかに異なるもの，測定条件が異なるものなどである．特に記載ミスにより消去された PDF も "Deleted" として残っているので，扱いに注意が必要になる．

(2) 古い PDF の中には写真法により測定されたデータもあり，その場合は吸収の影響により低角反射の強度が弱くなっている．さらに，低角の反射が記載されていないものや，弱い回折線が未記載のものもある．

(3) 測定試料と異なる波長を用いた PDF では，

相対強度の一致が悪くなる．

(4) 合金や鉱物試料のように組成が一定でない固溶体の場合は PDF に収録されていない場合がある．

(ii) 試料前処理による影響

(1) 集中光学系を用いた測定データの場合は，試料面の偏心による誤差により d 値が一致しなくなるので，同定に限らず試料前処理時にも十分な注意が必要である．

(2) 試料中に粗大粒子が残っている場合や選択配向が起きている場合は，相対強度の一致が悪くなる．

(iii) 測定装置による誤差 装置の調整が不十分な場合や，標準試料などで較正していない場合．

3.2.6 うまく同定できない場合

同定ソフトを用いても，測定パターンに含まれるすべての回折線が帰属できないことがある．その場合に以下の方法が役立つこともある．

(i) 元素情報等の制限を解除する 鉱物や合金などの固溶体はデータベースに収録されていないことがある．そういう場合は，元素情報などの制限をやめて再度検索を行ってみるとよい．測定試料と似たパターンが得られたら，元素が置換しうるかなど，結晶化学的根拠に基づき判断する．元素情報は有用であるが，思い込みや勘違いによる誤った情報に制限された状態では同定できない．同定できない場合は，全く情報がない状態から検索すると，予想外の不純物の存在が明らかになる場合がある．

(ii) 反射の重なりを考慮する プロファイルが割れる場合や不自然に非対称な場合は，格子定数がわずかに異なる同形の物質か，濃度が異なる固溶体による反射が重なっている可能性がある．この場合，反射を追加した後，再度検索を行う．長波長または単色化した X 線源を用い，角度分解能を上げた測定も有効である．

(iii) 検索条件を変える 結晶性が低くブロードな回折線の場合は，検索ソフトの許容幅を広げて再検索する．

(iv) 検出感度に注意する 正しく反射を検出しているかどうかを確認する．微弱反射は目視により追加する．また，平滑化条件の変更や，計数時間を延ばした測定を行い，バックグラウンドレベルの弱い回折線を探す．$K\alpha_2$ 回折線を誤って帰属させないように，$K\alpha_2$ 線の除去を行う．

(v) 選択配向を疑う 針状結晶や板状結晶では，選択配向により特定の反射の回折強度が著しく強くなったり，ほとんど観測されなくなったりする．そのような場合は検索ソフトにおける強度の重み付けをやめ，再検索をする．なお，選択配向を軽減するには試料回転のみでは不十分で，試料の前処理を工夫するか，透過法による測定を行うとよい．

(vi) 微量成分を同定する 不純物相などの微量成分の場合，他の物質と重なっていない回折線が数本現れる可能性があるが，同定するのは困難である．この場合，マトリックス成分を溶解し，残留物をフィルターで採取するなど，濃縮作業などの前処理の工夫を検討する．

(vii) 不純線やホルダーからの回折線 フィルターによる単色化を行った場合，強い回折線付近に $K\beta$ 線や X 線管球のターゲット材の汚れによる回折線が観測されるおそれがある．また，試料ホルダーからの回折線も現れることがある． ［山路 功］

文 献

1) A. Savitsky and M. J. E. Golay, *Anal. Chem.*, **36**, 8, 1627 (1964).
2) E. J. Sonneveld and J. W. Visser, *J. Appl. Crystallogr.*, **8**, 1 (1975).
3) W. A. Rachinger, *J. Sci. Instrum.*, **25**, 254 (1948).
4) J. Ladell, A. Zagofsky, and S. Pearlman, *J. Appl. Crystallogr.*, **8**, 499 (1975).
5) http://www.icdd.com/
6) 加藤誠軌, "セラミックス基礎講座 3 X 線回折分析," 内田老鶴圃 (1990), pp. 175-196.
7) 石澤伸夫, 鉱物学雑誌, **17**, 85 (1985).

4章 粉末X線回折データ解析の基礎

粉末X線回折法は，試料の粉末回折データから含まれている結晶相を同定，結晶系や格子定数を決定し，結晶構造に関する情報を得る手法である．また，回折プロファイルの形からも結晶子サイズや格子ひずみなど，さまざまな情報を得ることができる（図4.1）．

実測粉末回折データから，結晶構造に関する情報を抽出するには，回折角，積分強度（プロファイルの面積），プロファイルの半値幅を高い確度（accuracy）と精度（precision）で決定する必要がある．記録紙に回折パターンを出力していた時代には，記録紙上で直接作図する，マス目を数える，切り取って重量を計測するなどの方法に頼っていた．その際には，回折データに含まれるノイズは解析者の判断で取り除いていた．現在では，計算機の処理能力が格段に向上したことで，デジタル出力として得られた強度データを計算機で，より精密に自動処理するのが当然のこととなっている．

本章では一般に利用頻度の高い，格子定数の精密測定，結晶子サイズ・ひずみ解析，定量分析における粉末回折データ解析の基礎と注意点について述べる．

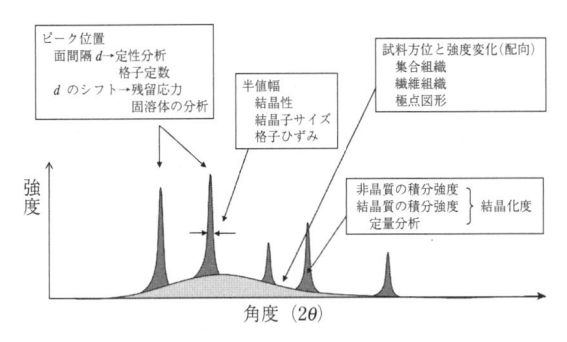

図4.1 X線回折プロファイルからわかること

4.1 格子定数の精密測定

格子定数は化学組成，温度，圧力などに非常に敏感な構造情報である．たとえば，金属などの固溶体では，1％程度の不純物の固溶が約 0.005 Å もの格子定数の変化をもたらすことがある．また，Siなどの硬い結晶であっても，熱膨張率に対応して格子定数が温度変化する（表14.2，14.3参照）．本節では，格子定数算出方法について事例を交えて説明する．

4.1.1 格子定数決定のための回折データ測定

格子定数を求めるには，結晶系と回折指数が必要不可欠となる．化学組成や結晶構造がわかっていない化合物は，あらかじめPDFの検索などにより同定しておく．同定できなかった未知物質については，結晶系と回折指数を指数付けプログラム（12.1参照）などで決定してから，格子定数を求める．

a．格子定数決定のための回折データ測定

特性X線を用いる場合，ブラッグの条件式（1.1）において，波長 λ は定数となる．ブラッグの条件式を θ で微分して整理すると，

$$\frac{\Delta d}{d} = -\Delta\theta \cot\theta \tag{4.1}$$

となる．θ が 90° に近づく（高角領域）につれて格子定数の精度の尺度である $\Delta d/d$ が減少していくことがこの式からわかる（図4.2）．

b．特性X線の選択

高角反射の d 値は高確度で決定できるため，できるだけ高角反射が多数測定できる特性X線を選択する．その際には，2.3.1で述べた使用X線の選択に関する注意が参考になる．

c．試料温度に関する注意

2.2.3eで述べたように，格子定数は試料温度に極めて敏感であるため，恒温室で測定することが望まし

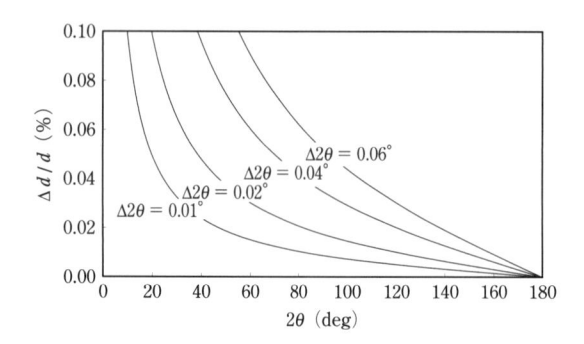

図4.2 格子面間隔の精度 $\Delta d/d$ の 2θ 依存性

い．

また，温度調節用アタッチメントにより試料の温度を変化させてX線回折データを測定する，その場 (*in situ*) 測定もしばしば行われる．その際には，試料表面の膨張や表面粗さの増大などを考慮すると，試料形状変化の影響を受けにくい平行ビーム光学系 (2.1.1 d 参照) との併用が有効である．

d．内部標準試料

2.3.2 e で述べたように，集中法光学系を用いて高い確度・精度で格子定数を求めるには，角度標準試料を被検試料に混入する内部標準法による測定が不可欠である．やむを得ず外部標準法を採用する際には，2.2 で述べたさまざまな角度誤差を十分考慮に入れて測定しなければならない．

e．測定条件の検討

格子定数の測定では，後の回折データ処理に適した回折プロファイルを得ることが要求される．そのためには，2.3.3 に記した適切な条件で測定する必要がある．

4.1.2 回折角の算出方法

回折角 2θ の決定法には，半値幅中点法，重心法，放物線近似に基づくピークトップ法（最大強度の80％程度以上の強度をもつ測定点を放物線で近似し，頂点をピーク位置とする），プロファイルフィッティング法などがある．回折プロファイルがバックグラウンド強度まで落ち込む 2θ 範囲まで測定されていないと，バックグラウンド除去後に回折プロファイルが傾き，回折角が変位するおそれがある．

4.1.3 格子定数の算出方法

本項では古典的な手法も含めて，格子定数算出の代表的な方法を示す．最近では，計算機の処理能力向上に伴い，最小二乗法やプロファイルフィッティング法が使用されることが多くなっている．

a．外 挿 法[1]

測定誤差の小さい高角領域の反射の d 値をできるだけ多く測定し，d と格子定数の関係式（表1.2）を用いて格子定数を算出する．得られた複数組の格子定数を 2θ に対してプロットし，角度誤差が最も小さくなる $2\theta=180°$ における格子定数を外挿によって求める．その際には，2θ のかわりに

$$\cos^2\theta,\quad \frac{\cos^2\theta}{\theta},\quad \frac{\cos^2\theta}{\sin\theta},\quad \frac{\cos^2\theta}{\sin\theta}+\frac{\cos^2\theta}{\theta}$$

などの関数を横軸として外挿する．

外挿法による格子定数精密化の手順は以下のとおりである．

(1) 被検試料に角度標準試料を混入する．

(2) できるだけ高角に位置し，他の反射との重なりのない被検試料と角度標準試料の反射を複数本，選択する．

(3) 選択した反射を定時計数法で測定する．プロファイルがバックグラウンドの水準まで落ち込む測定点を超えた，十分広い 2θ 範囲を走査する．

(4) 測定データからバックグラウンドと $K\alpha_2$ 反射の寄与を除去し，半値幅中点法にて回折角を算出する．

(5) 角度標準試料の観測回折角とその格子定数から求めた計算回折角の差を計算する．

(6) (5)で得られた残差を補間することにより，被検試料の回折角を補正する．

(7) こうして得られた被検試料の回折角を d に変換し，d と格子定数の関係式（表1.2）を用いて格子定数を算出する．

(8) 横軸に被検試料の測定回折角における外挿関数の値，縦軸に格子定数をプロットし，$2\theta=180°$ における格子定数を外挿によって求める．

b．最小二乗法[2]

1.1.4 e で述べた逆格子を用いると，線形最小二乗法により容易に格子定数が精密化できる．d と逆格子定数の間には

$$\frac{1}{d^2}=h^2x_1+k^2x_2+l^2x_3+klx_4+lhx_5+hkx_6$$

$x_1=a^{*2},\quad x_2=b^{*2},\quad x_3=c^{*2},\quad x_4=2b^*c^*\cos\alpha^*$

$x_5=2c^*a^*\cos\beta^*,\quad x_6=2a^*b^*\cos\gamma^*$ (4.2)

という関係が成立する．式 (4.2) は，後述の式 (7.12) の両辺を 2 乗したものに等しい．$1/d_0^2$ (d_0: 格子面間隔の観測値) に系統誤差 $f(\theta)$ を加え，式 (4.2) で計算した $1/d^2$ を引いたものを 2 乗し，統計的重みをかけた後，全反射について和をとると，重み付き残差二乗和

$$\sum_i w_i \left[\frac{1}{d_0^2} + f(\theta) - \frac{1}{d^2} \right]^2 \quad (4.3)$$

が得られる．式 (4.3) を最小にするような $x_1 \sim x_6$ を最小二乗法で精密化した後，格子定数に変換する．

系統誤差 $f(\theta)$ は，測定に用いた光学系によって異なり，

$$\sin^2 2\theta, \quad \sin^2 2\theta \left(\frac{1}{\sin \theta} + \frac{1}{\theta} \right), \quad \sin \theta \cos^2 \theta, \quad \frac{1}{\cos \theta}$$

などの関数を使用する．標準物質によって回折角を補正した場合は，ゼロに固定してさしつかえない．

重み関数 w_i としては，高角領域の回折線を重視するために，

$$1, \quad \sin^2 2\theta, \quad \delta^2(\theta), \quad \sin^2 2\theta \cdot \delta^2(\theta)$$

などの関数を用いる．後二者では，重みの初期値を 1 として得られた格子定数から求めた各反射の計算回折角と観測回折角との差を $\delta(\theta)$ として再計算する．

c. 全回折パターンフィッティング[3]

高角領域で反射が密集しているために，十分な数の反射の d 値が求まらないときは，広い 2θ 範囲にわたる全回折データを精密測定し，7 章で述べるリートベルト法，Pawley 法，Le Bail 法により解析するのが主流となりつつある．$K\alpha_2$ 成分を含む特性 X 線を用いる場合は，これらの方法が特に役立つ．角度標準物質を混入した試料の回折データを精密測定し，標準物質の格子定数を固定して解析すれば，種々の系統誤差を容易に補正できる．

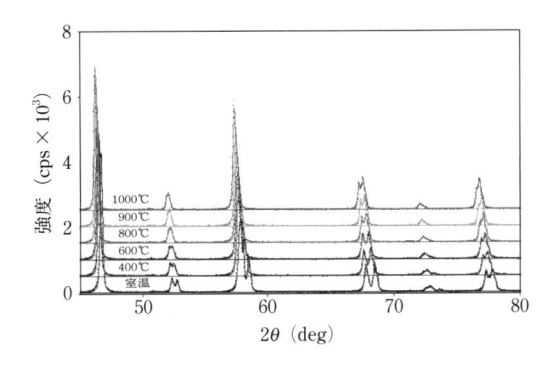

図 4.3 高温 X 線回折パターン

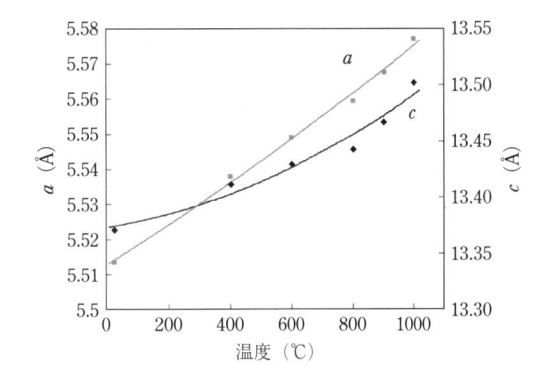

図 4.4 (La$_{0.9}$Sr$_{0.1}$)MnO$_3$ における格子定数の温度変化

全回折パターンフィッティングは，PC や解析ソフトウェアの進歩と普及により，いまでは比較的容易に利用できるようになった．

4.1.4 格子定数算出の例

物質はそれぞれ固有の熱膨張率をもっており，その格子定数は試料の温度とともに変化する．温度変化させた際の格子定数変化を追跡することは，物性を評価する上で非常に重要である．ここでは，高温での *in situ* 測定の例をあげる．

高温 X 線回折用試料には，固体酸化物形燃料電池材料として知られている (La$_{0.9}$Sr$_{0.1}$)MnO$_3$ を用いた．平行ビーム光学系の回折装置を使用し，室温および高温で測定した粉末回折パターンを図 4.3 に示す．

プロファイルを比較すると，高温状態になるほど，各回折線位置が低角度側にシフトしていることがわかる．これらの回折データをリートベルト法で解析し，格子定数を求めた結果を図 4.4 に示す．

格子定数 a と c を温度に対してプロットすると，それぞれの傾きが異なり，膨張率に異方性があることがわかった．

4.2 結晶子サイズ，ひずみ解析

一般に，結晶子サイズがナノメートル領域にある粒

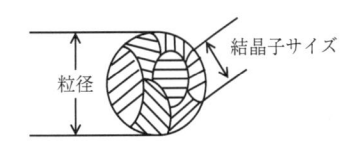

図 4.5 粒径と結晶子サイズの模式図

子は，その化学的性質や物性が，サイズによって著しく変化することが知られている[4]．また，各種材料や工業製品などでは，それらの特性とサイズとの間に相関があることが多い．そのため，正確な結晶子サイズを計測することは非常に重要である．

結晶子とは，回折に寄与する最小単位で，結晶粒の中で単結晶としてみなせる部分のことであり，1つの粒は1つ以上の結晶子から構成されている（図4.5）．そのため，結晶子サイズは，粒径よりも小さいか，もしくは等しくなる．

粒径と結晶子サイズを見積もる方法としては，透過型電子顕微鏡（TEM）による観察とX線回折データの解析がよく用いられている．TEMでは微小領域における個々の粒子の粒径を求めるのに対し，X線回折法ではX線の照射部分における結晶子サイズの平均値を得ることができる．

本節では，回折プロファイルから結晶子サイズおよび格子ひずみを求める簡便な初歩的方法について述べるにとどめる．より高度な最新技術については5.4を参照されたい．

4.2.1 結晶子サイズと回折線の広がり

結晶子サイズが小さくなると，結晶子1つ当たりの各格子面の数が減少する．その結果，ブラッグ角とわずかに異なるθで散乱されたX線が，遠く離れた格子面からの，位相が半波長ずれた散乱X線により打ち消されにくくなる．したがって，結晶子の大きさが減少するにつれて回折線の半値幅は広がる．一般に，結晶子サイズが約$1\mu m$より小さくなったとき，回折線の広がりが観察される．図4.6に結晶子サイズが590Åと960ÅのMo粉末を測定した例を示す．結晶子サイズが小さい方が，回折線幅の広がりが大きいこ

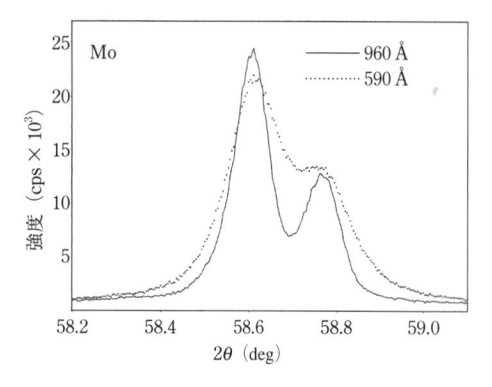

図4.6 結晶子サイズと回折線の広がり

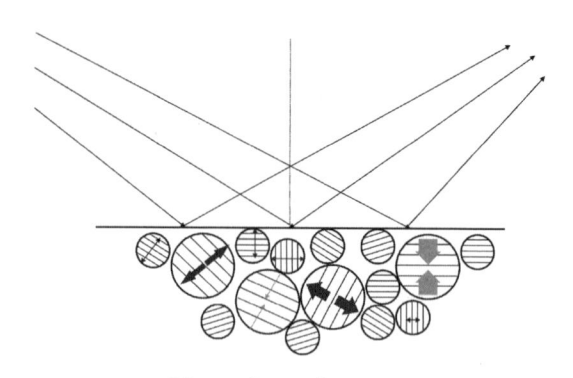

図4.7 格子ひずみの概念

とがわかる．

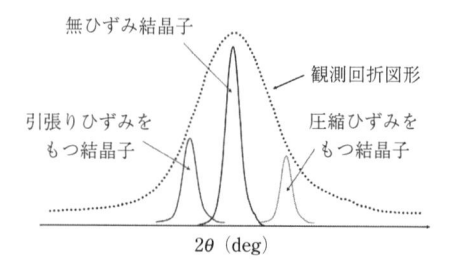

4.2.2 格子ひずみによる回折線の広がり

格子ひずみは粒子内ひずみ，ランダムひずみ，不均一ひずみなどとも呼ばれ，図4.7に誇張して示すように，試料に含まれる結晶子ごとに異なる程度に格子面間隔dが変化する現象である．

回折線のピーク位置は，dが圧縮の力で狭まると高角側にシフトし，逆に引張りの力で広がると低角側にシフトする．観測される回折線のプロファイルはピーク位置の異なる回折プロファイルの総和となるから，格子面間隔の変動は回折プロファイルの広がりをもたらす（図4.8）．

4.2.3 半値幅と積分幅の算出

回折線の広がりを評価するには，解析対象となる回折線の半値幅（full width at half maximum intensity）$\beta_{1/2}$，もしくは積分幅（integral breadth）β_iを求める必要がある．半値幅は，バックグラウンドを除いたピーク強度I_Pの半分のレベルにある2点（プロファイル上）を結ぶ線分の長さと定義される（図4.9）．また積分幅は，積分強度I_Nをピーク強度で割ることによって求めることができる（図4.10）．

図4.8 格子ひずみによる回折線の広がり

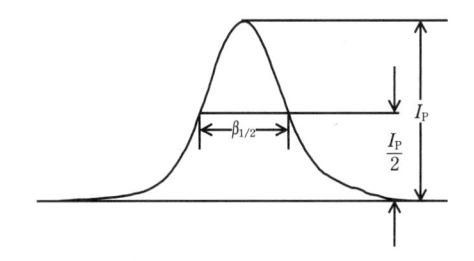

図4.9 半値幅の算出方法

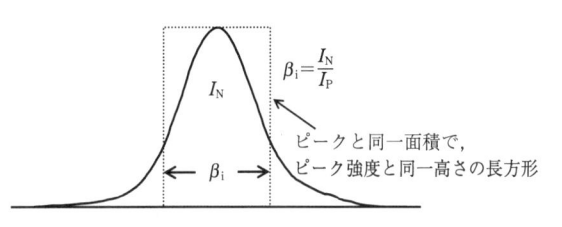

図4.10 積分幅の算出方法

なお，厳密に単色化していない特性X線を測定に利用した場合，各反射のプロファイルは$K\alpha_1$成分と$K\alpha_2$成分の和になっているので，$K\alpha_1$成分だけを分離する必要がある．その目的には，Rachinger[5]の手法（3.1.3参照）などが用いられる．最近では，有償，無償を含めたX線回折パターン解析ソフトウェアには$K\alpha_2$成分除去の機能がついているものが多く，簡便に半値幅や積分幅を求めることが可能になっている．

解析を行うためには，標準試料と被検試料を同条件で測定し，それぞれ各反射の半値幅，積分幅を求める．測定した被検試料の回折線の広がりから装置による回折線の広がりを差し引くことによって，試料による真の広がりβを求める．たとえば，プロファイルの形をGauss関数で近似した場合，β^2は被検試料の半値幅の2乗から装置由来の半値幅の2乗を差し引くことで求めることができる．

4.2.4 シェラー法

回折線の広がりは装置（2.2参照）に由来するものと試料に由来するものの2種に分けられる．試料に由来する広がりは結晶子サイズ，格子ひずみ，積層不整などに起因している．Scherrerは，結晶に不完全性がなく，回折線の広がりが結晶子サイズのみに依存し，結晶子の大きさが均一であると仮定した場合，

$$D = \frac{K\lambda}{\beta \cos\theta} \quad (4.4)$$

で結晶子サイズが求まることを示した．ここで，Dは結晶子サイズ，βは結晶子サイズの効果による回折線の広がり（ラジアン単位），Kはシェラー定数である．シェラー定数は，結晶子サイズや回折線の広がりをどのように定義するかによって異なる．

結晶子の外形が，単位格子の軸に沿った1辺の長さDの立方体で，大きさが均一かつ反射指数が$\{h00\}$で表される場合，βとして半値幅$\beta_{1/2}$を用いれば，$K=0.94$となる．同様の仮定のもと，以下に述べる積分幅β_iをβとして用いたときは，$K=1.05$となる．

4.2.5 Williamson-Hall法

シェラー法では，プロファイルの広がりが結晶子サイズのみに起因する場合を仮定したが，実際にはひずみの影響も含まれている場合がある．その両者の影響を分ける古典的な手法としてWilliamson-Hall法[6]がよく利用される．

積分幅βは結晶子サイズの効果による広がりの成分β_iと格子ひずみの効果による広がりの成分β_i'の和に等しい．

$$\beta = \beta_i + \beta_i' \quad (4.5)$$

Williamson-Hall法では，結晶子サイズ効果によるプロファイルの広がりが$1/\cos\theta$に比例し，ひずみによる広がりが$\tan\theta$に比例すると仮定する．

格子ひずみをεとすると，β_i'は

$$\beta_i' = 2\varepsilon \tan\theta \quad (4.6)$$

と表せ，結晶子サイズ・格子ひずみによる広がりをローレンツ関数で近似すると，

$$\beta = \frac{K\lambda}{D\cos\theta} + 2\varepsilon\tan\theta \quad (4.7)$$

となる．この式は

$$\frac{\beta\cos\theta}{\lambda} = \frac{2\varepsilon\sin\theta}{\lambda} + \frac{K}{D} \quad (4.8)$$

と変形できる．この式は一般にHallの式として知られている．

式(4.8)の関係から，y軸に$\beta\cos\theta/\lambda$，x軸に$2\sin\theta/\lambda$をプロットすれば，切片の逆数からDが，傾きから格子ひずみが求まる．

4.2.6 装置による回折線の広がりの影響

先にも述べたとおり，回折プロファイルは試料由来の広がりだけではなく，装置由来の広がりも含んでいる．そのため，解析を行うには，あらかじめ試料による広がりを無視できるような結晶性の高い標準試料の粉末回折データを測定し，装置由来の回折線幅を求めておく必要がある．

標準試料としては格子ひずみのない試料を用いる．可能ならば，被検試料と同じ物質であることが望ましいが，それが入手できない場合は，標準試料としては，NIST 製の 640d（Si）や 660a（LaB$_6$）などがよく用いられる（14 章参照）．

ここで，光学系由来のプロファイル広がりは回折角に依存することに注意すべきである．標準試料が被検試料と異なる場合には，2 本以上のピークを測定し，回折線の広がりを補間法により決定する．

4.2.7 解析の注意点

結晶子サイズ解析で取り扱うことのできる範囲は $10 \sim 1000$ Å 程度である．結晶子サイズが小さくなると，バックグラウンドとの境界が判別しづらくなり，誤差が大きくなる．逆に，結晶子サイズが大きい場合，装置由来の広がりとの差が小さくなるため，高い精度での測定が必要になる．その場合，試料由来と光学系由来の幅の差が検出できる程度に光学系分解能を高くする必要がある．

Williamson-Hall の方法や Willson の積分幅法を用いる場合には，2 本以上の回折線が必要になる．結晶子サイズは反射によって異なることがあるので，その場合，たとえば 100, 200, 300 というように，低次から高次の反射を組み合わせるようにする．

4.2.8 解析事例

ここでは，結晶子サイズ解析の事例として，燃料電池用触媒として用いられるカーボンに担持した Pt ナノ粒子の結晶粒成長を観察した例をあげる．

試料に N$_2$ ガスを注入した前後における回折パターンを図 4.11 に，H$_2$ ガスを注入した前後の回折パターンを図 4.12 に示す．N$_2$ ガス注入ではプロファイル形状に変化は見られなかった．一方，H$_2$ ガスを注入した場合には，半値幅が減少した．図 4.13 にガス注入に伴う Pt の 111 反射の半値幅の変化を示す．H$_2$ ガス注入前の半値幅は 3.65° である．この値を式

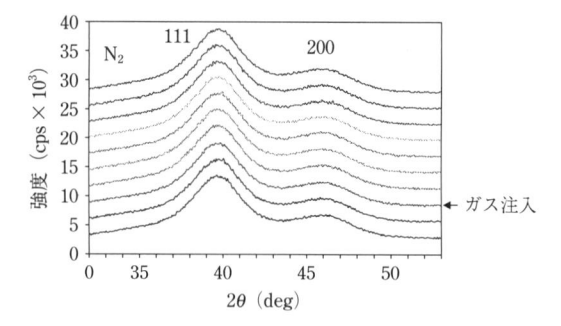

図 4.11 N$_2$ ガス注入前後の Pt の回折パターン

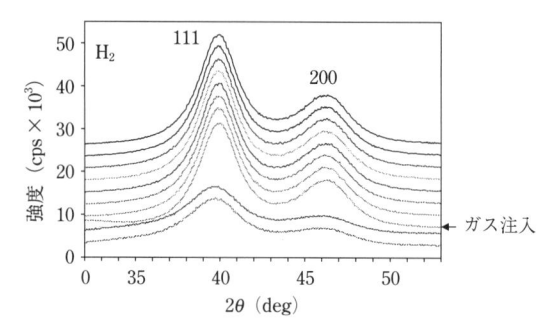

図 4.12 H$_2$ ガス注入前後の Pt の回折パターン

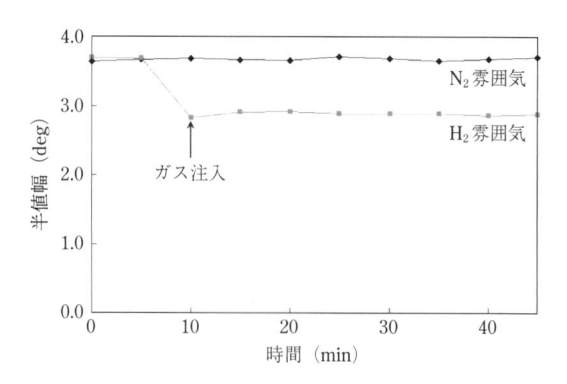

図 4.13 ガス注入に伴う 111 反射の半値幅の変化

(4.4) 中の β に代入する際には，4.2.3 で述べたように，あらかじめ標準試料の回折データから求めた光学系由来の半値幅を差し引いた値を用いなければならないが，ここでは省略する．式 (4.4) に $K = 0.94$，$\lambda = 1.5406$ Å（Cu $K\alpha_1$），$\beta = 0.0646$ rad（$= 3.65°$），$\theta = 19.98°$ を代入すると，$D \approx 240$ Å という結晶子サイズが求まった．同様に，H$_2$ ガス注入後の D を計算したところ，結晶子サイズが約 300 Å に増えていることがわかった．これは，H$_2$ ガスとの反応により Pt が粒成長したことを示している．

4.3 定量分析

X線回折法を用いた定量分析は,回折X線強度から試料中の結晶相の質量濃度(以下,濃度と呼ぶ)を簡便に求めることができるため,広く用いられている.この場合,蛍光X線法とは異なり,元素情報ではなく結晶相としての情報が得られるため,酸化ケイ素(α石英,β石英など)のように多形をもつ物質や酸化鉄(Fe_2O_3, Fe_3O_4など)に代表されるような同じ元素からなるが,その物質量比が異なるような物質に対しても適用可能である.

従来,定量対象となる各結晶相の純物質を用いて作成した検量線を使う手法が主流であったが,昨今では簡便性を考慮して,検量線を作成することなく定量分析を行うことができるマトリックスフラッシング法やリートベルト法(7.8参照)を用いた定量分析もよく使われるようになってきた.

4.3.1 定量分析の原理

X線回折法を用いた結晶相の定量分析は,試料中の結晶相の濃度がその相のX線回折強度に比例することを利用している.AlexanderとKlug[7]は分析成分iのX線回折強度I_iと線吸収係数μを含む定量分析のための式を導いた.N成分からなる混合物におけるI_iは

$$I_i = \frac{K_i f_i}{\mu} \quad (4.9)$$

で表される.ここで,K_iは結晶の種類,装置,測定条件によって決まる定数,f_iは体積分率,μは混合物の線吸収係数の平均値である.成分iの質量分率をx_i,密度をρ_i,線吸収係数をμ_i,質量吸収係数をμ_i^*とすると,体積分率と平均線吸収係数は次のように表せる.

$$f_i = \frac{x_i/\rho_i}{\sum_i (x_i/\rho_i)} \quad (4.10)$$

$$\mu = \frac{\sum_i (\mu_i/\rho_i)}{\sum_i (x_i/\rho_i)} = \frac{\sum_i \mu_i^*}{\sum_i (x_i/\rho_i)} \quad (4.11)$$

式(4.10),(4.11)を式(4.9)に代入すると,

$$I_i = \frac{K_i x_i}{\rho_i \sum_i (\mu_i^* x_i)} \quad (4.12)$$

が得られる.

混合物中の分析成分を1,他の成分全体(マトリックス)をmとすると,マトリックス中の成分iの質量分率$(x_i)_m$は,

$$(x_i)_m = \frac{x_i}{1-x_i} \quad (4.13)$$

となる.同様にマトリックスの平均質量吸収係数μ_m^*は次式で表せる.

$$\mu_m^* = \frac{\sum_i \mu_i^* x_i}{1-x_i} \quad (4.14)$$

式(4.12)に式(4.13),(4.14)を代入すると,分析成分1の回折強度は

$$I_1 = \frac{K_1 x_1}{\rho_1 \{x_1(\mu_1^* - \mu_m^*) + \mu_m^*\}} \quad (4.15)$$

となる.この式はx_1が分析成分の質量吸収係数とマトリックスの平均質量吸収係数の差に影響を受けることを示している.式(4.15)の取扱いはμ_1^*とμ_m^*の関係によって異なる.

a. $\mu_1^* = \mu_m^*$の場合

式(4.15)は

$$I_1 = \frac{K_1 x_1}{\mu_1^*} = K x_1 \quad (4.16)$$

と変換される.$\mu_1^* = \mu_m^*$でかつ既知であるから,X線回折強度は濃度に比例する.

b. $\mu_1^* \neq \mu_m^*$の場合

多成分系でもマトリックスの組成が変化しなければ2成分系として取り扱える.成分1が100%のときのX線回折強度をI_{10}とすると,式(4.15)は

$$\frac{I_1}{I_{10}} = \frac{x_1 \mu_1^*}{\rho_1 \{x_1(\mu_1^* - \mu_m^*) + \mu_m^*\}} \quad (4.17)$$

となる.I_1をx_1に対してプロットした曲線は,$\mu_1^* > \mu_m^*$の場合は上に凸,$\mu_1^* < \mu_m^*$の場合は下に凸となり,

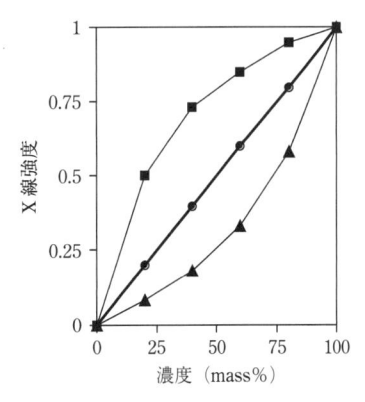

図4.14 質量吸収係数の異なる2成分系の検量線

●:石英-クリストバライト,■:石英-BeO,▲:石英-KCl.

いずれの場合も μ_1^* と μ_m^* の差が大きいほど曲線の曲率が大きくなる．図4.14は，2成分系試料における石英（α-SiO$_2$）の101反射強度の石英濃度依存性を示している．Cu $K\alpha$ 特性X線に対する石英の質量吸収係数は 34.9 cm^2 g^{-1}，酸化ベリリウムは 8.6 cm^2 g^{-1}，塩化カリウムは 124 cm^2 g^{-1} である．石英－酸化ベリリウム（μ^*(quartz)$>\mu^*$(BeO)）の場合は上に凸の曲線であり，石英－塩化カリウム（μ^*(quartz)$<\mu^*$(KCl)）の場合は下に凸の曲線である．石英－クリストバライト（μ^*(quartz)$=\mu^*$(cristobalite)）の場合は両者ともに化学組成が SiO$_2$ なので，直線となる．

式（4.17）は，分析成分とマトリックスの質量吸収係数がわかっていれば，試料中の分析成分からの回折X線強度とその純物質の強度比から濃度 x_1 が計算できることを示している．特に，石英－クリストバライトのように $\mu_1^*=\mu_m^*$ の場合は，X線回折強度と濃度は式（4.16）のように直線関係を示すので，これを利用して定量するのは容易である．多成分系の場合は μ_m^* が不明なため，本法では吸収補正ができない．

Alexander と Klug の定量式[7]を基本として，内標準法，標準添加法，検量線を必要としない回折－吸収法[8]とマトリックスフラッシング法[9]などの吸収補正法が開発された．結晶相の定量分析には，次の内標準法がしばしば用いられている．

4.3.2 内標準法

X線回折強度と濃度の関係は特別な場合を除いて，直線にはならないが，試料のX線に対する質量吸収係数がわかっていれば，式（4.17）を用いて濃度を計算できる．しかし，実際にはそういう場合は少ない．つまり，マトリックスの成分はわかっているけれども濃度が不明，あるいは主成分だけしか明らかではない場合がほとんどである．

内標準法は，内標準物質を一定の濃度になるように試料に加え，内標準物質と分析成分の回折X線の強度比を測定することにより分析成分の濃度を求める手法である．一方，検量線をつくる場合にも，試料の場合と同一濃度になるように内標準物質を添加し，検量用標準物質と内標準物質の質量比に対して検量線を引く．

この方法は試料が多成分系，$\mu_1^* \neq \mu_m^*$ で，かつマトリックスの組成が変化する場合に適用される．たとえば，ある試料中の結晶相 i を定量する場合，内標準物質 a を試料と検量線用混合物中に一定量加えたとすると，それぞれの成分のX線回折強度は式（4.9）から次のように計算できる．

$$I_1 = \frac{K_1 f_1'}{\mu} \tag{4.18}$$

$$I_a = \frac{K_a f_a}{\mu} \tag{4.19}$$

ここで，f_1' は内標準物質 a 添加後の分析成分1の体積分率，f_a は a の体積分率，μ は a 添加後の試料全体の平均線吸収係数である．式（4.18）を式（4.19）で割り，式（4.10）に基づいて f_1' と f_a を濃度に変換すると，μ を消去できる．

$$\frac{I_1}{I_a} = \frac{K_1 x_1' \rho_a}{K_a x_a \rho_1} \tag{4.20}$$

ここで，K_1 と K_a は一定の係数，x_a は a の添加量，ρ_1 と ρ_a はそれぞれ分析成分1と a の密度を表す．x_a は既知であるから，$K_1\rho_a/K_a x_a \rho_1$ を K とおくと，式（4.20）は次のように変形できる．

$$\frac{I_1}{I_a} = K x_1' \tag{4.21}$$

ここで，$x_1' = x_1(1-x_a)$ で，$1-x_a$ は既知であるから，式（4.21）は

$$\frac{I_1}{I_a} = K' x_1 \tag{4.22}$$

となる．すなわち，分析成分1と a の強度比は石英の濃度に比例する．

検量線は横軸に分析成分の濃度，縦軸に分析成分と内標準物質の強度比をプロットして作成する．

内標準物質には，結晶のメカノケミカルな安定性と晶癖を考慮し，石英（101），ルチル型二酸化チタン（100），塩化カリウム（200），塩化ナトリウム（200），塩化アンモニウム（110），α 型三酸化二鉄（104），酸化亜鉛（101），酸化マグネシウム（200），酸化ニッケル（200），α 型三酸化二アルミニウム（113）などがしばしば使われる[10]．ただし括弧内の数字は回折指数を表す．

4.3.3 標準添加法

内標準法ではあらかじめ検量線を作成しておく．一方，標準添加法では，試料に分析成分の純物質を段階的に添加してX線回折強度を測定し，X線回折強度を添加量に対してプロットし，添加していないときのX線回折強度に相当する添加量を定量値とする．一

般に，この方法は低濃度の成分を分析する場合に用いると，良好な結果が得られる．

4.3.4 検量線を用いない方法

通常，定量分析を行う際には，あらかじめ作成しておいた検量線か標準添加曲線により分析成分の濃度を算出するが，検量線を用いない方法もいくつか提案されている．代表的な方法である回折-吸収法とマトリックスフラッシング法を以下に紹介する．一方，この範疇に入るリートベルト法については，7.8および13.Cを参照されたい．

a．回折-吸収法[8]

試料中の分析成分1と標準物質（分析成分の純物質）の強度比を試料の平均質量吸収係数と標準物質の質量吸収係数の比で吸収補正する方法で，試料中の分析成分1の濃度 x_1（mass%）を

$$x_1 = \left(\frac{I_1}{I_{1p}}\right)\left(\frac{\mu_s^*}{\mu_{1p}^*}\right) \times 100 \qquad (4.23)$$

により求める．ただし I_1 は試料中の分析成分1のX線回折強度，I_{1p} は標準物質のX線回折強度，μ_s^* は試料の平均質量吸収係数，μ_{1p}^* が標準物質の質量吸収係数である．μ_s^* と μ_{1p}^* には元素の質量吸収係数と化学組成から計算した値または実測値を用いる．

b．マトリックスフラッシング法[9]

この方法では，吸収補正用の内標準物質（フラッシング剤）を添加することにより式（4.18）から質量吸収係数の項を消去する．内標準法の一種とみなせる方法であり，試料中の分析成分1の濃度 x_1（mass%）は

$$x_1 = x_f \left\{\frac{I_f}{I_{1p}(1:1)}\right\}\left(\frac{I_1}{I_f}\right) \qquad (4.24)$$

と表される[9]．ここで，x_f はフラッシング剤の添加濃度，I_f は内標準物質（フラッシング剤）のX線回折強度，I_1 は試料における分析成分1のX線回折強度，I_{1p} は標準物質（分析成分1の純物質）の回折X線強度を表す．$I_f/I_{1p}(1:1)$ は標準物質と内標準物質の等質量混合物の強度比で，参照強度比 $I_{1p}/I_f(1:1)$ の逆数である．α 型三酸化二アルミニウム（NISTのSRM 676：コランダム）を内標準物質に用いると，PDFに記載されている参照強度比の数値を用いることができる．この手法のことを特に参照強度比（RIR）法と呼び，参照強度比さえわかれば定量分析を行えるため，簡易定量法としてよく用いられる．α 型三酸化二アルミニウム以外の物質をフラッシング剤に用いる場合は，あらかじめ分析成分の純物質とフラッシング剤を1：1の質量比で混合し，参照強度比を求めておく．また，PDFにはすべての結晶の参照強度比が記載されているわけではないので，必要ならば，あらかじめ測定しておく必要がある．

4.3.5 定量分析用の試料調製

X線回折による定量分析の精度は，よい場合で相対誤差1～5％であり，悪い場合には20～50％になってしまう．再現性は，よいもので1～3％程度，悪いものでは10～20％ものばらつきを示す試料もある．ときによると，誤差が吸収効果より大きくなる場合さえある．このような誤差の大きさは，X線回折による定量分析が広く普及するのを妨げている．

X線回折による定量分析の確度と精度を低くしている原因とを以下に列挙する．

(1) 回折図形上で，結晶と非結晶の区別が明瞭でない場合がある．

(2) 同一の結晶でも，結晶性（結晶子サイズや格子ひずみ）が異なると，回折図形（半値幅，プロファイル形，回折強度）が異なる．

(3) へき開や異方成長などの晶癖は，結晶子の選択配向を引き起こし，各回折線の強度比を大なり小なり変化させる．

(4) 結晶子サイズが異なると，回折強度とその誤差が異なる．

(5) 固溶体を形成している結晶が多く，格子面間隔や回折強度が変化する．

これらの誤差の原因のうち，(1)の結晶か非結晶か明らかにできないようなもの，たとえばアルミナゲルのようなものは，現状では分析できない．(2)の場合，標準物質に試料と似た結晶性のものを用いるか，結晶性を無視してできる限り結晶性の高い物質を標準に用いるかで定量値が異なるが，いずれがよいかについては評価が定まっていない．(3)の選択配向を抑制しようとする試みは多く，非晶質の物質と混合する方法，特別に設計された試料板の使用，スプレードライ法による顆粒化[11]，粉砕，2次元回転試料台を使用する方法などが提案されている（2.3.2, 8.1.2参照）が，いずれも限定された範囲でしか効果を発揮していない．(4)の結晶子サイズの影響については多くの検討が行われており，3～10 μm 程度のサイズにすると，回折

強度が最大で，なおかつ再現性のよい結果が得られることがわかっている．10μm以下のサイズになると，指先でつまんだときの粒子感がほとんどなくなることが，一つの目安になる．

(1)～(5)のうち，一般に最も大きな誤差の原因になるのは選択配向である．そこで，鉄中のオーステナイトの分析では，粗大結晶による偶発的回折の影響を防ぐために，複数の回折線の強度の合計を用いる方法が用いられており，未粉砕のまま測定しても，再現性のよい結果が得られている．また，この方法を酸化鉄の混合物の定量に応用した例[12]もある．

4.3.6 定量方法の選択
a．定量分析の前に

事前に与えられた試料に関する情報は十分に尊重しなければならないが，うのみにしてはいけない．また，蛍光X線分析法などによって元素組成を求めておくことは，どの分析を行う場合でも必要不可欠である．

定量分析に取りかかる前にX線回折パターンを測定し，含まれている結晶相の同定を終えておく必要がある．多くの試料は非晶質を含む場合が多いので，回折パターンを注意深く観察して非晶質ハローがあるか否かを知っておくべきである．結晶からの回折X線強度が著しく弱い場合も非晶質の共存を疑うべきである．試料の回折角がPDF中の値と多少異なる場合は，分析成分が固溶体になっている可能性があるので，検量用標準を選ぶ際にはこのことを考慮しなければならない．その際には，試料の格子定数を計算し，文献値と比較するのも参考になる．

b．検量用標準物質・内標準物質・検量用マトリックス

4.3.5で述べたように，検量用標準物質にはできるだけ試料中の分析成分と結晶状態が近似したものを選ぶ．内標準物質の選択については，4.3.2でもふれた．検量用マトリックスもまた，試料中のマトリックスと近似した組成のものを選ぶべきである．たとえばNakamuraら[13]によるゼオライトタフ中のクリノプチロライトの定量では，試料中のクリノプチロライトを加熱分解したものを検量用のマトリックスに用いている．

c．定量方法の選択

組成や履歴がわからない場合には内標準法を用いた方がよく，検量用標準物質や内標準物質の選択と試料調製方法が適切であれば，確度が高く再現性のよい結果が得られる．

回折-吸収法とマトリックスフラッシング法は吸収補正を1点でしか行っていないため，補正が不十分な場合や過度な場合があるので，同一試料について複数の測定試料をつくった方がよい．回折-吸収法において試料全体の質量吸収係数を知りたいときは，元素組成から計算するか，試料に適当な結晶粉末を添加して回折強度を測定し，式(4.17)から計算する．

［紺谷貴之］

文　献

1) 早稲田嘉夫，松原英一郎，"X線構造解析—原子の配列を決める，"内田老鶴圃 (1998)，6章．
2) 山中高光，"粉末X線回折による材料分析，"講談社サイエンティフィク (1993)，7章．
3) 虎谷秀穂，"第4版 実験化学講座10 回折，"丸善 (1992)，5章．
4) A. P. Alvasatos, *Science*, **271**, 933 (1966).
5) W. A. Rachinger, *J. Sci. Instrum*., **25**, 254 (1948).
6) G. K. Williamson and W. H. Hall, *Acta Metall*., **1**, 22 (1953).
7) L. Alexander and H. P. Klug, *Anal. Chem*., **20**, 886 (1948).
8) L. Leroux, D. H. Lennox, and K. Kay, *Anal Chem*., **25**, 740 (1953).
9) F. H. Chung, *J. Appl. Crystallogr*., **7**, 519 (1974).
10) 中村利廣，貴家恕夫，分析化学，**22**, 7 (1974).
11) S. T. Smith, R. L. Snyder, and W. E. Brownel, *Adv. X-Ray Anal*., **22**, 77 (1979).
12) R. R. Biederman, R. F. Bourgault, and R. W. Smith, *Adv. X-Ray Anal*., **17**, 139 (1974).
13) T. Nakamura, M. Ishikawa, T. Hiraiwa, and J. Sato, *Anal Sci*., **8**, 539 (1992).

5章　X線回折応用技術

5.1　微小部回折

　X線は電子線のようにレンズで集光できない．よって，微小領域のX線回折を行う場合，測定エリアの大きさに合わせてコリメーションを行う必要がある．X線のコリメーションによって入射X線の強度は弱くなり，試料へのX線照射面積に比例して回折強度も弱くなる．たとえば，$20\mu m\phi$ のコリメーターは $1mm\phi$ のコリメーターに比べ強度が 1/2500 になる．このように，微小領域でのX線回折では，一般的な粉末回折計と比較すると，非常に弱い回折強度を検出する必要がある．しかし，回転対陰極や全反射キャピラリーコリメーターなどにより強い入射X線を照射し，さらに高感度多次元検出器で弱い回折強度を効率的に検出することによって微小領域のX線回折実験が飛躍的に短時間で行えるようになっている．横型ゴニオメーターに2次元検出器を搭載した微小部回折計を図5.1に示す．微小部回折計では最小で約 $20\mu m\phi$ 程度のエリアの回折パターンを得ることが可能である．本節では2次元検出器を搭載した微小部回折計の光学系やさまざまな分析法を紹介する．

5.1.1　光　学　系

　微小部回折計の光学系はピンホール光学系である．線源から発生するX線をグラファイトや多層膜ミラーなどを入射モノクロメーターとして用いて特定の波長に単色化した後に，コリメーターでX線のコリメーションを行って試料に照射し，試料からの回折線を多次元検出器で検出する．2次元検出器の光学系模式図を図5.2に示す．焦点としては点焦点を用い，焦点サイズを小さくして単位面積当たりのX線輝度を高くすることで，入射X線強度を効率よく高めることができる．コリメーター径としては $10〜500\mu m\phi$ 程度が用いられる．

　また，2次元検出器を搭載した微小部回折計では，受光側にモノクロメーターを設置することが困難である．一般に，周期表で線源とする元素の3つ前の元素が試料に主成分として含まれる場合，蛍光X線が大量に発生する．たとえば Cu $K\alpha$ 線源を用い，Fe が試料の主成分である場合，蛍光X線によりバックグラウンドが高くなり，ピーク強度/バックグラウンド比のよいデータが得られない．この場合，線源を Cr $K\alpha$ または Co $K\alpha$ に変更するのが好ましい．

5.1.2　ゴニオメーター

　2次元検出器を搭載した微小部回折計のゴニオメーターは，検出器を走査する 2θ 軸，試料に対するX線入射角度を規定する ω 軸のほかに，試料揺動や，後に説明する残留応力測定や極点図測定に対応するため

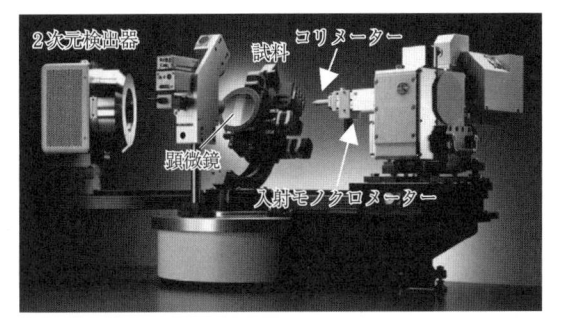

図5.1　2次元検出器搭載型微小部回折計

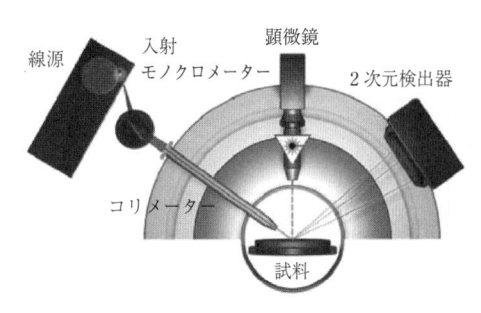

図5.2　2次元検出器搭載型微小部回折計の光学系

に，試料面内回転の ϕ 軸，χ 軸（ω に直交する軸）を有する多軸ステージを採用するのが一般的である．さらに，x, y, z 軸を有していれば，マッピング測定なども可能になり，応用範囲が広がる．また，微小部回折ではゴニオメーター各軸の交差精度が非常に重要になる．ゴニオメーターの交差精度が悪いと，任意の軸を動かしたときにX線照射位置が移動してしまうためである．ゴニオメーターの交差精度は最低でも 50 μm 以下が好ましい．その他に，試料観察および試料に対してのX線照射位置決定のために，顕微鏡が設置されている．最近では，CCDカメラとレンズを組み合わせ，300倍程度の倍率で試料観察と画像の保存が行える．

5.1.3 検　出　器

近年の検出器技術の発達により，粉末X線回折の分野では，微小部回折に限らず多次元検出器を搭載した装置が主流になりつつある．シンチレーションカウンターをはじめとする0次元検出器に比べて，飛躍的に測定時間が短縮できるためである．近年，微小部回折では，2次元検出器を搭載した装置が主流になっている．その理由としては，1次元半導体検出器や湾曲 PSPC をはじめとする1次元検出器よりも測定時間を短縮できることに加え，デバイ-シェラー環の直接観察により試料の結晶状態を直感的に把握できることがあげられる．図5.3に示したとおり，結晶状態は，均質等方多結晶体，粗大粒子，配向・集合組織，単結晶の4つに分類できる．デバイ-シェラー環に注目すると，均質等方多結晶体では強度が均一であり，粗大粒子は不規則なスポットを含み，配向・集合組織では強度が周期的に変化し，単結晶は環ではなく規則的な回折斑点を与えるというところが異なっている．

また，微小部回折においては，測定時間の短縮のみ

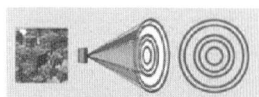

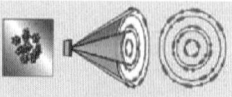

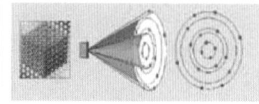

図5.3　結晶の2次元回折パターン

ならず，検出器自体が発生する電気的ノイズが少ないことが要求される．冒頭で述べたように，微小部回折では通常の粉末X線回折と比較すると，最低でも数千分の1程度，回折強度が弱くなる．回折強度が非常に弱い場合に，検出器からのノイズのレベルが比較的高いとされるCCDやイメージングプレートをはじめとする積分型検出器を用いると，微弱な回折シグナルがバックグラウンドに埋もれてしまうという報告もあり[1]，実験室系のX線源を用いた微小部回折ではPSPCを代表とするフォトン計数検出器が有利といえる[2]．

5.1.4 応　　用

微小部回折計の応用としては定性分析，残留応力測定，配向・極点測定などが可能である．

a．定性分析（結晶多形分析）

非常に小さいか 0.1 mg 以下しかない粉末試料を扱う場合，試料自体は大きくても分析したい領域が非常に小さい場合は，微小部回折計を用いて測定を行うとよい．実用的な例としては，医薬品開発時の結晶多形分析があげられる．医薬品の初期開発時には，溶媒などの結晶化条件を変え，1検体につき数千種類の組合せで合成を行い，結晶多形を判別して，最適な合成方法を確立する必要がある．十分な量の結晶を合成するのが困難なため，1 mg 以下の試料量で結晶多形を迅速に判別する必要がある．2次PSPCを搭載した微小部回折計で測定したインドメタシン（0.9 mg と 0.02 mg）の粉末X線回折パターンを図5.4に示す．

b．残留応力測定（$\sin^2 \psi$ 法）

残留応力とは，外力が作用しないときに物体内部で釣り合いを保って存在する応力である．残留応力は材料の破壊や疲労強度に大きく影響しており，自動車や鉄道などの機械的部品・構造物のみならず，電子部品などほとんどの構造物中に存在する．また，X線回折法を用いた残留応力測定では，X線が試料に侵入することができる数十 μm 程度の深さまでの表面応力を知ることができる．そもそも材料の破壊は，応力集中などにより生じた試料表面のき裂が広がることにより進行する．試料表面の残留応力を評価することで，破壊の予見や材料強度の評価が行えるため，さまざまな分野でX線回折法を用いた残留応力の測定が活用されている．

残留応力には圧縮応力（compressive stress）と引

5.1 微小部回折

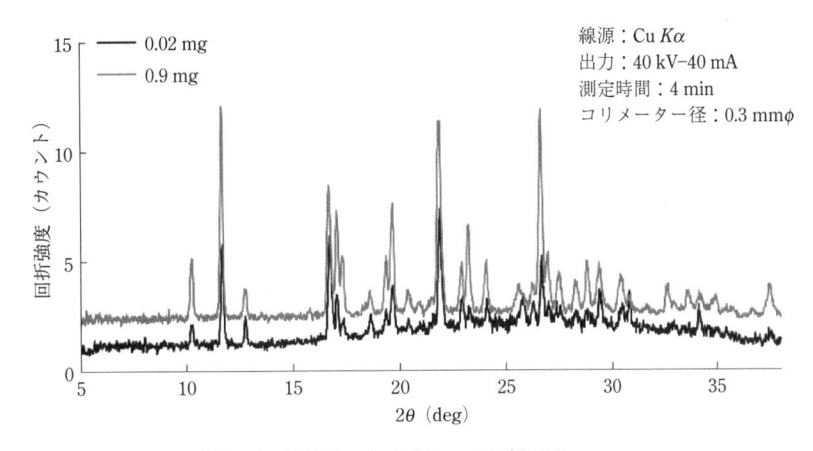

図5.4 微量インドメタシンの回折パターン

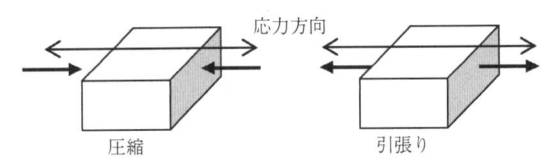

線源：Cu $K\alpha$
出力：40 kV–40 mA
測定時間：4 min
コリメーター径：0.3 mmϕ

図5.5 残留応力の種類

張り応力（tensile stress）の2種類がある（図5.5）．X線回折法で残留応力を評価する場合，$\sin^2\psi$ 法[3,4] を用いるのが一般的である．物質に残留応力が存在する場合，図5.6に示したように，格子面間隔（d）は試料表面と格子面とのなす角に応じて変化する．応力状態が平面応力で近似できるとすると，試料面法線Nと格子面法線N′のなす角度 ψ を変えて 2θ の変化を調べることにより，応力 σ が求まる．

$$\sigma = -\frac{E}{2(1+v)}\cot\theta_0 \frac{\pi}{180}\frac{\Delta 2\theta}{\Delta\sin^2\psi} = K\frac{\Delta 2\theta}{\Delta\sin^2\psi} \tag{5.1}$$

ここで，σ は応力（MPa），E はヤング率（MPa），v はポアソン比，θ_0 は標準ブラッグ角（°）（試料が無ひずみ状態のときのブラッグ角），K は応力定数である．

圧縮応力がある場合，試料表面と格子面のなす鋭角が増すにつれて格子面間隔 d は減少する．よって，図5.7に示したとおり，2θ-$\sin^2\psi$ プロットは右上がり（プラスの傾き）になり，応力値はマイナスになる．一方，引張り応力がある場合，試料表面と格子面のなす鋭角が増すにつれて d は増加する．したがって 2θ-$\sin^2\psi$ 線は右下がり（マイナスの傾き）になり，応力値はプラスになる．応力がない場合は，2θ-$\sin^2\psi$ プロットは傾きをもたない．

式（5.1）中の K は材料および回折角度によって決まる定数である．$\sin^2\psi$ 法では，2θ-$\sin^2\psi$ 線をプロットし，最小二乗法で勾配を求め，応力定数を掛ければ，応力が求まる．

→ 入射X線　⇒ 回折X線
N：試料面法線　N′：格子面法線

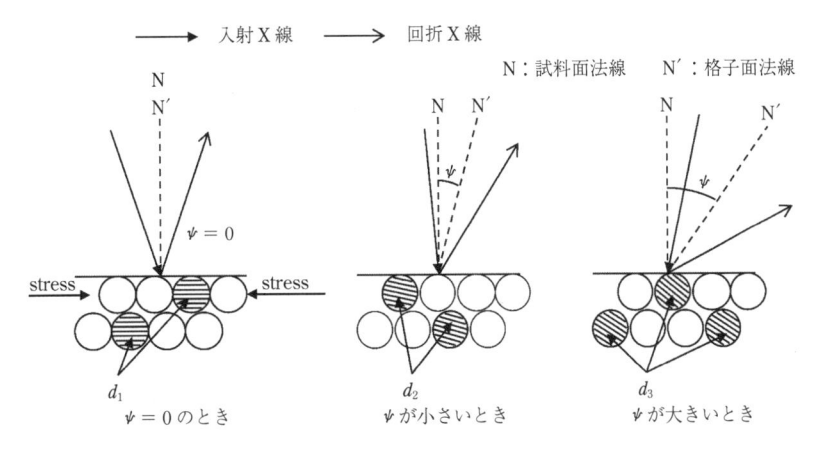

d_1　$\psi=0$ のとき
d_2　ψ が小さいとき
d_3　ψ が大きいとき

図5.6 残留応力測定原理

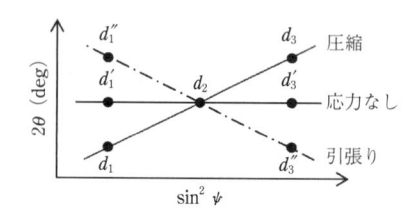

図5.7 $2\theta\text{-}\sin^2\psi$ プロット

図5.8 応力方位の定義

c．3軸性残留応力

$\sin^2\psi$ 法は残留応力評価方法として標準的な手法であるが，試料の応力状態が1軸性の表面応力であることが前提となっており，せん断応力（shear stress）や，3軸性応力（triaxial stress）などに適用するのが難しいという弱点をもっている．せん断応力や3軸性応力を解析するには，材料力学的な基礎に立脚した手法をとる必要がある．その一つとして2D法[5]があげられる．2D法は，試料に残留応力が存在すると，残留応力の方位と強さに従ってデバイ–シェラー環が真円からひずむことを利用して，そのひずみから残留応力を算出する手法である．

2D法による残留応力解析の概略は以下のとおりである．図5.8に示すように ϕ, ψ を定義し，試料に対して任意の方向のひずみ $\varepsilon_{\phi\psi}$ をひずみテンソルで表すと次式が得られる．

$$\varepsilon_{\phi\psi}=\varepsilon_{11}\cos^2\phi\sin^2\psi+\varepsilon_{12}\cos 2\phi\sin^2\psi$$
$$+\varepsilon_{22}\sin^2\phi\sin^2\psi+\varepsilon_{13}\cos\phi\sin 2\psi$$
$$+\varepsilon_{23}\sin\phi\sin 2\psi+\varepsilon_{33}\cos^2\psi \qquad (5.2)$$

ひずみテンソルは試料の向き (ω, ϕ, ψ) と回折データ $(\psi, 2\theta)$ と関係しており，

$$f_{11}\varepsilon_{11}+f_{12}\varepsilon_{12}+f_{22}\varepsilon_{22}+f_{13}\varepsilon_{13}+f_{23}\varepsilon_{23}+f_{33}\varepsilon_{33}$$
$$=\ln\frac{\sin\theta_0}{\sin\theta} \qquad (5.3)$$

と表される．ここで各係数 f_{ij} は以下のように計算する．

$f_{11}=A^2$　　$a=\sin\theta\cos\omega+\sin\chi\cos\theta\sin\omega$
$f_{12}=2AB$　$b=-\cos\chi\cos\theta$
$f_{22}=B^2$　　$c=\sin\theta\sin\omega-\sin\chi\cos\theta\cos\omega$
$f_{13}=2AC$　$A=a\cos\phi-b\cos\psi\sin\phi$
　　　　　　　　$+c\sin\psi\sin\phi$
$f_{23}=2BC$　$B=a\sin\phi+b\cos\psi\cos\phi$
　　　　　　　　$-c\sin\psi\cos\phi$
$f_{33}=C^2$　　$C=b\sin\psi+c\cos\psi$

2D法では，ϕ, ψ の異なる組合せの2次元回折像を7～20点程度測定すれば，3軸性応力の全6方向の応力を算出することが可能である．最近では，太陽電池材料（亜酸化銅）における光起電力と残留応力の関係についての報告例がある[6]．

上述の残留応力の理論は微小領域にも適用できるが，微小領域の残留応力測定において特に注意すべき点をあげておこう．必要以上に小さい径のコリメーターを用いると，局所的な残留応力が観測されるおそれがある上，測定時間を浪費する．また，回折に寄与する結晶子の数が圧倒的に少なくなるため，粗大粒子の影響を受けやすい．粗大粒子の効果を軽減するには，2次元検出器を用いて入射X線の波長幅方向に試料揺動するのが非常に効果的である[6,7]．

d．配向・極点図測定

通常，多結晶体は方位が無秩序な無数の結晶子からなっている．しかし，圧延体や繊維などでは，結晶子の向きが特定の方向に偏ってしまう．このような状態を選択配向と呼ぶ．配向の方向は1方位とは限らず，複数の方位をもつ場合もある．選択配向した結晶子の集合体が集合組織（texture）である．結晶を配向させることによって，電気的・力学的特性を変化させることができるため，結晶の配向評価は材料評価を行う上で非常に重要である．

通常，集合組織を評価するには，極点図測定（pole figure measurement）を行い，極点図（pole figure）を作成する．極点図は一種のステレオ投影（stereographic projection）と考えてよい．

極点図では，X線入射方向や試料圧延方向などの位置関係を示すRD（rolling direction），MD（machine direction），TD（transverse direction），ND（normal direction）という4つの方向がある．RDまたはMDは試料が圧延組織の場合に用いられ，試料軸方向を意味する．試料が繊維組織の場合は，かわりにFA（fiber axis）を用いる．TDは試料の横軸

5.1 微小部回折

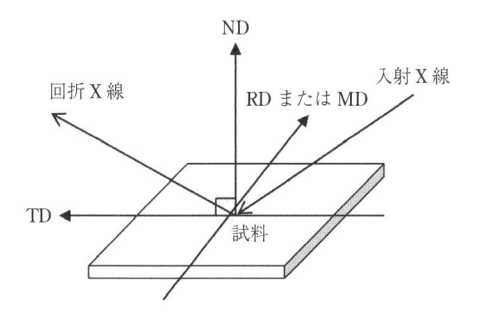

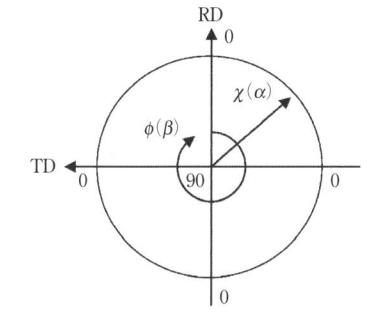

図 5.9 極点図の詳細
図中の数値は α (deg) 表示.

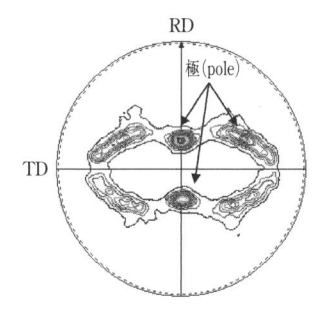

図 5.10 Al 圧延組織の 111 極点図

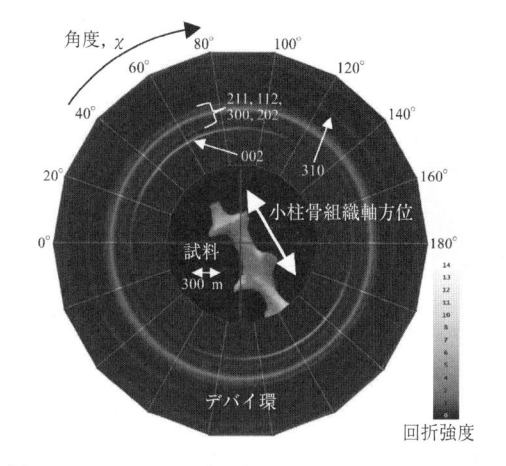

図 5.11 ヒト腰椎海綿骨中のアパタイト結晶の2次元回折パターン（カラー口絵1参照）

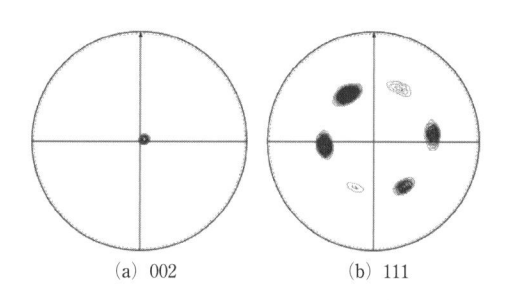

(a) 002　(b) 111

図 5.12 マベ貝真珠層のアラゴナイト結晶の極点図

方向で，X線入射方向に対応している．ND は試料表面に対しての法線方向を示す．また，極点図の円周方向 β は試料面内回転方向を意味する．極点図の半径方向 α は $90-\chi$ (deg) に等しい（図 5.9）．極点図では強度が等高線で示され，強度が強く分布している箇所を極（pole）と呼ぶ．図 5.10 に Al 圧延組織の Al 111 極点図を示す．Al 圧延材は，鋳造で製造された半製品をローラーなどで圧力を加えながら圧延することで，材料強度を向上させながら所定の形状に加工される．この圧延工程で形成される集合組織は，元素添加や温度条件によって変化するため，極点図測定により集合組織を把握することが重要になる．

近年，電子デバイスや金属材料のみならず，生体材料の集合組織も精力的に研究されている．そのうち，生体硬組織の結晶配向とその特性については，X線回折法を用いた配向評価が報告されている．大阪大学の中野ら[8]は，骨の力学特性が骨密度ではなくアパタイト結晶の配向性によって大きく支配されていることを見出し，材料科学から医療へのフィードバックを試みた．$20\,\mu\mathrm{m}\phi$ の X 線をヒト腰椎海綿骨のアパタイト結晶に入射し，2次元 PSPC によって計数することにより測定した X 線回折パターン[9]を図 5.11 に示す．アパタイト結晶の c 軸が，ヒト腰椎海綿骨の柱（応力付加）の方位と一致している．これより，骨中のアパタイト結晶は外部からの応力負荷に応答して c 軸を配向させていることがわかる．また，東北大学の吉見ら[10]はマベ真珠の光学特性とアラゴナイト結晶の配向性について調べた．図 5.12 にマベ貝真珠層中のアラゴナイト結晶の極点図を示す[10]．真珠層中のアラゴナイト結晶は，真珠層表面に対し c 軸が配向した3軸配向性を示し，フォトニック結晶として真珠の光沢に大きく関与していると考えられる．

［山田　尚］

文　献

1) C. Hall and R. Lewis, *Nucl. Instrum. Methods Phys. Res., Sect. A*, **348**, 627 (1994).
2) M. Thoms, H. Burzlaff, A. Kinne, J. Lange, H. von Seggern. R. Spengler, and A. Winnacker, *Mater. Sci. Forum*, **228-231**, 107 (1996).
3) "X線応力測定法標準―鉄鋼編―,"日本材料学会編 (2002).
4) "X線応力測定法標準―セラミックス―,"日本材料学会編 (2000).
5) B. B. He and K. L. Smith, ICRS-5, 634 (1997).
6) 祖山　均, 山田　尚, 日本材料学会第55期学術講演会講演論文集, 261 (2006).
7) 山田　尚, 祖山　均, 日本材料学会第56期学術講演会講演論文集, 317 (2007).
8) T. Nakano, K. Kaibara, Y. Tabata, N. Nagata, S. Enomoto, E. Marukawa, and Y. Umakoshi, *Bone*, **31**, 479 (2002).
9) S. Miyabe, T. Nakano, T. Ishimoto, N. Takano, T. Adachi, H. Iwaki, A. Kobayashi, K. Takaoka, and Y. Umakoshi, *Mater. Trans.*, **48**, 343 (2007).
10) K. Yoshimi, M. Shoji, T. Ogawa, A. Yamauchi, T. Naganuma, K. Muramoto, and S. Hanada, *Mater. Trans.*, **45**, 999 (2004).

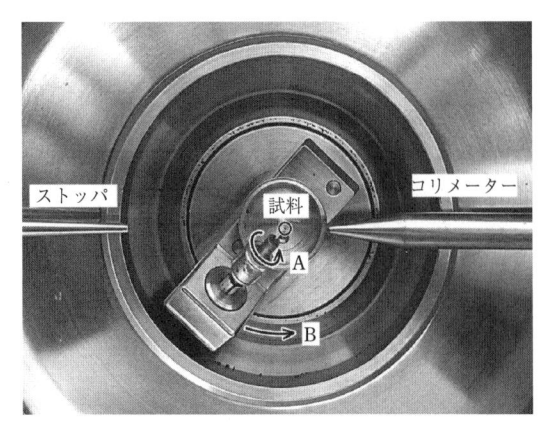

5.2　ガンドルフィカメラ

ガンドルフィカメラはX線粉末カメラ（デバイ-シェラーカメラ；2.2.1b参照）の試料部に改良を施し，試料を2軸で回転させながらデバイ-シェラー環をフィルムに記録するものである．図5.13にガンドルフィカメラの試料部の写真を示す．図中において，カメラの中心に試料があり，試料は試料を支持する軸を中心として回転する（図中のAの回転）とともに，試料を頂点とした円錐に沿っても回転する（図中のBの回転）ように設計されている．このような2軸回転により，単結晶や選択配向のある試料からも粉末回折パターンを得ることができる．この利点をいかして，単結晶または数個の結晶よりなることが多い50～100 μm大の微少試料の粉末回折に用いられている[1,2]．

ガンドルフィカメラでは回折データをフィルムに記録することから，回折X線を時間積算でき，微少試料からの弱いX線も検知できるという利点をもつ反面，フィルムに記録されたデータを数値化して回折強度を求めることが難しいといった難点ももっている．しかし，高価な微小部X線回折計を用いずに微少試料の回折データを簡便に得ることができることから，微少量しか得られない物質の同定といった，定性分析には便利な装置であり，選択配向性の除去，微少試料からの回折パターンのS/N比といった点で，微小部X線回折計より優れている．これまで目視により読み取っていた回折データを，透過モードを備えたスキャナーで画像データとしてパソコンに取り込み，各回折角に対する強度として数値化することができる．筆者らは，画像としての回折パターンを数値化し，解析するソフトをWindows用にVisual Basicで作成した．一般には公開していないが，ガンドルフィカメラを使われる方には無償で提供している．

フィルムからスキャナーを用いて読み取られた回折データでは，フィルムのダイナミックレンジが狭いこと，通常のスキャナーでは光源の輝度が低いことなどから，記録し，読み取ることができる強度範囲が狭く，正確な回折強度を得ることが難しい．正確な回折強度を得たい場合には，イメージングプレートを用いる必要がある．イメージングプレートは入射X線に対する強度記録範囲が5桁と広く，弱いX線に対する感度も高いことから，露光時間がX線フィルムに比べて数分の1と短くてすむのも利点となる．Cu $K\alpha$線を用いると100 μm大の試料で1～2時間という，粉末回折計での通常の定性分析に要する時間と同程度かやや長い程度の露光で，定量分析に耐えうるデータを得ることができる．

図5.14(a)はガンドルフィカメラを用いて，幅3.5 cm，長さ35 cmのイメージングプレートに記録された50 μm大のSi粉末試料の回折パターンである．50 μm大の試料中に含まれるSi結晶の数が限られているにもかかわらず，ガンドルフィカメラの2軸

図5.13　ガンドルフィカメラの試料部

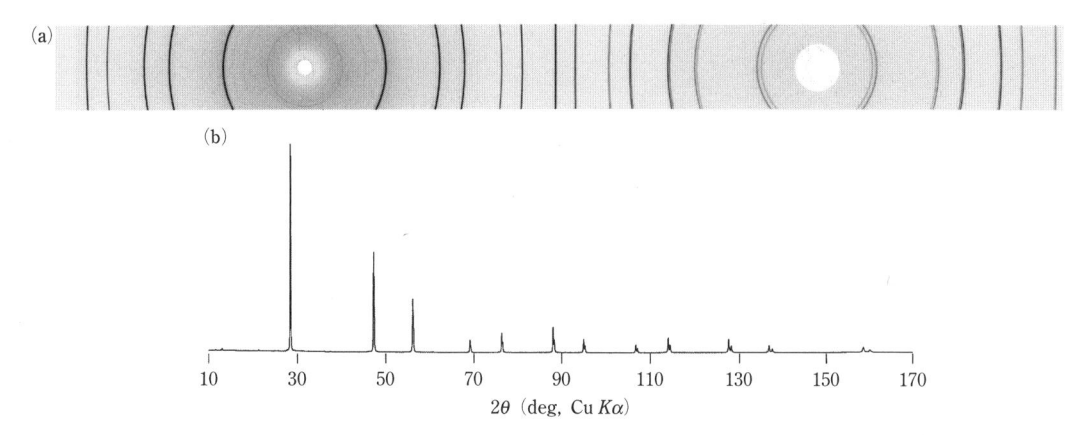

図5.14 (a) ガンドルフィカメラを用いてイメージングプレートに記録されたSiの粉末回折パターン（Cu $K\alpha$ 線を用いて撮影）と，(b)(a) に示したデバイ-シェラー環に沿って強度を積算し，チャートとして表示したもの

回転により，配向のない回折パターンが得られている．前述のフィルムに用いるのと同様の解析ソフトを用いて，このパターンの中心部1.5 cm幅について $2\theta = 0.025°$ の間隔で回折リングに沿って強度を積算し，チャートに表したのが図5.14(b) である．このような処理を行うことにより，ガンドルフィカメラで，50 μm 大の試料についても粉末回折計で得られるのと同様の高精度の強度データを得ることができる．

筆者らの研究室では，イメージングプレート読み取り装置として富士写真フィルム社製のBAS 2500を用い，イメージングプレートは20×40 cmのBAS-IP SR 2040を幅3.5 cm，長さ35 cmに切って使用している．イメージングプレートは通常のX線フィルムに比べ厚いため，これをカメラに装着するには，フィルムを装着するための隙間を広げるといったカメラの若干の加工が必要である．ガンドルフィカメラで得られる回折データ精度の検討については文献[1,2]を参照していただきたいが，以下に簡単な特徴を述べておく．

図5.15に，ガンドルフィカメラで得られたSiの (a) 各回折線の半値幅（FWHM）と (b) 回折線の非対称性を表す低角側と高角側の半値幅の比を示す．半値幅はスピリット型の擬フォークト関数を用いたプロファイルフィッティング法[3]によって求めている．図中の白丸がガンドルフィカメラを用いて得られたデータ，黒丸は比較のために粉末回折計で測定したデータであり，両者ともCu $K\alpha$ 線により測定したものである．ガンドルフィカメラで得られた各回折線の半値幅は粉末回折計で得られたものとほぼ一致し，同等の分解能をもつことがわかる．

また，ガンドルフィカメラで得られる回折線は，図5.15(b) に示すように，低角側と高角側の半値幅がほぼ等しい対称的な形をしている．これは，コリメーターを通して試料にX線を当て，回折X線をそのままフィルムに記録するというガンドルフィカメラの光学系の単純さによるもので，数段のスリットを通して得られる粉末回折計の回折線が特に低角領域で非対称であるのと対照的である．得られる回折線の形が対称的であることは，回折線の重なりが大きい粉末データをプロファイルフィッティング法やリートベルト法によって解析する上で非常に有利な条件となる．

ガンドルフィカメラを用いて微少試料の粉末回折データを定量的に解析する試みは筆者らの研究室を中心として進められ，斜長石のSi/Al秩序度から生成温度を求める研究[4]，隕石中のカンラン石の格子ひずみから隕石の衝突時の衝撃圧力を求める研究[5]，微少新鉱物の構造をリートベルト法によって精密化した研究[6]などが報告されている．これらの研究内容の詳細はそれぞれの文献を参照していただきたいが，いずれもEPMAで分析した試料そのものについて精密な粉末回折データを得ることができるといった，ガンドルフィカメラの特徴をいかしたものである．これ以外に，通常の回折計で解析できる量の試料が得られる場合でも，ガンドルフィカメラを用いると配向性がほとんどない粉末データが得られ，回折線の形が対称的であるといった特徴がいかせ，リートベルト法による構造解析への活用などにも使える便利な装置としてガン

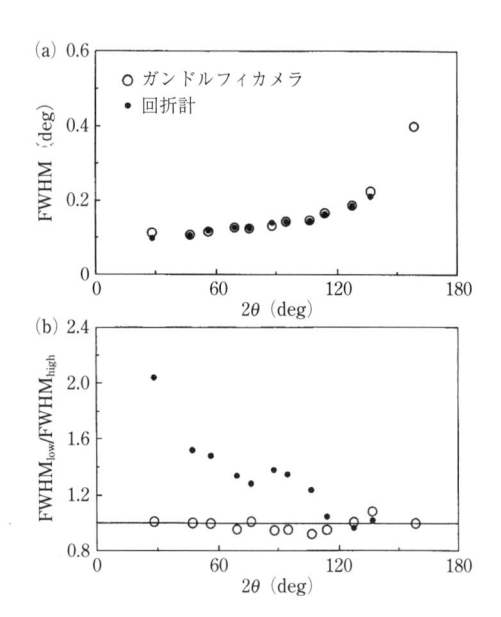

図 5.15 (a) Si の回折線の半値幅と (b) 回折線の非対称性を表す低角側と高角側の半値幅の比
白丸はガンドルフィカメラで得られたデータ，黒丸は回折計で得られたデータを示す．

ドルフィカメラを見直してみてはいかがであろうか．

最後にガンドルフィカメラを用いて実験を行う上での注意点を述べておきたい．ガンドルフィカメラは微少試料からの弱い回折 X 線を時間積分としてフィルムに記録するため，試料支持材からの回折と散乱，カメラ内空気による入射 X 線の散乱が無視できないものとなる．筆者らの研究室では試料支持には 3～10 μm 径のガラス繊維を用い，できるだけ少量の接着剤で試料をつけ，カメラ内は小型の真空ポンプで排気することによってこれに対応している．3～10 μm 径のガラス繊維は工業的に生産されており，ガラスメーカーに問い合わせることにより入手が可能である．接着剤は薄片作成に用いられるグリコールフタレートをアセトンで溶解させたものが便利である．ガンドルフィカメラの分解能（回折線の幅）は試料の大きさや X 線発生装置のカソードフィラメントの大きさに依存し，分解能を上げるためには小さな試料（通常 200 μm 以下）を用いること，小さなカソードフィラメントを用いること（筆者らの研究室では回転対陰極用の 0.2×2 mm のフィラメントを用いている）が重要となる．正確な格子定数を求めたい場合には，フィルムをひずみなくカメラに密着させて装着する点が重要な

ことは言うまでもないが，意外とこれを忘れがちであることには注意しなければならない．［中牟田義博］

文　献

1) 中牟田義博，鉱物学雑誌，**22**, 113 (1993).
2) 中牟田義博，鉱物学雑誌，**28**, 117 (1999).
3) 中牟田義博，島田允尭，青木義和，X 線分析の進歩，**22**, 243 (1991).
4) Y. Nakamuta and Y. Motomura, *Meteorit. Planet. Sci.*, **34**, 763 (1999).
5) A. Uchizono, I. Shinno, Y. Nakamuta, T. Nakamura, and T. Sekine, *Mineral. J.*, **21**, 15 (1999).
6) R. Miyawaki, S. Matsubara, K. Yokoyama, K. Takeuchi, Y. Terada, and I. Nakai, *Am. Mineral.*, **85**, 1076 (2000).

5.3　薄膜への応用

近年，多くの薄膜機能性材料が開発され，その結晶構造評価の重要性が増してきている．特に薄膜の場合，基板との界面において強い応力を受け大きくひずんだり，基板の結晶構造を反映して常温・常圧では安定でない結晶相が現れることがある．したがって，薄膜状態での構造解析に対する要求は非常に強くなっている．しかしながら，薄膜の場合，回折強度が弱いだけでなく，基板からの散乱 X 線がバックグラウンドとなり，十分な信号強度を得るのが難しいことが多い．さらに，薄膜の多くは強い配向性をもって成長しており，その場合，通常の $\theta/2\theta$ スキャンでは，限られた一部の反射しか測定できない．そのため，リートベルト解析のような精密構造解析が可能なのは，十分な膜厚をもち，しかも配向性の弱い試料に限られてしまう．もちろん，いったん成膜された薄膜を剥離し，粉状にしたものをキャピラリーなどに詰めることにより粉末回折を測定する方法も可能であるが，それは剥離により構造変化が起きないことが前提である．そこで，ここでは薄膜のまま行える X 線回折測定について，最近の進歩も交えながら簡単に紹介する．

5.3.1　薄膜表面における X 線の反射・屈折

薄膜試料からの回折 X 線強度を定量的に評価するためには，膜の厚さ，照射面積，試料の吸収係数による補正が必要になる．薄膜に入射した X 線はその厚さ t に比例した回折を生じるだけでなく，膜の線吸収係数 μ によって膜内での伝搬距離に比例した吸収を

5.3 薄膜への応用

受ける．これらを考慮した補正因子 A は，X線の入射角，出射角，入射X線の断面積をそれぞれ α_i, α_e, S とすると，

$$A = \frac{S}{\sin \alpha_i} \frac{1-\exp[-\mu t(1/\sin \alpha_i + 1/\sin \alpha_e)]}{\mu(1/\sin \alpha_i + 1/\sin \alpha_e)} \quad (5.4)$$

と表現できる．よく知られているように，十分な厚さをもつ粉末試料（$\mu t \to \infty$）であれば，$\alpha_i = \alpha_e$ とした対称測定により $A = S/(2\mu)$ となって回折角に依存しなくなり，回折強度の定量化に便利である．しかし薄膜の場合，このような近似は成り立たず，回折強度の定量化には式（5.4）の正確な評価が必要である．

さらに，なめらかな鏡面をもつ試料表面にX線を非常に小さな角度で入射したときには，表面におけるX線の反射・屈折効果が重要になってくる．その場合，以下のような取扱いが必要である．物質に対するX線の屈折率 n は次のように表される．

$$n = 1 - \delta - i\beta$$
$$\delta = \frac{r_e}{2\pi} \lambda^2 N_A \rho \frac{\sum_j c_j (Z_j + f_j')}{\sum_j c_j M_j}, \quad \beta = \frac{\lambda}{4\pi} \mu \quad (5.5)$$

ここで，$r_e = 2.818 \times 10^{-13}$ cm は古典電子半径，N_A はアボガドロ数，c_j, Z_j, M_j, f_j' は原子 j の組成（10^{-2} atom%），原子番号，原子量，異常散乱因子の実数部，ρ は薄膜の密度（g cm^{-3}）である．X線に対する屈折率は1より小さく，そのため真空中から物質中に臨界角 $\theta_c = \sqrt{2\delta}$ 以下の角度で入射したときに全反射が起こり，その後急激に反射率が低下する．参考のため，シリコンと金に対する反射率曲線を図5.16に示す．また，それぞれの電子密度に基づいて計算した臨界角 θ_c の位置も矢印で示した．α_i が θ_c を超えると反射率が急激に減少している様子がわかる．ただし，ここで用いたX線の波長は $\lambda = 1.54$ Å（Cu $K\alpha$ 線）である．このX線全反射を利用して，薄膜の反射率測定データから臨界角 θ_c を決め，さらに式（5.5）を用いて薄膜表面の密度を評価することができる．薄膜の密度はバルクと一致しない場合が多く，反射率による密度測定は薄膜構造評価に極めて有効である．

また，このような全反射臨界角近傍においてX線の内部への $1/e$ 侵入深さ l は，次式で表される[1]．

$$l = \frac{\lambda}{4\pi\beta} \sqrt{\frac{\sin^2 \alpha_i - 2\delta}{2} + \sqrt{\frac{(\sin^2 \alpha_i - 2\delta)^2}{4} + \beta^2}} \quad (5.6)$$

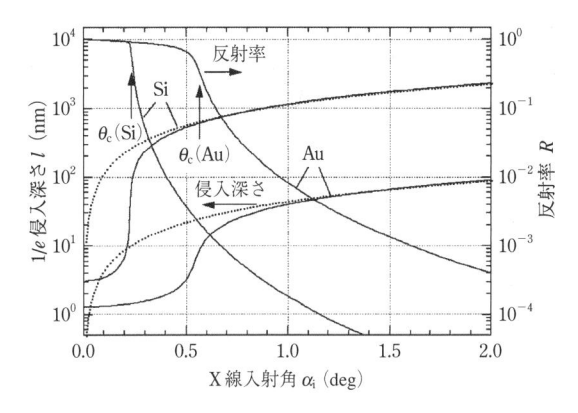

図5.16 Cu $K\alpha$ 線に対する反射率および $1/e$ 侵入深さ

図5.16に入射角（α_i）と侵入深さ（l）の関係を示す．ただし，破線は屈折を考えない吸収効果のみによるもの，実線は式（5.6）による全反射を考慮した場合である．入射角が表面の全反射臨界角 θ_c に近くなると，両曲線のずれが大きくなることがわかる．特に，図5.16の実線で示されるように $\alpha_i < \theta_c$ では，全反射効果により侵入深さが 10 nm 以下まで急激に減少する．この現象を利用して，X線侵入深さを効果的にコントロールし，極表面からの回折X線のみを測定することが可能である．これを微小角入射X線回折（grazing incidence X-ray diffraction：GIXD）と呼び，近年特に注目を集めている．これについては次項で詳しく述べる．

また，基板上に成膜した薄膜試料のX線反射率を測定すると，図5.17に示すように表面と界面で反射したX線の干渉により反射率に振動構造が現れる．ただしX線反射率においては入射角 α_i と出射角 α_e は厳密に等しいので以下，$\alpha_i = \alpha_e = \alpha$ と書く．この振動周期 $\Delta\alpha$ は，光路差がX線の一波長分ずれることに相当し，屈折効果を無視すると膜厚 t と近似的に式 $t = \lambda/(2\Delta\alpha)$ により関係づけられる．正確には，基板を含む層数 l の多層膜からの反射率 R は，おのおのの膜厚 t_i，屈折率 n_i，界面（rms）粗さを σ_i として，以下のような漸化式を用いて計算される[2,3]．

$$R(\alpha) = \frac{I}{I_0} = |R_{0,1}|^2, \quad R_{i-1,i} = \frac{R_{i,i+1} + F_{i-1,i}}{R_{i,i+1} \cdot F_{i-1,i} + 1} a_{i-1}^4$$

$$F_{i-1,i} = \frac{g_{i-1} - g_i}{g_{i-1} + g_i} \exp\left(-g_{i-1} g_i \frac{8\pi^2 \sigma_i^2}{\lambda^2}\right)$$

$$a_i = \exp\left(-\pi i \frac{t_i g_i}{\lambda}\right), \quad g_i = \sqrt{n_i^2 - \cos^2 \alpha}$$

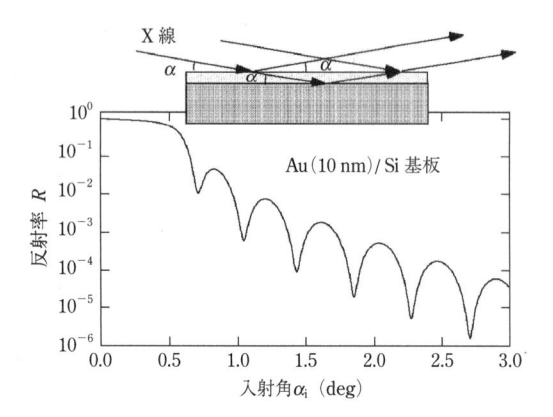

図5.17 表面と界面で反射したX線が干渉し,入射角の変化に対して反射率が振動する

$$R_{l,l+1}=0, \quad a_0=1, \quad n_0=1 \tag{5.7}$$

式(5.7)によるシミュレーション結果と実際の反射率データを比較し,各層の膜厚,密度,表面の粗さに関するパラメーターを最適化することにより,これらの値を評価することができる.また,1～2層の単純な構成の膜の場合には,フーリエ変換の方法によって簡単に膜厚だけを知る方法も提案されている[4].ただし,このような反射率による解析が可能なのは,表面が平坦でなめらかな鏡面である場合に限られる点には注意を要する.その目安は,表面rms粗さで数nm以下である.X線反射率に関して詳しく知りたい読者は教科書[5]を参照されたい.

5.3.2 薄膜のX線回折測定

ガラス上に成膜した多結晶シリコンのX線回折パターンを(a)通常の$\theta/2\theta$対称条件の集中光学系で測定した結果と(b)入射角を低角度に固定して2θ走査(図5.19(a)参照)で測定した結果を図5.18に示す.通常の$\theta/2\theta$対称条件では,多結晶シリコンの反射が基板ガラスからの強い散乱X線のバックグラウンドに隠れているのに対し,図5.18(b)の1°以下の低角入射では基板からの散乱が弱く,明瞭な反射が観測される.このように,シグナルの弱い薄い膜からのX線回折測定には低角入射法が有効であることがわかる.特に入射角を表面の全反射臨界角θ_c近傍に設定することにより,X線侵入深さを数nm以下に制限することのできる微小角入射X線回折法は,超薄膜の構造評価にたいへん有効である.以下,いくつかの実例を交えながら,この方法について説明する.

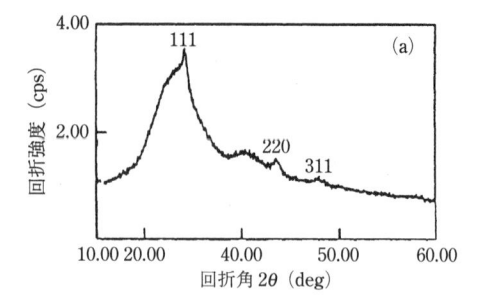

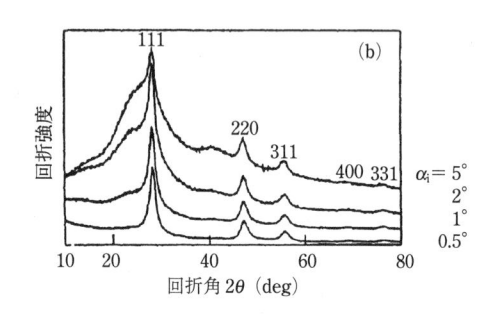

図5.18 ガラス基板上の厚さ10 nmのシリコン薄膜のX線回折パターン
(a) (対称)集中法, (b) 低角入射非対称回折法.

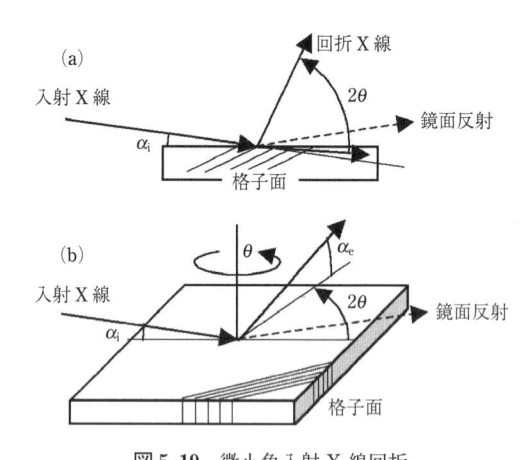

図5.19 微小角入射X線回折
(a) 非対称回折法, (b) 面内(in-plane)回折法.

図5.19(a)で示した非対称回折法は,2θ走査に伴い回折面の方向が変化してしまい,配向性のない試料でないと回折強度の定量的な評価は難しいという問題点がある.しかし,通常のX線回折装置で簡単に測定でき,定性分析という点では実用性は高い.

さらに最近,放物面多層膜ミラー(parabolic multilayer)と呼ばれる光学素子が出現し,X線回折測定に威力を発揮している[6].これは,人工的に重元素と軽元素を相互に積層し,その周期によってブラッ

5.3 薄膜への応用

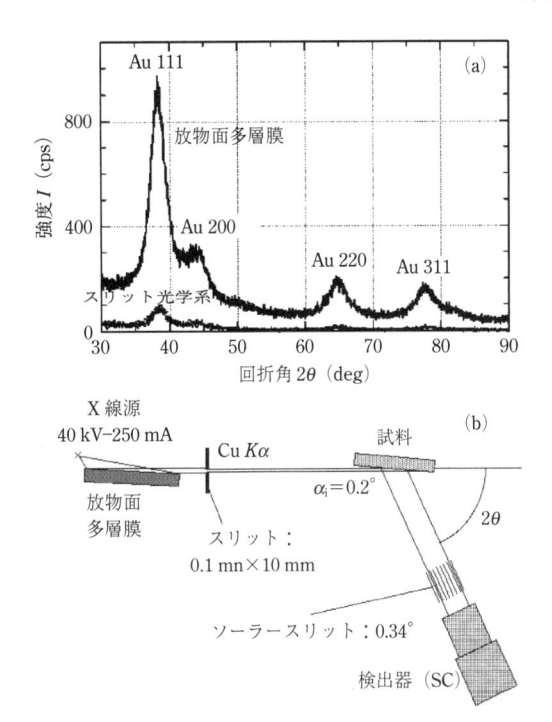

図5.20 (a) シリコン基板上の厚さ1 nm の金薄膜のX線回折パターンと，(b) 放物面人工多層膜を使った微小角入射薄膜測定光学系

グ反射を起こさせX線を単色化するとともに，表面を放物面に成形することにより，発散角0.05°以下の平行ビームが取り出せるものである（2.1.1d 参照）．

これを微小角入射X線回折に適用し，シリコン基板上の金の極薄膜（$t \approx 1$ nm）を測定した例を図5.20に示す．また，同じ図に従来のスリットを入射光学系として用いた場合のデータも示した．どちらの測定もCu $K\alpha$ 線を使い，X線入射角は金の臨界角以下の0.2°に設定した．金膜の厚さはおよそ1 nm と極端に薄いが，放物面多層膜ミラーを用いることにより，回折プロファイルの幅が数°程度広がっている様子が明瞭に観測されている．これは，金の結晶子が極めて小さいことを示している．このように，新しい光学素子と微小角入射X線回折法を用いることにより，実験室レベルでも，1 nm オーダーの極薄膜の構造評価が比較的容易になってきた．ただし，臨界角近くの入射角では，X線の屈折効果により回折角（2θ）がシフトする点を忘れてはいけない．屈折効果を考慮した散乱角 2θ は入射角と出射角をそれぞれ α_i, α_e として次式で表される．

$$2\theta = \mathrm{Re}[\sqrt{\alpha_i^2 - \theta_c^2}] + \mathrm{Re}[\sqrt{\alpha_e^2 - \theta_c^2}] \quad (5.8)$$

この式の各項は入射角 α_i あるいは出射角 α_e が臨界角以下（$\alpha_i < \theta_c$）では，ゼロになってしまう．これは臨界角以下では入射X線が物質内部へ進むことができず，表面に平行に伝搬する（evanescent wave）ことに対応している．

一方，図5.19(b) で示した面内（in-plane）回折は，試料に極低角 α_i でX線を入射させ，面内方向で 2θ 走査して，極低角 α_e に出てくる回折X線を測定する方法である．これにより，表面に垂直な回折面を直接測定することができ，しかも試料の面内回転 θ と組み合わせることによって，X線侵入深さを一定にしたまま回折面の面内での方向を自由に変えられる利点をもっている．したがって，面内方向の結晶構造を詳しく評価することができる．ただし，回折X線を測定するためにX線検出器が試料表面に沿って水平面内に移動する機構が必要であり，また試料表面に対して垂直方向（入射角 α_i）と面内方向（回折角 2θ）の両方でX線の発散を抑えた光学系が必要である．放射光を用いれば，そのような平行性の高い強力なビームは容易に得られ，有機単分子膜からの回折X線[7]や表面原子の再構成も測定可能になっている[8]．

さらに面内回折は，実験室の通常のX線源を用いても測定可能で，ここではそのいくつかの例を紹介する．Marra らにより最初に面内回折が行われた装置の概観を図5.21(a) に示す[9]．60 kW の回転対陰極型X線源からのX線を湾曲型グラファイト結晶でCu $K\alpha$ 線に単色化，それを試料面上に集光し，試料の全反射角に近い角度で入射する．また，面内方向の発散角は入射側と受光側に置いたソーラースリットで規制され，0.1°の角度分解能が得られている．この装置で，GaAs(001) 基板上にエピタキシャル成長したAl薄膜の膜厚200 nm（1000層）から7 nm（35層）のものまでの220反射を測定し，図5.21(b) に示すような面内格子定数の膜厚依存性を観測した．この結果から，膜が薄い場合には，基板のGaAs に引きずられて格子定数が縮んでいたものが，厚くなるに従い220反射は低角側にシフトし，本来の格子定数に近づいていく様子が明らかになった．このように，面内回折法により，ナノメータオーダーの超薄膜の面内格子定数が直接測定された．

さらに最近では，先に述べた放物面多層膜を使うこ

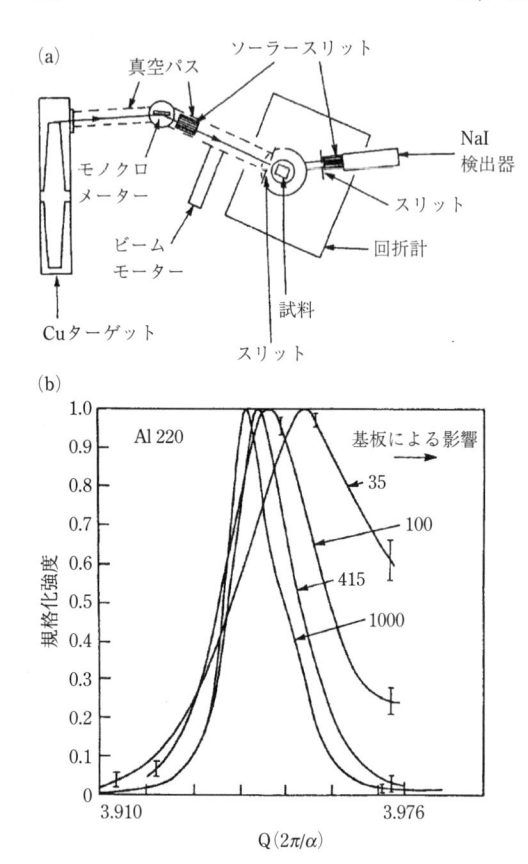

図 5.21 (a) 実験室系面内回折装置の概観図，(b) GaAs 上 35, 100, 415, 1000 層の Al 220 面内回折パターン[9]

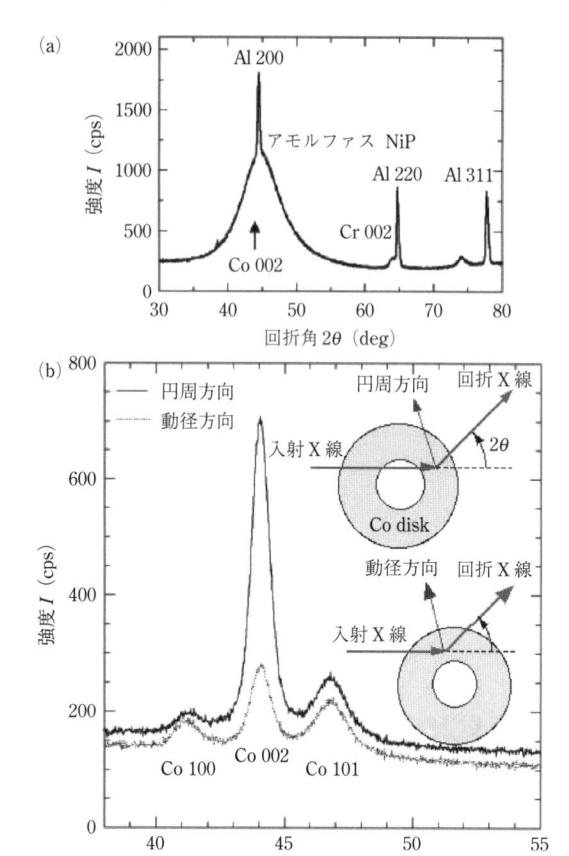

図 5.22 Co 磁気ディスクの X 線回折パターン (a) $\theta/2\theta$ 対称走査，(b) 面内回折法（入射角 0.45°）．

とにより，エピタキシャル膜だけでなく，回折強度の弱い多結晶薄膜の面内構造解析も可能になってきた．図 5.22 に Co 磁気ディスクに対する X 線回折パターンを示す．測定は 50 kV-300 mA の Cu 回転対陰極型 X 線源を用いて行われた[10]．このディスクでは面内に配向した Co の c 軸が磁化することにより磁気記録が起きる．したがって，Co の面内の格子定数，配向性，結晶子サイズなどがその性能を決める重要な因子である．(a) は通常の $\theta/2\theta$ 対称走査による回折パターンで，非晶質 NiP 基板のハローに隠れ Co 002 反射は全く見えていない．さらにディスクの基板である Al の回折線も現れている．ところが面内回折を用いることにより，図 5.22(b) で示すように明瞭な Co 002 ピークが検出された．このとき，回折ベクトルの方向を，図で示す円盤の動径方向および円周方向に固定して測定したところ，特に Co の 002 反射の強度に明瞭な異方性が観測された．

以上の例で示されたように，面内回折は放射光だけでなく実験室でも測定可能で，装置も市販されており，今後ますます薄膜構造解析に応用されていくであろう．

[表 和彦]

文 献

1) S. Ino, *J. Phys. Soc. Jpn.*, **65**, 3248 (1996).
2) L. G. Parratt, *Phys. Rev.*, **95**, 359 (1954).
3) P. Croce and L. Nexot, *Rev. Phys. Appl.*, **11**, 113 (1976).
4) K. Sakurai and A. Iida, *Jpn. J. Appl. Phys.*, **31**, L 113 (1992).
5) "X 線反射率入門," 桜井健次編，講談社 (2009).
6) 表 和彦，藤縄 剛，X 線分析の進歩，**30**, 165 (1999).
7) J. Als-Nielsen, D. Jacquemain, K. Kjaer, F. Leveiller, M. Lahav, and L. Leiserowitz, *Phys. Rep.*, **246**, 251 (1994).
8) P. Eisenberger and W. C. Marra, *Phys. Rev. Lett.*, **46**, 1081 (1981).

9) W. C. Marra, P. Eisenberger, and A. Y. Cho, *J. Appl. Phys.*, **50**, 6927 (1979).
10) K. Omote and J. Harada, *Adv. X-Ray Anal.*, **43**, 192 (2000).

5.4 結晶子サイズと格子ひずみの解析

セラミックスや金属などの実用的な材料では，材料特性が結晶粒の大きさや構造の乱れの影響を強く受ける場合が多く，その評価は工業製品としての品質管理や製造プロセスの合理化などの観点から重要である．さらに，触媒や磁性体を微細化することにより機能性を向上させたり，構造材料において意図的に欠陥や不純物を導入して特性を改善させたりする例も多い．つまり，結晶としては不完全であること自体に工業材料としての価値が伴う場合がある．

粉末X線回折法により結晶子サイズや格子ひずみを評価することは古くから試みられている．実際に，結晶子が小さい場合やひずみを含む試料では，完全性の高い試料と比較して明確な回折線幅の広がりが観測される場合が少なくない．

結晶子サイズと格子ひずみの影響は，どちらも実験的には回折線幅の広がりとして観測され，さらに実際に観測される回折プロファイルの幅は装置による広がりの影響も受けているので，これらの効果を正確に分離することは容易ではない．一方で，結晶子サイズの効果とひずみの効果はいずれも幾何学的には並進対称性の破れとしてとらえられ，装置の影響を除いた試料固有の回折線幅の広がりは，結晶としての不完全さの尺度を直接的に示す貴重な情報であるともいえる．

粉末回折法による結晶子サイズとひずみの評価に関する基本的な考え方については4.2を参照されたい．本節では4.2の内容を補足して，比較的新しい方法論について紹介する．

5.4.1 シェラーの式

シェラーの式は粉末X線回折ピークの線幅から結晶子サイズを求めるために用いられ，以下の形式

$$\beta = \frac{K\lambda}{D\cos\theta} \quad (5.9)$$

あるいは

$$D = \frac{K\lambda}{\beta\cos\theta} \quad (5.10)$$

で表される[1]．ここで，β は結晶子の大きさが有限であることによる回折線幅の広がりをラジアン単位で表した値であり，ひずみによる回折線幅の広がりが無視でき，装置による線幅の広がりがあらかじめ差し引かれていると仮定している．また，D は結晶子のサイズ，θ はブラッグ角，λ はX線の波長を表す．比例定数 K はシェラー定数と呼ばれ，どのように広がり β を定義するか，また結晶の大きさをどのように定義するかによって異なる値をとる．装置の影響を差し引くための方法については5.4.5で述べる．

結晶子の形状が，単位格子の軸に沿った1辺の長さ D の立方体であるとし，反射指数が $\{h00\}$ で表される場合には，理論的に予測される回折ピーク形状は以下の式で表されるラウエ関数となる．

$$f_{\text{Laue}}(\Delta 2\theta) = \frac{\beta_1 \sin^2(\pi \Delta 2\theta / \beta_1)}{\pi^2 (\Delta 2\theta)^2} \quad (5.11)$$

ここで，$\Delta 2\theta$ はピーク位置からの回折角のずれを表し，β_1 は積分幅である．積分幅の定義は，4.2に述べられているとおりである．図5.23にラウエ関数の形状と，これと積分幅の等しいガウス型関数の形状を示す．ラウエ関数の積分幅 β_1 と仮定されている立方体の一辺の長さ D の間には，

$$\beta_1 = \frac{\lambda}{D\cos\theta} \quad (5.12)$$

の関係がある．つまり，線幅の定義として積分幅を用いれば，シェラー定数は $K=1$ となる．

しかし，コンピュータを利用した最適化計算手法が普及する以前からの慣習として，ピークの幅を半値全幅（FWHM）で表現する場合が多い．ラウエ関数の半値全幅は単純な式で表すことができないが，Scherrerはラウエ関数をガウス型関数で近似し，近似ガウス型関数の半値全幅 $\beta_{1/2}$ によって線幅の広がりを定義した．結果としてシェラー定数として

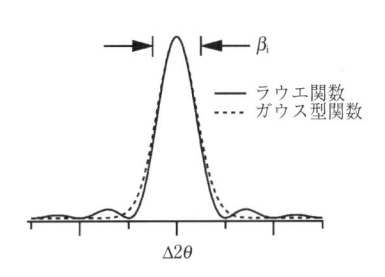

図5.23 ラウエ関数とガウス型関数

$$K = 2\sqrt{\frac{\ln 2}{\pi}} = 0.94$$

という値が導かれている．これに対してBraggは，ラウエ関数の正確な半値全幅を数値計算によって求め，シェラー定数として$K=0.89$という値を用いることを提案した．この値はブラッグ定数と呼ばれることもある．また，実際には$K=0.9$という値が用いられる場合も少なくない．線幅広がりの半値全幅からシェラーの式によって結晶子径を評価する報告の例は多いが，$K=0.89, 0.9, 0.94$という値が，いずれも同じくらいの頻度で用いられている．現実に観測されるサイズ広がりの形状は，ラウエ関数やガウス型関数と異なる形状になることがふつうなので，シェラー定数として$K=0.89, 0.9, 0.94$のどの値を用いても論理的な整合性がとりづらいという点では大きな差はない．

現在は，実測の回折強度データにピーク形状モデル関数を当てはめて，最適化されたパラメータとして線幅の値を求める方法を用いるのがふつうである．実験誤差を適切に考慮した当てはめ計算を用いれば，線幅の値そのものだけでなく，得られた線幅の値の誤差も見積もることができる点が本質的な利点となる．またこの場合，半値全幅を用いる必然性はなく，積分幅を用いるとともに，シェラー定数として$K=1$あるいは，球形を仮定した$K=4/3=1.333\cdots$という値を用いれば紛らわしさが少なくなる．

たとえば，半値全幅$\beta_{1/2}$，形状パラメーターηの擬フォークト関数

$$G(\Delta 2\theta) = \frac{2\eta}{\pi \beta_{1/2}}\left[1 + 4\left(\frac{\Delta 2\theta}{\beta_{1/2}}\right)^2\right]$$
$$+ (1-\eta)\frac{2\sqrt{\ln 2}}{\sqrt{\pi}\beta_{1/2}}\exp\left[-4(\ln 2)\left(\frac{\Delta 2\theta}{\beta_{1/2}}\right)^2\right] \quad (5.13)$$

の積分幅は

$$\beta_{\mathrm{I}} = \frac{\pi \beta_{1/2}}{2[\sqrt{\pi \ln 2}(1-\eta) + \eta]} \quad (5.14)$$

で与えられることを利用できる．

積分幅と$K=1$の組合せで見積もられる結晶子サイズDは結晶子の形状やサイズの統計的な分布によらず，「回折面法線方向に沿った結晶子の体積加重平均厚さ」という意味をもつ．「体積加重平均厚さ」とは，体積で重みをつけて平均をとった厚さを意味し，測定の対象となる結晶子（N個）の体積が$V_1, V_2, \cdots, V_N$，回折面法線方向に沿った厚さが$D_1, D_2, \cdots, D_N$で表されるとき，

$$\langle D \rangle_V = \frac{V_1 D_1 + V_2 D_2 + \cdots + V_N D_N}{V_1 + V_2 + \cdots + V_N}$$

という式で表される量である．一方，積分幅と$K=4/3$の組合せで見積もられる結晶子サイズは，「結晶子の形状を球形と仮定したときの体積加重平均直径」を意味する．半値全幅を使う方法が必ずしも悪いとは言い切れない面もあるが，半値全幅と平均的な結晶子サイズの間には，積分幅のように明確な関係が成立しないことを注意すべきであろう．

5.4.2 結晶子の形状の異方性の影響

結晶子の異方的な形状は，第一近似としては楕円体によりモデル化される．楕円体形状結晶子の理論回折ピーク形状は球形の場合と同一なので，積分幅とシェラー定数$K=4/3$を用いればよい．ただし，楕円体形状では回折面の方位によって有効直径Dが変化する．回転楕円体形状の場合に，対称軸に沿った直径と，これと垂直方向の直径がそれぞれ$D_{/\!/}, D_\perp$で表される場合，回折面法線方向と対称軸方向とのなす角をφ_Kとすれば有効直径は

$$D = (D_{/\!/}^{-2}\cos^2\varphi_K + D_\perp^{-2}\sin^2\varphi_K)^{-1/2} \quad (5.15)$$

と表される．対応する線幅$\beta, \beta_{/\!/}, \beta_\perp$の間の関係は，

$$\beta = (\beta_{/\!/}^2 \cos^2\varphi_K + \beta_\perp^2 \sin^2\varphi_K)^{1/2} \quad (5.16)$$

である．RIETANでは，異方的な線幅の広がりを2つの2次プロファイルパラメーターX, X_eによりモデル化する形式として，$X + X_\mathrm{e}|\cos\varphi_K|$という式が用いられているが，部分プロファイル緩和の手法を用いて個々の回折ピークの線幅パラメーターを独立に最適化すれば，楕円体モデルを適用することができる．

また，一般的な楕円体形状で3つの主軸に沿った寸法がD_1, D_2, D_3の場合には，回折面法線方向と3主軸とのなす角をそれぞれ$\varphi_1, \varphi_2, \varphi_3$とすれば，有効直径が

$$D = (D_1^{-2}\cos^2\varphi_1 + D_2^{-2}\cos^2\varphi_2 + D_3^{-2}\cos^2\varphi_3)^{-1/2}$$
$$(5.17)$$

と表される．

実験室でよく使われるCu $K\alpha$線源を用いた集中法型の粉末回折計によって実験的に結晶子サイズを評価するためには，なるべく幅の狭いスリットを用いるとともに，可能ならばゴニオメーター半径を長くとり，装置由来の線幅の広がりを抑制した条件で測定を行う．また，3.1.3で述べられている方法などにより$K\alpha_2$線を除去するか，回折ピーク形状関数として

$K\alpha_2$ 線を含んだモデル関数を使った解析を行う．得られる精度は，装置による線幅の広がりをどこまで抑制できるか，また除去しきれずに残る広がりをどの程度正確に評価できるかに依存するが，おおむね 10 ～ 100 nm 程度の範囲の結晶子サイズでは，同じ試料を透過型電子顕微鏡で観察した結果と一致するサイズ評価が実現されている報告例が多い．

5.4.3 結晶のサイズ分布の影響

結晶子のサイズは一般的に統計的な分布をもち，サイズ広がりのピーク形状は，サイズ分布がどのような分布関数で表されるかに依存する．しかし，サイズ広がりの幅を積分幅で定義した場合に見積もられる結晶子サイズは，分布関数によらず体積加重平均サイズに比例することは 5.4.1 で述べたとおりである．

サイズ分布の幅が広ければピーク位置付近の形状が尖鋭で，なおかつ裾を長く引くピーク形状を示す傾向がある．最近では，球形結晶子のサイズ分布がガンマ分布あるいは対数正規分布に従う場合の理論的な回折ピーク形状を実験データに直接当てはめて，X 線回折強度図形から結晶子サイズ分布を評価することも試みられるようになっている[2]．

5.4.4 サイズとひずみの影響の分離

結晶子サイズによる回折線幅の広がりと格子ひずみによる広がりの影響を分離するための伝統的な方法として Williamson-Hall 法が知られている．

Williamson-Hall 法では，サイズによる線幅の広がりが $\sec\theta$ に比例する一方で，ひずみによる広がりが $\tan\theta$ に比例するとし，さらにこれらの影響を同時に受ける場合に，線幅が以下のように両者の和

$$\beta = X\sec\theta + Y\tan\theta \quad (5.18)$$

あるいは二乗和の形式

$$\beta^2 = X^2\sec^2\theta + Y^2\tan^2\theta \quad (5.19)$$

で表されると仮定する．式 (5.18) の式の両辺に $\cos\theta$ を掛ければ

$$\beta\cos\theta = X + Y\sin\theta \quad (5.20)$$

となり，式 (5.19) の両辺に $\cos^2\theta$ を掛ければ

$$\beta^2\cos^2\theta = X^2 + Y^2\sin^2\theta \quad (5.21)$$

となるので，横軸に $\sin\theta$ または $\sin^2\theta$，縦軸に $\beta\cos\theta$ または $\beta^2\cos^2\theta$ をプロットすれば直線の切片からサイズによる広がり，傾きからひずみによる広がりが求められる．

これらのプロットはいずれも Williamson-Hall プロットと呼ばれる．ただし，サイズとひずみの効果は，本来は畳み込み (convolution) として表されるべきものである．したがって，式 (5.18) あるいは (5.20) が適用できるのは，線幅の広がりを表す関数がローレンツ型関数で近似できる場合に限定され，式 (5.19) あるいは (5.21) が適用できるのは，線幅の広がりを表す関数がガウス型関数で近似できる場合に限定される．

5.4.5 装置による線幅の広がりの影響

装置による回折線幅の広がりは，装置関数との畳み込みとして表される．装置の影響を取り入れるための方法の一つとして，以下のような方法を利用することができる．まず，十分に大きい結晶子サイズをもちひずみの少ない Si, LaB_6, KCl などを標準試料とし，実測回折パターンに対して Thompson, Cox, Hastings (TCH) の形式による擬フォークト関数[3] をプロファイル関数として当てはめる．

プロファイル関数が含むガウス成分の半値全幅 $(H_G)_{ref}$ の回折角依存性には Caglioti らの式[4]

$$(H_G)_{ref} = \sqrt{U\tan^2\theta + V\tan\theta + W} \quad (5.22)$$

を用い，ローレンツ成分の半値全幅 $(H_L)_{ref}$ の回折角依存性には

$$(H_L)_{ref} = X\sec\theta + Y\tan\theta \quad (5.23)$$

を用いる．これらの式から任意の回折角における装置由来のピーク形状を特徴づけるための 2 次プロファイルパラメーターの組 U, V, W, X, Y が求められる．

また，目的とする試料について，標準試料の測定と同じ条件で回折強度図形を測定し，やはり TCH 形式の擬フォークト関数を用いたフィッティングを行う．標準試料のピーク形状におけるガウス成分とローレンツ成分の半値全幅を $(H_G)_{ref}, (H_L)_{ref}$，目的試料のピーク形状のガウス成分とローレンツ成分を $(H_G)_s, (H_L)_s$ とすれば，試料固有のブロードニング形状を特徴づけるガウス成分およびローレンツ成分の半値全幅パラメーターは以下の式で求められる．

$$H_G = \sqrt{(H_G)_s^2 - (H_G)_{ref}^2} \quad (5.24)$$
$$H_L = (H_L)_s - (H_L)_{ref} \quad (5.25)$$

さらに，H_G と H_L の回折角依存性に対して，それぞれ式 (5.21) および (5.20) を適用する．仮にこれらの Williamson-Hall プロットがいずれも直線的であるとみなすことができれば，サイズ効果とひずみ効果

を分離できたことになる．

ここで，ガウス型成分とローレンツ型成分の X, Y パラメーターをそれぞれ X_G, Y_G, X_L, Y_L とする．X_G と X_L から，TCH による以下の式を用いて，サイズ効果部分の擬フォークト関数の半値全幅 X と形状パラメータ η_X が求まる．

$$X = (X_G^5 + 2.69269 X_G^4 X_L + 2.42843 X_G^3 X_L^2 \\ + 4.47163 X_G^2 X_L^3 + 0.07842 X_G X_L^4 + X_L^5)^{1/5} \tag{5.26}$$

$$\eta_X = 1.36603 \frac{X_L}{X} - 0.47719 \left(\frac{X_L}{X}\right)^2 + 0.1116 \left(\frac{X_L}{X}\right)^3 \tag{5.27}$$

さらに式（5.14）を適用して，X と η_X から積分幅を求めれば，シェラーの式を用いて体積加重平均厚さあるいは体積加重平均結晶子サイズが求まる．

一方，Y_G と Y_L に同じように TCH 形式を適用すれば，形式的には格子ひずみの確率分布が求められる．このことは以下のように説明できる．hkl 面の平均面間隔を $\langle d_{hkl} \rangle$ として，面間隔 d_{hkl} の平均値からのずれを $\Delta d_{hkl} = d_{hkl} - \langle d_{hkl} \rangle$ と定義すれば，ブラッグの法則から

$$\Delta 2\theta = -\frac{2\Delta d_{hkl}}{d_{hkl}} \tan\theta$$

という関係が導かれ，さらに面間隔のずれの相対値 $\varepsilon = \Delta d_{hkl}/\langle d_{hkl}\rangle$ が hkl によらず一定の確率分布に従うとすれば，回折角のピーク位置からのずれ $\Delta 2\theta$ との間に

$$|\Delta 2\theta| = 2|\varepsilon| \tan\theta \tag{5.28}$$

の関係が成立するはずである．

この関係は面間隔の確率分布の具体的な形式によらず成立するが，実際には正規分布が仮定される場合が多い．正規分布を用いることは，試料固有の線幅の広がりに関して，式（5.18）のローレンツ成分 $\tan\theta$ 項の係数を $Y_L = 0$ と固定することに相当する．このとき，式（5.19）で表されるガウス成分 $\tan^2\theta$ 項の係数 Y_G が半値全幅に対応するとすれば平均二乗根ひずみが

$$\sqrt{\langle \varepsilon^2 \rangle} = \frac{\sqrt{\pi}}{4\sqrt{2\ln 2}} Y_G \tag{5.29}$$

の関係から求められる．ここで，Y_G はラジアン単位で表されているとする．ただし，面間隔の確率分布が正規分布に従うという仮定は，必ずしも物理的に明確な根拠があるわけでない．

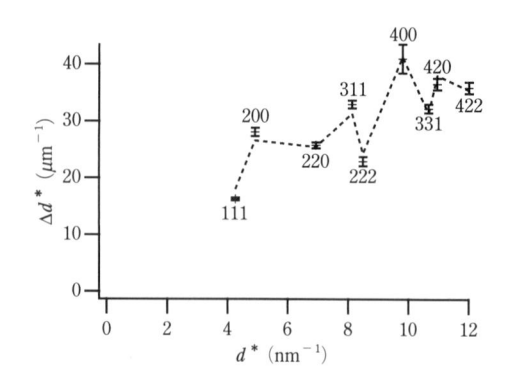

図5.24 やすりがけによる銀粉末の回折線幅に関する Williamson-Hall プロット
十字のマーカーは実測値，点線は式（5.32）で最適化された依存性を示す．

現実には Williamson-Hall プロットが直線的にならない場合も多い．5.4.2 で述べた形状異方性の効果で説明できる場合もあるが，次項で述べるように，冷間加工により異方的なひずみが導入された金属粉末で観察される回折線幅の広がりも典型的な例の一つである．

5.4.6 転位による格子ひずみ

伝統的な Williamson-Hall 法では異方的なひずみを取り扱うことができないが，現実の材料，特に冷間加工された金属材料などでは，立方晶に属する物質であっても，転位により異方的なひずみの影響が表れるのがふつうである．

図 5.24 に銀の塊をやすりで削って得られた粉末の回折線幅に関する Williamson-Hall プロットを示す．実測の回折ピーク形状は，装置由来の変形を除去した後，誤差の範囲でローレンツ型関数によってモデル化された．ここで横軸には面間隔の逆数 $d^* = 2\lambda^{-1}\sin\theta$，縦軸には積分幅を面間隔の逆数のスケールに換算した値 $\Delta d^* = \beta_i \lambda^{-1}\cos\theta$ を用いている．このプロットは，測定誤差の範囲を超えて直線からずれていることが明らかであり，一見不規則に線幅がばらついているように見える．しかし，このように異方的な線幅広がりは，立方最密充填構造の金属に共通に見られる典型的な挙動である．

転位による異方的なひずみを取り入れるために，修正 Williamson-Hall 法と呼ばれる方法が提案されている．この方法では平均コントラスト因子 $\overline{C}_{hkl}$ を用いることにより異方性をモデル化し，線形 William-

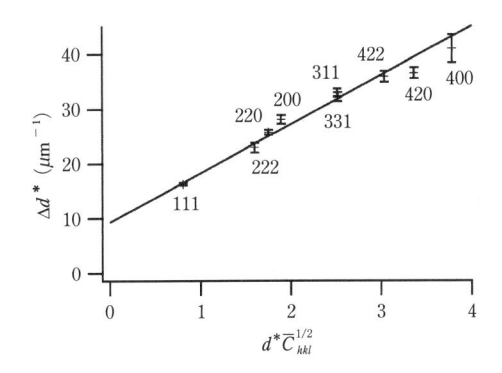

図5.25 やすりがけによる銀粉末の回折線幅に関する修正 Williamson-Hall プロット

son-Hall 式が

$$\Delta d^* = \frac{1}{\langle D \rangle_V} + kd^*(\rho \overline{C}_{hkl})^{1/2} \quad (5.30)$$

と変形される[5]．式 (5.30) の右辺第1項は幅と体積加重平均粒径についてのシェラーの式に対応するものである．ρ は転位密度（単位面積当たりの転位数）であり，k はバーガース・ベクトルと外部カットオフ半径に依存する定数であるとされる．立方晶では

$$\overline{C}_{hkl} = A + B\frac{h^2k^2 + h^2l^2 + k^2l^2}{(h^2 + k^2 + l^2)^2} \quad (5.31)$$

と表すことができる．A と B はらせん転位および刃状転位に関する弾性定数に関係づけられるが，経験的なパラメーターとして最適化することもできる．つまり，転位の影響を強く受けた立方晶における異方的な線幅の広がりを経験的にモデル化する式として，

$$\Delta d^*_{hkl} = \frac{1}{\langle D \rangle_V} + \left[Y_0 + Y_1\frac{h^2k^2 + h^2l^2 + k^2l^2}{(h^2 + k^2 + l^2)^2}\right]^{1/2} d^*_{hkl} \quad (5.32)$$

という形式を用いることができる．この形式を当てはめて最適化された線幅を図5.24 中に点線で示す．

横軸 d^* のかわりに $d^*\overline{C}_{hkl}^{1/2}$ を横軸にとるプロットと修正 Williamson-Hall プロットと呼ぶ．図5.24 で示したデータに基づいて最適化されたパラメーターを用いた修正 Williamson-Hall プロットを図5.25 に示す．このプロットの解釈には注意が必要だが，結果としてよい直線性が得られており，指数 hkl に依存した回折線幅の広がりがよくモデル化されていることがわかる．

5.4.7 積層不整による線幅の広がり

典型的な積層不整として変形不整と双晶不整が知られており，立方最密充填構造をとる金属や閃亜鉛鉱型構造をとる化合物などでは，いずれも粉末回折ピークの線幅が広がる要因となる．したがって，積層不整の影響を無視できない場合には，結晶子サイズや格子ひずみの評価の際に注意が必要である．

変形不整は試料にせん断変形を加えたときに生じ，回折ピーク位置が反射指数に応じてシフトする特徴がある．双晶不整は双晶境界で現れる不整であり，回折ピーク形状が非対称になる特徴がある．これらの特徴を利用して，それぞれの積層不整の出現頻度を定量的に評価することが試みられる場合がある[6,7]．

〔井田　隆〕

文　献

1) 柿木二郎，"X線結晶学 上，"仁田勇監修，丸善 (1975)，p. 140.
2) T. Ida, S. Shimazaki, H. Hibino, and H. Toraya, *J. Appl. Crystallogr.*, **36**, 1107 (2003).
3) P. Thompson, D. E. Cox, and J. B. Hastings, *J. Appl. Crystallogr.*, **20**, 79 (1987).
4) G. Caglioti, A. Paoletti, and F. P. Ricci, *Nucl. Instrum. Methods*, **3**, 22 (1958).
5) T. Ungár, I. Dragomir, A. Revesz, and A. Borbély, *J. Appl. Crysallogr.*, **69**, 3173 (1996).
6) 佐藤進一，日本金属学会報，**5**，559 (1966).
7) 中島耕一，佐藤進一，"実験物理学講座 11 格子欠陥，"鈴木秀次編，共立出版 (1978)，pp. 303-322.

6章 これだけは知っておきたい結晶学

6.1 回折でなぜ構造が求まるか

結晶とは原子が3次元空間で周期的に配列したものである．X線が結晶内原子（電子）により弾性散乱するとき，その周期性により特定の方向で位相がそろうことから，その方向でX線回折強度が観測できる．Friedrichら[1]により，X線が波動性をもつことと，結晶が原子の周期的配列により構成されていることが同時に確認された．

6.1.1 結晶構造

通常の結晶では，原子や原子集団の3次元周期配列は結晶格子で表現される．その基本単位である単位格子は，1章で説明されたように，3つの基本ベクトル a, b, c または，平行六面体の3軸の長さ a, b, c とその間の角 α, β, γ で記述できる（図1.3(e)参照）．注目する平行六面体の原点（格子点）への結晶の原点からのベクトル t_n は，

$$t_n = n_1 a + n_2 b + n_3 c \quad (n_1, n_2, n_3：整数) \quad (6.1)$$

で与えられる（付録式（A.32）参照）．したがって，n_1, n_2, n_3 番目の平行六面体中のある1点へのベクトル r_{nj} は，式（6.1）の格子点ベクトルと，平行六面体（単位格子）の原点から対応する点へのベクトル r_{oj} で表現できる（図6.1）．すなわち，結晶の原点に基本構造を配置するだけで，あとは平行移動の操作（並進）で，各格子点に基本構造を重ねることができるため，結晶構造は完全に記述される．結晶格子は並進操作で自身に重ね合わせる以外に，対称操作でも自身に重ね合わせることができる．

結晶格子は図1.7のように，14種のブラベー格子（Bravais lattice）に分類されることを知っておこう．また，結晶の周期配列は，隣接の同等な格子点を垂直二等分する面で囲まれたウィグナー-ザイツセル（Wigner-Seitz cell）でも同様に定義できる．これはブリリアンゾーンと関連してよく知られている．

6.1.2 原子座標と結晶面

1.1で原子座標と結晶面の定義が紹介されているので，ここでは簡単におさらいする．図6.2のように，単位格子内の位置をその大きさや形に影響されない原子座標（fractional coordinate）で定義する．すなわち，軸長 a, b, c の分数で (x, y, z) と表す．単位格子の原点は $(0, 0, 0)$，体心の位置は $(\frac{1}{2}, \frac{1}{2}, \frac{1}{2})$ となる．原点から原子位置 (x, y, z) へのベクトルは，$xa + yb + zc$ である．

結晶面の定義をもう一度考えてみる．単位格子の a, b, c 軸と格子面が $(x, 0, 0), (0, y, 0), (0, 0, z)$ の3点で交わるとき，$x : y : z$ の逆数の比を求める．すなわち，$1/x : 1/y : 1/z$ を最も簡単な整数比（面指数）h, k, l で表し，その面 (hkl) を結晶面という．結晶面は面間隔一定で無数にある平行平面である．格子面

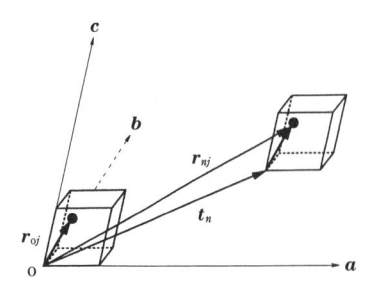

図6.1 結晶のもつ並進対称性

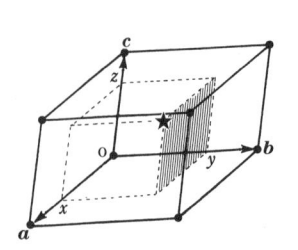

図6.2 原子座標の定義
星印の位置が (x, y, z)．

が軸に平行なときは切り口は無限遠にあり，対応する指数はゼロとすればよい．結晶面は小括弧をつけ(hkl)で，反射の指数（回折指数）は括弧をつけないhklで表すことで区別する．図6.2の(x, y, z)を通る影をつけた結晶面は，$1/y$の最も簡単な整数をkとすれば，$(0k0)$面となる．仮に$y=1/3$とすれば$k=3$であり，その(030)面を図6.2の単位格子内で表示すると，$y=0, 1/3, 2/3, 1$の4点を通る影面に平行な4枚の平行平面となる．

面間隔は，面の法線方向の単位ベクトル$\boldsymbol{n}$を考えると，$\boldsymbol{n}$と$\boldsymbol{a}/h$などとの内積（スカラー積）で与えられる．すなわち，

$$d_{hkl}=\frac{(\boldsymbol{a}\cdot\boldsymbol{n})}{h}=\frac{(\boldsymbol{b}\cdot\boldsymbol{n})}{k}=\frac{(\boldsymbol{c}\cdot\boldsymbol{n})}{l} \quad (6.2)$$

の関係が成り立つ（ベクトルの内積など数学の基礎については，巻末の付録5，A-3を参照をされたい）．後述するように，逆格子を使うとd_{hkl}と格子定数の関係が簡単に求まる．

6.1.3 回折の条件

1 Å程度の大きさの原子やその配列を回折の手段で見るには，同程度の波長をもつ光（X線）や粒子線を用いる必要がある．X線エネルギーE（keV）と波長λ（Å）との間には，$E\approx 12.4/\lambda$の関係がある．X線回折には遷移金属の特性X線が用いられる．たとえば，Mo $K\alpha$（$\lambda\approx 0.71$ Å），Cu $K\alpha$（$\lambda\approx 1.54$ Å），Fe $K\alpha$（$\lambda\approx 1.94$ Å）などである．現在では，大型加速器中の電子や陽電子の制動放射による放射光X線もよく利用されている．

X線が回折する，とはどのような現象かを考えてみる．電磁波であるX線が原子中の電子により弾性散乱される場合，X線のエネルギーは変化しない．原点Oと点R（位置ベクトル：$\boldsymbol{r}$）に電子があり，$\boldsymbol{r}$に比べて非常に遠方Pで散乱X線を観察してみる（図6.3）．散乱X線の位相がそろったときに，X線強度が強め合い観測にかかる．入射X線および散乱X線の単位ベクトル$\boldsymbol{s}_0$と$\boldsymbol{s}_1$を用いて，位相がそろう幾何学条件（ラウエの条件）を求めてみる．図6.3の原点Oと点Rを通るX線を比較したとき，原点Oまでの入射X線と点Rから後方の散乱X線の行程は両者で等しい．したがって，その2点を通るX線の位相がそろうためには，点Oと点Rとの間の通過距離（行路差）が波長の整数倍になる必要がある．すなわち

$$\boldsymbol{s}_1\cdot\boldsymbol{r}-\boldsymbol{s}_0\cdot\boldsymbol{r}=(\boldsymbol{s}_1-\boldsymbol{s}_0)\cdot\boldsymbol{r}$$
$$=n\lambda \quad (n:\text{整数}) \quad (6.3)$$

が成り立つ．式(6.3)の関係を単位格子の単位ベクトル$\boldsymbol{a}, \boldsymbol{b}, \boldsymbol{c}$と反射の指数$hkl$で表現すると

$$(\boldsymbol{s}_1-\boldsymbol{s}_0)\cdot\boldsymbol{a}=h\lambda \quad (h:\text{整数})$$
$$(\boldsymbol{s}_1-\boldsymbol{s}_0)\cdot\boldsymbol{b}=k\lambda \quad (k:\text{整数})$$
$$(\boldsymbol{s}_1-\boldsymbol{s}_0)\cdot\boldsymbol{c}=l\lambda \quad (l:\text{整数}) \quad (6.4)$$

となる．この式は，結晶の格子面の性質（すなわち格子面の間隔，単位格子の大きさ，あるいは原子間距離など）が，オングストローム程度の波長λをもつX線とうまく回折現象を起こすことを意味する．結晶によるX線の回折は，1.1.4 bで解説したように，原子網面でX線が鏡面反射すると考えてもよい（ブラッ

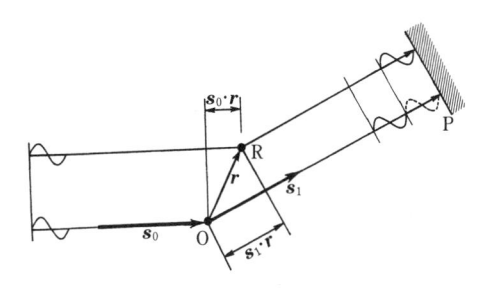

図6.3 球面波のP点への到着

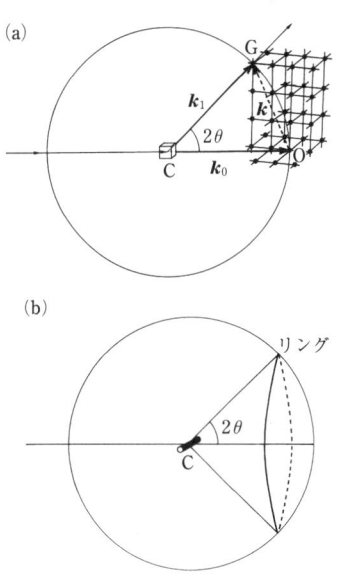

図6.4 (a) 単結晶X線回折と (b) 粉末X線回折での反射球（半径$1/\lambda$）と逆格子の関係
O：逆格子の原点，G：逆格子点，C：結晶位置．

グの法則).

$s_1-s_0 \equiv s$ とし,その方向に長さ $1/\lambda$ のベクトル $\boldsymbol{k}$ ($=\boldsymbol{s}/\lambda$)を考えると,図6.4のような半径 $1/\lambda$ の球面(反射球またはエワルド球)を定義できる.すなわち,入射X線 $\boldsymbol{k}_0$ と散乱X線 $\boldsymbol{k}_1$ のなす角を $0\sim360°$ まで変化させたとき,ベクトル $\boldsymbol{k}$ の先端は必ず反射球上を動く.このベクトル $\boldsymbol{k}$ を逆格子ベクトルといい,

$$\boldsymbol{k} = h\boldsymbol{a}^* + k\boldsymbol{b}^* + l\boldsymbol{c}^* \tag{6.5}$$

と定義する.式 (6.4) を $\boldsymbol{k}$ を用いて表すと,

$$\begin{aligned}\boldsymbol{k}\cdot\boldsymbol{a}&=h\\ \boldsymbol{k}\cdot\boldsymbol{b}&=k\\ \boldsymbol{k}\cdot\boldsymbol{c}&=l\end{aligned} \tag{6.6}$$

となる.この式が実空間と逆空間(あるいは運動量空間)をつなぐ関係式である.

実空間とはわれわれが住んでいる電子密度 $\rho(\boldsymbol{r})$ が存在する空間であり,逆空間とは $\rho(\boldsymbol{r})$ に対しフーリエ変換(散乱振幅)

$$F(\boldsymbol{k}) = \int\rho(\boldsymbol{r})\exp(2\pi i\boldsymbol{k}\cdot\boldsymbol{r})\mathrm{d}v \tag{6.7}$$

が存在する空間である(巻末付録5,A-7,A-8参照).$F(\boldsymbol{k})$ は結晶構造因子,$\boldsymbol{k}$ は散乱ベクトル(逆格子ベクトル),$\boldsymbol{r}$ は着目する電子の位置ベクトル,$\mathrm{d}v$ は体積要素である.式 (6.6) からわかるように,$F(\boldsymbol{k})$ は逆格子点でのみ値をとることになる(詳細は後述).結晶内で電子密度 $\rho(\boldsymbol{r})$ が連続分布するとき,結晶構造因子は電子密度のフーリエ変換で表現されるため,電子分布を独立した原子に含まれる電子の総和と考えた原子散乱因子 f を採用すると,

$$F(\boldsymbol{k}) = \sum_j f_j T_j \exp(2\pi i\boldsymbol{k}\cdot\boldsymbol{r}_j) \tag{6.8}$$

と表現できる.6.3で詳述するが,T は熱振動の効果,j は単位胞内の原子の番号を表している.反射の指数 hkl と原子座標 (x,y,z) を用いて,式 (6.8) を実際の解析に用いる表現で書くと

$$F(hkl) = \sum_j f_j T_j \exp[2\pi i(hx_j+ky_j+lz_j)] \tag{6.9}$$

となる.この式は熱振動による減衰の効果を除けば,式 (1.2) と同じである.運動学的回折理論によれば,結晶構造因子と回折強度には簡単な関係が存在する.すなわち,回折強度は,$F(\boldsymbol{k})$ とその複素共役 $F(\boldsymbol{k})^*$ との積 $F(\boldsymbol{k})F(\boldsymbol{k})^* = |F(\boldsymbol{k})|^2$ に比例する.

式 (6.6) を満足させる条件

$$\boldsymbol{a}^*\cdot\boldsymbol{a}=1,\quad \boldsymbol{b}^*\cdot\boldsymbol{b}=1,\quad \boldsymbol{c}^*\cdot\boldsymbol{c}=1$$

$$\begin{aligned}\boldsymbol{a}^*\cdot\boldsymbol{b}&=\boldsymbol{a}^*\cdot\boldsymbol{c}=0\\ \boldsymbol{b}^*\cdot\boldsymbol{c}&=\boldsymbol{b}^*\cdot\boldsymbol{a}=0\\ \boldsymbol{c}^*\cdot\boldsymbol{a}&=\boldsymbol{c}^*\cdot\boldsymbol{b}=0\end{aligned} \tag{6.10}$$

から,よく知られた逆格子の軸ベクトル

$$\begin{aligned}\boldsymbol{a}^* &= \frac{\boldsymbol{b}\times\boldsymbol{c}}{\boldsymbol{a}\cdot(\boldsymbol{b}\times\boldsymbol{c})}\\ \boldsymbol{b}^* &= \frac{\boldsymbol{c}\times\boldsymbol{a}}{\boldsymbol{b}\cdot(\boldsymbol{c}\times\boldsymbol{a})}\\ \boldsymbol{c}^* &= \frac{\boldsymbol{a}\times\boldsymbol{b}}{\boldsymbol{c}\cdot(\boldsymbol{a}\times\boldsymbol{b})}\end{aligned} \tag{6.11}$$

が求まる.式 (6.11) の分母は単位格子の体積を表す.$\boldsymbol{a}^*,\boldsymbol{b}^*,\boldsymbol{c}^*$ は $\boldsymbol{a},\boldsymbol{b},\boldsymbol{c}$ の逆数の次元をもっている.以上のように,実空間での格子の長さの逆数を次元とし,実空間の2次元格子面 (hkl) を1つの点 hkl で代表させる逆格子(reciprocal lattice)は回折を扱うのに便利である.格子定数で見た実格子と逆格子の関係は表1.3に示されている.また,実格子・逆格子ベクトル間では,任意のベクトル $\boldsymbol{A}$ に対し

$$\begin{aligned}\boldsymbol{A} &= (\boldsymbol{A}\cdot\boldsymbol{a}^*)\boldsymbol{a} + (\boldsymbol{A}\cdot\boldsymbol{b}^*)\boldsymbol{b} + (\boldsymbol{A}\cdot\boldsymbol{c}^*)\boldsymbol{c}\\ &= (\boldsymbol{A}\cdot\boldsymbol{a})\boldsymbol{a}^* + (\boldsymbol{A}\cdot\boldsymbol{b})\boldsymbol{b}^* + (\boldsymbol{A}\cdot\boldsymbol{c})\boldsymbol{c}^*\end{aligned} \tag{6.12}$$

の関係が成り立つ.

逆格子点 hkl と実空間格子の (hkl) 面との間には密接な関係がある.式 (6.2) の関係にある (hkl) 面の法線ベクトル $\boldsymbol{n}$ を,式 (6.12) の $\boldsymbol{A}$ に代入して書き直すと

$$\boldsymbol{n} = (\boldsymbol{n}\cdot\boldsymbol{a})\boldsymbol{a}^* + (\boldsymbol{n}\cdot\boldsymbol{b})\boldsymbol{b}^* + (\boldsymbol{n}\cdot\boldsymbol{c})\boldsymbol{c}^* \tag{6.13}$$

となる.このとき,式 (6.2) の関係から

$$\begin{aligned}\boldsymbol{n} &= d_{hkl}h\boldsymbol{a}^* + d_{hkl}k\boldsymbol{b}^* + d_{hkl}l\boldsymbol{c}^*\\ &= d_{hkl}(h\boldsymbol{a}^*+k\boldsymbol{b}^*+l\boldsymbol{c}^*)\\ &= d_{hkl}\boldsymbol{k}\end{aligned} \tag{6.14}$$

が得られる.単位ベクトル $\boldsymbol{n}$ の大きさは1であるから,原点から逆格子点 hkl に向かう逆格子ベクトル $\boldsymbol{k}$ は,もとの空間格子の (hkl) 面の垂線方向をとり,その大きさは (hkl) 面の面間隔 d_{hkl} の逆数に等しいことがわかる.

このような実格子と逆格子の関係を単斜晶系を例として図6.5に示す.逆格子の軸ベクトル $\boldsymbol{a}^*$ はベクトル $\boldsymbol{b}$ と $\boldsymbol{c}$ に垂直であるから紙面内で $\boldsymbol{c}$ に垂直となり,$\boldsymbol{c}^*$ は同様に紙面内にあり $\boldsymbol{a}$ に垂直となる.$\boldsymbol{b}^*$ は $\boldsymbol{a}$ と $\boldsymbol{c}$ に垂直であるから $\boldsymbol{b}$ と同じ方向(紙面に垂直)をとる.また逆格子の軸ベクトルの大きさを求めると,$a^*=1/(a\sin\beta)$, $b^*=1/b$, $c^*=1/(c\sin\beta)$ となる.

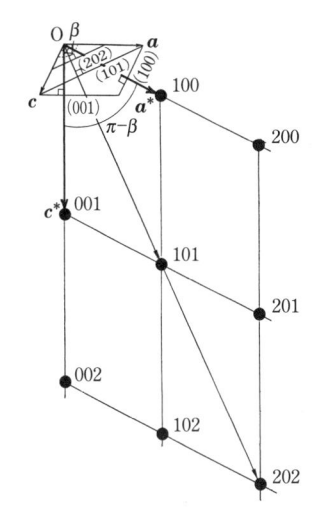

図 6.5 単斜晶系における実格子と逆格子の関係
紙面に垂直に b 軸が立っている．

6.1.4 原子が結晶面に存在する場合

格子点にのみ原子が存在する結晶の回折は，式 (6.4) や (6.6) で扱える．単位格子中に数個の原子が含まれる場合には，それらすべての原子で散乱された波が干渉し，互いに強め合ったり弱め合ったりする．結晶構造を解くとは，単位格子内の原子により散乱された波をいかに合成・分解するかということである．

ここでは，単位格子中に同種の原子を 4 個含む 2 次元結晶を考えてみる．図 6.6(a) のように，1 個の原子を原点 O に，他の 3 個を単位格子内の位置 A, B, C に置く．そして，4 原子によって散乱される波を合成してみる．

最初に図 6.6(b) に示した $(\bar{1}20)$ 面について，波の合成を考えてみる．回折の条件から格子点の原子（四隅）は同じ位相で散乱する．$(\bar{1}20)$ 面で見ると，原子 C も原点とほとんど同じ位相で散乱されることがわかる．一方，A と B は $(\bar{1}20)$ 面間のほぼ中央に位置するため，原子 O と比べ位相がほぼ π（$=180°$）だけずれる．4 個の原子全体で考えると，O と C からの散乱と A と B からの散乱は互いに打ち消し合うため，$\bar{1}20$ 反射の強度は非常に弱くなる．

次に，図 6.6(c) の (210) 面を考えてみる．この場合には，B と C が格子点 O とほぼ同位相で散乱し，(210) 面のほぼ中間にある A は，位相が π だけずれて散乱する．A が B, C, O のうちの 1 原子分と相殺して，2 原子からの散乱となるため，210 反射の強度は中程度である．

ここで，A 原子の位置を A' に移したらどうであろうか．$\bar{1}20$ 反射の強度には変化が見られないが，(210) 面では 4 原子の散乱波の位相がすべてそろうため，210 反射は最強の強度を与える．

このような合成波は正弦的な曲線であり，6.3.2 で述べる結晶構造因子 $F(hkl)$ や 6.4.5 のフーリエ合成と関係づけられる．前に述べたように，X 線回折強度は結晶構造因子の絶対値の 2 乗に比例し，構造因子自身は結晶面と対応する反射の指数 hkl と原子座標 (x,y,z) で表現できる．結晶構造因子には，回折強度から求まる振幅と，原子配列（単位格子中のすべての原子の座標）がわからなければ求まらない位相が含まれる（位相問題）．

6.2 空間群を理解しよう

結晶の特徴は，結晶を構成する原子の配列が 3 次元の周期性をもっていることである．3 次元の周期配列では，結晶全体の原子配列を調べるのに最小の繰り返し単位（単位格子）の配列情報を知るだけでよかった．

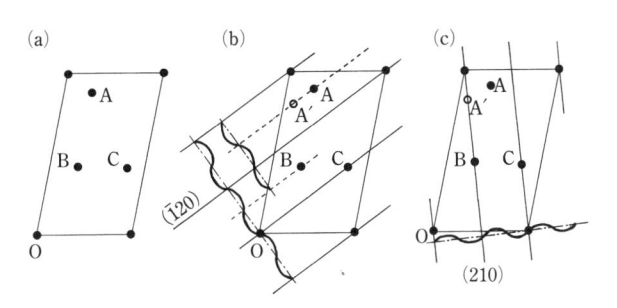

図 6.6 4 原子を含む 2 次元結晶における結晶面と散乱波
横軸：a，縦軸：b．

単位格子のとり方には任意性があるが，できるだけ単純になるように選ぶとブラベー格子となる．7種の単純格子（primitive lattice）以外に，$(a+b)/2$，$(b+c)/2$，$(c+a)/2$，$(a+b+c)/2$ などの対称操作を施した複合格子（complex lattice）がある．図1.7に示されている以外の空間格子は，結晶軸のとり方を変えることで必ず図1.7に示された14種の格子型のどれかに一致する．

6.2.1 対称要素とラウエ群

対称とは，物体を移動させたときの物体の幾何学的図形が，移動前の図形と同位することである．この同位させる操作を対称操作（symmetry operation）といい，回転（rotation），鏡映（mirror reflection），反転（inversion），回反（rotatory inversion）がある．対称操作を組み合せた結果を整理したものが対称要素（symmetry element）である．結晶では，1, 2, 3, 4, 6回回転軸，反転（対称中心），2回回反軸（＝鏡面），3, 4, 6回回反軸が存在する．このうち，3回回反軸は3回回転軸と反転の組合せで，6回回反軸は3回回転軸と鏡面の組合せで表現でき，独立な対称要素はそれ以外の8種類となる．これらの対称要素と対称操作を図6.7に示す．

空間中の1点が不動である（並進操作を含まない）対称操作の集まりを点群（point group）という．点群の数は無限にあるが，8種類の対称要素をもとにすると，32種類の有限の対称操作の群に整理することができる．これを結晶点群といい，結晶の形態（外形）に見られる対称性を表現する晶族と一致する．

結晶によるX線回折では，異常分散が起こるような場合を除くとフリーデル則（Friedel law）が成り立ち（6.4.4参照），hkl 反射と $\overline{hkl}$ 反射の強度は等しくなる．このことは，逆格子点の分布が必ず対称心をもつことを意味する．したがって，逆格子に現れる点群は，結晶点群のうち対称心をもつ11種類に限定される．これらをラウエ群（Laue group）といい，$\bar{1}$（三斜晶系），$2/m$（単斜晶系），$2/m\,2/m\,2/m$（斜方晶系），$4/m$ または $4/m\,2/m\,2/m$（正方晶系），$\bar{3}$ または $\bar{3}\,2/m$（三方晶系），$6/m$ または $6/m\,2/m\,2/m$（六方晶系），$2/m\,\bar{3}$ または $4/m\,\bar{3}\,2/m$（立方晶系）に分類される．省略表記では，順に $\bar{1}$, $2/m$, mmm, $4/m$, $4/mmm$, $\bar{3}$, $\bar{3}m$, $6/m$, $6/mmm$, $m\bar{3}$, $m\bar{3}m$ と表される．

6.2.2 並進対称性

ダイヤモンド構造では，面心格子の頂点の原子集団と，$\frac{1}{4}, \frac{1}{4}, \frac{1}{4}$ ずれた面心格子の原子集団が，"入れ子"のように互いにはまり込んでいる．すなわち，格子並進以外にも合同な格子が $a/4+b/4+c/4$ の並進をもって存在する．このように並進操作を含んだ移動も結晶構造の対称操作となる．回転軸や鏡面に並進操作を加えると，らせん軸（screw axis）や映進面（glide plane）が現れる．n 回らせん軸とは，$2\pi/n$ の回転と $1/n$ の回転軸方向への並進を伴い，同位を n 回繰

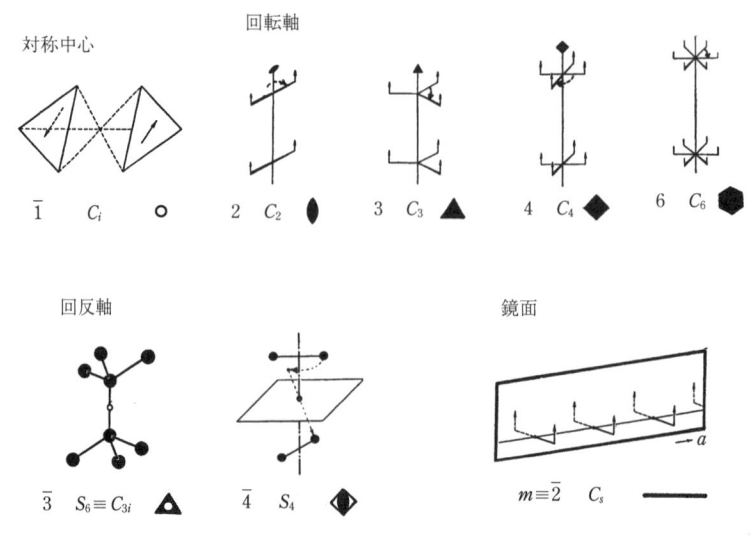

図6.7 対称要素と対称操作

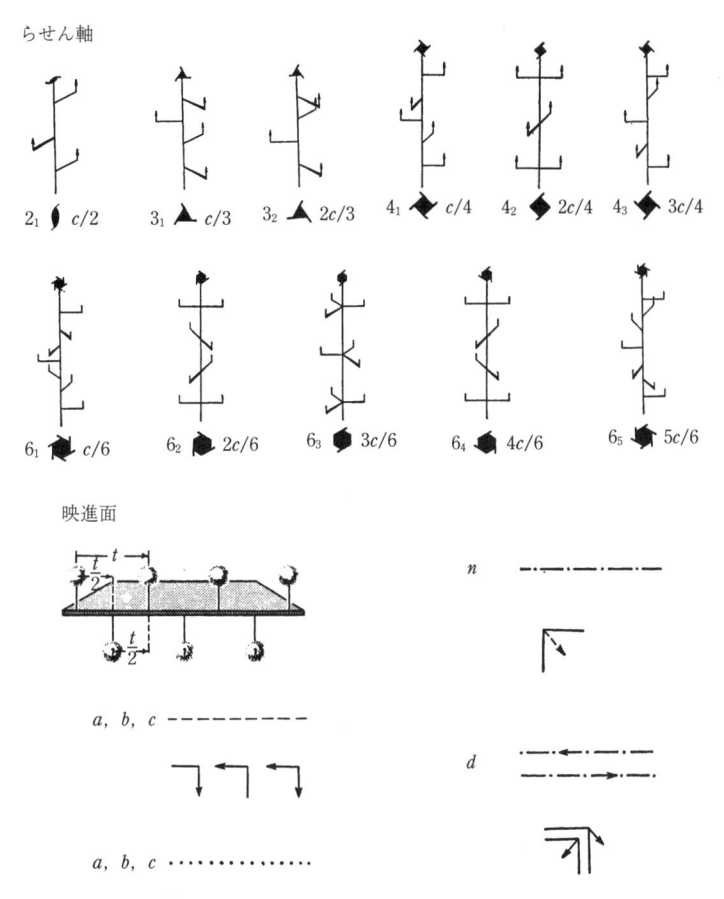

図 6.8 並進操作を含む対称要素と対称操作
映進面の破線と点線は並進方向が紙面に平行か垂直かを示す．

り返す対称要素である．a 映進面は，$a/2$ だけ a 軸方向に進みながら鏡映して同位する．n 映進面は $(a+b)/2$，$(b+c)/2$，$(c+a)/2$，$(a+b+c)/2$ という対角線方向に進む映進面であり，d 映進面は $(a+b)/4$，$(b+c)/4$，$(c+a)/4$，$(a+b+c)/4$ で表され，それぞれの方向へ 1/4 周期で進む映進面である．並進を含んだ対称操作と対称要素を図 6.8 に示す．

6.2.3 エッシャーの絵から対称性を学ぶ

エッシャーの描いた絵は対称性を学ぶ格好の教材である．ここでは図 6.9 のプラナリアの絵を見ながら，単位格子と対称要素について 2 次元空間で考えてみる[2]．

軸角が 120° の場合，単位格子のとり方を間違えやすいので注意しよう．最小単位の繰り返しだけを考えると，たとえば，図 6.9(a) で灰色のプラナリア 3 匹が口で接する交点を中心とする正六角形の基本構造を考えると，最小の面積をもって規則的に繰り返しており，平面も隙間なく埋められている．図の破線で表される正六角形である．しかし，この正六角形は，式 (6.1) で定義した単位格子になっているだろうか．正六角形の中心を次々と同じ正六角形が重なるように平行移動してみる．すると，その並進ベクトルは，図 6.9(a) の実線 a_1 と a_2 でつくられる平行四辺形，あるいは，それを原点 O を中心に 60° ずらした平行四辺形を格子とする周期構造になっている．すなわち，単位格子は $a_1 = a_2$，$\alpha = 120°$ である．なお，この単位格子の面積は先に述べた正六角形の面積に等しい．

続いて，図 6.9(a) の単位格子に対称要素を置いてみよう．プラナリア 3 匹が口で接する位置には，白色でも黒色でも灰色でも，3 回回転軸がある．したがって，単位格子の格子点（平行四辺形の 4 頂点）のほか

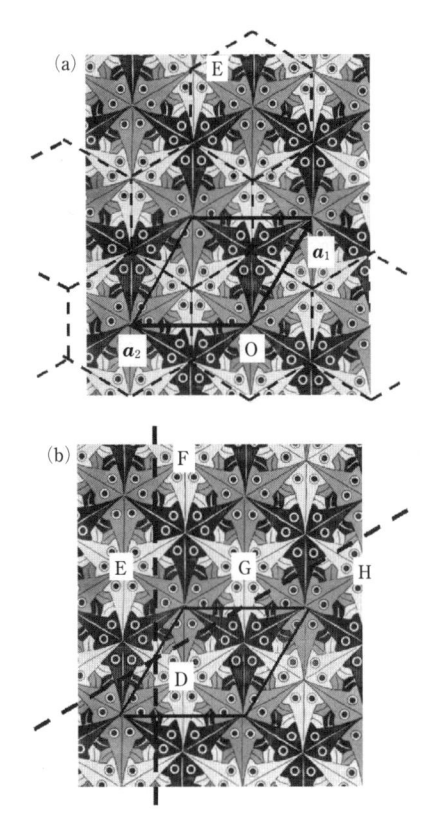

図6.9 単位格子のとり方

に，その平行四辺形を二分する正三角形の中心にもそれぞれ3回回転軸が存在する．プラナリア3匹が口で接する位置では，左右の絵が折り重なることから，上下の方向に走る鏡面があり，その鏡面は平行四辺形の各頂点を通っている．3匹のプラナリアの口を左右に折り重ねる位置はもう1種類ある．すなわち，平行四辺形の長い対角の頂点を左下から右上方向に結ぶ線が鏡面になっている．

存在する対称要素はこれだけであろうか．図6.9(b)で，白いプラナリア3匹が口で接する位置を見ると，その図形をD, E, Fというふうに移動させると同位することがわかる．これは6.2.2で述べた映進面であり，並進対称性が現れている．同様に，D, G, Hと斜めに走って同位する映進面も存在する．

では，このような対称要素をすべて自分で見つけなければならないのだろうか．いや世の中には，数表化された便利なものがある．2次元空間の場合には，図6.7, 6.8の対称要素と5種類のブラベー格子を組み合わせた17種類の平面群（plane group）が存在する．そして，それぞれの平面群について，対称要素の位置や等価点の位置などを記述した数表が，International Tables, Vol. Aに載っている[3]．今回のエッシャーの絵は平面群$p3m1$（hexagonal）に属するが，その対称要素は図6.10のように整理されている．3次元空間では，同様のことが次に述べる空間群で表現される．

6.2.4 空　間　群

図6.7, 6.8の対称要素を14種のブラベー格子と空間的に組み合わせた対称操作の数は，全部で230種類に限定される．この空間配置（対称操作）の集合は群をなしており，空間群（space group）と呼ばれる．実在する結晶構造は，230種の空間群のどれか1つに必ず属している．ただし，原子配列が原子の性質，相互作用，化学結合に依存するため，大半の結晶構造は100種類くらいの空間群に収まる．230種の空間群の対称性は，International Tables, Vol. Aに空間群テーブルとして整理されている[3]．

空間群は空間格子の対称と点群の対称を組み合せたものであり，空間群の記号には両方の対称性が示されている．空間群記号として，Hermann-MauguinとSchoenfliesの2つの表記法がある．このうち，Schoenfliesの記号は分子のもつ対称性を表現するのにいまでもときどき使われるが，記号そのものに対称性の情報が含まれていないので，ここでは説明を省略する．Hermann-Mauguinの記号で，点群の対称記号をすべて記したものを完全表記といい，たとえば$P\,2/m\,2/m\,2/m$と書く．最初のPは空間格子の型を，次の3つの$2/m$はそれぞれa軸，b軸，c軸に関する対象要素で，結晶軸に沿った回転軸（らせん軸）とその軸に垂直な鏡面（映進面）の情報を与えている．軸に垂直ということを"/"で表す．省略表記では$Pmmm$となる．空間群記号は晶系により結晶軸のとり方が異なっているので，晶系ごとに採用すべき

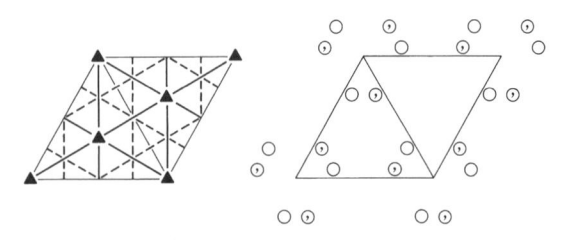

図6.10 平面群$p3m1$の対称操作の配置（左）と等価点の位置（右）（記号の定義は空間群の図と同じ）図6.9(b)に対応する映進面が存在する．

6.2 空間群を理解しよう

表 6.1 空間群の Hermann–Mauguin 記号と結晶内で対応する方向

晶系	1番目の軸	2番目の軸	3番目の軸
立方晶系	a_3 軸	[111]	[110]
六方晶系	c 軸	a_1 軸	[210]
三方晶系（六方格子）	c 軸	a_1 軸	[210]
三方晶系（菱面体格子）	[111]	[1$\bar{1}$0]	
正方晶系	c 軸	a_1 軸	[110]
斜方晶系	a 軸	b 軸	c 軸
単斜晶系（ユニーク軸 b）	b 軸		
単斜晶系（ユニーク軸 c）	c 軸		
三斜晶系	関係なし		

結晶軸の方向を表 6.1 に整理して示す．

6.2.5 空間群の図

ある空間群について結晶構造や対称性を考える場合に必要な情報は，空間群テーブルとして International Tables, Vol. A にまとめられている[3]．

空間群 $Pnma$ に対応する空間群テーブルを例にとり，テーブル前半にある空間群の一般情報や対称要素に関する部分を説明する（図 6.11）．

先頭行に Hermann–Mauguin の空間群記号 $Pnma$，Schoenflies の空間群記号 D_{2h}^{16}，点群 mmm，晶系 orthorhombic（斜方晶系）が，2行目には空間群番号 62，空間群記号の完全表記 $P\,2_1/n\,2_1/m\,2_1/a$，Patterson 関数の空間群 $P\,m\,m\,m$ が記載されている．

続く4枚の図は，3軸方向から投影した対称操作の配置図（イ）（ロ）（ハ）（以上を空間群図という）と，（イ）に対応する等価点の位置（equivalent position）を示した図（ニ）である．斜方晶系の場合，（イ）縦 a 軸，横 b 軸の [001] 投影図，（ロ）縦 a 軸，横 c 軸の [010] 投影図，（ハ）縦 c 軸，横 b 軸の [100] 投影図であり，それぞれ右手座標系で示されている．これらの投影図には，図 6.7, 6.8 に示す対称要素が使われている．

このほかにも投影図には，結晶軸変換で表記が変わる空間群記号が各結晶軸に対して記載されている．その空間群記号の見方を示す．（イ）の横軸を基本軸 abc（縦 a，横 b）とし，（ロ）と（ハ）の横軸には $a\bar{c}b$（縦 a，横 c），$\bar{c}ba$（縦 c，横 b）という結晶軸

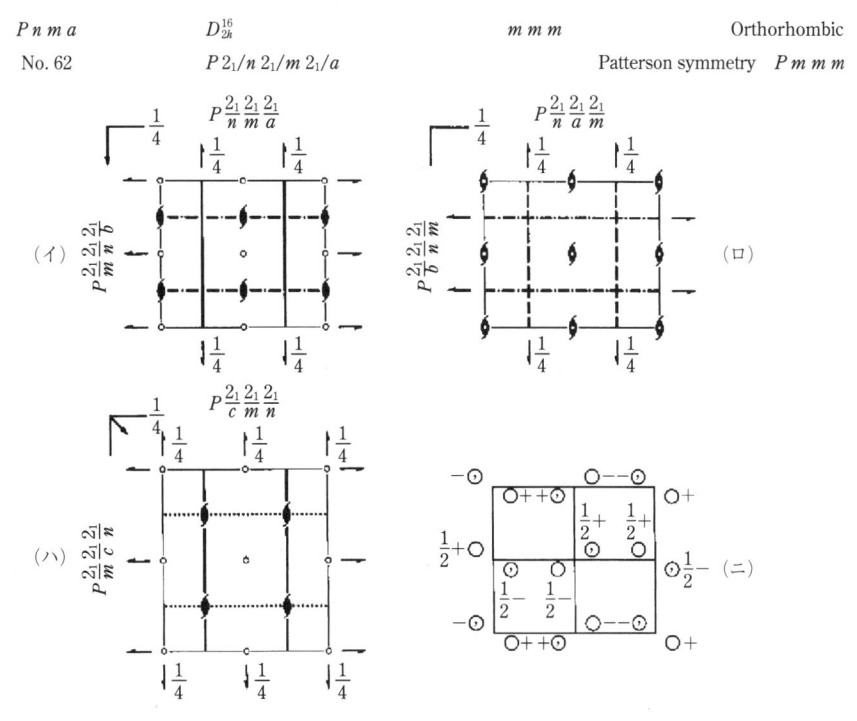

図 6.11 空間群 $Pnma$ の空間群テーブル1：空間群の図

変換に対応する空間群 Pnam（$P\,2_1/n\,2_1/a\,2_1/m$）と Pcmn（$P\,2_1/c\,2_1/m\,2_1/n$）が縦軸・横軸・垂直軸の関係を保ちながら表現されている．縦軸への記載は，(イ)(ロ)(ハ)の順に結晶軸変換 **$ba\bar{c}$**, **cab**, **bca** に対応した Pmnb, Pbnm, Pmcn である．結晶軸の変換については，6.2.8 で説明する．

等価位置の[001]投影図（ニ）では，一般位置にある原子について，その等価点の位置が〇または⊙で記述される．〇と⊙は鏡像や反転関係にある対掌体で，もし〇を右手系の像とすれば⊙は左手系の像である．回転という対称操作では，右（左）手系の物体はその操作を行っても右（左）手系の物体のままである．一方で鏡面操作を行えば，右（左）手系の物体は左（右）手系の物体に変換される．〇の横の $+, -,$ $1/2+, 1/2-$ は等価点の投影方向での座標値（高さ）で，$+(z), -(z), 1/2+(z), 1/2-(z)$ の z が省略されている．

6.2.6　International Tables の使い方

ここでは，空間群テーブルの後半部分について，何が書かれているかを順に説明する．実際の International Tables の図では，図 6.11 の下に図 6.12 がくる．

まず空間群テーブルの原点（origin）が定義される．図 6.12 の例の原点は，b 軸に平行な 2 回らせん軸 12_11 上の対称心 $\bar{1}$ の位置になる．原点は原則として，対称心のある空間群では対称心の位置に，対称心のない空間群では最も対称性の高い席対称（site symmetry）をもつ位置にとる．原点のとり方に選択の余地がある場合には，原点を変えた複数の空間群テーブルが与えられている．

次に，単位格子中の独立な領域が，非対称単位（asymmetric unit）として示される．独立な領域とは，その領域にある原子をすべて与えれば，それ以外の領域にあるすべての原子が対称操作の作業のみで生成できる範囲をいう．Pnma の場合，$0 \le x \le 1/2$, $0 \le y \le 1/4$, $0 \le z \le 1$ である．これを図 6.11（ニ）の投影図でいえば，1 個の〇か⊙が占める領域になる．次の対称操作（symmetry operations）の欄には，原子座標を導くための対称要素とその存在位置が示されている．たとえば，(2) の $2(0, 0, \frac{1}{2})\ \frac{1}{4}, 0, z$ とは，らせん回転の部分 $(0, 0, \frac{1}{2})$ を伴う 2 回の回転軸があり，それが直線 $\frac{1}{4}, 0, z$ を通るという意味である．そ

の操作結果は，後述の一般位置の座標 (2) に対応する．

生成元（generators）の欄には，一般位置（general position）の等価点をすべて生成するのに必要な並進操作が与えられている．元とは集合に含まれる要素を示す．$t(1, 0, 0)$, $t(0, 1, 0)$, $t(0, 0, 1)$ は，単位格子そのものを表す．たとえば，C 格子における底心への並進操作は $t(\frac{1}{2}, \frac{1}{2}, 0)$ である．図 6.12 の場合，(1), (2), (3), (5) の操作のみで，すべての位置が生成されるため，それ以外の操作は除外されている．

等価点の集合を表す Wyckoff 位置は，positions として，一般位置と特殊位置（special position）に分けて記載される．ここには原子位置が載っており，結晶解析には特に必要とされる部分である．左から，多重度（multiplicity），Wyckoff 記号，席対称，座標値，反射の出現条件（消滅則）が，上から順に，一般位置に続いて，対称性の最も低い特殊位置から対称性がより高くなる特殊位置へと，下に向かって配列されている．

多重度とは単位格子内に存在する等価点の数である．一般位置の多重度はその空間群が属する点群の位数（元の数）に等しく，特殊位置の多重度は一般位置の多重度を整数（重なり具合）で割った値になる．多重度+Wyckoff 記号 $4c$ で表される特殊位置は，等価点の数が一般位置 $8d$ の 8 に対し 4 と $\frac{1}{2}$ になっている．たとえば，座標 (x, y, z) と $(x, -y+\frac{1}{2}, z)$ で表される 2 点の一般位置が，$(x, \frac{1}{4}, z)$ で 1 点に重なったのが特殊位置と考えられる．このとき多重度は，一般位置の 8 に対し 4 であるという．

Wyckoff 記号は，席対称の最も高い特殊位置（表ではいちばん下）から一般位置まで，a からアルファベット順に割り振られる．空間群 Pnma では特殊位置 $4a, 4b, 4c$ と一般位置 $8d$ がある．席対称を使うと結晶席（サイト；6.4.1 参照）の対称要素と結晶格子の対称要素とが関係づけられる．一般位置の席対称はつねに 1 で，特殊位置では対称性が高くなる．特殊位置 $4c$ での軸方向の対称要素は $.m.$ である．1 以外に対称要素のない方向はドットで与えられている．この場合，b 軸に垂直に鏡面 m が存在する．

空間群 Pnma では，単位格子中の一般位置には必ず 8 個の原子が存在する．いま，原子を座標 (x, y, z) に置くと，Pnma の対称性により必然的に，$(-x+\frac{1}{2}, -y, z+\frac{1}{2})$, $(-x, y+\frac{1}{2}, -z)$, $(x+\frac{1}{2}, -y+\frac{1}{2}, -z$

6.2 空間群を理解しよう

Origin at $\bar{1}$ on $1\,2_1\,1$

Asymmetric unit $0 \leq x \leq \frac{1}{2}$; $0 \leq y \leq \frac{1}{4}$; $0 \leq z \leq 1$

Symmetry operations

(1) 1 (2) $2(0,0,\frac{1}{2})$ $\frac{1}{4},0,z$ (3) $2(0,\frac{1}{2},0)$ $0,y,0$ (4) $2(\frac{1}{2},0,0)$ $x,\frac{1}{4},\frac{1}{4}$

(5) $\bar{1}$ $0,0,0$ (6) a $x,y,\frac{1}{4}$ (7) m $x,\frac{1}{4},z$ (8) $n(0,\frac{1}{2},\frac{1}{2})$ $\frac{1}{4},y,z$

Generators selected (1); $t(1,0,0)$; $t(0,1,0)$; $t(0,0,1)$; (2); (3); (5)

Positions

Multiplicity, Wyckoff letter, Site symmetry	Coordinates	Reflection conditions
		General:
8 d 1	(1) x,y,z (2) $\bar{x}+\frac{1}{2},\bar{y},z+\frac{1}{2}$ (3) $\bar{x},y+\frac{1}{2},\bar{z}$ (4) $x+\frac{1}{2},\bar{y}+\frac{1}{2},\bar{z}+\frac{1}{2}$	$0kl: k+l=2n$
	(5) $\bar{x},\bar{y},\bar{z}$ (6) $x+\frac{1}{2},y,\bar{z}+\frac{1}{2}$ (7) $x,\bar{y}+\frac{1}{2},z$ (8) $\bar{x}+\frac{1}{2},y+\frac{1}{2},z+\frac{1}{2}$	$hk0: h=2n$
		$h00: h=2n$
		$0k0: k=2n$
		$00l: l=2n$
		Special: as above, plus
4 c .m.	$x,\frac{1}{4},z$ $\bar{x}+\frac{1}{2},\frac{3}{4},z+\frac{1}{2}$ $\bar{x},\frac{3}{4},\bar{z}$ $x+\frac{1}{2},\frac{1}{4},\bar{z}+\frac{1}{2}$	no extra conditions
4 b $\bar{1}$	$0,0,\frac{1}{2}$ $\frac{1}{2},0,0$ $0,\frac{1}{2},\frac{1}{2}$ $\frac{1}{2},\frac{1}{2},0$	$hkl: h+l, k=2n$
4 a $\bar{1}$	$0,0,0$ $\frac{1}{2},0,\frac{1}{2}$ $0,\frac{1}{2},0$ $\frac{1}{2},\frac{1}{2},\frac{1}{2}$	$hkl: h+l, k=2n$

Symmetry of special projections

Along [001] $p2gm$ Along [100] $c2mm$ Along [010] $p2gg$

$a'=\frac{1}{2}a$ $b'=b$ $a'=b$ $b'=c$ $a'=c$ $b'=a$

Origin at $0,0,z$ Origin at $x,\frac{1}{4},\frac{1}{4}$ Origin at $0,y,0$

Maximal non-isomorphic subgroups

I   [2] $P2_12_12_1$ 1; 2; 3; 4
    [2] $P112_1/a\,(P2_1/c)$ 1; 2; 5; 6
    [2] $P12_1/m1\,(P2_1/m)$ 1; 3; 5; 7
    [2] $P2_1/n11\,(P2_1/c)$ 1; 4; 5; 8
    [2] $Pnm2_1\,(Pmn2_1)$ 1; 2; 7; 8
    [2] $Pn2_1a\,(Pna2_1)$ 1; 3; 6; 8
    [2] $P2_1ma\,(Pmc2_1)$ 1; 4; 6; 7

II a   none
II b   none

Maximal isomorphic subgroups of lowest index

II c   [3] $Pnma\,(a'=3a)$; [3] $Pnma\,(b'=3b)$; [3] $Pnma\,(c'=3c)$

Minimal non-isomorphic supergroups

I   none
II   [2] $Amma\,(Cmcm)$; [2] $Bbmm\,(Cmcm)$; [2] $Ccmb\,(Cmca)$; [2] $Imma$; [2] $Pnmm\,(2a'=a)\,(Pmmn)$;
    [2] $Pcma\,(2b'=b)\,(Pbam)$; [2] $Pbma\,(2c'=c)\,(Pbcm)$

図 6.12 空間群 $Pnma$ の空間群テーブル 2

$+\frac{1}{2}$), $(-x,-y,-z)$, $(x+\frac{1}{2},y,-z+\frac{1}{2})$, $(x,-y+\frac{1}{2},z)$, $(-x+\frac{1}{2},y+\frac{1}{2},z+\frac{1}{2})$ の残り7つの等価点（原子位置）にも原子を置くことになる．

反射の出現条件の欄には，一般位置に原子があるときの消滅則（6.3.4参照）がGeneralとして，特定の特殊位置にのみ原子があるときの消滅則がSpecialとして与えられている．$0kl:k+l=2n$とは，$k+l$が奇数の$0kl$反射は系統的に結晶構造因子がゼロになり，X線回折強度が観察できないことを意味する．

6.2.7 空間群の情報

図6.12の空間群テーブルの次の欄からは，空間群についての情報が記述されている．空間群とは1つの結晶構造をそれ自身に重ね合わせるすべての対称操作がつくる集合であり，空間格子と対称要素でつくられる空間配列である．

それぞれの結晶軸方向に投影したときの2次元空間群がSymmetry of special projectionsとして与えられている．ゼロ層の2次元回折強度データ（たとえば，$h0l$, $0kl$面などの反射データ）から，逆格子面に垂直な結晶構造の投影を得るときなどに便利である．投影方向がAlongの後に示され，この空間群では投影で生成する平面群のHermann-Mauguin記号が$p2gm$である．平面群の基本軸a', b'と空間群の基本軸a, bとの関係も，平面群の原点$(0,0,z)$とともに与えられている．

その次には，群・部分群の関係（付録5, A-6参照）が与えられている．部分群を用いると，結晶構造間での対称の類縁関係を知ることができる．単位格子のとり方が変わらないで2次の相転移を起こす場合，構造変化後の空間群を予想することができる．たとえば，GdFeO$_3$型ペロブスカイトCaTiO$_3$（空間群$Pnma$; 6.2.9参照）のCa原子をCd原子で置換すると対称心がなくなるが，そのときの空間群は部分群の$Pn2_1a$であると報告されている．また，order-disorder現象で2種類の原子が整列して区別できる例でも，結晶内部の対称性変化に合った可能な空間群を予想できる．図6.13に，空間群$Pnma$についての群・部分群の関係を示す．直線で結ばれる右側の空間群は左の空間群の最高位の部分群（maximal subgroup）であり，逆に，左の空間群はすぐ右の空間群の最低位の超群（minimal supergroup）である．この情報は，空間群テーブル図6.12のmaximal subgroupsとminimal supergroups欄に載っている．

空間群テーブルでは，最高位の部分群の並進性や単位格子の大きさが保存されるかどうかで，さらに分割される．ローマ数字のIとIIはそれぞれ，並進を同じくする部分群と類を同じくする部分群に対応する（付録5, A-6参照）．記号［］中の数字の2は部分群に分割するときの余類の数を，それに続く$P2_12_12_1$は部分群を表す．この部分群については，もともとの空間群の座標の対称操作番号が示されている．1; 2; 3; 4とは，x,y,z; $-x+\frac{1}{2},-y,z+\frac{1}{2}$; $-x,y+\frac{1}{2},-z$; $x+\frac{1}{2},-y+\frac{1}{2},-z+\frac{1}{2}$を意味する．同形の最高位部分群のうちで最低指数のものは，[3] $Pnma$ ($a'=3a$) である．この例では，指数が3，基本ベクトルa'がa軸の3倍で，ベクトルb, cについては変わらない部分群$Pnma$と読む．同形の最高位部分群は無数にあるが，最低指数の部分群のみが記載されている．逆に，空間群$Pnma$を最高位部分群にみたて，最高位部分群から見たもとの空間群も，最低位超群として記されている．

6.2.8 結晶軸の変換の仕方

面指数・原子座標・対称操作などの結晶量は，結晶軸に従って定義される．したがって，結晶軸を変換す

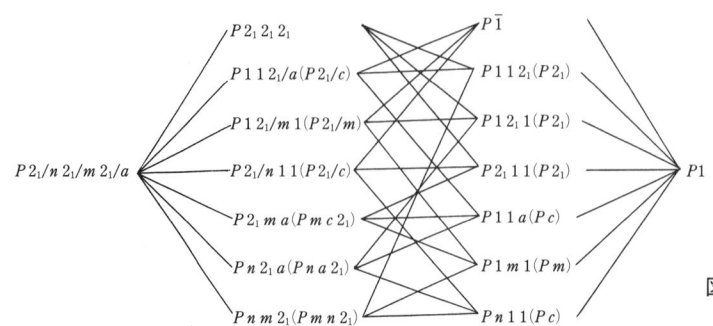

図6.13 空間群$Pnma$における群と部分群の関係

ると，それに合わせて関係する結晶量も変換する必要が出てくる．

結晶軸 a, b, c を a', b', c' に変換する変換マトリックス $\boldsymbol{P}$ は，3行3列の正方マトリックス（付録5，A-4参照）であり，行マトリックス $(a\,b\,c)$ を用いて，

$$(a'\,b'\,c') = (a\,b\,c)\,\boldsymbol{P} \qquad (6.15)$$

と定義できる．面指数も $\boldsymbol{P}$ で同様に変換され，

$$(h'\,k'\,l') = (h\,k\,l)\,\boldsymbol{P} \qquad (6.16)$$

となる．$\boldsymbol{P}$ の逆マトリックス $\boldsymbol{Q}\ (=\boldsymbol{P}^{-1})$ を用いると，逆格子軸・原子座標・格子点が変換できる．すなわち，列マトリックス $(a^*/b^*/c^*)$, $(x/y/z)$, $(u/v/w)$ に対し，

$$\begin{pmatrix}a^{*\prime}\\b^{*\prime}\\c^{*\prime}\end{pmatrix}=\boldsymbol{Q}\begin{pmatrix}a^*\\b^*\\c^*\end{pmatrix},\quad \begin{pmatrix}x'\\y'\\z'\end{pmatrix}=\boldsymbol{Q}\begin{pmatrix}x\\y\\z\end{pmatrix}$$

$$\begin{pmatrix}u'\\v'\\w'\end{pmatrix}=\boldsymbol{Q}\begin{pmatrix}u\\v\\w\end{pmatrix} \qquad (6.17)$$

となる．対称操作は，3行3列の回転マトリックス $\boldsymbol{R}\ (=(r_{ij}))$ と並進マトリックス $\boldsymbol{T}(=(t_1/t_2/t_3))$ に分けて，

$$\begin{aligned}\boldsymbol{R}' &= \boldsymbol{Q}\boldsymbol{R}\boldsymbol{Q}^{-1}\\ \boldsymbol{T}' &= \boldsymbol{Q}\boldsymbol{T}\end{aligned} \qquad (6.18)$$

と変換される．3行3列の非等方性温度因子 $\boldsymbol{B}\ (=(\beta_{ij}))$ は $\boldsymbol{Q}$ と転置マトリックス $\boldsymbol{Q}^{\mathrm{T}}$ を用いて

$$\boldsymbol{B}' = \boldsymbol{Q}\boldsymbol{B}\boldsymbol{Q}^{\mathrm{T}} \qquad (6.19)$$

と変換される．よく使われる変換については，International Tables, Vol. A に変換マトリックス $\boldsymbol{P}$ と $\boldsymbol{Q}$ が与えられている[4]．

空間群 $Pnma$ を $Pbnm$ に変換する例を図6.14に示す．座標軸 a, b, c が，空間群 $Pbnm$ では b', c', a' 軸となり，対応する変換マトリックスは

$$\boldsymbol{P} = \begin{pmatrix}0 & 1 & 0\\ 0 & 0 & 1\\ 1 & 0 & 0\end{pmatrix} \qquad (6.20)$$

である．これを $\boldsymbol{P} = (010/001/100)$ と略す．この場合，原子座標を変換するには，$\boldsymbol{P}$ の逆マトリックス $\boldsymbol{Q} = (001/100/010)$ を利用し，

$$\begin{pmatrix}x'\\y'\\z'\end{pmatrix} = \begin{pmatrix}0 & 0 & 1\\ 1 & 0 & 0\\ 0 & 1 & 0\end{pmatrix}\begin{pmatrix}x\\y\\z\end{pmatrix} \qquad (6.21)$$

より

$$x' = z,\quad y' = x,\quad z' = y \qquad (6.22)$$

と変換する．

逆に，空間群テーブル $Pnma$ を利用したいときには，空間群 $Pbnm$ の a', b', c' が空間群 $Pnma$ の c, a, b になるように結晶軸を変換する．このときの変換マトリックスは $\boldsymbol{P} = (001/100/010)$ であり，その逆マトリックスは $\boldsymbol{Q} = (010/001/100)$ となる．式 (6.20) とは逆変換の関係である．

別の変換マトリックスの例をあげる．c を $c/2$ にするときは，$\boldsymbol{P} = (100/010/00\frac{1}{2})$, $\boldsymbol{Q} = (100/010/002)$ となる．図6.15のように同じ原点から3つの面心位置を結晶軸にするように面心格子を変換すると，$\boldsymbol{P} = (0\frac{1}{2}\frac{1}{2}/\frac{1}{2}0\frac{1}{2}/\frac{1}{2}\frac{1}{2}0)$, $\boldsymbol{Q} = (\bar{1}11/1\bar{1}1/11\bar{1})$ となる．

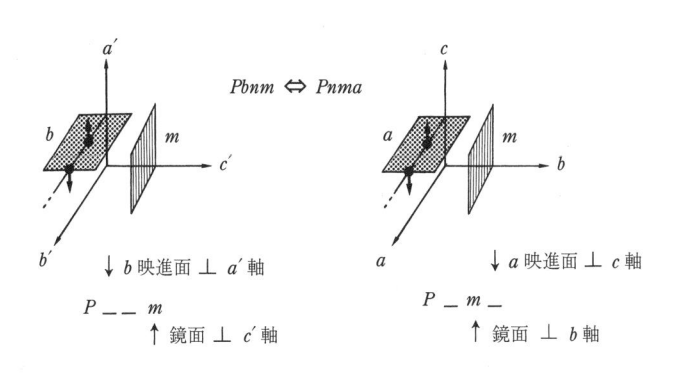

$$(a',\ b',\ c') = (a,\ b,\ c)\begin{pmatrix}0 & 1 & 0\\ 0 & 0 & 1\\ 1 & 0 & 0\end{pmatrix}$$

図 6.14 空間群 $Pbnm$ と $Pnma$ の間での結晶軸の変換と空間群表記

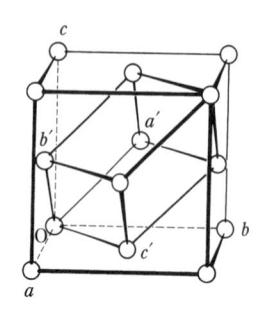

図 6.15 面心格子（a, b, c 軸）と単純格子（a', b', c' 軸）の関係

面心立方の結晶に対し，この変換で菱面体単純格子 (primitive rhombohedral cell) が得られる．

図 6.14 を使いながら，もう少し詳しく結晶軸の変換について触れる．結晶軸変換といっても結晶構造が変わるわけではなく，図示されている鏡面や映進面に変化はない．結晶軸の表記が，a, b, c から b, c, a に単に変わるだけである．斜方晶系の空間群表記では，格子タイプの P に続いて，a 軸，b 軸，c 軸に関する情報を記載する（表 6.1）．回転軸・らせん軸については結晶軸に平行な対称要素を，鏡面・映進面については結晶軸に垂直な対称要素を書き込む．図 6.14 の鏡面 m に注目する．右の $Pnma$ では鏡面は b 軸に垂直なため，図の下側の空間群記号では 2 番目に m が入っている．左の $Pbnm$ では鏡面が c 軸に垂直となるため，空間群記号の 3 番目に入る．図に書き込まれた映進面を見ると，同一の映進面が，右の $Pnma$ では c 軸に垂直で a 軸方向に進む a 映進面に，左の $Pbnm$ では a 軸に垂直で b 軸方向に進む b 映進面になる．それぞれが記号の 3 番目と 1 番目に a, b として入る．残った映進面については，対角方向に進むため，ともに n 映進面となっているが，$Pnma$ では a 軸に垂直で $(\boldsymbol{b}+\boldsymbol{c})/2$ 方向に，$Pbnm$ では b 軸に垂直で $(\boldsymbol{a}+\boldsymbol{c})/2$ 方向に進む．

6.2.9 ペロブスカイトの例

ペロブスカイト $CaTiO_3$ を例に，結晶構造や対称性を考えてみよう．空間群は $Pbnm$ である．表 6.2 に必要な結晶情報をまとめた．空間群 $Pnma$ について，6.2.8 に従い結晶軸 a, b, c を b', c', a' に軸変換すると，その空間群は $Pbnm$ になる．$Pbnm$ も $Pnma$ もともに No. 62 の空間群に属しているが，International Tables, Vol. A の空間群テーブルには $Pbnm$ が記載されていない．そのため，図 6.14 に示

表 6.2 ペロブスカイト（$CaTiO_3$）の結晶情報

化学式	$CaTiO_3$		
化学単位	$Z=4$		
結晶系	斜方晶系(orthorhombic)		
空間群	$Pbnm$		$Pnma$
格子定数	$a=5.3796\pm0.0001$ Å		$a=5.4423\pm0.0003$ Å
	$b=5.4423\pm0.0003$ Å		$b=7.6401\pm0.0005$ Å
	$c=7.6401\pm0.0005$ Å		$c=5.3796\pm0.0001$ Å
サイト	多重度+Wyckoff記号	原子座標	原子座標
Ca	$4c$	$x=-0.00676(7)$	$x=0.03602(6)$
		$y=0.03602(6)$	$y=1/4$
		$z=1/4$	$z=-0.00676(7)$
Ti	$4b$	$x=0$	$x=1/2$
		$y=1/2$	$y=0$
		$z=0$	$z=0$
O1	$4c$	$x=0.0714(3)$	$x=0.4838(2)$
		$y=0.4838(2)$	$y=1/4$
		$z=1/4$	$z=0.0714(3)$
O2	$8d$	$x=0.7108(2)$	$x=0.2888(2)$
		$y=0.2888(2)$	$y=0.0371(1)$
		$z=0.0371(1)$	$z=0.7108(2)$

す結晶軸の変換が必要である．表6.2に，標準的な空間群の表現 Pnma での結晶情報を右半分に，軸変換した後の Pbnm 結晶情報を左半分に示す．

このような不便さはなぜ起こるのだろうか．それは，空間群テーブルに記載されている空間群の結晶軸で表すと，不都合が生じる場合があるからである．たとえば，相転移を通しての結晶構造の変化が結晶内の原子のひずみの方向と関係づけられているときに不都合が生じる．c 軸が2倍になる，c 軸に垂直な面内で [110] 方向に縮むなどというように，高温相と低温相との結晶構造に方位関係がある場合には，c 軸を高温相と低温相で共通にとった方がわかりやすい．

ペロブスカイトといえば，いろいろな結晶系の構造が知られている．このグループで最も対称性が高いのは $SrTiO_3$ に代表される立方晶ペロブスカイトである．そのペロブスカイトが転移する場合，それぞれの結晶相の結晶構造の間には一定の方位関係がある．図6.16に立方晶系の $SrTiO_3$ と斜方晶系の $CaTiO_3$ の結晶構造を比較して示す．$CaTiO_3$ では，構造が少しひずみ単位格子も大きい．立方晶・正方晶ペロブスカイトの間には，格子定数に $a_t \approx a_c$, $c_t \approx 2a_c$ （c: cubic, t: tetragonal）の関係がある．また，立方晶と斜方晶ペロブスカイトの間には，$\boldsymbol{a}_o = \boldsymbol{a}_1 + \boldsymbol{a}_2$, $\boldsymbol{b}_o = -\boldsymbol{a}_1 + \boldsymbol{a}_2$, $a_o \approx \sqrt{2}a_c$, $b_o \approx \sqrt{2}a_c$, $c_o \approx 2a_c$ （a_o, b_o, c_o: orthorhombic, a_1, a_2, a_c: cubic）の関係がある．$\boldsymbol{a}_o, \boldsymbol{b}_o$ 軸を立方晶系の $\boldsymbol{a}_1, \boldsymbol{a}_2$ 軸の対角線方向にとると，正方晶ペロブスカイトと斜方晶ペロブスカイトの関係がよくわかる．結晶軸のとり方で空間群表記が変わる場合があり，注意しよう．

ここで，表6.2の中から $CaTiO_3$ に対する重要な結晶情報を取り出す．単位格子中の化学式単位の数は $Z=4$ であり，単位格子内には4個の Ca 原子，4個の Ti 原子と12個の酸素原子が存在する（図6.16，表6.2）．空間群 Pnma では，一般位置は8個の原子からなる．このように，単位格子内に最低8個の同一原子がなければ，原子は一般位置を占められない．単位格子内に4個しかない Ca と Ti 原子は，3種類ある特殊位置 $4a, 4b, 4c$ のいずれかを占めることになる．

重い原子が占める位置が数少ない組合せに限定されることから，空間群が決まった段階で結晶構造がほぼ解けている．重原子の位置がわかれば，構造解析のフーリエ合成や差フーリエ合成を行い，その残存ピークから酸素原子位置が求まる．12個の酸素原子の位置についても，"1組の一般位置と1組の特殊位置"か"3組の特殊位置"の組合せしかありえない．このように酸素位置についても，特殊位置のうち $4a, 4b, 4c$ の少なくとも1つに割り振ることができる．

実際の結晶構造（表6.2）から見ると，結晶学的に独立な席（サイト，site；6.4.1参照）は Ca, Ti, O1, O2 で，それぞれ $4c, 4b, 4c, 8d$ に対応している．任意性をもつ構造解析で決めるべき未知パラメータ（座標値）は，Ca 原子の x, y 座標，O1 原子の x, y 座標，O2 原子の x, y, z 座標の7つである．

次に，この結晶構造で対称操作を行ってみる．空間群 Pnma に軸変換し，[010] に投影した $CaTiO_3$ の構造図を図6.17(a) に示す．図中の数字は，単位格子内の原子の高さ（y 座標）を示す．この結晶構造図

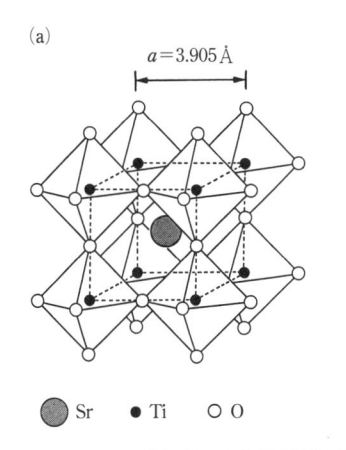

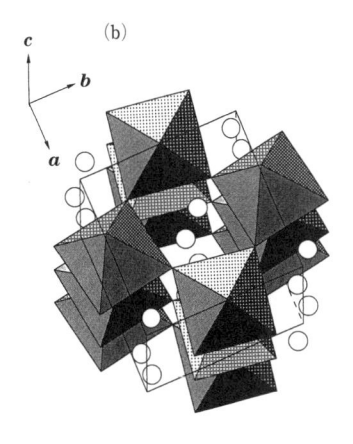

図6.16 (a) $SrTiO_3$ と (b) $CaTiO_3$ の結晶構造　ともに TiO_6 八面体で描かれている．

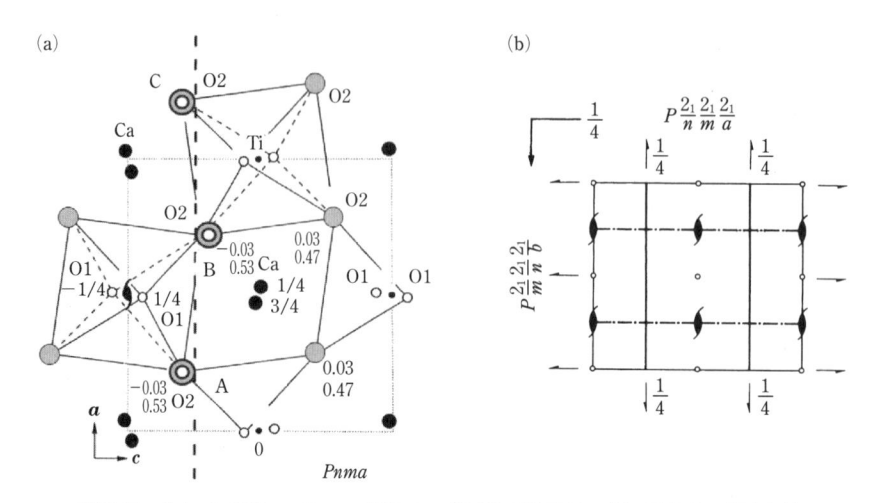

図 6.17 (a) $CaTiO_3$の $Pnma$ 表記での [010] 投影図と (b) 対応する対称要素

には, 図 6.17(b) の対称要素のうち, $z=1/4$ を通る 1 本の a 映進面と $x=1/2$, $z=0$ を通り b 軸に平行な 2 回らせん軸 2_1 が書き込まれている. ◎の一般位置を占める O2 原子の位置 A, B, C は, 3 つとも同じ高さ $y=-0.0371$ と $y=0.5371$ をもち, A から B へ, あるいは B から C へと並進する. すなわち, $z=1/4$ で, c 軸に垂直な太い破線の a 映進面で関係づけられる. 周りの TiO_6 八面体や Ca 多面体をはじめとして, 結晶内のあらゆる原子がこの a 映進面と結びつく. 同様に, $x=1/2$, $z=0$ 近傍の○で描かれた O1 原子や O2 原子の影つき円は, 2 回らせん軸で結ばれている. その O1 原子の y 座標は, $-1/4$ と $1/4$ である.

6.3 回折強度はどのように決まるか

6.3.1 原子散乱因子の物理的意味

X 線の物質による散乱は, 主として原子を構成する電子との相互作用で起こる. その大部分は, X 線エネルギーの損得なしに弾性的に散乱される弾性散乱 (トムソン散乱) である. 6.1.3 で考えた回折の条件を満たすのは, 位相情報が保存される干渉性の弾性散乱に対してのみである.

1 個の自由電子から十分な距離 R だけ離れた位置でのトムソン散乱の散乱振幅 E_e は

$$E_e = \left(-\frac{r_e}{R}\right) \boldsymbol{p} \, E_0 \sin \chi \quad (6.23)$$

で与えられる (図 6.18). ここで, $r_e = e^2/4\pi mc^2$ は古典電子半径, E_0 は入射波の散乱振幅, χ は電子の双極子モーメントと観測方向とのなす角である. $\boldsymbol{p}$ は偏

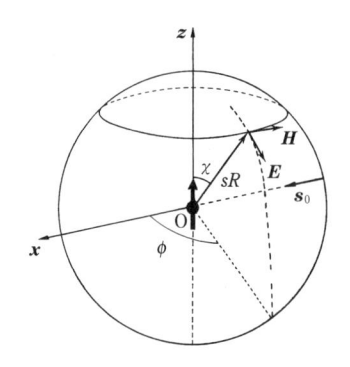

図 6.18 自由電子による X 線の散乱

光の単位ベクトルで, 図 6.18 に合わせるとマトリックス $(-\cos \chi \cos \phi / -\cos \chi \sin \phi / \sin \chi)$ で与えられる. 原子による散乱波の電場 $\boldsymbol{E}$ は, 重ね合わせの原理で求まる. すなわち, 原子内の全部の電子について, 1 個 1 個の自由電子の散乱波の電場 $\boldsymbol{E}_e$ を重ね合わせて

$$\boldsymbol{E} = \boldsymbol{E}_e f \quad (6.24)$$

で与えられる. この f を原子散乱因子 (atomic scattering factor) という. このとき, X 線散乱強度 I は

$$I = |\boldsymbol{E}|^2 = I_e |f|^2 \quad (6.25)$$

と, 1 個の電子による散乱強度 I_e で表現できる. また f は原子内の電子密度分布 $\rho(\boldsymbol{r})$ を用いて

$$f = \int_{\text{atom}} \rho(\boldsymbol{r}) \exp(2\pi i \boldsymbol{k} \cdot \boldsymbol{r}) \, dv \quad (6.26)$$

と記述される. この式は $\rho(\boldsymbol{r})$ を散乱ベクトル $\boldsymbol{k}$ でフーリエ変換することに相当する.

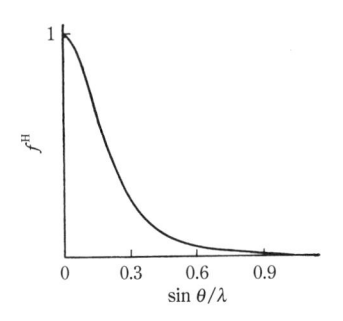

図6.19 水素原子の原子散乱因子

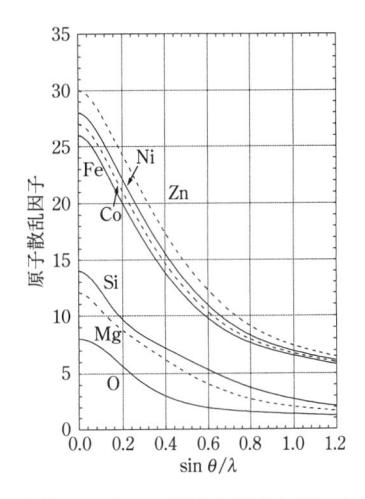

図6.20 7つの原子の原子散乱因子

原子内の電子分布が球対称のとき，式 (6.26) は

$$f(s) = \int_0^\infty 4\pi r^2 \rho(\boldsymbol{r}) \frac{\sin sr}{sr} \, \mathrm{d}r \quad (6.27)$$

と書ける．ただし，$s = 4\pi \sin\theta/\lambda$ であり，$s=0$ では動径分布関数の積分となり，原子のもつ電子数 Z に一致する．水素原子では波動関数が解析的に表現でき，その基底状態での波動関数 ψ_0 は

$$\psi_0 = (\pi a^3)^{-1/2} \exp\left(-\frac{r}{a}\right) \quad (6.28)$$

と与えられる．ここで，$a = h^2/(4\pi^2 me^2 Z)$, $Z=1$ である．式 (6.27) の $\rho(\boldsymbol{r})$ に

$$\rho(\boldsymbol{r}) = \psi_0^2 \quad (6.29)$$

を代入すると，水素原子の原子散乱因子 f^H が

$$f^H = \{1 + 4\pi^2 a^2 (\sin\theta/\lambda)^2\}^{-2} \quad (6.30)$$

と直接計算できる．この曲線を図 6.19 に示す．式 (6.27) から，r の小さい領域での電子密度分布が，s の広い範囲にわたって $f(s)$ に寄与することがわかる．一方，r の大きい領域での密度分布は，$s=0$ の近傍でのみ $f(s)$ に寄与する．つまり，原子核から遠く離れた電子の寄与は，$s=0$ の近傍に限られる．

2個以上の電子をもつ原子系については，波動関数の解析的表現が求められず，ハートリー-フォック法のような近似計算から求めることになる．この近似では，全電子系の波動関数を個々の電子スピン軌道とその反対称化された軌道の積で与える．結晶解析に使われる大部分の原子散乱因子は，1つの空間軌道で上向きスピンと下向きスピンを与えるという制約をつけた上で，ハートリー-フォック法で計算された波動関数から求めたものである．波動関数からは，水素の例で見てきたように電子密度を求め，式 (6.27) のフーリエ変換を行うことになる．このようにして求められた原子散乱因子の例を図 6.20 に示す．

計算の途中で電子軌道ごとの波動関数が求まるので，電子軌道に対応した散乱因子も計算できる．図 6.21 に，K$^+$ イオンについて，電子軌道ごとの電子分布（動径分布）と散乱因子を示す．たとえば，内殻 1s 軌道の散乱因子は $\sin\theta/\lambda$ にあまり依存せず，ほぼ

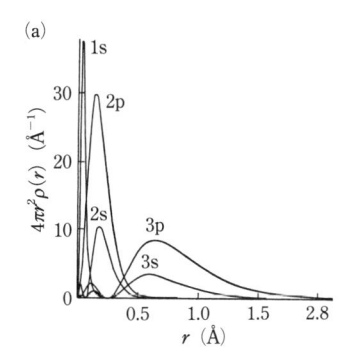

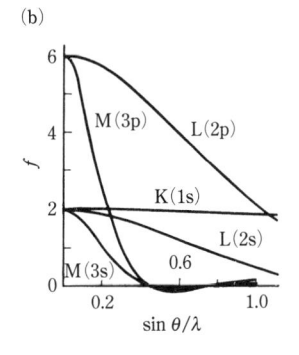

図6.21 K$^+$ イオンの (a) 各電子状態に対応した電子分布を動径方向に平均した $4\pi r^2 \rho(r)$ と，(b) 各電子に対応した散乱因子

一定の値（電子数に対応する $f \approx 2$）をとる．それに対し，外側にある M 殻 3p 軌道の散乱因子は $\sin\theta/\lambda$ とともに急激に減衰する．長い軌道半径をもつ電子は低角でのみ散乱し，短い軌道半径の電子は広角でも散乱する，という"逆の関係（フーリエ変換の関係）"が保たれている．

6.3.2 結晶構造因子

1 章および 6.1 で見てきたように，回折の方向は結晶格子の形と大きさで決まる．一方で，結晶中の内部構造を決めるためには，回折強度に関係する結晶構造因子を求める必要がある．もし構造因子がゼロなら，いくら回折の条件を満たしていてもブラッグ反射は生じない．

周期性をもつ結晶全体が X 線に完浴しており，干渉性の弾性散乱のみが生じる場合，その X 線強度は
$$I = I_e G |F(\boldsymbol{k})|^2 \qquad (6.31)$$
で与えられる．G はラウエ関数（Laue function）と呼ばれ，逆格子内での散乱強度の広がりと大きさに関係する．3 稜が $N_1\boldsymbol{a}, N_2\boldsymbol{b}, N_3\boldsymbol{c}$ である平行六面体結晶では
$$G = \frac{\sin^2 \pi N_1 \boldsymbol{k}\cdot\boldsymbol{a}}{\sin^2 \pi \boldsymbol{k}\cdot\boldsymbol{a}} \frac{\sin^2 \pi N_2 \boldsymbol{k}\cdot\boldsymbol{b}}{\sin^2 \pi \boldsymbol{k}\cdot\boldsymbol{b}} \frac{\sin^2 \pi N_3 \boldsymbol{k}\cdot\boldsymbol{c}}{\sin^2 \pi \boldsymbol{k}\cdot\boldsymbol{c}} \qquad (6.32)$$

となる．ラウエ関数 G のような $\sin^2 Nx / \sin^2 x$ の形の関数は，逆格子点近傍でのみ強度をもつ．N が大きいとき，$x = n\pi$（n：整数）では 1，その他の x ではゼロに近くなる．そのピーク値は N^2，ピーク幅は π/N である．図 6.22 に $N=8$ の例を示す．

式 (6.31) の $F(\boldsymbol{k})$ は結晶構造因子であり，結晶内での電子密度分布 $\rho(\boldsymbol{r})$ を用いて式 (6.7) のように

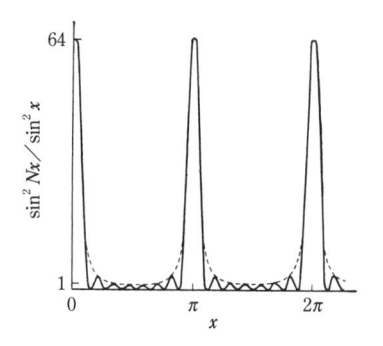

図 6.22 ラウエ関数の例（N=8）

$$F(\boldsymbol{k}) = \int \rho(\boldsymbol{r}) \exp(2\pi i \boldsymbol{k}\cdot\boldsymbol{r}) dv$$

と表す．あるいは，原子座標 (x, y, z) を用いて式 (6.9) のように
$$F(hkl) = \sum_j f_j T_j \exp 2\pi i (hx_j + ky_j + lz_j)$$

と表す．逆格子点は，ラウエ関数で表現される空間に規則的に配列した点であり，逆格子点の重みが結晶構造因子の絶対値の 2 乗（＝回折強度）になる．単結晶回折写真（図 1.10(c)）は，まさに逆格子点を写し出したものにほかならない．

結晶中での電子分布は，原子間結合のため自由原子状態とは異なる．しかし，主として結合に寄与するのは外殻電子であり，散乱に大きく寄与するのは内側にある電子である．このため，$\rho(\boldsymbol{r})$ を自由原子の畳み込み（convolution）と考えることができ，式 (6.26) のように原子散乱因子 f_j（j 番目の原子）が定義できるのである．6.4.3 で詳しく触れるが，原子散乱因子には温度因子の項 T_j がついている．

6.3.3 結晶構造因子の計算

結晶構造因子は，ある方向から結晶を見たときの，単位格子内の各原子の X 線散乱振幅と位相を表す量である．1.1.3 で解説した NaCl 構造を例に，構造因子を実際に計算してみる．この構造で，Na 原子は面心立方位置 $(0,0,0; \frac{1}{2},\frac{1}{2},0; 0,\frac{1}{2},\frac{1}{2}; \frac{1}{2},0,\frac{1}{2})$ を，Cl 原子はそれを $(\frac{1}{2},\frac{1}{2},\frac{1}{2})$ 平行移動した位置 $(\frac{1}{2},\frac{1}{2},\frac{1}{2}; \frac{1}{2},0,0; 0,\frac{1}{2},0; 0,0,\frac{1}{2})$ を占める（図 1.6 参照）．

Na 原子と Cl 原子の原子散乱因子と原子座標を式 (1.2) あるいは (6.9) に代入すれば，各反射について結晶構造因子が求まる．すなわち，温度因子を無視すれば，
$$\begin{aligned}F(hkl) = &f_{\text{Na}}\{\exp 0 + \exp \pi i(h+k) + \exp \pi i(k+l) \\ &+ \exp \pi i(l+h)\} + f_{\text{Cl}}\{\exp \pi i(h+k+l) \\ &+ \exp \pi ih + \exp \pi ik + \exp \pi il\}\end{aligned} \qquad (6.33)$$

である．また，式 (6.33) は h, k, l の条件によって簡略化できる．たとえば h, k, l がすべて偶数のときには，式 (6.33) の各 exp 中の小括弧内がすべて偶数となり，$\exp 2\pi ni$ の形に書ける．これは付録 5 の式 (A.20) より明らかなように 1 である．h, k, l の条件で式 (6.33) を簡略化した結果，

$$F(hkl) = 4(f_{\text{Na}} + f_{\text{Cl}}) \qquad (h, k, l：すべて偶数)$$
$$F(hkl) = 4(f_{\text{Na}} - f_{\text{Cl}}) \qquad (h, k, l：すべて奇数)$$

6.3 回折強度はどのように決まるか

$$F(hkl) = 0 \quad (h, k, l：偶数奇数の混合) \tag{6.34}$$

となり，結晶構造因子の式に座標値が残らない．すなわち，NaCl 構造では，$\sin\theta/\lambda$ の関数である原子散乱因子の値のみで，個々の反射の結晶構造因子が求まってしまう．また，h, k, l がすべて奇数の指数をもつ反射の回折強度は，陽イオンと陰イオンの原子散乱因子の差のみで決まってしまう（1.3 参照）．原子散乱因子は，International Tables, Vol. C に $\sin\theta/\lambda$ の関数として収められている[5,6]．

次にペロブスカイト $CaTiO_3$ の結晶構造因子を計算してみる．式 (1.2) あるいは (6.9) に，反射の指数 h, k, l と座標値 (x, y, z) を代入し，単位格子中のすべての原子について総和をとればよい．コンピュータでの計算なら原子数が多くてもなんら問題はない．おおまかな強度を電卓で手計算したいときには，対称操作を利用して等価位置の総和を先に計算した便利な式が存在する．このときの結晶構造因子は

$$F(hkl) = \sum_s fA + i\sum_s fB$$
$$A = \sum_e \cos 2\pi(hx + ky + lz)$$
$$B = \sum_e \sin 2\pi(hx + ky + lz) \tag{6.35}$$

で与えられる．ただし，総和 $\sum_s$ は独立な原子（サイト）についてとり，総和 $\sum_e$ は対称操作で結ばれる等価位置についてとる．この A と B の簡略式が空間群ごとに International Tables, Vol. I に記載されている[7]．フーリエ級数求和の簡略式についても同様である．

空間群 $Pnma$ で対称心位置を原点にとるときの A と B の簡略式は

$$A = 8\cos 2\pi\left\{hx - \frac{(h+k+l)}{4}\right\}\cos 2\pi\left(\frac{ky+k}{4}\right)$$
$$\quad \cos 2\pi\left\{lz + \frac{(h+l)}{4}\right\}$$
$$B = 0 \tag{6.36}$$

である．この式では独立な原子についてのみ総和をとればよい．式 (6.36) は一般位置 (x, y, z) に対応するので，特殊位置の原子では多重度を考慮する必要がある．いま，422 反射の構造因子を計算してみると，

$$\sum_s fA = (8/2)f_{Ca}\cos 2\pi(0.14408-2)\cos 2\pi(0.5+0.5)$$
$$\cos 2\pi(-0.01352+1.5)$$
$$+ (8/2)f_{Ti}\cos 2\pi(2-2)\cos 2\pi(0.5)$$
$$\cos 2\pi(1.5)$$
$$+ (8/2)f_o \cos 2\pi(1.9352-2)\cos 2\pi(0.5+0.5)\cos 2\pi(0.1428+1.5)$$
$$+ 8f_o \cos 2\pi(1.1552-2)\cos 2\pi(0.0742+0.5)$$
$$\cos 2\pi(1.4216+1.5)$$
$$= -2.461 f_{Ca} + 4f_{Ti} + (-2.291-3.533)f_o$$
$$= -2.461 f_{Ca} + 4f_{Ti} - 5.824 f_o \tag{6.37}$$

となる．422 反射の $\sin\theta/\lambda$ ($=0.43$) より，原子散乱因子の表から $f_{Ca}=9.175$, $f_{Ti}=10.276$, $f_o=2.771$ が求まり，これらの値を式 (6.37) に代入すると，$F(422)=2.39$ が得られる．422 反射の場合には $h+l=2n$, $k=2n$ でのみ強度をもつという関係から，式 (6.36) はさらに簡略化でき

$$A = 8\cos 2\pi hx \cos 2\pi ky \cos 2\pi lz$$
$$B = 0 \tag{6.38}$$

が使える．このとき 422 反射の構造因子は，式 (6.37) と全く同様に

$$\sum_s fA = (8/2)f_{Ca}\cos 2\pi(0.14408)\cos 2\pi(0.5)$$
$$\cos 2\pi(-0.01352)$$
$$+ (8/2)f_{Ti}\cos 2\pi(2)\cos 2\pi(0)\cos 2\pi(0)$$
$$+ (8/2)f_o \cos 2\pi(1.9352)\cos 2\pi(0.5)$$
$$\cos 2\pi(0.1428)$$
$$+ 8f_o \cos 2\pi(1.1552)\cos 2\pi(0.0742)$$
$$\cos 2\pi(1.4216)$$
$$= -2.461 f_{Ca} + 4f_{Ti} + (-2.291-3.533)f_o$$
$$= -2.461 f_{Ca} + 4f_{Ti} - 5.824 f_o \tag{6.39}$$

となる．

6.3.4 消滅則

粉末法では回折ピークが重なって現れるため，消滅則という概念を実感することは難しい．なぜなら，消滅則を見つけるには多数の回折強度の情報が必要であり，さらに $h00$ 反射や $hk0$ 反射というゼロを含んだ特殊な反射間で，反射が出現する系統的な関係を求める必要があるからである．そのため，消滅則は主として単結晶構造解析で用いられる手法である．しかし，粉末法で未知構造を解析する場合（12 章）には重要となってくるので，原理を知っておくことは粉末法のユーザにとって有利である．粉末法で空間群を決定せざるを得ない場合には，電子顕微鏡の併用が強く推奨されている．この場合，電子線回折パターンの規則性（回折強度の対称性と消滅則）に注目するが，以下の単結晶 X 線回折の手法がそのまま踏襲できる．

反射の規則的な消滅から結晶格子と対称要素を決め，前に述べたラウエ群と照合することで空間群が決定できる．すなわち，逆格子に関する情報から，結晶の空間格子の型や並進を伴う対称操作を求める．たとえば，複合格子の逆格子は必ず部分的に欠けた格子になる．体心格子の逆格子では指数の和 $h+k+l$ が奇数である逆格子点が必ず欠ける．回折斑点が規則的に消えた X 線写真が撮れることから，消滅則（extinction rule, systematic absence）と呼ばれる．消滅則は空間群テーブルに原子座標ごとに与えられている．

消滅則の存在は，(6.31) で回折強度と結ばれる結晶構造因子の計算から証明される．6.3.3 で考えた NaCl 構造の面心立方格子を例に，消滅則と特殊な原子配列との関係を構造因子を使った計算から求めてみる．面心立方構造では，原子が座標 (x,y,z) にあれば，$(0,0,0)$ に対応する面心立方位置 $(\frac{1}{2},\frac{1}{2},0)$; $(0,\frac{1}{2},\frac{1}{2})$; $(\frac{1}{2},0,\frac{1}{2})$ を移動分として加えた $(x+\frac{1}{2},y+\frac{1}{2},z)$; $(x,y+\frac{1}{2},z+\frac{1}{2})$; $(x+\frac{1}{2},y,z+\frac{1}{2})$ にも必ず同種の原子が存在する．式 (1.2) あるいは (6.9) に代入して結晶構造因子を求めれば，

$$F(hkl) = \sum_j f_j T_j \Big[\exp 2\pi i (hx_j + ky_j + lz_j)$$
$$+ \exp 2\pi i \Big\{ h\Big(x_j+\frac{1}{2}\Big) + k\Big(y_j+\frac{1}{2}\Big) + lz_j \Big\}$$
$$+ \exp 2\pi i \Big\{ hx_j + k\Big(y_j+\frac{1}{2}\Big) + l\Big(z_j+\frac{1}{2}\Big) \Big\}$$
$$+ \exp 2\pi i \Big\{ h\Big(x_j+\frac{1}{2}\Big) + ky_j + l\Big(z_j+\frac{1}{2}\Big) \Big\} \Big]$$
$$= \sum_j f_j T_j \exp 2\pi i (hx_j + ky_j + lz_j)$$
$$[1 + \exp \pi i (h+k) + \exp \pi i (k+l)$$
$$+ \exp \pi i (h+l)] \qquad (6.40)$$

となる．以下 $\sum_j$ は j についての総和を表し，j は非対称単位内の原子の番号である．式 (6.40) 後半の等号の後の大括弧の中は，h,k,l の偶数，奇数の関係でゼロになることがある．たとえば，h が奇数で k と l が偶数の 322 反射では，

$$F(322) = \sum_j f_j T_j \exp 2\pi i (3x_j + 2y_j + 2z_j)$$
$$(1 + \exp 5\pi i + \exp 4\pi i + \exp 5\pi i)$$
$$= \sum_j f_j T_j \exp 2\pi i (3x_j + 2y_j + 2z_j)$$
$$(1-1+1-1)$$
$$= 0 \qquad (6.41)$$

と結晶構造因子がゼロになる．

消滅則と特殊な原子配列との関係を体心格子について考えてみる．体心格子では原子が座標 (x,y,z) にあれば，同種の原子が $(x+\frac{1}{2},y+\frac{1}{2},z+\frac{1}{2})$ にも必ず存在する．これら 2 つの原子座標を使って，体心格子の結晶構造因子を計算すると，

$$F(hkl) = \sum_j f_j T_j \Big[\exp 2\pi i (hx_j + ky_j + lz_j)$$
$$+ \exp 2\pi i \Big\{ h\Big(x_j+\frac{1}{2}\Big) + k\Big(y_j+\frac{1}{2}\Big)$$
$$+ l\Big(z_j+\frac{1}{2}\Big) \Big\} \Big]$$
$$= \sum_j f_j T_j \exp 2\pi i (hx_j + ky_j + lz_j)$$
$$[1 + \exp \pi i (h+k+l)] \qquad (6.42)$$

となる．後半の式の第 2 項は $h+k+l$ が奇数では，$\exp \pi i(h+k+l) = -1$ となるため（付録 5，式 (A.20) 参照），大括弧内が $1-1=0$ となり，結晶構造因子がゼロになる．

映進面やらせん軸のような並進を伴う対称操作が存在するときにも，特定の逆格子面内や逆格子軸上に消滅則が現れる．空間群 $Pnma$ の完全表記 $P\,2_1/n\,2_1/m\,2_1/a$ には，単位格子内に分布する対称操作に関する情報が含まれている．格子が単純格子 P で斜方晶系に属することのほかに，最初の $2_1/n$ から，a 軸に平行な 2 回らせん軸 2_1 の存在と，a 軸に垂直な n 映進面の存在が読み取れる．前述したように，"/"は軸に垂直という意味である．同様に次の $2_1/m$ から b 軸に平行な 2 回らせん軸 2_1 と b 軸に垂直な鏡面が，3 番目の $2_1/a$ から c 軸に平行な 2 回らせん軸 2_1 と c 軸に垂直な a 映進面の存在が読み取れる．

空間群 $Pnma$ を例に，c 軸に垂直で a 軸方向に $\frac{1}{2}$ 並進で進む a 映進面が存在する場合を考える．このとき，原子が (x,y,z) に存在すれば，必ず $(x+\frac{1}{2},y,z')$ にも存在する．z' は c 軸に垂直な映進面の鏡面成分で写されるが，掛け算でゼロになる $l=0$ 反射に注目すると z 座標の項は消えてしまう．すなわち，逆格子の $hk0$ 面で h が奇数の反射が系統的に消滅する（図 6.12）．この場合も $hk0$ 反射の結晶構造因子を考えれば，その位相項が計算でき，

$$F(hk0) = \sum_j f_j T_j \Big[\exp 2\pi i (hx_j + ky_j)$$
$$+ \exp \pi i \Big\{ h\Big(x_j+\frac{1}{2}\Big) + ky_j \Big\} \Big]$$
$$= \sum_j f_j T_j \exp 2\pi i (hx_j + ky_j)[1 + \exp \pi i h]$$
$$\qquad (6.43)$$

から，後半の式の第 2 項は h が奇数でゼロになる．

らせん軸が存在するときには，$h00, 0k0, 00l$ 反射で奇数反射に消減則が現れる．

6.3.5 空間群を決める

単結晶解析のように，各ブラッグ反射で回折強度が独立に得られる場合について，空間群決定法を簡単に述べる．

まず，逆格子点のX線強度分布に着目する．一般にX線回折ではフリーデル則が成り立つ．このため，逆格子点の強度分布は対称心をもち，11種類のラウエ群のいずれかに属する．一般には最初に，単結晶X線回折写真（あるいは，電子線回折パターン）を観測し，そのパターンの強度分布に現れる対称性を吟味する．たとえば，正方晶系の結晶でc軸に垂直な面を見れば，回折斑点の強度分布に4回対称が存在している．実際には，回転軸や鏡面対称の有無をさまざ

表6.3 斜方晶系における消減則と空間群の関係（一部分のみ）
ORTHORHOMBIC, Laue class mmm $(2/m\ 2/m\ 2/m)$

Reflection conditions							Laue class mmm $(2/m\ 2/m\ 2/m)$			
								Point group		
hkl	$0kl$	$h0l$	$hk0$	$h00$	$0k0$	$00l$	Extinction symbol	222	$mm2$ $m2m$ $2mm$	mmm
	l	$h+l$		h		l	Pcn-		$Pcn2(30)$	$Pcnm(53)$
	l	$h+l$	h	h		l	$Pcna$			$Pcna(50)$
	l	$h+l$	k	h	k	l	$Pcnb$			$Pcnb(60)$
	l	$h+l$	$h+k$	h	k	l	$Pcnn$			$Pcnn(52)$
	$k+l$				k	l	Pn--		$Pnm2_1(31)$ $Pn2_1m(31)$	$Pnmm(59)$
	$k+l$		h	h	k	l	Pn-a		$Pn2_1a(33)$	**Pnma**(62)
	$k+l$		k		k	l	Pn-b		$Pn2b(30)$	$Pnmb(53)$
	$k+l$		$h+k$	h	k	l	Pn-n		$Pn2n(34)$	$Pnmn(58)$
	$k+l$	h		h	k	l	Pna-		**Pna2$_1$**(33)	$Pnam(62)$
	$k+l$	h	h	h	k	l	$Pnaa$			$Pnaa(56)$
	$k+l$	h	k	h	k	l	$Pnab$			$Pnab(60)$
	$k+l$	h	$h+k$	h	k	l	$Pnan$			$Pnan(52)$
	$k+l$	l			k	l	Pnc-		**Pnc2**(30)	$Pncm(53)$
	$k+l$	l	h	h	k	l	$Pnca$			$Pnca(60)$
	$k+l$	l	k		k	l	$Pncb$			$Pncb(50)$
	$k+l$	l	$h+k$	h	k	l	$Pncn$			$Pncn(52)$
	$k+l$	$h+l$			k	l	Pnn-		**Pnc2**(34)	**Pnnm**(58)
	$k+l$	$h+l$	h	h	k	l	$Pnna$			**Pnna**(52)
	$k+l$	$h+l$	k	h	k	l	$Pnnb$			$Pnnb(52)$
	$k+l$	$h+l$	$h+k$	h	k	l	$Pnnn$			**Pnnn**(48)
$h+k$	k	h	$h+k$	h	k		C---	**C222**(21)	**Cmm2**(35) $Cm2m(38)$ $C2mm(38)$	**Cmmm**(65)
$h+k$	k	h	$h+k$	h	k	l	C--2_1	**C222$_1$**(20)		
$h+k$	k	h	h,k	h	k		C--(ab)		$Cm2a(39)$ $C2mb(39)$	**Cmma**(67) $Cmmb(67)$
$h+k$	k	h,l	$h+k$	h	k	l	C-c-		**Cmc2$_1$**(36) $C2cm(40)$	**Cmcm**(63)
$h+k$	k	h,l	h,k	h	k	l	C-$c(ab)$		$C2cb(41)$	**Cmca**(64)
$h+k$	k,l	h	$h+k$	h	k	l	Cc--		$Ccm2_1(36)$ $Cc2m(40)$	**Ccmm**(63)

まな逆格子面で次々と求めていく．もし逆格子全体を観察できれば，X線強度の重みをもつ逆格子点の対称性から，ラウエ群を決定できる．

このようにしてラウエ群が決まったら，引き続き消滅則を導いていく．$CaTiO_3$を例に説明する．この結晶は斜方晶系，P格子，ラウエ群mmmに属するので，International Tables, Vol. Aから，ラウエ群がmmmで反射条件がhkl : no conditions ; $0kl : k+l = 2n$ という条件を満たす空間群を探し出す．表6.3に空間群検索のための規則性リストの一部を示す．

表では，左から右へ順にたどる．いちばん左のhklの欄が空白になっているところは，hkl反射で系統的な消滅がないことを意味する．いまはP格子を選んだので空欄であるが，下の数行に示すように，ここに$hkl : h+k=2n$とあればC底心格子を意味する．このように，まずはhkl反射全体の規則性から格子型を導く．

$CaTiO_3$の場合，次の$0kl$欄に$k+l=2n$という条件があるので，表6.3では中央部分に限定される．これは，a軸に垂直にn映進面が存在しているためである．ちなみに，$0kl, h0l, hk0$反射での消滅則は，それぞれa, b, c軸に垂直な映進面の有無を示す．b軸に垂直に鏡面が存在し，映進面がないことから，$h0l$では空欄で系統的な消滅がないところに対応する．c軸に垂直なa映進面の存在から，$hk0$反射での回折強度分布には$h=2n$という条件が出現する．実際の実験の場合には，消滅則の規則性を表6.3の左から$hk0$欄までたどり，上から7行目の1つの空間群に絞ることができる．$h00 : h=2n ; 0k0 : k=2n ; 00l : l=2n$の条件も確認した上で，空間群の可能性$Pn$-$a$に達する．

"-"の表示は，求める空間群の対応する部分について，その対称要素が消滅則だけでは決められないことを示している．この例では，点群$m2m$の$Pn2_1a$と点群mmmの$Pnma$の可能性が残っている．前者の空間群には対称心がなく，後者には対称心が存在する．統計的手法がないわけではないが，一般に回折強度分布から両空間群を区別することはできない．一義的に空間群が決まらないときには，統計法や異常分散利用に加え，物性測定などの他の手法を併用する．実際に構造解析した結果，R因子（表7.2参照）に有意義な差が現われ，R因子の低い構造を採用できる場合もある．

6.3.6 積分反射強度

結晶によるX線回折の場合，その回折強度は式(6.31)で与えられる．その式にはラウエ関数が含まれるので，幾何学的には極めて鋭いX線強度を観測しなければならない．しかし，実際に利用するX線は有限の大きさやエネルギー幅・発散角をもつので，ラウエの回折条件を満たす近傍で波長や散乱角に対して積分した強度を測定している．それを反射強度と考え，式(6.31)から$|F(\boldsymbol{k})|$の相対値を求めている．この強度を積分反射強度といい，どのような積分になるかは実験法により異なる．

積分反射強度を求めることはラウエ関数を積分することであり，最終的には，逆格子空間内で散乱に寄与する体積を求めることにほかならない．積分反射強度は，他の変数がすべて一定であっても，X線の入射角θに方向依存する量であり，

$$J = \int_{\theta_0 - \Delta\theta/2}^{\theta_0 + \Delta\theta/2} R(\theta) d\theta \qquad (6.44)$$

と定義できる[8]．ここで，$R(\theta)$は入射強度に対する回折X線の単位時間当たりのエネルギー流量比，θ_0は回折強度が最大となるブラッグ角，$\Delta\theta$は回折する範囲を示す．回転結晶法や4軸回折計の測定で得られる積分反射強度は，簡略化すると，

$$J = CI_e p |F(\boldsymbol{k})|^2 \left(\frac{1}{\sin 2\theta}\right) \qquad (6.45)$$

と書ける．ここで，pは入射X線に偏りがないときの偏光因子，Cは定数である．$1/\sin 2\theta$を回転結晶法でのローレンツ因子と呼ぶ．結晶が有限の大きさであるため，実際の逆格子点は広がりをもっている．その広がった逆格子点が反射球を切る時間を見てみると，ブラッグ反射で異なるため，ローレンツ因子として積分反射強度の式に入ってくる．

6.3.7 単結晶から粉末結晶へ

粉末結晶は，正確に回折条件を満足しているものから，ある程度その条件を満たしているものまで，X線の入射角（散乱角）の方向に散乱の許容範囲$\Delta\theta$をもっている．そのため，単結晶法の式(6.45)と同様に粉末回折でもローレンツ因子を考えることができる．その粉末回折線の積分反射強度についても，

$$L_1 = \frac{1}{\sin 2\theta} \qquad (6.46)$$

に比例する．

粉末法で用いる試料は，不規則な方向を向いた微結

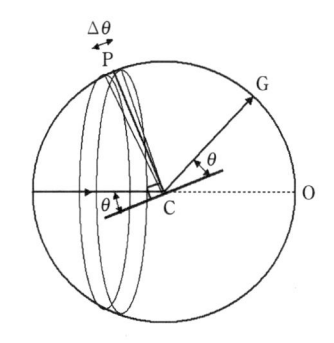

図6.23 反射球での結晶面の法線 CP とその広がりの分布

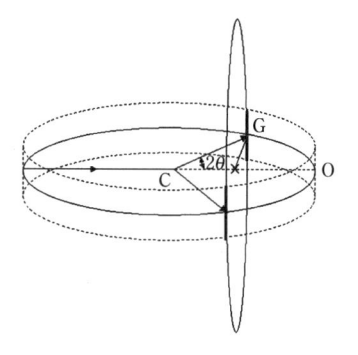

図6.24 粉末回折線(デバイ-シェラー環)

晶(結晶子)の集合である.ここでは,結晶子からの回折の間に干渉がなく,反射強度の和が試料全体からの回折強度を与えると考える.すなわち,結晶子の数に依存すると考える.

図6.23の反射球(半径$1/\lambda$)において,結晶子は球の表面全体に均一に分布していると考える.すなわち,全結晶子の数Nを球全体の表面積で表し,$4\pi(1/\lambda)^2$とおく.このときに,反射に寄与する結晶子の数ΔNを見積る.図6.23で,直線CPを1粒の粉末結晶子のhkl反射面に垂直にとる.散乱の許容範囲を$\Delta\theta$とすると,法線CPの一端が球面上の$(1/\lambda)\Delta\theta$の幅にあるときにのみ,この結晶子が反射に寄与する.図の帯状の面積は,

$$\Delta N = \left(\frac{1}{\lambda}\right)\Delta\theta\, 2\pi\left(\frac{1}{\lambda}\right)\sin(90°-\theta)$$
$$= 2\pi\left(\frac{1}{\lambda}\right)^2\Delta\theta\cos\theta \quad (6.47)$$

である.したがって,回折条件を満たすように配列している結晶子の比率は

$$\frac{\Delta N}{N} = \left(\frac{1}{2}\right)\Delta\theta\cos\theta \quad (6.48)$$

となり,粉末回折線の積分反射強度は,

$$L_2 = \cos\theta \quad (6.49)$$

に比例する.

相対強度を測定するとき,図6.4(b)の回折X線の円錐について全強度を測るのではなく,一般にはある一定の長さを測る.たとえば,粉末回折計ではスリットでX線を切り出す.デバイ-シェラー法では,図6.24に示すように回折X線の円錐の一部をフィルムが切る.

図6.24でカメラ半径をRとすると,回折円錐の底面の半径は$R\sin 2\theta$である.したがって,回折円錐全体での回折線の長さは,$2\pi R\sin 2\theta$となる.用いる回折線の長さをΔRとすると,その比率$\Delta R/2\pi R\sin 2\theta$が実際に測定する反射強度に対応する.この比率が回折線の一定長さ当たりの積分反射強度を与えるため,積分強度は,

$$L_3 = \frac{1}{\sin 2\theta} \quad (6.50)$$

に比例することになる.

X線強度の計算式では,式(6.46),(6.49),(6.50)を1つにまとめ,粉末回折デバイ-シェラー法でのローレンツ因子$L(\theta)$として,

$$L(\theta) = L_1 L_2 L_3$$
$$= \left(\frac{1}{\sin 2\theta}\right)(\cos\theta)\left(\frac{1}{\sin 2\theta}\right)$$
$$= \frac{1}{4\sin^2\theta\cos\theta} \quad (6.51)$$

と整理される.7章の回折強度の式(7.2)に現れる$L(\theta_K)$に対応する.

6.4 結晶構造解析に必要な概念をやさしく学ぼう

6.4.1 サイト(席)

"原子が結晶(単位格子)中の特定の場所を占める"ことを表現するのに2通りの方法がある.一つは原子位置(atomic position)であり,単位格子中に含まれる原子の数だけの位置が存在する.もう一つは席(site)という概念であり,結晶学的に等価な原子位置をひとまとめにし,それぞれ独立な原子1個で代表させる.

表6.2を例に説明する.表の$CaTiO_3$には結晶中

に4つのサイト(席)が存在し,それぞれCaサイト,Tiサイト,O1サイト,O2サイトと呼ばれる.場合によっては,多重度とWyckoff記号を用いて$4c$サイトなどと呼ばれる.$CaTiO_3$には$4c$サイトが2種類ある(表6.2参照)ので,混同が起きないように注意する.

O_hサイト(正八面体席)やT_dサイト(正四面体席)というように席対称(点群)や配位多面体の名前で呼ぶ場合もある.その他にも特定のグループ内で慣用的に使われる記号がある.たとえば,スピネル(spinel)化合物では,正四面体席をAサイト,正八面体席をBサイトと呼んでいる.ケイ酸塩鉱物のオリビン(olivine)や輝石(pyroxene)では,陽イオンの入るひずんだ八面体席が2種類あり,さまざまなメタルイオンで占有されるので,M1サイトとM2サイトと呼んで区別している.

サイトを考えるとき,席対称は非常に重要である.サイトがどのような席対称をとるかは6.2で説明したが,注意してほしいのは,この席対称が点群で表されるということである.前述したように,点群とは空間中の1点が不動である対称操作の集合であり,サイトはその不動点である.その結果,サイトでの原子(電子)分布は,その点群の対称性を必ず満足しなければならない.たとえば,非等方性や非調和の熱振動を考えるとき,その熱振動の分布も点群の制約を受ける.あるいは,スプリットモデルを用いてサイト中の原子を2分割するとき,時間・空間平均された原子位置は点群の対称性の制約を受けている.

6.4.2 席 占 有 率

時間・空間平均されたことで2種類以上の原子が1種類のサイトを占有する場合の,イオンの席選択(site preference)を$CaTiO_3$を例に考えてみる.このようなことは,固溶体で頻繁に起こっている.十二配位Ca原子が入る$4c$位置をAサイト,六配位Ti原子が入る$4b$位置をBサイトと呼ぶ.このときのAとBの両サイトに,CaとTi原子がある割合で入っていると仮定する.

Aサイトに入るすべての原子の数を1に規格化したとき,Ca原子がAサイトを占める数(占有率)をqとする.このとき,"Ca原子がAサイトを占める席占有率(site occupancy)はqである"という.一方,Ti原子がAサイトを占める席占有率は$1-q$である.$CaTiO_3$ではCa原子とTi原子が定比1:1で存在し,AサイトとBサイトの数も定比1:1であるから,Ca原子とTi原子がBサイトを占める席占有率はそれぞれ$1-q$とqになる.

以上の席選択をX線の散乱能の違い,すなわち,結晶構造因子の式に含まれる原子散乱因子fで考えてみる.CaとTi原子の原子散乱因子をそれぞれf_{Ca},f_{Ti}とし,Aサイト全体の原子散乱因子をf^Aとおく.CaとTi原子が$q:(1-q)$で入るAサイトの原子散乱因子は

$$f^A = qf_{Ca} + (1-q)f_{Ti} \quad (6.52)$$

と2種類の原子の線形形式で与えられる.一方,Bサイト全体の原子散乱因子f^Bは

$$f^B = (1-q)f_{Ca} + qf_{Ti} \quad (6.53)$$

となる.したがって,最小二乗法などで式(1.2)や(6.9)の結晶構造因子を計算する場合に,j番目がAサイトに対応するとして原子散乱因子f_jを式(6.52)で置き換えればよい.すなわち,qを未知パラメーターとして精密化することができる.Bサイトが対応する引数を仮にmとすると,m番目の原子に対する計算にも同じパラメーターqを用いることから,式(6.53)の束縛条件がかかる.最小二乗法による結晶構造の精密化では,この束縛条件をqパラメーターの微分係数にも考慮する.この配慮を怠ると収束が悪くなる.

席占有率qの確度は原子散乱因子f_{Ca}とf_{Ti}との散乱能の差が大きいほどよい.これは散乱能が近似的に占有率qの1次関数になるためである.リートベルト解析では,原子番号が互いに大きく離れている原子でないと,席占有率を決めることは難しい.ただし,原子番号が近い原子間でも,測定に用いるX線の波長を任意に選ぶことができる放射光で異常分散を利用すると,fの値を大きく変えられ,散乱能に大きな差がつけられる.

6.4.3 温 度 因 子

熱振動の効果も式(6.9)に示したようにX線回折強度に入ってくる.熱振動の周期は10^{-13}s程度であり,X線が振動して通過する時間に比べてはるかに長い.このため瞬間瞬間では電子密度分布の周期は少しずつずれるが,時間平均をとると周期性が保たれる.この効果は原子の平衡位置からの変位確率とみなすことで結晶構造因子に含められ,温度因子(temperature factor)あるいは原子変位パラメーター

(atomic displacement parameter）と呼ばれる．

平均的な電子密度$\langle \rho(\boldsymbol{r}) \rangle$は，平衡位置からのずれの時間平均を表す分布関数$p(\boldsymbol{r})$と静止した原子の電子密度$\rho(\boldsymbol{r})$との畳み込みで表される．すなわち

$$\langle \rho(\boldsymbol{r}) \rangle = \int p(\boldsymbol{t}-\boldsymbol{r})\rho(\boldsymbol{r})\mathrm{d}r \quad (6.54)$$

であり，この式のフーリエ変換から平均的な原子散乱因子$\langle f(\boldsymbol{k}) \rangle$が

$$\langle f(\boldsymbol{k}) \rangle = \int p(\boldsymbol{r})\exp(2\pi \mathrm{i}\boldsymbol{k}\cdot\boldsymbol{r})\mathrm{d}r\, f(\boldsymbol{k}) \quad (6.55)$$

と定義される．

熱振動として調和振動を考え，平衡点からのずれが正規分布をとるとすれば，その分布関数は平均変位σで

$$p(\boldsymbol{r}) = \frac{1}{\sqrt{2\pi}}\frac{1}{\sigma}\exp\left(\frac{-r^2}{2\sigma^2}\right) \quad (6.56)$$

と表せる．そのフーリエ変換から平均的な原子散乱因子は

$$\langle f(\boldsymbol{k}) \rangle = f(\boldsymbol{k})\exp(-2\pi^2 k^2\sigma^2)$$
$$= f(\boldsymbol{k})\exp\left\{-B\left(\frac{\sin\theta}{\lambda}\right)^2\right\} \quad (6.57)$$

となる．ただし3次元の等方的な分布では$k = 2\sin\theta/\lambda$であり，$B\ (=8\pi^2\sigma^2)$は等方性温度因子（isotropic temperature factor）と呼ばれる．このとき，結晶構造因子の式 (6.9) の中のT_jは，式 (6.57) から$\exp\{-B_j(\sin\theta/\lambda)^2\}$となる．

熱振動を回転楕円体で考えると，式 (6.57) のexp項は，2次テンソルβ_{ij}で

$$T = \exp\{-(h^2\beta_{11}+k^2\beta_{22}+l^2\beta_{33}+2hk\beta_{12}+2hl\beta_{13}+2kl\beta_{23})\} \quad (6.58)$$

と展開できる．このβ_{ij}を非等方性温度因子（anisotropic temperature factor）と呼ぶ．非調和熱振動がある場合には，さらに高次のテンソルを用いて温度因子を表現することができる．

6.4.4 フリーデル則と異常分散

これまでフリーデル則が成り立つことを前提にラウエ群の説明をしてきた．フリーデル則の成立条件を調べるため，ここではフリーデル対の回折強度を求めてみる．式 (6.31) より，X線回折強度は結晶構造因子の絶対値の2乗に比例するので，$|F(hkl)|^2$と$|F(\bar{h}\bar{k}\bar{l})|^2$の計算を展開する．

結晶構造因子は付録5の式 (A.20) より三角関数で表現できるので，それを使って

$$F(hkl) = \sum_j f_j T_j \exp 2\pi \mathrm{i}(hx_j+ky_j+lz_j)$$
$$= \sum_j f_j T_j [\cos 2\pi(hx_j+ky_j+lz_j)$$
$$\quad + \mathrm{i}\sin 2\pi(hx_j+ky_j+lz_j)]$$
$$= \sum_j f_j T_j \cos 2\pi(hx_j+ky_j+lz_j)$$
$$\quad + \mathrm{i}\sum_j f_j T_j \sin 2\pi(hx_j+ky_j+lz_j) \quad (6.59)$$

と書き直す．この複素数$F(hkl)$を実数部と虚数部に分けて

$$F(hkl) = A(hkl) + \mathrm{i}B(hkl) \quad (6.60)$$

と表す．これは式 (6.35) と同じ表現である．絶対値$|F(hkl)|$は，複素平面上での長さであり，

$$|F(hkl)| = \sqrt{A(hkl)^2+B(hkl)^2}$$
$$= [\{\sum_j f_j T_j \cos 2\pi(hx+ky+lz)\}^2$$
$$\quad + \{\sum_j f_j T_j \sin 2\pi(hx+ky+lz)\}^2]^{1/2}$$
$$\quad (6.61)$$

となる．ただし，ここでは$f_j T_j$を実数と考える．その2乗は

$$|F(hkl)|^2 = [\sum_j f_j T_j \cos 2\pi(hx_j+ky_j+lz_j)]^2$$
$$\quad + [\sum_j f_j T_j \sin 2\pi(hx_j+ky_j+lz_j)]^2$$
$$\quad (6.62)$$

である．一方で，フリーデル対である$\bar{h}\bar{k}\bar{l}$反射の強度は

$$|F(\bar{h}\bar{k}\bar{l})|^2 = [\sum_j f_j T_j \cos\{-2\pi(hx_j+ky_j+lz_j)\}]^2$$
$$\quad + [\sum_j f_j T_j \sin\{-2\pi(hx_j+ky_j+lz_j)\}]^2$$
$$= [\sum_j f_j T_j \cos 2\pi(hx_j+ky_j+lz_j)]^2$$
$$\quad + [\sum_j f_j T_j \sin 2\pi(hx_j+ky_j+lz_j)]^2$$
$$\quad (6.63)$$

となり，式 (6.62) と一致する．よって両者のX線回折強度は等しくなる．

波長が短い光ほどプリズムで大きく屈折されるが，元素の吸収端では長波長側で屈折率が大きくなる．このような屈折率の分散を異常分散（anomalous dispersion）と呼んでいる．X線のエネルギー領域では，原子の内殻電子の結合エネルギーでX線吸収係数が大きく増加する光電効果が対応する．異常分散は，周期的に並んだ物質内電子の固有振動とX線とが共鳴散乱することでX線回折でも起こり，X線構造解析や絶対構造の決定の有力な道具となっている．

異常分散がある場合，式 (6.9) や (6.26) 中の原

子散乱因子 f は

$$f = f_0 + f' + if'' \quad (6.64)$$

と複素数で表現される．f' と f'' は異常分散項の実数部と虚数部である．異常分散があるときの結晶構造因子 $F^a(hkl)$ は

$$\begin{aligned}F^a(hkl) &= \sum_j (f_0 + f' + if'')_j T_j \exp 2\pi i(hx_j + ky_j + lz_j) \\ &= \sum_j f_{0j} T_j \exp 2\pi i(hx_j + ky_j + lz_j) \\ &\quad + \sum_j f'_j T_j \exp 2\pi i(hx_j + ky_j + lz_j) \\ &\quad + i\sum_j f''_j T_j \exp 2\pi i(hx_j + ky_j + lz_j) \\ &= F_0(hkl) + \Delta F'(hkl) + i\Delta F''(hkl)\end{aligned}$$
$$(6.65)$$

で与えられる．$F_0(hkl)$ は異常分散の寄与がないときの結晶構造因子である．$\Delta F'(hkl)$ と $\Delta F''(hkl)$ は，異常分散項 f' と f'' の結晶構造因子への寄与を実数部と虚数部に分けて整理した結果である．式 (6.65) は

$$F_0(hkl) = F^a(hkl) - \Delta F'(hkl) - i\Delta F''(hkl) \quad (6.66)$$

と変形でき，$F^a(hkl)$ が結晶構造に由来する位相を含むので，

$$|F_0(hkl)| = |F^a(hkl)| - \Delta F'(hkl) - i\Delta F''(hkl) \quad (6.67)$$

と展開できる．一方，式 (6.65) に対応させて，フリーデル対の反射 $\overline{hkl}$ に対して式を展開すると，

$$\begin{aligned}F^a(\overline{hkl}) &= F_0(\overline{hkl}) + \Delta F'(\overline{hkl}) + i\Delta F''(\overline{hkl}) \\ &= A_0(\overline{hkl}) + iB_0(\overline{hkl}) + \Delta F'(\overline{hkl}) \\ &\quad + i\Delta F''(\overline{hkl}) \\ &= A_0(hkl) - iB_0(hkl) + \Delta F'(hkl)^* \\ &\quad - i\Delta F''(hkl)^* \\ &= F_0(hkl)^* + \Delta F'(hkl)^* - i\Delta F''(hkl)^*\end{aligned}$$
$$(6.68)$$

が得られる．フリーデル対の反射 $\overline{hkl}$ について，共役複素数の絶対値は等しいから，式 (6.68) から

$$\begin{aligned}|F_0(hkl)| &= |F_0(hkl)^*| \\ &= |F^a(\overline{hkl})| - \Delta F'(hkl) + i\Delta F''(hkl)\end{aligned}$$
$$(6.69)$$

と変換でき，$F_0(hkl)$ の位相の解析が行える．

式 (6.67) と (6.69) を比べたとき，$|F_0(hkl)|$，$|F^a(hkl)|$，および $|F^a(\overline{hkl})|$ は測定可能な量である．また，式 (6.67) と (6.69) で，異常分散に起因する $\Delta F''(hkl)$ がゼロであれば，

$$|F^a(hkl)| = |F^a(\overline{hkl})| \quad (6.70)$$

となり，フリーデル則が成立する．

6.4.5 フーリエ合成

電子密度は結晶構造因子の逆フーリエ変換で示され，

$$\rho(\boldsymbol{r}) = \int F(\boldsymbol{k}) \exp(-2\pi i \boldsymbol{k} \cdot \boldsymbol{r}) d\boldsymbol{k}^* \quad (6.71)$$

となる（付録5，A-8，A-9参照）．式 (6.71) で反射の指数 hkl と原子座標 (x, y, z) が求まっていれば，

$$\begin{aligned}\rho(x, y, z) = \frac{1}{V} \sum_h \sum_k \sum_l F(hkl) \\ \exp\{-2\pi i(hx + ky + lz)\}\end{aligned} \quad (6.72)$$

が得られる．ここで，V は単位格子の体積，$F(000) = \sum_j Z_j$，すなわち単位格子中の全電子数である (6.3.1参照)．$\rho(x, y, z)$ の極大は原子位置に対応している．フーリエ合成 (Fourier synthesis) とは，原子座標から各反射の結晶構造因子を式 (6.9) で計算した後，式 (6.72) を用いて観測可能な反射データの指数から結晶内の電子密度分布を求めることをいう．得られた図形は，$1\,\text{Å}^3$ 当たりの電子数で表され，その単位は Å^{-3} である．

式 (6.72) は，観測 X 線強度から求まる結晶構造因子の絶対値 $|F(hkl)|$ を用いて

$$\begin{aligned}\rho(x, y, z) = \frac{1}{V} \sum_h \sum_k \sum_l |F(hkl)| \exp\{i\alpha(hkl)\} \\ \exp\{-2\pi i(hx + ky + lz)\}\end{aligned} \quad (6.73)$$

とも表現できる．ここで，$\alpha(hkl)$ は $F(hkl)$ が消失した"位相"である．$\alpha(hkl)$ を種々の解析法で求め，$F(hkl)$ を決定することが結晶構造解析の核心で

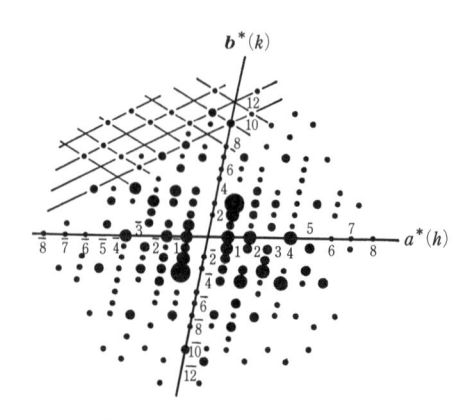

図 6.25 $CuSO_4 \cdot 5H_2O$ の逆格子 $(hk0)$ 面 $h+k=2n$ の直線上に大部分の観測反射がのる．

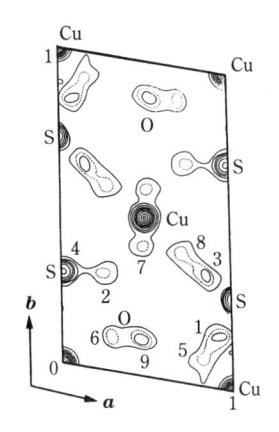

図 6.26 CuSO$_4$·5 H$_2$O の [001] 投影フーリエ合成図

ある.

単結晶構造解析の例ではあるが,フーリエ合成を利用して硫酸銅 CuSO$_4$·5 H$_2$O の未知構造を決定した例を紹介する[9]. $hk0$ 反射を利用して 2 次元反射データを解析し,結晶構造の [001] 投影を求める. $hk0$ 反射の解析からは原子の (x, y) 座標の情報が得られる.硫酸銅は三斜晶系に属するため対称性が低く,一般には解析が難しいと考えられる.この結晶の a^*-b^* 逆格子面上での X 線強度の配列を図 6.25 に示す.

X 線強度分布の特徴として,$h+k$ が奇数の反射強度が系統的に弱い.このことは,結晶構造が $a/2$, $b/2$ の単位格子(あるいは C 底心格子)で近似できることを意味する.この結晶で,最も重い Cu 原子が,対称中心をもつ原点 $(0,0)$ と底心 $(\frac{1}{2}, \frac{1}{2})$ にあることに対応する.

$h+k$ が偶数の反射の間では,同一の k のグループで似たような回折強度をもつ傾向がある.たとえば,$k=2$ の反射は弱く,$k=3, 4$ の反射は非常に強く,$k=5, 6$ の反射は弱いといった具合である.$k=3$ と 4 の間が最強であるとみると,2 番目に重い S 原子が $x=0$, $y=0.29$ $(=1/3.5)$ にあると考えられる.

以上のように,Cu 原子と S 原子の位置から位相を求め,フーリエ合成を行うと図 6.26 が得られる.Cu 原子と S 原子の高いピークのほかに,1~9 の数字がついた酸素原子のピークが現れている.

6.4.6 差フーリエ合成

差フーリエ合成(D 合成ともいう)は,観測した結晶構造因子 F_{obs} のかわりにモデルとの結晶構造因子の差 $(|F_{\text{obs}}|-|F_{\text{calc}}|)$ を係数としてフーリエ合成するフーリエ級数法であり,式 (6.73) に基づくと,

$$\rho_{\text{obs}} - \rho_{\text{calc}} = \frac{1}{V}\sum_h\sum_k\sum_l (|F_{\text{obs}}(hkl)|-|F_{\text{calc}}(hkl)|)$$
$$\exp\{i\alpha(hkl)\}\exp\{-2\pi i(hx+ky+lz)\}$$
(6.74)

で与えられる. $(|F_{\text{obs}}|-|F_{\text{calc}}|)$ を使って合成されたフーリエ図は,実際の構造と仮定した構造モデルとの間のずれを反映する.このため,差フーリエ合成は,新しい原子の位置を探索したり,すでにモデルに含まれる原子位置・温度因子を修正するのに優れている.また,原理的には,モデルが詳しくなればなるほど,モデルにはまだ含まれていない微細な情報が見えてくる.

差フーリエ合成の特徴は,もし位相 $\alpha(hkl)$ が正しければ,使った構造モデルと $|F_{\text{obs}}|$ で表される真の構造との違いを直接観察できることである.また,位相が部分的に間違っていても,$|F_{\text{obs}}|$ のフーリエ合成では得られない情報が抽出できる.すなわち,位相 $\alpha(hkl)$ が真の値からずれているとき,フーリエ合成では,$|F_{\text{obs}}|\approx|F_{\text{calc}}|$ の中で大きな値をもつ反射が深刻なずれを与え,間違ったモデルがつくられる.一方の差フーリエ合成では,$|F_{\text{obs}}|-|F_{\text{calc}}|\approx 0$ の反射の計算は値が小さくなるため,たとえ計算から除外されても大きな問題にはならない.

前述のペロブスカイトの例では,構造解析から相対的に重い原子である Ca と Ti 原子の座標が最初に求まる.すると,位相が重なり合ってくるため,Ca と Ti の情報のみを入れて差フーリエ合成を行うと,まだ割り当てられていなかった軽い O 原子の位置が差フーリエ図上に現れる.O 原子の位置も加えて F_{calc} を計算し直すと,位相がほぼ正しくなり,差フーリエ図上には大きな残存ピークはなくなる.最近の直接法のソフトウェアには,自動的に差フーリエ合成まで計算する場合が多い.

フーリエ合成あるいは差フーリエ合成は無限積分である.観測できる反射に限界があるため(付録 5,A-9 参照),級数打切り効果が必ず現れる.ただし,差フーリエ合成では,位相が正しい場合に級数打切り効果のピークは消える. F_{obs} と F_{calc} が等しいと,$|F_{\text{obs}}|-|F_{\text{calc}}|$ の引き算でキャンセルされ,積分値に残らないためである.このように,差フーリエ合成では級数打切り誤差を小さくすることができる.このた

め，水素原子位置の決定や結合電子の検出に有効な手段となっている．

6.5 中性子の利用

6.5.1 中性子回折の特徴

X線は電磁波であり，主として結晶内電子と電磁的相互作用をする．中性子は電荷をもたない粒子線であり，原子核や磁性電子の磁気モーメントと相互作用する（核散乱と磁気散乱）．波長λとエネルギーEの関係は，X線で$E\,[\mathrm{keV}]=12.4/\lambda\,[\mathrm{\AA}]$，中性子で$E\,[\mathrm{eV}]=0.082/\lambda^2\,[\mathrm{\AA}]$である．回折に利用できる波長1Åで考えると，エネルギーは12.4 keVと82 meVであり，X線の方が15万倍ほどエネルギーが高い．中性子の80 meVというエネルギーは，電磁波では遠赤外線領域にあたり，結晶内分子の振動や回転のエネルギーに近い．この点で中性子回折では，結晶構造を調べながら，分子運動や格子振動の研究が展開できる．

中性子源には，原子炉からの熱中性子と加速器を利用したパルス中性子がある．原子炉内部で熱平衡状態に達した熱中性子は，マックスウェル（Maxwell）分布をとる連続波長をもち，狭い波長幅の中性子束を取り出すのにモノクロメーターが必要である．なお，マックスウェル分布の極大は炉内温度100℃のとき約1.6Åである．

パルス中性子源として広く利用されているのは，陽子加速器で加速された陽子をUやHgのターゲットに衝突させ，発生した高速中性子を減速材で減速させて得た白色パルス中性子である．この減速によって中性子のエネルギー分布とパルス波形の時間依存が決まる．中性子速度と波長の関係から，減速材から試料を通り検出器までの距離が一定のとき，飛行時間（time-of-flight：TOF）法で中性子のエネルギー測定から回折強度が求められる．

6.5.2 核 散 乱

中性子の原子核による散乱を理論的に求めることは困難とされている．核力が影響する領域は中性子の波長に比べ非常に小さいので，散乱ポテンシャルをフェルミ（Fermi）の擬ポテンシャルで表し，核散乱振幅（干渉性散乱長）bをボルン（Born）近似の範囲内で実験的に決めている．核散乱は，表6.4のFeのように同じ原子種でも核種によって散乱能が異なるので，

表6.4 中性子核散乱振幅 b（単位：fm）[10]

元素記号	同位体	存在比(%)	b	元素記号	同位体	存在比(%)	b
H			−3.739 (1)	Cr			3.635 (7)
	^{1}H	99.985	−3.741 (1)		^{52}Cr	83.79	4.92 (1)
	^{2}H (D)	0.015	6.671 (4)	Mn	^{55}Mn	100	−3.73 (2)
	^{3}H (T)		4.79 (3)	Fe			9.54 (6)
C			6.646 (1)		^{54}Fe	5.8	4.2 (1)
	^{12}C	98.90	6.651 (2)		^{56}Fe	91.7	10.03 (7)
	^{13}C	1.10	6.19 (9)		^{57}Fe	2.2	2.3 (1)
O			5.803 (4)	Co	^{59}Co	100	2.50 (3)
	^{16}O	99.762	5.803 (4)	Ni			10.3 (1)
	^{17}O	0.038	5.8 (1)		^{58}Ni	68.27	14.4 (1)
	^{18}O	0.200	5.84 (7)		^{60}Ni	26.10	2.8 (1)
Cl			9.5770(8)		^{61}Ni	1.13	7.60 (6)
	^{35}Cl	75.77	11.65 (2)		^{62}Ni	3.59	−8.7 (2)
	^{37}Cl	24.23	3.08 (6)		^{64}Ni	0.91	−0.38 (7)
Ti			−3.438 (2)	Cu			7.718(4)
	^{46}Ti	8.0	4.73 (6)		^{63}Cu	69.17	6.4 (2)
	^{47}Ti	7.3	3.5 (1)		^{65}Cu	30.83	10.6 (2)
	^{48}Ti	73.8	−6.03 (2)	Cd			5.1(3)−i 0.70(1)
	^{49}Ti	5.5	1.00 (5)		^{113}Cd	12.22	−8.0−i 5.7(1)
	^{50}Ti	5.4	5.93 (8)	Pb			9.402(2)
V			−0.382 (1)				
	^{51}V	99.750	−0.402 (2)				

原子の散乱振幅は同位体それぞれの散乱振幅を加重平均した $\langle b \rangle$ で与えられる．この $\langle b \rangle$ を用いれば，式 (6.9) で定義した結晶構造因子は，中性子回折においても

$$F_N(hkl) = \sum_j \langle b \rangle_j T_j \exp[2\pi i(hx_j + ky_j + lz_j)] \quad (6.75)$$

と表される．

核散乱振幅 b は，散乱角に依存せず一定であり，X線が原子番号によるのと異なりランダムな値である (表 6.4)[10]．ここでは，位相が散乱の前後で π だけ変化する通常の中性子の核散乱に対し，$b>0$ となるよう定義されている．したがって，共鳴散乱のため位相が変化しない ^{1}H, ^{48}Ti, ^{51}V, ^{55}Mn 同位体では b が負になる．また，^{113}Cd 同位体のように共鳴吸収により b が複素数になるものもある．同位体によって b が異なるため，たとえば，^{35}Cl ($b=11.65$) と ^{37}Cl ($b=3.08$) との散乱振幅の差を利用して，原子を識別することも行われている．

水素の中性子散乱では，ランダムな方向を向いた核スピン（=1/2）のため，非干渉性散乱が大きい．その散乱強度は，干渉性散乱の 46 倍程度である．そのため，回折強度測定で大きなバックグラウンドを与え，結晶解析には悪影響となる．この水素を重水素（核スピン 1）に置換すると，干渉性散乱と非干渉性散乱との比は 0.36 に改善され，低ノイズ化できる．このように重水素置換すると干渉性散乱の大きさが他の元素と同程度になり，結晶解析では重水素位置が高精度に決定できる．

中性子散乱実験でのビーム発散は，X線と比べ一般に大きい．これは，実験に必要な散乱強度を得るのに分解能を犠牲にし，発散ビームと同程度のモザイク結晶を分光結晶として用いるためである．このため，何らかの分解能関数を定義し，その関数で分解能を補正する必要がある．

6.5.3 磁気散乱

中性子は $\gamma = -1.9131 \mu_N$ (μ_N : 核磁子) の磁気モーメントをもっている．中性子のスピンは小さいので，原子の電子スピンとボルン近似が成り立つ範囲で磁気散乱 (magnetic scattering) を与える．式 (6.23) の X 線散乱振幅を $(e^2/mc^2)\sin\chi$ として比較すると，1 個の磁性電子による中性子の散乱振幅は，

表 6.5 中性子回折の磁気散乱振幅（$\times 10^{-12}$ cm）[11]

イオン	スピン量子数	磁気形状因子	
		$\sin\theta/\lambda = 0$ (Å)	$\sin\theta/\lambda = 0.25$ (Å)
Mn^{2+}	5/2	1.35	0.57
Mn^{3+}	2	1.08	0.46
Fe	1.11	0.60	0.35
Fe^{2+}	2	1.08	0.45
Fe^{3+}	5/2	1.35	0.57
Ni	0.3	0.16	0.10
Ni^{2+}	1	0.54	0.23

$2(e^2/mc^2)\gamma\sin\alpha$ となる．α は磁化方向と散乱ベクトルとのなす角である．

式 (6.26) の原子散乱因子に対応させて，1 個の原子によって磁気散乱される散乱能を求めると，

$$f_m = \int_{\text{atom}} S(\boldsymbol{r})\exp(2\pi i \boldsymbol{k}\cdot\boldsymbol{r}) dv \quad (6.76)$$

となる．ここで，f_m は磁気形状因子 (magnetic form factor)，$S(\boldsymbol{r})$ は散乱に寄与するスピン密度分布である．このように，磁気形状因子には磁気モーメントに直接寄与する電子密度のみが関係する．表 6.5 に磁気形状因子の角度依存を示す．

結晶構造因子は，式 (6.8) の表現で

$$F_M(\boldsymbol{k}) = \sum_j f_{m,j} T_j M_\perp \exp(2\pi i \boldsymbol{k}\cdot\boldsymbol{r}) \quad (6.77)$$

と書ける．ここで，$M_\perp$ は散乱ベクトル $\boldsymbol{k}$ に垂直な磁気モーメントの成分を取り出す演算子である．磁性原子を含む場合の中性子散乱強度は，式 (6.31) に対応させて，

$$I(hkl) \propto |F_N(hkl)|^2 + |F_M(hkl)|^2 \quad (6.78)$$

と表現できる．すなわち，核散乱構造因子と磁気散乱構造因子の絶対値の二乗和に比例する．

原子炉から出てきた中性子のスピンはランダムな方向を向いているが，飽和磁化された強磁性体単結晶をモノクロメーターとして用いることで，偏極した中性子も利用できる．このとき，結晶中の磁気モーメントの大きさや方向，その空間密度分布の情報を求めることができる．粉末結晶の場合でも単結晶と原理的に同じであるが，核反射の寄与の解析，磁区の制御，微結晶方位の考察など，特別な留意も必要になってくる．

［佐々木 聡］

文 献

1) W. Friedrich, P. Knipping and M. Laue, Sitzungs-

berichte der (Kgl.) Bayerische Akademie der Wissenschaften, 303 (1912); "Early Papers on Diffraction of X-Rays by Crystals," International Union of Crystallography (1969).
2) M. C. Escher, Symmetry Drawing, E 103 (1959).
3) T. Hahn, "International Tables for Crystallography," Vol. A, ed. by T. Hahn, Kluwer, Dordrecht (1983), pp. 101-707; *ibidem*, 5th ed., *online ed*. (2006), pp. 91-718.
4) H. Arnold, "International Tables for Crystallography," Vol. A, 5th ed., ed. by T. Hahn, Kluwer, Dordrecht (1983), pp. 69-80; *ibidem*, 5th ed., *online ed*. (2006), pp. 77-90.
5) D. T. Cromer and J. T. Waber, "International Tables for X-Ray Crystallography," Vol. IV, ed. by J. A. Ibers and W. C. Hamilton, Kynoch Press, Birmingham (1974), pp. 71-147.
6) E. N. Maslen, A. G. Fox, and M. A. O'Keefe, "International Tables for Crystallography," Vol. C, 1st ed., ed. by A. J. C. Wilson, Kluwer, Dordrecht (1992), pp. 476-519; *ibidem*, 3rd ed., ed. by E. Prince, *online ed*. (2006), pp. 554-589.
7) N. F. M. Henry and K. Lonsdale, "International Tables for X-Ray Crystallography," Vol. I, 1965 ed., ed. by N. F. M. Henry and K. Lonsdale, Kynoch Press, Birmingham (1965), pp. 373-525.
8) H. Lipson, "International Tables for X-Ray Crystallography," Vol. II, 3rd ed., ed. by J. S. Kasper and K. Lonsdale, Kynoch Press, Birmingham (1972), pp. 241-290.
9) C. A. Beevers and H. Lipson, *Proc. Roy. Soc. A*, 570 (1936).
10) V. F. Sears, "International Tables for Crystallography," Vol. C, 1st ed., ed. by A. J. C. Wilson, Kluwer, Dordrecht (1992), pp. 384-391; *ibidem*, 3rd ed., ed. by E. Prince, *online ed*. (2006), pp. 444-454.
11) G. E. Bacon, "International Tables for X-Ray Crystallography," Vol. III, 3rd ed., ed. by C. H. Macgillavry and G. D. Rieck, Reidel, Dordrecht (1983), pp. 227-232;（指数関数多項式の係数として）P. J. Brown, *ibidem*, 3rd ed., ed. by E. Prince, *online ed*. (2006), pp. 454-461.

7章 リートベルト法

7.1 リートベルト法の原理

粉末X線回折パターンは実に多様な情報を含んでいる．数値データだけ取り上げてみても，ピーク位置から格子定数，積分強度（回折プロファイルの面積）から結晶構造パラメーター（分率座標，占有率，原子変位パラメーター）と電子密度，プロファイルの広がりから結晶子サイズとミクロひずみ，混合物中の各相の尺度因子から質量分率がそれぞれ得られるのである．さらに粉末中性子回折では，積分強度から各磁性原子サイトの磁気モーメントまで決定できる．固体物理・化学，材料科学，地球科学において基本的に重要なこれらの物理量を同時に求めうる粉末回折データ解析技術がリートベルト法[1]である．

リートベルト法は粉末X線・中性子回折パターン全体を対象として結晶構造パラメーターと格子定数を直接，精密化する巧妙な解析法である．1969年にRietveld[1]が原子炉を利用する角度分散型（波長λ固定，2θ可変）粉末中性子回折のために考案した．現在では，特性X線や放射光を用いる角度分散X線回折[2,3]とパルス中性子を利用する飛行時間（time-of-flight：TOF）中性子回折にも応用分野が拡大している．

角度分散粉末X線回折装置により一定の2θ間隔で一連の回折強度y_i($i=1, 2, 3, \cdots$)を測定する場合について，リートベルト法の原理を説明しよう．リートベルト解析では，全粉末回折パターンに含まれている情報を最大限に抽出するために，近似構造モデルに基づいて計算した回折パターンを実測回折パターンに当てはめる（図7.1）．すなわち，i番目の回折点$2\theta_i$に対する計算強度を$f(2\theta_i ; x_1, x_2, x_3, \cdots) \equiv f_i(\boldsymbol{x})$，統計的重みを$w_i(=1/y_i)$としたとき，重み付き残差二乗和

$$S(\boldsymbol{x}) = \sum_i w_i [y_i - f_i(\boldsymbol{x})]^2 \qquad (7.1)$$

を最小とする1組の可変パラメーター$\boldsymbol{x}$を最小二乗法により精密化するのである．$f_i(\boldsymbol{x})$は$\boldsymbol{x}$について非線形なので，$\boldsymbol{x}$の初期値を与え，非線形最小二乗法により$\boldsymbol{x}$を反復改良せねばならない．

波長一定，2θ可変の角度分散型回折法の場合，実

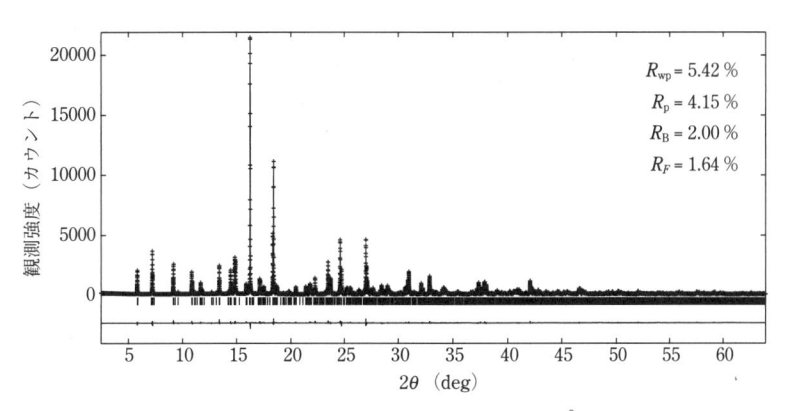

図7.1 $Sr_9In(PO_4)_7$の放射光粉末回折データ（$\lambda=0.85001$ Å）のリートベルト解析結果[4]

+のマークは観測強度y_i，それらに重ねてプロットされた実線は計算強度$f_i(\boldsymbol{x})$，いちばん下の実線は$y_i - f_i(\boldsymbol{x})$，その上の短い縦棒はブラッグ反射の位置を表す．

質的に y_i に寄与するブラッグ反射の強度を合計し，バックグラウンド強度 $y_b(2\theta_i)$ を加えると i 番目の測定点での $f_i(\boldsymbol{x})$ が得られる．

$$f_i(\boldsymbol{x}) = sS_R(\theta_i)A(\theta_i)D(\theta_i)\sum_K m_K|F(\boldsymbol{h}_K)|^2 P_K L(\theta_K)G(\Delta 2\theta_{iK}) + y_b(2\theta_i) \quad (7.2)$$

ここで，s は回折装置，測定条件，試料に依存する種々の定数をすべて吸収させた尺度因子，$S_R(\theta_i)$ はブラッグ-ブレンターノ光学系における平板試料表面の粗さ (surface roughness) の補正因子，$A(\theta_i)$ は吸収因子，$D(\theta_i)$ はブラッグ-ブレンターノ光学系において照射幅が一定となるように発散角を自動的に可変にする発散スリットを用いる際の補正因子，K は $2\theta_i$ におけるブラッグ反射強度に実質的に寄与する反射の番号，m_K はブラッグ反射の多重度，$F(\boldsymbol{h}_K)$ は結晶構造因子，$\boldsymbol{h}_K$ は回折指数 hkl を表すベクトル，P_K は試料の選択配向による回折強度の変動を補正するための選択配向関数，$L(\theta_K)$ はローレンツ・偏光因子，θ_K はブラッグ角，$G(\Delta 2\theta_{iK}) \equiv G(2\theta_i - 2\theta_K)$ は回折プロファイル形を近似するためのプロファイル関数を示す．

Thompson, Cox, Hastings[5] の擬フォークト関数 (7.3 参照) をプロファイル関数に用いるときの $\boldsymbol{x}$ を表 7.1 に列挙した．リートベルト法は複数の相を含む試料を扱えることから，全相に共通なパラメーターと各相に割り当てられるパラメーターに二分される．リートベルト解析の主目的は，結晶構造パラメーター（表 7.1 の 11～13）の精密化値を求めることにほかならない．このほか，P_K は選択配向パラメーター (9)，$y_b(2\theta_i)$ はバックグラウンドパラメーター (5)，θ_K は格子定数 (10)，$G(\Delta 2\theta_{iK})$ はピーク位置のずれに関係するパラメーター (1～3) および回折プロファイルの半値幅，減衰の程度，非対称性などを表現するためのプロファイルパラメーター (7, 8) を可変パラメーターとして含んでいる．

リートベルト法では，各反射の $F(\boldsymbol{h}_K)$ は結晶構造パラメーターから，そのブラッグ角 θ_K は格子定数から計算するため，重畳した反射を個々の反射に分離せずにすむ．ブラッグ反射の強度が非常に弱いということでさえ構造に関する重要な情報として抜かりなく取り込む．また全回折パターンを当てはめの対象とし，特性 X 線の場合 $K\alpha_2$ 反射の存在も考慮することから，結晶構造パラメーターばかりでなく格子定数 (10) も高い確度 (accuracy) と精度 (precision) で求まることも，リートベルト法の大きな利点である．

リートベルト解析結果の信頼性は，$f_i(\boldsymbol{x})$ をどれだけ真に近いモデルで計算できるかという点に依存している．的を射た構造モデル $[F(\boldsymbol{h}_K)]$ が必要なのはもとより，回折プロファイル $[G(\Delta 2\theta_{iK})]$ やバックグラウンド $[y_b(2\theta_i)]$ の形が実測パターンによく当

表 7.1 角度分散型データのリートベルト解析において精密化されるパラメーター

全相に共通なパラメーター		
1	ゼロ点シフト	Z
2	試料変位パラメーター	D_s
3	試料透過パラメーター	T_s
4	表面粗さパラメーター	p, q, t, r
5	バックグラウンドパラメーター	$b_0, b_1, b_2, \cdots$
各相に割り当てられるパラメーター		
6	尺度因子	s
7	対称プロファイルパラメーター	$U, V, W, P, X, Y, \xi, S_{hkl}$
8	非対称プロファイルパラメーター[†]	A_s あるいは $h_s/l_{sd}, h_d/l_{sd}$
9	選択配向パラメーター	$f_1, r_1, f_2, r_2, f_3, r_3$
10	格子定数[‡]	$a, b, c, \alpha, \beta, \gamma$
11	占有率	g_j
12	分率座標	x_j, y_j, z_j
13	等方性原子変位パラメーター	B_j あるいは
	異方性原子変位パラメーター	$\beta_{11j}, \beta_{22j}, \beta_{33j}, \beta_{12j}, \beta_{13j}, \beta_{23j}$

[†] 7.3.2 参照．
[‡] RIETAN-FP 実行時には，逆格子の基本テンソル $\boldsymbol{G}^*$ の要素 $a^{*2}, b^{*2}, c^{*2}, b^*c^*\cos\alpha^*, c^*a^*\cos\beta^*, a^*b^*\cos\gamma^*$ が精密化される（7.2.4 参照）．

てはまり，選択配向が P_K で適切に補正できる程度にとどまっていることも要求される．

粉末回折では3次元逆空間に点在している強度データが1次元の回折パターンへと投影されるため，θ_K の接近したブラッグ反射のプロファイルは必然的に重なり合う．したがって，粉末法で未知の構造を決定するのは，単結晶法を用いる場合に比べはるかに難しい．しかし，類縁構造をもつ化合物の探索，逆空間法による位相問題の解決あるいは直接空間法による原子配置の探索（12章参照），高分解能透過型電子顕微鏡による結晶構造像の直接観察などを通じ適切な初期結晶構造モデルを構築できれば，リートベルト法は強力な構造精密化の手段となる．ただし単結晶回折データと比べ情報量が少ない粉末回折データを使って結晶構造パラメーター以外の多数のパラメーターも精密化しなければならないリートベルト法を使いこなすには，結晶学の基礎知識ばかりでなく種々の指針やノウハウ[6]の会得が必要不可欠となる．

リートベルト法は，単結晶が合成できないときや双晶しか得られないときにやむを得ず利用するようなマイナーな解析法ではない．たとえば金属・無機材料のほとんどは多結晶であるが，単結晶と多結晶材料そのものの結晶構造は多かれ少なかれ異なっているのが常である．多結晶物質が発現する物性や化学的特性を構造的側面から理解するためのツールとして，リートベルト法は確固たる地位を築いている．一般に試料を合成しやすく，高温・低温・高圧・特殊雰囲気での測定が簡便であり，補正が困難な2次消衰効果がほぼ無視でき，精密な格子定数が得られ，格子ひずみと結晶子サイズが求まり，混合物中の各成分の含量を定量できることとあいまって，リートベルト法は独自の能力・存在意義・魅力をもっていることを強調しておく．

7.2 理論回折強度に含まれる関数

リートベルト法を活用するにあたっては，$f_i(\boldsymbol{x})$ に含まれる8つの関数 $S_R(\theta_i), A(\theta_i), D(\theta_i), F(\boldsymbol{h}_K), P_K, L_K, G(\Delta 2\theta_{iK}), y_b(2\theta_i)$ を理解しておくことが望ましい．これらのうち $G(\Delta 2\theta_{iK})$ だけは 7.3 で詳述するが，その他の関数についてはブラッグ角 θ_K の計算方法とともに本節の各項で説明していくこととする．すべて筆者が開発した多目的パターンフィッティングシステム RIETAN-FP に組み込まれている関数に対応しており，RIETAN-FP を用いるリートベルト解析に直接役立つ．

わが国では結晶学関連の学術用語が公式に制定されておらず，ほとんどの研究者が「方言」しか話さない（書かない）というのが現実である．本章では，国際結晶学連合（IUCr）の公式文書で使われている「標準語」の非公式な訳語を基本的に採用していることをお断りしておく．

7.2.1 表面粗さ補正因子：$S_R(\theta_i)$

ブラッグ-ブレンターノ光学系では，平板試料の表面が十分平滑でなければならない．表面に凹凸があると，凸部分が回折ビームの一部を吸収してしまう．この効果は 2θ が低くなるほど増大する．ただし多層膜ミラーで平行変換した特性X線や放射光を用いる平行ビーム光学系では，たとえ平板試料を用いたとしても，表面の粗さは回折強度の測定にとって実害ない．

表面荒さ補正因子 $S_R(\theta_i)$ として，

$$S_R(\theta_i) = 1 - p\exp(-q) + p\exp\left(-\frac{q}{\sin\theta_i}\right) \quad (7.3)$$

$$S_R(\theta_i) = 1 - t\left(\theta_i - \frac{\pi}{2}\right) \quad (7.4)$$

$$S_R(\theta_i) = r_s\left[1 - p\exp(-q) + p\exp\left(-\frac{q}{\sin\theta_i}\right)\right]$$
$$+ (1 - r_s)\left[1 - t\left(\theta_i - \frac{\pi}{2}\right)\right] \quad (7.5)$$

$$S_R(\theta_i) = 1 - pq(1-q) - \frac{pq(1-q/\sin\theta_i)}{\sin\theta_i} \quad (7.6)$$

という4つの関数が提案されている[7]．ここで，i は回折点の番号，p, q, t, r_s は最小二乗法で精密化すべきパラメーターである．式（7.5）は式（7.3），（7.4）の1次結合の形をもつ．

7.2.2 吸収因子：$A(\theta_i)$

RIETAN-FP では，ブラッグ-ブレンターノ・デバイ-シェラー透過型光学系を扱える．ブラッグ-ブレンターノ光学系では，試料の底までX線が届かなければ，吸収因子 $A(\theta_i)$ は θ_i と無関係に一定となる．キャピラリー中に封じた円筒形状の試料を用いるデバイ-シェラー光学系の場合，線吸収係数を μ，試料の半径を R とすれば，$A(\theta_i)$ は

$$A(\theta_i) = \exp[-(1.7133 - 0.0368\sin^2\theta_i)\mu R$$
$$+ (0.0927 + 0.375\sin^2\theta_i)(\mu R)^2] \quad (7.7)$$

と近似できる．ギニエ回折計のような透過型光学系の

場合，試料（平板とみなす）の厚みをt，試料とそれをマウントするフィルムの吸収係数と厚みの積の和をs_aとすると，$A(\theta_i)$は

$$A(\theta_i)=\frac{t}{\cos\theta_i}\exp\left(-\frac{s_a}{\cos\theta_i}\right) \quad (7.8)$$

と表される[3]．tは尺度因子に吸収させる．s_aは試料に直接入射したX線ビームの透過率から求める．

7.2.3 一定照射幅補正因子：$D(\theta_i)$

発散スリットの開口幅を変えることにより試料照射幅を一定とするブラッグ-ブレンターノ光学系では，試料の照射幅をl_s(mm)，最低角における発散角をω(°)，ゴニオメーター円の半径をR_g(mm)とすると，$D(\theta_i)$は

$$D(\theta_i)=\frac{2\tan\theta_i}{\omega}\left\{\left[\left(\frac{R_g}{l_s\cos\theta_i}\right)^2+1\right]^{1/2}-\frac{R_g}{l_s\cos\theta_i}\right\} \quad (7.9)$$

となる[8]．

7.2.4 ブラッグ角：θ_K

格子定数に関係する幾何学的パラメーターは正格子の基本テンソルGと逆格子の基本テンソルG^*を用いることにより，容易に計算できる[9]．GとG^*はそれぞれ付録の式（A.54）と（A.55）に与えた3行3列の行列である．たとえば単位胞の体積Vは$|G|^{1/2}$に等しい．

反射Kに対する逆格子ベクトルs_Kの大きさ$|s_K|$も，G^*を使えば簡単に求まる．すなわち，h,k,lを要素とする行マトリックスを$\tilde{h}$，列マトリックスをhとすれば，$|s_K|$は

$$|s_K|^2$$
$$=|ha^*+kb^*+lc^*|^2$$
$$=\tilde{h}G^*h$$
$$=(hkl)\begin{pmatrix} a^{*2} & a^*b^*\cos\gamma^* & a^*c^*\cos\beta^* \\ b^*a^*\cos\gamma^* & b^{*2} & b^*c^*\cos\alpha^* \\ c^*a^*\cos\beta^* & c^*b^*\cos\alpha^* & c^{*2} \end{pmatrix}\begin{pmatrix} h \\ k \\ l \end{pmatrix}$$
$$=h^2a^{*2}+k^2b^{*2}+l^2c^{*2}+2klb^*c^*\cos\alpha^*$$
$$+2lhc^*a^*\cos\beta^*+2hka^*b^*\cos\gamma^* \quad (7.10)$$

と表せる．$|s_K|$は格子面間隔d_Kの逆数に等しく，d_Kとθ_Kとはブラッグ条件

$$\lambda=2d_K\sin\theta_K \quad (7.11)$$

で関係づけられるので，

$$|s_K|=\frac{1}{d_K}=\frac{2\sin\theta_K}{\lambda}$$
$$=(h^2a^{*2}+k^2b^{*2}+l^2c^{*2}+2klb^*c^*\cos\alpha^*$$
$$+2lhc^*a^*\cos\beta^*+2hka^*b^*\cos\gamma^*)^{1/2} \quad (7.12)$$

という関係が成り立つ．リートベルト解析では，式（A.54）により格子定数をGに変換し，さらに$G^*=G^{-1}$の関係を使ってG^*へと変換する．θ_Kとd_Kは式（7.12）によりG^*の6要素$a^{*2},b^{*2},c^{*2},b^*c^*\cos\alpha^*,c^*a^*\cos\beta^*,a^*b^*\cos\gamma^*$から計算する．リートベルト解析において$x$の一部として実際に精密化するのは，格子定数そのものでなくG^*の6要素にほかならない．xの精密化が終わった後，G^*をG，さらに格子定数へと戻す．

7.2.5 結晶構造因子：$F(h_K)$

jを単位胞内の原子の番号，g_jを占有率，f_{0j}を原子散乱因子，f_j'とf_j''をそれぞれX線分散補正（X-ray dispersion correction）の実数部と虚数部，T_jをデバイ-ワラー因子（温度因子と呼ぶことが多い．6.4.3参照），x_j,y_j,z_jを分率座標（fractional coordinate）とすると，$F(h_K)$は

$$F(h_K)=\sum_j g_j(f_{0j}+f_j'+if_j'')T_j$$
$$\exp[2\pi i(hx_j+ky_j+lz_j)] \quad (7.13)$$

となる．$\sum_j$は単位胞中のすべての原子についての和を表す．実際には，非対称単位内の原子に対する結晶構造パラメーターだけを入力し，残りの同価位置の分率座標は各空間群に固有の対称操作により発生させる（11.1.3参照）．$f_{0j}+f_j'+if_j''$を干渉性散乱長b_cに置き換えれば，式（7.13）は中性子回折用の式としても通用する．f_{0j}は$\sin\theta_K/\lambda$の増加とともに単調に減少するのに対し，b_cは$\sin\theta_K/\lambda$に依存せず一定となる．

T_jは原子の熱振動に起因する回折強度の減少を表す因子であり，等方性調和熱振動で近似する場合，

$$T_j=\exp\left[-B_j\left(\frac{\sin\theta_K}{\lambda}\right)^2\right]=\exp\left[-8\pi^2U_j\left(\frac{\sin\theta_K}{\lambda}\right)^2\right] \quad (7.14)$$

で与えられる．ここで，B_jとU_jは等方性原子変位パラメーター（isotropic atomic displacement parameter. 等方性温度因子や等方性熱振動パラメーターとも呼ばれる）である．

一方，熱振動の異方性を表現する場合は

$$T_j=\exp[-(h^2\beta_{11j}+k^2\beta_{22j}+l^2\beta_{33j}$$

$$+2hk\beta_{12j}+2hl\beta_{13j}+2kl\beta_{23j})] \quad (7.15)$$

あるいは

$$T_j=\exp[-2\pi^2(h^2a^{*2}U_{11j}+k^2b^{*2}U_{22j}+l^2c^{*2}U_{33j}\\+2hka^*b^*U_{12j}+2hla^*c^*U_{13j}+2klb^*c^*U_{23j})]$$
$$(7.16)$$

という式を使う. $\beta_{11j}, \beta_{22j}, \cdots$ (無次元) および U_{11j}, $U_{22j}, \cdots$ (次元: L^2) を異方性原子変位パラメーター (anisotropic atomic displacement parameter. 非等方性温度因子や非等方性熱振動パラメーターともいう) と呼ぶ.

対称中心をもたない空間群に属する物質のX線回折データでは,X線分散効果のためにフリーデル対,すなわち hkl と $\overline{hkl}$ の $|F(\boldsymbol{h}_K)|$ に差が生じる (6.4.4 参照). 重原子を含む物質では,特に両者の差が大きくなる. RIETAN-FP では,このような空間群の場合, hkl と $\overline{hkl}$ の $F(\boldsymbol{h}_K)$ を別々に計算し, m_K を 2 で割ることにより $|F(\boldsymbol{h}_K)|$ の確度を高めている.

7.2.6 選択配向関数: P_K

粗大粒子の混入と選択配向は各反射の積分強度を変動させ,構造の精密化に支障をきたす.精密強度測定用試料の結晶子サイズは,$1\sim5\,\mu\mathrm{m}$ 程度が最適である.粗大粒子がわずかでも存在すると,単結晶的な回折挙動を示し,特定の反射の強度だけ跳ね上がってしまうおそれがある.したがって試料がメカノケミカルに変化しないように注意しながら,できるだけ均一に粉砕しなければならない.理想的には,合成段階で結晶子サイズを上記の範囲に調節することが望ましい.

結晶子サイズが数 μm を超え,板状や針状の晶相をとりやすい結晶は,多かれ少なかれ選択配向を呈する.試料板を用いた粉末X線回折実験では試料表面を平滑にする必要があるため,選択配向が顕著となりがちである.ビームの平行性が極度に高い放射光を利用する際,選択配向はとりわけ深刻さを増す.試料の結晶子サイズを数 μm 以下に抑えたり,デバイ-シェラー光学系でキャピラリーを回転させながら測定したりして,選択配向を最小限にとどめるよう努めなければならない.合成の段階で粒成長しすぎないよう注意するのも一法である.試料透過能の高いデバイ-シェラー光学系を用いる粉末中性子回折では,ふつう選択配向が軽微であることも指摘しておく.

Dollase[10] は種々の選択配向関数をテストし,March 関数の特殊なケース

$$p_K(r)=\frac{1}{m_K}\sum_{j=1}^{m_K}(r^2\cos^2\alpha_j+r^{-1}\sin^2\alpha_j)^{-3/2} \quad (7.17)$$

が最良の関数であると結論した.ただし,r は選択配向に伴う試料の圧縮あるいは伸長の程度と関係するパラメーター,α_j は選択配向ベクトル $h_p\boldsymbol{a}^*+k_p\boldsymbol{b}^*+l_p\boldsymbol{c}^*$ と反射 j の逆格子ベクトル $\boldsymbol{s}_j$ とのなす角である.選択配向ベクトルは板状結晶ではへき開面に垂直であり,針状結晶では伸長方向に等しい.$\sum_j$ は K と等価な全反射についての総和を表す.

最大 3 つまでの選択配向ベクトルに対応するため,RIETAN-FP では式 (7.17) の線形結合

$$P_K=f_1p_K(r_1)+f_2p_K(r_2)+f_3p_K(r_3)\\f_1+f_2+f_3=1 \quad (7.18)$$

で表される拡張 March-Dollase 選択配向関数を用いることにした.ここで,f_1, f_2, f_3 はそれぞれの選択配向の寄与である.March-Dollase 関数 (7.17) は $f_2=f_3=0$ の場合に相当する.

このほか,配向分布を球面調和関数に展開することにより選択配向を表現する方法もよく利用されるが,選択配向が非常に顕著な場合のモデル化に難点がある.どのような選択配向関数を使うにせよ,選択配向以外の要因で積分強度が合っていない場合に選択配向パラメーターを増やすと,見かけ上フィットがよくなってしまうということを肝に銘じなければならない.換言すれば,選択配向パラメーターは,積分強度に影響を与える(選択配向以外の)因子の誤差のはきだめになりかねないのである.

いずれにせよ,P_K により選択配向を十分な精度で補正するのは難しい.信頼性の高い結晶データを得るためには,上記のように試料合成・調製の段階で配向抑制のために工夫を凝らす必要がある.

7.2.7 ローレンツ・偏光因子: $L(\theta_K)$

ローレンツ・偏光因子 $L(\theta_K)$ は積分強度から $|F(\boldsymbol{h}_K)|$ を求めるときに施すべき 2 種の補正を合体した式である[3].

$$L(\theta_K)=\frac{1-u+u\cos^2 2\theta_M\cos^2 2\theta_K}{2\sin^2\theta_K\cos\theta_K} \quad (7.19)$$

ここで,θ_M はモノクロメーターのブラッグ角を示す.ブラッグ-ブレンターノとデバイ-シェラー光学系の場合,u の値は 0.5 (特性X線),約 0.1 (放射光.各装置の値は担当者に問い合わせること),ゼロ (中性子.偏光因子は不要) となる.

7.2.8 バックグラウンド関数：$y_b(2\theta_i)$

RIETAN-FP ではバックグラウンドパラメーター b_j 間の相関をできるだけ減らすため，$2\theta_i$ が $-1\sim1$ の間に入るように正規化した q_i を横座標とするルジャンドルの直交多項式

$$y_b(2\theta_i) = \sum_{j=0}^{M} b_j F_j(q_i) \quad (7.20)$$

$$F_j(q_i) = \left(\frac{2j-1}{j}\right) q_i F_{j-1}(q_i) - \left(\frac{j-1}{j}\right) F_{j-2}(q_i) \quad (7.21)$$

をバックグラウンド関数に採用している．ただし $F_0(q_i)=1$，$F_1(q_i)=q_i$ である．$S(\bm{x})$ は次数 M（最大 11）を増やすにつれ減少するが，次第に頭打ちとなっていく．b_j の標準偏差は M が大きくなるとともに増加する傾向がある．最終的な M の値は $S(\bm{x})$ と b_j の標準偏差に注目しつつ，慎重に決定しなければならない．バックグラウンドの形が複雑でないならば，M は 6～8 程度で十分であろう．

式 (7.20) は，キャピラリーに試料を充填するデバイ-シェラー光学系や無定形物質を含む試料のように複雑な形を呈するバックグラウンドにはうまく当てはまらない可能性がある．そういう場合は，ファイル *.bkg に記録したパターン $y'_b(2\theta_i)$ を式 (7.20) の右辺に掛けた形の複合バックグラウンド関数

$$y_b(2\theta_i) = y'_b(2\theta_i) \sum_{j=0}^{M} b_j F_j(q_i) \quad (7.22)$$

を使うとよい．$y'_b(2\theta_i)$ には，ふつうキャピラリー単独で測定した強度データの平滑化値あるいは試料の回折データから求めたバックグラウンドの平滑化値を用いる．データ点数は解析すべき試料の強度データの場合と同じにする．

7.3 プロファイル関数

7.3.1 対称プロファイル関数

角度分散型回折法では，特性 X 線，放射光（SR），中性子といった放射線の種類と関係なく，共通のプロファイル関数が使える．まずピーク位置 $2\theta_K$ を中心として対称なプロファイル関数 $G(\Delta 2\theta_{iK})$ について，次に 7.3.2 で対称プロファイル関数を非対称化する方法について述べる．対称プロファイル関数としては，$\eta:1-\eta$（η：ローレンツ成分分率）の積分強度比でローレンツ関数とガウス関数を足し合わせた擬フォークト関数

$$G(\Delta 2\theta_{iK}) = \eta \frac{2}{\pi H_K}\left[1+4\left(\frac{\Delta 2\theta_{iK}}{H_K}\right)^2\right]^{-1} + (1-\eta)\frac{2\sqrt{\ln 2}}{\sqrt{\pi} H_K} \exp\left[-4\ln 2\left(\frac{\Delta 2\theta_{iK}}{H_K}\right)^2\right] \quad (7.23)$$

とローレンツ関数の指数部を $-m$ に一般化したピアソン VII 関数

$$G(\Delta 2\theta_{iK}) = \frac{2\sqrt{2^{1/m}-1}\,\Gamma(m)}{\sqrt{\pi}\,\Gamma(m-1/2) H_K} \left[1+4(2^{1/m}-1)\left(\frac{\Delta 2\theta_{iK}}{H_K}\right)^2\right]^{-m} \quad (7.24)$$

が主流となっている[11]．式 (7.23)，(7.24) はいずれも $-\infty\sim+\infty$ の定積分が 1 となるように規格化されており，H_K は半値全幅，Γ はガンマ関数を表す．両者とも非常に柔軟性に富んでおり，裾が長く尾を引くローレンツ関数（$\eta=1, m=1$）から，裾へ向かうにつれ $G(\Delta 2\theta_{iK})$ が急激に減衰するガウス関数（$\eta=0, m=\infty$）までを連続的に近似しうる（図 7.2）．式 (7.23) はフォークト関数，すなわちガウス関数とローレンツ関数のコンボリューションをピーク高さの 1% 程度の最大誤差で近似できる．計算時間のかかる複素誤差関数を含むフォークト関数にかわり，しばしば使われている．

全回折パターンの当てはめを行うリートベルト法[1]，Pawley 法[12]（7.7 参照），Le Bail 法[13]（7.7 参照）のプログラムにプロファイル関数を組み込むには，プロファイル関数の右辺に含まれる 1 次プロファイルパラメーター（primary profile parameter：PPP）

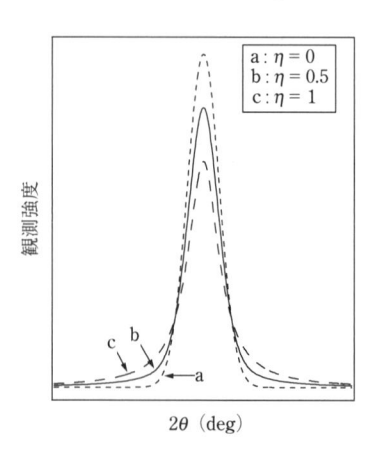

図 7.2 積分強度と半値幅の等しい 3 つの擬フォークト関数のプロファイル
a はガウス関数，c はローレンツ関数に相当する．

の θ_K 依存性を表す式が必要となる．式 (7.23) における PPP は η と H_K，式 (7.24) における PPP は m と H_K である．たとえば H_K は

$$H_K = (U \tan^2 \theta_K + V \tan \theta_K + W)^{1/2} \quad (7.25)$$

という式で粗く近似することが多い．PPP の θ_K 依存性の式の右辺に含まれる U, V, W のようなパラメーターを 2 次プロファイルパラメーター (secondary profile parameter : SPP) と呼ぶ．リートベルト法，Pawley 法，Le Bail 法で精密化されるのは PPP でなく SPP である．

Thompson, Cox, Hastings[5] は擬フォークト関数において，フォークト関数におけるローレンツ成分の半値全幅 H_{KL} の H_K に対する比の 3 次関数として η を近似する式

$$\eta = 1.36603 \frac{H_{KL}}{H_K} - 0.47719 \left(\frac{H_{KL}}{H_K}\right)^2 + 0.11116 \left(\frac{H_{KL}}{H_K}\right)^3 \quad (7.26)$$

を導いた．H_K は H_{KL} とフォークト関数におけるガウス成分の半値全幅 H_{KG} を含む多項式

$$H_K = (H_{KG}^5 + 2.69269 H_{KG}^4 H_{KL} + 2.42843 H_{KG}^3 H_{KL}^2 \\ + 4.47163 H_{KG}^2 H_{KL}^3 + 0.07842 H_{KG} H_{KL}^4 + H_{KL}^5)^{1/5} \quad (7.27)$$

により近似できるので，H_{KG} と H_{KL} から η と H_K，さらに $G(\Delta 2\theta_{iK})$ が求まる．

H_{KG} と H_{KL} の θ_K 依存性は，SPP としてそれぞれ U, V, W, P を含む

$$H_{KG} = [8 \ln 2 (U \tan^2 \theta_K + V \tan \theta_K + W + P \sec^2 \theta_K)]^{1/2} \quad (7.28)$$

と X, X_e, Y, Y_e を含む

$$H_{KL} = (X + X_e \cos \varphi_K) \sec \theta_K + (Y + Y_e \cos \varphi_K) \tan \theta_K \quad (7.29)$$

で表現する[14]．ただし，U, Y, Y_e はミクロひずみに起因するプロファイルの広がり，P, X, X_e は結晶子サイズの効果によるプロファイルの広がりに関係するパラメーターである．V と W は試料の結晶性とは無関係で，回折装置・光学系ごとに異なる値をとる．X_e と Y_e は hkl に依存した異方的なプロファイル広がりを表現するためのパラメーター，φ_K は異方的広がりの最も顕著な反射の逆格子ベクトル $h_a \boldsymbol{a}^* + k_a \boldsymbol{b}^* + l_a \boldsymbol{c}^*$ と $\boldsymbol{s}_K$ のなす鋭角を表す．Si 標準試料の SR 回折データから決定した H_{KG}, H_{KL}, H_K の 2θ 依存性を図 7.3 に示す．

結晶子サイズ L が約 0.1μm より小さい微結晶は

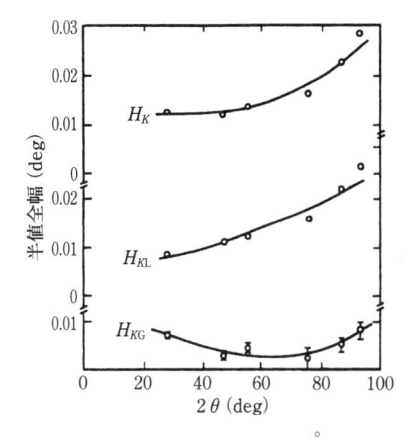

図 7.3 SR により $\lambda = 1.5216$ Å で測定した平板状 Si の粉末回折データにおける H_{KG}, H_{KL}, H_K の 2θ の依存性[2]
白丸は式 (7.23) による当てはめで求めた値，実線は H_{KG} を式 (7.28) ($U_e = P = 0$)，H_{KL} を式 (7.29) ($X_e = Y_e = 0$) で当てはめた結果．

広がった回折プロファイルを与え，H_K の広がり ΔH_K は $\sec \theta_K$ に比例する[15]．

$$\Delta H_K = \frac{\lambda \sec \theta_K}{L} \quad (7.30)$$

また，d_K の局所的変動に起因する格子ひずみ ε は $\tan \theta_K$ に比例した量

$$\Delta H_K = 2\varepsilon \tan \theta_K \quad (7.31)$$

だけ H_K を増やす[15]．したがって十分広い 2θ 範囲の回折データを解析すれば，P, X, X_e から L，Y と Y_e から ε をそれぞれ見積もることができる．L と ε の具体的な計算法については文献[14]を参照されたい．なお 5.4 では，別なアプローチによる L と ε の決定が記述されている．

Stephens[16] は異方性ミクロひずみによる H_K の広がりの寄与 Γ_s を含む擬フォークト関数を提案した．彼が導いた H_{KG} と H_{KL} の θ_K 依存性を表す式には誤りがあったため，現在では

$$H_{KG}^2 = 8 \ln 2 \{[U + (1-\zeta)^2 \Gamma_s^2 d^4] \tan^2 \theta_K + V \tan \theta_K \\ + W + P \sec^2 \theta_K\} \quad (7.32)$$

$$H_{KL} = X \sec \theta_K + (Y + \zeta \Gamma_s d^2) \tan \theta_K \quad (7.33)$$

がそれぞれ使われている[14]．ζ はローレンツひずみ成分の分率である．Γ_s は結晶系ごとに異なり，最大 15 個（三斜晶系）の異方性ひずみパラメーター S_{hkl} を含む．リートベルト解析では，S_{hkl} と ζ が精密化さ

れる．

7.3.2 プロファイルの非対称化法

実測のブラッグ反射は，特に低角領域で非対称なプロファイルを呈する．軸発散，試料内部へのX線の侵入，平板状試料の使用などのために，2θ が減少するにつれて回折プロファイルが低角側に長く裾を引くとともに，ピーク位置が低角側に移動する傾向がある[3]．

このような回折プロファイルの非対称性をプロファイル関数に導入する方法は，

(1) 対称プロファイル関数に非対称関数を掛ける[1,17]

(2) ピーク位置と面積の異なる対称プロファイル関数を複数重ね合わせる[18]

(3) 軸発散に起因する非対称性を試料の高さ $2h_s$，検出器の高さ $2h_d$，試料-検出器間の距離 l_{sd} の関数としてモデル化する[19]

(4) ピーク位置より低角側および高角側に異なる1次プロファイルパラメーターを1組ずつ割り当てる（分割プロファイル関数）[20]

という4通りのアプローチに大別される．RIETAN-FPには，(2)に属するHoward[18]の方法あるいは(3)に分類されるFingerら[19]の方法でThompsonら[5]の擬フォークト関数を非対称化したプロファイル関数，(4)に属する分割擬フォークト関数と分割ピアソンVII関数[20]が組み込まれている．

Howard[18]の方法では，シンプソン則積分多項式

$$G'(\Delta 2\theta_{iK}) = \frac{1}{3(n-1)} \sum_{j=1}^{n} g_j G(\Delta 2\theta'_{iK}) \quad (7.34)$$

$$\Delta 2\theta'_{iK} = \Delta 2\theta_{iK} + f_j A_s \cot 2\theta_K \quad (7.35)$$

により対称プロファイル関数 $G(\Delta 2\theta_{iK})$ を $G'(\Delta 2\theta_{iK})$ へと非対称化する．シンプソンの係数 g_j と f_j は重ね合わせる対称プロファイル関数の数 n ($=3,5,7,\cdots$) に依存する定数，A_s は非対称パラメーターである．この方法は，高分解能回折装置で測定したデータには不向きであり，非対称性が増すにつれ重畳反射の分裂が目立ってくるという欠点をもつ．特に20°以下の低角領域に反射が出現すると，実測・計算パターンの一致の程度（以下，フィットと記す）が悪化する．

Fingerら[19]の方法は物理的に意味のある理論式で非対称性を表現しているという点で健全である．現実の回折装置に固有な幾何学的パラメーター h_s/l_{sd} と h_d/l_{sd} に対応した形で対称プロファイル関数を非対称化できる（ふつうは両者を精密化する）．しかし非対称性をもたらす種々の効果[3]のうち軸発散だけを考慮しているにすぎず，あらゆる光学系向けに最適化されているわけでないため，低角領域でのフィットが不十分なままにとどまることも珍しくない．なお，h_s/l_{sd} と h_d/l_{sd} の値を推定するための手続きがPapoular[21]によって提案されている．

虎谷[20]は2つの分割プロファイル関数，すなわち分割擬フォークト関数

$$G(\Delta 2\theta_{iK}) = $$

$$\frac{(1+A)[\eta_H + \sqrt{\pi \ln 2}(1-\eta_H)]}{\eta_L + \sqrt{\pi \ln 2}(1-\eta_L) + A[\eta_H + \sqrt{\pi \ln 2}(1-\eta_H)]}$$

$$\times \left\{ \eta_L \frac{2}{\pi H_K} \left[1 + \left(\frac{1+A}{A}\right)^2 \left(\frac{\Delta 2\theta_{iK}}{H_K}\right)^2\right]^{-1} \right.$$

$$\left. + (1-\eta_L)\frac{2\sqrt{\ln 2}}{\sqrt{\pi} H_K} \exp\left[-\ln 2\left(\frac{1+A}{A}\right)^2 \left(\frac{\Delta 2\theta_{iK}}{H_K}\right)^2\right] \right\}$$

$$(7.36)$$

と分割ピアソンVII関数

$$G(\Delta 2\theta_{iK}) = \frac{2(1+A)}{\sqrt{\pi} H_K}$$

$$\left[\frac{A\Gamma(m_L - 1/2)}{\sqrt{2^{1/m_L}-1}\,\Gamma(m_L)} + \frac{\Gamma(m_H - 1/2)}{\sqrt{2^{1/m_H}-1}\,\Gamma(m_H)}\right]^{-1}$$

$$\left[1 + (2^{1/m_L}-1)\left(\frac{1+A}{A}\right)^2 \left(\frac{\Delta 2\theta_{iK}}{H_K}\right)^2\right]^{-m_L} \quad (7.37)$$

を提案した．ここで，A は非対称パラメーター，下付きのLとHはそれぞれ低角側 $\Delta 2\theta_{iK} < 0$ と高角側 $\Delta 2\theta_{iK} > 0$ の 2θ 範囲を示す．式 (7.36)，(7.37) はいずれも低角側にだけ通用する．高角側では，両式においてLとHを互いに交換するとともに A を $1/A$ で置き換えた形の関数に切り換える．ピークから裾にかけての減衰の程度を表す η と m が低角側と高角側で互いに異なることに注意してほしい．

両分割関数に含まれる1次プロファイルパラメーターの θ_K 依存性は，

$$H_K = [(U + U_e \cos^2 \varphi_K)\tan^2 \theta_K + V\tan\theta_K + W$$
$$+ P_e(\cos\varphi_K \sec\theta_K)^2]^{1/2} \quad (7.38)$$

$$\eta = \eta_0 + \eta_1(2\theta_K) \quad (7.39)$$

$$m = -1.517 + 0.980[m_0 + m_1(2\theta_K)]$$
$$+ 1.578[m_0 + m_1(2\theta_K)]^{-1} \quad (7.40)$$

$$A = A_0 + A_1(\sqrt{2} - \text{cosec}\,\theta_K) + A_2(2 - \text{cosec}^2\theta_K)$$
$$(7.41)$$

という経験式で近似する．$U, U_e, V, W, P_e, \eta_0, \eta_1, m_0, m_1, A_0, A_1, A_2$ が2次プロファイルパラメーター

である．式 (7.38) は式 (7.25) を拡張したものであるが，ミクロひずみと結晶子サイズの効果に起因する異方的プロファイル広がりに対応するため，それぞれ U_e と P_e が新たに導入されている．η と m については，それぞれ式 (7.39)，(7.40) を低角・高角側に独立に与える．

分割プロファイル関数 (7.36) と (7.37) は経験式にすぎず，Thompson ら[5]の擬フォークト関数がもつような物理的な意味を完全に失っている．しかし低角側と高角側のプロファイルを個別に扱うことから当てはめにおける柔軟性が高く，(1)〜(3) の手法で対称プロファイル関数を非対称化する場合に比べ，フィットが改善されることが多い．

7.3.3 ピーク位置の移動

ブラッグ-ブレンターノ光学系では，ゼロ点シフト以外に理想位置からの試料表面レベルのずれと試料内部への X 線の浸透もピーク位置をシフトさせる[3]．ゴニオメーター軸からの試料表面のずれを d_s，ゴニオメーター円の半径を R_g とすると，反射 K の回折角 $2\theta_K$ は

$$\Delta 2\theta_K = -\frac{2d_s}{R_g}\cos\theta_K = D_s \cos\theta_K \quad (7.42)$$

だけ理想位置からずれる．D_s を試料変位パラメーターと呼ぶ．一方，試料内部への X 線の浸透は

$$\Delta 2\theta_K = -\frac{1}{2\mu R_g}\sin 2\theta_K = T_s \sin 2\theta_K \quad (7.43)$$

だけピーク位置をずらす．質量吸収係数 μ の小さな軽元素だけを含む化合物では，試料透過パラメーター T_s ひいては $\Delta 2\theta_K$ がかなり大きくなる．

デバイ-シェラー光学系では，中心位置からの試料のずれと入射ビーム方向の偏心がそれぞれ $\cos\theta_K$ と $\sin 2\theta_K$ に比例した $\Delta 2\theta_K$ を与える．また試料による X 線の吸収に起因する $\Delta 2\theta_K$ も $\cos\theta_K$ に比例する．結局，ブラッグ-ブレンターノとデバイ-シェラー，いずれの光学系でも $\Delta 2\theta_K$ は $\cos\theta_K$ と $\sin 2\theta_K$ に比例した項の和で表されることから，$\Delta 2\theta_K$ はゼロ点シフト Z と式 (7.42)，(7.43) の右辺の和に等しくなる．

$$\Delta 2\theta_K = Z + D_s \cos\theta_K + T_s \sin 2\theta_K \quad (7.44)$$

RIETAN-FP には，Thompson ら[5]の擬フォークト関数と式 (7.44) とを組み合わせたプロファイル関数が組み込まれている．

分割プロファイル関数 (7.36) と (7.37) における $\Delta 2\theta_K$ の θ_K 依存性は 4 つの線形関数

$$\Delta 2\theta_K = t_0 + t_1 \cos 2\theta_K + t_2 \sin 2\theta_K + t_3 \tan\theta_K \quad (7.45)$$

$$\Delta 2\theta_K = t_0 + t_1(2\theta_K) + t_2(2\theta_K)^2 + t_3(2\theta_K)^3 \quad (7.46)$$

$$\Delta 2\theta_K = t_0 + t_1 \tan\theta_K + t_2 \tan^2\theta_K + t_3 \tan^3\theta_K \quad (7.47)$$

$$\Delta 2\theta_K = \sum_{j=0}^{3} t_j F_j(q_K) \quad (7.48)$$

から光学系や測定試料に適したものを 1 つ選ぶ．t_0〜t_3 は最小二乗法で精密化されるピーク位置変位パラメーターである．式 (7.48) では式 (7.20)，(7.22) と同様に，t_0〜t_3 間の相関を減らすため $2\theta_K$ あるいは $\tan\theta_K$ が -1〜1 の値となるように規格化した q_K を横座標とするルジャンドルの多項式を採用している．

7.3.4 プロファイルパラメーターを精密化する際の留意点

Thompson らの擬フォークト関数[5]と式 (7.32)，(7.33) を組み合わせた場合，回折プロファイルの非対称性に関係するパラメーターを除けば，リートベルト解析において精密化する (2 次) プロファイルパラメーターは $U, V, W, P, X, Y, \xi, S_{hkl}$ となる (表 7.1)．しかし，むやみに可変パラメーターの数を増やすと，パラメーター間の強い相関が災いし，不合理な値に収束したり，最小二乗計算の条件が悪化したり，最悪の場合，プログラムが停止したりする．また，プロファイルパラメーターの初期値によっては $S(\boldsymbol{x})$ が減少あるいは発散する可能性もある．標準試料の U, V, W, X, Y を出発値とし，ときには一部のプロファイルパラメーターを固定しながら解析を進めていくのが定石となっている．

ミクロひずみに起因するプロファイルの広がりは通常ガウス関数の形をとり，式 (7.31) からわかるように $\tan\theta_K$ に比例するので，U に吸収される[15]．他方，結晶子サイズの効果はふつうローレンツ関数形の広がりを呈し，式 (7.30) に示したように $\sec\theta_K$ に比例するため，X と関係する[15]．P は結晶子サイズの効果がガウス関数形の広がりを与えるという特殊な場合だけ精密化する (ふつうはゼロに固定する)．

U, V, W の間の相関が極めて強いことには十分注意を払わなければならない．いろいろな U, V, W の組合せがほとんど同じ残差二乗和 $S(\boldsymbol{x})$ を与えうる．また U, V, W, P を同時に精密化すると，正規方程

式中の係数行列が正定値（positive definite）でなく特異（singular）になってしまう．P を精密化したいときは，装置に固有な物理量 V と W の値を結晶性のよい標準試料であらかじめ決定しておき，実試料の解析では V と W をそれらの値に固定し，U と P だけを精密化するという，面倒な手続きをとらざるを得ない．

プロファイルパラメーターの初期値には，試料に依存した回折プロファイルの広がりがよほど著しくない限り，標準物質で求めた値を使う．ただし，真の解からかけ離れたプロファイルパラメーターを初期値に使うと，しばしば偽最小値に落ち込んでしまう．局所的な最小値に陥った場合，ある程度 R 因子（7.4.1 参照）が低いと，そのまま最終解と勘違いしかねない．RIETAN-FP を用いる場合，直接探索法の一種である共役方向法を選択するのが偽の極値から脱出するのに有効だが，必ずしも功を奏するとは限らないので，十分注意を払うべきである．

ゼロ点シフト Z, D_s, T_s と格子定数との相関が極めて強いことは直感的に理解できよう．T_s は試料に依存するので無理であるが，Z や D_s は標準サンプルの解析により（温度補正した格子定数に固定して）あらかじめ精密化しておいた値に固定するか，これらの値を出発値にするとよい．

7.3.5 部分プロファイル緩和の技法

式（7.38）〜（7.41）のような 1 次プロファイルパラメーター（PPP）の θ_K 依存性を表す関数は，少数の 2 次プロファイルパラメーター（SPP）から解析の対象となる全反射の PPP を計算するという重要な役割を受けもつ．SPP は一種の制約条件として PPP を束縛するが，あらゆる回折装置・試料・測定条件の組合せにおいて PPP と θ_K との関係を完璧に表現できるとは限らない．したがって，実際の PPP がその関数から逸脱するにつれ，実測パターンに計算パターンを当てはめにくくなり，一連の回折点で残差（観測強度－計算強度）$y_i - f_i(\boldsymbol{x})$ が系統的に正または負の側に偏る（serial correlation）という，最小二乗法の前提を満足しない解析結果をもたらす．

RIETAN-FP には，残差の大きさが目立つ孤立（非重畳）反射や裾が重なる程度の反射を対象とし，分割プロファイル関数の PPP（の一部）を独立に精密化する部分プロファイル緩和の技法が組み込まれている．式（7.25）を例にとれば，プロファイル緩和した反射では U, V, W でなく H_K を直接精密化することになる．これらの（半）孤立反射では，SPP でなく PPP から直接プロファイル関数を計算するのに対し，残りの反射では通常のリートベルト解析どおり，SPP からプロファイル関数を計算する．全反射の積分強度とピーク位置をそれぞれ結晶構造パラメーターと格子定数から算出するという点は，通常のリートベルト解析と変わらない．回折プロファイルの重畳がまれな低角領域の反射に主として適用するが，それらの反射におけるフィットの改善は，高角領域での当てはめにも間接的に好影響を及ぼす．

一般に，低い密度で空間的に広がって分布する電子（X 線回折）や原子核（中性子回折）に関する情報は低角領域の反射に含まれている．このため，X 線で化学結合を調べたり，X 線・中性子回折で原子の不規則分布を決定したり，中性子回折で磁気散乱（3d や 4f 軌道などの不対電子が関与）を解析したりする場合には，低角領域の全反射を解析に含めるべきである．さらに最低角の反射までリートベルト解析に含めれば，信頼性の高い占有率や原子変位パラメーターが得られ，両者の相関も減らすことができる．そのような意味で，低角領域の反射の当てはめを大幅に改善する部分プロファイル緩和法の出現は画期的であり，格子定数が比較的大きく，低角領域に反射が出現する化合物の構造解析にとって大きな福音といってよい．

RIETAN-FP では分割プロファイル関数を用いる場合に限り，部分プロファイル緩和をリートベルト解析に導入できる．図 7.4 に例示したように，分割プロファイル関数で低角反射の PPP を独立に精密化することにより，R 因子（7.4.1 参照）が多かれ少なかれ向上する．この解析では，ローレンツ成分とガウス成分が互いに異なる H_K をもつように式（7.36）を拡張した分割擬フォークト関数をプロファイル緩和した反射に適用し，残りの反射では式（7.36），（7.38），（7.39），（7.41）の組合せにより SPP を精密化した．

図 7.1 に示した $Sr_9In(PO_4)_7$ の放射光粉末 X 線回折データのリートベルト解析[4]では，分割擬フォークト関数をプロファイル関数に使用した．ただし，残差の大きさが目立つ 4 本の反射に対し拡張分割擬フォークト関数を適用し，PPP を独立に精密化した．図 7.1 に見られる究極的なフィットのよさは，部分プロファイル緩和と柔軟性の高い拡張分割擬フォークト関

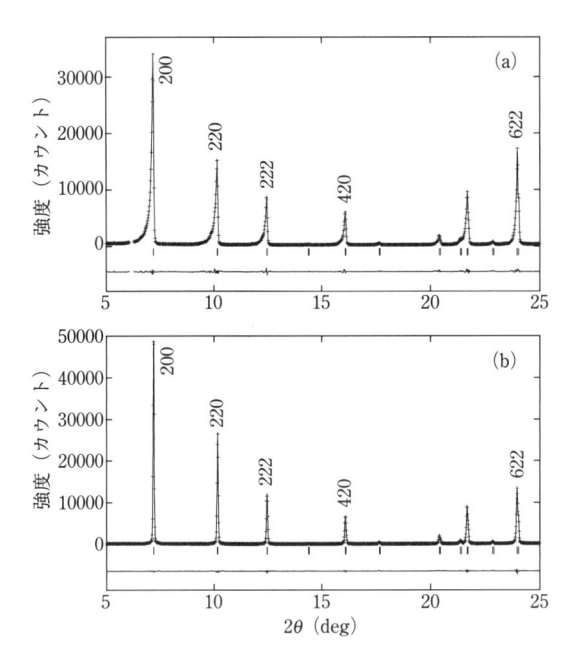

図7.4 水和Na-LTAのX線リートベルト解析パターンの最低角部分
CuKα特性X線を使用．ソーラースリットの開き角：(a) 5°，(b) 1°．

数の組合せに負うところが多い．

部分プロファイル緩和は緩和反射においてPPPの θ_K 依存性を全く近似・仮定せずにすむという点で健全である．残差の大きさの目立つ反射を"ねらい撃ち"してリートベルト解析結果をブラッシュアップできる．RIETAN-FPでは，リートベルト解析ばかりでなく，Le Bail解析（7.7参照）と最大エントロピー法（maximum entropy method: MEM）に基づく全回折パターンフィッティング（10.2.3参照）でも，部分プロファイル緩和を適用可能である．

7.4 リートベルト解析の進み具合と結果の評価

7.4.1 フィットのよさの尺度

リートベルト解析の進行や観測強度と計算強度との一致の程度を見積もるための指標[11]を表7.2に列挙した．最も重要な R 因子は，分子が残差二乗和 $S(\boldsymbol{x})$ に等しい R_{wp} である．ただし R_{wp} や R_p の分母は観測強度の総和に等しいので，回折強度やバックグラウンド強度がこれらの値を大きく左右する．そこで，統計的に予想される最小の R_{wp} である R_e と R_{wp} とを比較するための指標 S がフィットのよさを示す実質的な尺度として役立つ．$S=1$ は精密化が完璧であることを意味する．S が1.3より小さければ，満足すべき解析結果とみなしてよい[11]．

式（7.51）に含まれる $I_o(\boldsymbol{h}_K)$ と $I(\boldsymbol{h}_K)$ と関連し，「積分強度」はかなりあいまいな学術用語なので，つねにその定義を明示せねばならないということを強調しておく．粉末回折分野では，①反射 K の回折プロファイルとバックグラウンド強度で囲まれた部分の面積 $I(\boldsymbol{h}_K)$，② $|F(\boldsymbol{h}_K)|^2$，③ $m_K|F(\boldsymbol{h}_K)|^2$ という3通りの定義を使い分ける．表面粗さ，吸収，一定照射幅の効果を無視すれば，式（7.2）から

$$I(\boldsymbol{h}_K) = s m_K |F(\boldsymbol{h}_K)|^2 P_K L(\theta_K) \quad (7.56)$$

という式が得られる．以後，本章では $I(\boldsymbol{h}_K)$ を積分強度と呼ぶものとする．

R_B（R_I とも呼ぶ）と R_F は単結晶構造解析で広く用いられる R 因子に対応する．式（7.51），（7.52）にそれぞれ含まれる $I_o(\boldsymbol{h}_K)$ と $|F_o(\boldsymbol{h}_K)|$ は，孤立反射を除けば実際に観測された物理量でなく，次のような便法[1]で見積もる擬観測値にすぎない．

ステップ i において何本かの反射（番号：j）のプロファイルが重なっているとしよう．観測ブラッグ反射強度 y_{iB} は観測強度とバックグラウンド関数の差 $y_i - y_b(2\theta_i)$ に等しい．反射 K に対する観測積分強度 $I_o(\boldsymbol{h}_K)$ は，リートベルト解析後に最終精密化パラメーターから計算した各重畳反射のプロファイル強度 Y_{ij} に基づいて各ステップの y_{iB} を K に比例配分し，得られた値を数値積分することにより

表7.2 リートベルト解析の結果を評価するための指標
w_i は統計的重み，y_i は観測強度，$f_i(\boldsymbol{x})$ は理論回折強度，$I_o(\boldsymbol{h}_K)$ と $I(\boldsymbol{h}_K)$ は積分強度の推定観測値と計算値，$F_o(\boldsymbol{h}_K)$ と $F(\boldsymbol{h}_K)$ は結晶構造因子の推定観測値と計算値，N は全データ点数，P は精密化するパラメーターの数を示している．

$$R_{wp} = \left\{ \frac{\sum_i w_i [y_i - f_i(\boldsymbol{x})]^2}{\sum_i w_i y_i^2} \right\}^{1/2} \quad (7.49)$$

$$R_p = \frac{\sum_i |y_i - f_i(\boldsymbol{x})|}{\sum_i y_i} \quad (7.50)$$

$$R_B = \frac{\sum_K |I_o(\boldsymbol{h}_K) - I(\boldsymbol{h}_K)|}{\sum_K I_o(\boldsymbol{h}_K)} \quad (7.51)$$

$$R_F = \frac{\sum_K ||F_o(\boldsymbol{h}_K)| - |F(\boldsymbol{h}_K)||}{\sum_K |F_o(\boldsymbol{h}_K)|} \quad (7.52)$$

$$R_e = \left(\frac{N-P}{\sum_i w_i y_i^2} \right)^{1/2} \quad (7.53)$$

$$S = \frac{R_{wp}}{R_e} = \left\{ \frac{\sum_i w_i [y_i - f_i(\boldsymbol{x})]^2}{N-P} \right\}^{1/2} \quad (7.54)$$

$$d = \frac{\sum_{i=2}^{N} \{[y_i - f_i(\boldsymbol{x})] - [y_{i-1} - f_{i-1}(\boldsymbol{x})]\}^2}{\sum_{i=1}^{N} [y_i - f_i(\boldsymbol{x})]^2} \quad (7.55)$$

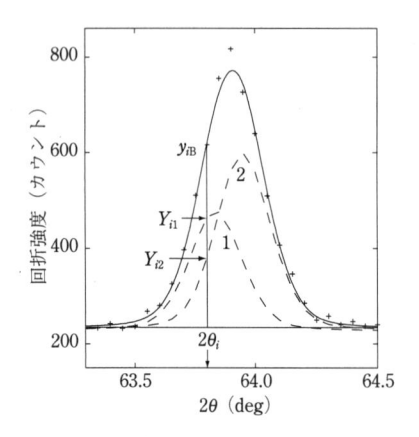

図7.5 $Tl_2(Ba_{0.8}Sr_{0.2})_2Ca_2Cu_3O_{10-\delta}$ の粉末中性子回折データにおける観測ブラッグ反射強度 y_{iB} と 2113 ($K=1$), 2016 ($K=2$) 反射の計算強度 Y_{i1}, Y_{i2}. $+$ は y_i, 実線の曲線は $f_i(\boldsymbol{x})$, 下の直線は $y_b(2\theta_i)$.

Durbin-Watson の d 統計値 (7.55)[22] は一連の残差 $y_i-f_i(\boldsymbol{x})$ 間の連続した相関を見積もる尺度 (理想値は2) であり, 精密化の進行具合を知るのにも役立つ. 式 (7.55) では, 各回折点における重み w_i をすべて1としていることに注意してほしい.

7.4.2 精密化パラメーターの標準偏差

リートベルト法で精密化したパラメーター j の標準偏差 σ_j は, 通常, 単結晶法の場合と同様な式で推定する[11].

$$\sigma_j = \left[\frac{M_{jj}^{-1}S(\boldsymbol{x})}{N-P+C}\right]^{1/2} \quad (7.61)$$

ただし, $\boldsymbol{M}^{-1}$ は正規方程式中の係数行列 $\boldsymbol{M}$ の逆行列, 下付きの jj は対角項, N は全回折データ数, P は精密化するパラメーターの数, C はパラメーターに課せられる線形制約条件の数を表す.

リートベルト解析における式 (7.61) の使用は, 必然的に σ_j の過小評価をもたらす. 式 (7.2) で表される理論回折強度 $f_i(\boldsymbol{x})$ に含まれる関数の一部が不完全 (たとえば特定の原子の位置が確定していない構造モデル, 不十分な選択配向補正, 実測パターンによく当てはまらないプロファイル関数やバックグラウンド関数) では, 隣接データの残差 $y_i-f_i(\boldsymbol{x})$ が系統的に正あるいは負となるのは, リートベルト解析では日常茶飯事である. 最小二乗法は測定値の誤差が正規分布するという前提に立脚しており, 式 (7.61) はこの条件が成立しているときの最小推定誤差に等しい. 一連の測定点における残差の系統的な相関は σ_j の過小評価をもたらす.

また式 (7.61) の分母において N は $P-C$ よりはるかに大きいので, 測定ステップ幅を狭め N を増やすにつれ, σ_j は減少していく. さらに σ_j は各ステップでの測定に費やす時間にも依存する. リートベルト解析用のデータを収集する場合, ステップ幅は最小半値全幅の 1/3〜1/5 程度, 最強反射のピーク位置における強度は 5000〜10000 カウントが最適範囲だとされている[22]. これ以上カウントを増やしても時間を浪費するだけで, 構造パラメーターの精度は向上しないばかりか, σ_j がかえって不正確になるおそれすらある.

リートベルト解析において厳密に σ_j を求める方法はいまだに見出されていない. リートベルト解析で求まった結晶構造パラメーター, ひいては原子間距離や結合角などについて議論する際には, σ_j がかなり過

$$I_o(\boldsymbol{h}_K) = \Delta 2\theta \sum_i y_{iB}\frac{Y_{iK}}{\sum_j Y_{ij}} \quad (7.57)$$

と近似する (図 7.5). ただし, $\Delta 2\theta$ はステップ幅, Y_{iK} は反射 K のブラッグ反射強度の計算値, $\sum_i$ と $\sum_j$ はそれぞれ反射 K に寄与する全回折点と y_{iB} に寄与する全反射についての和を表す. 式 (7.2) から

$$Y_{iK} = sm_K|F(\boldsymbol{h}_K)|^2 P_K L(\theta_K) G(\Delta\theta_{iK}) \quad (7.58)$$

が導ける. K を j に置き換えれば Y_{ij} となる. 式 (7.52) 中の $|F_o(\boldsymbol{h}_K)|$ は $I_o(\boldsymbol{h}_K)$ から容易に求まる.

$$|F_o(\boldsymbol{h}_K)| = \left[\frac{I_o(\boldsymbol{h}_K)}{sm_K P_K L(\theta_K)}\right]^{1/2} \quad (7.59)$$

孤立反射 ($j=K$) の場合, 式 (7.57) 中の $Y_{iK}/\sum_j Y_{ij}$ は 1 に等しいため,

$$I_o(\boldsymbol{h}_K) = \Delta 2\theta \sum_i y_{iB} \quad (7.60)$$

という $F(\boldsymbol{h}_K)$ を含まない式となる. したがって, 粗大粒子や選択配向などの効果が無視でき, 統計精度の十分高い強度データさえ得られれば, 構造モデルの影響を受けない $I_o(\boldsymbol{h}_K)$ が得られる. 他方, Y_{iK} は $F(\boldsymbol{h}_K)$ を含むので, 重畳反射の $I_o(\boldsymbol{h}_K)$ にはリートベルト解析における構造モデル寄りのバイアスが必然的にかかり[6], 系統誤差が $I_o(\boldsymbol{h}_K)$ の確度を大なり小なり低下させる. しかし, R_B と R_F は他の R 因子よりも結晶構造パラメーターの確度を忠実に反映するため, それなりに有用である.

小評価される傾向にあることを必ず念頭に置くべきである．

7.5 リートベルト解析の手順

実際の試料にリートベルト法を適用する際には，次のような手順で解析を進めていく（図7.6）．

(1) 試料の空間群が未知な場合は，粉末回折パターン中の反射を指数付けし，消滅則から可能な空間群を絞り込む[23]．必要に応じて，電子顕微鏡により撮影した制限視野回折像も併用する．

(2) 何らかの方法で格子定数を求める．それらの値はリートベルト解析における初期値として用いる．

(3) 化学組成，結晶化学的な知見，同形・類縁構造化合物の検索，化学組成，高分解能透過型電子顕微鏡（high-resolution transmission electron microscope : HRTEM）による結晶構造像の直接観察，非経験的（ab initio）構造解析（12章参照）などから大まかな原子配置を推定する．

(4) ステップ(3)で構築した初期構造モデルに基づき，粉末回折パターンのシミュレーションを行う．プロットした理論回折パターンが実測のパターンとかけ離れていると，以後の解析はまず順調に進まないの

で，別な構造モデルを組み立てる．

(5) リートベルト解析を実行する．

(6) R因子が十分低い値にまで下がらないときは，構造モデルを修正しステップ(5)に戻る．また原子間距離，結合角，二面角などの一部が不自然であれば，構造モデルを再考するか，幾何学的パラメーターに適当な抑制条件[24]を課してステップ(5)に復帰し，解析し直す．

格子定数を粉末回折反射の位置だけから決定する方法は古くから探究されており，各種ソフトウェアが開発されている．ITO, DICVOL, TREOR などのプログラムがCCP14のWebサイト（http://www.ccp14.ac.uk/）でダウンロードできる．アルゴリズムは演繹的な方法と徹底探索的な方法に大別されるが，両者を折衷した方法も考案されている．それぞれ一長一短があるので，複数のプログラムを併用するとよい．これらのソフトウェアで格子定数を自動決定し，回折反射を指数付けした後，どのような型の反射が系統的に消滅しているかを調べれば，可能な空間群が定まる[23]．粉末回折データを利用した格子定数と空間群の推定には誤りがつきものなので，単結晶X線回折におけるプリセッション写真と同様に逆空間における強度情報が手に入る制限視野電子回折パターンも観察することが望ましい．

ステップ(2)の計算には，構造モデル抜きで全回折パターンの当てはめを行うパターン分解（7.7参照），すなわちPawley法[12]あるいはLe Bail法[13]を利用することを推奨する．いずれも非経験的構造解析のための観測積分強度$I_0(\boldsymbol{h}_K)$を求めるために開発されたが，リートベルト法同様，格子定数も精密化できる．2θあるいはdを入力データとする線形最小二乗法に比べ，$K\alpha_2$反射の寄与を差し引いてピーク位置を決定しなくても格子定数が得られ，全回折パターンを当てはめの対象とするため格子定数の精度と確度が高まるという点で優れている．格子定数ばかりでなく，バックグラウンドやプロファイルに関係するパラメーターをリートベルト解析において再利用できるのも見逃せない利点である．

リートベルト解析では，格子定数の初期値が真の値とかけ離れていると，解が発散したり，局所的な残差二乗和の最小値に落ち込んだりするおそれが強まることを肝に銘じるべきである．たとえば固溶体の解析において，端成分の格子定数を初期値に使うというよう

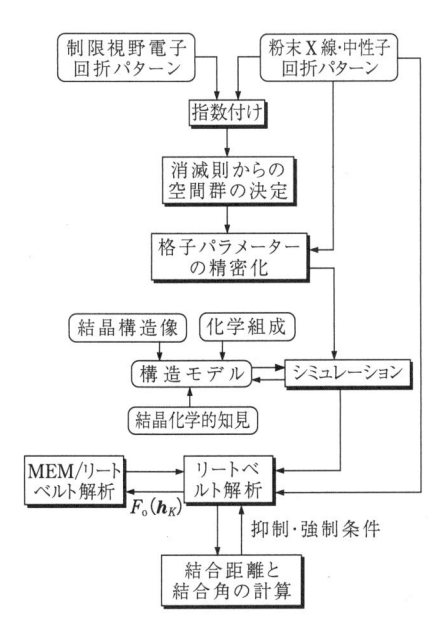

図7.6 リートベルト解析のフローチャート
影のついた四角い枠はデータ解析あるいは計算，角の丸い枠は何らかのデータを表している．

な手抜きは禁物である．

ステップ(3)は結晶学と結晶化学の知識や構造解析の経験を要求する過程である．リートベルト解析における原子配列決定法は，単結晶X線解析における試行錯誤法とよく似ている．すなわち結晶の物理的・化学的性質，単位格子の大きさと形，結晶構造像，過去に集積された結晶データなどに基づき，空間群の対称を満たし，結晶化学の常識と一致した原子配列をまず推定する．空間群対称によって決まる同価位置の数と単位胞内の原子数を比べると，ある原子が特定の特殊同価位置を占めると一義的に決まってしまうこともある．さらに典型的な原子間距離・結合角・配位数・配位多面体，Pauling の規則のような結晶構造を支配する一般則，マーデルングエネルギーなどの結晶化学的知識も動員して，合理的な構造モデルを構築するのは，比較的単純な構造をもつ金属や無機化合物の場合，さほど難しくない．HRTEM という飛び道具の助けを借りるという手もある．

ステップ(4)で構造モデルの妥当性をチェックした後，ステップ(5)のリートベルト解析へと移行する．リートベルト解析と一口に言っても，1回の非線形最小二乗計算ですべて終了というわけにはいかず，さまざまな指針とノウハウ[6]がある．

構造と無関係なパラメーターの値が適切なのにもかかわらず R_B や R_F が順調に下がらないときは，局所的な最小値に落ち込んでいないかどうか，共役方向法を用いたリートベルト解析によりチェックする．原子間距離や結合角などに対する抑制条件の付加（7.6参照）も真の解への収束をもたらすかもしれない．

それでも解決しないときは，構造モデルの妥当性を疑うべきである．そういう場合は，ステップ(6)で構造モデルを修正した後，ステップ(5)に戻る．もはや残差二乗和 $S(\boldsymbol{x})$ が減少しなくなり，かつ結晶化学的に自然な解析結果に落ち着くまでステップ(5)と(6)を繰り返す．金属イオンの結合距離，酸化状態，配位数，電荷の中和のチェックには，それぞれ11章末尾に付記した有効イオン半径，bond valence sum，有効配位数，電荷分布を調べるとよい．また，式(7.57)，(7.59)で見積もった $F_o(\boldsymbol{h}_K)$ の MEM/リートベルト解析（10.2.2参照）は現時点の構造モデルでは見落としている構造の詳細を調べるのに威力を発揮する．

このように，リートベルト解析を実行し，さまざまな観点から解析結果を検証し，必要なら構造モデルを変更するという作業を，もはや R 因子が下がらなくなり，しかも妥当な解析結果が得られるまで繰り返す．多少の紆余曲折はあろうが，基本的にはこのような手順を踏んで最終的な構造モデルへの到達を目指す．とにかく，"習うより慣れろ"をモットーとし，リートベルト解析の指針[6]や本書などを参照しながら，実戦での鍛錬を通じてリートベルト解析をマスターしてほしい．

7.6 粉末回折データへの構造情報の追加

放射光源やパルス中性子源に設置された高分解能粉末回折装置を共同利用できる時代が到来したものの，粉末回折データから引き出せる構造情報だけでは真の解に到達するのが困難である物質は珍しくない．特に，複雑なパターンや半値幅の広がったパターンを扱う場合や精密化する結晶構造パラメーターの数が多い場合は，残差二乗和 $S(\boldsymbol{x})$ が最小値の近くで緩慢にしか減少せず，確度・精度とも不十分な精密化値 $\boldsymbol{x}$ しか得られなくなる．局所的な最小値へのトラップにもしばしば遭遇する．X線回折では，重原子と軽原子が共存するため軽原子の座標が正確に定まらないと，原子間距離や結合角などが正常な範囲から逸脱しかねない．また占有率は原子変位パラメーターとの相関が強いため，両者を同時に精密化すると，パラメーターの確度と精度がともに低下してしまう．

こうした諸症状には，過去に蓄積された結晶化学的知見から得た幾何学的，化学的な情報を抑制条件（restraint, soft constraint）として導入し，観測データを補強するという"対症療法"がしばしば功を奏する[24]．数学的には，これらの擬観測値とその誤差の推定値を実測データに追加するだけですむ．抑制条件としては，原子間距離，結合角，二面角（原子1, 2, 3を含む平面と原子2, 3, 4を含む平面とのなす角），原子変位パラメーター，占有率の予想値と許容範囲をふつう指定する．幾何学的パラメーターや結晶構造パラメーターをこのように拘束すると，リートベルト解析が確実・迅速に収束し，より多くの結晶構造パラメーターを精密化できるだけでなく，偽の極値に落ち込む可能性も激減する．

RIETAN-FP は罰金関数法により原子間距離，結合角，二面角に抑制条件を付加する機能をもつ．①原

子1と2との間の距離 l_{12}，②原子2を頂点とする原子1, 2, 3の間の結合角 ϕ_{123}，③原子1, 2, 3, 4に対する二面角 ω_{1234} に抑制条件を課すとしよう．罰金関数法では，残差二乗和 $S(\boldsymbol{x})$ とペナルティー（罰金）項の和 $F(\boldsymbol{x})$ を最小とする1組のパラメーター $\boldsymbol{x}$（具体的には格子定数と分率座標）を非線形最小二乗法で精密化する．$F(\boldsymbol{x})$ は

$$F(\boldsymbol{x}) = S(\boldsymbol{x}) + t^{(J)}[P_l(\boldsymbol{x}) + P_\phi(\boldsymbol{x}) + P_\omega(\boldsymbol{x})] \tag{7.62}$$

$$P_l(\boldsymbol{x}) = \sum_j w(l_{12j}) \{\min[0, \Delta l_{12j}(\boldsymbol{x}) - |l_{12j}(\boldsymbol{x}) - l_{12j}(\exp)|]\}^2 \tag{7.63}$$

$$P_\phi(\boldsymbol{x}) = \sum_k w(\phi_{123k}) \{\min[0, \Delta \phi_{123k}(\boldsymbol{x}) - |\phi_{123k}(\boldsymbol{x}) - \phi_{123k}(\exp)|]\}^2 \tag{7.64}$$

$$P_\omega(\boldsymbol{x}) = \sum_l w(\omega_{1234l}) \{\min[0, \Delta \omega_{1234l}(\boldsymbol{x}) - |\omega_{1234l}(\boldsymbol{x}) - \omega_{1234l}(\exp)|]\}^2 \tag{7.65}$$

と表される．ここで，$t^{(J)}$ は最小化のステージ J ($= 0, 1, 2, \cdots$) におけるペナルティーパラメーター，J は $t^{(J)}$ を一定に保って $F(\boldsymbol{x})$ を最小化するステージの番号，j は原子間距離の番号，$w(l_{12j})$ は j 番目の原子間距離 l_{12j} に対する重み，$l_{12j}(\boldsymbol{x})$ はステージ J における $\boldsymbol{x}$ から計算した l_{12j}，$l_{12j}(\exp)$ は l_{12j} の予想値，Δl_{12j} は l_{12j} の許容範囲，k は結合角の番号，$w(\phi_{123k})$ は k 番目の結合角 ϕ_{123k} に対する重み，$\phi_{123k}(\boldsymbol{x})$ はステージ J における $\boldsymbol{x}$ から計算した ϕ_{123k}，$\phi_{123k}(\exp)$ は ϕ_{123k} の予想値，$\Delta \phi_{123k}$ は ϕ_{123k} の許容範囲，l は二面角の番号，$w(\omega_{1234l})$ は l 番目の二面角 ω_{1234l} に対する重み，$\omega_{1234l}(\boldsymbol{x})$ はステージ J における $\boldsymbol{x}$ から計算した ω_{1234l}，$\omega_{1234l}(\exp)$ は ω_{1234l} の予想値，$\Delta \omega_{1234l}$ は ω_{1234l} の許容範囲を表す．$l_{12j}(\exp) \pm \Delta l_{12j}$ に収まっている原子間距離，$\phi_{123k} \pm \Delta \phi_{123k}$ に入っている結合角，$\omega_{1234l} \pm \Delta \omega_{1234l}$ に入っている二面角にはペナルティーがかからない．式 (7.63)〜(7.65) はいずれも二乗和の形をもつため，$\boldsymbol{x}$ の精密化には通常の非線形最小二乗法がそのまま使える．$l_{12j}, \phi_{123k}, \omega_{1234l}$ のような幾何学的パラメーターに対し，このような技法で抑制条件を課すと，$S(\boldsymbol{x})$ に比べ $F(\boldsymbol{x})$ は最小値の近傍でより急峻となるため，大域的な $F(\boldsymbol{x})$ の最小値へと安定・確実に収束するようになる．

最小化の各ステージでは $t^{(J)}$ を一定として $F(\boldsymbol{x})$ を最小化し，次のステージでは $t^{(J)}$ に一定の数を掛けて増やす．ペナルティーパラメーターの出発値 $t^{(0)}$ の $S(\boldsymbol{x})$ に対する比が小さすぎると抑制条件が十分満足されず，大きすぎると非線形最小二乗計算の条件が悪化し，解が収束せず発散してしまう．$S(\boldsymbol{x})$ の数〜10％程度のペナルティー項を賦課すると，抑制条件が満たされ，かつ残差二乗和も順調に最小となることが経験的にわかっている．

強制条件（hard constraint）と呼ばれる既知の幾何学的関係で原子位置を厳密に束縛することにより，独立なパラメーターの数を減らして解析を進める方法もある．たとえばベンゼン環のような原子団を剛体とみなせば，剛体の中心の座標 x, y, z とそれを原点とする回転角 $\varphi_1, \varphi_2, \varphi_3$ の計6個にパラメーター数を制限できる．しかし実際にはこのような近似が厳密に成立するとは限らないので，抑制条件に比べて柔軟性に欠ける面がある．

粉末回折法を利用して結晶構造の解析に取り組む際に重要なのは，あらゆる結晶化学的知見を徹底的に活用することである．複雑な結晶構造中の正しい原子配置を解き明かそうとする試みが成功するか否かは，関連構造についての知識と経験にかなり依存する．粉末回折以外の実験手段（電子回折，収束電子回折，HRTEM, XAFS, XPS, NMR, 赤外・ラマンスペクトル，化学組成の分析，熱分析など）で得た結果も最大限に活用しようという積極的な姿勢をつねに保ち続けることも肝要である．

7.7 パターン分解との比較

構造モデルを用いずに粉末回折パターンの当てはめを行う技法をパターン分解（pattern decomposition）と呼ぶ．$f_i(\boldsymbol{x})$ に含まれる独立変数（最小二乗法で精密化される変数）$\boldsymbol{x}$ に着目すると，パターン分解とリートベルト解析では，結晶構造に関連する $\boldsymbol{x}$ が異なる．すなわち，リートベルト解析では $\boldsymbol{x}$ が結晶構造パラメーターであるのに対し，パターン分解では $|F(\boldsymbol{h}_K)|^2$（あるいは $I(\boldsymbol{h}_K)$）が $\boldsymbol{x}$ となる．

パターン分解は，①限られた 2θ 領域内のパターンを扱う個別プロファイルフィッティング（individual profile fitting）[25] と②全 2θ 領域の回折パターンを対象とする全回折パターンフィッティングに二分される．全回折パターンフィッティングとしては，Pawley 法[12]と Le Bail 法[13]が普及している．これらのパターン分解法およびリートベルト法の相違点を表7.3に

まとめた．

局所的プロファイルフィッティングでは，各反射の $|F(h_K)|^2$，ピーク位置，プロファイルパラメーターを最小二乗法で精密化する．すべての反射に対し独立にこれらのパラメーターを割り当てるので，ごく近接した反射の重なりを解きほぐすことは困難であり，ルーチンワークに向いていない．RIETAN-FP にも組み込まれているが，あくまでリートベルト解析や Le Bail 解析の補助的手段とみなしているため，空間群や反射の指数などの入力を求められるほか，分割型プロファイル関数しか使えないという制限もついている．

Pawley 法は局所的プロファイルフィッティングとリートベルトの両法を折衷した，巧妙なパターン分解法である．当初は中性子回折データを解析するために考案されたが[12]，今日では X 線回折データにも広く応用されている[25]．Pawley 法では個々の反射ごとに精密化するのは $I(h_K)$ だけで，プロファイルパラメーターと格子定数はリートベルト法の場合と同じく，全 2θ 領域に共通となる．リートベルト法では，結晶構造因子 $F(h_K)$ に含まれる結晶構造パラメーターを x の一部として精密化するため，$F(h_K)$ ひいては $I(h_K)$ は結晶構造パラメーターによる制約を受ける．

Le Bail 法において最小二乗法で精密化するのは，プロファイル・格子・バックグラウンドに関係したパラメーターに限られる．尺度因子 s は固定する．$|F(h_K)|^2$ の初期値はすべての反射で同一（たとえば 100）とするか[13]，Wilson 統計により推測する[26]．$|F(h_K)|^2$ を固定した最小二乗計算の各サイクル後に，精密化されたパラメーターから式 (7.57) により観測積分強度 $I_o(h_K)$ を見積もり，式 (7.59) により $|F_o(h_K)|^2$ へと変換する．こうして求まった $|F_o(h_K)|^2$ を次サイクルにおける $|F(h_K)|^2$ として使う．以後，$|F(h_K)|^2$ を固定した全パターンフィッティングと $|F(h_K)|^2$ の更新を繰り返すことによりプロファイルパラメーター，格子定数，バックグラウンドパラメーターを精密化し，重畳反射の $|F(h_K)|^2$ を反復改良する．

$I(h_K)$ を最小二乗法で精密化しない Le Bail 法は，Pawley 法に比べアルゴリズムが単純で，正規方程式の次元が小さく計算が高速であるほか，$I(h_K)$ が原理上，負にならないという利点をもつ．欠点は，重畳反射の $|F(h_K)|^2$ が初期値寄りの値に収束しやすいことである．

$BaSO_4$ の粉末 X 線回折データ（$Cu K\alpha_1$）を Le Bail 法で解析して得た当てはめ結果を図 7.7 に示す．$S=1.01$，$R_B=1.24\%$ という良好なフィットが達成された．

Pawley 法と Le Bail 法に共通する欠点は，ピーク位置の接近した反射を分離するのが困難なことである．回折角の差 $2\theta_K - 2\theta_{K-1}$ が閾値以下の反射ペア $K-1$ と K では $I(h_K) = I(h_{K-1})$ として正規方程式が悪条件となるのを防ぐ（Pawley 法）か，おのずと同程度の $|F(h_K)|^2$ にとどまるにまかせる（Le Bail 法）という，なんら理論的根拠のない便法の適用を余儀なくされる．したがって，これらのパターン分解法で求めた積分強度からは，回折パターンに含まれる構造情報の一部が必然的に失われてしまう．構造モデルを構築済みの物質については，その制約を $I(h_K)$ に課すとともに，構造パラメーターを最小二乗法で直接精密化するリートベルト法の方が Pawley 法や Le Bail 法で求めた積分強度を用いて構造パラメーターを精密化する方法より精度の高い構造パラメーターを与える．

Le Bail 法では $|F(h_K)|^2$ を最小二乗法で精密化しないため，非常に近接した反射や完全に重なった反射の積分強度に対し均等分配の制約条件を課す必要はない．反射の重なりの度合いに応じて，おのずと均等分

表 7.3　3 種のパターン分解法とリートベルト法の比較

	局所的プロファイルフィッティング法	Pawley 法	Le Bail 法	リートベルト法
解析の目的	パターン分解	パターン分解 格子定数の精密化	パターン分解 格子定数の精密化	構造パラメーターと格子定数の精密化
解析の対象範囲	パターンの一部	パターン全体	パターン全体	パターン全体
プロファイル	2θ 依存性なし	2θ 依存性あり	2θ 依存性あり	2θ 依存性あり
ピーク位置	独立パラメーター	格子定数の関数	格子定数の関数	格子定数の関数
積分強度	独立パラメーター	独立パラメーター	精密化中に計算	構造パラメーターの関数

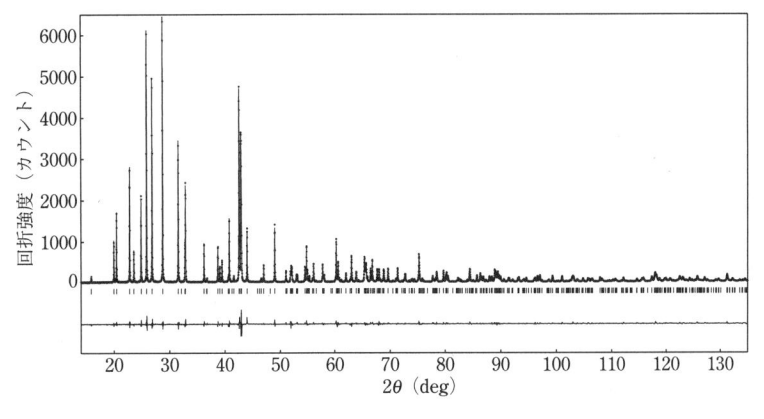

図7.7 $BaSO_4$ の粉末X線回折データ（Cu $K\alpha_1$）を Le Bail 法により解析した結果

配されるか，それに近くなる．言い換えれば，Le Bail 法により決定した重畳反射の $|F(h_K)|^2$ は初期値に強く依存する．Le Bail 解析で確度の高い $|F(h_K)|^2$ を得る上での鍵を握っているのは，積分強度の初期値といっても過言ではない．

Le Bail 法の解の初期値依存性を逆手にとって積分強度の確度を上げようとするのが，部分構造を導入した Le Bail 法である．直接法や重原子法などで一部の原子の位置を導き出せたならば，暫定的な部分構造に基づいて計算した $|F(h_K)|^2$ を初期値とすることにより，最終的に得られる $|F(h_K)|^2$ の確度が多かれ少なかれ向上し，ひいては実際の構造に近づく可能性が増す．重原子と軽原子を含む化合物のX線回折データを処理する場合，重原子の位置さえ決まれば，$|F(h_K)|^2$ の初期値がかなり真値に近づき，Le Bail 法で求めた $|F(h_K)|^2$ の信頼性が高まる．EXPO や RIETAN-FP は部分構造を取り入れた Le Bail 解析の機能を備えている．

Pawley 法と Le Bail 法の主な用途としては，①格子定数の精密化，②Powder Diffraction File（PDF）と同様な回折指数 hkl，格子面間隔 d，相対積分強度の表作成，③非経験的構造解析（12章参照）に用いる積分強度の決定があげられる．格子定数の精密化を目指すときは，粗大粒子や選択配向による積分強度の変動に苦しまずにすむという点でリートベルト解析にまさっている．

7.8 混合物の定量分析

7.8.1 結晶相

リートベルト解析プログラムはふつう2つ以上の相の混合物も扱える．この機能を活用すれば，相 i の質量分率 w_i はリートベルト解析で精密化した尺度因子 s_j（$j=1, 2, 3, \cdots$）から

$$w_i = \frac{s_i Z_i M_i V_i}{\sum_j s_j Z_j M_j V_j} \quad (7.66)$$

という単純な線形の式により簡単に算出できる[27,28]．ただし，Z は単位胞中に含まれる化学式単位の数，M は化学式単位の質量，V は単位胞の体積，$\sum_j$ は全相についての和を表す．RIETAN-FP では，単位胞当たりの式単位の数 Z から混合物中の各相のモル分率も計算し，標準出力 *.lst に出力するよう改善された．

特定相Aの比較的大きな粒子が相Bと共存している場合を想定してみよう．入射ビームが相A中で過ごす時間は相B中で過ごす時間に比べ長くなる．その結果，入射ビームが混合物の（空隙を除いた）平均線吸収係数 $\bar{\mu}$ の媒体を通過しているかのように吸収されるという近似は成立しなくなり，入射ビームは相Aの線吸収係数 μ に近い物質で吸収されるかのように振る舞う．言い換えれば，回折を起こしている結晶子内部での吸収は，その粒子サイズあるいは μ が十分大きい場合，無視できなくなる．

相Aの μ が相Bの μ よりはるかに大きい場合も，同様である．たとえば LiF（$\mu = 18.3\,\mathrm{cm}^{-1}$）と $Pb(NO_3)_2$（$\mu = 220.8\,\mathrm{cm}^{-1}$）の混合物がこれに該当する．

このような吸収効果をmicroabsorptionと呼ぶ．microabsorptionを無視し，式（7.66）で混合物の含量を計算すると，μの小さい（吸収能の小さい）相の質量分率が実際より大きくなり，μの大きい（吸収能の大きい）相の質量分率が実際より減る傾向がある．microabsorptionの影響は，粒子サイズと波長が小さくなるにつれて薄れていく．中性子回折の場合は，よほど吸収断面積の大きな元素が含まれていない限り，microabsorptionを無視して差し支えない．

Brindley[29]は混合物に含まれる各相の相対吸収能と粒子サイズに基づくmicroabsorptionの補正法を提案した．Brindleyの理論を式（7.66）に導入すると，

$$w_i = \frac{s_i Z_i M_i V_i}{\sum_j (s_j Z_j M_j V_j / \tau_j) \tau_i} \quad (7.67)$$

となる[30]．ここで，τ_iは粒子吸収因子（particle absorption factor）であり，A_iを粒子の体積，R_iを有効粒子半径とすれば，

$$\tau_i = \frac{1}{A_i} \int_0^{A_i} \exp[-(\mu_i - \bar{\mu}) R_i] dA \quad (7.68)$$

という式で求まる．Brindleyは球状粒子モデルに基づき，τ_iを$(\mu_i - \bar{\mu}) R_i$の関数として計算した．μ_iは化学組成と各元素の質量吸収係数（mass attenuation coefficient）μ/ρから，$\bar{\mu}$はw_iの推定値とμ_iから計算できる．

RIETAN-FPによる定量分析では，試料に含まれる各元素のμ/ρとR_iからw_iを求める．Ag $K\alpha$, Mo $K\alpha$, Cu $K\beta$, Cu $K\alpha$, Co $K\alpha$, Fe $K\alpha$, Cr $K\alpha$特性X線に対する98元素のμ/ρがプログラム中に埋め込まれている．一方，放射光を用いる際には，使用波長における各元素のμ/ρをユーザが入力しなければならない．R_iはSEMなどの手段で直接調べるか，適当な経験値を仮定する．$R_i = 0$ μmと入力すれば，実質的にmicroabsorptionを無視して質量分率が計算される．

RIETAN-FPでは，まずリートベルト解析で精密化したs_iから式（7.66）で求めたw_iを初期値に用いて$\mu_i - \bar{\mu}$を概算する．これらのw_iはmicroabsorptionを補正せずに推定した値なので，$\bar{\mu}$ひいては$\mu_i - \bar{\mu}$も近似値にすぎない．引き続き，Brindleyの表に含まれるデータの補間により$(\mu_i - \bar{\mu}) R_i$からτ_iを決定した後，式（7.67）によりw_iを算出する．次に，$\mu_i - \bar{\mu}$とw_iの計算を$\bar{\mu}$の相対変化が0.01％未満に減少するまで繰り返すことにより，w_iを最適化する．このような反復処理による質量分率の最適化は独自のアルゴリズムに基づく．

球状粒子モデルは明らかに現実離れしており，"better than none"的近似のそしりを免れないが，実際の試料の定量分析に意外と有効に適用できる．TaylorとMatulis[30]が実例として示したLiF（60％）とPb(NO$_3$)$_2$（40％）の混合物の場合，microabsorptionを補正しない定量分析はLiF（75.3％）とPb(NO$_3$)$_2$（24.7％）という真値からかけ離れた質量分率を与える（$\bar{\mu} = 200.6$ cm^{-1}）．他方，両相のR_iを5 μmと仮定してmicroabsorptionを補正すると，3サイクルで収束し，LiF（60.4％）とPb(NO$_3$)$_2$（39.6％）という秤量値に近い質量分率が求まる（$\bar{\mu} = 311.3$ cm^{-1}）．

7.8.2 無定形成分

BishとHoward[28]は結晶質の内部標準物質を秤量して試料に添加することにより，その試料中に含まれる無定形成分を定量する方法を提案した．RIETAN-FPでは，内部標準物質の相番号kとその質量分率w_kを入力すれば，無定形成分の共存を考慮した結晶質相の質量分率が*.lstに出力される．

相kに対するパラメーターCを

$$C = \frac{s_k Z_k M_k V_k}{w_k} \quad (7.69)$$

と定義すれば，結晶質相iの質量分率w_iは

$$w_i = \frac{s_i Z_i M_i V_i}{C} \quad (7.70)$$

により容易に計算できる．無定形成分aの質量分率w_aは$1 - \sum_i w_i$に等しい． ［泉　富士夫］

文　献

1) H. M. Rietveld, *J. Appl. Crystallogr.*, **2**, 65 (1969).
2) D. E. Cox, "Synchrotron Radiation Crystallography," ed. by P. Coppens, Academic Press, London (1992), Chap. 9.
3) W. Parrish and J. I. Langford, "International Tables for Crystallography," Vol. C, 3rd ed., Kluwer, Dordrecht (2004), pp. 42-79.
4) A. A. Belik, F. Izumi, T. Ikeda, M. Okui, A. P. Malakho, V. A. Morozov, and B. I. Lazoryak, *J. Solid State Chem.*, **169**, 237 (2002).
5) P. Thompson, D. E. Cox, and J. B. Hastings, *J. Appl. Crystallogr.*, **20**, 79 (1987).
6) L. B. McCusker, R. B. Von Dreele, D. E. Cox, D.

Louër, and P. Scardi, *J. Appl. Crystallogr*., **32**, 36 (1999).
7) W. Pitschke, N. Mattern, and H. Hermann, *Powder Diffr*., **8**, 223 (1993).
8) C. Weidenthaler, R. X. Fischer, L. Abrams, and A. Hewat, *Acta Crystallogr*., *Sect. B*, **53**, 429 (1997).
9) 桜井敏雄, "X線結晶解析," 裳華房 (1978), p. 237.
10) W. A. Dollase, *J. Appl. Crystallogr*., **19**, 267 (1986).
11) R. A. Young, "The Rietveld Method," ed. by R. A. Young, Oxford Univ. Press, Oxford (1993), Chap. 1.
12) G. S. Pawley, *J. Appl. Crystallogr*., **14**, 357 (1981).
13) A. Le Bail, H. Duroy, and J. L. Fourquet, *Mater. Res. Bull*., **23**, 447 (1988).
14) A. C. Larson and R. B. Von Dreele, "General Structure Analysis System (GSAS)," Report No. LAUR 86-748, Los Alamos National Laboratory (2004).
15) 早川元造, "結晶解析ハンドブック," 共立 (1999), pp. 273-276.
16) P. W. Stephens, *J. Appl. Crystallogr*., **32**, 281 (1999).
17) J.-F. Bérar and G. Baldinozzi, *J. Appl. Crystallogr*., **26**, 128 (1993).
18) C. J. Howard, *J. Appl. Crystallogr*., **15**, 615 (1982).
19) L. W. Finger, D. E. Cox, and A. P. Jephcoat, *J. Appl. Crystallogr*., **27**, 892 (1994).
20) H. Toraya, *J. Appl. Crystallogr*., **23**, 485 (1990).
21) R. J. Papoular, *Mater. Sci. Forum*, **378-381**, 262 (2001).
22) R. J. Hill, "The Rietveld Method," ed. by R. A. Young, Oxford Univ. Press, Oxford (1993), Chap. 5.
23) "International Tables for Crystallography," Vol. A, 5 th ed., Kluwer, Dordrecht (2002), Part 3.
24) C. Baerlocher, "The Rietveld Method," ed. by R. A. Young, Oxford Univ. Press, Oxford (1993), Chap. 11.
25) 虎谷秀穂, "第4版 実験化学講座10 回折," 日本化学会編, 丸善 (1992), pp. 287-333.
26) A. Altomare, M. C. Burla, G. Cascarano, C. Giacovazzo, A. Guagliardi, A. G. G. Moliterni, and G. Polidori, *J. Appl. Crystallogr*., **28**, 842 (1995).
27) R. J. Hill and C. J. Howard, *J. Appl. Crystallogr*., **20**, 467 (1987).
28) D. L. Bish and S. A. Howard, *J. Appl. Crystallogr*., **21**, 86 (1988).
29) G. W. Brindley, *Philos. Mag*., **36**, 347 (1945).
30) J. C. Taylor and C. E. Matulis, *J. Appl. Crystallogr*., **24**, 14 (1991).

8章 構造解析のための回折データを測定する

Pawley法やLe Bail法のようなパターン分解とリートベルト法は全回折パターンフィッティングと総称される．これらの方法では，実測粉末回折パターン全体に直接，非線形最小二乗法を適用する．実際に観測される粉末回折パターンでは，格子定数に関係する回折角，結晶構造（空間群，構造パラメーター）に関係する回折強度，光学系，結晶子サイズ，格子ひずみなどに関係するプロファイルの形が，さまざまな要因の影響で大なり小なり変動している．試料調製，光学系，実験条件が適切でないと，計算回折パターンが実測観測パターンによくフィットしなくなる．強度データ測定のための一般的注意事項については2章に記述したが，本章では，無機結晶だけでなく有機結晶をも対象とする全回折パターンフィッティングに適した粉末回折データの測定法について述べる．

8.1 試料調製の勘所

試料調製は，全回折パターンフィッティング用の粉末回折データを得る上で最も重要な作業の一つである[1]．

8.1.1 粒径

試料中に粗大な結晶粒が残存したり，粒径が不均一だと，回折強度の再現性が低下し，一部の反射の強度が強調されたり，極端な場合，回折線が分裂したりする．たとえば，NIST製角度標準試料Si（SRM 640）は，一般的な集中法光学系を用いた場合，ほぼ均一な粒径の粉末とみなせるが，入射側にチャンネルカットモノクロメーターを装備した高分解能光学系では，かなり不均一な試料ということになる．このように，理想的な粒径は測定に使用する光学系の角度分解能に依存するが，通常，0.5～数μm程度である．これくらい粒径が小さいと，選択配向はほとんど起こらない．なお粒径と結晶子サイズの違いについては，図4.5を参照されたい．

構造解析用試料として結晶粒度が適切であるか否かは，実際のX線回折装置で後述のロッキングカーブを測定することにより，あらかじめ調べておくべきである．また，回転試料台を用いて測定すれば，回折強度に及ぼす粗大結晶の影響を抑制することができる．

単結晶試料を粉砕して種々の粒径の石英粉末を調製し，回折強度の再現性を調べた結果を表8.1に示す．粒径5～15μmの試料の相対標準偏差が4.35％となっている．このような強度の変動は，実測回折強度を使って決定する構造パラメーターの確度・精度に直接，影響することを忘れてはならない．

a. 試料の粉砕と混合方法

回折強度測定に供する試料を粉砕・混合するのは意外と難しい．粉砕しすぎると，試料がメカノケミカルな変化を起こしやすい．中途半端な粉砕では，粗大結晶が残留するおそれがある．また，定量分析を目的として強度標準物質を混入する場合には，厳密な混合が必要になる．

表8.1 α-SiO$_2$粉末の粒径と回折強度の再現性との関係（単位：カウント）

測定回数	粒径（μm）			
	15～50	5～50	5～15	<5
1	7612	8688	10841	11055
2	8373	9040	11336	11040
3	8255	10232	10046	11386
4	9333	9333	11597	11212
5	4823	8530	11541	11460
6	11123	8617	11336	11260
7	11051	11598	11686	11241
8	5773	7818	11288	11428
9	8525	8021	11126	11406
10	10255	10190	10878	11444
平均回折強度	8512	9207	11168	11293
標準偏差	2081	1164	485	157
相対標準偏差	24.45％	12.64％	4.35％	1.39％

8.1 試料調製の勘所

θ単独走査,走査範囲：$\theta_K \pm 5°$程度（θ_K：ブラッグ角）

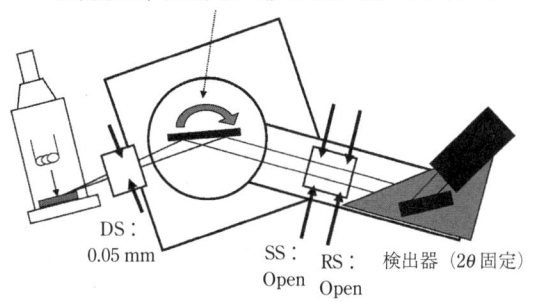

DS: 0.05 mm
SS: Open
RS: Open
検出器（2θ固定）

図8.1 集中法回折装置によるロッキングカーブの測定

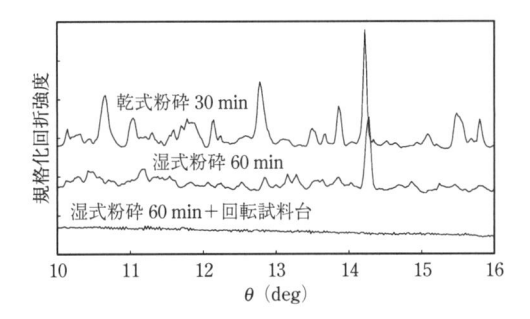

図8.2 石英の101反射に対するロッキングカーブの測定結果（Cu $K\alpha$）

試料の粉砕や標準物質との混合は，通常の乾式法では困難な場合が多い．したがって，有機物質や一部の無機物質を除き，エタノール，ヘキサン，アセトンなどの有機溶剤に試料を浸漬しながら粉砕する湿式法を用いるとよい．湿式法は試料のメカノケミカルな変化を防ぐのにも有効である．

十分に粉砕したはずなのに，どうしても粗大結晶が残ったり，選択配向が軽減されないときは，試料の合成条件を変えてみるとよいだろう．あまり粒成長しないような条件下で合成できれば，試料の粉砕に苦しまずにすむ．選択配向や粗大粒子の効果がほぼ無視でき

る粉末中性子回折を利用するのも一法である．

b．ロッキングカーブによる回折強度測定用試料の評価

粗大結晶の有無と選択配向の程度は，ロッキングカーブの測定（ωスキャン）により容易に調べることができる[2]．ωスキャンでは，特定の反射（たとえば最強反射）を対象とし，検出器の2θを回折角に固定し，ブラッグ角θ_Kを中心として試料のθ軸（ω軸）だけを走査して計数する．この操作は，1つの反射のデバイ-シェラー環に沿って検出器を動かし，回折強度を収集することに相当する．

理想的な結晶子サイズをもつ均一な試料ならば，測定された強度プロファイルはなめらかとなる．しかし，粗大結晶が混入していると，それらはロッキングカーブ上に鋭い突起を与える．これらの突起はデバイ-シェラー環中に点在する斑点にほかならない（図2.53参照）．

また，特定の方向に著しく選択配向している場合は，ある試料角度θ近くで急激に強度を増すようなプロファイルが観測される．ただし，ロッキングカーブは選択配向に対する感度はあまり高くない．

通常の集中法回折装置を用いたロッキングカーブ測定実験の概念図と測定例を図8.1, 8.2に示す．なお，格子面間隔傾斜型放物面人工格子やチャンネルカット結晶モノクロメーターを用いた平行ビーム光学系では，回折強度測定時と同じスリット条件でロッキングカーブを測定する．

8.1.2 選択配向

板状や針状の晶癖を呈する結晶では，微結晶が試料板に無秩序に詰め込まれず，X線で照射される体積の範囲内で方位に大なり小なり偏りが生じる．この現象を選択配向と呼ぶ．集中法に代表される対称反射光

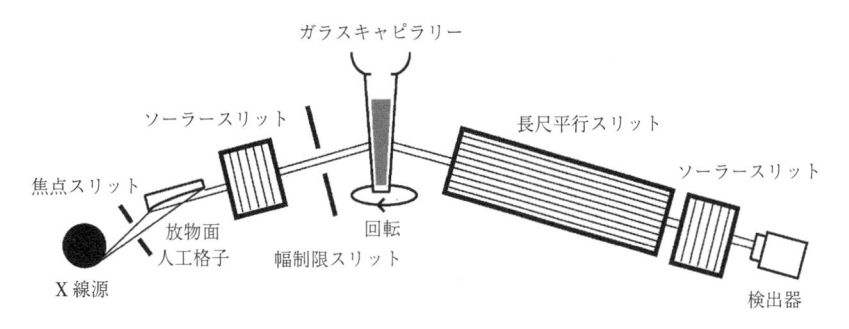

ガラスキャピラリー
ソーラースリット
長尺平行スリット
ソーラースリット
焦点スリット
X線源
放物面人工格子
幅制限スリット
回転
検出器

図8.3 平行ビームを使用するデバイ-シェラー光学系

学系（試料と検出器を $\theta:2\theta$ の比で走査する光学系）では，平板試料面に対して（ほぼ）平行な格子面だけが回折強度に寄与するため，選択配向による効果が比較的顕著に観測される．

選択配向は，微粉砕によって多かれ少なかれ軽減される．しかし，雲母やグラファイトのようにへき開性の強い結晶，針状結晶，一部の有機化合物のように微粉砕しにくい試料では，

(1) 非晶質（有機物や石英ガラスなど）を混ぜる
(2) 特殊な試料板を使用する[3]
(3) 試料を非晶質有機物でスプレーコートする[4]
(4) 試料を詰めたキャピラリーを回転させながら，デバイ-シェラー法で測定する（図8.3）

などの方法により，できるだけ配向を減らして回折強度を測定する必要がある．リートベルト解析などのソフトウェアには選択配向関数が必ず組み込まれているが，あらゆる試料-光学系の組合せにおける選択配向を完全に表現できるわけではない．可能な限り，試料調整や最適な光学系の選択により配向を抑制するよう努めるべきである．

強い選択配向を呈する雲母粉末の測定例を図8.4に示す[5]．対称反射光学系では，微粉砕により軽減されはしたものの，$(00l)$ 面をへき開面とする選択配向が観測された．他方，圧力を加えずに試料をキャピラリーに収められるデバイ-シェラー法を用いれば，比較的容易に選択配向を抑制できる．図8.3に示す平行ビーム光学系を用いて，デバイ-シェラー法で雲母（muscovite-2M1）の回折データを測定すると，ICDDのPDF（3.2.1参照）に収録されている回折データ（19-814）とよく一致する測定結果が得られた．

このように，デバイ-シェラー法は選択配向の影響を減らすのに効果的だが，X線を吸収しやすい試料には向いていないため，特性X線を用いた回折計では，有機化合物など，軽元素からなる化合物に利用が限定される．一方，輝度が著しく高く，短波長のX線が使える放射光粉末X線回折ならば，重金属を含む物質も扱える．

8.1.3 試料表面の平滑さ

ブラッグ-ブレンターノ型集中法に代表される対称反射光学系では，試料の表面はできるだけなめらかにする必要がある．試料表面に凹凸が存在すると，入射X線と凹部から回折したX線の一部が凸部によって吸収されてしまい，観測強度が減衰する．この効果は，低角の反射ほど大きく，線吸収係数が大きな試料ほど顕著となる．また，集中法光学系では，試料の凹凸は焦点円からの逸脱に直結するため，回折線の幅が広がり，分解能が低下する．

8.1.4 結晶子サイズと格子ひずみ

比較的低温での合成，溶融状態や気相からの急冷，過度の粉砕などのために粒径が過度に小さくなったり（$0.2 \sim 0.3\,\mu m$以下），結晶が格子ひずみを含むと，回折プロファイルが広がる．また，結晶によっては，粉砕時のメカノケミカルな変化の影響で，回折プロファイルが広がる場合もある[6]．

8.1.5 回折角・強度標準物質の混合

全回折パターンフィッティングの主目的が格子定数の精密測定や定量分析である場合は，標準試料を混ぜることが多い．しかし，余計な反射が増え，精密化するパラメーターの数が増えることは，最小二乗計算にとっては好ましくない．

格子定数を精密に測定するには，まず回折角標準物質を混入した試料の解析において，標準物質の格子定数をデータシートに記された値（熱膨張係数で温度変化を補正した値）に固定し，試料の格子定数，ピーク位置のシフトに関係するパラメーター，プロファイルの非対称に関係するパラメーターを精密化しておく．次に，こうして得られた試料の格子定数に固定して，純試料の強度データを用いて解析する．なお，全回折パターンフィッティングの主目的が格子定数の精密化である場合は，積分強度に結晶構造の制約が課せられるリートベルト法でなく，積分強度そのものが最適化されるPawley法かLe Bail法（7.7参照）を使用す

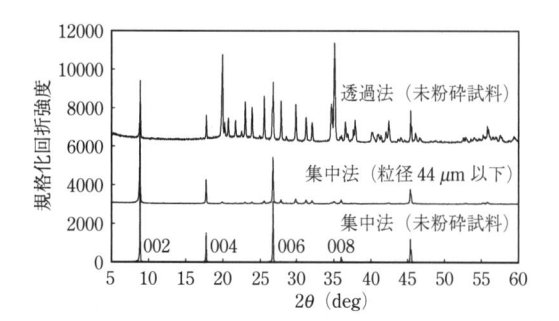

図8.4 集中法と透過法により測定した muscovite-2M1 の粉末回折パターン（Cu $K\alpha$）

る方がよい．選択配向や粗大結晶の効果が無視でき，フィットのよさ，ひいては格子定数の確度と精度が向上する．

リートベルト法による定量分析の場合，あらかじめ純試料の強度データを用いて結晶構造を精密化をしておく．強度標準物質を混入した試料のリートベルト解析では，こうして得られた構造パラメーターに固定し，尺度因子，格子定数，ピーク位置のシフトに関係するパラメーター，プロファイルの非対称に関係するパラメーターを精密化する．

8.2 測定における注意点

全回折パターンフィッティング用測定データに対しては，正確な回折角と回折強度が要求される．回折角の精度は使用装置や光学系の調整によってほぼ決まる．一方，回折強度は，試料調製，測定条件，装置・光学系の特性などに依存する．

8.2.1 装置と光学系の調整

観測された粉末回折データに非線形最小二乗法を直接適用する全回折パターンフィッティングには，できるだけ角度分解能が高く，S/N 比に優れた良質の回折強度データを用いることが望ましい．さらに，装置や光学系を正確に調整しておく必要がある．調整不足は，系統誤差の発生に直結する．

一般的に利用される集中法光学系では，ゼロ点誤差と偏心誤差が最も重要な光学系の調整要素であり，2.2.2 で述べたような注意を払わなければならない．また，S/N 比の高いデータを得るには，受光側湾曲グラファイトモノクロメーターが必要不可欠である．ただし，グラファイトモノクロメーターはエネルギー分解能が低いため，Mo $K\alpha$ 特性 X 線には対応できない．なお，Cu $K\beta$ 特性 X 線を利用すると，観測強度が Cu $K\alpha$ 反射の 20 % 程度に低下するが，擬似的な単一波長の特性 X 線による測定が可能となる．

低角領域の反射では，2.2.1d で述べた垂直発散（アンブレラ効果）によるプロファイルの非対称化とピーク位置の移動が著しい．このような場合には，ソーラースリットの開口角を一般的な 5° から 1～2.5° に減らすと，大きく改善される（図 2.35，図 7.4 参照）．ソーラースリットは受光側だけか，入射側・受光側の両方を交換する．後者の方が効果は高い．ただし，回折強度は開口角 2.5° のソーラースリットでも開口角 5.0° の場合の 1/3～1/2 に低下する．

8.2.2 照射幅と発散スリット

対称反射光学系では，入射 X 線の照射幅 W が 2θ に依存して変化する．このため，発散スリット（DS）の幅（集中法では発散角 β）によっては，試料から入射 X 線がはみ出し，低角領域の反射の強度が実際より低く観測されるおそれがある．

α を入射角（集中法では，$2\theta/2=\theta$），R をゴニオメーター半径とすると，W の α, β 依存性は

$$W = \left[\frac{1}{\sin(\alpha+\beta/2)} + \frac{1}{\sin(\alpha-\beta/2)}\right] R \sin\left(\frac{\beta}{2}\right) \tag{8.1}$$

と表される．この式で W を計算すれば，最低角の反射の回折強度が正常に測定できるか否かがわかる．ゴニオメーター半径 185 mm の集中法光学系における W を計算した結果を図 8.5 に示す．一般的な 1° の DS を使用すると，$2\theta < 20.0°$ 以下で試料部分から入射 X 線束がはみ出すことになり，未知構造解析を目的とする Pawley 解析，Le Bail 解析やリートベルト解析には利用できない．ゴニオメーター半径が 285 mm の場合，$\beta = 2/3°$ で同様の事態に陥る．

8.2.3 受光スリット

粉末回折パターンでは，試料の結晶性によって回折線の幅が変化する（8.1.4 参照）．したがって，受光スリット（RS）の幅は試料の結晶性に合わせて設定することが望ましい．必要以上に RS を絞り込んで測定することは，測定時間を増大させるばかりか，回折強度に寄与する結晶子の数を減らすことになるので，避けるべきである．

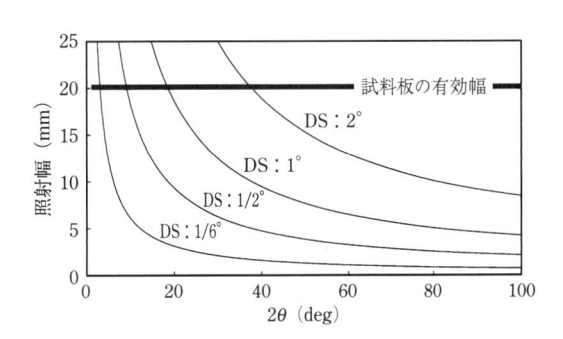

図 8.5 集中法光学系における試料照射 X 線幅の計算値 ゴニオメーター半径は 185 mm に設定した．

一般的な集中法では，RS によって分解能を規定しており，通常，ゴニオメーター半径が 185 mm では幅 0.15 mm，285 mm で幅 0.3 mm 程度の RS を使用する．管球や光学系にもよるが，これ以上幅が狭い RS を用いても分解能はほとんど向上しない．しかし，結晶性が低く回折線の幅が広い試料では，分解能に大きな差異が見られないならば，幅の広い RS を用いる方がよい．

8.2.4 試料の厚みと照射体積

対称反射光学系では，試料の厚みが入射 X 線の浸透深さ（透過深さ，分析深さ，臨界厚とも呼ばれる）より大きければ，照射体積が回折角 2θ と無関係に同一となるため，測定強度を吸収補正する必要はない．しかし，試料の厚みが浸透深さ未満であり，入射 X 線の一部が試料を透過する場合は，2θ が大きくなるほど本来の強度より低い値が観測されることから，回折強度を補正する必要が出てくる．

密度 ρ，線吸収係数 μ の試料に対する入射 X 線の浸透深さ t は，

$$t = \frac{2.305}{\mu} \frac{\rho}{\rho'} \sin \alpha = \frac{2.305}{\mu(\rho'/\rho)} \sin \alpha = \frac{2.305}{\mu'} \sin \alpha \tag{8.2}$$

で与えられる．ここで，μ' は実際に試料を充填したときの線吸収係数，ρ' は実際に試料を充填したときの密度，α は入射角（$2\theta/2 = \theta$）である．ρ'/ρ はパッキング因子と呼ばれる．μ' は入射ビームの透過率から実測可能である．試料の化学組成から計算できる質量吸収係数 μ/ρ を使って式（8.2）を変形すると，

$$t = \frac{2.305}{\mu(\rho'/\rho)} \sin \alpha = \frac{2.305}{[(\mu/\rho)\rho](\rho'/\rho)} \sin \alpha \tag{8.3}$$

となり，結晶の化学組成，PDF などに記載されている ρ と ρ'/ρ から t を計算できる．ρ'/ρ は通常，0.5 程度である．

標準試料からの回折強度を I_0，試料を透過させたときの強度を I_s とすれば，光の透過に関する基本式は

$$I_s = I_0 e^{-\mu' t}$$
$$\mu' = \frac{\ln(I_s/I_0)}{t} \tag{8.4}$$

と表される．μ' は式（8.4）を用い，以下の手順で決定できる．

(1) Si 粉末のような標準試料をゴニオメーターにセットする．
(2) 最強反射の回折強度 I_0 を計数する．I_0 はピーク位置における強度，積分強度のいずれでもよい．
(3) μ' を測定する試料を受光行路中（たとえば受光スリットボックス）に設置する．
(4) 試料によって減衰した回折強度 I_s を計数する．ほとんど減衰しない場合は，試料の厚みを大きくし，あまり透過しない場合は小さくする．
(5) 試料の厚み t を測定する．
(6) 式（8.4）を用いて μ' を算出する．

キャピラリー充填試料を用いた透過型光学系では，試料の直径によって回折強度が大きく変化する．透過法における最適な試料の直径は $1/\mu'$ であり，この値との差が大きくなると，指数関数的に強度が減衰する．

8.2.5 測定 2θ 間隔

リートベルト解析用データの測定において推奨される 2θ 間隔については 7.4.2 で述べた．アンブレラ効果などのために低角反射のプロファイルの非対称性が極めて大きくなる場合は，最大強度の 80％ 以上の測

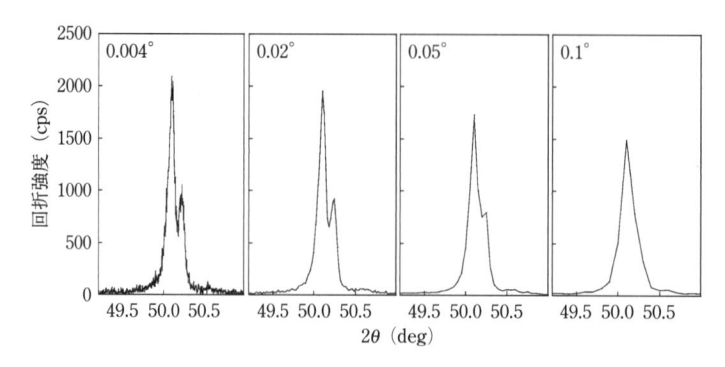

図 8.6 2θ のステップ幅の違いによる測定プロファイルの変化

定点が5つ以上は存在するよう，ステップ間隔を設定する必要がある．測定プロファイルのステップ間隔依存性を図8.6に例示する．

8.2.6 測定 2θ 範囲

分率座標を高い確度・精度で精密化するには，高角領域の反射がとりわけ重要である．また，原子変位パラメーターは $\sin\theta/\lambda$ を増加させたときの回折強度の減衰と関係するため，その精密化には広い 2θ 範囲の強度データが欠かせない．原子変位パラメーターと相関の強い占有率の精密化も同様である．したがって，未知構造の決定やリートベルト解析による構造の精密化を成功へと導くためには，十分広い 2θ 範囲の強度データを測定しなければならない．Cu $K\alpha$ 特性X線を用いるときの最高 2θ の目安は，無機化合物で $2\theta=120°$ 以上，有機化合物で $2\theta=70°$ 以上である．占有率や原子変位パラメーターを精密化するときや，MEMにより電子密度分布を決定するときは，特に広範囲の強度データを測定すべきである．一方，実空間法による構造決定では，Cu $K\alpha$ 特性X線を用いる場合，$2\theta=50°$ 程度で解が得られることが多い．

8.2.7 計 数 方 法

全回折パターンフィッティングでは粉末回折データを非線形最小二乗法で直接処理するので，定時計数法により統計誤差の少ない強度データを測定する必要がある．適切な計数時間については 7.4 で述べた．

8.2.8 検出器の数え落とし

2.1.3bで述べたように，通常のシンチレーションカウンターでは，約30000 cps以上で数え落としが発生する．ソフトウェアによる数え落とし補正では検出器の経時変化に注意を払う必要がある．

8.2.9 特性X線の種類

Cu $K\alpha$ 特性X線でFeを含む化合物の強度データを測定する場合のように，線吸収係数が大きな試料を扱うと，浸透深さが小さくなるため，回折に寄与する結晶子の数，ひいては回折強度が減少する．試料表面の凹凸が回折強度に及ぼす影響も増大する．

また，不必要に長い波長の特性X線を利用すると，d の小さい反射の数が減り，構造パラメーターの確度・精度が下がる．

［藤縄　剛］

文　献

1) R. Jenkins and R. L. Snyder, "Introduction to X-Ray Diffractometry," Wiley, New York (1996), Chap. 9.
2) K. Yukino and R. Uno, *Jpn. J. Appl. Phys*., **25**, 661 (1986).
3) T. Okamoto, M. Kimura, and K. Nakajima, *J. Sci. Instrum*., **3**, 414 (1973).
4) S. T. Smith, R. J. Snyder, and W. E. Brownwell, *Adv. X-Ray Anal*., **22**, 77 (1979).
5) 藤縄　剛，佐々木明登，X線分析の進歩，**31**, 11 (2000).
6) H. P. Klug and L. E. Alexander, "X-Ray Diffraction Procedures," 2nd ed., Wiley, New York (1974), Chap. 9.

8.3　有機結晶の取扱い法

有機結晶においても，試料の調製の重要性は無機結晶と同様である．むしろ，より丁寧に注意深く調製を行う必要がある．有機結晶のほとんどは針状，板状の形状であるため，粗大粒子とまではいかなくても，若干大きな粒が存在する場合は選択配向が顕著となる．このような場合，何らかの方法で粒径を小さくする必要がある．一般に有機結晶は無機結晶に比べ，単位胞が大きく対称性も低いため，粉末パターンに多くの反射が観測される．これは粉末解析を行う上で最もやっかいな反射の重畳を引き起こす．したがって，試料の調製においてはプロファイル幅に影響する試料の粒径や結晶化度には特段の注意を払う必要がある．

8.3.1 有機結晶の特徴

有機結晶（分子結晶）の粉末試料を調製するためには，有機結晶によく見られる特徴を理解しておく必要がある．次に粉末試料調製に重要と考えられる特徴を示す．

(1) 構成成分間の結合力（分子間力，分子間相互作用）が無機結晶に比べて弱い　粉末回折実験に供する試料を作成するために多くの無機結晶と同様にすり潰しを行うと，結晶構造を壊してしまうことが少なくない．

(2) 分子間相互作用が異方的である　このために結晶は針状や板状の晶癖を示すことが多い．粉末試料がこのような外形であると，試料をキャピラリーに充塡する場合や，試料板に塗りつけるときに選

択配向の問題が生じる．

(3) **有機化合物の結晶のほとんどは再結晶法により得られる**　無機物は基本的には合成と同時に結晶が得られるのに対し，有機化合物の結晶を得るためには，化合物を合成するだけではなく，再結晶や昇華といった結晶化のプロセスを別途行う必要がある．さらに，結晶中に溶媒が取り込まれることもあるので，どの状態の結晶を測定するのかによって，結晶化法を熟考する必要がある．別の見方をすれば，結晶化プロセスが別であることは粉末試料の調製に失敗しても，もう一度再結晶などによって，試料を最初の状態に再生できることを意味している．

8.3.2 有機粉末結晶の調製法

粉末試料の調製法として第一に思いつくのは，乳鉢を用いた粉砕である．しかし有機結晶の場合，水素結合で3次元のネットワーク構造を形成しているようなものは別として，乳鉢中で粉砕すると，簡単に結晶性が劣化してしまう．さらに悪くすると無定形となってしまう．結晶性の劣化はプロファイル幅の増大を招き，解析をほとんど不可能にする．このためすり潰しすぎは厳に避けなければならない．これまでの経験では以下の3つの手法がよい結果を与えている．ただし，これらの手法により調製した試料はいずれも結晶形が調製以前のものと異なっている可能性がある．このため調製後の試料との比較のために，調製前の試料を用いて粉末回折パターンを測定しておくとよい．なお，以下 b, c の方法は調製作業中に結晶が長時間安定である必要がある．したがって，揮発性の結晶溶媒を含んでいる結晶には適用できない．

a． 再結晶して粉末結晶を得る

有機化合物が溶媒に溶けるメリットをいかした手法である．単結晶を作成するためにいろいろと結晶が成長する条件を考えて再結晶を行うのは日頃よく経験することである．この過程でよく成長した単結晶を作成する方法の逆を検討すればよい．もちろんそれほど簡単にはいかないことも多いが，単結晶をつくるための実験と近い実験であるので，比較的簡単に試すことができる．

具体的には富溶媒に試料を溶解させ，貧溶媒を一気に加え結晶を析出させる方法や，エバポレーターを使ってすばやく溶媒を留去する方法があげられる．ただし，このときの結晶化プロセスは熱力学的コントロールではなく，速度論的コントロールが支配的になる可能性があるため，多形が混在することがある．よって，得られた試料の結晶形が測定したいものと同じかどうかを確認する必要がある．

この方法で粒が大きな粉末が析出し，細かい粉末結晶が得られない場合は，0.1 mm 角程度の単結晶が析出している可能性が高い．そのようなときは，得られた粉末結晶の中から単結晶を丹念に探し，単結晶法で解析することを勧める．ただし，単結晶の結晶形が粉末の場合と異なることもあるので，粉末をすり潰さずに粉末回折測定を行い，得られた粉末パターンを単結晶解析の結果からシミュレーションしたパターンと比較し，同一の結晶形であることを確認すべきである．

b． 結晶を細かく割る

8.3.1 で述べたように針状や板状の晶癖を示す有機結晶は多い．再結晶法を試しても針が束になったり，板が重なったような結晶しか得られない場合，カッターやカミソリを使って結晶を細かく割る方法もある．みじん切りの要領で晶癖が見られなくなるまで気長に作業する．

c． 乳鉢を使う

力が入らないようにできるだけ小さい乳棒を用いてサンプルをすり潰す．可能であれば乳棒は二本指でつまむようにして用い，サンプルに強い摩擦力がかからないようにする．とにかく力を入れないように注意する．

8.3.3 有機粉末結晶のマウント

マウント時に注意する点は無機結晶と同じである．ここでは特に構造解析のためのデータ収集に使われる透過法測定におけるマウント方法について述べる．

a． キャピラリーに封入する

有機結晶は無機結晶に比べ密度が小さく，粘度が高いものが多い．静電気によりキャピラリーの壁に張り付いて封入できないものも少なくない．このためキャピラリー封入の作業はコツコツと丁寧に行う必要がある．

実験に用いるキャピラリーの径は詰めやすさと回折強度を考慮し，0.3 mmϕ のものを使うとよい．種々の材質のキャピラリーが市販されている．他に比べて強度が若干劣るが，リンデマンガラス製のものが最もバックグラウンドが低い（図 8.7）．したがって，低温から 500 K 程度までの測定ではこれを使うとよい．

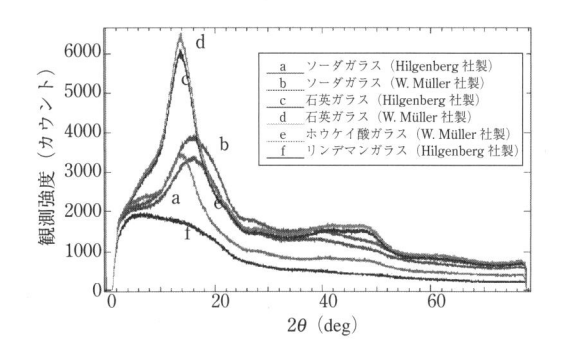

図 8.7 キャピラリーの材質によるパターンの違い．測定波長は 1 Å, キャピラリーの径は 0.3 mm（提供：SPring-8 産業利用推進室ホームページ）．

これ以上の温度での測定を行う場合は，バックグラウンドは高くなるが，高温で融解しない石英ガラスを使う．

キャピラリーを直接手でつまむと破損しやすい．そこでキャピラリーをシリコンスポイトや芯を抜いたボールペンの口に差し込んで扱うと破損しにくい．

試料が塊になっていない部分をキャピラリーの入り口の太い部分の 1/6〜1/4 程度の高さまで入れ（図 8.8），振動を与えて試料をキャピラリーの先端まで詰める．一度に多くの試料をキャピラリーに入れると，途中で試料が詰まってしまい，封入に手数がかかるだけでなく，試料を無駄にすることになる．回折計によって異なるが，先端から 1 cm ほど試料を詰めれば十分である．キャピラリーの途中で試料が詰まってしまった場合は，無理に押し込まず，超音波洗浄器を利用して詰まった部分を砕くとよい．以上の作業を繰り返し，必要量を充填する．試料はキャピラリーに隙間がなくなるまで詰める．詰まりが疎であると，測定温度をコントロールしている場合は試料温度が不均一になる．また散乱強度が弱くなり，場合によるとデータ収集中に回折線が観測できなくなる．さらに吸収補正が適切にできないなど問題は多い．一方，あまり詰めすぎると選択配向が顕著になる場合もあるので，詰まり具合を顕微鏡で観察しながら試料を詰めるとよい（図 8.9）．

試料を詰めたなら，キャピラリーを適当な長さで切断する．どのくらいの長さで切断するかは装置によって異なるので，あらかじめ確認しておく必要がある．切断には鋭利なやすりやガラス切りを用いる．X 線回折用のキャピラリーは肉厚が薄いため，手で折るとキャピラリーが破損する．切断した端は接着剤，粘土，ワックス，スティックのりなどで閉じる．ガラスを焼き切って封緘する場合は，熱で試料が壊れないように注意して行う．500 K 以上の高温実験を行う場合は，キャピラリーを焼き切って封じる方がよい．ただし，実験中にガスが発生するような場合は内圧がかかるので，圧力による相転移を起こすかもしれない．封じるかどうかは実験者が判断する．

揮発性の結晶溶媒を含む試料は溶媒とともにキャピラリーに封入する必要がある．粉末結晶が析出した溶

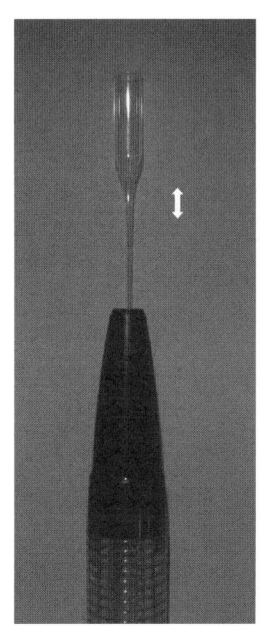

図 8.8 キャピラリーの取扱い
矢印で示す程度の量の試料を入れ，上下に支持具ごと振動することにより試料を詰める．

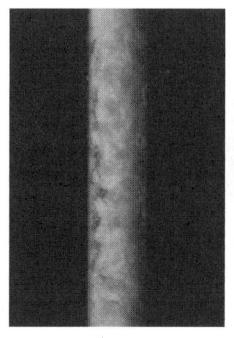

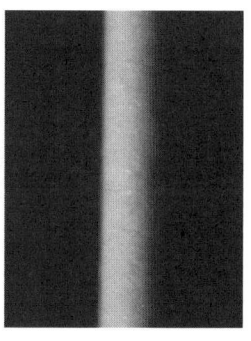

図 8.9 キャピラリー (0.3 mmϕ) に詰めた試料
左は詰まりがよくない例．キャピラリー中に隙間がある．右は適当な例．隙間なく詰まっている．

液をろ過せずに攪拌し，懸濁液をすばやくスポイトで吸い取り，キャピラリーの先端に流し込む．これを遠心分離器にかけ，結晶を沈降させる．キャピラリーを適当な長さで切断し，片端を適当な方法で封じる．封入した溶媒によっては接着剤が使えないので，キャピラリーを焼き切ることが多いだろう．この場合，熱を加えると溶媒が突沸する場合があるので，濡れたろ紙などで試料部分を冷やしながら焼き切るとよい．

b．ナイロンループの使用

試料が少なくキャピラリーに詰めるほどの分量がない，粘度が高い，静電気のため試料が詰められないというような場合はナイロンループやマイクロマウントの使用が有効である．

ナイロンループやマイクロマウントは主にタンパク質単結晶試料のマウントに用いられている治具で，装置メーカーなどから容易に入手できる．試料のマウントは非常に容易で，ガラス板の上にのせた試料の中で直径 $0.2\sim0.3\,\mathrm{mm}$ の球状になっている塊をすくい取るだけである（図8.10）．試料の粘性が低い場合は治具に極少量の接着剤をつけておくと，測定時に試料が落下することを防ぐことができる．使用するループは太さ $0.1\,\mathrm{mm}$，ループの内径 $0.2\sim0.5\,\mathrm{mm}\phi$ のものがよい．あまり太いループを用いると，ループ（非晶質）からの散乱が大きくなってしまう．ループが接着されている指示棒と支持台の長さは装置ごとに異なるので，あらかじめ調べておく．なお，ループを用いた場合は，ループが接着されている指示棒（ステンレス）にビームが当たらないようにビーム幅をスリットで調節する必要がある．

［橋爪大輔］

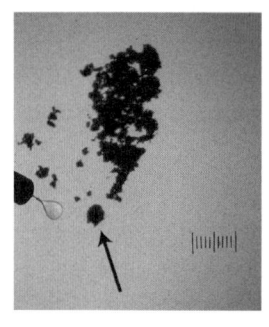

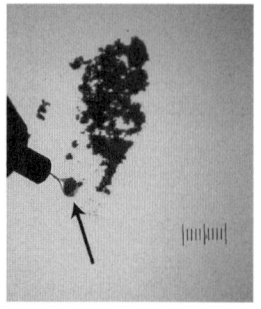

図8.10 ナイロンループを用いた粉末試料のマウント 左図の矢印先端の試料をループですくい取ったのが右図．図中目盛りの最小値は 1 mm．

8.4 放射光利用測定

放射光（synchrotron radiation）とは高速で運動している電子または陽電子が，磁場中で力を受けて方向を変えたときに，そのエネルギーの一部を失って発生する光のことである[1]．放射光は，強度が強い，輝度が高い，平行度が高い，波長が赤外～X線領域をカバーしており任意に選べる，偏光特性を利用できる，短いパルス光の繰り返しである，などの特徴がある．放射光を利用した粉末X線回折は材料科学に不可欠なツールである．そこで，放射光を光源として用いる粉末X線回折法の特徴を，実験室系における測定と比較しながら説明する．

（1）放射光は連続X線源であるので，モノクロメーターを用いて単一の波長のX線を取り出して，粉末X線回折測定を行うことができる．その結果，実験室系の粉末X線回折データにおいて見られる $K\alpha_1$ と $K\alpha_2$ ビームによるプロファイルの分裂がなく，より質の高いデータを収集することができる．

（2）強度と平行度が高いので角度分解能を上げることができる（8.4.3参照）．

（3）強度が高いので計数統計を上げ，測定時間を短くすることができる．

（4）平行度が高いので，θ を固定して複数のカウンターで 2θ をスキャンすることによりデータを収集できる．高温や高圧など試料特殊環境装置の設計が容易である．

（5）強度と輝度が高いので，ビームの大きさを小さくしたデバイ-シェラー光学系や微小領域の測定が容易である．また，強度と輝度が高いことをいかすと高温や高圧など試料特殊環境での測定が容易である．

（6）試料からの蛍光X線をできるだけ減らすように波長を設定できる．

（7）短波長のX線を用いることにより，格子面間隔 d の小さい反射を測定し，X線の吸収を減らすことができる．これは電子密度解析など精密構造解析において利点となる．

（8）短いパルス光の繰り返しであることをいかして数十ピコ秒の時間分解測定を行える．

どの放射光粉末回折装置を使うのがよいかを考える上で重要な因子として，角度分解能，強度，測定に要

する時間，カバーする格子面間隔 d の範囲（測定できる 2θ の範囲と波長で決まる），バックグラウンド強度に対するピーク強度の比，使いやすさとサポート体制，試料環境装置とその使いやすさ，必要な試料の量，試料の準備のしやすさなどがある．図 8.11, 8.12 に代表的な2つの放射光粉末回折用光学系の模式図を示す．それぞれ利点と欠点があるので，測定の目的に適した光学系を有する装置を選択すべきである．なお，ビームラインと回折計の性能は設定と改造により変わることがあるので，実験を行う前にあらかじめ装置担当者あるいは当該装置をよく知っている人に確認するとよい．

8.4.1 平板試料とアナライザー結晶を組み合わせた光学系

図 8.11 に示すのは平行ビーム，平板試料（反射法），アナライザー結晶およびシンチレーションカウンターを組み合わせた光学系である．平板試料を用いた反射法には，バックグラウンドが低いので弱い反射を観測しやすいという利点がある．また，試料による吸収を補正する必要がほとんどないため，長波長の X 線を用いても精度の高い解析が可能になる．一方，試料量がガラスキャピラリーを用いた透過法に比べて多く必要なこと，選択配向と粗大粒子の影響を受けやすいという欠点がある．Ge(111) あるいは Si(111) などのアナライザー結晶を用いることにより角度分解能が向上し，S/N 比が向上する．アナライザー結晶とシンチレーションカウンターを組み合わせた光学系でステップスキャン法により測定した場合，測定時間が長くかかる．これを改善するために，多連装の回折計が開発された[2]．

8.4.2 キャピラリー試料とイメージングプレートを組み合わせた光学系

図 8.12 に示すのは，ガラスキャピラリーに充填した試料を用いた透過法とイメージングプレートを組み合わせた光学系である．少ない試料量で測定ができる．これは十分な量の合成が困難な試料あるいは貴重な試料の場合や，粒度がそろった試料を用意する作業効率を考えたとき，大きなメリットとなる．また，キャピラリーを用いた透過法では，キャピラリーを回転させながら測定することにより，選択配向と粗大粒子の影響を軽減できる．カメラ半径が小さい場合，一度に全パターンを測定するため，測定時間が短い．カメラ半径が大きく，広い 2θ 範囲をカバーするときでも，2〜3回に分けるか2〜3枚重ねて測定すればよい．測定したい試料が多い場合や，多くの温度で全パターンを測定する場合に向いている．

欠点はキャピラリーからの散乱のためにバックグラウンドが高くなること，試料とイメージングプレートの間にソーラースリットやアナライザー結晶を置くことができないので，バックグラウンドが高くなることである．そのため弱い反射を観測しにくく，弱い反射の強度が大きく影響する構造パラメーターの精度が低くなる可能性がある．

室温と低温ではリンデマンガラス，1000 K 程度の高温測定には石英ガラスキャピラリーを使う．ガラスからの散乱が問題になる場合は，カプトンチューブを使うとよい．チューブの内径は試料の透過性から決める．透過法とイメージングプレートを組み合わせた光学系では，発散角，ミラー，カメラ半径などさまざまな条件によって角度分解能と強度が変わってくる．カメラ半径が長いほど，角度分解能は高くなり強度は低くなる．カメラ半径が 400 mm 以下の比較的小型のカ

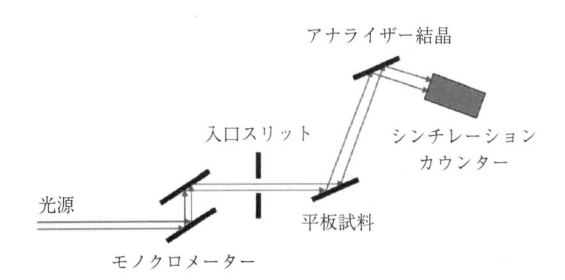

図 8.11 平板試料を用いた反射法とアナライザー結晶-シンチレーションカウンターを組み合わせた光学系の模式図

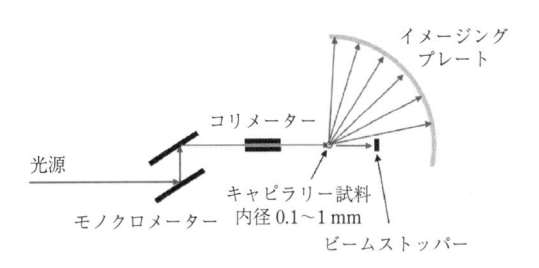

図 8.12 ガラスキャピラリーに充填した試料を用いた透過法とイメージングプレートを組み合わせた光学系の模式図（裏表紙左下写真参照）

メラでは強度と操作性を重視しているのに対し、カメラ半径が 500 mm 以上の大型カメラでは角度分解能を重視している．

8.4.3 分解能 $\Delta d/d$ と格子面間隔 d の範囲

角度分解能はピーク幅により定義される．高い角度分解能の装置では半値幅が狭くなり、重なった反射の分離が容易になる（図8.13）[3]．異なる波長のX線を用いて得たデータ、角度分散型とエネルギー分散型回折計のデータを比較するには格子面間隔スケールでの半値全幅 Δd に基づく分解能 $\Delta d/d$ を用いるのが便利である．図8.14にさまざまな装置で測定した粉末X線回折データにおける $\Delta d/d$ と格子面間隔 d の関係を示す．装置やセッティングに依存して、$\Delta d/d$ とカバーしている d の範囲がかなり違う．連続的な相変態の転移点を正確に見積もるには高分解能回折実験が必要である[4]．角度分解能のほかに、どれだけ小さな d まで測定できるかを示す d の最小値も分解能と呼ぶ．短波長のX線を用いると、小さい d の範囲をカバーした高い分解能の実験を行うことができる．

8.4.4 放射光利用前の注意点

放射光実験において、マシンタイムは限られている．このため、効率のよい実験スケジュールを実験に先立って考えておく必要がある．効率のよい実験を行うためには、試料の周到な準備が欠かせない．これは試料の個数をそろえることではなく、実験室での予備実験を十分に行うことを意味している．予備実験でよいと判断した試料はたいてい、放射光施設でもよい試料である．筆者の経験では現地で手を加えた結果、あらかじめ用意した試料が使い物にならなくなってしまったことが多々ある．可能ならば、調製した試料とは別に余剰の試料を持参すると、試料の調製に関して重大な問題が現地で判明しても、安心して実験に望めるだろう．

試料数と測定の優先順位についても検討が必要である．実験者は限られた時間に数多くの試料を測定することに目を奪われがちである．しかし解析できないデータをいくつ集めても意味がない．試料の優先度と解析しやすさのバランスを考えて測定スケジュールを立てるべきである．どのような実験スケジュールを立てるのがよいか不明な場合は、信頼できる経験者に相談するのがいちばんよい．知り合いに経験者がいない場合は、コーディネーターや回折装置のコンタクトパーソンなどに連絡することを勧める．上記の相談は課題申請前に行うのが理想的である．

測定条件についてはビームライン担当者と実験前に相談すべきである．特に波長の選択と光学系の相談は不可欠である．このとき実験目的と予備実験の状況を伝えるとよい．特に予備実験の情報は必要で、相談を受ける側も試料の状態を把握でき、相談が円滑に運ぶ．

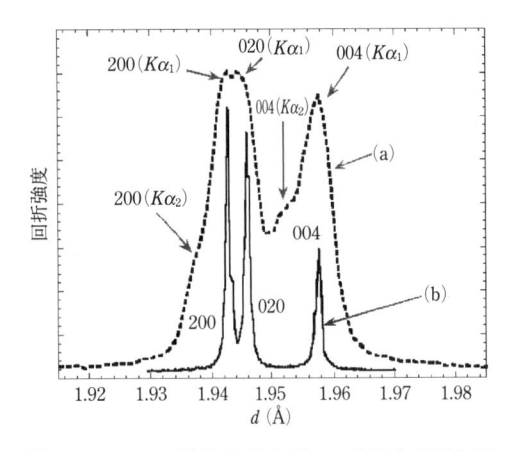

図8.13 Cu $K\alpha$ 特性X線を用いた実験室系粉末回折計で測定した回折パターン(a)と角度分解能が高い放射光回折パターン(b)の比較[3]

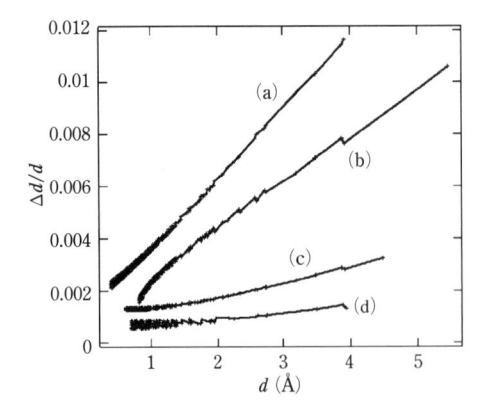

図8.14 さまざまな装置で測定した粉末X線回折データにおける $\Delta d/d$ と d の関係[5]
(a) 透過法（カメラ半径=287 mm）、ほかは反射法．(b)は実験室系回折装置のデータ．(c), (d)は放射光とアナライザー結晶を使用．

8.4.5 予備実験

a. 反射型粉末回折計を用いた予備実験

ヨハンソン型モノクロメーターやチャンネルカットモノクロメーターがなくても予備実験は可能である．一般的な粉末回折計でできる予備実験としては，結晶性の評価と粗大な結晶粒の有無の確認が欠かせない．

結晶性の評価は $2\theta/\theta$ スキャンにより行う．試料は粉砕の程度の違う何種類かを用意し，汎用の反射法用ホルダーに詰める．当然であるが，力を入れて詰めすぎると，試料が配向してしまう可能性があるので注意する．強い反射だけでなく最強線の 1/10 以下の強度の反射が観測されるようなスピードで $2\theta/\theta$ スキャンを行い，中角から高角の反射（Cu $K\alpha$ 線において $2\theta=30°$ 以上）でできるだけ重なりが少ない試料を選ぶ．また，ほぼ等間隔に強い反射が観測され，他の反射が弱いという傾向が見られる場合は，試料が選択配向している可能性が高い．カッターできざむなどして，さらに粉砕した方がよい．この時点で，できれば格子定数を決定しておくとよい．これにより，不純物の存在を確認できる．

次に粗大な結晶粒の有無をチェックする．$2\theta/\theta$ スキャンにより観測された強い反射のうち，重なりがない反射をいくつか選ぶ．選んだ反射の回折条件を満たす位置に 2θ および θ 軸を合わせる．2θ 軸を固定したまま，θ 軸を回折条件を満たす角度を中心に ±10〜$20°$ ほどスキャンする．低角の反射を用いると，走査範囲が狭くなるので注意する．この操作はデバイ－シェラー環に沿ったスキャンに対応する．良好な粉末試料であれば，なめらかな山型のプロファイルが得られる．もし，プロファイルの一部に飛び抜けて高い点が見られる場合は粗大粒子の存在が示唆され，そのサンプルは構造解析用のデータ収集には使わない方がよい．プロファイルがなめらかであるに越したことはないが，あまりなめらかさにこだわりすぎると，粒径が小さすぎたり，メカノケミカルな変化を起こした試料になりかねないので，上記 $2\theta/\theta$ スキャンの結果と合わせて判断することが重要である．

b. 2次元検出器を有する単結晶回折計を用いた予備実験

構造解析を目的する単結晶回折計は，ほとんどがイメージングプレートや CCD といった 2 次元検出器を備えている．これらを用いて透過法により予備実験を行うことができる．

試料を $0.3\,\mathrm{mm}\phi$ かそれ以下のキャピラリーに詰め，ゴニオメーターヘッドに装着する．試料の中心付近にセンタリングした後，振動角 $90°$ 以上で ω スキャンを行う．波長は Mo $K\alpha$，Cu $K\alpha$ 線のどちらでもよいが，遷移金属を含んでいる試料はビームが十分に透過するように Mo $K\alpha$ 線を選択する．露光時間は 10 分程度から試し，デバイ－シェラー環が明確に観測できるようになるまで順次長くする．露光時間を 1 時間程度にしてもデバイ－シェラー環が観測されない場合は，試料が非晶質である可能性が高い．

得られたデバイ－シェラー環のイメージで，環の輪郭が明確であり，同一の環の黒化度が均一であるものがよい試料である（図 8.15 右）．低角で環の輪郭がぼやけて広がっているもの，環の一部にスポットが見られるもの，環が途切れているものはそれぞれ，結晶子

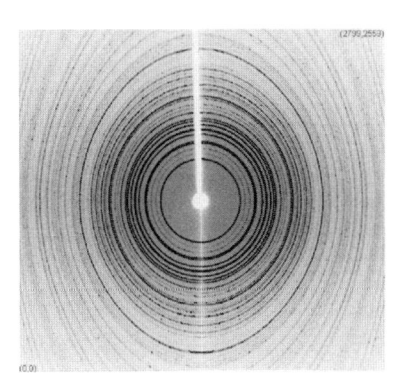

図 8.15 測定に不向きな試料（左）と測定に適した試料（右）
左の試料はデバイ－シェラー環上に粗大粒子に由来するスポットが見られる．測定は Cu $K\alpha$ 線を用い，リガク社製 RAXIS-RAPID で行った．振動角，露光時間はそれぞれ $180°$，30 min である．

が小さいか結晶性が悪い，結晶粒が大きなものが含まれている，配向していることが原因である．結晶子に由来するものは試料を調製し直す．配向している場合は，試料を詰め直しても状況が変わらなければ，試料を調製し直す必要がある．

8.4.6 放射光施設での測定
a. 波長の選択

測定するにあたり波長を決める必要がある．第3周期までの元素からなる有機結晶の場合，X線の吸収が問題となることはほとんどないので，1.0Åよりも長い波長を選択するとよい．有機結晶の場合，中角以降の反射の重なりが深刻であり，かつ，高角の反射はほとんど観測されない．よって，低角から中角の反射の重なりを減じることができ，なおかつ十分な回折強度が得られる1.0Å以上のX線を用いることを推奨する．波長が長すぎると有機物とはいえ，吸収の効果が大きくなるので，1.3Å程度が上限であろう．

第4周期以降の元素を含む結晶の測定を行う場合は，試料によるX線の吸収および蛍光X線の発生を減じるため，当該元素の吸収端より少し長めの波長を用いるとよい．複数の種類の重元素を含む場合は，それぞれの吸収端を考慮し，測定する波長を決定する．鉛などの重元素を含む結晶の場合，0.3〜0.5Åの短い波長を使うと，吸収係数のブラッグ角依存性がほとんどないため，解析の精度が高くなる．測定波長が1.0Åより短くなると，低角から中角の反射においても反射の重なりが顕著になる可能性がある．このような場合，格子定数の決定（指数付け）が非常に困難になる．したがって，吸収効果を考慮した波長で測定した後，1.3Å程度の波長で格子定数の決定を目的とした測定を行うことを勧める．可能であれば長波長の測定は短波長の測定の後に行うべきである．これは長波長で実験を行うと放射線損傷のため試料が劣化する可能性があるためである．Cu Kα線を用いた予備実験により，$2\theta < 5°$に反射があることがわかっている場合は，あまり波長を短くすると最低角の反射が観測できなくなるので，注意が必要である．

b. 測定温度の選択

一般に有機結晶中の原子は無機結晶に比べ熱振動が大きい．このため，高角の回折線の強度が顕著に減衰する．回折データに高角領域の反射が含まれていないと，後に述べる初期構造モデル導出の段階で解析が困難になる．したがって可能であれば，液体窒素温度以下で測定を行うとよい．しかし，試料を調製および保存した温度が測定温度と異なるのであれば，低温で相転移が起こってしまう可能性がある．念のため，低温測定の前に試料を調製した温度で測定する．特に多形があることが知られている場合は，低温測定の結果と比較し，粉末パターンが一致することを確認するとよい．

c. スリットの選択

一般に放射光施設のビームラインでは，入口スリット（図8.11）および，モノクロメーターとコリメーター（図8.12）の間に床面に対して垂直方向と水平方向の可動スリットを備えている．放射光は水平方向に偏向しているので，通常，2θ軸は床面に対して平行となる．したがって，反射法で測定する場合は試料面を水平に，キャピラリー法の場合はキャピラリーを水平にマウントする．垂直方向のスリット幅は，反射法の場合はビームが最低角で試料からはみ出さない程度，キャピラリー法の場合はキャピラリーの外径か，それよりも少し広ければよい．水平方向のスリット幅は最低角の反射の位置によるが，最初は広め（3 mm程度）にするとよい．この条件で測定し，低角の反射においてアンブレラ効果により低角側に尾を引いた非対称なピークが見られるようであれば，水平方向のスリットを順次狭くする．また，最低角の反射の両側のバックグラウンドが極度に非対称である場合は波長を長くするとよい．もちろん，ビームの調整はコリメーターにより行ってもよい．

ナイロンループを用いる場合は，ループの支持体の金属やループ自体からの散乱を少なくするために，水平方向のスリット幅を1 mm程度にするとよい．

d. 測定

ここまで条件を煮詰めれば，測定自体は簡単である．透過法測定では試料の配向や大きな結晶粒の影響を少なくするため，試料を高速で回転させながら測定する．回転速度は120 rpm程度で十分である．

最初に5〜10分間露光して試料の良否の確認を行い，反射強度から本測定の露光時間を決める．本測定の露光時間は中角の弱い反射が明確に観測される程度にする．キャピラリーに密に試料が詰まっている場合は，たいてい30分以内の露光時間で十分である．一方，ナイロンループを使った方法ではサンプル量が少なく，ビームもスリットで大幅に切られているため，

1時間程度の露光が必要である．

[橋爪大輔・八島正知]

文　献

1) 北村英男，"実験物理学講座 構造解析，"藤井保彦編，丸善 (2001), pp. 113-119.
2) H. Toraya, H. Hibino, and K. Ohsumi, *J. Synchrotron Rad.*, **3**, 75 (1996).
3) M. Yashima, R. Ali, M. Tanaka, and T. Mori, *Chem. Phys. Lett.*, **363**, 129 (2002).
4) M. Yashima, M. Mori, R. Ali, M. Tanaka, and T. Mori, *Chem. Phys. Lett.*, **371**, 582 (2003).
5) 八島正知，日本結晶学会誌，**49**，354 (2007).

8.5　中性子粉末回折測定

中性子回折はX線回折と比べて次の特徴をもつ（6.5.1参照）[1]．

(1) 原子番号の大きい原子と共存する原子番号の小さい原子の構造パラメーターを求めるのに適している．構造解析において，たとえば重金属の酸化物における酸素原子の位置と分布，リチウム電池材料のリチウム原子の位置と分布を調べるのにしばしば使われる．

(2) 原子番号が近接している原子（たとえばFeとCo，NとO）を識別できる場合がある．

(3) 同位体（たとえばHとD）の干渉性散乱長が互いに異なる．

(4) 透過力が大きく試料内部からの回折ビームも計数するため，選択配向と粗大粒子の影響を受けにくい．したがって，粉末X線回折の場合のように，適切な結晶子サイズの試料の準備に苦しまずにすむ．

(5) 一般に，特殊環境装置の設計と設置が容易である．

(6) 高温でのX線回折実験で問題になる熱膨張による試料位置のずれに起因する格子定数の系統誤差が小さい．

(7) X線回折では電子密度が決定できるのに対し，中性子回折では核密度（厳密には干渉性散乱長 b_c の密度）が得られる（10.1.1参照）．

(8) 中性子は原子核により散乱されるため，b_c は酸化状態にも $\sin\theta/\lambda$ にも依存しない．したがって，占有率と原子変位パラメーターを求め，原子の不規則分布（10.4.1参照）を調べるのに適している．

(9) 中性子は磁気モーメントをもつため，磁性原子の外殻電子の磁気モーメントと相互作用し，磁気散乱が観測される．このため中性子回折は磁気構造の決定に使える．

中性子のビームタイムは貴重なので，X線回折で十分な場合には中性子回折を適用しないのが原則である．また，中性子回折実験の前には，あらかじめ粉末X線回折データを測定し，リートベルト解析を行っておくことを推奨する．

中性子回折実験を行う意義があるか否かを検討するには，構成元素の b_c と中性子吸収断面積 σ_a を調べておくとよい[2]．σ_a が極端に大きい B，Cd，Gd などの元素が主成分として含まれていると，十分な強度のデータの測定は難しいが，同位体で置換すれば，測定が可能になる．HやLiが主成分として含まれている場合は，HをDに，Li（天然存在比）を ^{7}Li に置換した試料を用意するのが好ましい．

試料に水分が含まれていると，水素による非干渉性散乱のためにバックグラウンドが高くなってしまう．したがって，乾燥させるなどして水分をなるべく含まない試料を準備すべきである．

X線回折に比べて大量（1～5 cm³）の試料が必要なことが中性子回折実験の欠点の一つである．少量でも実験できるが，測定時間が余計にかかる．

一般に試料による中性子の吸収は小さいので，円筒状のV容器に粉末または多結晶試料を入れ，デバイ-シェラー法で測定を行う．中性子回折は角度分散型と飛行時間（time-of-flight：TOF）型に大別される．

角度分散型回折法では，原子炉からの中性子を単色化して試料に照射し，回折角 2θ をスキャンする．図8.16は測定時間を短縮するために多数の検出器を並べた角度分散型中性子回折計の模式図である．原子炉

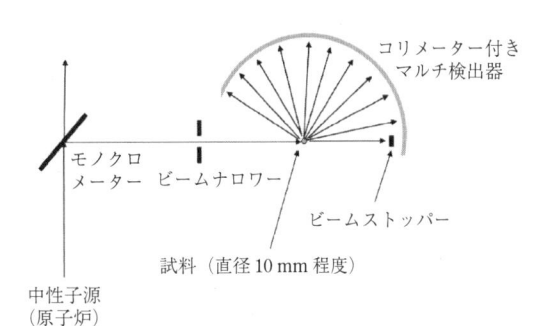

図8.16　角度分散型中性子回折計

から飛来する中性子をモノクロメーターにより特定の波長に単色化する．波長あるいは装置は測定したい d 領域を考慮して選択する．大きな単位胞をもつ結晶，大きな d の反射の測定，磁気構造の解析には長い波長が有利である．小さな d の反射の強度を測定するには，短い波長を使うとよい．試料以外の場所に中性子が当たるとバックグラウンドが高くなり，余分な反射を与えたりするので，ビームナロワーによりビームを絞る．単色化した中性子を試料に入射し，回折強度を検出器で測定する．

TOF 型回折法では加速器を用いて発生させたパルス中性子を利用する．TOF 型回折法は d の小さい反射の回折強度を高分解能で測定できるため，比較的複雑な構造の解析に適しており，原子変位パラメーターの確度と精度が高いという特徴がある．TOF 型回折計は，測定可能な d の範囲と分解能 $\Delta d/d$（Δd：反射の半値全幅）が検出器の 2θ に依存する．2θ が増加するにつれて，より d の小さい反射が観測できるようになり，$\Delta d/d$ は小さくなる傾向がある．

プレスした圧粉体や焼結体は，V 容器を使わずそのまま測定してもよい．試料が小さい場合には，試料台からの散乱ビームをカットするために，カドミウム金属箔で覆う．中性子回折強度は試料や構成元素によって大きく変わるので，最初に短時間のテスト測定を行ってから測定時間を決めるとよい．格子定数さえ決めればよいときは最高ブラッグ反射強度が 2000 カウント程度で大丈夫だろう．リートベルト解析には1～3万カウント程度，核密度の解析には 2～10 万カウント程度ほしい．

[八島正知]

文　献

1) 八島正知, セラミックス, **41**, 1014 (2006).
2) V. F. Sears, "International Tables for Crystallography," Vol. C, 3rd ed., Kluwer, Dordrecht (2004), pp. 445-452.

9章 RIETAN-FP を使ってみよう

RIETAN-FP は，RIETAN-2000 の後継プログラムであり，角度分散型の X 線・放射光・中性子粉末回折計で測定した粉末回折データのシミュレーション，リートベルト解析，最大エントロピー法（MEM）に基づくパターンフィッティング，Le Bail 解析，個別プロファイルフィッティングの機能を有する多目的パターンフィッティングシステムである．本章では RIETAN-FP を使ってリートベルト解析を行う際の入力ファイルの作成方法を中心に，その利用法を具体的に説明する．

9.1 リートベルト解析を行うための準備

リートベルト法は粉末回折データを用いて結晶構造の精密化を行う手法である．目的に沿った均一で良質な試料を用いて，質の高い回折データを収集することが重要である．リートベルト解析を行うにあたっては，試料に含まれる相が同定され，各相の結晶構造モデル，すなわち空間群，格子定数と分率座標の大まかな値，化学組成がわかっていることが前提となる（図9.1）．

未知の構造をもつ結晶相が含まれていれば，電子顕微鏡を使った制限視野回折像の解析や，12章で述べる未知構造解析を行うことにより，空間群と構造モデルの候補をあらかじめ決めておく必要がある（図9.1）．対称心の有無を判断するには収束電子回折（convergent beam electron diffraction : CBED）や物性測定が有効な場合もある．

リートベルト法では非線形最小二乗法により，残差（観測強度と計算強度の差）二乗和ができるだけ小さくなるように，ゼロ点シフト，バックグラウンドパラメーター，プロファイルパラメーター，格子定数，構造パラメーターなどを精密化する．非線形最小二乗法では初期値から出発し，解を探す計算を繰り返すことにより，真の解に近づけていく（図9.2）．したがって，最適化するパラメーターの初期値を，ある程度正確に与える必要がある．真の解から遠く離れた初期値では，計算が発散する，偽の極値に見かけ上収束するなどの問題が起こりやすく，正しい値が得られにくい．特に，確度の高い格子定数の初期値を使うことが重要である．しかし，神経質になりすぎる必要はなく，プログラムを走らせてエラーメッセージを見たり，解析結果をグラフ表示して対処法を考えればよい．

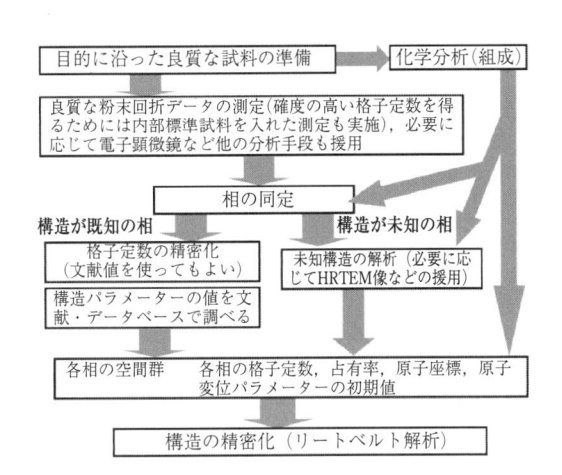

図 9.1 粉末回折データを用いた構造解析の手順の一例

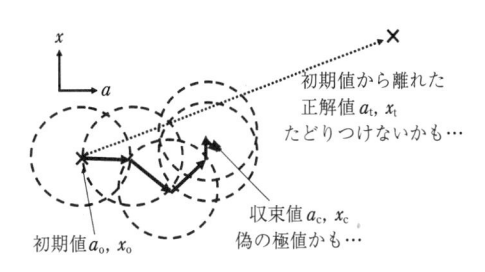

図 9.2 非線形最小二乗法と落し穴
格子定数 a と原子の分率座標 x を精密化する過程を示した模式図．実際には数十〜数百の多くのパラメーターを精密化する．

9.2 RIETAN-FPおよび関連ソフトウェア

RIETAN-FP，入力ファイルのひな型ファイル，ORFFE（原子間距離と結合角を計算するソフトウェア）などを含むソフトウェアパッケージ，3次元可視化システムVENUSはWebサイト「泉 富士夫の粉末回折情報館」(http://homepage.mac.com/fujio-izumi/) から入手できる．RIETAN-FPは，基本的にはバッチファイル（Windows）やシェルスクリプト（Mac OS X）を起動することにより実行する．しかし，このような古風な操作はGUIに慣れ親しんだユーザには苦痛であろう．Windows上では，RIETAN-FP・VENUS統合支援環境を構築することにより解析作業を快適かつ能率的に進めることを推奨する．Mac OS X用にも，ターミナルを使わずにすむような環境が提供されている．

RIETAN-FPは結晶構造や電子・核密度分布などを可視化するプログラムVESTAとの緊密な連携を強みとしている．VESTAはVENUSの一部であるが，門馬綱一のWebサイト JP-Mineral (http://www.geocities.jp/kmo_mma/) で別途配付されている．

入出力ファイルの形式やデータが変更される可能性があるので，1つの仕事では，同時期にダウンロードしたプログラム群を使って解析すべきである．その意味で，使っているプログラムのバージョンとダウンロードした年月日がわかるように記録しておくとよいだろう．他には入力ファイルを編集するエディタ（たとえば秀丸エディタ），解析図形を作図するプログラム（たとえばIgor Pro）などのユーティリティをダウンロードあるいは購入し，インストールしておく．泉のWebサイトにはさまざまなユーティリティに関する情報も記されている．

RIETAN-FPの配付ファイルに含まれている文書 Readme_*.txt に従ってプログラム一式をインストールした後のRIETAN-FPや周辺ソフトの使用法について，9.3以降に記す．ただし，種々のファイルの格納場所，RIETAN-FP用入出力ファイルの編集・閲覧用エディタ，プログラムの起動法など，ソフトウェアのバージョンやOSに依存する記述は避けることにする．

9.3 RIETAN-FPの入出力ファイル：ひな型ファイルを使ってRIETAN-FPを走らせてみよう

本節ではRIETAN-FPのファイル構成を簡単に説明する．RIETAN-FPの配付ファイルには詳細な英文マニュアル[1]が含まれている．たいていのことはこのマニュアルに書いてあるので，困ったことやわからないことがあったら，まっさきにマニュアルを参照してほしい．

ここでは，RIETAN-FPの基本的な使い方を，ひな型ファイルを例にとって説明する．RIEATAN-FPを実行するには，図9.3に示すように①入力ファイル *.ins，②強度データファイル *.int，③バッチファイル *.bat（Windows）あるいはシェルスクリプト *.command（Mac OS X）を用意する．*.intの詳細については9.4で，*.insの詳細については9.5，9.6で後述する．ここでワイルドカード * は任意の英数字を示しており，試料名や測定年月日など好みの名前をつけることができる．

ひな型ファイルを使ってRIETAN-FPを試用してみよう．まず，解析用フォルダーをユーザデータ領域中の適当な場所につくり，そこに入力ファイル *.ins と強度データファイル *.int をコピーする．ここでは実行例として配付ファイルに含まれているFapatiteJフォルダー中のFapatiteJ.insとFapatiteJ.intをそのまま使い，フッ素アパタイトのリートベルト解析を実行してみよう．解析はすみやかに終了し，複数の出力ファイルが同一フォルダー内に生成する．FapatiteJ.itxはリートベルト解析パターンをプロットするためのファイルであり，グラフソフトウェア，たとえば

```
*.ins：空間群，構造パラメーター，プロ
       ファイルパラメーター，バックグラウン
       ドパラメーターの初期値
                  +
*.int：回折強度データ（実験）
         ↓
         *.bat, *.command：RIETAN-
                          FP起動用コマンド
*.lst：解析結果の出力ファイル
*.itx, *.pat：リートベルト解析図形
*.fos：MEM解析用の出力
*.xyz：原子間距離・結合角の計算用出力
                                など
```

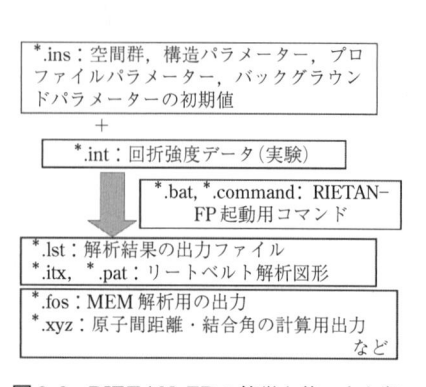

図9.3 RIETAN-FPの簡単な使い方を記したフローチャート

9.4 強度データファイル*.int のフォーマット

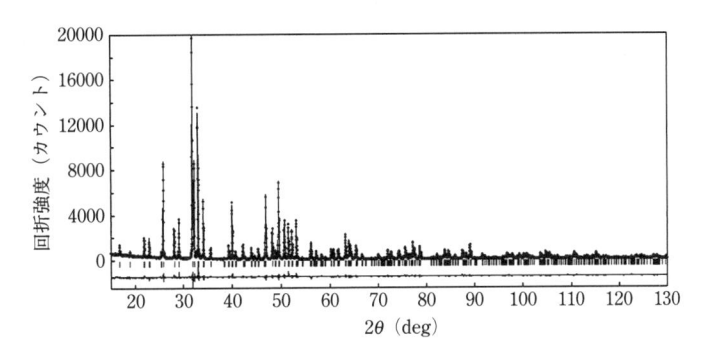

図 9.4 フッ素アパタイトのリートベルト解析により得られたリートベルト解析図形

Igor Pro で読み込むことにより図 9.4 に示すような図形を描くことができる．拡張子 itx が Igor Pro に関連づけられていれば，*.itx をダブルクリックするだけでリートベルト解析図形が描かれる．十字の点が測定した強度データであり，十字の点にフィットさせた曲線が計算強度である．それらの下にプロットされた短い縦線がブラッグ反射の計算位置を，一番下の曲線が測定強度と計算強度の差（残差）を示している．

原子間距離と結合角を計算するには，ORFFE を実行する．ORFFE は先に RIETAN-FP が出力した FapatiteJ.xyz を入力し，計算結果を FapatiteJ.ffe と FapatiteJ.dst に出力する．*.ffe は幾何学的パラメーターに対する通し番号を含んでおり，原子間距離と結合角に抑制条件を付加するのに使われる（9.6.24 参照）．

9.4 強度データファイル *.int のフォーマット

RIETAN-FP は 11 種類のフォーマットの強度データファイルを読み込むことができる．以下，3 つの代表的なフォーマットを説明する．ほかにも市販の X 線回折装置，JAEA（日本原子力研究開発機構）の中性子回折装置 HRPD，リートベルト解析プログラム GSAS 用フォーマットのデータなどを直接読み込める．強度データファイルのすべてのフォーマットはマニュアル[1]の「Intensity Data File」の節に詳述されている．

9.4.1 一般フォーマット

図 9.5 に一般フォーマットの一例を示す．このフォーマットでは，*.int ファイルの 1 行目に "GENERAL" あるいは "GENERAL$" と入力する．2 行目

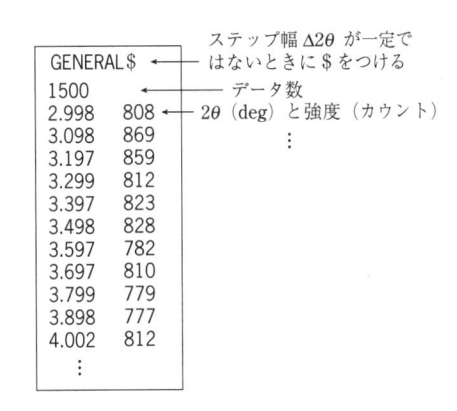

```
GENERAL$    ←── ステップ幅 Δ2θ が一定で
                  はないときに $ をつける
1500        ←── データ数
2.998  808  ←── 2θ (deg) と強度（カウント）
3.098  869          ⋮
3.197  859
3.299  812
3.397  823
3.498  828
3.597  782
3.697  810
3.799  779
3.898  777
4.002  812
   ⋮
```

図 9.5 一般フォーマットの強度データの一例

にはデータ点の総数を，3 行目以降に 2θ と強度のペアを 1 行ずつ記す．このフォーマットはステップ幅が一定でないときに便利である．1 つの反射のプロファイルの中でステップ幅が 3 回以上変わる場合には "GENERAL" ではなく，"GENERAL$" としなければならない．"GENERAL$" の入力は，角度分散型粉末中性子回折計である東北大学金属材料研究所の HERMES，KEK の PF に設置されている多連装放射光粉末回折計で測定した強度データを解析するときに必要である．測定に要する時間を節約するために反射付近のみステップ幅を細かくした放射光粉末回折データのフォーマットにも使うことができる．

9.4.2 RIETAN フォーマット

図 9.6（上）に RIETAN フォーマットの一例を示す．"*" で始まる最初の行にコメントを，2 行目にはデータ点の総数，最低 2θ，ステップ幅，3 行目以降は強度データが続く．一行に記すデータの数は任意である．

```
* Cu3Fe4(PO4)6, Cu K_alpha1 radiation
10000   10.000    0.010
  9104  9375  9335  9396  9149  9450  9180  9274  9158  9382  9192
  9115  9347  9273  9167  9238  9151  9237  9293  9313  9189  9407
  9290  9113  9303  9267  9282  9025  9099  9211  9242  9323  9159
  9163  9306  9173  9276  9127  9322  9217  9290  9220  9141  9180
  9165  9153  9179  9116  9281  9147  9358  9189  9235  9219  9199
  9080  9214  9216  9343  9164  9301  9161  9148  8993  9094  9124
  9092  9073  9203  9294  9326  9161  9164  8989  8864  9078  9014
  9267  9192  8997  8964  9232  9075  9168  8968  9164  9039  9155
 ....

IGOR
WAVES/D two-theta int
BEGIN
 0.5658   2848
 0.5708   2886
 0.5758   3375
 0.5808   3932
 0.5858   4373
 0.5908   5016
 0.5958   5347
 ....
32.6758   3429
32.6808   3515
END
```

図 9.6 RIETAN フォーマットの強度データの一例（上）と Igor Pro テキストフォーマットの強度データの一例（下）

9.4.3 Igor Pro テキストフォーマット

図 9.6（下）に Igor Pro テキストフォーマットの一例を示す．最初の行に"IGOR"を，2 行目には"WAVES/D　two-theta　int"と記す．3 行目の"BEGIN"と"END"行の間に 2θ と強度のペアを一行ずつ記す．

9.5　入力ファイル *.ins 作成のための文法

9.5.1　入力ファイルのプリプロセッサー

RIETAN-FP には New Tink という入力ファイル（*.ins）のプリプロセッサー（前処理ルーチン）が組み込まれており，任意の文字で書いた注釈を入力ファイル *.ins に書き込むことができる．RIETAN-FP を立ち上げると，New Tink は *.ins を読み込み，注釈部分（9.5.3 参照）を取り除き，計算に必要なデータだけを含む中間ファイルを作成する．引き続き RIETAN-FP は中間ファイルを読み込む．

9.5.2　一行の長さの制限

入力ファイル *.ins の各行には最大 80 桁までのデータを入力できる．81～160 桁の文字は注釈とみなされる．160 桁を超える文字は *.ins を更新する際，無視される．なお，これ以降に現れる *.ins 中の行で 1 行に収まり切らないものは，便宜上，はみ出た部分を字下げして翌行に置くこととする．

9.5.3　注　　釈

"#"の後ろの文字列は注釈とみなされる．解析中に記録しておきたいコメントを残すのに便利である．また，当面は使わない命令を注釈として保存し，必要になったら"#"を取りはずして使えるようにすることもできる．たとえば，決めるのが簡単ではない原子位置の初期値を数種類変えたモデルを使って解析する場合には，各モデルの構造パラメーターを記述する行をすべて記録しておいて，解析に用いるモデルの行のみ"#"をはずして RIETAN-FP を走らせると便利である．このほか，

```
注釈 {
} 注釈
```

という 2 つのタイプの注釈行も利用できる．

　注釈部分には英数字のほか，全角文字，漢字，全角カナ，半角カナも使うことができる．下記の例では，現在の解析には使わない仮想化学種のデータを注釈として記録してある．

```
# 仮想化学種が必要な場合はここに入力．最後に '/' を付ける．
# 'WO' 'H' 2.0 'O' 1.0 /
# 'OH' 'H' 1.0 'O-' 1.0 /
# 'CH 3' 'C' 1.0 'H' 3.0 /
#}
```

仮想化学種が必要になったら，

```
# 仮想化学種が必要な場合はここに入力．最後に '/' を付ける．
'WO' 'H' 2.0 'O' 1.0 /
'OH' 'H' 1.0 'O-' 1.0 /
'CH 3' 'C' 1.0 'H' 3.0 /
}
```

というように"#"をはずせばよい．

9.5.4　変数とその値

変数とその値を入力するには，「変数名＝値: 注釈」という形にする．値より後ろは省略してもよい．たとえば，線源を指定する変数 NBEAM を指定する部分が

```
NBEAM = 0! 粉末中性子回折
NBEAM = 1! 通常の粉末 X 線回折（特性 X 線回折）
NBEAM = 2! 放射光粉末 X 線回折
```

である場合，特性 X 線を用いた通常の粉末 X 線回折データの解析であることを指定している．":" 以降は注釈とみなされる．":" のかわりに "!" を使った行は，行全体が注釈とみなされる．

変数名は最長 10 文字の英字（大文字）・数字とする．最初の文字が I, J, K, L, M, N の変数は整数，それら以外の文字で始まる変数は実数あるいは文字列である．

9.5.5 If ブロックと Go to 文

プログラム言語 FORTRAN の文法に準拠した If, else, else if, end if などの If ブロックを使って入力行をコントロールできる．たとえば，

```
If NBEAM = 2 or NTARG = 3 then
   0.23277   0.94302
  -1.85002   0.73441
end if
```

の場合，NBEAM が 2 あるいは NTARG が 3 の場合に限り，If 文と end if の間の If ブロック，すなわち

```
  0.23277   0.94302
 -1.85002   0.73441
```

が読み込まれる．上の例のように，2 つまでの論理式を and あるいは or で結びつけることができる．

```
If NMODE <> 1 then
  NLESQ = 0
  NESD = 0
end if
```

の例では，論理演算子 <> は ≠ を意味しており，NMODE が 1 でないならば，NLESQ と NESD の値が読み込まれる．論理演算子としては，上記の =, <> 以外に <, >, >=, <= も使える．

"Go to *label"（"label" は利用者が任意に決めてよい文字列）により，入力行が *label へジャンプする．

```
If NC = 0 then
  Go to *Update
end if
```

の例では NC = 0 の場合，*Update へジャンプする．なお，If, else, else if, end if, Go to などの命令では，大文字と小文字を区別することに注意する．

9.5.6 Select ブロック

RIETAN-FP では "Select case 整数変数名" を用いることによって，変数の値に対応する場合分けを行う．たとえば，

```
Select case NSAMPLE
case 1
    （NSAMPLE = 1 のときに入力するデータをここに置く）
case 2,3
    （NSAMPLE = 2 or 3 のときに入力するデータをここに置く）
case 4-6
    （NSAMPLE = 4〜6 のときに入力するデータをここに置く）
case default
    （上のどれにも該当しないとき入力するデータをここに置く）
end select
```

では，変数 NSAMPLE の値が ① 1, ② 2 と 3, ③ 4〜6, ④ その他という 4 種類の場合分けをしている．Select の最初の文字のみ大文字で，他の case, default, end select は小文字で書かなければならない．Select ブロックは New Tink により同価な If ブロックに変換される．case の後ろに置く整数が 2 つまでという制限はここに由来する．"case 2,4,6" や "case 1-3,5" というような，より複雑な場合分けを許していないのは，ユーザを混乱させかねない複雑な選択をせずにすむように整数変数の値を割り当てているためである．

9.5.7 If・Select ブロックのネスト

RIETAN-FP では，If ブロックと Select ブロックの二重ネスト（二重の入れ子）が可能になった．たとえば

```
If NMODE = 4 then
  NSFF = 0
  Select case NSFF
  case 1
    NCONST = 0
  case default
    INCMULT = 0
    CHGPC = 1.0
  end select
end if
```

という例では，If ブロックが Select ブロックを内包した入れ子構造となっている．当該 Select ブロック中のすべてのデータが NMODE = 4 の場合だけ入力される．If ブロックどうしのネスト，Select ブロックどうしのネスト，Select ブロック中に If ブロックを含めることも，二重ネストの範囲内で許される．ただし，内側のブロックは外側のブロックと比べ 2〜3 文字程度，字下げしておかねばならない．

```
作業用フォルダーを用意し，その中にひな型の入力ファイル*.ins,
バッチファイル*.bat をコピーする．強度データ*.int も作業フォルダー
内に用意する．ここで*はたとえば'FapatiteJ'を意味する．
```
↓
```
ファイルの名前を変更する（たとえば*を*!にする．!は任意の一文字を表す）．
バッチファイル*!.bat を編集する．エディタで解析したい強度データを*!.int
にはりつける．あるいは別途用意する（9.4参照）．
```
↓
```
入力データ*!.ins をエディタで編集する
```
↓
```
プログラム RIETAN-FP を実行する
```
↓
```
リートベルト解析の結果の吟味
(1) 出力リスト*!.lst をエディタで吟味
(2) リートベルト解析図形をグラフソフトで精査，*!.itx
(3) 結晶構造図を吟味（*!.ins または*!.lst を使って VESTA で可視化）
(4) 原子間距離と結合角を確認（*!.xyz を ORFFE で解析，または VESTA で計算）
(5) BVS で酸化状態を確認（VESTA で計算できる）
```

図 9.7 Windows 用 RIETAN-FP を用いたリートベルト解析の流れ

9.6 入力ファイル（*.ins）の編集

9.6.1 RIETAN-FP の解析手順の概要

図 9.7 に Windows 用 RIETAN-FP をバッチファイルで起動する場合のリートベルト解析の流れを示す．ひな型入力ファイルを編集して RIETAN-FP を実行し，結果の吟味に基づいて入力ファイルを修正するという一連の作業を繰り返して最終解析結果を得る．

ここではペロブスカイト関連化合物であるランタンチタン酸塩固溶体 $La_{0.64}Ti_{0.92}Nb_{0.08}O_3$[2]を実例として取り上げ，$CuK\alpha$ ビームを用いて測定した粉末 X 線回折データ（ブラッグ-ブレンターノ光学系，発散スリットの発散角を固定，グラファイトモノクロメーターを使用）のリートベルト解析の手順を具体的に説明する．

この化合物はペロブスカイトユニットが a, b, c 軸方向にそれぞれ 2 つずつ積み重なった結晶構造を有し

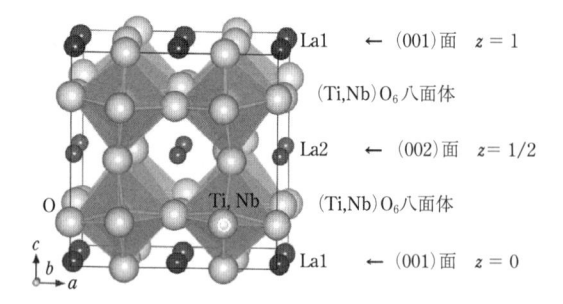

図 9.8 斜方晶系の固溶体 $La_{0.64}Ti_{0.92}Nb_{0.08}O_3$ の結晶構造（VESTA で作図）

ている（図 9.8）．斜方晶系に属し，空間群は $Cmmm$ である[2]．単位胞中に 8 個のペロブスカイトユニットが含まれる．$(Ti,Nb)O_6$ 八面体が頂点を共有して連結しており，$(Ti,Nb)O_6$ 八面体が b 軸周りの反位相回転を示す[2]．$(Ti,Nb)O_6$ 八面体の間に 2 つの La サイト，La1 と La2 が存在する．La が充填した La1 サイトは (001) 面上，すなわち $z=0$ に，一方 La が欠損した La2 サイトは (002) 面上，すなわち $z=1/2$ に存在している．

9.6.2 回折強度を計算するためのパラメーターの入力

リートベルト解析では，回折点 $2\theta_i$ に対する計算強度 $f(2\theta_i; x_1, x_2, x_3, \cdots) \equiv f_i(\boldsymbol{x})$（7.1 参照）に含まれる種々のパラメーター $\boldsymbol{x}$ を最小二乗法により精密化する．これらのパラメーター $\boldsymbol{x}$ の初期値は，グループごとに行の先頭にラベルをつけ，指定された順序で入力する．ラベルは最大 25（8 以下が望ましい）の英数字からなっており，最初の文字は必ず大文字とする．ラベルはユーザが自由に決めてよいが，他のラベルと重複しない文字列にしなければならない．各グループにおける最後のパラメーターの後ろに，9.6.3 で述べる精密化の指標（ID）が続く．一行に書き切れない場合には，複数行にわたって書いてもかまわない．基本的にはひな型を参考にして入力すればよい．たとえば，格子定数などのグループでは，

```
# 格子定数 a, b, c, α, β, γ, 共通の等方性原子変位パラメーターQ.
CELLQ 7.72121 7.74517 7.82403 90.0 90.0 90.0 0.0 1110000
```

と入力する．CELLQ は格子定数などのグループであることを示すラベルであり，その後に格子定数 $a, b, c, \alpha, \beta, \gamma$，共通の等方性原子変位パラメーター Q の合計 7 個のパラメーターの初期値が記されている．1110000 という，パラメーター数と同じ 7 個の数字が 9.6.3 で説明する精密化の指標である．

9.6.3 精密化の指標

精密化の指標（ID）には，当該グループに属するパラメーターの数だけ，空白を挟まずに 0, 1, 2 または 3 を入力する．パラメーターの順序と ID の順序は一致していなければならない．ID の数値の意味は次のとおりである．

ID = 0：このパラメーターは固定.

ID＝1：このパラメーターは精密化．
ID＝2：このパラメーターは線形制約条件式で束縛される．
ID＝3：1次プロファイルパラメーターを2次プロファイルパラメーターから計算した値に固定する．

格子定数 a, b, c, α, β, γ, 共通の等方性原子変位パラメーター Q.
CELLQ 7.72121 7.74517 7.82403 90.0 90.0 90.0 0.0 1110000

の例では，格子定数 a, b, c は精密化するが，他のパラメーター α, β, γ, Q は固定したままにするよう指示している．通常，格子定数に制約条件をつけてはいけない（ID≠2）．制約条件は結晶の晶系から自動的に課せられる．

9.6.4 タイトル，線源の種類，測定条件など

9.6.2 では入力データの核心部分について述べたが，入力ファイル *.ins の先頭に立ち戻って編集してみよう．まずタイトル（80文字以内の英数字）を書き換える．次に線源の情報を必要に応じて書き換える．線源は中性子，特性X線，放射光の中から選ぶ．FapatiteJ.ins をひな形とする場合，Cu $K\alpha$ 特性X線で測定したデータの解析なので，

NBEAM = 0! 中性子回折．
NBEAM = 1! 特性X線を用いる実験室X線回折．
NBEAM = 2! 放射光X線回折．

のままにする．中性子あるいは放射光を用いる場合には変更する．

下に示すように RIETAN-FP はリートベルト解析の他，シミュレーションや MEM に基づくパターンフィッティングなど7種類の計算ができる．

NMODE = 0: リートベルト解析．
NMODE = 1! シミュレーション．
NMODE = 2! 構造因子を Fc(MEM)に完全に固定したパターン・フィッティング．
NMODE = 3! NMODE = 2と同じだが，緩和反射に限り|Fc|を精密化．
NMODE = 4! 通常の Le Bail 解析．
NMODE = 5! 部分構造を用いる Le Bail 解析．
NMODE = 6! 個別プロファイル・フィッティング．

ここではリートベルト解析を行うので，NMODE = 0 である．結果の出力の詳しさは通常 NPRINT = 0 として最小レベルにするが，解析が途中で終了するなどのトラブルの原因を調べたり，全反射の指数，ピーク位置，積分強度などの一覧表が必要な場合，標準的出力（NPRINT = 1）あるいは詳細出力（NPRINT = 2）にする．

下記のようにさまざまな特性X線で測定したデータを扱える．ここでは Cu $K\alpha$ 特性X線のデータを解析するので，NTARG = 4 を選択する．

NTARG = 1! Ag $K\alpha$ 特性X線．
NTARG = 2! Mo $K\alpha$ 特性X線．
NTARG = 3! Cu $K\beta$ 特性X線．
NTARG = 4! Cu $K\alpha$ 特性X線．
NTARG = 5! Co $K\alpha$ 特性X線．
NTARG = 6! Fe $K\alpha$ 特性X線．
NTARG = 7! Cr $K\alpha$ 特性X線．

モノクロメーターがある場合には式（7.19）中の $\cos^2 2\theta_M$（θ_M：モノクロメーターのブラッグ角）の値を CTHM1 に入力する．モノクロメーターがない場合には CTHM1 = 1.0 にする．発散スリットの発散角が固定されているブラッグ-ブレンターノ光学系なので，NTRAN = 0 にする．

9.6.5 化 学 種

次に，結晶相に含まれる化学種（原子またはイオン）を指定する．RIETAN-FP や ORFFE などの実行形式ファイルを収めたフォルダー内のデータベースファイル asfdc に指定できる化学種が記されている．同位体の干渉性散乱長など，asfdc にない化学種のデータを使いたければ，自分で asfdc に追加する．

ここでは $La_{0.64}Ti_{0.92}Nb_{0.08}O_3$ に含まれる化学種を

'La3+' 'Ti4+' 'Nb5+' 'O-'/

と入力する．化学種の酸化状態は，共有結合性と結晶全体の電気的中性を考慮し，形式電荷にこだわらずに適切なものを選ぶ．実際の結晶中に，形式電荷をもつ孤立イオン（たとえば O^{2-} イオン）が存在するわけではないからである．実際問題として，最低角領域の反射を解析に含めなければ，解析結果にはほとんど影響しない．

9.6.6 仮 想 化 学 種

固溶体や合金などには，複数の化学種が占有しているサイトがある．その占有率が一定の場合に仮想化学種を用いると便利である．

'Ti,Nb' 'Ti4+' 0.92 'Nb5+' 0.08 / }

の例では，Ti^{4+} が 0.92，Nb^{5+} が 0.08 の分率で混ざり合った仮想化学種 'Ti,Nb' を定義している．ここで用いる化学種 'Ti4+' と 'Nb5+' はあらかじめ入力されていなければならない．"/" は各仮想化学種の入力が終わったことを示し，その後ろの "}" はすべての仮想化学種の入力が終了したことを示す．

9.6.7 空間群

International Tables for Crystallography, Vol. A に基づいて空間群に関する情報を入力する．$La_{0.64}Ti_{0.92}Nb_{0.08}O_3$ の空間群は $Cmmm$ であるので，各相に関する記述の最初の 3 行を

PHNAME1 = 'Cmmm LTNO': 相の名前（英数字で 25 文字以内）．
VNS1 = 'A-65-1' : (Int. Tables の巻：'A' or 'I')-(空間群の番号)-(設定番号)．
HKLM1 = 'C m m m' : hkl と m を Hermann-Mauguin 記号から生成させる．

とする．PHNAME1 は相の名前であり，化合物名などを入力する．VNS1 = 'A-65-1' は International Tables, Vol. A の 65 番目の空間群（すなわち $Cmmm$）の 1 番目の軸設定であることを意味する．1 番目の軸設定の場合は，VNS1 = 'A-65' というように設定番号を省略してもよい．ここでは，プログラム STRUCTURE TIDY の標準軸設定を選ぶ必要がある．標準的な軸設定を採用した結晶構造データは VESTA あるいは RIETAN-FP を用いて標準化しておくことが望ましい．標準化の方法については，両者のマニュアルを参照されたい．

RIETAN-FP では，上記の最終行の HKLM1 = 'C m m m' にも空間群を入力しなければならない．この Hermann-Mauguin 記号中のスペースは決して削除してはならない．RIETAN-FP の実行形式ファイルを収めたフォルダー内に置かれた Spgr.daf からコピー&ペーストすることを推奨する．

9.6.8 選択配向関数

RIETAN-FP には，最大 3 つまでの選択配向ベクトルを扱えるように March-Dollase 関数（7.17）を拡張した，拡張 March-Dollase 選択配向関数（7.18）が組み込まれている．3 個の選択配向ベクトルは，たとえば

IHP 1 = 1: \
IKP 1 = 0:   -> 選択配向ベクトル hp 1, kp 1, lp 1.
ILP 1 = 0: /
IHP 2 = 1: \
IKP 2 = 1:   -> 選択配向ベクトル hp 2, kp 2, lp 2.
ILP 2 = 0: /
IHP 3 = 0: \
IKP 3 = 0:   -> 選択配向ベクトル hp 3, kp 3, lp 3.
ILP 3 = 0: /

というように入力する．$h_p = k_p = l_p = 0$ の場合は選択配向を無視するので，上の例では 3 番目の選択配向ベクトルは存在しない．RIETAN-2000 では立方晶系に属するか，選択配向ベクトルが主軸に平行でないときに限り式（7.17）の総和を計算すればよかったが，RIETAN-FP ではつねに総和を計算するように変更して，総和を計算すべきか否かユーザが迷わないようにしている．選択配向を無視するときは，1 番目の選択配向ベクトルだけダミーで指定し，$f_1 = r_1 = 1$ かつ $f_2 = r_2 = f_3 = r_3 = 0$ とすればよい．すなわち，選択配向パラメーターの入力行は

拡張 March-Dollase 関数に対する 6 個の選択配向パラメーター：
f 1, r 1, f 2, r 2, f 3, and r 3.
PREF 1.0 1.0 0.0 0.0 0.0 0.0 000000

とする．リートベルト解析の初期段階では，無配向の設定で解析を行うべきである．選択配向パラメーターの値が構造パラメーターに大きな影響を及ぼすので慎重に扱う必要がある．その影響は，測定した反射の数が少ないとより顕著である．

9.6.9 プロファイル関数の選択

信頼性の高い解析結果を得るためにはプロファイル関数の扱いが極めて重要である．観測される回折プロファイルは，光学系，結晶の不完全性（結晶子サイズ，格子ひずみ，積層欠陥など），結晶の不均一性（組成，温度，圧力などの不均一性）に起因するさまざまな回折プロファイルの広がりのコンボリューションになる．したがって，使用する線源，装置，試料に応じてプロファイルパラメーターが大きく変わる．後で説明するが，プロファイル関数は解析の目的に応じて選択する．

RIETAN-FP では，数種類のプロファイル関数を用いることができる．*.ins 中で，変数 NPRFN によりプロファイル関数を指定する．たとえば Thompson, Cox, Hastings（以下，TCH）の擬フォークト関

数を使うにはNPRFN=0とする．結晶子サイズや格子ひずみを解析するときにはTCHの擬フォークト関数を使う．TCHの擬フォークト関数を非対称化するのに，Fingerらの方法（7.3.2参照）を使うときはNASYM=0，Howardの方法（7.3.2参照）を使う場合にはNASYM=1にする．Howardの方法では，非対称が顕著な反射の計算プロファイルに肩や分裂が現れる不具合がときどき生じる．Fingerらの方法ではそういった不具合はないが，低角領域の反射におけるフィットがあまりよくない場合が多い．そのような場合には分割プロファイル関数を用いて部分プロファイル緩和を導入するとよい．

分割擬フォークト関数（7.36）ではNPRFN=1，分割ピアソンVII関数（7.37）を使うときにはNPRFN=3とする．NPRFN=2の場合，緩和していない反射に対してNPRFN=1と同じ分割擬フォークト関数を用いるが，緩和した反射では拡張分割擬フォークト関数（7.3.5参照）を用いる．

NPRFN = 0! TCHのpseudo-Voigt関数．
NPRFN = 1! 虎谷の分割pseudo-Voigt関数．
NPRFN = 2! 非緩和反射：NPRFN=1と同じ，緩和反射：拡張分割pseudo-Voigt関数．
NPRFN = 3! 虎谷の分割Pearson VII関数．
NPRFN = 2

上記の解析例ではNPRFN=2と設定し，緩和していない反射に対してNPRFN=1と同じ分割擬フォークト関数を用いるが，緩和した反射については拡張分割擬フォークト関数を用いている．

9.6.10 ピーク位置シフト関数

ゼロ点シフト（Z：ゼロ点シフトパラメーター）のほかに，理想位置からの試料表面のずれ（D_s：試料変位パラメーター）や試料内部へのビームの浸透（T_s：試料透過パラメーター）などのために，ブラッグ反射のピーク位置は，ブラッグの式から計算される値から大なり小なりシフトする（7.3.3参照）．RIETAN-FPでは，プロファイル関数がTCHの擬フォークト関数（NPRFN=1）の場合にはピーク位置シフト関数として式（7.44）を使うが，分割プロファイル関数（NPRFN=1,2,3）のときには式（7.45）～（7.48）のうちよくフィットするものを用いる．*.insファイルにおける具体的な入力部分は，

ピーク位置シフト・パラメーター．
NPRFN = 0 : Z, Ds, Ts & dummy1（中性子回折ではDs=Ts=0）．
NPRFN > 0 : t0, t1, t2 & t3．

Select case NPRFN
case 0
  SHIFT0 0.14849 -1.14695E-1 1.28877E-2 0.0 1110
case default
  SHIFTN 3.02611E-2 8.99598E-4 -3.98784E-3 0.0 1000
end select

# ピーク位置シフト関数の選択．t0～t3：ピーク位置シフトパラメーター．
NSHIFT = 0! t0．
NSHIFT = 1! t0+t1*cos(x)+t2*sin(x)+t3*tan(theta)．
NSHIFT = 2! t0+t1*x+t2*x^2+t3*x^3．
NSHIFT = 3! t0+t1*tan(theta)+t2*(tan(theta))^2+t3*(tan(theta))^3．
NSHIFT = 4! -1～1に規格化した2θに関する3次のルジャンドル直交多項式．
NSHIFT = 5! -1～1に規格化した$\tan\theta$に関する3次のルジャンドル直交多項式．

となっている．

ピーク位置シフトパラメーターの値は，格子定数と強い相関があるので，取扱いには注意を要する．確度の高い値を得るには，Si（SRM 640d）のような$2\theta/d$標準試料を，格子定数を決めたい試料に混ぜて回折データを測定し，標準試料の格子定数を固定して多相解析を行うとよい．標準試料の格子定数は測定温度に依存するので，温度を測定して補正する．Si標準試料の格子定数の温度依存性が14章に収録されている．

9.6.11 バックグラウンド関数と尺度因子

バックグラウンドパラメーターと尺度因子は，解析の初期段階で，ある程度正確に精密化する必要がある．特に，バックグラウンドを正確に引けるかどうかがリートベルト解析とそれに続くMEM・MPF解析の成否の鍵を握ることもあり，バックグラウンドのフィットは極めて重要である．フィットさえよければかまわないというわけではなく，十分確度の高い構造パラメーターが得られるようにしなければならない．バックグラウンドパラメーターは最大12個まで使える．各パラメーターの標準偏差をチェックし，パラメーター間の相関があまり大きくならない程度のパラメーター数にとどめるべきである．

9.6.12 部分プロファイル緩和

分割プロファイル関数（NPRFN=1,2,3）を用いると，部分プロファイル緩和の技法（7.3.5参照）を

利用できる．アンブレラ効果などで非対称になった低角領域の反射，ドメインや積層欠陥などのため，他の反射とプロファイル形状が大きく異なる反射に対して威力を発揮する．特に角度分解能が高い回折データの解析で有効な技法である．

部分プロファイル緩和はリートベルト解析の初期段階では使わずに，十分解析が進んでフィットがよくなってきたとき，明らかにプロファイルが合わない（半）孤立反射に対してのみ用いる．やたらに濫用すべきではない．

緩和反射の1次プロファイルパラメーター（PPP）に対するラベルのフォーマットは，PPPn_h.k.l（n：相の番号，hkl：回折指数）であり，それに続いてPPPを入力する．具体的には，NPRFN＝1（分割擬フォークト関数）の場合には W, A, η_L, η_H を，NPRFN＝2（拡張分割擬フォークト関数）の場合には $W_1, W_2, A, \eta_L, \eta_H$ を，NPRFN＝3（分割ピアソンVII関数）では W, A, m_L, m_H を入力する．以下の例では，NPRFN＝2であり，1番目の結晶相の001反射，021反射，201反射に対して部分緩和を適用している．021反射と201反射の格子面間隔は等しく，ピーク位置が同じで完全に重なるので，両方の反射に部分緩和を適用し，PPPが互いに等しくなるような制約条件をつけなければならない．制約条件のつけ方は9.6.20で後述する．

```
PPP 1_0.0.1 4.31884 0.187016 3.69301 0.510409 0.467677 11111
PPP 1_0.2.1 2.23084 0.157786 1.92275 7.10901E-2 0.408597
  11111
PPP 1_2.0.1 2.23084 0.157786 1.92275 7.10901E-2 0.408597
  22222
```

一部の装置依存性の高いPPPは2次プロファイルパラメーター（SPP）から計算された値に固定し（ID＝3），解の発散を抑えた方がよいことがある．ただし，NPRFN＝2（拡張分割擬フォークト関数）の場合には，対応するSPPが存在しないためID＝3に設定できないことに注意しなければならない．

9.6.13 TCHの擬フォークトプロファイル関数

TCHの擬フォークト関数には，結晶子サイズと格子ひずみを解析できる利点がある．しかし，その解析は以下に説明するように容易ではない．結晶子サイズあるいは格子ひずみを求めるときには慎重な解析が要求される．一方，構造パラメーターの精密化とMEM

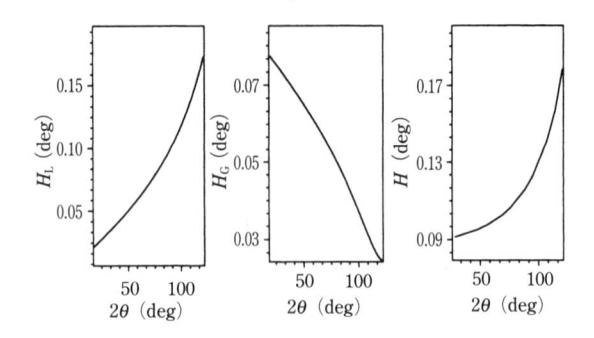

図9.9 典型的な粉末X線回折装置についてのTCHの擬フォークト関数におけるローレンツ関数成分 H_L，ガウス関数成分 H_G，全プロファイルの半価全幅 H の回折角依存性[3]

による電子・核密度の解析（10章参照）だけが目的なら，フィットさえよければ神経質になる必要はないだろう．

TCH擬フォークト関数を用いたときに精密化するパラメーターは，2次プロファイルパラメーター $U, V, W, P, X, X_e, Y, Y_e$ と非対称性に関係したパラメーター（Fingerらの方法では h_s/l_{sd} と h_d/l_{sd}，Howardの方法では A_s）と数が多い．したがって，動かすパラメーターの数を多くすると，互いに相関が強くなり解が発散しやすくなり，初期値と収束のさせ方により一部のパラメーターがかなり違う値に収束するなどの問題が生じる．したがって慎重に精密化しなければならない．

パラメーター P, U, W を同時に精密化すると解が発散する．そこで通常は P を0に固定する．結晶子サイズの効果がガウス関数に広がりを与えるという特殊なケースでのみ P を精密化する．

U, V, W, X, Y の初期値は，あらかじめ標準試料の強度データを測定し，RIETAN-FPで解析することによって求めておくとよい．結晶子サイズと格子ひずみの影響がなくても，実際には X と Y は有限の値をとる．結晶性のよい標準試料では X と Y はあまり装置に依存しないが，U, V, W は装置依存性が大きい．通常，$U>0$，$V<0$，$W>0$ であるが，U, V, W 間の相関が強いため，必ずしもそうはならない．U, V, W をすべて精密化すると合理的な結果が得られない場合，V の値を結晶性の高い標準試料で決めた値に固定し，U と W のみ精密化した後，V も精密化する．それでも相関が強ければ，V は固定するという方法を試す価値がある．

プロファイルに異方的な広がりがある場合には，X_e あるいは Y_e を精密化するとよい．その場合，異方的広がりの中心方向を，異方的な広がりを示す反射の指数を参照しながら試行錯誤で探す．

TCH の擬フォークト関数における半価全幅のブラッグ角依存性の一例を図 9.9[3] に示す．この図は，典型的な実験室系 X 線回折装置（ゴニオメーター半径 185 mm，受光スリットの幅 0.15 mm，試料と検出器の間にグラファイトモノクロメーターを設置）により Si 標準試料（SRM 640c）の回折データを測定して得られたものである．半価全幅 H は 2θ とともに単調に増加する．低い 2θ 領域ではほとんどガウス成分だけであり，$H \fallingdotseq H_G$ である．2θ の増加とともにローレンツ成分が増えて高角領域では $H \fallingdotseq H_L$ となる傾向がある．

Finger らの方法では用いた装置の幾何学パラメーター h_s/l_{sd} と h_d/l_{sd} の相関が強いので，一度に精密化せずに交互に精密化するとよいだろう．

9.6.14 分割プロファイル関数

分割擬フォークト関数および分割ピアソン VII 関数は，TCH の擬フォークト関数に比べてフィットが多少改善することが多い（7.3.2 参照）．また，RIETAN-FP において分割プロファイル関数を使う利点は，部分プロファイル緩和の技法を利用できることである．分割擬フォークト関数に含まれる SPP は $U, U_e, V, W, P_e, \eta_{L0}, \eta_{L1}, \eta_{H0}, \eta_{H1}, A_0, A_1, A_2$ であり，分割ピアソン VII 関数に含まれる SPP は $U, U_e, V, W, P_e, m_{L0}, m_{L1}, m_{H0}, m_{H1}, A_0, A_1, A_2$ である（下付きの L と H はそれぞれ低角側と高角側を示す）．これらの分割プロファイル関数は多くの可変パラメーターを含むため，プロファイルパラメーターが発散しやすい．発散する場合には，プロファイルが対称になるように，低角側の初期パラメーターと高角側の初期パラメーターを等しくすると収束しやすい．すなわち，パラメーターの初期値を $\eta_{L0}=\eta_{H0}$, $\eta_{L1}=\eta_{H1}$ あるいは $m_{L0}=m_{H0}$, $m_{L1}=m_{H1}$ と入力する．ある程度フィットが改善されてから非対称化する．また，異方的なプロファイルの広がりを表現するパラメーター U_e と P_e は同時に精密化すべきではない．

アンブレラ効果などで非対称になった低角領域の反射，ドメインや積層欠陥などのため他の反射とプロファイル形状が大きく異なる反射に対しては，分割プロファイル関数を使ってもフィットに限界がある．そのようなときは分割プロファイル関数に加えて，部分緩和プロファイルの技法を活用しよう．アナライザー結晶を使った放射光粉末回折計などにより測定した，特に角度分解能が高い（プロファイルがシャープな）回折データの解析で有効な技法である．

9.6.15 格子定数と構造パラメーター

リートベルト解析の醍醐味は，格子定数と構造パラメーター（占有率，分率座標，原子変位パラメーター）を精密化できることである．入力ファイル *.ins において格子定数と構造パラメーターは以下のように入力する．$La_{0.64}Ti_{0.92}Nb_{0.08}O_3$ は斜方晶系なので，格子定数 a, b, c を精密化する．構造パラメーターの初期値と ID の入力については，各サイトのラベル/各サイトに存在する化学種，占有率 g，分率座標 x, y, z，原子変位パラメーター B あるいは β_{ij}，それらに対する ID を入力する．9.6.16～9.6.18 で各構造パラメーターについて説明する．

```
# 格子定数 a, b, c, α, β, γ, 共通の等方性原子変位パラメーター Q.
CELLQ 7.72119 7.7452 7.82401 90.0 90.0 90.0 0.0 1110000

# ラベル/化学種名，占有率，分率座標，等方性原子変位パラメ
     ーター，ID: g, x, y, z, B.
# 各サイトに一つのラベルを与える．化学種は仮想的なものも
     含む（' 'はつけない）．
# 異方性原子変位パラメーターを計算する場合，B の代わりに
#     β11, β22, β33, β12, β13, β23 を入力
# する．B の値の前にダミーの'+'をつけると，B に相当する βij
#     の値を RIETAN が求めてくれ
# る．もちろん，この場合 6 個分の ID を入力する必要がある．

La1/La3+     1.0 0.0 0.248789 0.0 0.223819 00101
La2/La3+     0.28 0.0 0.246801 0.5 0.223819 00102
TiNb/Ti, Nb  1.0 0.252163 0.0 0.26365 0.244041 01011
O1/O-        1.0 0.267793 0.0 0.0 0.576948 01001
O2/O-        1.0 0.228351 0.0 0.5 0.576948 01002
O3/O-        1.0 0.25 0.25 0.234842 0.576948 00012
O4/O-        1.0 0.0 0.203757 0.576948 00012
O5/O-        1.0 0.0 0.5 0.249113 0.576948 00012
} ラベル，回折強度を計算するためのパラメーター，ID の入力
     はこれでおしまい．
```

9.6.16 構造パラメーター：占有率

占有率 g は，各サイトに存在する化学種または仮想化学種の存在確率である．

```
La1/La3+     1.0 0.0 0.248789 0.0 0.223819 00101
La2/La3+     0.28 0.0 0.246801 0.5 0.223819 00102
```

の場合には，La1 サイトにおける La^{3+} イオンの占有率の初期値を 1，すなわち La^{3+} イオンによって La1 サイトが完全に占有されていることを意味する．La2 サイトにおける La^{3+} イオンの占有率の初期値は 0.28 であり，La2 サイトの 28 ％ に La^{3+} イオンが存在することを示している．これらの占有率の ID は 0 であるから，占有率を精密化せず，与えた初期値に固定して解析することになる．

占有率を精密化したときに，$g>1$ になったり，$g<0$ になるときがある．そのような解は物理的に意味がないので，$0 \leq g \leq 1$ となるように構造モデルなどを再構築しなければならない．最終的な精密化に至る前に，さまざまな精密化の可能性を検討する．

La$_{0.64}$Ti$_{0.92}$Nb$_{0.08}$O$_3$ の場合には，途中の解析

```
La1/La3+   0.99 0.0 0.248789 0.0 0.223819 10101
La2/La3+   0.27 0.0 0.246801 0.5 0.223819 20102
```

において，La1 サイトにおける La^{3+} の占有率 g(La1) が 1.0027(9) と精密化されたので，最終的な解析では 1.0 に固定した．なお，g(La1)=1.0027(9) は g(La1) の値が 1.0027 で，その標準偏差 σ が 0.0009 であることを意味する．σ の 3 倍（$3\sigma = 0.0027$）程度の誤差が実際には生じうる．1.0027 は $\pm 3\sigma$ の範囲で 1 と一致するので，1 とおくことは合理的である．また，g(La1) を精密化する際には，化学組成 La$_{0.64}$Ti$_{0.92}$Nb$_{0.08}$O$_3$ と一致するような線形制約条件式（9.6.20 参照）を与えると合理的な結果が得られやすい．International Tables, Vol. A あるいは RIETAN-FP の出力を見ると，La1 と La2 はそれぞれ空間群 $Cmmm$ の 4i と 4j サイトであり，多重度はともに 4 である．また，La$_{0.64}$Ti$_{0.92}$Nb$_{0.08}$O$_3$ の Z は 8 である．単位胞中の La 原子の個数は，

$$4g(\text{La1}) + 4g(\text{La2}) = 8 \times 0.64$$

であるから，g(La2)=1.28$-g$(La1) となる．この式を線形制約条件として用いて解析を行う．

9.6.17 構造パラメーター：分率座標

各サイトの分率座標（原子座標ともいう）は単位胞内での原子の位置を指定する．分率座標については，非対称単位内のサイトのみ入力すればよい．残りの等価位置の座標は，RIETAN-FP が発生してくれる．たとえば，La$_{0.64}$Ti$_{0.92}$Nb$_{0.08}$O$_3$ 中の La1 サイトは $Cmmm$ の 4i サイト $(0, y, 0)$ であり，これと等価な座標は $0, -y, 0;\ \frac{1}{2}, \frac{1}{2}+y, 0;\ \frac{1}{2}, \frac{1}{2}-y, 0$ の 3 つである（図 9.8）．この 4 つのうち 1 つ（たとえば $0, y, 0$）だけを入力すればよい．他の座標を入力してはいけない．

```
La1/La3+  1.0 0.0 0.248789 0.0 0.223819 00101
```

初心者はすべての座標 x, y, z を精密化してみたくなるかもしれないが，精密化してよいのは 4i サイトでは y のみであり，x と z は 0 に固定しなければならない．もし，x や z も精密化すると，サイトの対称性を満足しない位置に La1 が移動してしまう．分率座標を精密化できるのか，それとも固定しなければならないのかについては，International Tables, Vol. A を参照する．

```
TiNb/Ti,Nb 1.0 0.252163 0.0 0.26365 0.244041 01011
```

の例では，TiNb サイトに仮想化学種 Ti,Nb

```
'Ti,Nb'  'Ti4+'  0.92  'Nb5+'  0.08 /}
```

を置いている．仮想化学種はこのサイトにおける Ti^{4+} と Nb^{5+} の占有率が確定している場合に使うと便利である．仮想化学種 Ti,Nb を使わない場合には，

```
Ti/Ti4+   0.92 0.252163 0.0 0.26365 0.244041 01011
Nb/Nb5+   0.08 0.252163 0.0 0.26365 0.244041 02022
```

としても同じ解析になる．同じサイトに存在する異なる化学種の座標と原子変位パラメーターを独立に決めるのは事実上不可能なので，Ti サイトと Nb サイトの x, z 座標と原子変位パラメーターが等しくなるよう x(Nb)=x(Ti)，z(Nb)=z(Ti) および B(Nb)=B(Ti) という線形制約条件（9.6.20 で後述）を付加する．

対称心がない結晶では原点のとり方に任意性がある．そのような場合には，ある原子を原点に置くか，少なくとも 1 つのサイトの座標をある値に固定しなければならない．原点に置く原子は重原子（中性子の場合には干渉性散乱長が大きな原子）とするのが定石である．ペロブスカイト型化合物 ABX_3 では B 原子を原点に置くのが通例になっており，解析を行う物質について文献をいくつか見て，適切に取り扱う．RIETAN-FP では各空間群の標準的な軸設定（9.6.7 参照）を採用しなければならない．したがって，相転移の機構を考察するときには，構造精密化後に 2 つの相の構造の関係がわかりやすい軸設定における格子定数と座標に変換するとよい．

9.6.18 構造パラメーター：原子変位パラメーター

等方性原子変位パラメーター B は原子の熱振動に関係するパラメーターであるが、乱れた配置をとる（不規則性を示す）原子の場合（10.4.1 参照），正規の位置からのずれも吸収しやすい．占有率との相関も強く，分率座標に比べて正確に精密化するのが難しい．そこでリートベルト解析の初期段階では，類似化合物の文献値を使うなどして B を固定しておくことを推奨する．フィットがかなりよくなってきたら，B も慎重に精密化する．

具体例として $La_{0.64}Ti_{0.92}Nb_{0.08}O_3$ を考える．La2 サイトの占有率が 0.28 とやや小さいので，La1 サイトの B と La2 サイトの B が互いに等しいと近似して解析する（$B(La2) = B(La1)$）．Ti と Nb は同じサイトにあるので，共通の B を使う（$B(Nb) = B(Ti)$）．粉末 X 線回折データのリートベルト解析において，酸素の B は重原子の B に比べて決めるのが難しい．そこで共通の B を使う（$B(O1) = B(O2) = B(O3) = B(O4) = B(O5)$）．これらの線形制約条件をすべて使って精密化された B を吟味する．この場合，$B(La2) = B(La1) = 0.22(1)\text{Å}^2$，$B(Nb) = B(Ti) = 0.26(2)\text{Å}^2$，$B(O1) = B(O2) = B(O3) = B(O4) = B(O5) = 0.59(5)\text{Å}^2$ となった．酸素原子の原子変位パラメーターが陽イオンの場合より大きいので，妥当である．そこで次に $B(La2)$ と $B(La1)$ を独立に，あるいは $B(O1)$，$B(O2)$，$B(O3)$，$B(O4)$，$B(O5)$ を独立に精密化してみた．すると，マイナスになったり，同じ元素で数倍以上異なる値になって，結果が信用できなかった．学会発表や論文でさえ，そのような報告例が多々見られるので，十分注意してほしい．逆にいうと，リートベルト解析の結果が妥当か否かをチェックするのには B の値をチェックするのがよい．

室温において金属原子の標準的な B の値は $0.4 \sim 0.7 \text{Å}^2$ であるが，同じサイトに複数の化学種が存在すると静的な不規則性のため B が 1Å^2 より大きくなることもある．また，イオン伝導体における可動イオンの B は 1Å^2 よりはるかに大きいことが多い．そのような場合には，占有率の小さないくつかのサイトに分割する構造モデル（分割原子モデル：split-atom model）を使うことが有効である（10.4.1 参照）．B には動的不規則性と静的不規則性が両方吸収される．

一般に粉末 X 線回折データを用いて異方性原子変位パラメーター β_{ij} を精密化するのは困難であるが，中性子回折データを使うと β_{ij} を精密化できる可能性がある．β_{ij} の間には，空間群とサイトに依存する制約条件が存在するので注意が必要である[4]．たとえば，立方晶系 $Pm\bar{3}m$ の $3c$ サイト（ペロブスカイト ABO_3 の酸素原子サイト）の β_{ij} には，$\beta_{22} = \beta_{33}$，$\beta_{12} = \beta_{23} = \beta_{31} = 0$ という制約条件がサイト対称性から要請される．制約条件の一覧表については文献[4]を参照すればよいが，RIETAN-FP の出力ファイル *.lst にも当該空間群における β_{ij} の制約条件が出力される．

イオン伝導体など，一部の原子の不規則性が高い結晶では，β_{ij} や分割原子モデルを使っても非常に不規則な構造を表現するには限界がある．そのような場合には MPF 解析（10.2.3 参照）が有効である．

占有率（9.6.16 参照）と原子変位パラメーターを同時に精密化するのは極めて難しい．占有率を決めるのが主目的の場合には，原子変位パラメーターを固定するか，何らかの制約条件を原子変位パラメーターに課した方がよいだろう．

9.6.19 複数の相が含まれている試料における入力

RIETAN-FP は複数の相が含まれている試料の回折データを解析することができる．RIETAN-FP のサブフォルダー Examples の中には 3 相が共存する試料のリートベルト解析のひな型「Cu3Fe4P6」がある．その入力ファイル Cu3Fe4P6.ins を見てみよう．相の数だけ入力を繰り返す場所が 2 箇所ある．一つは相の名前から選択配向ベクトルの方向までを入力するところ，もう一つは尺度因子から最後のサイトの構造パラメーターまでを入力するところである．

1 種類のプロファイル関数ですべての相を表現しなければならないが，プロファイルパラメーターは各相ごとに精密化することができる．少量しか含まれていない相のプロファイルパラメーターは主要な相のプロファイルパラメーターと同じ値にする制約条件を課すか，すべて固定することが多い．

9.6.20 線形制約条件式

線形制約条件式は基本的に，FORTRAN における代入文と同様に入力する．パラメーター配列の名前は A であり，掛け算には "*" を用いる．左辺に ID = 2 のパラメーター，右辺に ID = 1 のパラメーターを 1

つ以上含む式を置く．

```
La1/La3+    0.99 0.0 0.248789 0.0 0.223819 10101
La2/La3+    0.27 0.0 0.246801 0.5 0.223819 20102
```

の例では，制約条件式 $g(La1)+g(La2)=1.28$，$B(La2)=B(La1)$ を

```
A(La2,g)=1.28-A(La1,g); A(La2,B)=A(La1,B)
```

と記述する．同一行で制約条件式を2つ以上入力する場合は，セミコロンで区切る．

9.6.18 で述べたように，β_{ij} の間には空間群とサイトに応じた制約条件式が必要になる．たとえば，酸素原子サイトの β_{ij} に制約条件式 $\beta_{33}=\beta_{22}$ を付与する場合には，制約条件式

```
A(O,B33)=A(O,B22)
```

を入力する．

第1相と第2相のプロファイルパラメーターに対するラベルがそれぞれ PROF1 と PROF2 である場合，

```
A(PROF2,1)=A(PROF1,1)
A(PROF2,2)=A(PROF1,2)
A(PROF2,3)=A(PROF1,3)
........
```

とすると，第1相と第2相のプロファイルパラメーターを互いに等しくすることができる．

第1相の 021 反射と 201 反射に

```
PPP1_0.2.1  2.23084  0.157786  1.92275  7.10901E-2  0.408597
11111
PPP1_2.0.1  2.23084  0.157786  1.92275  7.10901E-2  0.408597
22222
```

という部分プロファイル緩和を適用した場合，021 反射と 201 反射のプロファイルパラメーターを互いに等しくする制約条件は以下のとおりである．

```
A(PPP1_2.0.1,1)=A(PPP1_0.2.1,1)
A(PPP1_2.0.1,2)=A(PPP1_0.2.1,2)
A(PPP1_2.0.1,3)=A(PPP1_0.2.1,3)
A(PPP1_2.0.1,4)=A(PPP1_0.2.1,4)
A(PPP1_2.0.1,5)=A(PPP1_0.2.1,5)
```

9.6.21 除外 2θ 領域

下の例に示すとおり，解析に含めない 2θ 領域を指定するには NEXC を 1 とする．そして，精密化に使わない 2θ の範囲を入力し，最後に "}" をつける．

```
NEXC=0! 全ての測定点を使用してパラメーターを精密化する．
NEXC=1: 一部の測定点を除いてパラメーターを精密化する．
  If NEXC=1 then
     精密化に使わない 2θ の範囲 {
       0.0    14.99
       130.01  180.0
     } 除外 2θ 範囲の入力はこれでおしまい
  end if
```

この例では，$0.0 \leq 2\theta \leq 14.99°$ および $130.01 \leq 2\theta \leq 180.0°$ の範囲のデータを精密化に使わないと指定している．2θ がかなり低い領域においてはバックグラウンドが極端に高くなる，高角領域においてブラッグ反射の重なりや強度の減衰が著しい，未知の不純物相の反射が存在する，といったときには除外する 2θ 領域を設定することが多い．

9.6.22 非線形最小二乗法

RIETAN-FP では非線形最小二乗法のアルゴリズムとして，修正 Marquardt 法，ガウス-ニュートン法，共役方向法を利用できる．リートベルト解析では，初期値と精密化するパラメーターの組合せを変えるなどして段階的にフィットを改善していく．初期の段階では通常，修正 Marquardt 法を使うために NAUTO=2 を選択し，RIETAN-FP が各サイクルの可変パラメーターを決定する段階的精密化を利用するとよい．NAUTO はパラメーターの精密化法を指定する変数である．修正 Marquardt 法で収束しにくい場合には，初期値に問題があることが多いが，そういう場合は共役方向法を使ってみるとよいだろう．共役方向法は計算時間がかかるが，得られた解が偽の極値（図 9.2）に落ち込んでいないかどうかチェックしたり，互いに相関の強いパラメーターを精密化したりするのに有効である．

9.6.23 結合距離と結合角の計算

原子間距離と結合角は3次元可視化プログラム VESTA を使って求めることもできるが，プログラム ORFFE を使った方がより高精度に標準偏差を計算できる．また，9.6.24 で述べる結合距離と結合角に抑制条件を課すときには ORFFE を使う必要がある．入力ファイル *.ins において NDA=1，すなわち

```
NDA = 0! ORFFE 用のファイル filename.xyz は作成しない．
NDA = 1! ORFFE用のファイル filename.xyz を第1相に対し作成．
NDA = 2! ORFFE用のファイル filename.xyz を第2相に対し作成．
NDA = 1
```

と入力すると，ORFFE 用の入力ファイル *.xyz を第

1相に対して作成する．ORFFE用の201命令と2命令の入力方法を以下に説明する．

201命令：指定した値以下の原子間距離をすべて計算する．FORTRANにおける (2I5, 15X, I5) のフォーマットで，201，非対称単位中のサイトの数，10×最大原子間距離(Å)を入力する．たとえば3.1 Å以下の原子間距離をすべて計算するには，

```
  201    7               31
```

と入力すればよい．3個の整数はいずれも5桁のスペースに右詰めで入力する．15X は15桁のスペースを意味する．

2命令：原子2を頂点とする原子1, 2, 3の間の結合角 ϕ_{123} を計算する．(7I5) のフォーマットで，命令番号2，原子1のサイト番号，原子1の等価位置コード，原子2のサイト番号，原子2の等価位置コード，原子3のサイト番号，原子3の等価位置コードの順に入力する．7つのデータは，

```
    2    3    4    0    1    0
```

というように，それぞれ5桁のスペースに右詰めで入力する．原子のサイト番号および等価位置コードはそれぞれORFFEの出力ファイル *.ffe または *.dst に記載されるので，あらかじめ *.ins ファイルに201命令だけを入力してRIETAN-FPとORFFEを実行して *.ffe と *.dst ファイルを作成しておくとよい．これらのファイルには，サイト番号 A，並進操作番号 C と対称操作番号 S が出力されており，等価位置コードは $1000C+S$ に等しい．

2命令は各結合角に対し1つ必要だが，3組の A と $1000C+S$ の入力は非常に面倒で，しかも間違いやすい．RIETAN-FPとともに配付されているORFFEは，ユーザが入力ファイル *.ins 中に2命令を入力せずにすむよう拡張されている．まず *.ins 中に201命令だけ書いてRIETAN-FPを実行し，*.xyz を得る．このファイルをORFFEで処理すると，201命令により原子間距離が計算された原子対（原子2-原子1と原子2-原子3）を2つ組み合わせた結合角 ϕ_{123} を求めるための2命令が *.xyz の末尾に追加される．これらの2命令は，入力ファイル *.ins で入力した全サイトに対して可能な原子対の組合せをすべて網羅している．こうして更新された *.xyz をORFFEで再び処理すると，原子間距離の後ろに一連の結合角が出力され

る．

9.6.24 原子間距離，結合角，二面角に対する非線形抑制条件

リートベルト解析では，収束を安定化し，結晶化学的に自然で，類縁物質の構造と矛盾しない結合距離 l や結合角 ϕ を得るため，それらに強制条件や抑制条件を課すことが多い．強制条件が等式の線形制約条件であるのに対して，抑制条件はペナルティーパラメーター $T^{(j)}$ の大きさに応じて許容範囲からの逸脱が抑制される束縛を意味する．

RIETAN-FPで抑制条件を付加するには，入力ファイル *.ins 中でNCを1とする．LSER=0かつLPAIR=1の場合には，原子間距離 A-B に対する抑制条件の設定でサイト名（'A' と 'B'）のペアを入力する．

```
If LPAIR = 1 then
# l_min から l_max までの結合距離を拘束する．'A', 'B' にはシ
  リアル番号を付けないこと．
'A'  'B'   l_min l_max  期待値  許容偏差  重み {
'C'  'C'   1.35  1.9    1.45    0.05      0.0
} 結合距離の抑制条件はこれでおしまい．
end if
```

の例では，CサイトとCサイトの間の原子間距離が 1.35〜1.9 Å の範囲に入るものに対し，期待値が 1.45 Å で，許容範囲が 0.05 Å であるという抑制条件が課せられている．重みが 0.0 の場合は，RIETAN-FPが自動的に重みを決定する．

結合角 A-B-C の抑制条件の設定については，LSER=1かつLTRIP=0のとき *.ffe を使うが，LSER=0かつLTRIP=1のときは3つのサイト名を入力する．

```
If LTRIP = 1 then
# phi_min から phi_max までの結合角を抑制する．
'A'  'B'  'C'   phi_min phi_max phi_exp Allowed dev. Weight {
'O'  'P'  'O'   99.47   119.47  109.47  6.0           0.0
} 結合角の抑制条件はこれでおしまい．
end if
```

の例では，O-P-O 結合角 ϕ について，99.47〜119.47° の範囲に入るものを対象とし，期待値が 109.47° で，許容範囲が 6° であるという抑制条件が課せられている．重みがゼロなので，RIETAN-FPが重みを決定してくれる．

抑制条件設定用ファイル *.ffe 内の通し番号で指定

する結合距離あるいは結合角に対する抑制条件の例を示そう．*.ffe を作成するために，あらかじめ NDA を相の番号に設定して ORFFE 用入力ファイル *.xyz を作成し，ORFFE を実行する．RIETAN-FP では LSER＝1 かつ LPAIR＝0 のとき，*.ffe 中の通し番号により A と B サイトのペアを入力する．

```
シリアル番号   期待値    許容値    重み {
122         1.47      0.01      0.0
178         108.0     3.0       0.0
} 結合距離/結合角の抑制条件はこれでおしまい．
```

という例では通し番号 122 の結合距離の許容範囲が 1.47±0.01 Å であり，通し番号 178 の結合角の許容範囲は 108.0±3.0° である．

原子 1,2,3 のなす平面と 2,3,4 のなす平面の間の二面角に抑制条件を設定する場合は，LQUART＝1 とする．まず VESTA で *.ins あるいは *.lst を読み込み，球棒模型を描画する．Manipulation パネルで Angle モードをチェックし，シフトキーを押しながら 4 個の原子 1,2,3,4 を選択すると，二面角 ω とともにそれ 4 原子に関する結晶学的情報が出力される．これを *.ins ファイルにコピー＆ペーストしたのが下の例の 2〜5 行目である．

```
If LQUART = 1 then
1  O1 O  0.48563 1.16145 0.75000 (0,1,1)+ y, −x+y, −z
3  O3 O  0.25697 0.91812 0.93008 (0,1,1)+ y, −x+y, −z
3  O3 O  0.25697 0.91812 0.56992 (0,1,0)+ y, −x+y, z+1/2
2  O2 O  0.46981 0.87819 0.75000 (0,1,1)+ y, −x+y, −z
期待値      許容偏差     重み {
71.0        0.2         0.015
} ねじれ角の抑制条件はこれでおしまい．
end if
```

この例では，二面角が 71.0±0.2° の範囲に収まるように抑制条件が課せられ，重みが 0.015 に設定されている．

9.7 リートベルト解析の進め方とノウハウ

リートベルト解析の前準備の流れは図 9.1 に，リートベルト解析自体の大まかな流れは図 9.7 に示したとおりである．リートベルト解析，とりわけ正しい入力ファイル *.ins の作成は，初心者にとって容易ではないだろう．ここでは初心者向けの解析の進め方の一例を記す．慣れてきたら手順 9.7.2 などを適宜省略してよい．解析を成功させるためには，パラメーターを精密化する順序や初期値をいろいろ試してフィットを改善するという試行錯誤が何十回，場合によっては何百回も必要なことがある．満足のいくフィットと物理的，化学的に意味のある解析結果が得られるまで解析を繰り返さなければならない．以下，リートベルト解析の進め方について各段階を詳しく説明していこう．

9.7.1 *.ins と *.int の用意

*.ins（ひな形ファイルあるいは過去に使用したファイル）と *.int を同一フォルダーに置く．ベースネーム * は互いに共通とする．必要なら，改行コードを CR+LF (Windows) あるいは LF (Mac OS X) に変換しておく．

9.7.2 粉末回折パターンのシミュレーション

解析したい試料や回折装置などに合わせて *.ins を書き直し，シミュレーション（NMODE＝1）を行う．このとき書き換える場所は，主として空間群，格子定数，構造パラメーターについての部分である．ここで重要なことは確度の高い格子定数を入力しておくことである．さもないと後に続くリートベルト解析を収束させるのにたいへん苦労する．シミュレーションを実行したときにエラーメッセージが出力されたら，出力ファイル *.lst を見てエラーの内容を確認し，*.ins を修正する．シミュレーションの実行，結果のチェック，*.ins の修正を繰り返してエラーが出なくなるようにする．

シミュレーションがうまくいったら，計算回折パターンと実測パターンがよく似ていることを確認する．*.ins を VESTA で入力し，表示された結晶構造模型が妥当かどうかを確認することも有効であろう．計算パターンと実測パターンが互いに著しく違う，あるいは結晶構造モデルが不自然な場合，空間群と軸設定，格子定数，構造パラメーターが正しいかどうかをチェックして，修正・再検討する必要がある．計算プロファイルの形状が測定プロファイルの形状と著しく異なる場合には，プロファイルパラメーターを入力し直す．

9.7.3 リートベルト解析のスタート

*.ins において NMODE＝0，NAUTO＝2 と設定して，リートベルト解析に移行する．NUPDT＝1 とすると，解析終了後に *.ins ファイル中のパラメーター

が精密化値に更新される．そこで入力 *.ins のコピーをつくっておいて，解析前の *.ins を保存しておくとよい．

9.7.4 初期段階1：線形パラメーターの精密化

通常，最初のサイクルで尺度因子とバックグラウンドパラメーターを精密化する．いずれも線形パラメーターなので，プロファイルパラメーター，格子定数，構造パラメーターなどの一部が真値から遠すぎない限り，R 因子が激減するはずである．

初期段階でバックグラウンドのフィットがどうしても改善されないときは，バックグラウンドパラメーター b_j ($j=1, 2, \cdots$) の初期値をすべて 0 とし，b_0 の初期値を大まかにバックグラウンドレベルの平均値程度に置き，尺度因子の初期値を適当な値，たとえば 10^{-5} と置いて，他のパラメーターを固定（ID=0）して解析すると，b_j ($j=0, 1, 2, \cdots$) と尺度因子がある程度改善されるだろう．類似した形のバックグラウンドを呈する別の強度データのリートベルト解析がすでに終わっている場合，そのバックグラウンドパラメーターの値を初期値に使うとよい．しかし，形が大きく異なるバックグラウンドを有するデータの解析で得られたバックグラウンドパラメーターは初期値に使うべきではない．そのようなときにはバックグラウンドパラメーター b_j ($j=1, 2, \cdots$) の初期値をすべて 0 に，b_0 の初期値を大まかにバックグラウンドレベルの平均値程度に置いて解析する方がうまくいくだろう．

デバイ-シェラー光学系でガラスキャピラリーに試料を充填すると，複雑な形状のバックグラウンドが観測される．そのようなときにはあらかじめほぼ同一条件で測定した空のガラスキャピラリーの強度データファイル（*.bkg）を用い，複合バックグラウンド関数を使って解析するとフィットを格段によくすることができる．

無定形物質の共存や散漫散乱などのために複雑な形状のバックグラウンドとなる場合，ブラッグ反射の数が少なくて，バックグラウンドの形状を容易に推定できる場合には，プログラム PowderX などで抽出したバックグラウンドのデータファイル *.bkg からバックグラウンド強度を読み込んで解析するとフィットが劇的に改善される．

反射の数が多くて重なりが激しいと，バックグラウンドを近似するのが困難になる．しかし，結晶構造が既知であり，単結晶の構造解析などで信頼性の高いパラメーターが報告されているならば，その値に構造パラメーターを固定してバックグラウンドパラメーターを精密化し，次にバックグラウンドパラメーターを固定して構造パラメーターを精密化するとよい．そして，精密化の最終段階でバックグラウンドと構造パラメーターの両方を同時に精密化できるかどうかを試してみる．

9.7.5 初期段階2：安定な収束を目指して

RIETAN-FP によるリートベルト解析が順調に収束する場合は，サイクル数の増加とともに残差二乗和と R 因子が減少する．そうならない場合には，格子定数の初期値が真値に近いかどうかをまずチェックする．解析パターンが出力されれば，計算ピーク位置と測定ピーク位置の大小関係から，格子定数の初期値を微調整できる．空間群や軸設定が間違っていると，もちろん収束しない．また構造パラメーターが真値から大きくずれていると収束しにくいので，それもチェックする．どうしてもフィットが改善されない場合は，尺度因子を適切な値に固定すると有効なこともある．

エラーメッセージが出力されると，そこで解析が強制終了されてしまう．出力 *.lst ファイルでエラーメッセージを確認する．一部のパラメーターが発散してしまう場合は，そのパラメーターの初期値を変えるか固定するとよい．

9.7.6 解析中期における留意点1

ブラッグ反射の計算 2θ 位置と測定データのピーク位置がほぼ一致し，フィットもだいぶよくなってきたなら，プロファイルパラメーターを精密化しよう．プロファイルパラメーターの初期値が不適切だと，発散するなど収束がおぼつかなくなることが多い．*.lst ファイル中のエラーメッセージにプロファイルパラメーターが不適切であるとのメッセージが出ることもよくある．そのような場合には，不適切であると表示されたパラメーターの初期値を工夫する（9.6.12〜9.6.14 参照）．ひな形ファイルや過去に蓄積した実行例から当該部分をコピー＆ペーストして再利用すると，エラーを解決できることもある．

ある程度フィットが改善されてきたら，リートベルト解析パターンを精査し，観測されたすべての反射を指数付けできるか否か，反射が観察されていない領域

に可能な反射が現れていないかどうかを確認する．ここで妥協は許されない．もし説明できない反射があれば，考慮していない不純物が存在するか，仮定した構造モデル（空間群，原子位置）が間違っている可能性が高い．解析に修正が必要である．不純物が多すぎれば，試料の合成と強度データの測定に戻った方がよいかもしれない．どうしても説明できない反射があるときは除外領域を設定して先に進むが，空間群が間違っている危険性もあることを決して忘れてはいけない．著名な研究者でもときどきはまる落とし穴である．

9.7.7 解析中期における留意点2

フィットがかなりよくなってきたら，分率座標を精密化する．このときにはまだ原子変位パラメーターと占有率は固定し，無配向を仮定しておく．この段階で用いる最小二乗法は NAUTO=0 でもよいが，NAUTO=2 のままでもよい．収束を確認するには，NAUTO=3 として共役方向法を使うとよい．共役方向法の繰り返し数は MITER=10 程度だが，収束の状況に応じて判断する．

ここで再びリートベルト解析パターンをチェックし，フィットが悪い反射が系統的に出現するならば，選択配向パラメーターを動かしてみる．選択配向ベクトルをいろいろ試す必要もあるだろう．選択配向や粗大粒子の存在のためにフィットがよくならないのなら，試料の合成と回折強度の測定に戻るしかない．

プロファイルの形状のためにフィットが悪い反射があれば，異方的なプロファイルの広がりを補正するか，あるいは部分プロファイル緩和の技法を使うとよいかもしれない．ただし，選択配向の補正，異方的広がりの補正，重畳反射の部分プロファイル緩和は可能な限り行わない方がよい．フィットの悪さを上記3つの方法で強引に解決するべきではない．部分プロファイル緩和時の PPP は発散しやすいので，少数のパラメーターを段階的に精密化するとよい．また，2つ以上の緩和反射が互いに重なっており，しかも同一の回折プロファイルをもつとみなせる場合には，制約条件式をつけるとよい（9.6.20 参照）．

9.7.8 解析後期における留意点1

フィットがそこそこよくなり，分率座標が妥当な値に精密化され，得られた結晶構造も自然（原子間距離，結合角，bond valence sum で推定した酸化状態や電荷分布が妥当であり，文献の構造データと矛盾がない）になったなら，等方性原子変位パラメーター B_j を精密化する．最初は元素ごとに共通の値を使う方がよい．妥当な値に精密化されたら，各サイトに独立な B_j を割り当てる．必要に応じて占有率も精密化する．ただし，B_j と占有率は相関が強いので，同時に精密化するのは難しいだろう．慎重な検討を要する．すなわち，初期値をいろいろ変えても同じ値に収束するかどうか，同じ元素の B_j がサイト間で大きく変わらないか否かを確認する．同じ構造フレームワーク上の異なるサイトに存在する同じ原子の B_j が10倍も違っている結果や負の B_j を学会で発表しているのを散見するが，物理的に意味のある解のみを報告するよう心がけよう．

中性子回折データの解析では，異方性原子変位パラメーターも精密化できるかどうか試す価値がある．

9.7.9 解析後期における留意点2

解析がうまくいったかどうかの目安の一つが信頼度因子である．ある1つの強度データの解析に限定すれば，R_{wp} と S が低くなるほど，よりよい解析結果が得られたといってよい．最強反射のピークにおける強度が1万カウント程度のデータであれば，1.3以下の S は満足すべきであろう[5]．しかしながら，10万カウントなど強度が高いよいデータで，反射の数も少ないような場合には，この経験則は成り立たない．R_{wp} と S は絶対的な指標ではないこと，データの質が悪い（たとえばバックグランドが高い）場合には R_{wp} が低くなるが，それで喜んではいけないことを強調したい．

構造因子あるいはブラッグ反射の積分強度に関する R 因子である R_F や R_B は結晶構造モデルの妥当性を評価するための尺度として役立つ．結晶構造や測定した 2θ 範囲，角度分解能，反射の重なり具合によって変わるので絶対的な指標というわけではないが，R_F や R_B が5%程度より低くなるように解析を進めるとよいだろう．無機結晶の場合，R_F や R_B が10%を超えるような解析はさらに改善する必要がある．

9.7.10 解析後期における留意点3

研究目的が達成されているかどうか，物理的，化学的に意味のある解析結果が得られたか否か，過去に報告されている類縁化合物の結晶データと矛盾がないか

どうかを綿密にチェックする．その際には11.3.6が役立つだろう．結晶構造の温度・化学組成依存性を調べた場合は，格子定数，結晶構造パラメーター，結合距離などを温度，組成の関数として誤差棒付きのグラフにプロットして吟味する．必要なら，文献値もプロットして比較する．何か問題が見つかったならば，その原因について熟考した上，解析をやり直す．

[八島正知]

文　　献

1) F. Izumi, "Multi-Purpose Pattern-Fitting System RIETAN-FP," National Institute for Materials Science, Tsukuba (2009).
2) M. Yashima, M. Mori, T. Kamiyama, K. Oikawa, A. Hoshikawa, S. Torii, K. Saitoh, and K. Tsuda, *Chem. Phys. Lett.*, **375**, 240 (2003).
3) 神山 崇, "粉末X線解析の実際," 初版, 中井 泉, 泉 富士夫編著, 朝倉書店 (2002), pp. 122-143.
4) 桜井敏雄, "X線結晶解析の手引き," 裳華房 (1983), pp. 192-201.
5) C. Baerlocher, "The Rietveld Method," ed. by R. A. Young, Oxford Univ. Press, Oxford (1993), Chap. 10.

10章 MEMによる解析

10.1 MEMによる電子・散乱長密度の決定

最大エントロピー法（maximum-entropy method：MEM）は限られた情報に基づき，情報エントロピーS（処理すべき情報の不確かさ）を用いて，統計的に最も確からしい結論を導き出す手法である．情報理論から発展してきた汎用的解析法であり，多種多様な問題に広く適用できる．最大エントロピー法というのは，ともすれば誤解されやすい用語である．熱力学的状態量としてのエントロピーと情報理論におけるエントロピーを比較するのは無意味であることを指摘しておく．

10.1.1 MEMの原理

MEMは実験値とそれらの誤差に合致する範囲でSを最大にする解を与える．X線回折データと中性子回折データのMEM解析により求まるのは，それぞれ電子密度（単位：Å^{-3}）と干渉性散乱長b_cの密度（単位：$\text{fm Å}^{-3} = 10^{-15}\,\text{m Å}^{-3}$）である．$b_c$は原子核密度あるいは単に核密度とも呼ぶ．MEMでは，a, b, c軸に平行にそれぞれN_a, N_b, N_c個のグリッドに単位胞を区切ることによって生じる平行六面体（ピクセル）中の電子・散乱長密度を使う．ピクセル内では密度を均一とみなす．

MEMの数学的表現にはいくつかの流儀があるが，ここではCollins[1]の表現に従っておく．単位胞中のピクセルの総数をN ($=N_a\times N_b\times N_c$)，位置ベクトル$\boldsymbol{r}_j$に対する規格化密度をρ_j，事前の知識に基づく規格化密度をτ_j，$\boldsymbol{r}_j$における密度をρ^*とすれば，Sは

$$S = -\sum_{j=1}^{N}\rho_j\ln\left(\frac{\rho_j}{\tau_j}\right) \quad (10.1)$$

$$\rho_j = \frac{\rho_j^*}{\sum_{j=1}^{N}\rho_j^*} \quad (10.2)$$

と表せる．

τ_jの初期値については，Sが最大の状態，すなわち体積Vの単位胞中で密度が均一に分布しているモデルを通常採用する．X線回折の場合は，000反射の構造因子（=単位胞内の総電子数n_e）を$F(000)$としたとき，N個のピクセルすべてで$F(000)/V$に設定する．中性子回折では，（単位胞内の原子の干渉性散乱長b_cの合計）$/V$となる．

X線・中性子回折により観測された反射の数をM_F，$\sigma(|F_o(\boldsymbol{h}_K)|)$を$|F_o(\boldsymbol{h}_K)|$の推定標準偏差としよう．MEMでは，3つの制約条件

$$\rho_j > 0 \quad (10.3)$$

$$\frac{1}{M_F}\sum_{K=1}^{M_F}\left[\frac{|F(\boldsymbol{h}_K)-F_o(\boldsymbol{h}_K)|}{\sigma(|F_o(\boldsymbol{h}_K)|)}\right]^2 = 1 \quad (10.4)$$

$$\sum_{j=1}^{N}\rho_j = 1 \quad (10.5)$$

のもとでSを最大とするρ_j ($j=1\sim N$)をラグランジュの未定乗数法による反復改良により決定する．

粉末回折データのMEM解析の場合，強く重なり合った反射に対する第4の制約条件を追加することがある．$2\theta_K$が互いに接近しているM_G本の重畳反射における$|F_o(\boldsymbol{h}_K)|$を共通化した値G_oは

$$G_o = \left[\frac{\sum_K I_o(\boldsymbol{h}_K)}{s\sum_K m_K P_K L(\theta_K)}\right]^{1/2} \quad (10.6)$$

により求まる．Gを共通の$|F(\boldsymbol{h}_K)|$，$\sigma(G_o)$をG_oの誤差とすれば，グループ化した反射について式(10.4)に似た制約条件

$$\frac{1}{M_G}\sum_{K=1}^{M_G}\left[\frac{|G-G_o|}{\sigma(G_o)}\right]^2 = 1 \quad (10.7)$$

が得られる．

不等式制約条件(10.3)により，一部のピクセルで電子密度が負となるような事態は回避される．誤差が無秩序な場合，実験値$F_o(\boldsymbol{h}_K)$と$\sigma(|F_o(\boldsymbol{h}_K)|)$は等式制約条件(10.4)で$S$を束縛する．すなわち，MEMはできるだけ誤差の範囲内で$F_o(\boldsymbol{h}_K)$と一致するような$F(\boldsymbol{h}_K)$を与える密度を導き出す．式(10.5)はn_e（X線回折）あるいはb_cの合計（中性子回折）を一

定に保つ．式 (10.7) は反射群全体の観測積分強度に関する情報を MEM 解析へと導入する．こうして逆空間に点在する物理量である $F_o(\boldsymbol{h}_K)$ が実空間の電子・散乱長密度へと変換される．

式 (10.4) 中の $F(\boldsymbol{h}_K)$ はリートベルト法のように結晶構造パラメーターから計算するのでなく，MEM で得られた電子・原子核密度から計算する．X 線回折の場合，$F(\boldsymbol{h}_K)$ は単位胞内の電子密度のフーリエ変換に等しい．

$$F(\boldsymbol{h}_K) = n_e \sum_{j=1}^{N} \rho_j \exp(2\pi i \boldsymbol{h}_K \cdot \boldsymbol{r}_j) \quad (10.8)$$

式 (10.8) による $F(\boldsymbol{h}_K)$ の計算は，n_e を一定に保ちつつ空間群の対称性に従う電子密度分布を求めることにほかならない．

中性子回折では，負の b_c をもつ元素 (Li, Ti, Mn など) が少数存在する．このような場合は，隣り合った原子の散乱長密度との重なりを無視し，S は正と負の原子核密度に対する S の和に等しいとみなす[2]．

$$S = S^+ + S^- \quad (10.9)$$

物質に含まれるそれぞれの元素ごとに単位胞中の原子数に b_c を掛け，得られた正と負の散乱長をそれぞれ足し合わせた値を T^+ と T^- とすれば，式 (10.9) の近似のもとでは

$$F(\boldsymbol{h}_K) = \sum_{j=1}^{N} (\rho_j^+ + \rho_j^-) \exp(2\pi \boldsymbol{h}_K \cdot \boldsymbol{r}_j) \quad (10.10)$$

$$\rho_j^+ = T^+ \rho_j \quad (10.11)$$

$$\rho_j^- = T^- \rho_j \quad (10.12)$$

という式が成り立つ．

2 つ以上の元素が同一サイトを占める場合は，各元素の占有率から計算した平均干渉性散乱長をもつ仮想的化学種を想定し，その散乱長に単位胞内の当該化学種の原子数を掛けた後，T^+ あるいは T^- に加える．

10.1.2 MEM の特徴

MEM は与えられた情報を満足し，得られていない情報については最もバイアスをかけない方法で解を推定する．少なくとも MEM 自身はモデル抜きの解析法といってよい．電子・原子核密度の解析に MEM を応用する場合，$F_o(\boldsymbol{h}_K)$ と $\sigma(|F_o(\boldsymbol{h}_K)|)$ が与えられた情報，未測定の $F_o(\boldsymbol{h}_K)$ が得られていない情報に該当する．すなわち，$F_o(\boldsymbol{h}_K)$ に対して $\sigma(|F_o(\boldsymbol{h}_K)|)$ の範囲で密度分布ができるだけ分散するような値が推定され，測定されていない高角領域の打ち切り部分に対してはゼロでない $F(\boldsymbol{h}_K)$ が推定される．MEM は打ち切り効果が少なく，不等式制約条件 (10.3) のおかげで負の電子密度が生じない (X 線回折の場合) ことから，フーリエ合成に比べ S/N 比が高く，比較的低密度のピークが明瞭に見えるという利点をもつ．

一般に構造因子は複素数であり，構造振幅を $|F(\boldsymbol{h}_K)|$，位相を φ とすれば，

$$F(\boldsymbol{h}_K) = |F(\boldsymbol{h}_K)| \exp(i\varphi) \quad (10.13)$$

と表される．式 (10.4) が $F_o(\boldsymbol{h}_K)$ を含むことからわかるように，MEM では $|F_o(\boldsymbol{h}_K)|$ に加え，その位相も既知であることを前提としている．回折実験により測定できるのは $|F_o(\boldsymbol{h}_K)|$ だけなので，$F_o(\boldsymbol{h}_K)$ の位相は結晶構造パラメーターから計算せざるを得ない．そのため，MEM は近似的な位相 (結晶構造モデル) のバイアスがかかった結果を与えるおそれがある．この欠点は結晶構造モデルが不完全なとき，最終密度分布に大なり小なり悪影響を及ぼす．

電子密度分布の決定は，内殻電子でなく結合・伝導電子のような外殻電子を観察することを主目的としている．これらの電子は原子核から離れて空間的に広がって分布しており，低角反射の回折強度における寄与が大きいので，低角反射の強度を精密に測定するのがとりわけ重要である．

単結晶法を用いると，低角領域の強度の大きい反射で消衰効果が顕著になるが，完全な理論式による厳密な補正は事実上不可能である．角度分散型の粉末回折法では消衰効果を無視でき，さらに低角領域においては反射どうしがほとんど重ならない．また平板試料や短波長の放射光ビーム (デバイ-シェラー光学系) を用いると吸収補正が必要なくなることも粉末回折の利点である．このため粉末回折データの MEM 解析は化学結合を 3 次元的に視覚化し，その性質を理解するという目的に本質的に適している．もちろん反射の重なりによる構造情報の一部喪失という問題はつねにつきまとうものの，MPF 法 (10.2.3 参照) を用いれば，重畳反射の $F(\boldsymbol{h}_K)$ は孤立反射や裾が重なっている程度の反射に対する $F_o(\boldsymbol{h}_K)$ と $\sigma(|F_o(\boldsymbol{h}_K)|)$ を反映した，より確度の高い値に収束する．

$F_o(\boldsymbol{h}_K)$ をフーリエ合成することによって計算した電子密度マップでは，測定されていない高次反射の打ち切り効果によって，幻のピークや負の電子密度が出現しやすい．上述のように MEM は高次反射の構造因子をある程度推定できることから，打ち切り効果に

よる誤差はフーリエ合成に比べ，はるかに小さくなる．すなわち，比較的少数の反射の強度データを用いたとしても，かなり確度の高い密度分布が得られる．

10.1.3 粉末回折データへの MEM の適用

MEMでは，できるだけ $\sigma(|F_o(\boldsymbol{h}_K)|)$ の範囲内で $F_o(\boldsymbol{h}_K)$ と一致する $F(\boldsymbol{h}_K)$ を与える密度分布を求めることから，計数統計と S/N 比の高い回折データが必要不可欠である．強度データの質が解析結果を直接左右する．等式制約条件 (10.4) は，最小二乗法と同様に $\sigma(|F_o(\boldsymbol{h}_K)|)$ がガウス分布するという前提に立脚している．その前提がどの程度成立しているかをチェックするために，3次元可視化システム VENUS に含まれる MEM 解析プログラム PRIMA は

$$\varepsilon(\text{Gauss}) = \frac{|F(\boldsymbol{h}_K)| - |F_o(\boldsymbol{h}_K)|}{\sigma(|F_o(\boldsymbol{h}_K)|)} \quad (10.14)$$

をファイルに出力する．グラフとしてプロットすれば，MEM 解析用データとして適当か否かが一目で判定できる．

粉末回折の場合，重畳反射に対する $\sigma(|F_o(\boldsymbol{h}_K)|)$ は厳密には求まらない．そこで PRIMA では，リートベルト解析の結果に基づいて電子・原子核密度を決定する際，孤立反射，重畳反射のいかんを問わず，計数統計と誤差の伝播を考慮した式

$$\sigma(|F_o(\boldsymbol{h}_K)|) = \frac{|F_o(\boldsymbol{h}_K)|}{2}\left[\left[\frac{1}{EI_o(\boldsymbol{h}_K)}\right] + \left\{\frac{\sigma(s)}{s}\right\}^2\right]^{1/2} \quad (10.15)$$

で $\sigma(|F_o(\boldsymbol{h}_K)|)$ を計算する[3]．E は $\sigma(|F_o(\boldsymbol{h}_K)|)$ を調節するための係数，$\sigma(s)$ は尺度因子 s の推定標準偏差である．E はステップ幅の逆数 $1/\Delta 2\theta$ にほぼ等しいが，その最適値は結晶構造，試料，回折装置，測定条件に応じて変動する．

最終密度は E の影響を受けやすい．E を大きくする ($\sigma(|F_o(\boldsymbol{h}_K)|)$ を小さくする) と，$F(\boldsymbol{h}_K)$ を $F_o(\boldsymbol{h}_K)$ に近づけようとする傾向が強まり，MEM による密度分布の推定の範囲が必然的に狭まる．E を小さくする ($\sigma(|F_o(\boldsymbol{h}_K)|)$ を大きくする) と，密度分布の自由度が高まる．E は通常，正常な範囲の $\sigma(|F_o(\boldsymbol{h}_K)|)$ を与え，かつ MEM の反復回数が最小になるように設定する．標準出力中に記録されている式 (10.4) の左辺の値と2つの R 因子から，その E 値で MEM 解析が問題なく収束したか否かを適切に判断する必要があるのは言うまでもない．MEM 解析における信頼度因子 $R_F(\text{MEM})$ がリートベルト解析における信頼度因子 $R_F(\text{Rietveld})$ より小さくなることが好ましい．

ふつうは，RIETAN-FP の標準出力 *.lst 中に出力された E の推定値 ($E(\text{SCIO}) \approx 1/\Delta 2\theta$) を参考にして，$0.1 \sim 10000$ rad^{-1} の範囲内で MEM 解析が順調に収束する E の値を試行錯誤で探すとよい．経験的に知った E の最適値は，Cu $K\alpha$ 特性X線で測定したデータで $3000 \sim 4000$ rad^{-1}，放射光で測定したデータで $8000 \sim 10000$ rad^{-1} (シンチレーションカウンターで測定した場合) である．ただし，E の最適値は入射ビーム強度，検出器の種類，試料，測定時間にも依存することに留意してほしい．たとえば，放射光＋イメージングプレートの組合せでは，E はシンチレーションカウンターの場合よりかなり小さくなる．

中性子回折の場合，E の最適値は $200 \sim 500$ rad^{-1} の範囲に入ることが多い．中性子回折では，$\sigma(|F_o(\boldsymbol{h}_K)|)$ を増やして原子核密度の許容範囲を広げてやらないと，原子核近傍の少数のピクセルだけで原子核密度が急激に高まってしまい，収束しにくいのである．また中性子回折では，原子核の位置の確度を高めるため，N_a, N_b, N_c をX線回折と比べてはるかに大きくする必要がある．X線回折の場合の3倍程度とすれば申し分ない．

MEM 解析がただ収束すればよいというものではない．電子・原子核密度の等値曲面を精査し，必要なら，化学結合論的・結晶化学的に自然な密度分布となるよう E を微調整しなければならない．Gaussian, WIEN2k, ABINIT などの電子状態計算プログラムで決定した電子密度分布とよく似た分布となるように E を調節するという便法も，ときには有効であろう．物理的・化学的観点から見て合理的な密度分布か否かを吟味すべきなのは，リートベルト解析の場合と同様である．

MEM 解析用の粉末回折データを測定する際，つねに留意すべきことが2つある．第一に，分解能，計数統計，S/N 比が高く，選択配向や粗大粒子の効果が無視できるような良質の粉末回折データ，言い換えれば，高確度・高精度の $F_o(\boldsymbol{h}_K)$ が MEM には必要不可欠である．弱い反射がノイズの顕著なバックグラウンドに埋もれているような回折パターンでは，妥当な解析結果が得られないだろう．$I_o(\boldsymbol{h}_K)$ は式 (7.57) によりステップごとのブラッグ反射強度の和から求めることも，高い計数統計を要求する一因となっている．

第二に，できるだけ広い d 領域の反射を観測すべきである．本質的に重要なのが，すべての低指数（d が大きい）反射の回折強度を高確度・精度で観測することである．たとえば d が最大の反射に対する $F_o(\boldsymbol{h}_K)$ が欠落しているだけで，MEM 解析の収束あるいは物理的・化学的に意味のある密度分布の決定はおぼつかなくなる．特に結合電子の空間分布を知るという目的にとっては，致命傷となりかねない．一般には，おおよそ $d>1\,\text{Å}$ の反射を対象として解析する．$d<1\,\text{Å}$ の反射の $F(\boldsymbol{h}_K)$ は MEM に推定させれば事足りる．それら高指数の反射は互いに重なり合い，しかも観測強度の S/N 比が低いことが多く，MEM 解析に含めても計算時間が長くなるだけで，解析結果が特に改善されるわけではない．結晶構造が比較的単純で，試料の結晶性が高く，かつ放射光を用いた高分解能粉末回折データを解析するならば，この限りでない．

単結晶・粉末回折データを問わず，ブラッグ反射には裾野が広がった熱散漫散乱（thermal diffuse scattering: TDS）[4]が重なる．TDS は格子の熱振動に起因しており，その強度は散乱ベクトル $\boldsymbol{Q}$ の 2 乗に比例する．高次の反射では，ブラッグ反射は熱振動のため強度が減衰するのに対し，TDS は逆に強くなる．その結果，$\boldsymbol{Q}$ が大きくなる（d が小さくなる）につれて，TDS とブラッグ反射強度の比は増加する．TDS は格子面上の原子の原子変位パラメーターにかなり影響する．

粉末回折データの処理では，スムーズなバックグラウンドを差し引いても TDS を取り切れないため，通常，TDS を無視する．したがって，リートベルト解析や MEM 解析の結果には TDS を無視した悪影響が大なり小なり残る．

測定温度が上昇するにつれ，TDS がより強まるのは言うまでもない．高温で測定したデータの解析では，確度の高い原子変位パラメーターや電子密度は求まらないという事実にとりわけ注意を払うべきである．TDS の効果を最小限に抑制した精密解析用には，低温（たとえば液体窒素温度）で回折データを測定することが望ましい．

リートベルト解析や MPF（10.2.3 参照）における全回折パターンフィッティングがきちんと実行されていないと，その直後の MEM 解析に支障をきたすことになる．デバイ-シェラー光学系で測定したデータ（キャピラリーチューブの存在のためにバックグラウンド強度が高まる）や高温で測定したデータ（熱散漫散乱に起因する複雑なバックグラウンドが観測されることが多い）の解析で，バックグラウンドの当てはめが適切でないと，密度分布に微妙な影響を与える．

N_a, N_b, N_c は格子定数 a, b, c にほぼ比例するように設定するが，空間群の対称性も考慮する必要がある．非対称単位に対する分率座標の上限と下限をグリッドと一致させるほか，回転軸や反転中心などの重要な対象要素がグリッドの交点に乗るように設定すべきである．また，回折データの分解能に見合ったピクセル数より大幅に増やしたところで，MEM 解析に要する主記憶容量と計算時間が増すだけにすぎない．

10.2 MEM による構造精密化

10.2.1 前処理と反復改良

MEM に基づくパターンフィッティング[3,5]（MEM-based pattern fitting: MPF）では，リートベルト解析，MEM 解析，積分強度を固定した全回折パターンフィッティングを通じて電子・原子核密度を決定し，実質的に結晶構造を精密化する．MPF 法による構造

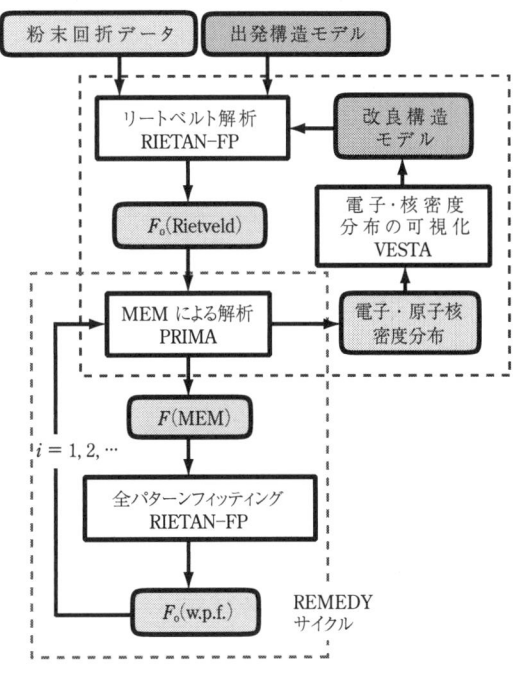

図 10.1 リートベルト解析と MPF による構造精密化の手続き

精密化のフローチャートを図10.1に示す．一連の解析のうち，前半（上の破線枠）がいわゆるMEM/リートベルト法[6]，後半がMPF法（下の破線枠）に相当する．MEM/リートベルト法はMPF法の前処理としての役割を果たす．MPF法はMEM解析と全回折パターンフィッティング（whole-pattern fitting：w.p.f.）とを交互に繰り返す反復解法を採用している．

MPF法は古典的構造精密化法であるリートベルト法で使われる結晶構造パラメーターでは表現が困難な原子（団）の不規則分布，非局在電子・結合電子（X線回折），非調和熱振動（中性子回折）などを扱うのに適している．MPF法がとりわけ威力を発揮するのが静的・動的な不規則構造の解析である．分割原子モデル（split-atom model）では表現し切れないほど不規則な部分を含む構造の解析に適している．

以下，リートベルト解析とw.p.f.にRIETAN-FP，MEM解析にPRIMA，電子・散乱長密度分布の3次元可視化にVESTAを用いる際の解析手順についてMEM/リートベルト法，MPF法の順に述べる．

10.2.2 MEM/リートベルト法

リートベルト解析終了後に，式（7.59）で求めた$|F_o(\boldsymbol{h}_K)|$とその位相φから観測構造因子$F_o(\text{Rietveld})\equiv F_o$(Rietveld)を見積もる（出力ファイル：*.fos）．この際，φはリートベルト解析で最終的に得られた$F(\boldsymbol{h}_K)$の位相で近似する．粉末回折パターンでは大半の反射が重なり合うので，このような便法により$F_o(\boldsymbol{h}_K)$を求めざるを得ない．反射が重畳する領域でブラッグ反射強度を分配する際には，リートベルト解析結果に基づいて計算した構造因子$F(\boldsymbol{h}_K)\equiv F$(Rietveld)が位相込みで100％尊重される．その結果，重畳反射に対するF_o(Rietveld)は純然たる観測値ではなくなってしまう．こうした近似で求めたF_o(Rietveld)にリートベルト解析で採用した構造モデル寄りのバイアスがかかるのは言うまでもない．

MEM/リートベルト法では，上記の近似に基づいて計算したF_o(Rietveld)をMEMで解析して最終的な$F(\boldsymbol{h}_K)$であるF(MEM)と電子・原子核密度を決定する．PRIMAは単位胞中の電子・原子核密度を*.pri（バイナリー）あるいは*.den（テキスト）に出力するので，VESTAで可視化して精査し，必要ならリートベルト解析用構造モデルを部分的に修正する．

十分低いR因子を与える合理的な構造モデルに到達するまでリートベルト解析とMEM解析を交互に繰り返す．

リートベルト解析におけるフィットが芳しくないということは，粉末回折データに何らかの問題（結晶性の低さ，粗大結晶・選択配向の効果，回折に寄与する結晶子数の不足，不十分なカウントなど）があるか，構造モデルが不完全であることを意味する．前者はMEM解析にとって致命傷に近く，物理的・化学的に意味のある結果を得るためには，実験条件を改善して，再測定すべきである．一方，未知構造解析における構造モデル改良の手段としてMEM/リートベルト法を使う場合，構造モデルが完璧から程遠い段階では，多少フィットが悪くても仕方ない．部分構造さえ導出できればよいと割り切って差し支えなかろう．

最終リートベルト解析における構造モデルが完璧であったとしても，こうして求めた電子・原子核密度には重畳反射のF_o(Rietveld)をF(Rietveld)から「計算」した影響が必然的に残る．所詮，モデルの影響からは脱却できない．具体例をあげておこう．粉末X線データのリートベルト解析では，便宜上，熱振動は等方的と近似する．粉末X線回折では，たとえ放射光を用いたとしても，異方性原子変位パラメーターβ_{ij}を精密化するのは困難である．等方性熱振動近似で計算したF(Rietveld)に基づいて求めた$F_o(\boldsymbol{h}_K)$が多かれ少なかれ誤差を含むのは，直感的に理解できよう．

もちろん，構造モデルのバイアスは結晶の対称性，ひいては粉末回折パターンの重なりの程度にも依存する．反射どうしがほとんど重なり合わないようならバイアスは確実に減るが，後で述べる尺度因子に起因する系統誤差の問題は相変わらずつきまとう．

しかし，実測強度から見積もった重畳反射のF_o(Rietveld)は構造モデルで考慮していない寄与も含むし，化学結合に関する情報を含む低角領域の孤立反射については，高い確率でF_o(Rietveld)が求まる．また等式制約条件（10.4）は全観測反射についての総和なので，構造モデルのバイアスがかからない孤立反射のF_o(Rietveld)が重畳反射のF(MEM)を改善する傾向がある．結果として，このような便宜的な手法でも結晶構造の詳細をかなり有効に抽出できる．

F_o(Rietveld)をMEMで解析すれば，逆空間に点在する回折強度が実空間を埋めつくす原子核・電子密

度へと変換される．こうして決定した原子核・電子密度の3D可視化は，見落としていたサイト，格子欠陥，部分的に占有されたサイト，原子の不規則分布などについて不完全な構造モデルを修正するのに役立つ．リートベルト解析を試行錯誤的に繰り返すことにより構造モデルを改善したのでは，思いつきや予断に頼らずにあらゆる可能性を検討したことにならず，正しい構造モデルを導き出せないおそれがある．粉末回折データから決定したフーリエ合成図では，高次反射の切り捨てのために実体のない幻のピークが見えたり，負の密度部分まで出てきたりするのは珍しくない．一方，MEM は高次反射に対し非ゼロの $F(\boldsymbol{h}_K)$ を推定する能力に恵まれている上，負の電子密度を与えない（X線回折の場合）ので，打ち切り効果に起因するノイズをかなり押さえ込むことができ，弱いピークを検知しやすい密度マップを与える．分解能，計数効率，S/N 比の優れた強度データを適切なステップ幅で測定すれば，密度の確度がいっそう高まる．さらに MEM 自体はモデル抜きの解析法であることも構造モデルの修正にとって都合がよい．MEM 解析の結果，見出された格子間サイトの妥当性は，マーデルングエネルギーの計算において当該サイトのポテンシャルを計算することにより半定量的に検証できることも指摘しておく．

MEM/リートベルト法を構造モデル構築に応用した例として，不完全に脱水したゼオライト Na-LTA の X 線構造解析[7]をあげておく．MEM/リートベルト法により F_o(Rietveld) から決定した（110）面上の電子密度分布を図 10.2 に示す．F_o(Rietveld) のフーリエ合成では残留水分子と波紋状の幻影との見分けがつかなかったのに対し，MEM/リートベルト法では β ケージ内の4つの位置（矢印）に水分子中の酸素原子が明瞭に見える．Cu $K\alpha$ 特性 X 線を使う通常の X 線回折計で強度データを収集したにもかかわらず，構造モデルに全く取り入れていない，ごくわずかな残留水を見事にとらえ得た．引き続き，当該酸素サイトを追加したリートベルト解析を行ったところ，そのサイトの占有率は約 0.03 に収束した．

10.2.3 MPF 法

RIETAN-FP-PRIMA の真骨頂は，MEM 解析と w.p.f. の結果を双方向にやり取りする MPF 法[3,5]において遺憾なく発揮される．

PRIMA は MEM で求めた原子核・電子密度をフーリエ変換し，得られた構造因子 F(MEM) をファイル *.fba に出力する．引き続き，構造因子を *.fba 中の F(MEM) に固定し，回折パターン全体を対象として構造と無関係なパラメーターを RIETAN-FP で精密化すれば，MEM 解析で得た構造に関する情報が粉末回折データの解析へとフィードバックされる．この w.p.f. では，RIETAN-FP のユーザ入力ファイル *.ins 中の結晶構造パラメーターは，X 線回折の場合に限り異常分散の寄与を F(MEM) に付加する役割を受け持つにすぎない．w.p.f. 終了後に，各ステップにおける観測ブラッグ反射強度を最新の F(MEM) に基づいて再分配することにより $F_o(\boldsymbol{h}_K) \equiv F_o$(w.p.f.) を計算し，それらを *.fos というファイルに記録する．引き続き F_o(w.p.f.) を MEM で再解析し，F(MEM) を *.fba に出力する．

以後，w.p.f. と MEM 解析とを，前者における R 因子（通常 R_{wp}）がもはや減少しなくなるまで交互に繰り返す（REMEDY サイクルと呼ぶ）．通常，R 因子は第1サイクルで最も顕著に低下する．積分強度と関係する R 因子 R_B と R_F の低下がとりわけ著しい．F_o(w.p.f.) に及ぼす構造モデルの影響は REMEDY サイクルが進むにつれ，急激に薄れていく．REMEDY サイクルの過程で，密度分布が容易に感知できる程度に変化するのは言うまでもない．ファイル *.pri あるいは *.den に出力された単位胞内の電子・原子核密度は VESTA で可視化する．その際には，得られた密度の誤差はわからないということをつねに意識すべきである．あまりにも低いレベルでの密度イメージから，傍証もなしに密度分布に関する結論を強引に導き出してはならない．

このような反復解法は Le Bail 法に似ているが，直

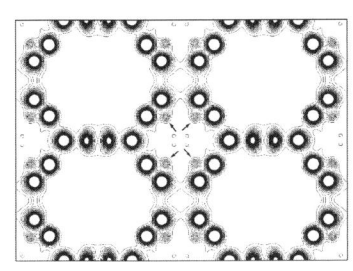

図 10.2 脱水ゼオライト Na-LTA における（110）面の電子密度図
範囲：0.1～5 Å^{-3}，間隔：0.1 Å^{-3}．

前のMEM解析で求めたF(MEM)に構造因子を固定するところが大きく異なる．MEM解析で求めた構造情報を盛り込んだw.p.f.を反復すれば，プロファイルが重なった2θ領域における観測回折強度の分配はもとより，結晶構造と無関係な尺度因子やプロファイルパラメーターなども改善される．MEM/リートベルト解析止まりでは，せっかくMEM解析で構造因子を改善したにもかかわらず，それらをw.p.f.にフィードバックすることなく，むざむざ捨て去ることになってしまう．

ここで特筆しておきたいのは，超高速MEM解析プログラムPRIMAや3次元可視化ソフトVESTAを無償で利用できるいま，MPF法はとりたてて高度な技術・知識や高価なワークステーション・並列計算機・商用ソフトを要求しないということである．主記憶容量さえ十分なら，ごくふつうのパソコン上で手軽に実行できる．

10.3 最大エントロピーパターソン法

完全あるいは分解不能な程度に重なり合った反射を個々の成分に分解するのに最も効果的なのがパターソン関数

$$P(\boldsymbol{r}) = \frac{2}{V}\sum_{h=0}^{+\infty}\sum_{k=0}^{+\infty}\sum_{l=0}^{+\infty}|F(\boldsymbol{h}_K)|^2\cos(2\pi\boldsymbol{h}_K\cdot\boldsymbol{r}) \quad (10.16)$$

を用いる方法である．反射Kに対するパターソン関数$P(\boldsymbol{r})$のフーリエ変換は

$$|F(\boldsymbol{h}_K)|^2 = \int_V P(\boldsymbol{r})\cos(2\pi\boldsymbol{h}_K\cdot\boldsymbol{r})dV \quad (10.17)$$

と表される．ただし，$\boldsymbol{r}$は位置ベクトル，Vは単位胞の体積を示す．何らかの方法で単位格子内の$P(\boldsymbol{r})$の3次元データさえ得られれば，式(10.17)で$|F(\boldsymbol{h}_K)|^2$を計算できる．

David[8,9]は重なり合った反射の積分強度を改善する強力な技法として最大エントロピーパターソン法(maximum-entoropy Patterson method: MEP法)を提案した．ここではVENUSシステム中のMEP法プログラムALBAで用いている式に基づき，そのアルゴリズムを略述する．

MEP法における情報エントロピーは，式(10.1)におけるρ_jとτ_jをそれぞれ規格化パターソン関数密度P_jと事前の知識に基づく規格化パターソン関数密度Q_jで置き換えた形をもつ．

$$S = -\sum_{j=1}^{N}P_j\ln\left(\frac{P_j}{Q_j}\right) \quad (10.18)$$

パターソン関数の初期値は，単位胞内の総電子数$F(000)$(X線回折)，b_cの合計(中性子回折)，単位胞の体積Vから計算する．Q_jは均一密度分布を仮定して求める．

MEP法では，それぞれ式(10.3)〜(10.5)に類似した3つの制約条件

$$P_j > 0 \quad (10.19)$$

$$\frac{1}{M_F}\sum_{K=1}^{M_F}\left[\frac{|F(\boldsymbol{h}_K)|-|F_0(\boldsymbol{h}_K)|}{\sigma(|F_0(\boldsymbol{h}_K)|)}\right]^2 = 1 \quad (10.20)$$

$$\sum_{j=1}^{N}P_j = 1 \quad (10.21)$$

のもとでSを最大とするようなP_jをラグランジュの未定乗数法により反復改良して決定する．重畳反射に対しては，式(10.7)と同様の制約条件を課す．

式(10.19)の束縛はすべて正のパターソン関数密度を与える．電子・散乱長密度分布決定の場合と同様，式(10.20)は誤差の範囲内で$|F_0(\boldsymbol{h}_K)|$と一致するような$|F(\boldsymbol{h}_K)|$を与えるパターソン関数の分布へと解を収束させる．

Pawley法あるいはLe Bail法で求めた$|F_0(\boldsymbol{h}_K)|$を対象として，電子・原子核密度の決定の場合と同様のアルゴリズムによりMEMによる反復解析を実行すれば，観測データ$|F_0(\boldsymbol{h}_K)|^2$と誤差の範囲内で一致し，かつ$S$を最大とする1組の$P_j$が求まる．このデータセットから式(10.17)により$|F(\boldsymbol{h}_K)|^2$の改良値が得られる．引き続き，パターソン関数を用いた重原子法あるいは直接法による解析へと移行する．

重原子法は単結晶X線解析の場合と同様の手続きにより実行するが，その過程でVESTAによるパターソン関数の3次元可視化が大いに役立つ．直接法による初期構造の導出にはEXPOを用いる．いずれの手法を使うにせよ，より真値に近い$|F_0(\boldsymbol{h}_K)|$の見積りが位相問題を解決しやすくするのは言をまたない．

［泉　富士夫］

文　献

1) D. M. Collins, *Nature*, **298**, 49 (1982).
2) M. Sakata, T. Uno, and M. Takata, *J. Appl. Crystallogr.*, **26**, 159 (1993).
3) 泉　富士夫, "第5版 実験化学講座11,"日本化学会編, 丸善 (2006), 4.6節.
4) 原田仁平, 日本結晶学会誌, **34**, 128 (1992).
5) F. Izumi, *Solid State Ionics*, **172**, 1 (2004).

6) M. Takata, E. Nishibori, and M. Sakata, *Z. Kristallogr.*, **216**, 71 (2001).
7) T. Ikeda, F. Izumi, T. Kodaira, and T. Kamiyama, *Chem. Mater.*, **10**, 3996 (1998).
8) W. I. F. David, *J. Appl. Crystallogr.*, **20**, 316 (1987).
9) W. I. F. David, *Nature*, **346**, 731 (1990).

10.4 MEMとMPF法による電子・核密度と不規則性の解析

本節ではMEMとMPF法による電子・核密度解析について述べる．電子密度分布からは化学結合に関する情報が，電子・核密度分布からは結晶の不規則性と非調和熱振動に関する知見が得られる．本節では特に不規則性について述べ，MEMおよびMPF法のノウハウを説明する．

10.4.1 不規則性[1]

不規則性（disorder）は無秩序，乱れあるいは乱雑さとも呼ばれる．不規則性の反対語は規則性（order）あるいは秩序である．不規則性と一言でいっても，本項で説明するようにさまざまな不規則性がある．不規則性という用語を使うときや文献などでそれが使われているときには，どのような不規則性なのかを明確にする必要がある．不規則性は，時間変化と共に原子の移動を伴う動的不規則性（dynamic disorder）と，単位格子ごとに原子が異なる位置を統計的に占める静的不規則性（static disorder）の2つに分類される．実際の結晶では，両不規則性が共存している場合も多い．

結晶の回折・散乱から得られる情報は2種類に大別される．一つは結晶の平均周期構造であり，ブラッグ反射強度を測定し，何らかの方法で求めた近似構造を精密化することにより決定する．もう一つは平均周期構造からのずれ，すなわち局所的な不規則性に関する情報である．これは乱れあるいは不規則性と呼ばれ，散漫散乱，X線吸収微細構造（XAFS），原子対相関関数（PDF）などの解析により研究する．本節では観測ブラッグ反射強度から見積もられる構造因子をMEMやMPF法により解析することによって得られる電子・核密度分布を使った周期的な不規則性の研究について述べる．

置換不規則性（substitutional disorder），位置不規則性（positional disorder），占有不規則性（occupa-

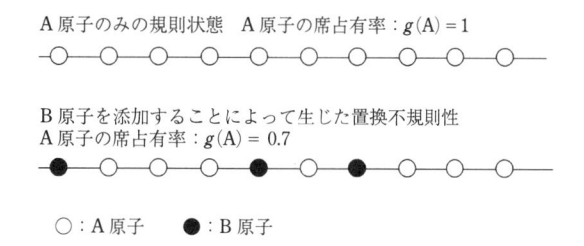

A原子のみの規則状態　A原子の席占有率：$g(A) = 1$

B原子を添加することによって生じた置換不規則性
A原子の席占有率：$g(A) = 0.7$

○：A原子　●：B原子

図10.3　置換不規則性（1次元鎖を使った模式図）

tional disorder），配向不規則性（orientational disorder）などの不規則性を呈する結晶構造が存在する．これらは学術用語として確立しているわけではなく，本節では英語の用語をそのまま直訳して用いることにする．

置換不規則性では，異なる単位胞において同一サイトが異なる種類の原子によって占有される（図10.3）．リートベルト解析において精密化される占有率により置換不規則性を調べることができる．

位置不規則性の場合，異なる単位胞において原子が特定の位置に存在するのではなく，原子の位置の分布が動的あるいは静的に広がっている（図10.4(a)，(b)）．

占有不規則性では，原子が特定のサイトに存在するのでなく，複数のサイトに低い占有率で分布し，不規則性は占有率により特徴づけられる（図10.4(c)，(d)）．配向不規則性においては，原子団の配向が固定されておらず，動的あるいは静的に不規則な配置をとる（図10.4(e)，(f)）．

動的・静的な位置不規則性および占有不規則性を表

(a) 位置規則状態
(b) 位置不規則状態
(c) 占有規則状態
(d) 占有不規則状態
(e) 配向規則状態
(f) 配向不規則状態

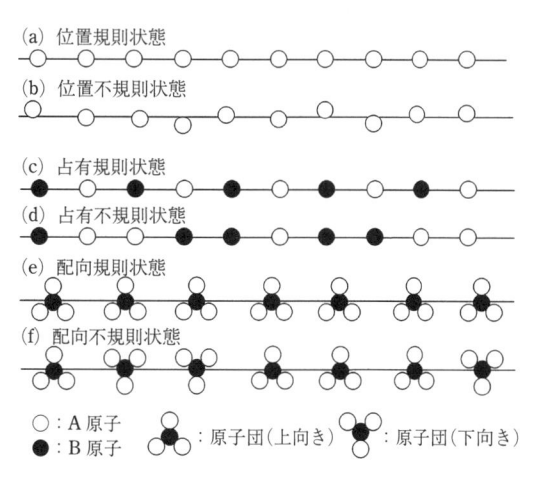

○：A原子　　○○：原子団（上向き）　　○○：原子団（下向き）
●：B原子

図10.4　1次元鎖を用いた規則・不規則状態の模式図

すために，便宜上，複数のサイトに統計的に原子を分布させる分割原子モデル（split-atom model）がしばしば用いられる．しかし，適切なサイトを選んで分割原子モデルを構築するのが難しく，解析結果が仮定したモデルに強く依存するという欠点がある．また，イオン伝導体のような可動化学種を含む物質や広い空間にわたって原子が静的・動的に分布している物質における非常に乱れた原子配置を表現するのが困難である．一方，MEMとMPF法は粉末回折データを用いて平均構造における不規則性を解析するのに有用な手法である．次項で具体例を見てみよう．

10.4.2 イオン伝導体 α-CuIにおける電子密度分布[2]

ヨウ化銅CuIは高速陽イオン伝導体であり，高温相である α-CuIは欠陥蛍石型構造（空間群 $Fm\bar{3}m$）を有している．可動 Cu^+ イオンは8c席（座標 $\frac{1}{4}, \frac{1}{4}, \frac{1}{4}$）付近に存在する．理想的な欠陥蛍石型構造（図10.5(a)）では，I原子を4a席（0,0,0）に，Cu原子を8c席（$\frac{1}{4}, \frac{1}{4}, \frac{1}{4}$）に置いている．図10.5(b)は分割原子モデルの一つで，IとCu原子が4a席と32f席（$\frac{1}{4}+\delta, \frac{1}{4}+\delta, \frac{1}{4}+\delta$）にそれぞれ置かれている．ここで，$\delta$ は理想位置8cからのCu原子の変位を示す．図10.5(c)は，I原子を4a席に置き，Cu原子を8cと32f席の両方に分布させた分割原子モデルである．放射光X線回折データのリートベルト解析において得られた信頼度因子は，構造モデル（a）～（c）に対して，それぞれ R_{wp}=2.89％，2.43％，1.91％であり，分割原子モデルの方がCuIにおけるCu原子の位置不規則性をよく表している．しかし，図10.5(d)に示す電子密度イメージにおいて Cu^+ イオンは広く連続的で複雑な分布を示しており，分割原子モデルでもCu原子の位置不規則性を表すには不十分であることがわかる．

10.4.3 熱振動と不規則性

熱振動は動的な位置不規則性であるとみなされる．結晶構造の精密化では，等方的あるいは楕円体状の熱変位モデルで熱振動を表現する（7.2.5参照）．結晶構造解析では動的不規則性と静的不規則性を区別できないので，精密化された原子変位パラメーターには熱振動ばかりでなく，静的な不規則性も吸収される．リートベルト解析における原子変位パラメーターの取扱いがその後の電子・核密度分布の決定を通した不規則

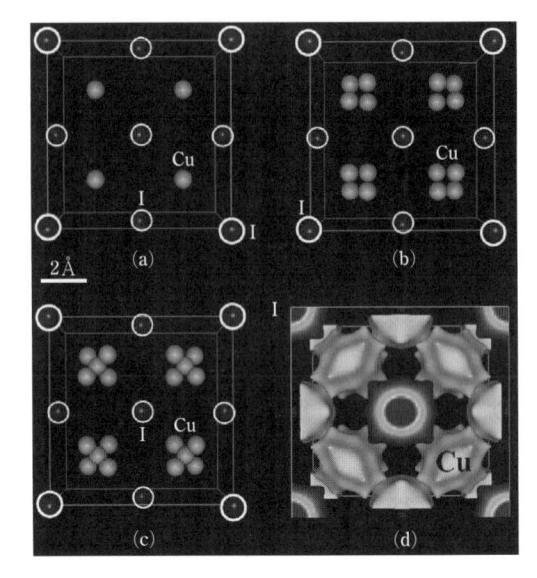

図10.5 α-CuIに対する3つの結晶構造モデル(a)～(c)と(d) MPF法により得た760 Kにおける等電子密度面（1 Å^{-3}）[2]（カラー口絵2参照）
(a) Cu原子が8c席に統計分布しているモデル，
(b) Cu原子が32f席に統計分布しているモデル，
(c) 8c席と32f席にCu原子を統計分布させたモデル．白丸がCu原子，黒丸がI原子．

性の研究にとって重要である．

より複雑な熱振動を表すには非調和熱振動モデルあるいは分割原子モデルが使われてきた．しかし，非調和熱振動では，パラメーターの数が多すぎて，粉末回折データから確度と精度の高いパラメーターを求めるのは事実上不可能である．分割原子モデルの限界については10.4.2で述べた．

一方，MEMおよびMPF法は粉末回折データを用いて周期構造における不規則性を解析するのに有用である．異方性熱振動が顕著なペロブスカイト型イオン伝導体を例にとって説明する[3]．ペロブスカイト型酸化物 ABO_3 の特徴の一つは，B-O結合に垂直な方向への大きな異方性熱振動である（図10.6(a)）．対応する核密度イメージを図10.6(b)に示す．核密度分布では，異方性原子変位パラメーターでは表現できない，曲線的な酸化物イオンの拡散経路が可視化されている．

10.4.4 MEM，MPF，電子・核密度と不規則構造の解析におけるノウハウ

MEM・MPF解析を行う前に，リートベルト解析

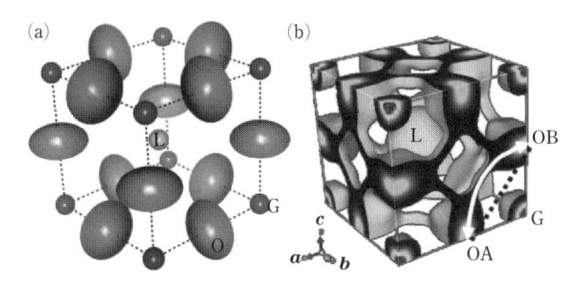

図10.6 立方ペロブスカイト型構造を有する固溶体 $(La_{0.8}Sr_{0.2})(Ga_{0.8}Mg_{0.15}Co_{0.05})O_{2.8}$（1392 ℃）の(a) 結晶構造と (b) 等核密度面（密度レベル：0.05 fm Å^{-3}）[3]（カラー口絵4参照）
L：$(La_{0.8}Sr_{0.2})$ 陽イオン，G：$(Ga_{0.8}Mg_{0.15}Co_{0.05})$ 陽イオン，O：酸化物イオン．酸化物イオンの OA 席から OB 席の間の拡散経路は黒い点線（直線）でなく，白い矢印付きの実線（曲線）である．

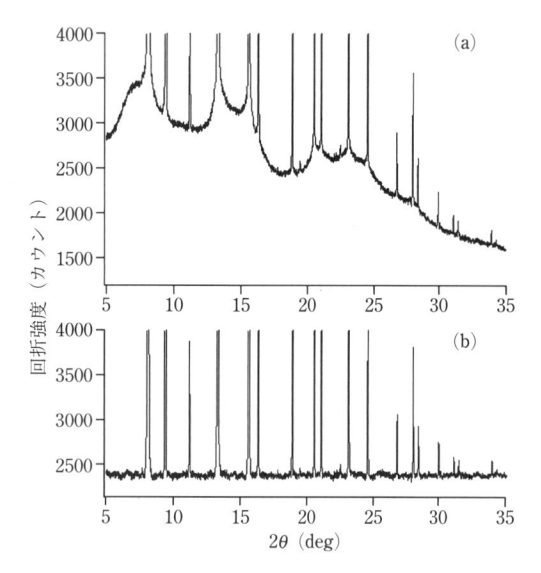

図10.7 CuI の放射光粉末回折パターンの一部（760 K）(a) 生データ，(b) 複雑なバックグラウンドを差し引いた後，バックグラウンド強度の平均値を足したデータ．

がきちんと実行できていることが重要である（9章参照）．すなわち信頼度因子が十分低くなっており，無機結晶なら構造因子に関する信頼度因子 R_F が約 5 % 以下になっている必要がある．特に，観測された反射がすべて指数付けされており，余分な反射がないことが好ましい．たとえば，10.4.2 で述べた α-CuI（760 K）の場合 $R_F=2.59$ % であり[2]，$(La_{0.8}Sr_{0.2})(Ga_{0.8}Mg_{0.15}Co_{0.05})O_{2.8}$（1392 ℃）の解析では $R_F=2.39$ % であった[3]．

空間群が正しいことは極めて重要である．なぜならば，MEM では指定した空間群対称性をもつ密度分布を求めるからである．逆にいえば，同じデータから MEM で得られる密度分布は空間群に依存する．

リートベルト法で精密化した結晶構造の妥当性を検証する．すなわち原子の位置，bond valence sum で推定される酸化数，原子変位パラメーターの値などを綿密にチェックすべきである．文献とも比較して精密化した結晶構造に問題がないかを確認する．

粉末回折データの MEM 解析にあたっての留意点については，10.1.3 を参照されたい．選択配向している試料や多相試料の MEM 解析は避けるべきである．デバイ-シェラー法による回折強度測定では，波長を短くし，ガラスキャピラリーの内径を小さくすることにより，試料による吸収を 1 % 未満に抑える．

良質のデータが測定できて，リートベルト解析が適切に行われたならば，各反射の観測構造因子をかなりの確度・精度で抽出できる．そのためにはバックグラウンドを十分よくフィットできているかどうかも重要である（9.7.4 参照）．たとえば CuI の X 線回折パターンは図 10.7(a) に示すように，散漫散乱のため複雑な形状のバックグラウンドを示す．そこでプログラム PowderX を使って，生データ y_i から決めたバックグラウンド b_i を差し引いた後，バックグラウンド強度の平均値 $\langle b_i \rangle = \sum_{i=1}^{N} b_i/N$ を足したデータ（$y_i - b_i + \langle b_i \rangle$，図 10.7(b)）について，リートベルト，MEM，MPF 解析を行って電子密度分布を得た（図 10.5(d)）[2]．ここで，N はデータ点の総数である．

リートベルト解析が終わったなら，MEM 解析に移行しよう．*.lst ファイルの中に計算されている総電子数（X 線回折）あるいは正・負の総干渉性散乱長（中性子回折）を *.ins に入力し，MEM 解析用データファイル *.fos ファイルを作成する．ピクセル数は格子定数に合わせて調節する．解析の初期段階では比較的小さなピクセル数で様子を見て，後期段階ではピクセル数を十分に増やすと，効率的に解析が進むだろう．

MEM 解析では誤差調節因子 E の選択が重要である．MEM 解析を収束させるのに必要なサイクル数が小さいこと，得られた信頼度因子が小さいこと，電子・核密度分布に不自然なところがあまりないことが重要である．図 10.8(a) に示すように，$E = 3000$ rad^{-1} で得られた CuI（300 K）の (110) 面上の MEM 電子密度イメージには一部，不自然な密度分布

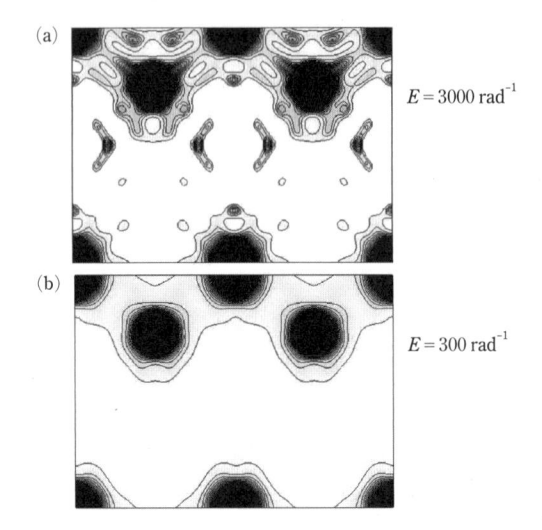

図10.8 γ-CuI(300 K) の (110) 面上の電子密度分布
(a) MEM 解析における誤差調節因子 $E=3000$ rad^{-1},(b) $E=300$ rad^{-1}. 等高線の範囲:0.3～10 Å^{-3},ステップ幅:0.5 Å^{-3}.

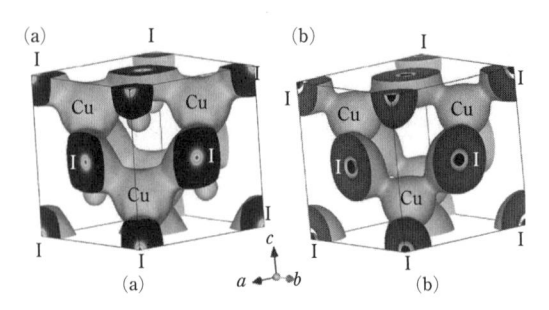

図10.9 γ-CuI(300 K) についての (a) 放射光粉末回折データの解析により得られた等電子密度面 (0.3 Å^{-3}) と (b) DFT 計算により得られた価電子密度の等密度面 (0.3 Å^{-3})

が観察される.一方,$E=300$ rad^{-1} として導出した電子密度イメージ(図10.8(b))にはそのような不自然な分布は見られない.

MEM 解析の次には MPF 解析を行う.先のリートベルト解析に比べて,MPF における信頼度因子が下がっていることを確認する.一般に,REMEDY サイクルの収束は R_{wp} の値で判定するべきである.

電子が複雑に広がっている結晶を解析した場合,不規則性を示す結晶を解析した場合には,リートベルト解析における R_F に比べて,MPF における R_F の方がかなり小さくなる.同様に,積分強度に関する信頼度因子 R_B も MPF により改善される.REMEDY サイクルを繰り返すことにより信頼度因子,特に R_F が改善されるか,また電子・核密度分布が変化するかを検証する.たとえば,10.4.2 で記した α-CuI (760 K) の場合,R_F がリートベルト解析における 2.59% から MPF における 0.98%(2 サイクル目)に向上した[2].ランタンガレート固溶体 (La$_{0.8}$Sr$_{0.2}$)(Ga$_{0.8}$Mg$_{0.15}$Co$_{0.05}$)O$_{2.8}$ (1392℃) の解析では,$R_F=2.39$% が $R_F=1.34$% に向上した[3].

MEM・MPF 解析を一通り行ったら,結論を出す前に以下に示す事項を確認することによって,結果が正しいかどうか検証する.

低温～室温における測定でかつ位置不規則性が少ない場合,実験的・理論的に求めた電子密度を互いに比較するとよい.電子密度の最大値はあまり正確ではないので,化学結合の状態,すなわち原子間における電子密度の分布を調べる.結合電子が観測されるときには,電子密度の鞍部における電子密度の実験値と理論値がほぼ一致することを確認すべきである.電子密度の単位は理論計算のソフトウェアに依存するので,必ず確認しておく.図10.9に示すように,MEM で得た γ-CuI(300 K) の実験電子密度分布は,密度汎関数理論 (DFT) に基づいて計算した価電子密度分布と互いに矛盾しない.Cu と I 原子間の結合電子の密度はほぼ一致する.DFT 計算では電子状態密度も容易に得られる.部分状態密度からは,原子間の共有結合がどの軌道の重なりからなっているかを知ることができる.CuI の共有結合は Cu 3d 軌道と I 5p 軌道の重なりにより形成される.

動的な位置不規則性は温度の上昇とともに増加する.電子・核密度分布の決定で可視化された位置不規則性が温度の上昇とともに増加することを確認すべきである.図10.10(a)～(c) は (La$_{0.8}$Sr$_{0.2}$)(Ga$_{0.8}$Mg$_{0.15}$Co$_{0.05}$)O$_{2.8}$ の擬立方格子の (100) 面上における核密度分布の温度依存性を示す.温度が上昇するにつれて,2つの隣り合った酸化物イオンの安定位置の間の核密度が増加する.これは温度上昇とともにイオン伝導度が増加することと合致する.また,高温の立方相に比べ,低温の三方相では酸化物イオンが安定位置付近に局在している.

相転移が起きる場合,低温相に比べて高温相の不規則性の方が顕著なことが多い.CuI の γ-α 相転移では,300 K における γ-CuI(図10.11(a))に比べて 760 K における α-CuI(図10.11(b))の不規則性の

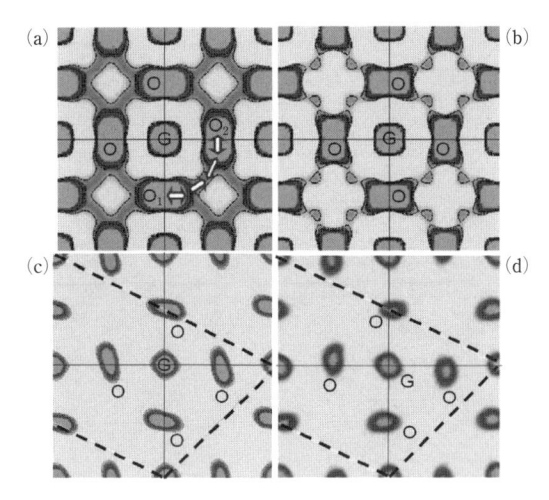

10.4 MEM と MPF 法による電子・核密度と不規則性の解析

図 10.10 (a) 1392 ℃，(b) 1198 ℃，(c) 796 ℃ における $(La_{0.8}Sr_{0.2})(Ga_{0.8}Mg_{0.15}Co_{0.05})$-$O_{3-\delta}$ の (100) 面上の核密度[3] と (d) 1390 ℃ における $LaGaO_3$ の (100) 面上の核密度[4]（カラー口絵 3 参照）

796 ℃ における $(La_{0.8}Sr_{0.2})(Ga_{0.8}Mg_{0.15}Co_{0.05})O_{3-\delta}$ (c) と 1390 ℃ における $LaGaO_3$ (d) は三方相であるため，擬立方構造の (100) 面に対応する (102) 面上の核密度分布が描かれている．(c) と (d) の黒い破線は三方相の単位胞，細い実線は擬立方相の単位胞を示す．黒い等高線は 0.3〜4.0 fm Å^{-3} の範囲を 0.3 fm Å^{-3} ステップでプロットしたものである．O は酸素原子の安定位置，G は (a)〜(c) では $Ga_{0.8}Mg_{0.15}Co_{0.05}$，(d) では Ga を表す．白い矢印は酸化物イオンの拡散経路を示す．

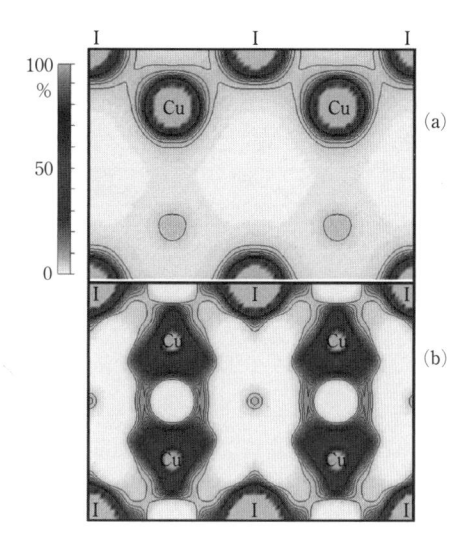

方が高い．このケースでは占有・位置不規則性が共存する．300 K では (110) 面上で Cu 原子は 2 つのサイトに局在しているのに対し，760 K では 4 つのサイトに広がっている．これは占有不規則性の増加を示している．300 K では Cu 原子は安定位置付近に局在しているのに対し，760 K で Cu 原子は複雑で広い空間分布を示す．すなわち，300 K と比較して 760 K における位置不規則性の方が著しい．

物性の違いに対応する不規則性の差が見られるかどうかを確認するとよい．1390 ℃ における $LaGaO_3$ の (100) 面上の核密度マップを図 10.10(d) に示す．ほぼ同じ温度 1392 ℃ での 固溶体 $(La_{0.8}Sr_{0.2})$-$(Ga_{0.8}Mg_{0.15}Co_{0.05})O_{3-\delta}$ における核密度マップ（図 10.10(a)）では，酸化物イオンがより広く分布しており，酸化物イオン伝導度が 2 桁ほど高いことに対応している[4]．

解析する 2θ 範囲を変えて，電子・核密度が変わるかどうかを検証するのも有効である．高角領域では反

図 10.11 CuI の (110) 面上での電子密度分布[2] (a) 300 K，(b) 760 K．等高線は 0.45〜2.45 Å^{-3} の範囲を 0.2 Å^{-3} ステップでプロットした．スケールの 100 % は 9.6 Å^{-3} に相当する．

射の重なりが著しくなって，観測構造因子の確度と精度が必然的に低下する．したがって，解析に使う反射の数が多いほど MEM 解析の信頼性が上がるとは限らない．反射の重なりが著しい場合や強度が弱くて積分強度の抽出が難しい場合には，解析に使う 2θ 領域を狭くすると，よりよい結果が得られる可能性がある．

ナノ粒子では小さな結晶子サイズのために回折プロファイルの幅が広がり，反射の重畳が増すため，得られた電子・核密度分布が妥当か否かを慎重に検討する必要がある．結晶子サイズが約 11 nm の酸化ジルコニウムナノ粒子における等電子密度面を図 10.12 に示す[5]．正方晶系の $ZrO_{2-\delta}$ では正方晶系の ZrO_2 と同様に，酸素が c 軸に沿って交互に変位し，長い Zr-O 結合 R と短い Zr-O 結合 r が形成される（図 10.12(a)）．図 10.12(b) には Zr 原子の異方的な熱振動が観察される．これは短い Zr-O 結合に沿った方向の熱振動が小さく，長い Zr-O 結合に沿った方向の熱振動が大きいためであると考えられる．図 10.12(c) には短い Zr-O 結合に沿って共有結合が観察される．

不規則性を含め，結晶構造は注意深くモデル化する．解析の対象物質に対して考えうるすべての空間群と結晶構造モデルは，基本的にリートベルト・MEM・MPF 解析によって検討すべきである．大変

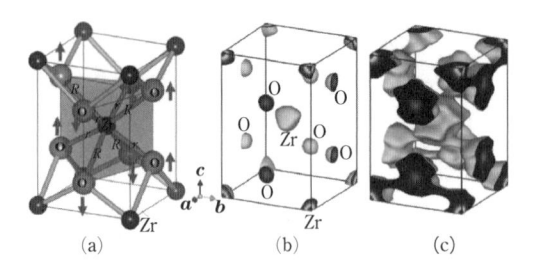

図 10.12 正方晶系酸化ジルコニウムナノ粒子（平均結晶子サイズは 11 nm）の (a) 精密化した結晶構造，(b) 10 Å^{-3} および (c) 1 Å^{-3} での等電子密度面[5]

な作業であるが，不規則構造の解析を成功させるためには必要不可欠である．これを怠ると間違った解析結果を報告することになりかねない．

リートベルト解析において精密化された構造と MEM で得られた密度分布が一致しているかどうかを精査する際には，各原子あるいは各サイトの周りの電子数の求和が役立つ．もし矛盾していたなら，リートベルト解析における構造モデルを改良するとよい．

複雑な結晶構造を正確に決めるのは容易ではない．1つのデータの解析結果から結論を出すのは危険なときもある．異なる装置で測定したデータの解析結果が互いに合致すれば，信頼性を確認できよう．X 線・中性子回折データの解析結果に矛盾がないかどうかを調べるのも一案である．

X 線・中性子構造解析と DFT 計算を組み合わせた研究例として TaON を取り上げる[6]．Ta-N 層における (a) 結晶構造，(b) 核密度分布，(c) 電子密度分布，(d) DFT 価電子密度分布を図 10.13 に示す．原子位置については，結晶構造図，核密度分布，電子密度分布の間で矛盾はない．原子核密度は各サイト付近に局在しているのに対し，(c) と (d) に示した電子密度は大きく広がっており，Ta-N 間の化学結合が可視化できた．電子の状態密度の計算結果から，Ta 5d と N 2p 電子が Ta-N 結合を形成していることが

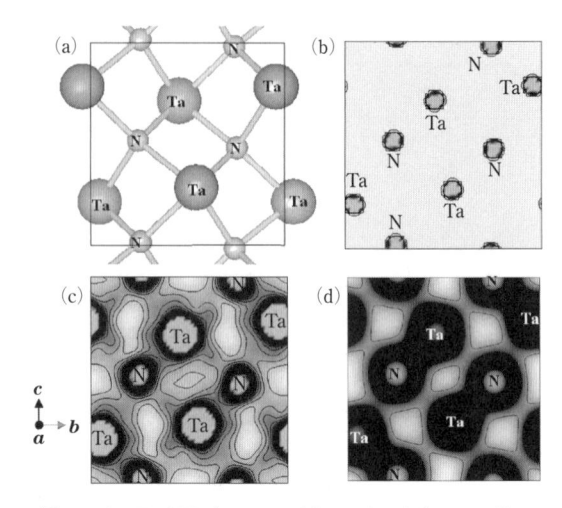

図 10.13 TaON（$0<x<1/4$）の bc 面上における (a) 結晶構造，(b) 核密度分布，(c) MPF で求めた電子密度分布，(d) DFT 価電子密度分布（$1/4<x<3/4$）[6]

わかった．電子状態密度において，価電子帯の幅が約 7 eV と広いのは，Ta 5d と O と N の 2p 電子が共有結合性の高い結合を形成したためである．その結果，価電子帯のエネルギー幅が広がり，バンドギャップが狭くなったことが可視光に対する応答を可能にしたと考えられる． 　　　　　　　　　　　　[八島正知]

文　献

1) 八島正知，日本結晶学会誌，**46**, 232 (2004).
2) M. Yashima, Q. Xu, A. Yoshiasa, and S. Wada, *J. Mater. Chem.*, **16**, 4393 (2006).
3) M. Yashima, K. Nomura, H. Kageyama, Y. Miyazaki, N. Chitose, and K. Adachi, *Chem. Phys. Lett.*, **380**, 391 (2003).
4) 八島正知，日本結晶学会誌，**51**, 153 (2009).
5) M. Yashima and S. Tsunekawa, *Acta Crystallogr., Sect. B*, **61**, 161 (2006).
6) M. Yashima, Y. Lee, and K. Domen, *Chem. Mater.*, **19**, 588 (2007).

11章 リートベルト解析に取り組む人へのアドバイス

本章ではリートベルト解析に取り組むために最低限必要な結晶学・結晶化学の基礎知識と論文・報告書の記述法を解説する．結晶学に関連する部分が6,7章とかなり重複するが，リートベルト解析に直接役立つ内容を集約しており，結晶学の初心者向きに明快に説明している．復習のつもりでお読みいただきたい．

11.1 空間格子と同価位置

結晶中のすべての原子は空間群の示す対称に従って3次元空間に規則的に分布する．空間群に関するさまざまな情報は International Tables for Crystallography, Vol. A[1] に記載されている．リートベルト解析を行うにあたって，構成原子を特定の結晶学的サイトに割り当て，構造パラメーターの一部を一定の値に固定し，構造パラメーター間に制約を課すのに Vol. A は必要不可欠であり，手元に置き，いつでも参照できるようにしておくことが望ましい．

11.1.1 空間格子

International Tables, Vol. A を広げて，空間群 $C2/m$（No. 12，単斜晶系）のページを開けてみよう（図11.1）．8種類の単位胞の設定（b軸が主軸のものが4つとc軸が主軸のものが4つ）が記述してあるが，2番目（p. 170）は1番目（p. 168, 169）と，6番目（p. 174）は5番目（p. 172, 173）と同じ内容を繰り返しているだけなので，実質的には6種類の軸の設定法を採用していることになる．ここでは UNIQUE AXIS b（b軸が対称軸，$\beta \neq 90°$），CELL CHOICE 1 という最初の設定だけを説明していく．RIETAN-FP はこの設定に基づく結晶データだけを受け付ける．本事例について学習すれば，他の空間群に関する記述もほぼ理解できるようになるだろう．

2ページにわたって対称操作の図と結晶学的記号が続いているが，さしあたり必要なのは **Positions** という箇所に記載されている同価位置と消滅則に関する情報だけである．

Coordinates の下の

$$(0, 0, 0)+ \qquad (\tfrac{1}{2}, \tfrac{1}{2}, 0)+$$

という行は，この空間群が$C2/m$という名前が示すようにC底心格子（ab面上に格子点が存在）をもつため，これ以降に記載されている各分率座標を$(0, 0, 0)$とC底心に相当する$(\tfrac{1}{2}, \tfrac{1}{2}, 0)$だけ並進させた位置にも必ず同価なサイトが存在することを意味する．同価というのは，それらのサイトの化学的環境（配位数，隣接原子の種類，隣接原子との距離など）が全く同一であることにほかならない．このような同等の環境をもつ格子点については，1章ですでに述べた．たとえば(x, y, z)に対応する並進位置は$(x+\tfrac{1}{2}, y+\tfrac{1}{2}, z)$，$(0, \tfrac{1}{2}, \tfrac{1}{2})$に対する並進位置は$(\tfrac{1}{2}, 1, \tfrac{1}{2})$すなわち$(\tfrac{1}{2}, 0, \tfrac{1}{2})$である．

A底心（bc面上に格子点が存在），B底心（ac面上に格子点が存在），C底心，体心（I），面心（F，全部の面の中心に格子点が存在），複合六方（菱面体格子Rを慣例により六方軸で表現したもの）といった単位格子当たり2つ以上の格子点を含む複合格子の場合，上記のように$(\cdots)+\cdots$という並進位置が Coordinates の見出しの下に置かれる．

(1)　C底心　　$(0, 0, 0)+$　　$(\tfrac{1}{2}, \tfrac{1}{2}, 0)+$
(2)　A底心　　$(0, 0, 0)+$　　$(0, \tfrac{1}{2}, \tfrac{1}{2})+$
(3)　B底心　　$(0, 0, 0)+$　　$(\tfrac{1}{2}, 0, \tfrac{1}{2})+$
(4)　体心　　　$(0, 0, 0)+$　　$(\tfrac{1}{2}, \tfrac{1}{2}, \tfrac{1}{2})+$
(5)　面心　　　$(0, 0, 0)+$　　$(0, \tfrac{1}{2}, \tfrac{1}{2})+$
　　　　　　　$(\tfrac{1}{2}, 0, \tfrac{1}{2})+$　　$(\tfrac{1}{2}, \tfrac{1}{2}, 0)+$
(6)　複合六方　$(0, 0, 0)+$　　$(\tfrac{2}{3}, \tfrac{1}{3}, \tfrac{1}{3})+$
　　　　　　　$(\tfrac{1}{3}, \tfrac{2}{3}, \tfrac{2}{3})+$

単位胞中に並進位置が存在しない（単位格子のかどにしか格子点が存在しない）単純格子Pと菱面体格子Rの場合，上記の$(\cdots)+$は Coordinates の下に存在しない．

Generators selected (1); $t(1,0,0)$; $t(0,1,0)$; $t(0,0,1)$; $t(\frac{1}{2},\frac{1}{2},0)$; (2); (3)

Positions

Multiplicity, Wyckoff letter, Site symmetry	Coordinates $(0,0,0)+$ $(\frac{1}{2},\frac{1}{2},0)+$	Reflection conditions
		General:
8 j 1	(1) x,y,z (2) $\bar{x},y,\bar{z}$ (3) $\bar{x},\bar{y},\bar{z}$ (4) $x,\bar{y},z$	$hkl: h+k=2n$
		$h0l: h=2n$
		$0kl: k=2n$
		$hk0: h+k=2n$
		$0k0: k=2n$
		$h00: h=2n$
		Special: as above, plus
4 i m	$x,0,z$ $\bar{x},0,\bar{z}$	no extra conditions
4 h 2	$0,y,\frac{1}{2}$ $0,\bar{y},\frac{1}{2}$	no extra conditions
4 g 2	$0,y,0$ $0,\bar{y},0$	no extra conditions
4 f $\bar{1}$	$\frac{1}{4},\frac{1}{4},\frac{1}{2}$ $\frac{3}{4},\frac{1}{4},\frac{1}{2}$	$hkl: h=2n$
4 e $\bar{1}$	$\frac{1}{4},\frac{1}{4},0$ $\frac{3}{4},\frac{1}{4},0$	$hkl: h=2n$
2 d 2/m	$0,\frac{1}{2},\frac{1}{2}$	no extra conditions
2 c 2/m	$0,0,\frac{1}{2}$	no extra conditions
2 b 2/m	$0,\frac{1}{2},0$	no extra conditions
2 a 2/m	$0,0,0$	no extra conditions

図 11.1 International Tables, Vol. A 中の空間群 $C2/m$ (No. 12, 単斜晶系, 第一設定) に関する記述

11.1.2 同価位置

International Tables, Vol. A に記述されている原子座標は分率座標である．結晶格子中の原子の位置を指定する最も自然な座標系は格子軸であり，その座標値としては a, b, c 軸に沿った単位並進の分率が使われる．すなわち r_j を

$$r_j = x_j\boldsymbol{a} + y_j\boldsymbol{b} + z_j\boldsymbol{c} \qquad (11.1)$$

とおくと，x_j, y_j, z_j が分率座標で，格子の基本ベクトル $\boldsymbol{a}, \boldsymbol{b}, \boldsymbol{c}$ に沿った r_j の成分をそれぞれのベクトルの絶対値で割った値に等しい．分率座標はたとえば $x_j = 0.3451, y_j = 0.0258, z_j = 1/2$ のように表される．これらの座標のどれかに $\pm n$ (n: 自然数) を加える並進操作は，ある格子の中のある原子を他の格子中の対応する原子に移動することに相当する．

次に左端の数字と記号に注目してほしい．この空間群には $8j, 4i, 4h, 4g, 4f, 4e, 2d, 2c, 2b, 2a$ の10種類の結晶学的サイトが存在することがわかる．単位胞中の同価位置の数と Wyckoff の記号をつなぎ合わせて，そのように呼ぶのが習わしとなっている．同価位置の数にそのサイトの占有率 g_j を掛ければ，単位胞中でそのサイトを占有している原子の数となる．g_j が1ならば，同価位置の数が占有原子数と等しくなるのは言うまでもない．各サイトの行に列挙されている原子座標の組の数が同価位置の数の半分しかないのは，$(\frac{1}{2},\frac{1}{2},0)$ を足した並進位置にも同価な原子が必ず存在するからである．

各結晶学的サイトは，上から下に降りるに従って同価位置の数が減少し，対称性が高くなるように並べら

れている．対称性の高い位置から順番に $a, b, c, d, \cdots$ という Wyckoff の記号を与える．最も対称性の低い $8j$ サイトを一般同価位置，それ以外の対称操作の上に乗っている，より対称性の高いサイトを特殊位置と呼ぶ．それぞれのサイトごとに同価位置の x, y, z 座標が3つ1組で列挙されており，一般同価位置については各組に (1), (2), (3), $\cdots$ と番号がついている．同価点に対し対称操作をさらに施しても，すでに得られている点かそれらと単位並進によって結びつけられる点（他の単位格子中の同価点）以外の点は生じない．一般に，並進を含まない対称要素である対称面，回転軸，回反軸，対称中心の位置は特殊位置であるが，らせん軸あるいは映進面上の位置は特殊位置でない．らせん軸または映進面に乗っている原子は，対称要素から離れた位置を占める場合と同様，対称要素により他の同価位置にコピーできるのである．

この空間群の場合，各特殊位置は一般同価位置 $8j$ に比べ，同価位置の数が半分あるいは 1/4 に減少する．たとえば $4h$ サイトは site symmetry が 2 であり，b 軸に平行な 2 回回転軸上に乗っている．したがって一般同価位置の 1 番目 (x, y, z) と 2 番目 $(-x, y, -z)$，3 番目 $(-x, -y, -z)$ と 4 番目 $(x, -y, z)$ が重なり合うことになり，同価位置の数は 8 から 4 に減少する．一般同価位置が 2 個ずつ重なったとみなしてもよい．たとえば $(-x, y, -z)$ が (x, y, z) と重なるのは，$(-x, y, -z)$ 中の x に 0 を，y に y を，z に 1/2 を代入すれば $(0, y, -\frac{1}{2})$ すなわち $(0, y, \frac{1}{2})$ になることから明らかである．特殊位置の座標はそのすべてまたは一部が 0 や 1/2 のような定数となる．

$8j$ サイトの同価位置に (x, y, z) と $(-x, -y, -z)$ が含まれていることから明らかなように，この空間群では原点に対称中心が存在する．$2a$ サイト $(0, 0, 0)$ はちょうどこの対称中心上にあるので，反転した位置が自分自身に重なる．また $2a$ サイトは b 軸（2 回回転軸）上にも乗っているため，一般同価位置における (x, y, z) と $(-x, y, -z)$ に対応した位置も互いに重なり合うことになり，同価位置の数は 2 に減少する．

11.1.3 構造因子計算時の同価位置の取扱い

構造因子 F_K の計算は，単位格子内のすべての原子によって散乱された，位相と振幅の異なる個々の波を加え合わせることにより全体としての散乱振幅を求めることにほかならない．したがって単位胞中の全原子の分率座標が必要となる．しかし，構造パラメーター精密化用プログラムを使う際には，各サイトの同価位置のうち 1 組の座標だけ与えれば必要にして十分である．

たとえば RIETAN-FP の場合，ユーザが空間群の番号と設定番号を与えると，空間群のデータベースから同価位置の座標を自動的に読み込み，対応する対称操作（回転行列 $\boldsymbol{R}_s$ と並進ベクトル $\boldsymbol{t}_s$）に変換する．格子中の残りの原子の位置は，ユーザの入力した分率座標にこれらの対称操作を施すことにより算出する．すなわち単位胞内の特定位置の座標 x, y, z と s 番目の同価位置の座標 x_s, y_s, z_s の関係は

$$\begin{pmatrix} x_s \\ y_s \\ z_s \end{pmatrix} = \begin{pmatrix} R_{11s} & R_{12s} & R_{13s} \\ R_{21s} & R_{22s} & R_{23s} \\ R_{31s} & R_{32s} & R_{33s} \end{pmatrix} \begin{pmatrix} x \\ y \\ z \end{pmatrix} + \begin{pmatrix} t_{1s} \\ t_{2s} \\ t_{3s} \end{pmatrix}$$

(11.2)

と表すことができる．ただし，$\boldsymbol{R}_s$ の成分はすべて 0 あるいは ± 1 であり，$0 \leq t_{js} < 1$ である．斜方，単斜，三斜晶系では $\boldsymbol{R}_s$ の非対角項はすべて 0 となる．空間群 $P1$ 以外では，単位胞内の原子の間に何らかの対称関係があるので，単位胞内の一般同価位置の数を M として，同価位置にある 1 組の原子 M 個のうち 1 個の原子位置を与えれば，残る $M-1$ 個の原子の位置は空間群の対称から式 (11.2) により決まってしまう．つまり，この 1 組の原子のうち 1 個だけが独立な原子である．対称操作に関して独立な原子（または領域）の集まりを非対称単位と呼ぶ．非対称単位の体積は単位胞の体積の $1/M$ である．非対称単位は結晶構造を記述するのに必要な情報をすべて含む．

上記の方法で発生させた単位胞中のすべての原子の分率座標から構造因子を計算すれば，空間群の対称はおのずと満たされる．したがって並進位置も含めた単位胞中の他の同価位置を入力すると，計算が重複してしまう．非対称単位内の原子の構造パラメーターだけを入力するのは結晶構造の精密化プログラムを使う際の常識であるが，初心者にはすべての同価位置を入力するという誤りを犯す人がかなり多い．誤って 2 つ以上の同価位置の座標を入力してしまうと，構造因子の値は正しく計算されない．たとえば $4i$ サイトの場合 $(x, 0, z)$ を入力したならば，それ以外の $(-x, 0, -z)$ は省略すべきである．

一般に，構造因子を計算する際には，演算時間を節約するために，単位胞内のすべての原子について求和

せずにすむ2通りの手法を採用する．といっても，RIETAN-FPなどのプログラムに任せておけばよいことであって，ユーザがそれらの手法を意識するには及ばない．

第一の方法は原点に対称中心をもつ空間群を対象とする．式（7.13）を見ればわかるように，構造因子は$\exp(\mathrm{i}A)$という形の指数関数を含んでいる．

$$\exp(\mathrm{i}A) = \cos A + \mathrm{i} \sin A \quad (11.3)$$

であるから，構造因子は実数部分であるcos項と虚数部分であるsin項の和に等しい．ところが対称中心で結ばれた2つの原子は(x, y, z)と$(-x, -y, -z)$の位置を占めるため，両者を組み合わせると，構造因子の表現式中のcos項が2倍となると同時に，sin項が消えてしまい，構造因子は実数となる．一般にこの種の空間群に対しては，対称中心で結びつけられている原子のうちの片方だけについてcos項を計算し，最後に2倍すればよい．このように，対称中心がある空間群の場合，単位胞の原点をそこに設定する方が構造因子の計算時間が短くてすむ．

第二の計算節約法は単純格子でない空間群を扱う場合に適用される．複合格子は1～3個の同等な単純格子を心（しん）を生み出す並進操作分だけずらして組み合わせたものに等しい．単純格子に並進操作によって生じた原子が付け加わる結果，反射の半分（A, B, C, I格子）あるいは3/4（F格子）が消滅し，残りの反射の構造因子には2～4の係数を掛けなければならないことになる．このような場合は，ただ1組の単純格子の組についてだけ（原点に対称中心をもつ空間群では，その半分）可能な反射の構造因子を計算した後，適当な係数を掛ければよい．

11.2 熱振動の取扱い

RIETAN-FPでは分率座標以外の構造パラメーターとして，占有率g_jと原子変位パラメーターも精密化される．前者はそのサイトがある原子で占有されている確率であり，100%充填しているとき1，100%空になっているとき0となる．不定比化合物や固溶体では，部分的な占有や複数の化学種の統計的な分布が1つ以上のサイトで起こっているために，構成元素の物質量が整数比とならない．構造内の各サイトについて原子の占有率を正確に決定することは，物質の物性・化学特性を理解する上で本質的に重要である．構造因子の計算にあたっては，式（7.13）に示したように，部分占有サイトに位置する原子の原子散乱因子にg_jを掛け，原子の散乱能を存在確率に応じて減らしてやればすむ．

11.2.1 原子の熱振動

原子散乱因子（中性子回折では干渉性散乱長）は原子が完全に静止状態にあるときの値である．しかし実際には，結晶中の原子はそれらの平均位置の周りにかなりの振幅で熱振動しており，温度がたとえ絶対零度になっても完全には停止しない．もちろん熱振動は高温になるほど激しさを増す．原子の振動周期は結晶中をX線（中性子線）の波群が通過する時間，すなわち原子とフォトン（中性子）が相互作用する有効時間と比較すると，桁違いに長い．その結果，各瞬間において電子密度（X線回折）あるいは原子核の位置（中性子回折）の周期性は少しずつ損なわれることになる．格子欠陥による結晶構造の乱れとは，時間平均をとると周期性が保たれており，観測される回折効果は乱れた構造による回折の長時間にわたる平均であるところが異なっている．ある任意の瞬間をとると，1つの原子はその平均位置からある方向にずれているし，他の位置にある原子はまた別の方向にずれている．したがって，原子が完全に静止していれば厳密に位相が合っているはずの散乱X線は，実際には厳密に位相がそろわなくなる．このため，実際の回折強度はすべての原子が静止しているときの仮想的強度より必ず小さくなる．

格子面間隔dの大きい面の場合，原子の熱変位がdに対して占める割合が小さく，強度にあまり影響を与えない．一方，密に配列しているdの小さい面の場合は，原子変位がdと同程度になっている可能性もあり，反射の強度が非常に減少してしまう．室温で測定した有機物結晶の回折強度が50～60°の2θで非常に弱まるのは，主に原子変位がdと比較してかなり大きいためである．これに対し，無機化合物や金属の結晶はふつう融点よりはるかに低い温度で強度を測定するので，原子変位が原子間距離よりはるかに小さく，かなりdの小さい反射でも十分な強度を与える．

11.2.2 デバイ-ワラー因子の計算法

回折強度に及ぼす熱振動の効果は，原子の散乱因子

にデバイ-ワラー因子を掛けることにより補正できる（7.2.5参照）．構造因子の計算に熱振動に対する補正を取り入れるには3段階の近似法がある．最も簡単なものは，すべての原子が同じ振幅で振動し，その運動はあらゆる方向に等方的で，球対称となっていると仮定し，デバイ-ワラー因子を $\exp[-Q(\sin\theta_K/\lambda)^2]$ で近似する．この場合，Q はすべての原子について同一の値となることから，共通の等方性原子変位パラメーター（overall isotropic atomic displacement parameter）と呼ばれる．この近似を使うと，一反射について一度だけデバイ-ワラー因子を計算すれば構造因子を計算できるので，演算時間が極めて短くなる．この近似法は構造解析の初期段階で可変のパラメーターを減らし，収束を安定化するのに役立つ．

第二の方法では各サイトに異なる等方性原子変位パラメーター B_j を割り当てるが，球対称の熱振動の概念はそのまま残す．すなわち式（7.14）で表したように，各サイトのデバイ-ワラー因子は $\exp[-B_j(\sin\theta_K/\lambda)^2]$ となる．一般的傾向として，原子量が大きく，周囲の原子による束縛が強い原子ほど B_j が小さくなる．第一の近似法からこの近似法に移行した場合，R 因子を著しく下げることができるばかりでなく，原子変位パラメーターに物理的な意味をもたせることができるようになる．すなわち，反射面に垂直な方向への原子の平均二乗変位を $\langle u_j^2 \rangle$ とすると，

$$B_j = 8\pi^2 \langle u_j^2 \rangle = 8\pi^2 U_j \quad (11.4)$$

という関係が成立する．ただし各反射に寄与する1つ1つの原子について上式を計算しなければならないので，計算時間は増加する．通常の特性X線を用いると，B_j が負になったり，異常に大きい値になったりすることがしばしばある．これは，その解析に使っている強度データには物理的に意味のある B_j の値が求まるほど情報が含まれていないか，不完全な構造モデルや B_j とバックグラウンドパラメーターとの強い相関，理想的な粉末回折の条件が満たされていないことなどのしわ寄せを受けていることを示している．このような場合は，同一種類の原子の B_j を共通にしたり，単結晶法や粉末中性子回折法で決定された値に固定して解析せざるを得ない．

高分解能粉末中性子回折データを用いた精密化の最終的な仕上げ段階では，異方性熱振動を考慮に入れることがある．一般に結晶場は等方的でないため，この場の中に置かれた原子の熱振動は球対称とはならない．すなわち非等方的であり，楕円体（ラグビーボールを思い浮かべてほしい）状の密度分布で近似できる．したがって異方性の大きい結合をもち，しかも熱振動の振幅が相対的に大きい原子の熱振動を等方性熱振動で近似すると，構造因子の計算誤差がかなり大きくなる．そこで精密化の最終段階では，球対称の熱振動という粗い近似を放棄し，異方性熱振動の効果を計算に取り入れる．熱振動が異方的で，楕円体状の形をもつと，同価な位置に存在する原子でもこの楕円体の主軸と反射面の相対配置がそれぞれ異なるため，同一の反射に対する補正の割合をいちいち忠実に計算する必要が生じ，等方性熱振動の場合に比べ著しく計算量が増加する．

式（7.15）で示したように，デバイ-ワラー因子は熱振動楕円体の大きさと方位とを記述する6個の異方性原子変位パラメーター $\beta_{11,j}, \beta_{22,j}, \beta_{33,j}, \beta_{12,j}, \beta_{13,j}, \beta_{23,j}$ で表現される．6個のパラメーターを使うことの必然性は，一般的な楕円体を表現するのにパラメーターが6個（楕円体の3つの主軸の大きさを規定する3個とそれらの軸の方向を規定する3個）必要であることから明らかである．結晶構造作画プログラムで熱振動楕円体を描いてみると，多くの場合その主軸の大きさと方向が結合や分子のパッキングに対して考えられる合理的な振動のモードに一致することがよくわかる（図11.2）．

異方性原子変位パラメーターの初期値としては，

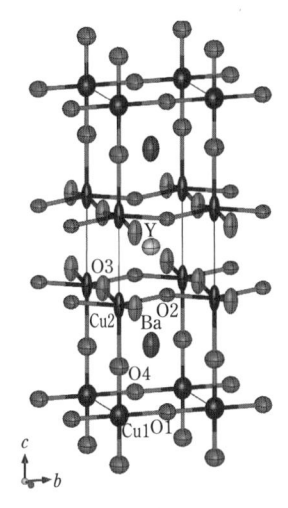

図11.2 高温超伝導体 $YBa_2Cu_3O_{7-\delta}$ の熱振動楕円体模型
楕円体中に原子が存在する確率：98%．Cu-O結合を棒で示している．

RIETAN-FP の出力する原子変位パラメーターの換算表の値を用いるか，B_j の値の前にダミーの '+' をつけ，B_j を上記6つのパラメーターに変換するよう指示すればよい．ただし各パラメーター間に制約条件がつくか，ゼロに固定されている場合は，実質的にパラメーターの数が減少することに注意する必要がある[2]．一般にサイトの対称性が高くなると，可変の異方性原子変位パラメーターの数は減少する．すなわち対称中心，回転軸上，鏡面上などの特殊位置にある原子の精密化に際しては，座標値ばかりでなく，異方性原子変位パラメーターにも特別な配慮が必要となるのである．文献[2]を見れば明らかなように，$I4/mmm$ (No. 139) の $8f$ サイトの場合 $\beta_{11j}=\beta_{22j}$，$\beta_{23j}=\beta_{13j}$，$8h$ サイトの場合 $\beta_{11j}=\beta_{22j}$，$\beta_{23j}=\beta_{13j}=0$ という関係が成り立つ．したがって $8f$ サイトの β_{22j} と β_{13j} には線形の制約条件を課し，$8h$ サイトに対しては β_{22j} に制約条件を設定するとともに，β_{23j} と β_{13j} をゼロに固定する．これらの制約条件は RIETAN-FP の計算結果を収めた *.lst にも出力される．

11.2.3 リートベルト解析時の注意

異方性熱振動を採用すると，等方性熱振動の場合に比べ原子変位パラメーターの数が一段と増す．したがって，粉末法では強力中性子源や放射光を利用して高分解能かつ広範囲の強度データを測定しない限り，物理的に意味のある解析結果は得られない．すなわち異方性原子変位パラメーターについては，$\beta_{11j}>0$，$\beta_{22j}>0$，$\beta_{33j}>0$，$\beta_{11j}\beta_{22j}+\beta_{22j}\beta_{33j}+\beta_{33j}\beta_{11j}-\beta_{12j}^2-\beta_{13j}^2-\beta_{23j}^2>0$，$\det \boldsymbol{\beta}>0$ という関係が成立しなければならないのに，質の低いデータを用いると，しばしばこれらの条件を満足しない解が出てくるのである．また全サイトの B_j が正常な範囲に収まっていないようであれば，原子変位パラメーターが不完全な構造モデル，測定サンプルの不具合（粗大粒子の存在，未知の不純物の存在，組成の不均一性，平滑でない表面，選択配向）などのしわ寄せを受けている可能性が強いので，等方性熱振動の段階で解析を終了する．データやサンプルの質ばかりでなく，吸収や熱散漫散乱などの完全な補正が難しいために補正し切れない効果もデバイ-ワラー因子，ひいては熱振動の解析結果に大きな系統誤差を与えるということにも，十分留意する必要がある．また重金属を含む化合物中の酸素原子のように，散乱能の小さい原子の熱振動は等方性近似で扱わざるを得ないことも指摘しておく．

上述のように，原子変位パラメーターは各原子の電子（中性子回折の場合，干渉性散乱長 b_c）密度分布の形に深く関係している．一方，占有率は1つの原子に割り当てられている領域における電子・b_c 密度の積分に比例するから，原子変位パラメーターと強い相関がある．したがって占有率と原子変位パラメーターを同時に精密化した場合，高い精度は期待できない．

2つ以上の種類の陽イオンが同一サイトを占める固溶体では，両者の原子番号（電子数）が互いに近いと，当該サイトの占有率を精密化するのがいっそう困難となる．しかし，両イオンのサイズがかなり異なっていれば，ある程度，平均結合距離から占有率が推定できる．たとえば4配位の Si^{4+} と Al^{3+} のイオン半径はそれぞれ 0.39 Å と 0.26 Å であるため，平均 (Al, Si)-O 距離から Al/(Al+Si) 比を求め得る．なお，このような固溶サイトでは，各成分元素の原子変位パラメーターは共通にすべきである．

11.3 論文執筆の際の記述法

結晶学的データをどのように表現し，種々の物理量を何と呼ぶかについては，実際の論文を読む限り，かなりばらばらで，統一がとれていない．なかには明白な間違い，ないしは誤解としか思えない記述も散見される．ここでは RIETAN-FP およびその周辺ソフトウェアで得られた解析結果を論文にまとめるときに役立つように，最も合理的で，かつ国際的に合意を得ている表記法と命名法を簡単に紹介しておく．

11.3.1 反射と格子面の指数

ブラッグ反射の指数（回折指数）あるいは逆格子点については，111, 101, 200 というように指数 hkl をそのまま書く．格子面あるいは結晶面のミラー指数は (111), (101), (200) というように (hkl) で表す．等価な格子面（結晶面）の集合は $\{hkl\}$ で表現する．粉末回折パターンに反射の指数を (hkl) と書き入れている図をよく見るが，専門知識のなさを疑われるような誤りである．

11.3.2 構造パラメーターの表記法

Acta Crystallogr. の投稿規定に従って，構造パラメーターを報告するときの表記法を紹介しておく．非対

称単位中のサイトの名前については，ある原子がただ1つのサイトを占めるときは元素名だけとし，2つ以上のサイトを占めるときは，O1, O2, …というように通し番号を付加する．元素の違いにこだわらずに，Ba1, Y2, Cu3, O4, …と順序づけてもよい．

A, B, Cをこうして名づけたサイト名とすると，原子間距離 l(A-B) や結合角 ϕ(A-B-C) の表現には非対称単位外に位置する原子も含まれることがある．そういう場合は，元素名（通し番号なしの場合）あるいは通し番号の右肩に Fe^i, O2^{ii} というように，小文字のローマ数字で番号を付加しておく．そして脚注などでローマ数字の番号と同価位置との対応を明示する．

Symmetry codes : (i) $1+x, 1/2+y, z$;
(ii) $y, 1/2+x, 1+z$.

ここで，x, y, z は非対称単位内の原子の分率座標を表している．原子間距離や結合角の表現に含まれる各原子が非対称単位内の原子とどのような対称操作で関係づけられるかについては，ORFFE の出力中の $1000C+S$ の値から並進操作の番号 C と対称操作の番号 S の値を調べ，構造パラメーターと格子定数の後ろに出力されている C と S の対照表と見比べれば，ただちに知ることができる．なお原子間距離の表には等価な結合が何本あるのかも示しておくと，各原子の配位数が即座にわかるので，読者にとって親切である．無機化合物における結合角の場合，配位多面体の中心に位置する原子 B がそれと結合した2つの原子 A, C となす角 ∠ABC を列挙すれば十分であろう．

11.3.3 熱振動に関係した物理量

IUCr は等方性原子変位パラメーターとして B_j でなく U_j を記載することを推奨している．異方性原子変位パラメーターを報告する際には，式 (7.16) 中の $U_{11j}, U_{22j}, \cdots$ を記述することが望ましい．$\beta_{11j}, \beta_{22j}, \cdots$ からは熱振動楕円体の大きさや形を理解しにくいのに対し，$U_{11j}, U_{22j}, U_{33j}$ はそれぞれ a, b, c 軸方向の平均二乗変位に等しいからである．さらに，式 (7.16) を明示するとともに，異方性原子変位パラメーターを U_j に相当する物理量に換算した同価等方性原子変位パラメーター (equivalent isotropic atomic displacement parameter) $U_{eq,j}$ も付記しておけば申し分ない．

11.3.4 構造パラメーターの表

構造パラメーターの表では，サイト名を先頭に置き，その後ろに単位胞中の同価位置の数と Wyckoff 記号とを $8f, 4e$ というように組み合わせたものを並べる．次に x, y, z, g, U_j（あるいは $U_{11j}, U_{22j}, \cdots$, U_{eq}）が続くが，特に熱振動の異方性について本文中で議論するのでなければ，$U_{11j}, U_{22j}, \cdots$ は省略してもかまわない．ゼロに固定したり，制約条件をつけた $U_{11j}, U_{22j}, \cdots$ は省略してもよいが，注釈でその旨を記述しておく必要がある．精密化したパラメーターには，最後の桁を単位とする推定標準偏差を括弧内に入れて添えておく．ただし(1)となる場合は，(14) というように1つ下の桁まで記述する．x, y, z は精密化したものだけでなく，固定したものも $0, \frac{1}{2}, \frac{1}{4}$ というように（0.0, 0.5, 0.25 とは書かないこと）きちんと書いておくべきである．座標を確認するためにわざわざ International Tables, Vol. A を開かなければならないのでは，あまりにも面倒である．また複数の軸の設定法がある空間群の場合，どれを採用したのかわからなくなるおそれがあるので，International Tables, Vol. A における，どの設定なのかを明記しなければならない．

11.3.5 結晶構造の図示

結晶解析の結果を論文にする際には，結晶構造や電子・散乱長密度分布を美しくかつ理解しやすく図解することに最大限の努力を払うべきである．無表情な数字を並べたり，文章で長々と記述したりするより，視覚に訴える方が，読者が実質的に受け取る情報の量ははるかに多くなると言って過言でない．口頭発表する場合は，短時間で構造の概要を理解してもらわなければならないので，なおさら構造図と密度分布図の重要性が増す．

空間充填模型 (space-filling model)，球棒模型 (ball and stick model；図 11.3)，配位多面体模型（図 11.4），熱振動楕円体（図 11.2）など種々のタイプの構造図を描けるだけでなく電子・散乱長密度の等値曲面（図 11.5）も表示でき，Windows, Mac OS X, Linux のいずれでも使えるフリーソフトウェアとしては，VESTA を推奨する．豊富な機能と使いやすさを両立しており，マニュアルも充実している．RIETAN-FP のユーザ入力ファイル *.ins を入出力でき，RIETAN-FP の出力ファイル *.lst を読み込める

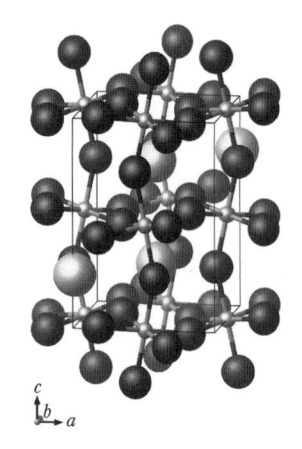

図 11.3 ペロブスカイト（CaTiO₃）の球棒模型
Ti–O 結合を棒で表している．

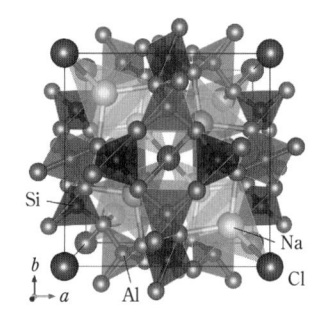

図 11.4 方ソーダ石（sodalite，$Na_4Al_3Si_3O_{12}Cl$）の配位多面体模型（カラー口絵 5 参照）

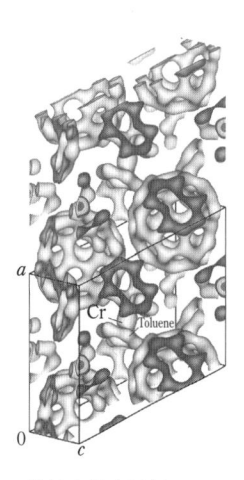

図 11.5 放射光粉末回折データの MPF 解析により決定した $[Cr(C_7H_8)_2]C_{60}$ 中の電子密度分布（カラー口絵 6 参照）
等密度レベル：1.5Å^{-3}．

ので，RIETAN-FP のユーザにはとりわけ好適である．

11.3.6 解析結果の考察

リートベルト法で得た構造パラメーター，格子定数，原子間距離，結合角を記述しただけでは，論文の体裁を整えたとは，とうていいえない．こういった無味乾燥な数字を並べただけでは，どのような目的意識をもって構造を精密化したのかが読者に全然伝わらない．そのような論文は共著者とレフェリー以外はほとんど読んでくれないだろう．もちろん種々の実験データの一部として構造パラメーターを提示する場合は，この限りでない．

精密化された構造パラメーターから導かれる種々の幾何学的パラメーターは原子集団（結晶，分子）の物性，反応性，安定性などを理解する基礎データとなるものであるが，そのうち最も重要なのが原子間距離である．共有結合半径，金属結合半径，イオン結合半径，ファンデルワールス半径（付録 2），水素結合半径などを基準として，個々の原子間距離を綿密にチェックすべきである．無機化合物の場合には，次のような解析結果の評価が欠かせない．

（1） 結合距離を有効イオン半径（付記 1）の和と比較する．

（2） bond valence sum（付記 2），有効配位数・電荷分布（付記 3）を調べる．

（3） 陽イオンの配位数や配位多面体の種類を調べる．

（4） 類縁化合物に関する結晶化学的知見に基づいて構造の細部を考察する．

高温超伝導体 $YBa_2Cu_4O_8$[3] の 4 つの金属サイトについて bond valence sum と電荷分布の計算により酸化状態（それぞれ V_i と Q_i）を求めた結果を表 11.1 にまとめた．Cu1 は CuO_4 平面四角形内の 4 配位サイト，Cu2 は CuO_5 ピラミッド内の 5 配位サイトである．Cu2 の有効配位数 n_c が 4.38 なのは，c 軸に沿った Cu2–O1 結合がヤーン–テラー効果のため他の 4 つの結合に比べかなり長いことを反映している．Y の場合 Q_i，Ba の場合 V_i の方が酸化数（形式電荷）に近い．2 つの Cu サイトについては，いずれの計算でも Cu1 サイトの方が Cu2 サイトより酸化数が大きいという傾向が見られた．これらの結果は，超伝導を担う CuO_2 シート上の Cu2 サイトはホール濃度が最適

表 11.1 $YBa_2Cu_4O_8$ 中の各金属サイトに対する bond valence sum と電荷分布の計算結果 l_0 には I. D. Brown の作成した BVPARM.CIF（http://homepage.mac.com/fujioizumi/からダウンロード可能）中に収録されているデータから，本化合物に最も適すると考えられるものを選択した．

サイト	酸化数	$l_{ij}/\text{Å}$	結合数	$l_0/\text{Å}$	V_i	Q_i
Y	+3	2.388	4	2.019	2.878	2.963
		2.407	4			
Ba	+2	2.742	4	2.285	2.117	2.203
		2.963	2			
		2.965	2			
		2.970	2			
Cu1	+2	1.834	1	1.679	2.235	2.325
		1.874	1			
		1.941	2			
Cu2	+2	1.935	2	1.679	2.148	1.991
		1.952	2			
		2.294	1			

値より低いことを示唆している．

　結晶解析に限らず，あらゆる実験データや解析結果の解釈においてわれわれが犯しがちな過ちは，精密度（precision）の大きさを考慮せず，強引に議論を進めることである．たとえば g が $0.98(3)$ であったとしよう．ここで（ ）内の数字は最後の桁を単位とする σ である．この場合，$g=1$ は $g-\sigma$ と $g+\sigma$ の間に入ってしまう．その上，リートベルト解析において算出される σ はかなり過小評価される傾向があることが知られている．したがって，$0.98(3)$ という数字からは，このサイトが実際に欠損しているかどうかについて，断定的な結論を引き出せないのは明らかである．このように，結晶解析の結果に基づいて何らかの議論を展開するときは，つねに σ の大きさを意識しておかねばならない．

　2つの物理量（格子定数，原子間距離，結合角など）を比較する際にも，当然これらの標準偏差を考慮する必要がある．ランダム誤差の統計によれば，差が 2σ, 2.5σ, 3σ のとき，有意の差がある確率はそれぞれ 0.95, 0.988, 0.997 である．差が 3σ 以上であれば，有意の差があると結論してよいだろう．

　これ以外に多くの研究者が実行しているのは，新たに解析された物質とよく似た化学組成，結合様式をもつ関連物質の構造情報を収集し，構造上の類似点と相違点を詳しく調べていく過程で新物質の位置づけを行い，かつ一連の物質間での構造情報の体系化をはかる，という作業である．つまり新物質を孤立した物質として取り扱うのでなく，これまで蓄積された膨大な量の構造解析結果と照らし合わせることにより，その物質に関する理解を深めるのである．したがって，論文を執筆する前に必ず関連物質の構造が記載されている過去の論文や成書を徹底的に調査し，現在扱っている物質の構造と比較・対照し，結晶化学的な観点から現物質の構造を論じなければならない．

　リートベルト法は，合成条件，化学組成，回折実験における測定条件（温度，圧力など）を少しずつ変えたときの構造変化を調べる場合に，最も本領を発揮する．新しい結晶構造を解析したのならともかく，単独の結晶データだけから多くの事実を引き出そうとするのは，無理であると同時に危険である．一方，複数の系統的な実験から得られた解析結果を相互に比較し，グラフ化すれば，結晶構造と物性や化学的特性との関係についてずっと多くの情報が得られるのが常である．

付記 1　有効イオン半径

　イオンの大きさは，結晶中で隣接するイオンの性質と配位数によって，いくらか変化する．Goldschmidt, Pauling, Ahrens らによって与えられたイオン半径は，純粋なイオン結晶で，6個の異符号のイオンにより正八面体的に配位された構造にだけ適用できる値であり，配位するイオンの数が6以外のときは適当な補正が必要だった．

　Shannon[4] は精密に構造が決定された酸化物やフッ

化物から多くの原子間距離を選び出し，イオン半径を経験的に求めた．その際に，6配位のO^{2-}イオンとF^-イオンの半径をそれぞれ1.40Åと1.33Åに設定し，実際に観測されている配位数に対する値を求めた．第一遷移金属に対しては，スピン状態を考慮して決定した．これらの値は共有結合の影響も経験的に考慮しているので，有効イオン半径（付録1参照）と呼ばれる．

付記2 bond valence sum

陰イオンjを取り囲むすべての隣接陽イオン（$i=1, 2, \cdots$）から陰イオンに届く静電結合の強度をbond valence，s_{ij}と呼ぶ．BrownとAltermatt[5]は多数の無機化合物の構造解析データに基づき，s_{ij}を

$$s_{ij} = \exp\left(\frac{l_0 - l_{ij}}{B}\right) \quad (11.5)$$

と表せば，Bはイオンの組合せによらない一定値（0.37Å）となることを明らかにした．ただしl_0（bond valence parameter）はi, jのペアについて通常よく見られる配位形式と結合距離をもつ化合物の結晶データから最小二乗法で決定した定数，l_{ij}は実測結合距離である．陽イオンiと結合している陰イオンj（$j=1, 2, \cdots$）についてのs_{ij}の総和

$$V_i = \sum_j s_{ij} \quad (11.6)$$

は bond valence sum と呼ばれ，iの実効的な酸化数とみなすことができる．その後，l_0の値はBreseとO'Keeffe[6]によって更新された（付録3）．bond valence sum は結合距離だけから金属原子の酸化状態を見積もる簡便な方法として広く普及している．

付記3 有効配位数と電荷分布

配位多面体中の結合の番号をi，結合重みをw_i，結合距離をl_i，配位多面体に対する重みつき平均結合距離をl_{av}とすると，有効配位数n_cは

$$n_c = \sum_i w_i = \sum_i \exp\left[1 - \left(\frac{l_i}{l_{av}}\right)^6\right] \quad (11.7)$$

と表される．配位多面体における最小結合距離をl_{min}とすれば，l_{av}は

$$l_{av} = \frac{\sum_i l_i \exp[1 - (l_i/l_{min})^6]}{\sum_i \exp[1 - (l_i/l_{min})^6]} \quad (11.8)$$

と定義される．n_cは結晶構造中の電荷分布（charge distribution）の計算に使える[7]．陽イオンXとの結合を通じて陰イオンAが受け取る電荷分率Δq_iは

$$\Delta q_i = \frac{w_i q_X}{n_c(X)} \quad (11.9)$$

となる．Aが受け取る全電荷Q_AはAの全結合について$-\Delta q_i$の和を求めることによって得られる．q_Aを原子Aの理想電荷とすれば，陽イオンの電荷Q_Xは

$$Q_X = \left[\frac{\sum_i w_i (q_A/Q_A)_i}{n_c(X)}\right] q_X \quad (11.10)$$

により求まる．q_Aを陰イオンAの電荷（たとえばO^{2-}イオンの場合-2）とすると，q_A/Q_A比が1から逸脱するほど当該陰イオンの電荷バランスが崩れることになる．もちろん，XとAが逆の場合も同じ関係が成り立つ．

［泉 富士夫］

文献

1) "International Tables for Crystallography," Vol. A, 5th ed., Kluwer, Dordrecht (1992).
2) 桜井敏雄，"X線結晶解析の手引き，"裳華房 (1983), pp. 192-201.
3) P. Lightfoot, S. Pei, J. D. Jorgensen, Y. Yamada, T. Matsumoto, F. Izumi, and Y. Kodama, *Acta Crystallogr.*, Sect. C, **47**, 1143 (1991).
4) R. D. Shannon, *Acta Crystallogr.*, Sect. A, **32**, 751 (1976).
5) I. D. Brown and D. Altermatt, *Acta Crystallogr.*, Sect. B, **41**, 244 (1985).
6) N. E. Brese and M. O'Keeffe, *Acta Crystallogr.*, Sect. B, **47**, 192 (1991).
7) G. Ferraris, "Fundamentals of Crystallography," 2nd ed., ed. by G. Giacovazzo, Oxford Univ. Press, Oxford (2002), pp. 526-530.

12章 粉末結晶構造解析

12.1 粉末結晶構造解析の概要

12.1.1 はじめに

これまで多くの場合，物質の結晶構造は単結晶X線回折により解析されてきた．最近は測定装置の発展により，微小な単結晶でも回折データ測定，構造解析が可能になり，条件がよければ実験室系の測定でも20μm程度の大きさの単結晶を用いた構造解析が可能である．さらに高輝度の放射光を使って，10μm以下の単結晶構造解析も行われている．しかし，興味深い性質をもつ物質が回折データ測定に適した質・大きさの単結晶とならない場合や，試料が混合物であったり，構造体の一部であったりする場合には，単結晶構造解析法を用いることができない．

一方，いかなる試料も結晶性物質であれば，粉末回折データの測定が可能である．実際に無機物から顔料・医薬品などの有機物質まで，粉末回折データ測定による物質の同定や試料の状態分析は分光測定と同様に日常的に行われている．そこで，このように気軽に測定できる粉末回折データから物質の未知構造が解析できれば，物質研究のためにおおいに役立つと誰しも思うところである．

実際には，粉末回折データから直接，未知の結晶構造を解析することは，比較的単純な無機化合物についてはこれまでも行われていたが，結晶構造が比較的複雑な有機物，無機物については，未知構造の決定は困難であると考えられてきた．しかし，近年の解析手法の進歩により粉末回折データを用いる未知構造解析が広まりつつある．急速に発展するこの手法は特に物質合成から利用まですべて粉末結晶状態で行われる医薬品原料の構造・多形評価や，分子形状により単結晶の作成が困難であるといわれる有機顔料やゼオライトなどの機能性物質の構造・物性相関研究などでよく用いられるようになってきている．

そこで本章では，比較的新しい分野である粉末未知構造解析の概要と実例について紹介する．本節では，粉末回折データからどのように未知構造解析が行われるかという流れを前半で概説し，後半でより詳細に説明する．また，12.2, 12.3 ではそれぞれ無機粉末結晶解析，有機粉末結晶解析について実例に沿って紹介する．

粉末未知構造解析（structure determination from powder (diffraction) data : SDPD）では，まず結晶構造モデルの構築を行い，次に最小二乗法による構造の精密化を行う．このように結晶構造モデルの構築から解析を始めるという意味で，特に「ab initio（非経験的）構造解析」と呼ぶことも多い．本章では粉末回折データから結晶構造モデルを構築する段階を「構造決定」と呼んで重点的に説明している．構造決定の結果得られた構造モデルに基づいて格子・結晶構造パラメーターなどが精密化され，構造解析が終了する．

12.1.2 粉末回折データの特徴

先に単結晶構造解析と比べて粉末未知構造解析が困難であると述べたが，その理由を構造決定に用いられる式と単結晶・粉末回折データの違いの点から見てみよう．

結晶構造決定で使われる重要な式として，結晶中の電子密度 $\rho(xyz)$ を hkl 反射の結晶構造因子 $F(hkl)$ のフーリエ変換として計算する次式がある．

$$\rho(xyz) = \frac{1}{V}\sum_{hkl} F(hkl)\exp\{-2\pi i(hx+ky+lz)\} \quad (12.1)$$

計算された電子密度の高い部分に原子を置くことにより結晶構造モデルを求めることができるので，この式は構造決定自体を表す式といえる．式 (12.1) 中の $F(hkl)$ は複素数として表され，次式のように大きさ $|F(hkl)|$ と位相 $\phi(hkl)$ をもつ．

$$F(hkl) = |F(hkl)|\exp\{i\phi(hkl)\} \quad (12.2)$$

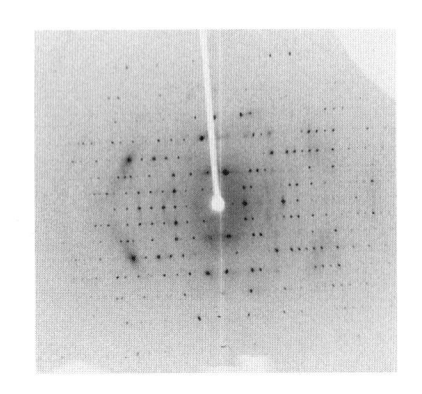

図 12.1 ピリドン誘導体単結晶の振動写真
（Mo $K\alpha$ 線，$\lambda = 0.71075$ Å）

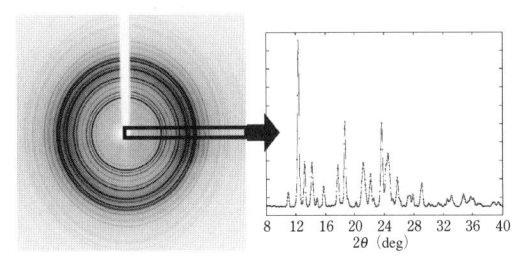

図 12.2 フェノールレッド粉末結晶からの回折パターン
（Cu $K\alpha$，$\lambda = 1.54184$ Å）
左はデバイ–シェラー環，右は 1 次元データに変換したもの．

か．図 12.1，12.2 にフイルム法で測定した単結晶・粉末結晶からの回折パターンを示す．単結晶からの回折パターンでは，それぞれの反射（回折斑点）が分離して記録されているので，その積分により $I(hkl)$ と反射の位置を正確に知ることができる．反射の位置からは単位胞の大きさ（格子定数）と hkl が計算できる．これらにより 3 次元の反射データセット（数千〜数万個の $I(hkl)$ のリスト）が得られる．単結晶構造解析では，この反射データセットを用い，直接法や重原子法などにより $\phi(hkl)$ を推定し，式（12.1）を用いるフーリエ変換により単位胞中の $\rho(xyz)$ を計算する．そこから分子・結晶構造モデルを組み立て，原子の座標，温度因子などをパラメーターとし，最小二乗法により観測構造因子とできるだけよく一致するようにパラメーターを精密化することで結晶構造解析が終了する．

粉末回折データは無数の微小結晶がランダムな方向を向いて集まった試料を用いて測定するため，同じ回折角をもつ反射が連続的なリング（デバイ–シェラー環）を形成する．これを中心から半径方向に切り取ると，見慣れた粉末回折パターンとなる．このため，粉末回折パターンは図 12.1 のような 3 次元の座標（反射の x，y 座標と結晶の回転角 ω）をもつ回折パターンが回折角 2θ だけの 1 次元座標に投影されたものといえる．単結晶回折における 3 次元データではほぼ同じ回折角 2θ（図で回折パターンの中心からの距離）をもつ反射であっても，反射の方向（回折パターン上の位置）が異なるため，基本的に反射に重なりはなく，各反射の強度は容易に積分可能である．一方，粉末回折パターンでは回折角 2θ が近い反射どうしが重なって記録されてしまう．たとえば，図 12.2 に示した単位胞体積が約 3300 Å^3 の結晶では，2θ が 10〜20°の範囲の反射数は 27 本であるが，20〜30°では 65 本，30〜40°になると 103 本もの独立反射が含まれており，図中のほぼすべての反射が重なり合っている．

結晶構造モデルを求める（単位胞中の電子密度を求める）ためには，$|F(hkl)|$ と $\phi(hkl)$ の両方を知る必要がある．$|F(hkl)|$ は，結晶による回折の強度 $I(hkl)$ と次式の関係にあり，回折強度測定から求めることができる．

$$I(hkl) \propto |F(hkl)|^2 \tag{12.3}$$

式（12.1）〜（12.3）を組み合わせれば，回折パターンから $I(hkl)$ を正確に求めることが，結晶構造の決定にとって重要であることが理解できよう．なお，$|F(hkl)|$ は回折強度測定から実測できるが，$\phi(hkl)$ は実測できないため，そのまま式（12.2）で $F(hkl)$ を求め，式（12.1）により $\rho(xyz)$ を計算することはできない（これを位相問題と呼ぶ）．実際に $\rho(xyz)$ を計算するには，さまざまな計算手法で位相 $\phi(hkl)$ を推定し，構造因子 $F(hkl)$ を求めることが必要になる．

では，回折強度を正確に求めるという観点から，単結晶と粉末回折データはどのように異なるのだろう

このような反射の重なりのために，粉末回折パターンからは重要な情報である正確な反射強度を得ることが困難になり，粉末未知構造解析が容易でない主な原因となっている．また，反射の回折角はピーク位置から測定するが，これも反射の重なりにより影響を受けるため，指数付けが難しくなるという側面もある．回折角が大きくなるにつれ反射の重なりは顕著になり，さまざまな手法により積分強度を抽出してもその信頼

性はどうしても低くなり，先に述べたような単結晶構造解析と同じ解析手法は適用しにくい．複雑な結晶構造を粉末回折データから解析するには，単結晶構造解析で用いられている直接法などの粉末回折データへの適用とともに，実空間法という特別な構造決定法の進歩がキーポイントとなった．いずれにしても，正しい反射強度と反射指数を回折パターンから求めることが構造決定の出発点であるから，未知構造決定の困難な点は主に回折パターンにおける反射の重なりに起因するといってよい．このため，試料調製，測定法，測定装置の工夫などによる反射どうしの重なりの軽減はとりわけ重要である．

12.1.3 構造解析の手順

粉末結晶構造解析の手順は次のようにまとめることができる．

a．粉末試料の調製と回折データ測定
b．反射の指数付け（格子定数の決定）
c．格子定数の精密化，反射強度の抽出，空間群の判定
d．構造モデルの決定（実空間法・逆空間法）
e．構造の精密化
f．解析結果の評価と吟味

単結晶法と共通点も多いので，単結晶構造解析の経験があれば容易に理解できよう．以下，各段階について詳しく説明していく．

a．粉末試料の調製と回折データ測定

粉末結晶構造解析では，定量的解析に適した高精度データを測定する必要がある．ここではその概略を述べる．さまざまな測定法の詳細については2章を，また構造解析のための回折データの質を上げるための工夫は8章を参照されたい．

強度データは基本的な集中法や透過法で測定する．光学素子を用いた平行X線や集光X線の利用が好ましいが，必須ではない．上で述べたように，できるだけ反射どうしの重なりが少なく分解能（反射分離）が高いデータを測定することが重要である．また，粒子統計を向上し，選択配向効果を低減するには試料の回転が効果的である．これらの観点から，平行性が高くエネルギー分解能（単色性）が高い高輝度放射光を用いた測定が理想的であり，試料の回転機構としては，試料を充填したキャピラリーを高速回転する透過法（たとえばデバイ-シェラーカメラを用いた測定）や，平板試料を面内回転する反射法がよく用いられる．放射光の利用は，試料によるX線の吸収や反射の分離を考慮して波長を選べるという点でも好ましい．

実験室系では，ヨハンソン型集光モノクロメーターを用い，$K\alpha_1$特性X線だけを集光する光学系を用いると，$K\alpha_2$反射の存在しない回折パターンが得られる．最近では，多層膜ミラーによる平行光や集光光，二結晶モノクロメーターを組み合わせたエネルギー分解能のよいX線を実験室でも利用できるようになった．

b．反射の指数付け

指数付けとは各反射の回折角2θから反射指数hklを得ることであるが，これは単位胞の大きさ（格子定数）を決定することと同じである．単純立方格子を例にとると，ブラッグの式と格子面間隔d_{hkl}の式はそれぞれ

$$2d_{hkl}\sin\theta = n\lambda, \qquad d_{hkl}=\frac{a}{\sqrt{h^2+k^2+l^2}} \quad (12.4)$$

となり，指数付けと格子定数aの決定が同時に行われることがわかる．一方，格子定数が決まれば，すべてのhklの2θが計算でき，反射の重なりの有無にかかわらず回折パターン中の反射の位置を知ることができる．粉末回折パターンから反射強度を抽出する次のステップでは，こうして求めた格子定数，つまりすべての反射の2θを初期値とするため，指数付けは重要な役割を担っている．さらに，格子定数は基本的に重要な構造情報の一つであり，格子定数，格子体積を知ることにより単位胞に含まれる原子数や，空間群対称性に関する情報などまで得られることがある．

結晶構造解析の最初のステップである指数付けにより反射指数・格子定数が求まらないと，次のステップである反射強度の抽出に進むことはできない．しかし，格子定数が比較的大きい無機物や有機分子結晶では，多数の反射が重なっているため指数付けが難航することも多く，このステップは一連の解析中で最も困難な作業と考えられている．これまでさまざまな指数付けアルゴリズムが実装されているが，代表的なプログラムとしては，ITO，TREOR，DICVOLが最初に試すべきプログラムとしてよく使われている．最近では大規模な計算を要するアルゴリズムも実用的な時間内で実行できるようになり，McMailleやX-Cellのようなプログラムも用いられる．

いずれのプログラムも正確な反射の位置（回折角）

が求まっていることが前提となっており，測定時のゼロ点誤差や多数の反射の重なりによるピーク位置のシフトは悪い条件となる．装置を十分調整し正確なデータを測定すること，反射の重なりが少しでも減るような条件で測定することが重要である．多くのプログラムでは $M(N), F(N)$ という指標[1,2]（12.1.4aを参照）を計算するが，これらは求めた格子定数から計算した各反射の 2θ と実測 2θ との一致の程度を見積もるための指標である．これらが大きいほど計算・実測 2θ がよく一致していることになる．

また，いくつかのプログラムでは推定単位胞体積を入力できるので，分子量（原子数）などから計算しておくとよい．

なお，指数付けに関しては，代表的なプログラムのアルゴリズムを含め 12.1.4a にさらに情報を記載した．

c．格子定数の精密化，反射強度の抽出，空間群の判定

まず，Pawley 法あるいは Le Bail 法により全回折パターンを対象とするパターン分解を行い，格子定数を精密化すると同時に反射強度（観測積分強度）を抽出する．両法の詳細については 7.7 を参照されたい．次に得られた観測反射の hkl および反射強度リストから消滅則を導き，空間群を決定する．これは単結晶構造解析の場合と同じ手続きである．ただし，一般に観測反射の数が単結晶法より少なく，反射どうしが重なるため，消滅則から空間群が決めにくいこともある．この場合は，単位格子や分子の対称性，結晶の密度，単位格子中の分子数の推定，類似化合物結晶に多い空間群などの情報をあわせて考慮し，可能性のある空間群を絞り込む必要がある．最終的には，可能性のある空間群をすべて候補として，次の構造モデルの決定に進むことになる．

最後に，決定した空間群に基づき Pawley 法，Le Bail 法により再びパターン分解を行い，格子定数の精密化，反射強度の抽出を行い，構造モデルの決定に用いる．

d．構造モデルの決定

手続き a～c で求めた格子定数や空間群のような結晶学的情報，反射強度から構造モデルを組み立て，リートベルト解析用の初期構造パラメーターを得ることが構造決定である．

構造決定でどの手法を使うかは，回折パターンにおける反射の重なりが少なく反射強度がある程度正確に見積もられているかどうか，結晶中に含まれる分子の2次元構造がわかっているかどうかを考慮して選択する．

単位胞の体積が比較的小さい（たとえば 500 Å³ 程度），結晶の対称性が高い，座標を決める必要のある原子の数が少ない（たとえば10個程度）などの条件が満たされれば，回折パターンにおける反射の重なりが比較的少なく，反射強度がかなり正確に抽出されていると期待できるので，12.1.2 で説明したようにフーリエ変換により結晶中の電子密度を求め，そこから分子構造を構築する手法が選択できる．この手法は逆空間を構成する結晶構造因子を直接扱うため逆空間法と呼ばれ，単結晶構造解析と同じく直接法と重原子法が主に用いられる．特に無機結晶の未知構造は逆空間法で決定されることが多いが，有機結晶でも分子量が小さい場合に用いられることがある．この手法は回折角が比較的高い反射まで精度よく反射強度が得られていることを必要とし，原子数の増加とともに構造決定の難易度が上がるが，分子モデルを必要としないという大きな利点がある．

一方，分子の2次元構造が既知であれば，分子内の結合距離・結合角の情報を含む分子モデルを容易に組み立てることができ，たとえ反射強度が精度よく求まっていなくても，この分子モデルを用いて構造決定することができる．この方法は実空間にある分子モデルから結晶構造を直接構築し，結晶構造因子，ひいては回折パターンを計算するため，実空間法と呼ばれる．一般に有機結晶では，単位胞の体積が比較的大きく，結晶の対称性が低いことが多いため，反射の重なりが顕著となり，逆空間法が成功しない場合が多い．しかし逆に，有機物の分子構造は理論計算やデータベースなどから比較的容易に組み立てられるため，有機結晶の未知構造決定の主流となっている．ただし，分子の2次元構造が未知の場合は本法の適用が難しく，逆空間法を試すことになる．

（i）実空間法による構造モデルの決定 近年急速に発展した実空間法は有機結晶の粉末未知構造解析の主流となっている手法である．分子構造・結晶構造を構築して計算を進める実空間法は直感的に理解しやすく，「分子構造・結晶構造を組み立て，それに基づいて回折パターンを計算し，実測した粉末回折パターンと一致するかどうかを調べる」手法といえる．実際

の解析では，一定の手続きに従い，分子モデルからの結晶構造の構築と実測・計算パターンの一致の見積もりを無数に繰り返すことになる．

実空間法では，次のような手順で計算が行われる．

(1) 分子モデルの構築：化学組成や分光学的知見から分子の2次元構造を推定し，3次元構造モデルを組み立てる．3次元分子構造は通常は力場計算，理論計算により得られるが，むしろ結晶学データベース[3]で検索した類似構造や多形結晶の構造の方が現実の分子構造に近いと考えられる．分子モデルにおけるわずかな違いが実空間法による構造決定の成否を決める場合もあるので，十分注意する．

分子モデルでは，原子間距離・角度は固定されるが，ねじれ角には解析過程で決めるべきパラメーターとして自由度が与えられる．実際の計算では，水素原子を除いたモデルで十分であり，分子構造に不明な点がある場合，その部分を省いたモデルを使うことも可能である．図12.3はねじれ角の自由度 $n(=4)$ をもつ分子モデルを示している．

(2) パラメーター数の計算：(1)で構築した分子モデルを単位格子中に置き，結晶構造を組み立てるには，次のパラメーターが必要となる．

(a) 分子の重心の座標　　 (x, y, z)
(b) 分子全体の配向　　　 (θ, ϕ, ψ)
(c) ねじれ角の自由度　　 $(\tau_1, \cdots, \tau_n)$

つまり，合計で $6+n$ 個のパラメーターを決めなければならない．2個以上の分子が独立に存在する場合や，結晶溶媒，対イオンを含む場合は，これらに関するパラメーターを合計することになる．図12.4では分子の重心の座標，分子全体の配向に関するパラメーターを示している．

(3) 最適パラメーター値の探索：結晶構造モデルから計算した反射強度 I_{calc} と実測値 I_{obs} との一致度を表すコスト関数 $C(X)$，たとえば

$$C(X) = \sum_i w_i \{I_{i,\text{obs}} - cI_{i,\text{calc}}(X)\}^2 \quad (12.5)$$

を最小にするようなパラメーター X を求める．このようなコスト関数は解析的に最小値を求めることができない．そこで，可能なパラメーターの値をしらみつぶしに試す方法である GS (grid search) 法が考えられるが，非効率であるので，多次元におけるパラメーターの最適化問題 (global optimization) を解くためのいくつかの算法がプログラムに実装されている．SA (simulated annealing) 法，GA (genetic algorithm) 法に代表される heuristic (発見的) な手法が特に効率的とされている．

○GS法：格子状に分割されたパラメーター空間を順番に調べるため，パラメーター数が増えるに従い計算時間が膨大になる．よって適用可能な問題（結晶構造）に制限があると考えられているが，小分子であれば，計算方法の最適化により実用上問題なく利用でき，解析例も多い．他の算法と異なり，すべての可能性を網羅して計算するので，分子モデルさえ正しければ，必ず正解を探し出せるという安心感があり，この方法を他の方法とともに実装しているプログラムもある[4]．

○SA法：自然界に見られる，高温融体が冷却過程を経てエネルギー的に最安定な結晶構造に収束する現象をシミュレートしている．高温状態では比較的ランダムな探索により広いパラメーター範囲を探すが，温度に対応する条件の変化に従い探索範囲が狭くなり，最後に最適なパラメーター値に収束する．PSSP, DASH, FOX, PowderSolve など多くの解析プログラムで用いられている手法である．最適解に達しているか否かを確認するため，通常は数回の実行で同じパラメーター値に収束することを確認する．

○GA法：自然界で，群れの中の交配や突然変異

図12.3 チモールフタレイン分子の内部自由度

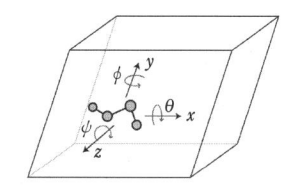

図12.4 座標と配向のパラメーター

により優れた形質が生じ，子孫に受け継がれる様子を模した手法である．ランダムなパラメーターをもつ一群の解（群れ）の間で，パラメーター値の交換（交配）や値のランダムなシフト（変異）を行い，よりよい解だけを選択してつくった一群の解を群れの進化における次世代とし，次の進化に用いる．このような世代交代操作を繰り返すことにより，群れ全体が最適解に近づく．SA と比較してパラメーター数が多いケースでも，最適解にたどり着きやすいと考えられている．この手法を用いるプログラムには EAGER がある．自由度の大きな分子の解析には，GA に代表される進化的アルゴリズム（evolutional algorithm）がしばしば使われる．

選択配向効果，粗大粒子による回折の効果，反射の重なりなどが顕著な場合，不正確な反射強度のために，偽の解に収束することがある．これを避けるために，実空間法では格子エネルギーや安定化エネルギーをコスト関数に組み入れることができる．実空間法は分子モデルを利用して回折データの分解能不足を補う方法とみなすこともできる．分子の剛体部分（たとえば縮合芳香環や糖）に属する原子数が多くなってもパラメーター数がさほど増加せず，構造決定が困難になりにくいという利点をもっている．

(ii) **逆空間法による構造モデルの決定** 先に述べたように，格子定数，空間群，反射の強度が得られれば，単結晶構造解析と同様に直接法，パターソン関数法により結晶構造決定が可能になる．しかし，単結晶法では高角領域までの反射すべてについて反射強度が精度よく測定されているのに対し，粉末法では高角領域で反射の重なりが激しいため，利用できる反射の数が限られ，重畳反射の強度もあまり正確ではない．単位胞体積が大きく対称性の低い有機結晶の粉末回折データでは，なおさら不利となる．このため，全回折パターン分解などにより粉末回折パターンから抽出された反射強度から，単結晶法と同様な直接法・重原子法によって構造を決定するのは，一般に困難である．しかしすでに述べたように，無機結晶の構造決定では逆空間法の成功率はかなり高く，有機結晶でも条件のよい場合には逆空間法による構造決定が成功する例も報告されている[5]．Giacovazzo らが開発した EXPO システムには，直接法により得られる部分結晶構造を Le Bail 解析に導入することによって反射強度をより高確度で抽出する手法が組み込まれており，比較的複雑な無機結晶，有機結晶の構造決定が可能となっている．アルゴリズムがさらに進化するに従い，複雑な有機結晶においても直接法による構造決定の例が増えると予想される．

直接法の大きなメリットは，解析する分子の構造モデルが不要で，どのような分子や原子団が含まれるか正確にわからない場合でも適用が可能なことである．分子モデルが必要不可欠な実空間法と比べ，逆空間法はこの点で卓越しており，今後の発展が期待されている．一方，単結晶解析における直接法と同様，分子構造が大きく複雑になるに従い，直接法による解析が困難になることがこの方法の欠点である．

また，重原子を含む化合物では，単結晶構造解析と同様にパターソン関数法・重原子法で重原子の位置を決定した後，フーリエ合成・差フーリエ合成により残りの部分の構造を決定することもある．

e．構造の精密化

前段階で求められた初期構造（モデル構造）をリートベルト法により精密化する．リートベルト法による構造精密化については 7 章で詳述されている．比較的格子定数が大きく反射の重なりが大きい無機物・有機分子結晶の精密化では，収束に時間がかかる上，偽の解に陥りやすい．結合距離，結合角，ねじれ角（二面角）などに緩い束縛（restraint）をかけ，ゆっくりとパラメーターを精密化する必要がある．不完全な構造モデルがこの過程で修正されることもある．

f．解析結果の評価と吟味

得られた結晶構造については，化学的，結晶学的に合理的かどうかを確認する．分子構造のゆがみや分子間の近接距離に不自然なものがないか，水素結合がきちんと生成しているかどうかなどを調べることは，とくに重要である．また，解析を始める前に結晶（分子）に関する情報をできる限り収集しておくことが望ましい．たとえば，最も難関である指数付け（格子定数の決定）では，単位胞内の独立分子数から格子体積を予想することが大きな助けとなる．このためには結晶の密度測定や固体 NMR 測定が有効である．その他にも各種の分光測定や，元素分析，熱分析により分子構造の特徴や結晶溶媒の有無などを確認するのは意味がある．一方，電子顕微鏡を用いた制限視野電子回折パターンの撮影により粉末結晶 1 粒から格子定数を測定することができれば，指数付けが容易に終了する．

12.1.4以降の解析例で詳しく取り上げられるが，経験的に，構造決定がうまく行かないケースのほとんどは粉末試料・測定データに問題がある．たとえば，副生成物，原料，他の多形が含まれていないか，選択配向が起きていないかなどの確認が重要となる．

12.1.4 未知構造解析の実際

以下，これまで述べてきた構造決定の各ステップについて，より詳細にわたって述べる．

a．指数付け

ブラッグの式を使って，立方晶系の回折パターンから手計算により各反射の指数と格子定数aを求めるのは容易である．しかし，少しでも対称性が下がると，手計算で格子定数を求めることは難しくなり，種々のプログラムにより格子定数の計算と指数付けを行うことになる．代表的なプログラムとしては，晶帯探索を行うITO，試行錯誤で指数を決めるTREOR，二分法で格子の徹底探索を行うDICVOLがあげられる．最近では大量の計算を要するプログラムでも実用的な時間内で実行できるようになり，モンテカルロ法を用いたMcMailleやDICVOLと同じ二分法ではあるが，消滅則の情報も取り入れて徹底探索を行うX-Cellのようなプログラムも出現した．これらのプログラムでは反射の位置を入力するようになっており，あらかじめ回折パターンから反射リストを作成しておく必要がある．ふつう20本程度の反射を用いて計算するが，反射の重なりが顕著なパターンでは20本の反射を確保するのが難しいこともあり，なるべく重なりがないと思われる反射のみを選択することが望ましい．ここでは，例としてDICVOLとMcMailleの計算方法を紹介する．

DICVOLはあらかじめ与えた晶系，格子定数，格子体積の範囲内で二分法を用いて解を探索していく．わかりやすくするため，ここでは立方晶において格子定数を4～6Åの範囲で探索する場合を考えてみる．まず，4～4.4Åという範囲に対して予想されるすべての反射のピーク位置（2θあるいはd）の範囲を計算し，入力した（実測の）ピーク位置がこの範囲に入っているかを調べる．反射リストが4～4.4Åの範囲の値で説明できなければ，次の範囲（4.4～4.8Å）を探索する．反射リストが4～4.4Åの範囲の値で説明できる場合は，この範囲に解がある可能性があるため，さらにこの範囲を4～4.2Åと4.2～4.4Åの2

つに分け，どちらかの範囲が反射リストを説明できるかを調べる．どちらの範囲にも合っていなければ，次の範囲を探索し，この範囲に反射が存在する場合は，さらに空間を半分に区切り細かく調べていく．このように，まずは大ざっぱな格子定数の範囲で反射リストが説明できるか否かを調べ，合格の場合は空間を半分に区切って細かく調べ，不合格の場合は次の範囲に移るという方式で，与えられた範囲内で格子定数を徹底的に探索していく（図12.5）．最終的に6回の二分法計算（0.00625Åの範囲）まで試みて反射リストが説明できる場合は，それを解の候補として出力し，最大範囲の6Åまで計算しても反射リストを満たす解が見つからない場合は，解が見つからなかったと出力する．この方法の利点は，入力した格子定数の範囲を徹底探索してくれることであるが，欠点として対称性の低い晶系になるにつれ計算時間が増えることがあげられる．特に三斜晶系では，まともに計算すると時間がかかりすぎるために，最初の5本の反射は$h+k+l$の指数が6以下，それ以外の反射でも指数の和が9以下であるといった制限を設けている．

McMailleはモンテカルロ法とグリッドサーチ法を組み込んだプログラムであり，反射位置と強度から計算した仮想的な回折パターンとの一致度を調べながら最適な解を算出する方法をとっている．モンテカルロ法では，ランダムに発生させた格子定数をもとに仮想パターンとの一致度を計算し，ある閾値以下の一致を示す場合には，細かい範囲でランダムに格子定数を動かし，再び一致度を評価する．最終的に十分な反射位

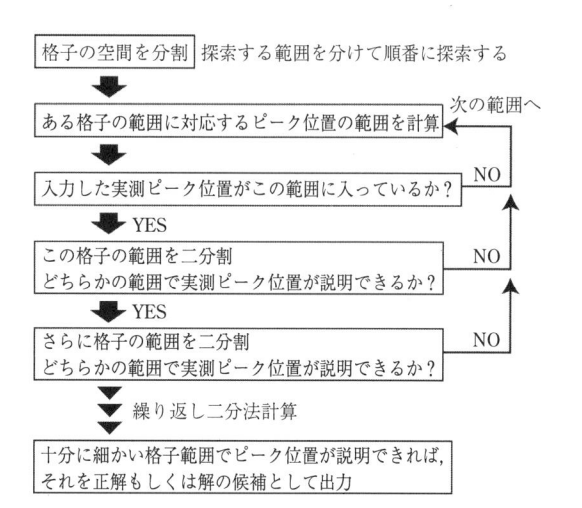

図12.5 二分法による格子定数決定（指数付け）の手順

置の一致度を満たす解が得られた場合はそれを解の候補として出力するが，その一致度にたどり着かない場合も，特定の回数だけパラメーターを動かせばプログラムが終了するようになっている．ランダムにパラメーターを動かして計算するため，計算回数を増やせば正解にたどり着く可能性も増すものの，それに比例して計算時間が増えるのを覚悟しなければならない．

ここで紹介した DICVOL と McMaille は，格子定数を発生させて反射リストとの一致を調べる方法を採用している．一方，ITO や TREOR は反射リストから格子定数を計算する方法なので，ゼロ点シフトの問題や不純物の反射の存在が計算結果に，より影響する．いずれにしても解析したい相の正確な反射位置を得ることが，指数付けでは必要不可欠である．不純物を含まないサンプルの合成，ゼロ点シフトなどの誤差を最小に抑えた光学系，半値幅をできる限り狭くするような光学系での測定などが求められる．

指数付けの結果を評価する指標は FOM（figure of merit）と呼ばれ，代表的なものとして次の2つがある[1,2]．

$$M(N) = \frac{Q_N}{2\langle|\Delta Q|\rangle_N N_{\text{poss}}} \quad (12.6)$$

$$F(N) = \frac{1}{\langle|\Delta 2\theta|\rangle_N} \frac{N}{N_{\text{poss}}} \quad (12.7)$$

ここで，N は計算に用いた観測反射の数，Q_N は N 本目の反射の $1/d^2$，$\langle|\Delta Q|\rangle_N$ は Q の観測値と理論値の差の平均，N_{poss} は N 本目の観測反射までに存在する反射の数の理論値を示している．これらの値が大きいほど反射リストとの一致度がよいとみなされる．ただし，絶対的にいくつ以上なら正解であると判断することは難しく，回折パターンにおける半値幅や，測定装置特有の誤差によっても変化する値となっている．一般に放射光を利用する方が確度の高いピーク位置を求めることができ，その場合，FOM の値は数百という大きな値に達することもある．一方，実験室系の装置では，$M(20)$ の値が10程度でも正解の場合がある．

b．構造決定のためのパターンフィッティング

格子定数の精密化と反射強度の抽出について，さらに詳しく述べよう．

指数付けが成功したら，Pawley 法や Le Bail 法（7.7 参照）により全回折パターン分解を行う．これは構造決定に向けた準備段階であり，次のような意味をもっている．

(i) 格子定数の確認 指数付けで得られた格子定数は，たとえ FOM の値が大きくても間違っている可能性があるため，パターンフィッティングにより確認する必要がある．また，複数の解が見つかった場合にも，それぞれの解についてパターンフィッティングを行い，解の妥当性について調べる必要がある．

パターンフィッティングのプログラムは必ず R_{wp} などの信頼度因子を出力するため，それらが十分小さいことを確認する．これらの値は，装置やバックグラウンドの取扱いによって値が変わってくるので，注意が必要である．R_{wp} の式は分母にバックグラウンドを含むため，放射光-IP の組合せのようなバックグラウンドが大きい光学系においては，無意味に小さな値となる．また，同程度のフィットが達成されていたとしても，アナライザーを取り付けたシンチレーションカウンターを用いるバックグラウンドの低い光学系では，バックグラウンドが大きいデータに比べ R_{wp} が下がらない．そのため，プログラムによってはバックグラウンドの寄与を差し引いた R_{wp} を出力するものもある．使っている装置，プログラムなどによって評価の仕方が変わってくるので，未知構造解析を始める際には，自分が測定する条件において標準的なサンプルがどれくらいの信頼度因子を与えるのかを必ず調べておく必要がある．サンプルの結晶性によっても値は左右されるので，似たような結晶性のサンプルで調べておくとさらによい．また，R_{wp} などの値だけではなく，実測値と計算値の差を表す残差パターンを必ずチェックし，フィットの良し悪しを判定すべきである．フィットが悪い場合には，どのような原因によるのかを十分調べる必要がある．

(ii) 格子定数とプロファイルパラメーターの精密化 指数付けで得られた格子定数は，回折パターンから求めたピーク位置から計算しているため，正確な格子定数とはいえない．そこで全回折パターンを対象としたパターン分解により格子定数を精密化し，さらに各反射のプロファイル形を表現するプロファイルパラメーターも精密化する．こうして決定した格子定数は次のステップである構造決定で，プロファイルパラメーターは最後のリートベルト解析で再利用する．実空間法のプログラムには，構造モデルとプロファイルパラメーターから粉末回折パターンを計算し，実測の回折パターンと比較するものもある．そのようなプロ

12.1 粉末結晶構造解析の概要

グラムを利用する場合は，できる限り正確なプロファイルパラメーターをこの段階で得ておくことが構造決定に成功するか否かのキーポイントになる．

(iii) 空間群の判定 空間群を一義的に決定できない場合でも，消滅則からいくつかの候補に絞ることは可能である．消滅則が明白な場合には，反射強度の統計から空間群を判定することもできるが，結晶性の低い有機物などの場合，その方法がうまく機能しないことも多い．ある程度空間群に目星がついている場合は，それぞれの空間群に基づいてパターンフィッティングを試み，それらの結果から判断するとよい．一般に，正しい空間群ではよりよいフィットが得られるはずである．複数の空間群に基づくリートベルト解析についても同じことがいえる．

(iv) 反射強度の抽出 反射強度は次のステップである構造決定に用いる重要な情報である．直接法（などの逆空間法）プログラムはもちろんのこと，多くの実空間法プログラムにおいても実測・計算反射強度の一致がよくなるように最適化計算を行うものは多い．直接法では高角（$d \approx 1$ Å）まで反射強度が求まっている必要がある．高角の反射まで強度が抽出できそうにないときは，実空間法による構造決定を行うべきである．実空間法には，実測回折パターンと一致するように構造を最適化する方法と，実測反射強度と一致するように最適化する方法がある．反射強度の一致度を計算する実空間法は実測回折パターンに計算パターンをフィットさせる方法よりも計算時間が短くてすむため，多くのプログラムで採用されている．実空間法では50～200本程度の反射を対象として計算することがほとんどで，その条件を満たす角度範囲は直接法のそれに比べてはるかに狭い．一般に実空間法による有機化合物の構造決定では，空間群や単位胞の体積にもよるが，$d = 2 \sim 2.5$ Å の範囲でこの条件を満たすことができる．このように，構造決定の方法によってパターンフィッティングの対象とする 2θ 範囲を調節する必要がある．また，構造決定がうまくいかない場合にも，2θ 範囲の変更により構造決定が成功する可能性がある．

c. 実空間法におけるパラメーターの最適化

実空間法におけるモデル構造が実測の粉末回折データをどの程度よく再現しているかの尺度がコスト関数（評価関数）であり，パラメーター数の次元をもつ関数である．このような評価関数の最小値は解析的には計算できない（たとえば $f(x) = x^2$ であれば，関数の微分により関数を最小にするパラメーターの値を解析的に計算することができる）．

非常に単純な解法として，評価関数の値が小さくなる方向にパラメーターの値を少しずつ動かす方法が考えられる．しかし，1次元（パラメーター数が1）のW文字状の評価関数を想定してみれば，この方法では出発点に近い方の局所的最小値（local minimum）にたどり着くだけで，その先にある（かもしれない）大域的最小値（global minimum）は見つけられないことがすぐわかる．したがって，基本的には乱数で発生させたパラメーターから評価関数を求め，広い探査空間から最適なパラメーターの値を探す必要がある．しかし，乱数のみに頼ると，たまたま最小値に行き着かない可能性もあり，危険である．そこで，このような多次元の評価関数を最小化する global optimization の手法が数理科学の分野ではさかんに研究されており，先に述べた SA 法と GA 法が最もポピュラーなアルゴリズムとして利用されている．いずれも広いパラメーター空間をランダムに探索するように見えながらも，大域的最小値へと導かれるようにパラメーターの値が制御されている．

SA 法による最適化はアルゴリズムが比較的単純であるため広く用いられている．その手法は「①パラメーターの値を少し変化させ新しいパラメーター値を生成する→②それを使って評価関数 E_{next} を計算する→③E_{current} と E_{next} の比較から，新しいパラメーター値を採用するかどうか判断する→④判断基準を厳しくして①に戻る」という手続きの繰り返しである．一般には，③の判断において，E_{next} が E_{current} より小さくなれば，文句なしに新しいパラメーターを採用する（大きくなれば採用しない）が，この基準のみでは，先に述べたように極小値に陥るだけである．

そこで，確率的な遷移（Metropolis 基準）を導入し，たとえ E_{next} が E_{current} より大きくなったとしても，$\exp(-Z/T)$ の確率で新しいパラメーターを採用する．Z は新旧のパラメーター値から計算した評価関数の値の差 $E_{\text{next}} - E_{\text{current}}$ であり，T は制御のための変数である．この手法により，ある確率で極小値から抜け出す（離れる）方向へパラメーターをシフトすることが可能になる．この確率は制御変数 T が増加するにつれて高くなるため，最初は T を大きくしておき，サイクルを重ねるごとに T を減らすこと

で判断基準を厳しくし，最小値への収束を誘導する．T を温度，E をエネルギーと見た場合，この式（過程）が物理的な焼き鈍しと類似していることから，simulated annealing と呼ばれている．T を減らす（温度を下げる：クーリング）スケジューリングが唯一の制御方法であるため，制御は比較的単純である．十分にゆっくり冷却すれば最終的に最小値にたどり着くことが知られており，構造決定プログラムのほとんどはこの手法を用いている．プログラム FOX や Reflex Plus には，高温から低温までの異なる T を使った複数の計算を平行して実行し，確率遷移によりパラメーターを交換する parallel tempering 法と呼ばれる手法が実装されている．

GA法も「新しいパラメーター値の生成→評価関数の計算→新しいパラメーター値の選択」というサイクルを繰り返す点では SA 法と同じであるが，その特徴は 1 つのパラメーターセットでなく，複数のパラメーターセットのグループを使うことと，新しいパラメーター値の特徴的な生成法（通常は値が大きく変化する）にある．逆に選択（selection）は単純で，評価関数の値のみで行い，より適合した（評価関数が小さくなる）パラメーターを含むセットを次のサイクル（世代）で用いる．新しいパラメーター値の生成法としては，交差（crossover，2 つのパラメーターセットを対にして，対応するパラメーター同士が値を交換する）および突然変異（mutation，パラメーターの値をランダムに変更する）を用いる．

$$\frac{(a_1,b_1,c_1\,|\,\alpha_1,\beta_1,\gamma_1\,|\,\tau_{a1},\tau_{b1})}{(a_2,b_2,c_2\,|\,\alpha_2,\beta_2,\gamma_2\,|\,\tau_{a2},\tau_{b2})}$$
$$\xrightarrow{\text{交差}} \frac{(a_1,b_1,c_1\,|\,\alpha_2,\beta_2,\gamma_2\,|\,\tau_{a1},\tau_{b1})}{(a_2,b_2,c_2\,|\,\alpha_1,\beta_1,\gamma_1\,|\,\tau_{a2},\tau_{b2})}$$

$$(a_1,b_1,c_1\,|\,\alpha_1,\beta_1,\gamma_1\,|\,\tau_{a1}\tau_{b1})$$
$$\xrightarrow{\text{変異}} (\bar{a}_1,b_1,\bar{c}_1\,|\,\alpha_1,\beta_1,\bar{\gamma}_1\,|\,\bar{\tau}_{a1}\tau_{b1})$$

グループの平均的な適合度がサイクルを重ねるごとに確実に向上し，多数のパラメーターセットを用い，パラメーターが初期値の近傍でなく広いパラメーター空間を動くため，探索効率がよい手法と考えられている．遺伝的アルゴリズムという呼称は，パラメーターセットを遺伝子と考えれば，自然界での遺伝子操作と類似しており，より環境に適合した遺伝子をもつ個体が生き延びながら，集団として進化していく現象に相当することに由来している．交差，突然変異，選択のアルゴリズムがさまざまに提案されているが，パラメーター生成における制御が複雑であることから，GA 法を採用する構造決定プログラムの例はまだ少ない[6]．パラメーターセットの集団をさらに複数化し，適切な世代交代の後に集団間でパラメーターセットの交換を行うというパラレルコンピューティングに適した手法も提案されている．

数理科学の分野では，パラメーター数が多い場合には GA 法の方が SA 法より有利といわれている．しかし，結晶構造決定への応用に関しては，アルゴリズムそのものよりもプログラムへの実装方法やその周辺の機能（たとえばパラメーターの局所的な最適化：local optimization）の方が正解への収束に効くように思われる．

なお，grid search 以外のいずれの手法も可能なパラメーターの値をすべて試しているわけではないため，コスト関数を最小とするパラメーターの値を見逃している可能性があることに留意し，初期値の異なる複数回の試行が同じ解を与えることを確認する必要がある．また，収束が遅い場合は，クーリングの制御を変えたり，サイクル数を増やしてみたりする必要もある．

d．逆空間法の考え方

すでに述べたとおり，逆空間法の最も重要な点は分子モデルが不要なことである．直接法の原理や詳細については，単結晶構造解析に関する専門書に詳しく解説されている．一言でいえば，反射指数が特別な関係にある反射の構造因子の間には，構造因子の大きさに依存する確率で位相関係が成立することを利用し，未知の構造因子を決定することが直接法の基本となる．たとえば Sayre の式

$$F(hkl) = \left(\frac{f}{gV}\right)\sum_{h'k'l'} F(h'k'l')F(h-h'\ k-k'\ l-l') \tag{12.8}$$

で示されるような 3 つの構造因子間の関係を用いる．特別な関係を満たす反射指数を見つけるためには，多数の反射が必要であり，しかも反射強度（構造因子の大きさ）が正確にわかっている必要がある．単結晶構造解析用の直接法・最小二乗法プログラムの作者として有名な Sheldrick は，単結晶構造解析において「1.2〜1.1 Å の分解能の範囲で，観測できた反射の数が存在する反射の数の 1/2〜1/4 以下の場合，直接法が成功する可能性はほとんどない」（Sheldrick の法則）と SHELXS-86 のマニュアル中で述べている．

この法則を粉末回折データにそのまま当てはめることはできないだろうが，高角領域における反射の重なりのために反射強度が正確に求めにくい粉末回折データの解析において，直接法は不利であるともいえる．

直接法によって得られた電子密度が完全でなくても，そこから部分的な分子構造が見つかるということは，単結晶構造解析でもよく見られる．前述のプログラムEXPOは，そのような部分構造をLe Bail解析にフィードバックする機能をもっている．また，電子密度から部分的な構造を見出し，モデル構造にそれを導入するよう工夫している．$C_8H_{15}N_7O_2S_3$の組成式をもつ医薬品famotidine（単斜晶系，$Z=4$，単位胞体積1422 Å^3）の構造が放射光粉末回折データ（分解能 0.95 Å）からEXPOにより解析できたのは，そのためであろう．

一般に，実空間法による構造決定の難度はモデル構造のパラメーター数に依存し，原子数には依存しない．たとえ大きな分子であっても，剛体とみなせば，パラメーター数が増えないためである．極端な例は原子数60のフラーレン（C_{60}）であり，剛体近似ではパラメーターは分子の重心と配向の6つだけになる．一方，逆空間法では単位胞中の原子の数が多くなるほど解きにくくなり，剛体であるかどうかは関係がない．このため，いまのところ，大きな分子の粉末未知構造解析には実空間法を用いる方が現実的であろう．

e．新しい構造決定の手法

これまで実空間法と逆空間法について述べてきたが，charge flipping法と呼ばれるハイブリッド型の解析方法が近年急速に発展し，注目されている．その手順について以下，簡単に触れておくことにしよう．

まずランダムな位相を与えた結晶構造因子$F(hkl)$のフーリエ合成により単位胞中の電子密度$\rho(x)$を計算する．ピクセル分割した電子密度分布の中で，閾値δ以下の電子密度をもつピクセルは，電子密度の符号を反転させて新しい電子密度分布$\rho'(x)$を計算する．$\rho'(x)$のフーリエ変換により$F'(hkl)$を計算する．この$F'(hkl)$の位相部分を取り出し，実測の$|F(hkl)|$と組み合わせて新しい$F(hkl)$とし，フーリエ合成により$\rho(x)$を計算する．このように$F(hkl) \to \rho(x) \to \rho'(x) \to F'(hkl) \to F(hkl)$というサイクルを繰り返すことにより位相と電子密度が改善され，最終の$\rho(x)$が求まる．このように電子密度を改良してより正解に近い電子密度をつくり，それらの値から位相を改良する手法はタンパク質結晶構造解析で用いられるsolvent flatteringなどのdensity modificationに類似しているが，本法の独創性は一部のピクセルで電子密度の符号を反転させるという単純な操作を通じて位相を改善するという点にある．この手法は分子モデルが不要であるばかりか，空間群を$P1$として計算するため，化学組成や空間群に関する情報さえ不要である．

最近は，実空間における電子密度改良法だけでなく逆空間における位相改良法も提案され，それらを組み込んだプログラムが開発されている[7]．charge flipping法による構造解析例については12.2を参照されたい．

［植草秀裕・藤井孝太郎］

文　献

1) P. M. Wollff, *J. Appl. Crystallogr.*, **1**, 108 (1968).
2) G. S. Smith and R. L. Snyder, *J. Appl. Crystallogr.*, **12**, 60 (1979).
3) F. H. Allen, *Acta Crystallogr.*, Sect. B, **58**, 380 (2002).
4) V. Brodski, R. Peschar, and H. Schenk, *J. Appl. Crystallogr.*, **38**, 688 (2005).
5) R. J. Cernik, *J. Appl. Crystallogr.*, **24**, 222 (1991).
6) E. Nishibori, T. Ogura, S. Aoyagi, and M. Sakata, *J. Appl. Crystallogr.*, **41**, 292 (2008).
7) G. Oszlányia and A. Süto, *Acta Crystallogr.*, Sect. A, **64**, 123 (2008).

12.2　無機結晶解析の実際

12.2.1　はじめに

粉末回折法による未知構造解析は，今日では粉末回折の分野の中でも最もホットな領域の一つとなっている．技術のめざましい進歩によって，これまで単結晶回折の独壇場であった未知構造解析は，リートベルト解析で培った粉末回折特有のノウハウと，単結晶構造解析での数多くの蓄積が融合し，新しい分野を確実に築きつつある．良質の粉末回折データがあれば，無機結晶の未知構造解析は実用レベルに達していると言って過言ではない．

無機結晶の粉末結晶構造解析では，12.1で述べた解析手法のすべてが利用可能であるが，多くの場合で直接法[1]が用いられる．原理的に計算が高速であることに加え，一般的な無機化合物では構造が単純なこと，さらに重元素を含むものが多く位相を解きやすいなどの理由から，最も適した解析法である．もちろ

ん，結晶構造内に分子のように独立したフラグメント構造がある場合，有機化合物の解析と同様に実空間法[2]が有効となることも多い．それ以外にも，たとえば単結晶を得にくいゼオライトなどの多孔質材料や層状ケイ酸塩では，粉末X線回折が構造決定のための実質的に唯一の手段であるため，基本構造の幾何学的特徴に着目した独自の解析法が編み出されている．これら未知構造解析は歴史も長く，1980年代から数多くの化合物の構造が粉末回折データから解き明かされている[3]．

本節では，粉末回折データからの無機結晶における未知構造解析の実際について述べる（各解析法の原理的，数学的な説明は12.1を熟読のこと）．実際の解析過程に即して，ピークサーチから始まり，指数付け（格子定数，空間群の決定），パターン分解による積分強度の抽出，直接法や実空間法による初期構造探索，最大エントロピー法（10章参照）を使った構造の推定などを順に説明する．またごく最近開発された解析法である powder charge flipping (pCF) 法[4]について例を示し，その有効性にも触れる．なお本節で取り上げる解析プログラムを以下に示す．これらのほとんどはアカデミックな機関向けにはフリーウェアであり（有料となるものもそれほど高価ではない），インターネットから入手可能である．このほかの粉末回折関連ソフトウェアについても，CCP14（Collaborative Computational Project No. 14)[5]から入手可能である．

本節に出てくる主な解析プログラム

ピークサーチ ：PowderX, Powder 4
指数付け ：DICVOL06, TREOR90, ITO, N-TREOR
パターン分解：EXPO2004, FOX, RIETAN-FP
直接法解析 ：EXPO2004
実空間法解析：FOX, Superflip
MEM解析 ：PRIMA
3次元視覚化 ：VESTA
その他 ：ALBA, Open Babel, iBabel

12.2.2 解析における注意と手順

技術的な面で未知構造解析が可能になったといっても，粉末回折データに含まれる1次元化された構造情報が単結晶回折のそれと比べて質・量ともに大幅に劣っていることに変わりはなく，重大な欠点であることをよく認識してもらいたい．よって，粉末回折データから構造を導き出すことは，構造の複雑さにもよるが，まだまだブラックボックスで可能とはいいがたい．粉末回折だけでは明らかに情報不足で，構造が解けないことの方が多く，たとえば図12.6に示すようにさまざまな分析による情報の補足は重要である．過去の研究でも，高温超伝導体の研究で見られるように，透過型電子顕微鏡（TEM）による高分解能結晶構造像や電子線回折が構造モデル構築で強力な手段として用いられてきた．近年では，計算機シミュレーションにより構造を予測することも可能になってきている．いずれにせよ，構造を解き明かすために，手がかりは多ければ多いほどよく，さまざまなデータと得られた構造モデルの間で整合性が保たれるかどうかにつねに気を配るべきである．

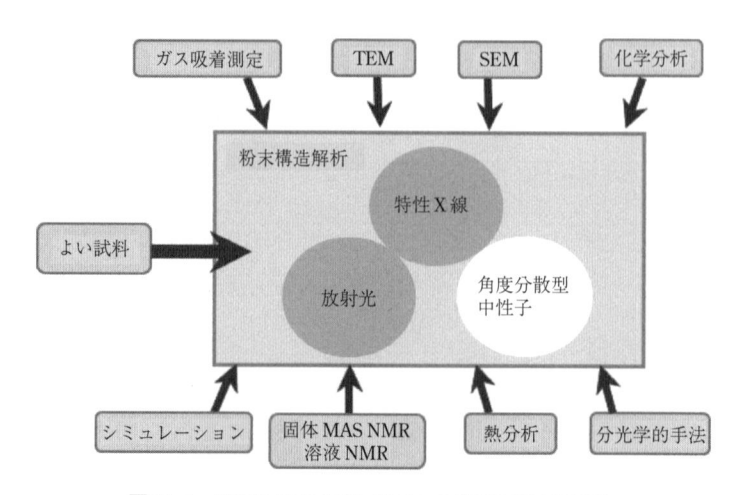

図12.6 構造決定の成功には種々の情報収集が不可欠

12.2 無機結晶解析の実際

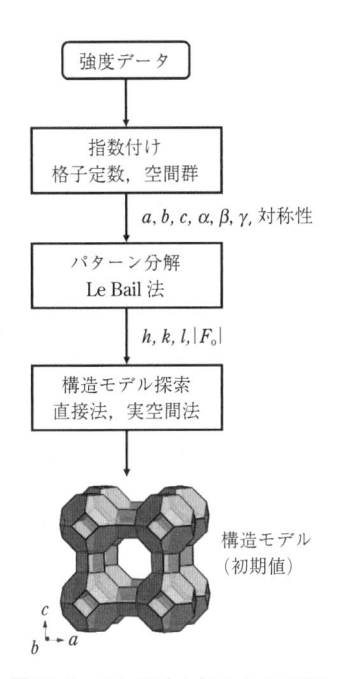

図12.7 未知構造を解くまでの流れ

解析の大まかな手順を図12.7に示す．粉末回折データからの未知構造解析において，単結晶回折のそれと大きく違うのは，構造因子の決定に必要な積分強度の求め方である．基本的にすべての反射について独立に積分強度を抽出できる単結晶回折と異なり，1次元化された粉末回折パターンからプロファイルフィッティングを用いて「重なった反射からも積分強度を抽出する」という作業が加わる．格子定数や空間群がきちんと求められなければ，その先に進めないことはもちろんだが，積分強度の抽出も精度が悪いと構造モデルを導出できなくなることから慎重な作業が欠かせない．その作業の後にようやく初期構造モデルの決定に進む．解析法ごとの実例は後で述べるが，実際のところ，ここで取り上げるEXPOやFOXといった統合プログラムではピークサーチから初期構造モデルの導出まで一括で行えるので，初心者はどちらかのプログラムに焦点を絞り操作を覚えるとよいであろう．

詳細は割愛するが，少し変わり種の解析法として，ゼオライトの解析に特化したFOCUS[6]やZEFSA II[7]といったプログラムがある．FOCUSは，あるランダムな位相セットに基づくフーリエ合成から得られた電子密度ピークから，ゼオライトの骨格構造を構成するための所定の原子間距離および結合角を満たすトポロジーがあるかどうかを探索する．一方，ZEFSA IIは，ゼオライトの構造で最小基本単位となるTO_4（$T=$ Si，Al，Pなど）四面体を解析の最小フラグメントとし，モンテカルロ法を使って試行錯誤的に分配させながら骨格構造を解き明かしていく．いずれのプログラムもゼオライト特有の幾何学的トポロジーに的を絞ったもので，直接法では全く太刀打ちできない，非常に複雑な構造を解き明かすことができる．一例として，

もう一つ重要なことは，解析対象の物質について，結晶化学の知識を十分に取得することである．複雑で膨大な計算を難なくこなし構造解析の結果をディスプレイに表示するのはパソコンであるが，その結果について最終的に評価するのは研究者自身である．技術進歩により複雑な構造が解けるようになったのは事実であるが，局所解に陥った間違った答えをうのみにしているケースも論文などで多々見受けられる．得られた結果が真の解かどうかという判断は，どれだけの結晶化学的知識をもって洞察できるかで決まる．また結晶性のよい，不純物の少ない試料を用いることが解析を成功させるための基本条件であることはいうまでもない．

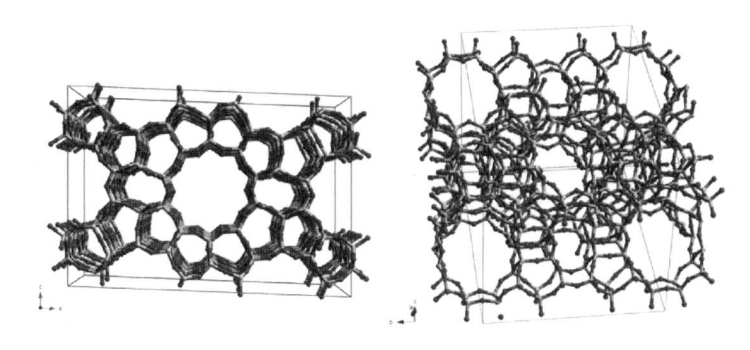

図12.8 FOCUSで解かれたゼオライトTNU-9の結晶構造

Baelrocher らは，ゼオライトとしては最も複雑な構造（独立サイト数が76もある）を有するTNU-9（$H_{1.16}Al_{1.16}Si_{22.84}O_{48}$）の結晶構造をFOCUSで決定している（図12.8）[8]．

12.2.3 データ収集
a．特性X線

未知構造解析に限ったことではないが，粉末構造解析では系統誤差の少ない精度のよい強度データが不可欠である．リートベルト解析と異なり，はじめにピーク位置から格子定数を決めなければならないので，観測 2θ 値（d 値）については特に誤差を最小にするよう注意が必要である．また角度分解能は高ければ高いほどよく，重なった反射をできるだけ，しかも正確に分離することで解が求まる確率は高まる．最近では実験室系の粉末X線回折装置でも非対称ヨハンソンモノクロメーター（集中光学系）や，多層膜ミラー＋二結晶モノクロメーター（平行ビーム光学系）が利用可能になり，Cu $K\alpha_1$ の単色光が得られると同時に，実質的な角度分解能も向上する．$K\alpha_2$ 反射をなくすことで，指数付けにおける観測 2θ 値の誤差と，二重線に起因した反射の重なりの両方を減らすことができ，そのメリットは非常に大きい．さらにはリートベルト解析において計算時間の短縮（約半分）になり，複雑な結晶構造を対象とする場合は恩恵をもたらす．

またプロファイルの裾野の面積はピーク全体に占める割合がかなり大きいため，バックグラウンドの引き方は積分強度の見積りに影響を及ぼす．この場合も分解能の高い回折パターンほど反射の重なりが低減しバックグラウンドの見積りが容易になる．さらに重元素を含む試料では，蛍光X線によりバックグラウンドレベルが測定全領域にわたって上昇することがある．一般的な粉末X線回折計には $K\beta$ 線を除去するためにグラファイトモノクロメーターが受光側に装着されており，これによって蛍光X線に由来するバックグラウンドレベルもある程度改善されるが，反面，回折強度は1/3程度に減少する．一方，半導体検出器を用いた場合，強度ロスを低減でき $K\alpha$ 以外の特性X線をほとんど除去できるため，バックグラウンドレベルは大幅に低下し，S/N比も著しく向上する．遷移金属を多く含む試料では大変効果がある．ただし，試料の結晶性に由来するバックグラウンドレベルの改善には効果がないので注意されたい．

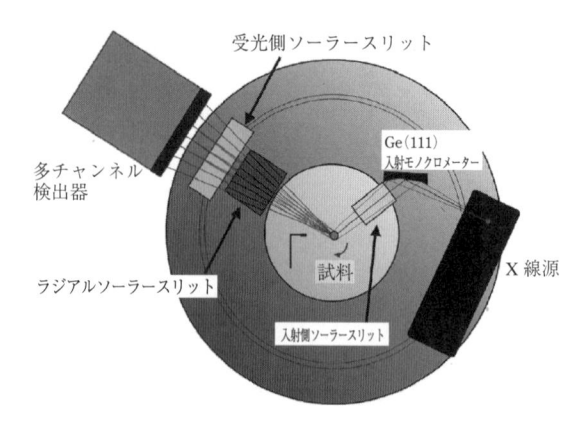

図12.9 実験室系のデバイ-シェラー粉末回折計

有機物やゼオライトなどの軽元素からなる物質では，実験室系でも透過型測定法であるデバイ-シェラー光学系の利用が可能になってきた（図12.9）．この場合，内径0.3～1.0 mmのガラスキャピラリーに充填した試料を用いれば，光学収差も軽減すると同時に角度補正はゼロ点補正だけですむといったメリットがある．従来，入射モノクロメーターを用いた光学系では，試料が僅少なため回折強度が非常に弱く，精密構造解析への適応は困難であった．しかしこれも技術進歩により，1次元・2次元型の半導体アレイ検出器やガス封入型の位置敏感型検出器の登場によって状況が大きく様変わりした（2.1.3参照）．最新の1次元検出器では，測定効率が2桁以上の向上が見込まれる．また2次元検出器では，高速なだけでなくデバイ-シェラー環そのものを観測できるため，選択配向や粗大粒子の有無を即座にチェックできる．今後はシンチレーションカウンターにとってかわり，これらの検出器が広く普及することは間違いないであろう．

平板試料を用いるブラッグ-ブレンターノ光学系での反射型測定では，試料に対するX線の透過，光軸からの試料面のずれ，平板試料であることによる光学収差などから生じる系統誤差には注意が必要である．このような場合，内部標準を用いて観測 2θ 値を補正するなどの処理が必要である．またゼオライトや有機結晶，配位高分子などの格子定数の大きな物質では，$2\theta<10°$ の低角度領域に強い反射が多数観測される．このような回折パターンでは，アンブレラ効果によるピーク位置のずれや，プロファイルの非対称化が生じるので，軸発散角の小さなソーラースリットを用いた方がよいであろう（図12.10）．選択配向については，

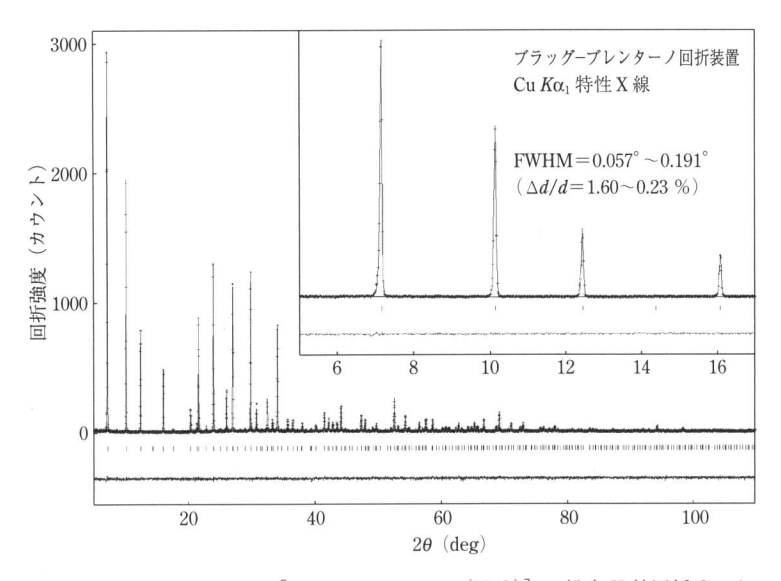

図12.10 ゼオライト LTA [$Si_{12}Al_{12}O_{48}Na_{12}\cdot32(H_2O)$] の粉末 X 線回折データのリートベルト解析結果
内挿図は低角側を拡大したもの．空間群：$Fm\bar{3}m$，格子定数：$a=24.5932(3)$ Å，発散角 $2°$ のソーラースリットおよび Si-PIN ダイオード検出器を使用．

特に層状物質では顕著となりやすい．面内回転試料台（スピナー）を用いてもその影響を低減させることは困難であり，結晶子サイズの小さな試料を合成することが望ましい．

b．放射光および中性子回折

実験室に高分解能装置をもたずとも，共同利用施設である放射光源を利用すれば，さらに質のよい高分解能データが得られる．角度精度に優れ，高い計数統計を有するので，指数付けにおいて格子定数が正しく決まる確率がおおいに高まる．装置はいくつかのタイプがあるが，国内ではイメージングプレート（IP）を検出器とするデバイ-シェラーカメラが主流となっており，短時間で精度のよいデータが得られる．一方，回折線の半値幅を限界まで小さくしたいのであれば，アナライザー結晶を備えたカウンター型を利用するとよい．IP に比べ計数効率は低いが，波長 1 Å 未満で半値幅が $0.01°$ を下回る超高分解能データは未知構造解析ではすばらしい威力を発揮する．たとえば，ESRF のビームライン ID 31 には世界屈指の高分解能粉末回折装置が設置されている．挿入光源であるアンジュレーターを用いることにより入射 X 線強度やビームの平行度が非常に高いこともあいまって，数多くの未知構造の決定に威力を発揮している[9]．

未知構造解析では，リートベルト解析以上に質のよいデータが必要である．しかし，実際には結晶性が不十分なため装置本来の性能をいかせない場合の方が多い．また初めて目にする粉末回折パターンにおいては，単相なのか多相なのかを区別することは容易ではない．合成条件を変えてパターンがどのように変わるか，類縁物質のパターンと似ているか，観測される回折ピークの形状や半値幅にばらつきがないかなどのチェックはつねに行うよう心がけたい．放射光源や中性子源は，いつでも好きなときに利用できるわけではないため，良質なサンプルについて，ここぞというときに用いるのが賢明である．

12.2.4　結晶格子と空間群の決定

粉末回折パターンから格子を決め，さらに空間群を定めることは，粉末結晶構造解析の中で最も重要で困難な作業である．これらを正しく決めることができれば，構造決定までの道のりを半分クリアしたといってもよいくらいである．

a．ピークサーチ

得られた測定データからまず行うのが，ピークサーチと指数付けである．PowderX（図12.11 上）はスムージング，バックグラウンド処理，ピークサーチが簡単な操作で可能であり，指数付けプログラム TREOR90 と格子定数から指数を発生するサブプログ

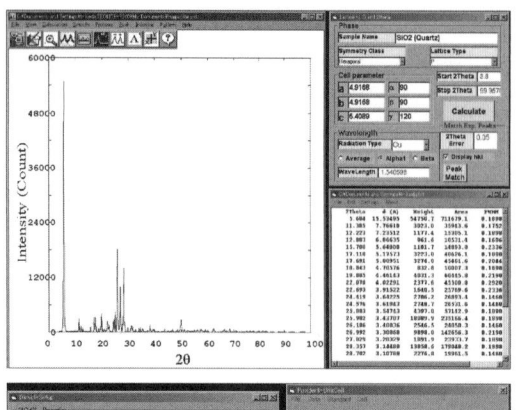

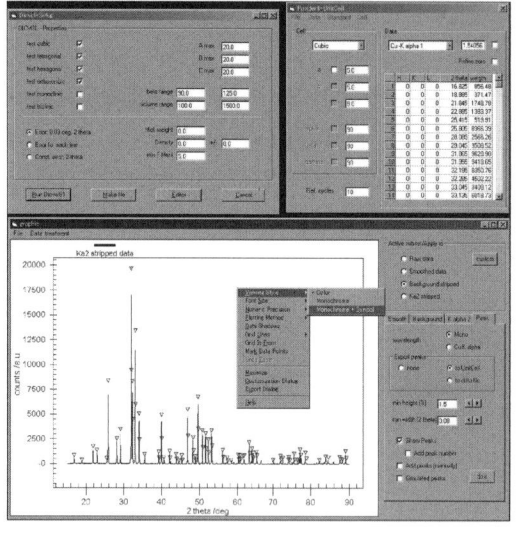

図 12.11 PowderX（上）と Powder 4（下）による指数付け

ラム Dhkl が使用できる．特にバックグラウンドの平滑化処理は，RIETAN-FP で複合バックグラウンド関数（7.2.8 参照）を使うための前処理としても活用できる．また Powder 4（図 12.11 下）は，ITO, TREOR, DICVOL の 3 種類の指数付けソフトを内蔵し，機能としてはこちらの方が充実していてかつ GUI もスマートである．PowderX 以上にさまざまな強度データのフォーマットに対応しており，市販装置のバイナリー形式のファイルも読み込める点は便利である．これらのほかにも様々なソフトが開発されており趣味嗜好に合わせて選ぶとよい．Macintosh ユーザには数少ないフリーソフトとして MacDIFF[10] がある．少々古く指数付けルーチンは付属しないものの，フィルムのデジタルデータ化や個別プロファイルフィッティングが可能な，非常に多機能なソフトである．

これから初めて未知構造解析を学ぶ方は，先にも触れたが EXPO2004 もしくは FOX を習得されることをお勧めする（詳細は後述）．実際のところ，未知構造解析のためにたくさんのソフトを一度に覚えることは，膨大な時間と労力を必要とし，敷居を高めるだけである．これらのソフトは GUI ベースであるため，使い勝手が格段に優れている点も魅力である．しかしその反面，全自動のピークサーチでは，弱い反射を取りこぼすこともしばしばある．また重なりの激しい反射についてそのピーク位置を適切に識別できない場合もある．測定ステップ間隔が広い場合，そのような危険に陥りやすい．正しくピークサーチされているかどうかの判断は最終的には目視が一番である．

b. 格子定数の決定と指数付け

ピークサーチを行ったら次は格子定数を求め指数付けへと進む．従来からあるものとして ITO, TREOR, DICVOL が御三家として最も使われている．ITO は観測ピークの 2θ 値が 30 以上は必要であるが，空間群 $P1$ といった対称性の低い場合に有効とされている．TREOR と DICVOL は 10～15 程度のピーク数でも解が得られ，オールラウンドに使える．最新の DICVOL06 では，不純物由来のピークやゼロ点シフトを考慮する機能が加わったことで，従来に比べ正しい解を与える確率が大幅に高まった．また TREOR をベースとする N-TREOR は，EXPO2004 に組み込まれている目玉機能で，個々のピークについてプロファイルフィッティングを行い，ピーク位置をより厳密に求めた後，指数付けを行う．操作もわかりやすく，TREOR90 よりは正答率が高い．DICVOL を用いた全自動の指数付け機能は FOX と商用ソフトの DASH にも含まれている．

これらのソフトでは解が見つからない場合，モンテカルロ法を使った McMaille を試してみるとよい．グリッドサーチ（GS 法）を行った場合，網羅的に解を探索するため初期設定によっては膨大な計算時間（数日レベル）を要する．しかし，いくつかのデータで検証したところ，単独ソフトとしては N-TREOR と並んで高い正答率を示した．このほか，Crysfire[11] は，古くからある 9 種類の指数付けプログラムを 1 つに統合化したもので，コマンドプロンプトでの操作のため使い勝手はよいとはいえないが，複数の探索アルゴリズムによって正答率を高めている．

c. 指数付けの評価

どのプログラムにも共通な留意点であるが，格子定

12.2 無機結晶解析の実際

```
Beta-HLS
11 2 1 1 1 1 0 0

25.0 25.0 25.0 0.0 5000.0 85.0 130.0

1.540562 0.0 0.0 0.0

1.0 30.0 0 0 0 0

 7.73  0.02
10.73  0.02
14.13  0.02
14.20  0.02
15.34  0.02
15.49  0.02
16.12  0.02
20.08  0.02
21.06  0.02
21.54  0.02
21.88  0.02
```

← タイトル
← 反射数，単位（$\theta, 2\theta, d$）
　探索する晶系を設定するフラッグ（全部で6つ）
← $a, b, c, V_{min}, V_{max}, \beta_{min}, \beta_{max}$
← 波長，分子量，密度，密度の誤差
← EPS, FOM, N_IMP, ZERO_S, ZERO_REF, OPTION
← 観測 2θ の値，誤差（EPS = 1）

← 最後は必ず改行を入れる

図 12.12 DICVOL06 の入力ファイル

EPS：観測 2θ 位置の誤差（EPS＝0：すべて $0.03°$ に固定，1：個々の反射に入力，≠0,1：任意の絶対値），FOM：figure of merit の下限の値，N_IMP：仮定する不純物の反射の数，ZERO_S：ゼロ点シフトの探索，ZERO_REF：ゼロ点シフトの最小二乗法による精密化，OPTION：DICVOL04 の機能および探索範囲の拡張．

```
                ORTHORHOMBIC   SYSTEM

DIRECT PARAMETERS :    A= 22.85561   B= 12.52851   C= 12.46555   VOLUME= 3569.468
STANDARD DEVIATIONS :     0.00422       0.00281       0.00321

H K L    DOBS      DCAL    DOBS-DCAL   QOBS      QCAL     2TH.OBS  2TH.CAL  DIF.2TH.

2 0 0   11.42751  11.42780  -0.00029   0.00766   0.00766    7.730    7.730   0.000
1 1 1    8.23829   8.24207  -0.00379   0.01473   0.01472   10.730   10.725   0.005
0 2 0    6.26269   6.26425  -0.00156   0.02550   0.02548   14.130   14.126   0.004
0 0 2    6.23197   6.23277  -0.00080   0.02575   0.02574   14.200   14.198   0.002
3 1 1    5.77131   5.77012   0.00119   0.03002   0.03004   15.340   15.343  -0.003
4 0 0    5.71576   5.71390   0.00186   0.03061   0.03063   15.490   15.495  -0.005
2 2 0    5.49376   5.49310   0.00066   0.03313   0.03314   16.120   16.122  -0.002
0 2 2    4.41838   4.41832   0.00005   0.05122   0.05123   20.080   20.080   0.000
4 2 0    4.21494   4.22152  -0.00659   0.05629   0.05611   21.060   21.027   0.033
4 0 2              4.21185   0.00309             0.05637            21.076  -0.016
2 2 2    4.12208   4.12104   0.00105   0.05885   0.05888   21.540   21.546  -0.006
5 1 1    4.05879   4.06007  -0.00128   0.06070   0.06066   21.880   21.873   0.007

* NUMBER OF LINES
    .- INPUT DATA  =  11
    .- CALCULATED  =  48

* MEAN ABSOLUTE DISCREPANCIES
                                <Q>        =  0.2049E-04
                     <DELTA(2-THETA)>       =  0.4463E-02
         MAX. ERROR ACCEPTED (DEG. 2-THETA) =  0.3500E-01

* FIGURES OF MERIT
    1.- M( 11) =  30.9                  (REF. 4)
    2.- F( 11) =  51.4(0.0045, 48)      (REF. 5)
```

図 12.13 DICVOL06 の出力

数や単位胞体積の探索範囲をあまり広く指定しない方がよい．導かれた格子定数の妥当性を示す指標として figure of merit（FOM）があり，$F(N), M(N)$ の2種類で定義される（12.1.4a 参照）．N は計算に用いる観測反射の数である．$F(N), M(N)$ が大きい値であるほど，導かれた格子定数の妥当性が高いことを意味している．特性 X 線では経験的に，$F(N)=40$ 以上となったとき，正解である確率が高い．妥当性の評価として，解析に用いたピークすべてに指数がついていることを確認する必要がある．また FOM が高い値を示しても，指数のつかない反射が残る場合がある．このようなときは，それらが別の結晶相に由来する場合も考えられるが，解が間違っていることもあるので注意深く検討する必要がある．反射の総数や反射どうしの重なり具合にもよるが，N は 10〜30 程度が妥当である．むやみに増やすと系統誤差も増加し，解

が得られなくなる場合がある．

またプログラムごとの違いとして，TREOR では指定したユニットセル体積の探索領域について大きい方から探索する．低対称性であることが予想される場合，体積 1000 Å³，格子定数 15 Å 程度から始めるとよい．一方，DICVOL では逆に体積の小さな方から探索していく．当然ながら，両者とも単位胞を大きく指定しすぎると，計算にかなり時間がかかる．また $N<10$ では，似たような FOM を示す候補が多数導かれ，一義的に決めることが困難となる場合がある．そのときは，入力する反射の数を少しずつ増やし候補を絞っていくとよい．$CuK\alpha_1$ 特性 X 線で測定した層状ケイ酸塩 β-HLS の強度データを例に，DICVOL06 の入力例および出力結果を図 12.12, 12.13 に示す．低角度側から 11 本の反射を使って，文献と一致した斜方晶系の格子定数が得られた．このとき FOM は $F(N)=51.4$ となった．

結果として，手間はかかるが，少なくとも 2 つのソフトで検証しながら格子定数を導くのが正攻法である．またこれから初めて指数付けを行うときは，一度，回折パターンをよく眺め，目視でピークサーチを行い，指数付けプログラムを動かしてみることをお勧めする．これは分解能の悪いデータを扱うときも同様である．指数付けがどれほどシビアなものかを理解するとともに，人間の目がピーク位置を識別するのにいちばん優れていることを実感できる．指数付けに関して，各ソフトで評価した結果をまとめたものが，Le Bail によって報告されているので，参考にされたい[12]．

b．空間群の決定

ピークサーチの次は得られた指数から消滅則を導き空間群を決定する．粉末回折データでは単結晶法のようにフリーデル対（hkl と $\overline{hkl}$）を区別することは通常困難である．よって初期段階では考慮できる空間群の数は制限され，ほとんどの場合で対称中心をもつ空間群を選ぶことになる．この対称中心の有無については，フリーデル対を考慮したリートベルト解析 (7.2.5 参照)，異常散乱を用いた放射光粉末回折，または他の物性測定から判断するしかない．空間群の絞り込みでは，EXPO2004 を使って対称性の高い空間群から順に入力し，画面表示されるブラッグ反射の位置が観測ピークとすべて一致しているかどうかを目視で比較する方法が効率的である（もちろん EXPO2004 には

空間群を探す機能があるが，完璧ではない）．また特別なケースとして，対称心をもつ空間群 $R\overline{3}c$ と $R\overline{3}m$ は区別がつかない．ほかにも S/N 比の悪いデータでの解析では，弱い反射を取りこぼしたために空間群が一義に決まらないという可能性もある．この場合，埋もれていると予想される反射付近の 2θ 領域について，計数統計を上げてデータ収集するなどの検証が必要となる．

候補となる空間群が絞り切れず複数残った場合は，面倒であってもそれぞれについて初期構造モデルの探索を行いモデル構築できるかどうかを試すしかない．消滅則と空間群の対応についてまとめたものとして，文献[13] がとても便利で参考になる．詳細については International Tables for Crystallography, Vol. A[14] を参照するのがいちばんであるが，最近では実質的に十分な記載がなされている Web サイト[15] もあるので積極的に活用することを勧める．

12.2.5 パターン分解による積分強度の抽出

先にも述べたが単結晶の場合と異なり，反射どうしの重なりがあることから，すべての反射について積分強度を独立なものとして抽出することはできない．そこで，定めた格子定数と空間群の条件下で粉末回折パターン全体を分解し，観測積分強度を見積もるという作業を行う．このパターン分解には主に Le Bail 法または Pawley 法を用いる（7.7 参照）．式 (7.57) で観測積分強度を求める Le Bail 法は計算が速く，またリートベルト解析における観測積分強度の分配式を流用していることからプログラム開発が容易というメリットがある．一方，Pawley 法は格子定数だけでなく積分強度についても最小二乗解析が適応される．よって，得られた積分強度について誤差の見積もりが可能である．現在の主なリートベルト解析プログラム (GSAS, FullProf 2000, RIETAN-FP) では Le Bail 法が採用されている．しかしながら，重畳反射について抽出された積分強度はどちらの場合も便宜的なものである．重なった反射どうしについては，Le Bail 法では等分配される傾向があり，また Pawley 法では，最小二乗計算において係数行列が singular となって解が発散したり，強度の弱い反射では負の値として見積ったりする場合がある．どちらの方法でもプロファイルの当てはめが十分よくなるよう慎重に作業しなくてはならない．

a. EXPO2004 による Le Bail 解析

EXPO2004 では入力ファイルに **%extract** という命令を記述するだけで，プログラム起動中に Le Bail 解析のモジュールが実行される．全回折パターンの領域分割，バックグラウンドの見積り，プロファイルパラメーターの初期値設定などが自動で行われ，ユーザは GUI を通じてマウスを操作するだけでよい．注意すべき点として，反射の重なりが著しいデータではバックグラウンドの見積りが過大あるいは過小になりやすいため，途中マニュアルモードで適正値に設定し直す必要がある．これは簡単にできるので，一度は確認することを勧める．デメリットとしてプロファイル関数の柔軟性が乏しいため，初期値が不適切だとフィッティングが発散し，得られた積分強度の精度が低下する．特に格子定数は真の値から大きくかけ離れないよう注意する必要がある．

構造モデルがあらかじめ部分的にでもわかっている場合は，そこから計算される構造因子（すなわち積分強度）を初期値とする Le Bail 解析を行うことができる．これにより，等分配に陥りやすい重なった反射についての積分強度の確度が，部分構造を反映した再分配により大なり小なり改善する．結果として直接法解析で解が見つかる確率が高まる．さらに直接法解析によるモデル探索と部分構造を用いた Le Bail 解析を繰り返していくことで，構造モデルが徐々に解き明かされていくことがある．

b. FOX による Le Bail 解析

最新のバージョンではピークサーチや指数付け Le Bail 解析機能が付け加わっている．図 12.14 はそのときの画面を示すもので，メイン画面（左）のタブ Powder Diffraction 中にある Profile Fitting を押すと，サブダイアログが現れる．画面左は回折パターンの観測値と計算値を示し，右上がりのカーブは残差を 2θ に対して累積表示したものである．バックグラウンドレベルは Bayes 推定により見積もられる．格子定数の初期値については EXPO2004 と同様で，真値からかけ離れると解が発散するので，注意する必要がある．またプロファイル関数の初期値はデータに合わせて手動で設定した方がよい．観測プロファイルよりもややシャープな計算プロファイルになるようパラメーターを定めるのがコツである．あとは実行ボタンを押すだけでパターン分解が行われる．収束が不十分な場合も含め，2，3 回 Le Bail 解析を実行することで R 因子は収束する．なお FOX などの実空間法では，計算量の問題から用いる反射の数に制限があるものが多く，解析に用いる 2θ 領域は構造の複雑さに依存する．一般的には $d > 2.0 \text{Å}$ ($2\theta < 40°$, Cu $K\alpha$) 程度に設定するとよい．

c. RIETAN-FP による Le Bail 解析

RIETAN-FP における Le Bail 解析では，重なった反射に対する積分強度の初期値を①同一値とするか，または② Wilson 統計に基づいて計算する．RIETAN-FP の優れたフィッティング能力は大きなメリットで，とりわけ部分プロファイル緩和機能により，さまざまなプロファイル形状にも対応できる．反面，多数のパラメーター設定が必要な上，パラメーターの精密化する順番を適切に指定しなければならないなど，操作手順がやや煩雑で試行錯誤的になりやすい

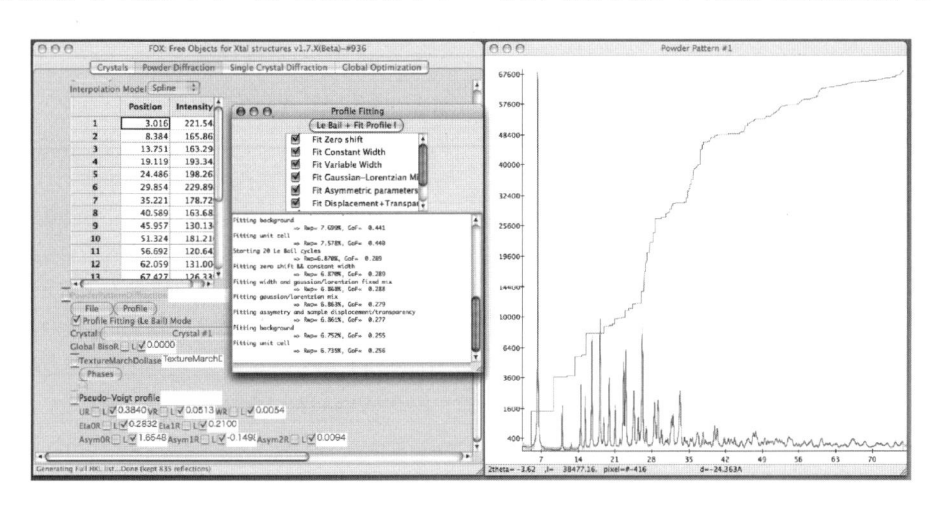

図 12.14 FOX における Le Bail 解析

ことから十分な習熟を要する．

アモルファス成分を多く含む場合や，ガラスキャピラリーを用いたためにバックグラウンドが複雑な形状をしている場合，さらにはプロファイル形状が著しく非対称化している場合は，暫定的にEXPO2004で積分強度を抽出した後，それを初期値にしてRIETAN-FPで再解析するとよい．Le Bail解析の初期段階では，EXPO2004の方が操作は楽で，不適切な初期値入力により，いきなり発散することも少ないので効率的に作業が行える．RIETAN-FPではEXPO2004で出力される積分強度データをそのまま読み込めるよう，Le Bail解析の入出力ファイルのフォーマットが完全互換となっているため，このような連携作業が難なく行える．そのほかEXPO2004と同じく，部分構造に基づくLe Bail解析も可能である．

d．最大エントロピーパターソン法の適応

最大エントロピーパターソン法（maximum entropy Patterson method：MEP）はDavidによって，Pawley法で求めた重畳反射の積分強度の改善を目的として考案された[16]．DilanianとIzumiが開発したMEPプログラムALBAでは，EXPO2004やRIETAN-FPのLe Bail解析で出力される観測積分強度$|F_{obs}|^2$を含んだファイルをそのまま読み込むことができる．Le Bail解析で得られた$|F_{obs}|^2$に基づいてパターソン関数$P(u) = V\rho(r)*\rho(-r)$（uは一対の原子を結ぶベクトル，Vは単位胞体積，ρは電子密度，rは位置ベクトル）を計算し，MEM解析により$P(u)$の密度分布を推定し，$P(u)$をフーリエ変換することで積分強度$|F_{MEM}|^2$を得る（10.3参照）．この方法では，電子密度分布をMEMで求めるときと同様に，重なった反射に基づくパターソン関数がMEMにより改善される．得られるパターソン関数の3次元イメージはゴーストが低減し鮮明なものとなる．パターソン図から直接構造を導くには習熟が必要であるが，重元素を含む簡単な結晶構造であれば，それだけから原子座標を割り出すことも可能である（昔はフーリエ・D合成と並んで頻繁に用いられた）．

パターソン図に不慣れな場合でも，MEP法は未知構造解析において有効である．Le Bail法で便宜的に分配された重なった反射の観測積分強度$|F_{obs}|^2$が，MEP法により適切に再分配されるためである．たとえばEXPO2004での解析において，Le Bail解析と初期モデル探索の間にALBAによるMEP解析を一

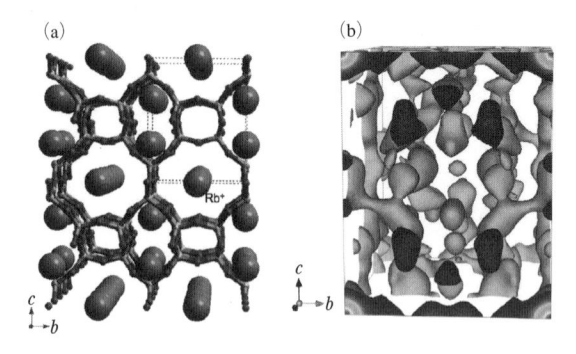

図12.15 ゼオライトRMA-3の結晶構造（a）とALBAで求めたパターソン関数の等値曲面（b）

度実行するだけでも効果的である．ブラックボックス的にデータ処理をするだけで，特に重金属を含む系では位相が改善される場合がある．この手法を用いRbイオンを含んだアルミノシリケート型ゼオライトRMA-3の構造が決定された（図12.15）[17]．Rbサイトだけでなく，骨格を構成するSi（Al）サイトが容易に求まった．

12.2.6　直接法による初期構造モデルの探索

ここでは，粉末回折に専用化された直接法プログラムであるEXPO2004について話を進める．Giacovazzoのグループで開発されたEXPO2004は，既述のように直接法以外にもピークサーチから指数付け，リートベルト解析までをオールインワンにした統合ソフトである．EXPO2004の直接法ルーチンは，単結晶X線解析プログラムのSIR（semi-invariants representation）をベースとしている．初期位相の探索にあたって構造不変量と構造半不変量を確率論的に見積もる方法を備え，さらに擬似的な並進対象を見つけて構造因子の規格化にその情報を取り入れることができるのが特徴である．さらに重原子を中心として配位多面体が形成されるように重原子周辺のサイトを探索する機能やEDM（electron density modification）による位相改善，Patterson法による重原子探索といった機能が組み込まれている．また，構造モデルの細かな修正（原子ラベルの貼り替え，結合の追加・削除など）も可能である．

EXPO2004は，粉末結晶構造解析ソフトの中では計算が速く，無機・有機化合物を問わず一般的な化合物の解析に適しており，その解析能力の高さも折紙付きである．以後，解析例をもとに簡単に操作の流れを

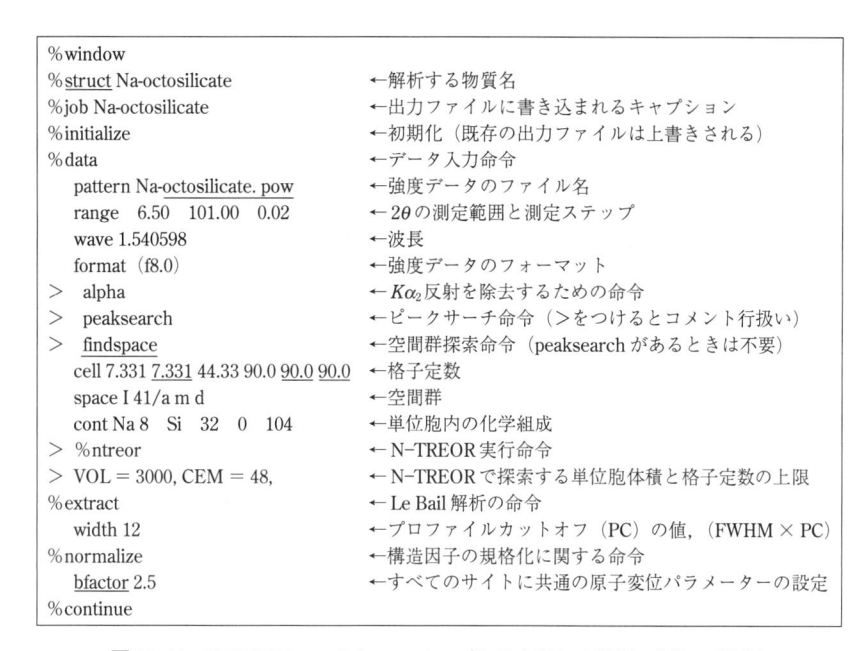

```
%window
%struct Na-octosilicate              ←解析する物質名
%job Na-octosilicate                 ←出力ファイルに書き込まれるキャプション
%initialize                          ←初期化（既存の出力ファイルは上書きされる）
%data                                ←データ入力命令
   pattern Na-octosilicate.pow       ←強度データのファイル名
   range  6.50  101.00  0.02         ←2θの測定範囲と測定ステップ
   wave 1.540598                     ←波長
   format (f8.0)                     ←強度データのフォーマット
>  alpha                             ←Kα₂反射を除去するための命令
>  peaksearch                        ←ピークサーチ命令（>をつけるとコメント行扱い）
>  findspace                         ←空間群探索命令（peaksearchがあるときは不要）
   cell 7.331 7.331 44.33 90.0 90.0 90.0  ←格子定数
   space I 41/a m d                  ←空間群
   cont Na 8  Si 32  O 104           ←単位胞内の化学組成
>  %ntreor                           ←N-TREOR実行命令
>  VOL = 3000, CEM = 48,             ←N-TREORで探索する単位胞体積と格子定数の上限
%extract                             ←Le Bail解析の命令
   width 12                          ←プロファイルカットオフ（PC）の値，(FWHM × PC)
%normalize                           ←構造因子の規格化に関する命令
   bfactor 2.5                       ←すべてのサイトに共通の原子変位パラメーターの設定
%continue
```

図 12.16　EXPO2004 の入力ファイル（格子定数と空間群が既知の場合）

説明する．なお次期バージョンの EXPO2009 では，空間群推定の確からしさが大幅に向上している．また実空間法としてポピュラーな simulated annealing 法が装備され，さらに直接法との併用も可能という新機能も加えられた．そのほかすべてのルーチンにわたって大きくブラッシュアップ・高速化されており，これまで以上にパワフルな統合ソフトウェアへと進化している．

a．EXPO2004 の入力ファイルの作成

EXPO2004 では最小限の命令を記載した入力ファイルに基づき，ユーザフレンドリーな GUI 環境上で，指数付けから直接法解析までの一連の解析を進めていく．またモデル探索以降の構造視覚化，モデルの変更・修正，リートベルト解析などは GUI を通じて操作する．特性 X 線（Cu $K\alpha$）を用いて測定した回折データを処理する場合の入力ファイルの一例を，図 12.16 に示す．ここでは格子定数と空間群が与えられているが，これらを求めたいときは **%peaksearch** と **%ntreor** の 2 つの命令を与えるだけでよい．また格子定数だけがわかっているときはサブ命令 **findspace** を指定すると，候補となる空間群を示してくれる．与えられた格子定数のもとで最も対称性の低い空間群でまず Le Bail 解析を行い，抽出された積分強度の強弱から消滅則を推測することで空間群の候補を絞り込んでいる．組成については，元素分析などによって求めた値を入力するのが理想であるが，経験的には大体の値を入力した場合でも原子位置を探してくれることが多い．図に示した以外の命令で，**%patterson** や **%fourier** を **%normalize** の後ろに加えることで，解が得やすくなる場合もある．また強度データファイルでは，各ステップのカウント数のみ必要で観測 2θ の値は不要である．フォーマットは ASCII 形式のみであるが，書式は入力ファイルで指定できるので，データ配列に合わせて適宜書き換えればよい．

b．解　析　例

結晶性層状ケイ酸塩 RUB-18 ［化学組成：$Na_{0.5}Si_4O_8(OH)_{0.5} \cdot 2H_2O$］をテストデータとして，指数付けからモデル探索，付属のリートベルト解析までの流れを図 12.17～12.25 の順で示す（入力ファイルは図 12.16 参照）．RUB-18 は層間に Na^+ イオンおよび水分子を含む層状化合物で，Vortmann らによって，実験室の粉末回折データから結晶構造が決定された[18]．図に示すデータは，Cu $K\alpha_1$ 特性 X 線を用い，ブラッグ-ブレンターノ光学系でステップスキャン法により測定したものである．

・自動ピークサーチでは，弱い反射の拾いこぼしが見られたため，$2\theta = 30°$ までの反射をマニュアルモードで，再度サーチした．

・N-TREOR により FOM が 300 を超える正方晶の格子が見出された．（図 12.17, 12.18）

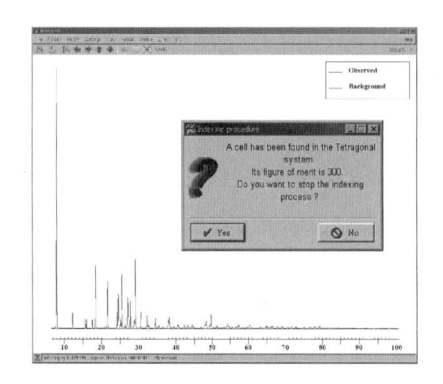

図12.17 指数付けにより単位胞が見つかったときのダイアログ画面

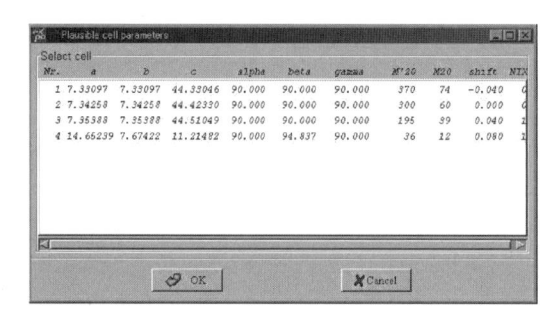

図12.18 格子定数の候補を示すダイアログ FOMの高い順に上から表示.

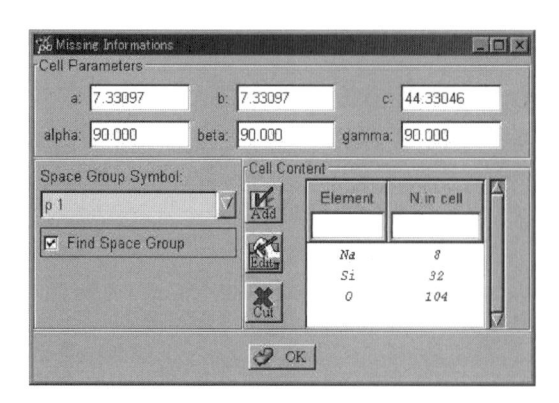

図12.19 格子定数,組成,空間群の入力ダイアログ Find Space Groupを指定する.

・次に図12.19に示されるダイアログが現れる．格子定数以外にも，組成と空間群を任意に入力できる．ここでは空間群の探索を指定する．
・消滅則から空間群 $I4_1/amd$ が最も確からしい候補として提示されたので，これを選択する（図12.20）．

・こうして求まった格子定数と空間群をもとに Le Bail 解析を行い，積分強度を抽出する（図12.21）.
・Wilson 統計を用いて共通の等方性原子変位パラメーターを計算した後，乱数より発生させた位相セットの中から，いちばんランクの高いものを用いてフーリエ合成に移る．解析中に現れるダイアログには，入力した実行命令に従い，データ読み込み，パターン分解，熱振動，invariant 解析，位相解析などの過程が順に表示される．位相の cfom の値が高いほど正しい解が得られやすいことを意味している．原子変位パラメーターの値は位相探索に影響する．うまくいかないときは **%normalize** のサブコマンド **bfactor** により任意の値を入力し，比較検討するとよい（図12.22）.
・最上位のランクの位相セットでうまくいかないときは，下位のランクでも検討する（図12.23）.

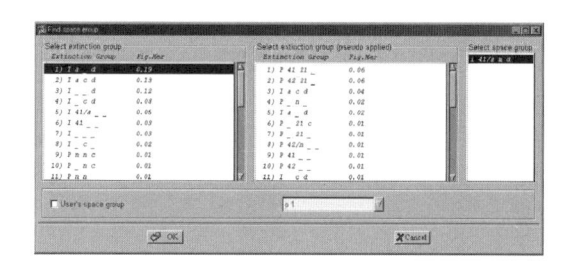

図12.20 空間群の候補リスト
FOMの高い順に列記される． $I4_1/amd$ が最上位にランクされている．

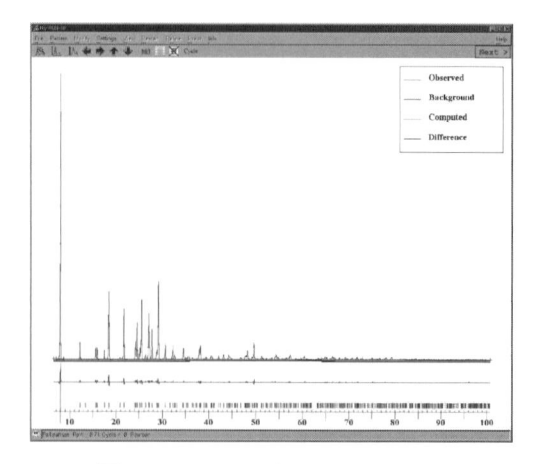

図12.21 Le Bail 解析結果のプロット
低角の反射でミスフィットが見られるものの，おおむね良好にパターン分解された.

12.2 無機結晶解析の実際

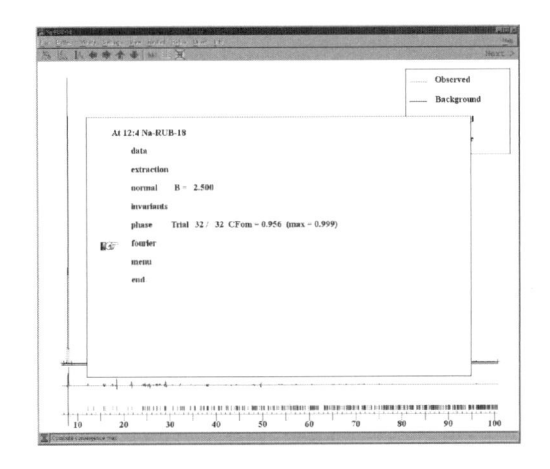

図12.22 直接法による位相決定およびフーリエ合成が進行している様子

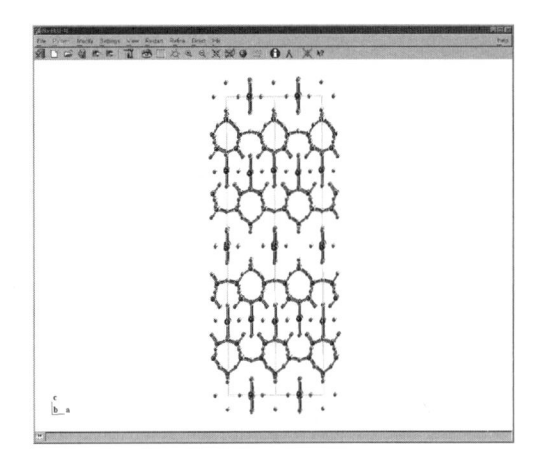

図12.24 上位第3位の位相セットを用いてフーリエ合成を行って得られた正しい構造モデル
ケイ素五員環からなる層状の骨格が4層並んでいる．

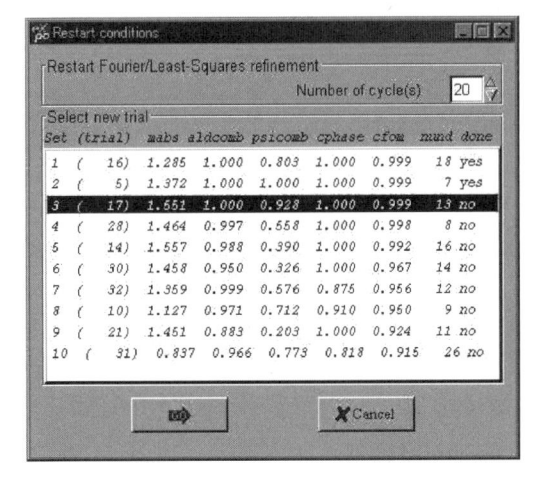

図12.23 フーリエ合成・最小二乗解析の設定
はじめに位相セットが最大10組生成され，自動でcfomが最大のものが選ばれる．解が見つからないときは他の位相セットについても検討すること．

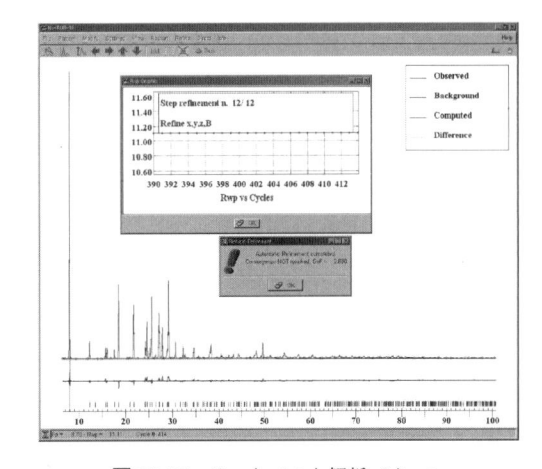

図12.25 リートベルト解析パターン
精密化中の R 因子の変化をダイアログ表示させることも可能．

・この例では，上位3位の位相セットから，シリカ系に特徴的なケイ素五員環を含む骨格構造が得られた．同時に Na^+ イオン，吸着水（を代表するO原子）の位置も導かれた（図12.24）．

・最後にリートベルト解析を実行したところ，$R_{wp}=11.1\%$ で解析が終了（図12.25）．

この解析では，Si-Oの骨格構造を形成する6つの独立サイトと，層間の Na^+ イオンおよび吸着水を表す4つの独立サイトがすべて見出され，文献に示される構造モデルと完全に一致した．

12.2.7 実空間法による初期構造モデルの探索

近年，実空間法と呼ばれる解析法が著しい発展を遂げ，simulated annealing (SA), parallel tempering (PT), Monte Carlo (MC), genetic algorithm (GA) など，さまざまな方法が開発されている．これらの方法では，回折データを満足しうるように単位胞内で直接原子団（分子）を動かしながら構造を決める．複雑な有機分子の解析を念頭にしたものが多いが，無機系でも構造がフラグメント化できる化合物（たとえば，リン酸イオンやヘテロポリ酸のポリアニオン，フラーレンなど）であれば適応できる．また非

対称単位胞内の独立原子サイト数が5つ程度の化合物であれば，原子レベルの解析に適応させることも可能である．

フラグメント内の原子団を剛体近似しているため，個々の原子の位置を決めるのに比べ座標パラメーターを大幅に減らせるというメリットがある．複雑な分子構造であっても，場合によっては$d>1.8$Å程度（$2\theta=50°$, Cu $K\alpha$）の空間分解能の低いデータから，おおよそのフラグメントの配向やパッキングが比較的容易に解明できる．フラグメントの配置を決めるために，隣接原子間に働くポテンシャルを決めるパラメーターや，bond valence parameter，フラグメント内の原子間距離や結合角に対する抑制条件，フィットを重視するかポテンシャルを重視するかなど，最適化するパラメーターがいくつかある．それらを調節して，回折パターンを満足するように適切なフラグメントの配置を探索していく．

実空間法を用いるプログラムでは，直接法では解が求まらない複雑な結晶構造でも，フラグメントの構造さえわかれば解析することが可能となる．フリーソフトとしてFOX (SA, PT)，ESPOIR (MC)[19]，SMAP (MC)[20]，PSSP (SA)[21]，商用ソフトではENDEAVOUR (global optimization)[22]，DASH (SA)，TOPAS (SA, MC)などが利用できる．DASHやENDEAVOURでは，ISIS/DrawやChemSketchなどのフリーソフトで作画された分子モデルを読み込む機能があり，複雑な有機分子の解析に効果的である．特にDASHはケンブリッジ結晶構造データベースのデータを直接読み込める．データベースから希望する分子構造をもつものを探索して，必要に応じて修正を加えながらモデルをつくるのが最も効率的であろう（12.3参照）．

実空間法では一般に，独立に与えるフラグメント構造の数が増えると計算量は急激に増加する．またフラグメントを完全な剛体とし単位胞内でのパッキングのみを求めるのか，またはそれにフラグメント内の幾何学条件について制約を加えて解析するのかでも計算量は大きく変化する．さらに解析に用いるデータ領域（d値）を広くしても，急激に計算量が増加する．特に対称性が低く格子定数の大きな化合物では注意が必要である．実際にFOXの解析では，簡単なものならノートパソコンで数分程度，複雑なものではハイエンドパソコンでも数日ほどの計算時間を要する．総じてこれらのプログラムでは，基本的な解析手順は同じであるので，付加機能や使い勝手に合わせて選ぶとよい．

図12.26はSDPDRR-2 (Structure Determination from Powder Diffraction Data Round Robin-2) に掲載されている$C_{60}CBr_2$の放射光粉末回折データ（ESRF BM 01, $\lambda=0.79764$ Å）をテストデータとし，

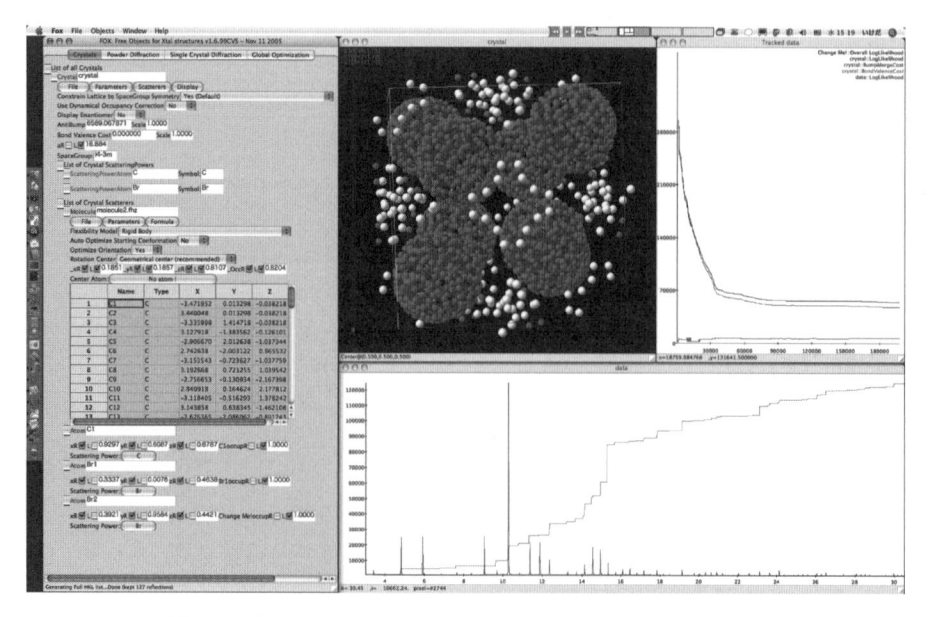

図12.26 FOXによる$C_{60}CBr_2$の構造解析（カラー口絵7参照）

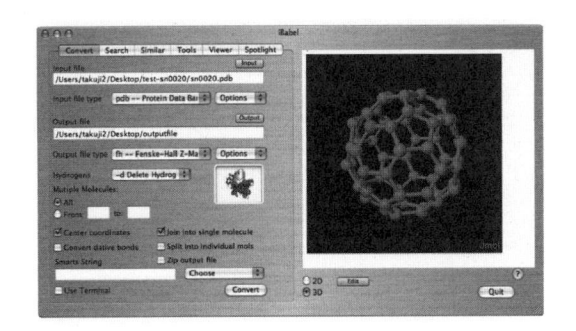

図 12.27 iBabel を使った Z-matrix 形式へのファイルフォーマットの変換

FOX を用いて解析している様子を示したものである．図右上のグラフは計算サイクルごとの解の残差の変化を示しており，値が小さくなるほどよい一致であることを意味する．解析のはじめに，図左に示されるウィンドウパネルで装置情報，格子定数，空間群，元素，フラグメント構造を設定・入力する．

ここで，C_{60} フラグメントは C_{60} 関連の文献に添付されている CIF ファイルを用い，C_{60} 分子だけを抜き出して作成した．まず可視化ソフトの Mercury または CrystalMaker を使って，C_{60} 分子以外の原子を画面上から削除し PDB 形式で保存する．次にファイルフォーマットの変換に Open Babel を用い Z-matrix 形式に変換する（図 12.27）．その変換したファイル（拡張子を fh → fhz にしておく）を FOX で読み込めば，C_{60} の分子モデルが取り込まれる．

FOX では剛体モデル内の原子間距離や結合角などに制約条件を課すこともできる．次に強度データ（2θ とカウント数の含まれたテキストファイル．ほかにもいくつかの形式に対応）を読み込み，PT または SA 解析のためのパラメーターを設定する．このときバックグラウンドやプロファイルのパラメーターは，Le Bail 解析で精密化した値に固定される．先にも述べたように，低い空間分解能の強度データでも，C_{60} 分子のおおよその位置を知ることができる．解が収束したらフーリエマップを表示させて，取りこぼしている原子がないかどうかを確認することもできる．

図 12.28 はケギン型ポリアニオンを含むヘテロポリ酸 $[H_3(PMo_{12}O_{40})]\cdot 13H_2O$ の構造モデルにフーリエマップを重ねて表示させたものである．構造モデルは先と同様にして得たが，対称性が $P1$ と低く，独立なフラグメント数が7つ必要であったため，多数の試行錯誤を要した．最終的に FOX のフーリエマップを使

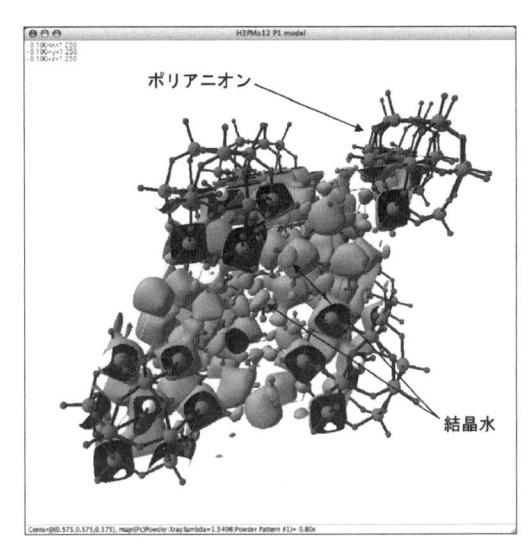

図 12.28 モリブドリン酸塩 $[H_3(PMo_{12}O_{40})]\cdot 13H_2O$ の構造モデルにフーリエ合成で得た電子密度の等値曲面を重ねたもの（FOX，裏表紙参照）

って，ポリアニオン間の結晶水の分布が，おおよそ正しいかどうかを判断した．実空間法では最初に与えたフラグメントや原子以外に解析中原子が付加または削除されることはないため，構成する元素の過不足を確かめるのにフーリエマップによる検証は有効である（不規則分布を考慮して分割原子モデルが適用可能）．

12.2.8 pCF 法

pCF（powder charge flipping）法[4]は，Oszlányi と Sütő により多次元空間での構造解析を目的として考案された charge flipping 法[23]を，Baerlocher らが電子密度改善法である histogram-matching と組み合わせ，粉末回折データの解析に拡張したものである．この pCF 法はプログラム Superflip により実行できる．Superflip は X 線回折データ専用で，格子定数，対称操作，回折指数，観測構造因子から，なんら予備的な情報なしに電子密度レベルで構造モデルを導出できる．任意スケールの電子密度分布として扱うことから組成入力が不要であること，3次元以上の多次元であっても，対称操作が定義でき構造因子を与えることができれば解析可能なこと，原子座標ではなく電子密度分布により構造を表現するため不規則（disorder）構造に対して有効なことが特徴である．なお histogram-matcing はより複雑な系での位相決定に有効だが，ほとんどの解析では用いなくても問題ない．

Baerlocherら[24]は，pCF法を駆使してゼオライトとしては最も複雑な構造を有する高シリカゼオライトIM-5（空間群：$Cmcm$，格子定数：$a=14.21$ Å，$b=57.24$ Å，$c=19.99$ Å，組成：$Si_{18}O_{36}$）の構造決定を，さらに小山ら[25]は新規高シリカゼオライトYNU-2（空間群：$P4_2/mnm$，格子定数：$a=18.22$ Å，$c=20.04$ Å，組成：$Si_{14}O_{28}$）の結晶構造を報告し，この方法が複雑な無機化合物の解析に非常に強力であることを示した．

Superflipでは，電子密度分布の可視化が，構造モデルの構築において非常に重要な役割をもつ．門馬と泉により開発された可視化ソフトVESTAには，Superflipが出力した電子密度データのファイルを読み込み，電子密度分布から極値を求め座標リストにする機能が組み込まれている．これを利用すれば，視覚化と同時に構造モデルの構築が格段に容易となる．またプログラムEDMA[26]を用いれば，電子密度データから原子位置をCIF形式で出力させることもできる．図12.29右に実験室データを用い，Superflipから導出された$Sr_{9.3}Ni_{1.2}(PO_4)_7$の電子密度を示す．文献[27]ではMPF法を使ってようやく導き出された棒状に広がったSrサイトの不規則構造（図12.29左）が，なんら予備モデルなしに見事に再現されたことは注目に値する．これまでの検証から，pCF法は不規則構造の取扱いにも適していると考えられる．

図12.30は，ゼオライトYNU-2についてSuperflipで得られた電子密度分布と，その電子密度分布からEDMAにより座標を抽出して構築した構造モデルを並べて示したものである．骨格を構成する独立サイトの数が27にも及ぶため，結晶性がよいにもかかわ

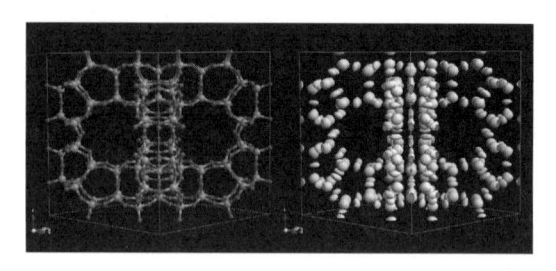

図12.30 YNU-2のpCF解析により決定した電子密度分布（右）とEDMAで導出した骨格構造モデル（左）

らず，直接法では全くのお手上げであったが，pCF法ではいとも簡単にその特徴的な3次元細孔構造を導くことができた．

なおpCF法は，無機化合物だけでなく有機化合物にも有効で，低分子量の有機分子であれば対称性がかなり低い場合でも適応できる．また不規則構造の表現も可能なことから，イオン伝導体やソフトマテリアル系にも有効であろう．ただし万能ではなく，やはり結晶性に由来する問題や，pCF法特有の癖もあることから，十分に習熟する必要がある．まだまだ開発されたばかりであり，今後の発展が期待される解析法として注目を集めている．

12.2.9 MEMによる部分構造の推定

X線回折データからMEMを用いて電子密度分布イメージを作成することで，結晶構造を電子密度レベルでより詳細に知ることができる．MEM/リートベルト法（10.2.1参照）は，粉末回折データからの結晶構造のイメージング手法として，日本で独自に考案され発展し，今日では広く普及している．方法論的には端的にいえばフーリエ合成をMEMに置き換えただけにすぎないが，リートベルト解析で用いた不完全な構造モデルを修正するのに役立つ．またフーリエ合成に比べ圧倒的に鮮明な電子密度分布を与える．さらに，電子密度レベルでの構造精密化法としてMEM/リートベルト法を発展させたMPF（MEM-based pattern fitting）法が考案された．MPF法はリートベルト法で用いた構造モデルのバイアスを低減させ，粉末X線回折データから可能な限り確度の高い電子密度分布を与える（10.2.2参照）．

未知構造解析では，MEM本来のもつ情報推定能力を最大限利用して，部分的な構造モデルの推定・修正のために用いる．MEM/リートベルト法では，リー

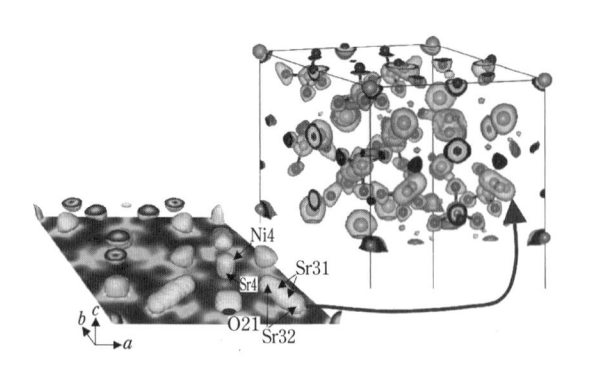

図12.29 $Sr_{9.3}Ni_{1.2}(PO_4)_7$の電子密度分布：pCF解析（右）とMPF解析（左）の結果（カラー口絵8参照）

トベルト解析の構造モデルから計算した観測構造因子 $|F_o|^2$ を使って MEM 解析を行う．そのため，リートベルト法で採用した構造モデルのバイアスが大なり小なりかかった結果を与える．これを逆手にとって未知構造解析では，あえて不完全な構造モデルに基づいて MEM/リートベルト解析を行う．こうすると，得られた電子密度マップから，構造モデルにない新たな情報（散乱体の存在）が抽出されることがある．このとき MEM 解析では，単位格子内の総電子数（中性子では総散乱長）を元素分析などから見積もった値に設定するのがコツである．新たに見出されたサイトをリートベルト解析に取り込み，一連の操作を繰り返していくことで self-consistent な解へ近づいていく．

たとえば微細孔を有する化合物では，骨格と細孔内の物質がホスト-ゲストの関係になっている．一般に細孔に内包される分子や原子（ゲスト物質）は，不規則な配置をとることが多い．このような場合，ホストの構造は直接法や pCF 法などで導き出し，ゲストの配置・分布は MEM/リートベルト法で決定するといった方法で，効率的に構造を解き明かすことができる．

実例として，ゼオライト ZK-4（空間群 $Pm\bar{3}m$, a=12.06 Å）を例に示す．ZK-4 は LTA 型ゼオライトの一種で図 12.31 に示されるケージ構造を有している．また図に示されていないが，ケージの窓の部分に K^+ イオンを有している．この陽イオンを MEM/リートベルト解析で導き出してみる．

まず骨格構造のみを考慮しリートベルト解析を行ったところ $R_B=29\%$ 程度にしか収束せず，大きな残差が残った（図 12.31）．この段階で得られた観測積分

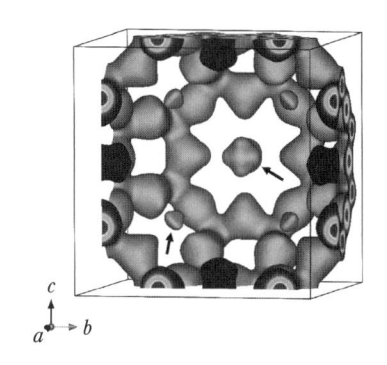

図 12.32 図 12.31 の結果に基づく MEM 解析から得られた ZK-4 の電子密度分布（電子密度レベル：$0.7 Å^{-3}$, $x=1/2$ でカットしてある）矢印で示す電子密度が K^+ イオン．

強度を用い PRIMA で MEM 解析を行ったところ，図 12.32 に示すように電子密度分布が得られた（MEM が収束しない場合もあるが，R_{MEM} 値が下がり切ったところでよい）．すると（100）に位置する八員環の中心，および [111] 方向にある六員環付近に構造モデルで考慮していない散乱体が観測された．これが陽イオンサイトに相当することから，構造モデルに K サイトを加えた修正モデルでリートベルト解析を行ったところ，R 因子はそれぞれ $R_{wp}=5.64\%$, $R_B=1.04\%$, $R_F=0.76\%$ と劇的に改善した．ただし，初期構造モデルが全くない場合は，リートベルト解析もできないので，当然のごとく MEM/リートベルト法は適応できないことに注意されたい．未知物質の場合は，他の解析法で構造モデルの概要を抑えておく必要がある．実際のところ，正しい構造モデルから著しくかけ離れた初期モデルでは，MEM で推定された電子密度分布であってもゴーストが目立ち，モデルの判定が難しくなり，未知サイトの検出が困難になるといってよい．少なくとも全体の 6〜7 割以上が事前にわかっている必要がある．

12.2.10 中性子回折データの利用

X 線回折に比べると，本質的に不利であることは否めないものの，粉末中性子回折でも未知構造を決定できる場合がある．特に X 線では見えにくい D(H), Li, O といった軽元素が含まれる化合物では効果がある．現在，国内では角度分散型の高分解能回折装置として JRR-3M の HRPD が利用可能となっている．

一般的に，X 線回折に比べ中性子回折では元素間

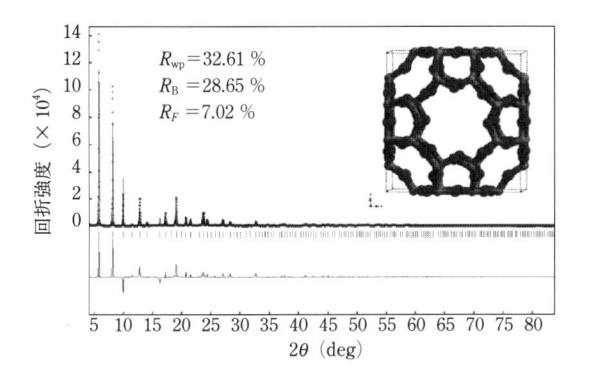

図 12.31 ZK-4 の骨格構造のみをパラメーターとしたときのリートベルト解析結果

$R_{wp}=32.61\%$
$R_B=28.65\%$
$R_F=7.02\%$

の散乱能に大きな差がない（つまりコントラストが小さい）ことから，位相が決めにくいことが指摘されている[28]．また強度データのカウント数も高くなく，複雑な構造では回折強度の弱い反射がバックグラウンドに埋もれる場合がしばしばある．その他，水素を含む有機分子などでは，非干渉性散乱の影響でバックグラウンドレベルが高まり，S/N 比が著しく悪化する．さらに，既存の角度分散型回折装置では，指数付けや未知構造を解くために必要な低角度領域の反射の分解能が不足気味であることは否めない．一方，高強度パルス中性子散乱施設（J-PARC）の装置は，広い測定レンジの高分解能・高強度の測定が可能なので，未知構造解析にも適用されていくものと期待される．未知構造解析では主要な原子位置が迅速かつ的確にわかることの方が重要で，きっかけがつかめればモデル構築が可能なことが多い．現状では，試料と光源の相性をよく見極め，たとえば指数付けまでは粉末 X 線回折を用いるなど，使い分けた方が賢明であろう．

次に粉末中性子回折を用いた解析例を示す．Yang ら[29]が報告したペロブスカイト化合物 $Sr(Yb_{0.5}Nb_{0.5})O_3$（空間群：$P2_1/n$，格子定数：$a=5.791$ Å，$b=5.822$ Å，$c=8.204$ Å，$\beta=90.13°$）について，文献のデータ（$\lambda=1.8339$ Å）を用い，直接法（EXPO）によるモデル探索を試みた．全自動の Le Bail 解析では $R_p=8.8$% まで収束し，ほぼ適切にパターン分解ができた（図12.33）．

すでに述べたように，角度分散型粉末中性子回折データでは計数統計が低いため，自動でのバックグラウンドレベルの見積りがうまくいかないことが多い．面

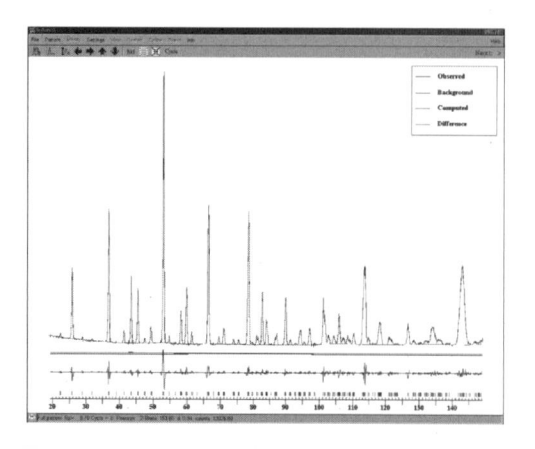

図12.33 EXPO2004 による $Sr(Yb_{0.5}Nb_{0.5})O_3$ の Le Bail 解析結果

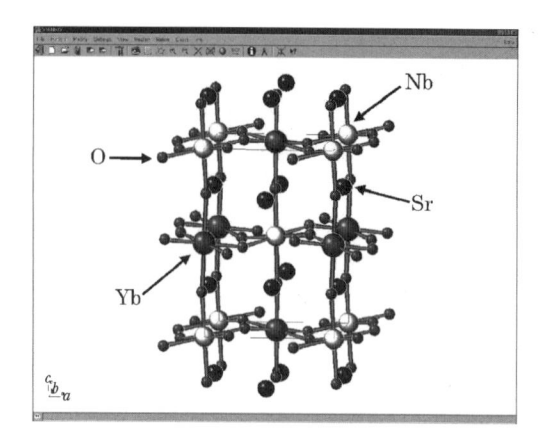

図12.34 直接法で得られた $Sr(Yb_{0.5}Nb_{0.5})O_3$ の構造モデル

倒でも，手動で修正し適切に対処するよう心がけてほしい．次のステップの直接法解析では，位相セットが2つしか得られなかったものの，上位の位相セットで6つの独立なサイトが求まり，正しい構造モデルを得ることができた（図12.34）．

また実空間法でも未知構造を解くことができる．FOX は粉末 X 線回折データと粉末中性子回折データ（単結晶データと粉末回折データ，さらには 3 つ以上の任意のデータを併用可能）を同時に用いて解析することが可能である．原子の見え方が全く異なるデータを用いることで，互いの弱点を克服しながら高い確度で原子位置を求めることができる．一例として水銀系高温超伝導体 Hg-1201（空間群：$P4/mmm$，格子定数：$a=3.88$ Å，$c=9.53$ Å，組成：$HgBa_2CuO_{4+\delta}$）について FOX で解析を行ってみた．なお中性子回折データは JRR-3M の HRPD により波長 1.824 Å で測定を行った．

まず X 線回折データのみを使って解析したところ，Ba や Hg の位置は求まるものの，酸素の位置は決まらなかった．次に中性子回折データのみで解析したところ，解は得られたが非常に多くの試行錯誤（つまり計算時間）を要した．これは，元素間でのコントラストが X 線の場合に比べ非常に小さいことに起因し，正解に到達しにくいことを意味している．最後に，X 線回折データと中性子データを併用して解析したところ，すべての原子位置（4 サイト）を短時間で導くことができた（図12.35）．図はそれぞれ①メイン画面でのマルチデータの入力設定，②構造モデル，③解の収束状況を示すグラフ，④粉末 X 線回折データの残

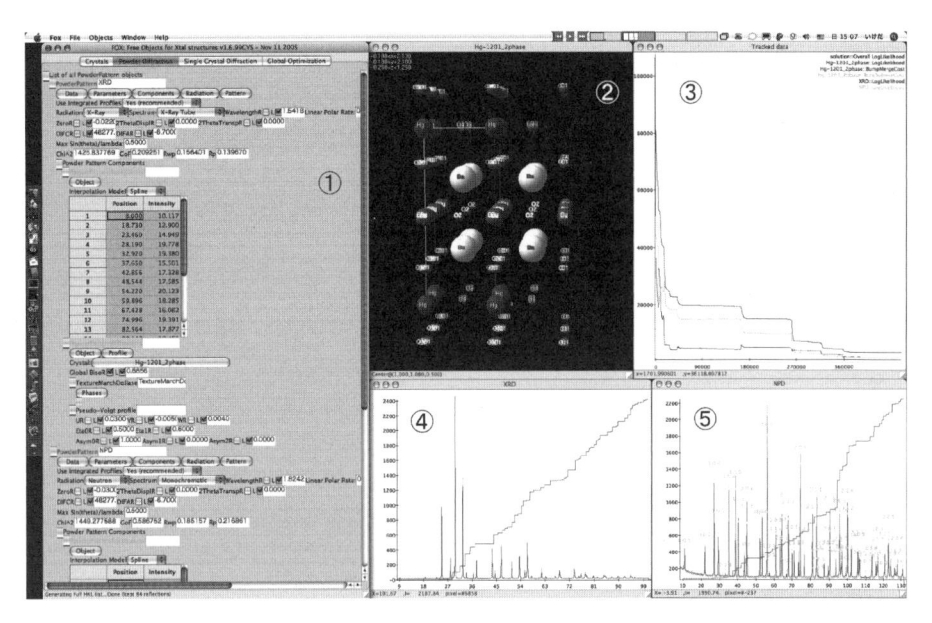

図12.35 粉末X線,粉末中性子回折データを併用したHg-1201の構造解析(FOXを使用)

差プロット,⑤粉末中性子回折データの残差プロットを表している.

注意点として,この方法では,得られた原子座標は厳密にいえば,電子の重心(X線回折)と原子核の中心(中性子回折)となる.互いに見ているものが違うことから,双方のデータの加重平均的な座標となる.特に粉末X線回折データでは,共有結合や不規則構造による電子の広がりが,大なり小なり座標に影響を与える(前者はさほど実害はないが)ことも,考慮されるべきであろう.また複数の回折データを同時に扱う場合,それらの解析への寄与がデータ間で均一となるよう,測定範囲(反射の数)を同じにし,計数統計の違いには適切な重みを施すなどの工夫が必要である.特に放射光データと中性子データの組合せでは,回折強度が一桁以上違う場合が多いので注意されたい.

[池田卓史]

文 献

1) C. Giacovazzo, *Acta Crystallogr., Sect. A*, **52**, 331 (1996).
2) Y. G. Andreev, G. S. MacGlashan, and P. G. Bruce, *Phys. Rev. B*, **55**, 12011 (1997).
3) たとえば,L. B. McCusker, Ch. Baerlocher, E. Jahn, and M. Bülow, *Zeolites*, **11**, 308 (1991); R. W. Broach, N. K. McGuire, C. C. Chao, and R. M. Kirchner, *J. Phys. Chem. Solids*, **56**, 1363 (1995).
4) Ch. Baerlocher, L. B. McCusker, and L. Palatinus, *Z. Kristallogr.*, **222**, 47 (2007).
5) http://www.ccp14.ac.uk/index.html
6) R. W. Grosse-Kunstleve, L. B. McCusker, and Ch. Baerlocher, *J. Appl. Crystallogr.*, **21**, 536 (1999).
7) M. Falcioni and M. W. Deem. *J. Chem. Phys.*, **110**, 1754 (1999).
8) F. Gramm, C. Baerlocher, L. B. McCusker, S. J. Warrender, P. A. Wright, B. Han, S. B. Hong, Z. Liu, T. Ohsuna, and O. Terasaki, *Nature*, **444**, 79 (2006).
9) たとえばG. Férey, C. M. Draznieks, C. Serre, F. Millange, S. Dutour, S. Surble, and I. Margiolaki, *Science*, **309**, 2040 (2005)→Supporting Informationも見よ; L. Palacios, A. G. De La Torre, S. Bruque, J. L. Garcia-Munoz, S. Garcia-Granda, D. Sheptyakov, and M. A. G. Aranda, *Inorg. Chem.*, **46**, 4167 (2007).
10) http://servermac.geologie.uni-frankfurt.de/Staff/Homepages/Petschick/RainerE.html#MacDiff
11) R. Shirley, *Acta Crystallogr., Sect. A*, **56**, s350 (2000).
12) J. Bergmann, A. Le Bail, R. Shirley, and V. Zlokazov, *Z. Kristallogr.*, **219**, 783 (2004).
13) 桜井敏雄,"X線結晶解析の手引き,"裳華房(1983), pp. 258-272.
14) "International Tables for Crystallography," Vol. A, 5th ed., ed. by T. Hahn., Kluwer, Dordrecht (2005).
15) "A Hypertext Book of Crystallographic Space Group Diagrams and Tables"; http://img.chem.ucl.ac.uk/sgp/mainmenu.htm

16) W. I. F. David, *J. Appl. Crystallogr.*, **20**, 316 (1987).
17) T. Ikeda and K. Itabashi, *Chem. Commun.*, **2005**, 2753.
18) S. Vortmann, J. Rius, S. Siegmann, and H. Gies, *J. Phys. Chem. B*, **101**, 1292 (1997).
19) A. Le Bail, *Mater. Sci. Forum*, **378-381**, 65 (2001).
20) 三浦裕行, 日本結晶学会誌, **44**, 392 (2002).
21) S. Pagola and P. W. Stephens, *Mater. Sci. Forum*, **321-324**, 40 (2000).
22) H. Putz, J. C. Schoen, and M. Jansen *J. Appl. Crystallogr.*, **32**, 864 (1999).
23) G. Oszlányi and A. Süto, *Acta Crystallogr., Sect. A*, **60**, 134 (2004).
24) Ch. Baerlocher, F. Gramm, L. Massüger, L. B. McCusker, Z. He, S. Hovmöller, and X. Zou, *Science*, **315**, 1113 (2007).
25) Y. Koyama, T. Ikeda, T. Tatumi, and Y. Kubota, *Angew. Chem., Int. Ed.*, **47**, 1042 (2008).
26) S. van Smaalen, L. Palatinus, and M. Schneider, *Acta Crystallogr., Sect. A*, **59**, 459 (2003).
27) A. Belik, F. Izumi, T. Ikeda, R. A. Dilanian, S. Torii, E. M. Kopnin, O. I. Lebedev, G. Van Tendeloo, and B. I. Lazoryak, *Chem. Mater.*, **14**, 4464 (2002).
28) R. M. Ibberson and W. I. F. David, "Structure Determination from Powder Diffraction Data," ed. by W. I. F. David, K. Shankland, L. B. McCusker, and Ch. Baerlocher, Oxford Univ. Press, Oxford (2002), pp. 88-97.
29) J. H. Yang, W. K. Choo, J. H. Lee, and C. H. Lee, *Acta Crystallogr., Sect. B*, **55**, 348 (1999).

12.3 有機結晶解析の実際

12.3.1 はじめに

有機化合物の分子構造および結晶構造を知ることの重要性は医薬品や材料の開発，科学研究において非常に高い．一般に有機化合物の結晶構造解析は単結晶法により行われている．単結晶法は回折斑点をすべて分離して測定することができるので，結晶構造に関する情報が圧倒的に多い．加えて，解析手法が確立されているので「有機結晶の構造解析といえば単結晶」という状況は今後も変わらないであろう．したがって，有機結晶の未知構造の解析が目的であるならば，まず，単結晶構造解析を試みるべきである．実験室系の単結晶回折装置の進歩はすばらしく，集焦点ミラーを有する回折装置を用いれば，20 μm 角の単結晶を用いた構造解析も可能である．この程度のものであれば粉末試料中から探し当てることも不可能ではない．有機結晶の構造解析を粉末法で行う場合は本当に粉末法以外に手はないのか，実験前に冷静によく吟味してから着手すべきである．

それではどのような場合が粉末結晶構造解析の出番となるのか，代表的なものを次にあげる．

・粉末結晶しか得られない場合．
・単結晶と粉末結晶の結晶構造が異なる場合．
・双晶しか得られない場合．
・何らかの理由で単結晶状態が崩壊した後の構造を知りたい場合．
・粉末結晶状態の構造を知りたい場合．

もちろんこれら以外にも重要な用途はあるが，筆者自身および共同研究者から相談を受け，粉末結晶構造解析の必要性を感じたケースはほとんど上記のものである．

12.3.2 解析の手順

解析の手順は単結晶法によるものと多少異なるが類似している．粉末法に特有な手順は粉末回折パターンからの回折強度抽出である．以下にデータ収集後の解析手順を記す．

a．格子定数の決定
b．空間群の決定
c．回折強度の抽出
d．初期構造モデルの導出
e．構造精密化
f．結果の評価

単結晶法ではデータ収集前に予備的な測定を行い，格子定数，場合によっては空間群まで決定するが，粉末法ではデータの収集が終わってからこの作業を行う．強度抽出の作業は単結晶法の2次元検出器を用いた測定におけるブラッグ反射の積分操作に似ている．粉末法では指数付けした1次元データから，各反射の強度を抽出する．反射がすべて単独に観測されているなら，簡単な操作であるが，中角以降では反射が重畳しているために，これらの反射をいかに分離するかが問題である．

なお，解析の成否はいうまでもなく，単一相の試料を用意し，試料の状態を最適に調製し，ピークの重畳が少ない分解能の高いデータを得ることに依存することを強調したい．

12.3.3 格子定数,空間群の決定,強度の抽出

粉末結晶構造解析というと,初期構造モデルの導出やリートベルト法による精密化に目を奪われがちだが,実は格子定数の決定(指数付け)と空間群の決定がいちばん難しい.理論などは 12.1 で説明されているので,本節で例をあげて手順を説明する.

a. 格子定数の決定

格子定数決定で重要なことは,いかにピークを見落とさず,その位置を正確に得るかにつく.反射の位置は必ずしもピーク位置とは限らない.ピーク位置を用いたときの結果が思わしくない場合,グラフ作成ソフトウェアなどを用いて,プロファイルフィッティングにより反射の位置を決めるとよい.またプロファイルフィッティングによりピークにショルダーが見つかることも少なくない.ショルダーが見られた場合はピーク分離してこれについてもピーク位置を求める.有機結晶では高角の反射が重なるため,指数付けの役に立たないことが多い.したがって,低角から中角の反射は弱い反射も含めて拾い落しがないように心がける.このようにして選んだ反射を使っても指数付けがうまく行かない場合は弱い反射を除いたり,低角の反射のみを用いたりして指数付けを行う.

試料中に不純物や多形が共存する場合,これらの反射を目的物の反射と見分けられれば原理的には問題はないが,指数付けのみならず以降の解析が極度に困難となるので,試料を調製し直すべきである.

ピークサーチを行ったら指数付けソフトウェアを用いて指数付けを行う.プログラムのアルゴリズムにより異なるが,指数付けには 20 個程の反射が必要である.入力ファイルの形式は各プログラムにより異なるので,そのつど作成し直さなければならない.Winplotr のようなパッケージソフトを利用すると,ピークサーチの結果をいろいろなプログラムの入力形式で保存することができる.定評ある指数付けソフト,DICVOL04, TREOR, ITO はパッケージに含まれている.

指数付けを行うとき,tolerance をあまり小さくしないようにする.実験の確度にもよるが $2\theta=0.02°$ 程度がよい.これで候補が多すぎるような場合,小さい値を入れることで候補を絞る.指数がつかない場合,特定のソフトに固執することなく,別のものを試してみるとよい.

いくつかソフトを試しても正しい結果が得られない場合は,使う反射を変える.反射のプロファイルを精査し,プロファイルが非対称であるものを除外して指数付けを試みる.プロファイルが非対称なものはいくつかのピークが重なっている可能性が高いからである.

格子定数が得られたら,それが適当であるか検討する.このためには Z(単位格子中の化学式単位の数)を体積から見積もるとよい.経験的に Z は次式で見積もることができる.

$$Z = \frac{V/18}{\text{化学式中の非水素原子の数}} \quad (12.9)$$

また,より的確に算出する場合は Hofmann により原子種あたりの体積が概算されているので,これを利用するとよい[1].幸いなことに有機結晶が示す空間群のバリエーションは広くない.分子にキラリティーがない場合やラセミ体の場合,空間群は三斜晶系ならば $P\bar{1}$,単斜晶系ならば $P2_1/c$ か $C2/c$,斜方晶系ならば $Pbca$ であることが多い.有機結晶において Z は空間群の一般等価位置の数と一致するか,その 2 倍程度であることが多い.よって指数付けの結果,晶系が三斜晶系ならば $Z=2$,単斜晶系ならば $Z=4$ または 8,斜方晶系ならば $Z=8$ と推定される.分子が分子内に反転中心や 2 回軸をもちうる場合は,Z は各一般等価位置の数の 1/2 である可能性がある.分子にキラリティーがある場合は,三斜晶系ならば $P1$,単斜晶系ならば $P2_1$ か $C2$,斜方晶系ならば $P2_12_12_1$ であることが多い.一般等価位置の数はそれぞれ 1, 2, 4, 4 である.

b. 空間群の決定

空間群の決定は消滅則を確認することで行う.これは単結晶構造解析の場合となんら変わらない.しかし単結晶法の場合はすべての反射を独立に観測しているので,消滅則を統計的に検討することができ,空間群決定の精度が高い.粉末法の場合,低角領域以外では反射の重なりのため,反射の出現・消滅を判断するのが困難である.このため消滅則の確認は低角の少数の反射によらなければならず,消滅則に関係する指数の反射は 1 個たりとも見過ごしてはならない.また,Pawley 法[2]や Le Bail 法[3](7.7 参照)により積分強度を得,指数と反射強度のリストを用いると単結晶法と同様の解析を行えるが,消滅則で観測されない反射が出現する反射と重なっている場合,強度の等分配の影響で,本来消えるべき反射に強度が与えられてし

まう．したがって，可能な空間群を決定したとしても，パターンの確認は必ず行い，より高い対称があるかどうか確認すべきである．

(i) 具体例 格子定数および空間群の決定をタウリン（$C_2H_7O_3NS$）を例にとって説明しよう．測定は波長 1.3 Å で SPring-8 BL19B2 のデバイ-シェラーカメラにより行った．なお，解析ソフトウェアには PowderX を用いた．

まず低角の反射を漏れなく拾うようにしきい値を選びピークサーチを行う（図 12.36, 12.37）．

見つかったピークのうち低角側から 19 本を用いてプログラム TREOR により指数付けした結果を図 12.38 に示す．非常に弱いピークに対しても指数がついていることがわかる．得られた格子が正しいかどうかは figure of merit（FOM）により判断する．正しい格子が得られたどうかのしきい値は $M(20), F(20)$ でそれぞれ 50, 100 といわれている．これらはデータの角度分解能に大きく依存するので，$M(20)$ が 20 以

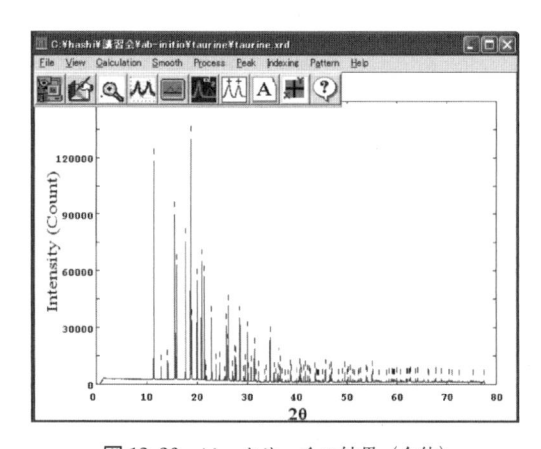

図 12.36 ピークサーチの結果（全体）

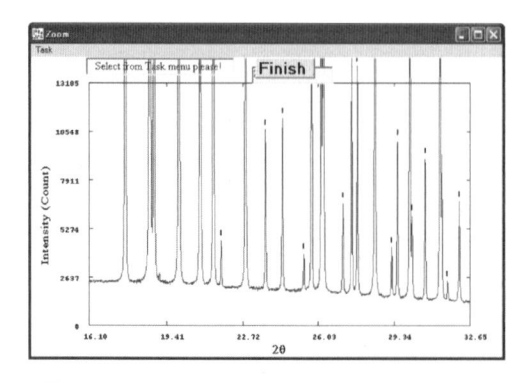

図 12.37 ピークサーチの結果（低角の弱い反射）

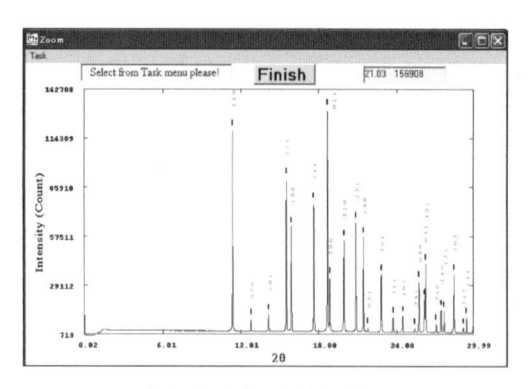

図 12.38 指数付けの結果

上であれば正解の可能性がある．実測と計算で得られた回折角の位置をよく確認して格子を決定するとよい．この試料の場合は，$M(20)=93$，$F(20)=191$ であり，正しい格子が得られているようである．得られた格子定数は $a=9.859(1)$ Å，$b=11.6703(8)$ Å，$c=5.2966(5)$ Å，$\beta=126.504(8)°$，$V=489.85$ Å³ であった．式 (12.9) により Z を見積もると 4 であり，得られた結果は妥当だと考えられる．

表 12.1 に $2\theta<30°$ の範囲にある $h0l$ と $0k0$ 反射の観測の有無を示す．$0k0$ 反射は数が少ないが，020，040 が観測され，010，030 が観測されず，b 軸に平行な 2_1 軸の存在が示唆される．一方，$h0l$ 反射は，h, l がともに偶数およびともに奇数の反射が観測され，h, l の一方が奇数の反射が観測されない．これらは b 軸に垂直な n 映進面の存在を示している．したがって，空間群は一義的に $P2_1/n$ と決定できる．

得られた格子と空間群は解析に先立って，適切な格

表 12.1 $h0l$ と $0k0$ 反射の消滅則

h	k	l	2θ (deg)	消滅則
0	1	0	6.386	消滅
1	0	0	9.409	消滅
0	2	0	12.791	観測
−1	0	1	14.135	観測
−2	0	1	16.432	消滅
0	0	1	17.564	消滅
2	0	0	18.883	観測
0	3	0	19.238	消滅
−3	0	1	22.827	観測
1	0	1	24.477	観測
0	4	0	25.746	観測
3	0	0	28.489	消滅
−2	0	2	28.490	観測
−3	0	2	29.399	消滅

子変換を行い標準的なセッティングにする．結果の発表時につまらないことで再解析とならないようにするためである．本結晶の場合は，$\beta=126.504(8)°$ であるため標準形でない．$(0\ 0\ 1/0\ -1\ 0/1\ 0\ 1)$ のマトリックスで格子変換を行い，次の格子定数，空間群を得た．
$a=5.2966(5)$ Å, $b=11.6703(8)$ Å, $c=7.9452(13)$ Å, $\beta=94.103(10)°$, $V=489.85$ Å^3, $(P2_1/c)$
先ほど見積もった Z は 4 であるから，非対称単位中に独立な1つのタウリン分子が存在することがわかる．

c．回折強度抽出

格子定数，空間群が決定できたら，粉末回折データから各反射の積分強度を抽出する．方法としては Pawley 法，Le Bail 法が主である．初期構造モデル導出ソフトウェアにはたいていどちらかが含まれている．RIETAN-FP にも Le Bail 法の機能が含まれている．RIETAN-FP はプロファイル関数および最小二乗法が他のソフトウェアよりも強力であるので，最終的にはこれを使って回折強度を抽出してもよい．より精度の高い回折強度が得られるだろう．

12.3.4 初期構造モデル導出

粉末結晶構造解析の華はなんといっても，初期構造モデルの導出である．筆者は長年の懸案であった構造が画面に現れたときの喜びがいまだに忘れられない．構造解析の手法は実空間法と逆空間法に大きく分類できる．それぞれ強みがあるので，どちらか一方にこだわることなく，適宜使い分けるとよい．以下，タウリンを例に両手法を紹介する．

a．実 空 間 法

実空間法は粉末回折パターンに合うように構造を逐次修正し構造を解く手法である．12.3.4 b に述べる逆空間法では高角の回折強度を精度・確度よく得る必要があるが，実空間法は逆空間法ほどシビアではない．よって何らかの理由により高角の反射が弱く，分解能が高くない（$d \approx 2$ Å）場合でも実空間法は適用できる．有機結晶は無機結晶に比べ高分解能のデータが得られない場合が少なくない．このため，実空間法は有機結晶の初期構造モデル導出に非常に有効な手法である．しかし，実空間法は解析前に格子定数・空間群・Z 以外に，結晶を構成している分子の化学構造が必要である．これは実空間法が分子全体の並進・回転，コンフォメーション（立体配座）を修正し構造を解く手法であるためである．結晶学的に独立な分子が単位胞中に2分子以上存在すると，おのおのの分子に並進・回転の自由度があるため，解析がより困難になる．また，フレキシブルな分子もコンフォメーションの自由度が増えるため，解析が難しくなる．したがって，実空間法による解析に向いている結晶構造は非対称単位中に含まれる分子数が1で，構造が rigid なものである．コンフォメーションの自由度としては10程度が上限と考えるとよい．構造修正のアルゴリズムによりさまざまな手法が提案されているが，ここでは筆者がよく用いている simulated annealing（SA）法の例を示す．

プログラム DASH は有償であるが，プロファイルフィッティングによるピークサーチ，指数付け，simulated annealing 法，簡易なリートベルト法，RIETAN-FP などリートベルト法プログラム用の入力データ作成を含む粉末解析の総合パッケージソフトウェアである．解析手順がわかりやすく並べてあるので，プログラムのメッセージに従って順に操作すると一通り解析ができるため，初心者が解析手順を覚える

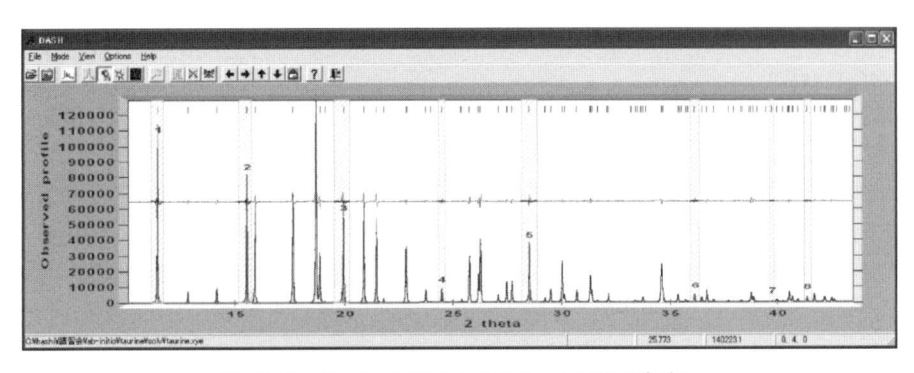

図 12.39 Pawley 法によるタウリンの回折強度抽出

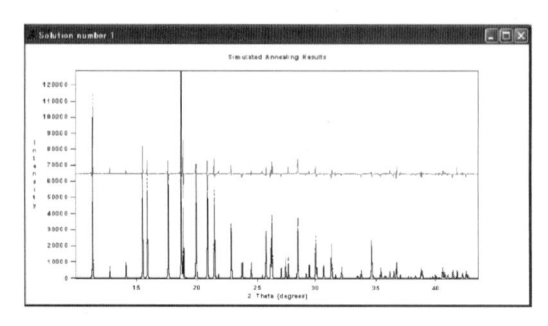

図 12.40 最もフィットのよかったアニーリングの結果

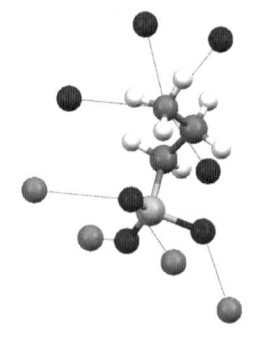

図 12.42 フィットのよい構造
NH_3 基のすべての N-H が適当な配置で水素結合を形成している．点線はファンデルワールス接触よりも近い原子間距離を表している．

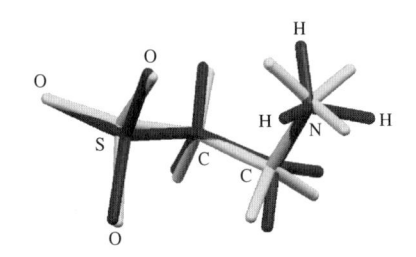

図 12.41 フィットのよかった解（黒色）と悪かった解（灰色）の重ね合わせ
非水素原子の位置はほぼ同じであるが，アンモニウム基の水素の位置が異なる．

には非常に都合がよい．また，有機化合物を含む結晶構造のデータベース Cambridge structural database（CSD）との連携が密接であり，SA 実行時にデータベースから，統計的に分子がとりうるコンフォメーションの範囲を抽出し，束縛することができる．この束縛により，最適解への収束が早くなる．

12.3.3 で決定した格子定数，空間群を入力し，Pawley 法による強度抽出を行った（図 12.39）．次に Chem3D により作成した分子の化学構造を用い 10 回の annealing プロセスを行った．図 12.40 にフィットが最良であったものを示す．このときの χ^2 は 136.5 であった．フィットの最も悪かったものでも，161.7 であったので，フィットの良否のみから正解を選ぶのは困難である．図 12.41 にこれら 2 つの構造を重ね合わせた図を示す．両者の基本骨格にはほとんど違いは見られない．違いは $-NH_3$ 基の水素原子の位置である．これら水素原子の位置の妥当性を検討するために水素結合形成時の N-H の方向性に注目した．この結果，フィットのよい方の構造は 3 本の N-H が水素結合形成に適した方向に向いていた．一方，フィットの悪い構造では，水素結合形成に適した方向を向いている N-H は 1 本であった（図 12.42，12.43）．この点から，正解はやはりフィットのよい方の構造であることが明らかとなった．

b．逆 空 間 法

逆空間法は反射の位相を推定する手法である．つまり，単結晶構造解析を行った経験のある方にはなじみの深い「直接法」である．逆空間法に必要な情報は，格子定数，空間群，単位胞中の原子種とその数である．実空間法では化学構造がわかっていることが必要であったが，逆空間法では正確な分子式がわかっていればよい．また，実空間法では難しかった，非対称単位中に独立な分子が複数存在する場合や，分子のコンフォメーション変化の自由度が大きい場合にも適用できる．ソフトウェアは直接法のプログラム SIR2004 の作者らが開発した，EXPO2004 が無償で入手でき，しかも非常にパフォーマンスが高い．粉末結晶構造解析を始めるにあたり，最初に手に入れるべきソフトウェアである．EXPO2004 はピークサーチ，指数付け（N-TREOR），空間群の決定，Le Bail 法による強度抽出，直接法，フーリエ合成，リートベルト法からなり，入力データのファイルさえつくれば，あとは GUI 上ですべてコントロールできる．以下にタウリンを例とした解析過程を示す．

i）入力ファイル　EXPO2004 にはさまざまなオプションがあるが，実はほとんどデフォルトで十分であり，非常にシンプルな入力ファイルを作成すれば，構造を解いてくれる．以下に入力例を示す．

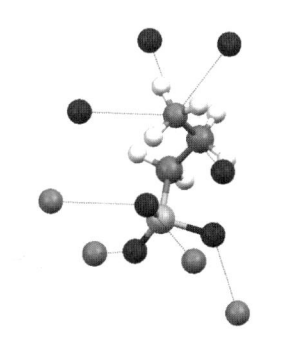

図12.43 フィットの悪い構造 NH_3 基の2つのN-Hが水素結合を形成していない．

```
%window
%job Taurine
%structure Taurine
%initialize
%data
range 10.01 77.00 0.01
          ［解析に用いる2θの範囲とステップ幅］
pattern taurine.pow
          ［反射強度データのファイル名］
peaksearch
          ［ピークサーチを行う］
cont S 4 O 12 N 4 C 8 H 28
          ［単位格子中の原子種とその数］
wavelength 1.2975
          ［波長］
synchrotron
format(f7.1)
          ［反射強度ファイルのフォーマット］
%ntreor ［N-TREORを実行する］
VOL = 1000, CEM = 20,
          ［格子定数の上限］
%continue
```

ii) ピークサーチ，指数付け　ピークサーチコマンドを入力ファイルに記入すると自動ピークサーチが行われる（図12.44）．拡大ツールを利用して低角にピークの取りこぼしやピーク以外をピックアップしていないかをよく確認する必要がある．取りこぼしがある場合は，サーチのしきい値を変えるか，マニュアルで拾うかで対応する．マニュアルで拾った場合は位置の正確性が気になるが，後でプロファイルフィッティングによりピーク位置を求めてくれるので，心配はいらない．ピーク以外を拾っている場合は，これらを除外する．

ピークサーチが終わるとN-TREORを使った指数付けを行う．FOM（$M'(20)=327$, $M(20)=109$）が非常に大きく，高い確度で格子が決まった．

iii) 空間群の決定　低対称の空間群を仮定したLe Bail法により，反射強度を抽出し，これをもとに消減則から空間群の候補をあげてくれる（図12.45）．$P2_1/a$ が排他的に決定されている．

iv) 積分強度抽出　Le Bail法により積分強度が抽出される（図12.46）．操作は単にクリックするだけであり，非常に簡便である．しかし前にも述べたとおり，プロファイル関数はRIETAN-FPに比べ貧弱である．より正確に強度を抽出する場合はRIETAN-FPを用いるとよい．

v) 直接法による構造解析　「Next」ボタンをクリックすることで構造解析が始まる．本結晶の場合は何の問題もなく構造が解けた（図12.47）．

12.3.5 構造の精密化

構造精密化はリートベルト法で行う．精密化に用いるプログラムとして，さまざまなフリーおよび市販のソフトウェアが使われている．これは単結晶法の精密化のほとんどがSHELXL-97により行われていることと対照的である．以下に精密化の流れを説明し，RIETAN-FPを用いたタウリン粉末結晶の構造解析例を示す．

a．入力ファイルの作成

入力ファイルは粉末回折パターンのファイルとパラメーターファイルからなる．粉末回折パターンのファイルは単に実測データを編集するだけなので，特に記述することはない．パラメーターファイルを注意深くつくればよい．パラメーターファイルが適切に作成できたかどうかは，このファイルを用いて粉末回折パターンのシミュレーションを行ってチェックするとよ

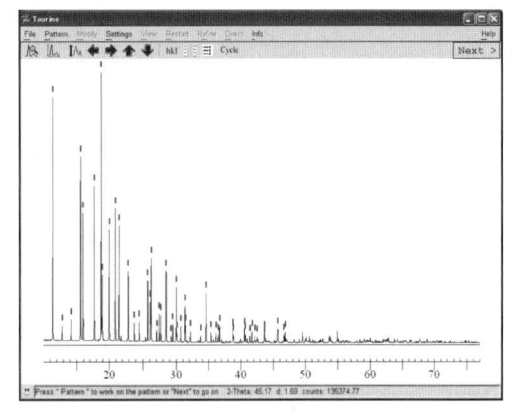

図12.44 EXPO2004によるピークサーチの結果

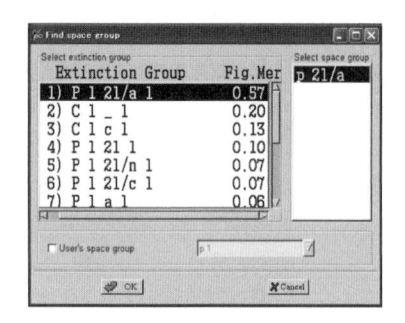

図 12.45 空間群候補の一覧

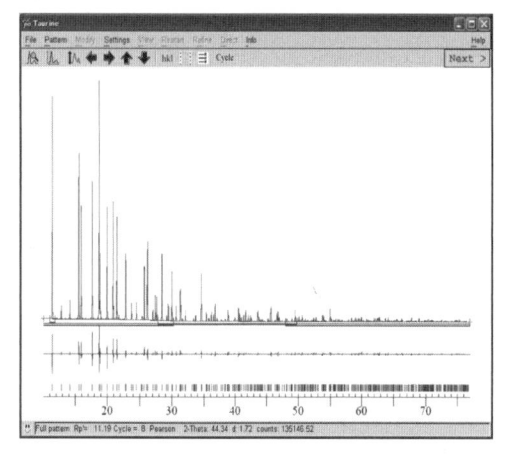

図 12.46 Le Bail 法による回折強度抽出

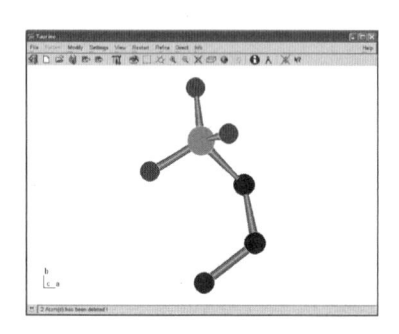

図 12.47 逆空間法により得られたタウリンの初期構造モデル

で，できるだけ似た回折計，光源，光学系のテンプレートファイルをもとにパラメーターファイルを作成する．よく測定に用いる装置で標準的な試料を測定し解析しておけば，その解析結果のファイルをテンプレートとして使うことができる．

b．プロファイル関数の精密化

次にプロファイル関数とバックグラウンド関数を精密化するために，Le Bail 法によりこれらを精密化する．重畳反射のプロファイルをより精密に見積もるために，ここまで得られている構造を入れて部分構造を考慮した Le Bail 解析を行う．

次にリートベルト法により精密化を行う．構造パラメーターを固定し，バックグラウンド関数とプロファイル関数，スケール因子のみ精密化する．初期構造モデルが適切に得られていれば，この段階でも相当よいフィットが達成できる．

c．構造の精密化

ここで初めて原子座標を精密化する．精密化する前に結合距離，結合角，二面角に束縛を付与する．結合距離・角度はその構造に一般的な距離・角度に，二面角は CSD を検索し，統計的に妥当である範囲に値が収まるようにする．

温度因子を固定して精密化を行う．プロファイル関数とバックグラウンド関数，構造パラメーターは同時には精密化せず，一方を止めるか，交互に精密化する．

次に水素原子以外に結晶溶媒など見逃した原子がないか確認する．最大エントロピー法（MEM）による解析やフーリエ合成を行い，構造として入力している原子以外に電子密度が残っていないか精査する．見逃した原子がある場合はこれらが電子密度図に現れるはずである．原子種は電子密度の高さから推定する．

電子密度を計算しなくても，見逃した原子の有無を確認することができる．見逃した原子がある場合，結晶中に不自然な隙間が必ずある．そこで，ここまでの解析結果を用いてプログラム PLATON などにより結晶中の不自然な空隙の有無を計算すると，見逃した原子があることを認識できる．空隙の体積も計算されるので，Hofmann による結晶中での原子体積を利用することで，およその原子種も予測できる．この方法は水素原子の位置を決定した後に行うと精度が高い．これらの方法で特定した原子は結合距離や結合角などから適切であるか否かを精査する．構造モデルを修正

い．パラメーターが適切に入力されていれば，実測パターンによく似たパターンが得られるはずである．

単結晶法では基本的には分子構造に関係するパラメーターのみを精密化するが，リートベルト法ではこれら以外に反射のプロファイルに関するパラメーターを精密化する必要がある．これらの初期値が実測に近くないと，最小二乗計算が収束しないことが多い．そこ

した後，新たに構造の束縛を付与し，リートベルト法により精密化を行う．通常はこれらの繰り返しで解析を進める．また，リートベルト解析における原子座標の精密化の一手法として rigid-body refinement 法が知られている．これは分子中の結合距離・結合角を理想的な値に固定し，化学的に可動なねじれ角のみを精密化する方法である．有機結晶の構造解析でよく利用される手法である．

精密化が進むと，各反射の強度の抽出も高精度になってくる．そこで，抽出強度とリートベルト法で求めた構造パラメーターを用いて，SHELXL-97 など単結晶の構造精密化ソフトウェアを用いて構造の精密化を行うのも一法である．特に構造に乱れ（disorder）がある場合，水素原子の位置を構造から計算で求める場合はこの方法で精密化を行うとうまくいく場合がある．温度因子を異方性にして精密化できることもある．この結果をリートベルト解析に還元し，構造を精密化する．このとき，温度因子や disorder 部分は精密化しないようにするとよい．

d．RIETAN-FP によるタウリンの解析

i）入力ファイルの作成　RIETAN-FP の雛形のうち，有機結晶の解析例である sorbitol のものを使用する．波長，格子定数，原子座標などを書き換える．初期構造モデルは EXPO2004 により得られたものを用いた．なお，この段階で水素原子は導入しない．実空間法により初期構造モデルを得た場合は，モデルに水素原子が含まれていることもある．この場合は水素原子を含める．

ii）部分構造を用いた Le Bail 解析　NMODE=5とし，「部分構造を用いる Le Bail 解析」を行う（$R_{wp}=0.0795$，$S=4.07$）．

iii）リートベルト解析　NMODE=1とし，リートベルト解析を行う．まず，格子定数，原子座標を固定して結合距離などの構造情報を得る．次に原子座標を含めて精密化する．リートベルト解析において，単結晶構造解析のように原子座標を自由に精密化すると，分子構造が保たれないことがほとんどである．そこで CSD などを利用して一般的な結合距離・結合角を調べ，抑制条件を付与する．注意深く何回かに分けて最小二乗法による精密化を行い，構造モデルに構造上の問題がなくなるところまで精密化する（$R_{wp}=0.0826$，$R_F=0.0408$，$S=4.24$）．

次に水素原子の標準的な位置を幾何学的に求め，構造モデルに導入する．新たに導入された水素原子の座標を固定し精密化を行う．非水素原子の位置が収束していない場合に水素原子の座標を固定すると，これらの変位から水素原子が置き去りにされて構造に異常をきたす．この解析では前段階で非水素原子部分の構造を収束させているので，このような問題は起きない．水素原子の座標を精密化することもできるが，非水素原子に比べ収束が悪く，束縛条件を付しても適当な位置に収束しにくい．最終的な構造とフィットの結果を図 12.48 に示す（$R_{wp}=0.0561$，$R_F=0.0318$，$S=2.88$）．

12.3.6　結果の評価

単結晶法では一般に構造を束縛することはない．このため単結晶法では結合距離・結合角，温度因子に異常がないこと確認すれば解析終了となる．換言すれば，分子構造を確認すればよいことになる．一方，文中で何度も触れているが，粉末法の精密化において分子構造は非常にタイトに束縛されている．また，温度因子も大抵は精密化しない．したがって，単結晶法のように分子構造のみを結果評価の指標とすることはできない．評価の指標となるのは結晶構造である．結晶中には接近している原子間でファンデルワールス半径（付録2）の和を大きく下回る接触も，大きく上回る空隙も基本的には存在しない．これらはプログラム PLATON などを利用して調べるとよい．引力的な分子間相互作用も評価の指標となる．引力的分子間相互作用は相互作用する原子のペアの距離と方向性が特異的である．このため，結晶工学における結晶構造設計

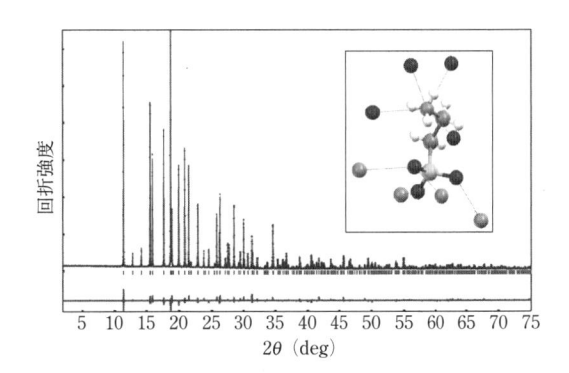

図 12.48　タウリンの最終リートベルト解析図形
枠内はリートベルト解析により精密化された最終構造．NH_3 基のすべての N–H が適当な配置で水素結合を形成している．

の指針としても用いられている.特に水素結合やC-H···O, C-H···π 相互作用は有機結晶中に多く見られる相互作用なので,積極的に評価に利用すべきである[4~9].これらのような異原子間相互作用には必ずドナーとアクセプターがある.これらが適切な配置をとることができないため,相互作用せずにフリーでいるような場合は構造を再検討する必要がある.図12.42, 12.43 はこのよい例であろう.　　　　　　　[橋爪大輔]

文　献

1) D. W. M. Hofmann, *Acta Crystallogr.*, *Sect. B*, **57**, 489 (2002).
2) G. S. Pawley, *J. Appl. Crystallogr.*, **14**, 357 (1981).
3) A. Le Bail, H. Duroy, and J. L. Fourquet, *Mater. Res. Bull.*, **23**, 447 (1988).
4) G. R. Desiraju, *Acc. Chem. Res.*, **24**, 270 (1991).
5) G. R. Desiraju, *Acc. Chem. Res.*, **29**, 441 (1996).
6) T. Steiner, *Crystallogr. Rev.*, **6**, 1 (1996).
7) T. Steiner, *Chem. Commun.*, **1997**, 727.
8) G. R. Desiraju and T. Steiner, "The Weak Hydrogen Bond in Structural Chemistry and Biology," Oxford Univ. Press, Oxford (1999).
9) M. Nishio, M. Hirota, and Y. Umezawa, "The CH/π Interaction Evidence, Nature, and Consequences," Wiley, New York (1998).

13章　実例で学ぶ粉末X線解析

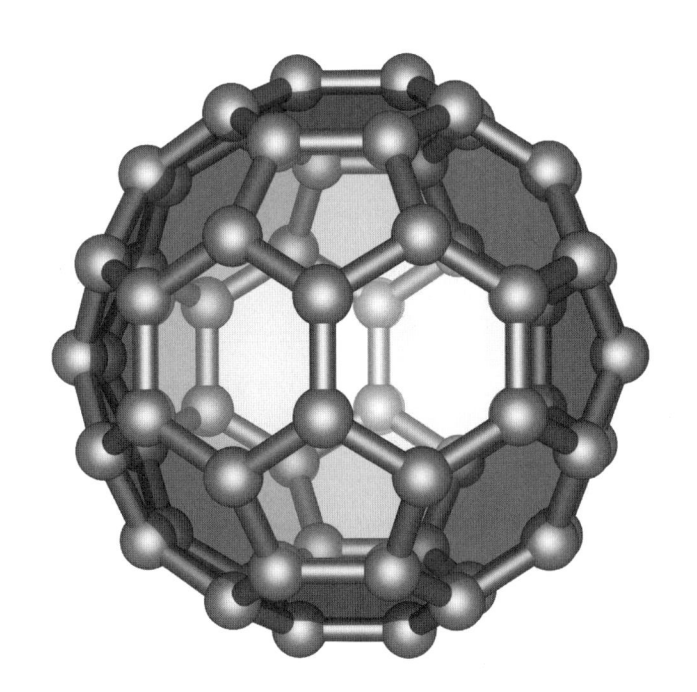

A. 自動検索による同定と近似構造の検索方法

コンピュータによるPDFの自動検索は，多くのアルゴリズムが提案され，現在ではそれらを複合した形の複雑なプログラムが数多く存在している．しかし，観測反射数の少ない極微量成分や回折線が幅広い結晶性の低い成分なども含め，すべての場合で満足するような結果が得られるわけではない．

本節では，自動検索ソフトのデフォルト設定では同定困難な試料を用いて，実際のソフトウェアをどのように使用すると効率のよい解析ができるか，データ処理の流れに即して紹介する．解析データとしては，Webからダウンロード可能なSearch-Match Round Robin-2002（http://sdpd.univ-lemans.fr/smrr/）の試料1と試料2を用いた．これは，各自動検索定性ソフトウェアの性能などの現状を把握するためのRound Robin試験である．主催者は各国につき複数の機関に所属する評価者に対してStep 1, Step 2と期間を置いて必要な情報を提供し，得られた結果を報告した．表13.1に示す結晶相が正しい含有相である．

a. 混合物試料の同定（試料1）

地質学者から依頼された粉末試料である．集中法の光学系でCu $K\alpha$ 線で測定されたデータが添付されている．おそらく単一相ではない．

主成分はCa, Fe, Al, P, Si, O, C, Hである．その他の微量元素を含んでいる可能性がある．

(i) デフォルト設定での検索

まず，試料情報が全くないものと想定し，自動検索ソフトのデフォルト設定で同定してみる．通常，元素情報があったとしても，1回目の検索では，元素を指定しない方がよい．思い込みや勘違いによる誤った情報に制限された状態では，微量成分や不純物などの予想外の相を見落としてしまう可能性がある．また，各自動検索ソフトによってアルゴリズムが異なるため，

表13.1 Round Robin用配布試料

試料1（4相混合物）
　フッ素燐灰石 $Ca_5(PO_4)_3F$, 菱鉄鉱 $FeCO_3$, 石英 SiO_2, ゴーマン石 $Fe_3Al_4(PO_4)_4(OH)_6\cdot 2H_2O$
試料2（合成物）
　Octadecasil $20SiO_2\cdot 2(C_7H_{12}NF)$
　格子定数と強度がPDFデータの値とわずかに異なっている

それぞれのソフトで推奨しているデフォルト設定でまず検索し，その結果や傾向を見て次の検索条件を決めるべきである．

(ii) サブファイルの活用

使用する自動検索ソフトによっては，試料に関する情報が皆無であったとしても，主成分を見つけられるかもしれない．しかし，現行のPDFはデータセット数があまりに多いため，自動検索によって得られた同様のパターンを呈する類似候補の中から，さらに可能性の高い結晶相を選び出すことは困難であることが多い．自動検索によって得られた候補のうち上位10件ほどを調べて，測定パターンとよく一致するPDFデータが見つからなければ，次の検索に移った方が賢明である．試料1の場合，地質学者より依頼された試料であることがわかっているため，鉱物，少なくとも無機物質であると予想できる．このような場合には，デフォルト設定に固執せず，検索対象を全PDFから鉱物サブファイルあるいは無機物質サブファイルに変更して検索する方がよい．

(iii) 類似構造をひとまとめにする

サブファイルを活用することで，多くの自動検索ソフトがフッ素燐灰石，菱鉄鉱，または石英を見つけてくれるだろう．しかし，主成分と考えられる相でも，固溶体などの多数の類似物質が存在し，どのPDFデータを同定物質として登録するか判断に悩むことは少なくない．自動検索ソフトによっては，類似構造を自動でひとまとめにする機能（グルーピング）があるが，それがない場合は，分析者が代表物質を選択する必要がある．この場合，PDFデータの信頼性（高い順に，*, I, C）をチェックし，測定パターンとよく一致し，しかもより信頼性の高いものを選択すべきである．

(iv) 残存反射の指定

自動検索ソフトのデフォルト設定は，観測データに対する寄与率の高い主成分に対する評価値が高くなる（候補リストの上位になる）ようになっている．主成分を同定物質として登録するたびに，残存反射に対して候補リストを自動で再評価するソフトも存在するが，ほとんどのソフトでは，検索条件を変更しない限り，残存反射に対する評価値は上がらない．そこで，自動検索ソフトに特定反射を指定して検索する機能があるならば，それを利用する．特定反射を指定して検索する方法は，指定した反射を同一相からの回折線と

して検索するため，可能な限り同程度の半値幅をもつ回折線だけを指定する．半値幅が明らかに異なる一群が含まれている場合には，2種類以上の結晶相で構成されていると考えられる．通常の粉末回折装置では，結晶の完全性を反映する半値幅は，回折角に対して単純増加する．したがって，ある反射の半値幅のみが，その近傍に出現する反射と比較して明らかに異なることは，異方的なプロファイルの広がりがない限りありえない．

(v) 元素指定による制限

ゴーマン石はスーザ石 $(Mg, Fe)_3(Al, Fe)_4(PO_4)_4(OH)_6 \cdot 2H_2O$ と同形である．したがって，単なる回折パターンの比較では，どちらの相であるかを明確に判断することはできない．この場合，元素分析で Mg が存在しないとわかっていれば，ゴーマン石と決定できるが，元素情報がない状態では，どちらであるかはわからない．試料1に含まれる菱鉄鉱 $FeCO_3$ と，Fe が Mg で置換された同形炭酸塩 $MgCO_3$ や $(Fe, Mg)CO_3$ の場合も同様である．最終的な結晶相を限定するためには元素情報が必要である．しかし，分析装置の感度をよく理解した上で元素を特定しないと，同定物質を見落してしまう危険性もあるので，最後の判断材料として元素情報を利用することを勧める．また，多くの分析装置が ppm オーダー以下の極めて微量な元素を検出できるのに対し，粉末回折法は 0.1〜1.0 mass% 程度と，感度が大きく異なることも注意する必要がある．

(vi) その他の留意点

測定光学系や使用する自動検索ソフトによって留意すべき点が異なるので，詳しくは3章を参考にされたい．

b. 合成試料の同定（試料2）

粉末試料を合成した化学者から，PDF に登録されている物質が試料に含まれているかどうか調べるよう依頼された．単一相の可能性もある．有機分子に加え，Si，O，おそらく F を含む．デバイ-シェラー光学系で Cu $K\alpha_1$ 特性 X 線で測定した回折データが添付されている．

(i) PDF のセット番号の確認

この試料は人工的に合成されたため，測定物質の参照物質が PDF に登録されていない可能性もある．この試料の場合，最もよく似た回折パターンの PDF データは 48-0475 であった．

(ii) 格子定数の拡張検索

最新の PDF を用い，試料1における (i)〜(vi) の手順を踏んでも，試料2の同定は難しい．最も可能性の高い PDF データであっても，試料2の格子定数と1％程度の違いがあるため回折角が大きく異なり，同定物質として登録するかどうか判断に悩むからである（図 13.1）．このような場合は，固溶などによる格子定数の変化による回折角のシフトも考慮して検索する（格子定数の拡張検索）．本例では，格子定数の拡張検索の適用により正方晶系（$a = 9.194$ Å，$c = 13.396$ Å）に属する octadecasil の PDF データ（48-0475）が類似構造の候補としてあげられた．しかし古典的な Johson-Vand 法にはこのような機能がないため，同法による同定は不可能に近い．

(iii) 指数付けによる格子定数の近似値の決定

リートベルト解析や，回折パターンのシミュレーションを行う際は，構造パラメーターばかりでなく，空間群と格子定数の近似値が必要になる．類似のパターンが PDF の検索で見つかれば，その情報を用いることができるが，見つからなかったときには指数付けを行う．指数付けでは，ピークサーチされた反射を同一相からの反射とみなすため，微弱な反射を含め，特に慎重にピークサーチを行う必要がある．もちろん $K\alpha_1$ 反射のピーク位置を決めるべきである．本試料の場合，$a \approx 9.08$ Å，$c \approx 13.46$ Å という格子定数が得られた．

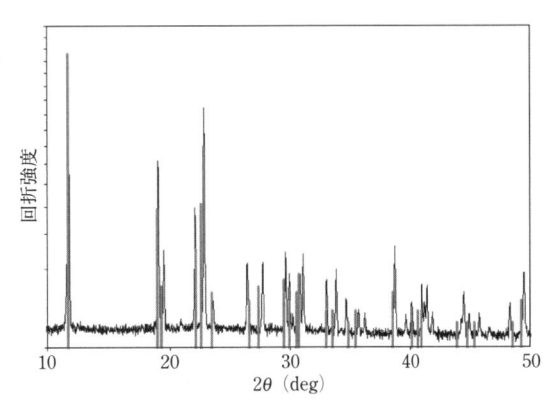

[西郷真理]

図 13.1 試料2のデータと PDF データ（48-0475）の比較

B. アスベストの分析

a. アスベストと分析ニーズ

アスベストとは，繊維状（あるいは針状）のケイ酸塩鉱物の工業的総称である．ふつう6種類の鉱物が属すると定義されており，蛇紋石の一種であるクリソタイル，角閃石の一種であるクロシドライト（繊維状のリーベッカイト），アモサイト（繊維状のグリュネライト），アンソフィライト，トレモライト-アクチノライト（固溶体）を含める．アスベスト鉱物は，ヒトが吸引すると悪影響（たとえば，アスベスト肺，肺がん，中皮腫など）を及ぼすため，現在では 0.1 mass% 超のアスベストを含有するものを取り扱うことが労働安全衛生施行令により原則禁止されている．

アスベストを分析するニーズには，建材など製品中のアスベスト含有率を求めたい場合と，その建材を解体した際のアスベスト飛散に関連して大気中のアスベスト濃度を求めたい場合の2つがある．試料の採取や前処理に違いがあるものの，両者で測定上の根本的な違いはない．

b. 現行法とその問題

JIS A 1481「建材製品中のアスベスト含有率測定法」では，顕微鏡法（分散染色-位相差顕微鏡法）とX線回折法を用いることで，建材がアスベストを含有するか否かを判定するよう定めている．さらに，建材中にアスベストが含まれる場合，基底標準吸収補正-X線回折法を用いて定量するよう定めている．他方，顕微鏡法（たとえば，走査型・透過型電子顕微鏡を用いた方法）でも，建材中のアスベストを定量することが可能である．

顕微鏡法では，試料中に含まれる多くの粒子を観察・計数しなければならない．たとえば JIS A 1481 では，3000粒子中に4繊維状粒子を超えるアスベスト繊維が含まれているか否かが判定基準である．また，観察した粒子がアスベストであるか否かや，それが繊維状粒子であるか否かを個々の分析者が判断する．

現在 JIS A 1481 で規定されている基底標準吸収補正-X線回折法では，建材試料の基材をギ酸で溶解除去し，基底標準板上に残渣を載せて X 線回折強度を測定する．何の化学処理も施さない建材（バルク試料）をそのまま測定した場合には，基材による X 線吸収の影響で，極微量のアスベストを検出できないかもしれない（検出能力は，装置の性能が支配する）．基材を除去することで，建材中 0.1 mass% 前後のアスベストであれば定量できるようになる．ただし，ギ酸による基材の溶解除去は，必ずしもうまくいくとは限らない．たとえば，セメント水和物や石英などはほとんど除去できない．

流通量の大半を占め，かつ建材製造での利用が多かったとされるクリソタイルの耐酸性は，クロシドライトやアモサイトに比べて劣っている．このため，測定試料をギ酸で処理すると，一部のクリソタイルを溶解除去することになる．基材が除去できないからといって，ギ酸よりも強い酸で処理すれば，クリソタイルのかなりの部分を溶解除去しかねない．そこで，アスベスト濃度の低い試料であっても，（JIS法では高濃度試料でのみ適用する）通常の粉末X線回折法で測定することも，考慮に入れる必要がある．

c. バルク試料中のアスベストの定量

上で述べた「通常の粉末X線回折法」とは，精粉砕した試料をホルダーに充填し，そのまま X 線回折強度を測定する方法を指す．以下，建材試料中のクリソタイルを定量する方法を例に，検量方法と粉砕方法を中心に分析全般について述べる．

クリソタイルの単繊維（直径が約 340 Å）[1]は，シートが丸まったような構造をしていて，その大きさがシャープな回折線を与えるのに必要なスケール（約 1000 Å）を下回っている．このため図 13.2，13.3 に示すようにプロファイルが幅広で，十分な強度も得られないため，アスベストの中でもクリソタイルの定量が特に難しい．微量のクリソタイルを定量したいときには，角度分解能を犠牲にし，可能な限り高強度を得るように工夫する．具体的には，発散スリット幅を広めにして照射面積をかせぎ，受光スリットも広めにする方がよい．高強度を得ることのできる回転対陰極式の X 線管球を用いることができれば，より良好な結果を期待できる．あとは，良好なプロファイルを得るために，ステップ幅を狭くして，計数時間を（実用的な範囲で可能な限り）長めにする．粉末試料を何度もホルダーに充填し直しつつ X 線回折測定を繰り返して結果を積算すれば，なめらかなプロファイルを得ることができ，同時に，得たプロファイルが粉末試料を代表しているといえるようになる（平均化，ゆらぎの相殺）．長時間の1回測定では，結果が偶然（偏り）によるものでないとは限らないため，微量成分を定量

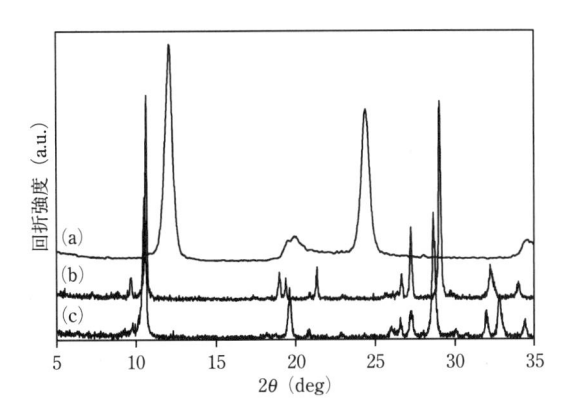

図13.2 アスベストのX線回折パターン
(a) クリソタイル，(b) アモサイト，(c) クロシドライト．

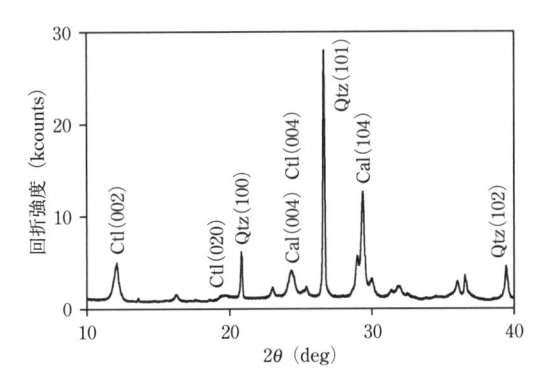

図13.3 クリソタイル含有建材のX線回折パターン
Ctl：クリソタイル，Cal：カルサイト（$CaCO_3$），Qtz：石英（α-SiO_2）．括弧内の数字は回折指数 hkl．

する際には，上記のように粒子統計に注意を払うべきである．

検量方法（内標準法，標準添加法，マトリックスフラッシング法，リートベルト解析など）は適切に選択する必要がある．内標準法とマトリックスフラッシング法では，添加する内標準物質の"質"が結果を左右する．したがって，ただ建材中に共存しないとか，都合のよい回折線を与えるからとか，その物質だから，という理由では不十分であり，化学的純度，d 値，半値幅，選択配向などを慎重に把握・比較した上で，用いる内標準物質を選択する必要がある．

内標準法と標準添加法では，クリソタイル純物質の結晶性が結果を左右する．たとえば，分析する建材中のクリソタイルと同じ結晶性のものを準備できれば理想的[2]であるが，実試料中のクリソタイルの結晶性はまちまちで，結晶性をそろえることが現実的であるとはいいがたい．そこで，可能な限り結晶性のよいクリソタイルを用意し，これを絶対的な基準とする方が現実的である．リートベルト解析などのパターンフィッティングを用いた定量は，クリソタイルの明瞭な回折線が複数本現れるくらい高濃度でないと適用できない．低・中程度の濃度のアスベストを定量するには内標準法が好ましく，すでに汎用装置でクリソタイルの検出下限 0.1 mass% が達成されている[3]．

建材試料の粉砕・混合方法（乾式や湿式，凍結法など）も最適化する必要がある．もし過剰な粉砕をすれば，クリソタイルの結晶を破壊してしまい，結果として濃度を低く見積もることになる．したがって，中空繊維構造をもつクリソタイルを高度に破壊してしまう凍結粉砕は，明らかに不適である．粉砕した建材は粉体と繊維の混合物であり，不均質になりやすい性状をもっている．このことから，たとえば，ある程度まで乾式粉砕した後に，時間をかけて湿式混合する方法が考えられる．ただし，湿式粉砕では過剰粉砕になりかねないので，注意が必要である．また，アスベストの結晶は繊維状なので，選択配向も考慮して測定試料を調製しなければならない．低濃度試料（≤2.5 mass%）であれば，選択配向を無視できるという報告[4]もある．

同一試料を分析するとしても，試料調製法，検量方法，用いた検量用標準の違い，そして測定条件を最適化できるか否かで定量結果は大きく変わってしまうので，微量のアスベストを定量するなら，分析プロセスをどれほど注意深く構築しても，しすぎるということはない．

［中山健一・中村利廣］

文　献

1) A. L. Rickards, *Anal. Chem.*, **44**, 1872 (1972).
2) T. Nakamura, *Powder Diffr.*, **3**, 86 (1988).
3) H. W. Dunn and J. H. Stewart, Jr., *Anal. Chem.*, **54**, 1122 (1982).
4) R. Hu, J. Block, J. A. Hriljac, C. Eylem, and L. Petrakis, *Anal. Chem.*, **68**, 3112 (1996).

C. セメント分野での定量分析への応用

セメントは複数の結晶相を含む粉体であり，その品質はそれぞれの鉱物含量（鉱物組成）や粉末度などによりコントロールされている．これまで，セメント中の鉱物含量を直接定量することは困難であったため，セメント中の鉱物含量は蛍光X線分析などにより求めたセメントの化学組成から，ボーグ式などの換算式を用いて算定する場合がほとんどであった．しかし，近年のセメント製造における産業廃棄物・副産物の積極的な活用に伴ってセメントの化学組成・微量成分などが変動し，従来の方法のみでセメントの品質を管理することが難しくなりつつある．簡便で，精度よく鉱物組成を評価できる手法が強く望まれてきた．

近年，リートベルト法を用いた鉱物組成の定量がセメント産業において急速に普及しつつある．リートベルト法の本来の目的である構造解析とセメント系材料の定量分析では方向性がかなり異なるが，ここでは，リートベルト法によるセメント鉱物や非晶質を含むセメント系材料の定量分析，セメントの水和反応解析へのリートベルト法の適用事例について紹介する．

リートベルト法を用いたセメントの定量分析は，パーソナルコンピュータの演算能力が飛躍的に向上したこと，これまでの研究で各セメント鉱物の結晶構造がほぼ明らかになったことがあいまって，1990年代中頃から可能となった[1]．

セメント分野で用いられるリートベルト解析ソフトウェアは，RIETAN-2000/FPのほか，SIROQUANT，X'Pert High Score Plus，TOPAS，JADEなどの商用ソフトウェアがあげられる．図13.4にはRIETAN-2000を用いた普通セメントのリートベルト解析結果の例を示す[2]．

セメントのX線回折データの測定には，通常の実験室系粉末X線回折装置が用いられる．リートベルト解析は回折パターン全体を用いるため，通常の測定条件では1試料当たり60～120 min程度を要する．しかし，近年，わずか数分で全回折パターンの測定が可能な高速検出器も出現しており，セメント分野においても普及が進んでいる．

セメント試料のリートベルト解析の最大の特徴は，含有相の多さと回折線の著しい重なりにある．通常，セメント試料の定量対象相は，各セメント鉱物，各種石こう，硫酸アルカリ鉱物などに加え，セメント鉱物の多形など多岐にわたり，定量相の総数は8～15相程度にも及ぶ．さらに各鉱物単独の回折線はほとんど存在せず，内標準法などでの定量分析は困難であった．セメントに含まれる非晶質の量については諸説紛々としているが，内標準を混和したリートベルト法により求めたセメントの非晶質量は20%程度という報告もある[3]．セメントの定量においては，非晶質量は考慮せず，各結晶性鉱物に等しく分配して顕微鏡ポイントカウント法などとの整合性をとるのが一般的である．またalite（後述）は累帯構造をもつため，単一の構造モデルは厳密には実際と異なっており，より真に近い構造モデルを与えればセメント中の非晶質量が変わってくる可能性もある．

セメント試料のリートベルト解析において精密化するパラメーターは，定量を目的としていることやセメント鉱物の結晶構造の複雑さなどから原子座標や原子変位パラメーターは精密化せずに文献値に固定して解析するのが一般的である．含量の多い鉱物については，格子定数，選択配向，プロファイルに関係するパラメーターを精密化するが，含量の少ない鉱物については尺度因子のみを精密化する．得られる定量値は厳密には吸収補正が必要であるが，リートベルト解析ソフトウェアの多くは補正機能を備えている．

また，セメントは平均粒径が十数μmで，その範囲が1～100 μm程度であり，X線回折測定における理想的な粒径より粗く，前処理として粉砕を行うことが望ましい．しかし，セメント中の石こうやaliteは粉砕されやすく，容易に非晶質化してしまうため注意が必要である．X線回折測定データの回折強度や，サンプルホルダへの試料充填方法などに依存する部分もあるが，セメント試料を未粉砕で測定しても，リートベルト法により得られた定量値は高い測定再現性を示すという結果も報告されている．

普通セメント2試料について，10回の試料充填，

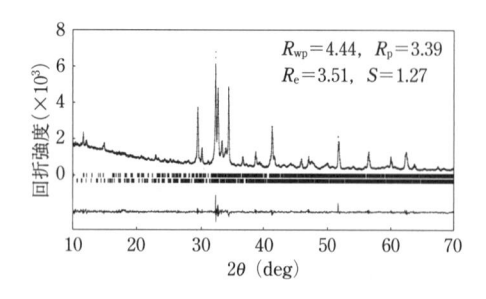

図13.4 セメントのリートベルト解析結果例（$R_{wp}=4.44$, $R_p=3.39$, $R_e=3.51$, $S=1.27$）

表13.2 セメント試料の繰り返し測定結果

定量相	試料1		試料2	
	平均値（％）	標準偏差	平均値（％）	標準偏差
C_3S	71.3	0.60	64.6	0.83
C_2S	9.4	0.67	13.4	0.86
C_3A	5.4	0.21	8.4	0.18
C_4AF	10.0	0.14	9.8	0.19
gypsum	2.6	0.23	1.4	0.17
半水石こう	0.9	0.17	2.1	0.11
f-MgO	0.6	0.07	0.4	0.09

測定の繰り返しにより行ったリートベルト解析の結果の平均値と標準偏差を表13.2に示す[2]．表中のセメント鉱物は，セメント化学の慣例に従いalite（$3CaO \cdot SiO_2$），belite（$2CaO \cdot SiO_2$），$3CaO \cdot Al_2O_3$，$4CaO \cdot Al_2O_3 \cdot Fe_2O_3$をそれぞれ$C_3S$，$C_2S$，$C_3A$，$C_4AF$の略記号で表した．試料の充填はプレスタイプの充填装置を用い，X線回折の測定は高速検出器を具備する装置を用いた．リートベルト解析にはRIETAN-2000を用いた．選択配向を起こしやすいgypsumおよびC_3Sの回折強度は測定ごとのばらつきが大きく，測定再現性が高くなかった．しかし，選択配向パラメータの精密化により選択配向が補正され，結果として各鉱物定量値の標準偏差が小さくなり，リートベルト法での定量がセメント品質管理を行う上で十分な測定精度を有していることがわかった．

得られた定量値はその妥当性を検証するために，顕微鏡ポイントカウント法など，他の定量手法で得られた値と比較することが望ましい．適切に行われたセメントクリンカ試料のリートベルト解析では，顕微鏡ポイントカウント法で求めた定量値と同程度の値が得られることが報告されている[4]．さらに，定量用途のみならず，リートベルト解析時に精密化した格子定数の変化から，微・少量成分の固溶量の変化や，セメント中の鉱物量とセメントの強度や流動性といった物性との関係についても調べられている[4]．

一方，非晶質を含むセメント系材料へのリートベルト法の適用も進められている．銑鉄の製造時に副産する高炉スラグ微粉末や，石炭火力発電所にて副産されるフライアッシュなどが，非晶質混和材としてセメントに混合されている．これら高炉セメント，フライアッシュセメント中のスラグ量やフライアッシュ量は，内標準混合試料のリートベルト解析により非晶質量（フライアッシュは一部結晶を含む）として求めることができる．しかし，先に述べたように，セメントにも一部非晶質が含まれることから，スラグやフライアッシュの混合量を求めるためには，得られた非晶質量からセメント由来の非晶質量を差し引く必要がある．したがって，この手法により混合材量を定量するには混合前のセメントを入手する必要がある．

高炉セメントの場合，非晶質であるスラグは900℃程度に加熱するとメリライト系の鉱物に完全に結晶化することから，この原理を利用してリートベルト法により高炉セメント中のスラグ混合率を高い精度で定量できる[2]．この手法は混合前のセメントやスラグを別途必要とせず，広範囲に適用可能である．

さらに，セメント硬化体や高炉セメント硬化体の水和反応解析へのリートベルト解析の適用も行われている[2]．セメントやスラグの反応生成物は，水酸化カルシウム，エトリンガイトなどの結晶性水和物と，非晶質であるケイ酸カルシウム水和物（C-S-H）に大別される．セメント硬化体を粉砕し，内標準混合試料のリートベルト解析を行うことにより，未反応鉱物量から各セメント鉱物の反応率と水和生成物量が算定できる．高炉セメント硬化体についても，加熱処理により未反応スラグを結晶化させることで，スラグの反応率を求めることができる．これらセメント硬化体へのリートベルト法の適用は緒に就いたばかりであり，今後さらなる適用の拡大が期待される．

リートベルト法は既往の定量手法と比較して多くの優れた特徴をもつため，今後さらに適用範囲が拡大し，セメント分野において汎用の分析手法として広く普及することが期待できる．セメント分野での定量用途では，リートベルト法をブラックボックス的に用い，得られた定量値をそのままうのみにしてしまいがちである．構造解析ではなく定量用途とはいえ，最低限の結晶学の知識やリートベルト法の原理などの習得が肝要となろう．

［佐川孝広］

文献

1) 吉野亮悦，住田守，セメント・コンクリート論文集，**53**, 84 (1999).
2) 佐川孝広，名和豊春，コンクリート工学論文集，**17**(3), 1 (2006).
3) P. S. Whitfield and J. C. Margeson, *J. Mater. Sci.*, **38**, 4415 (2003).
4) 佐川孝広，西村信二，灰原智，橋本敏英，コンクリート工学年次論文集，**27**(1), 43 (2005).

D. ポリキャピラリー型平行光学系を用いた X 線回折法とその応用

X線回折法は物質を結晶質の化合物として把握できる特徴があり，広く工業分野で活用されている．しかし，一般的に用いられている集中法光学系の場合，測定対象物はゴニオメーター中央部にセットできる粉末か平坦なプレート状の試験片に制限される．このようなサンプリングにおける制約は，試料のセッティングエラーが測定精度に大きな影響を与えることから生じる．これに対し，平行光学系はこのような集中法光学系の欠点を改善し，X線回折法の対象範囲を大幅に広げた．以下にポリキャピラリー型平行光学系の原理，特徴，応用例について述べる．

a. ポリキャピラリー型平行光学系の原理と特徴[1]

ポリキャピラリー型平行光学系のX線照射側の構造を図13.5に示す．X線を導く数μmのチャンネルをもつ多数のガラス製の細管を配置したもので，X線はそれぞれの細管の中を全反射を繰り返しながら進み反対側の出口から照射される．

この細管を全反射が継続できる範囲で曲げて，点光源から発生したX線を立体的に取り込み，反対側の出口で平行ビームを得る．このポリキャピラリー型平行光学系を用いると，点光源から照射されたX線を4.1°の広い取り込み角度で平行ビームに変換できるため，従来の集中法と比較して高いX線強度が得られる．また，図13.6に示すとおり，受光側の平行ビーム用スリットを組み合わせることにより，試料高さのズレや試料の湾曲など，いわゆるセッティングエラーが回折角度および強度の低下に及ぼす影響が大幅に改善される[2]．

試料面の上下による誤差の一般的な例として，Auの111反射（$2\theta = 38.25°$）の回折線での測定では，2θの誤差範囲を±0.03°以内とすると，集中法では試料面の高さを±0.05 mm以内の精度でセットすることが要求される．一方，ポリキャピラリー型平行光学系では±1.0 mmのセッティング誤差が許容される．試料形状に対するX線強度の比較については，以下の応用例で述べる．

b. 応用例

X線回折の測定対象物には金属，セラミックス，電子材料，薬品などがあり，材質や形状も多種多様である．大型試料をセットできる試料台も開発されている．以下，試料形状が複雑な試料の測定について，ポリキャピラリー法と集中法の測定感度を比較した実測例を示す．

(i) ゼオライト触媒の測定例

図13.7のような円筒形状試料の測定を従来の集中法で測定する場合，ゴニオメーターの光学的中心に円筒管の測定部をセットする必要があり，その調整が極めて難しい．集中法とポリキャピラリー法により，同じ条件で測定した回折線を図13.8に示す．ポリキャピラリー法の測定結果から，表面層のゼオライト触媒（$Na_{12}Al_{12}Si_{12}O_{48}\cdot nH_2O$）と基材のムライト（$Al_6Si_2O_{13}$）の回折線が検出された．このようにポリキャピラリー法では，試料形状の問題で生じる誤差の影響が少なく，回折反射を高感度で測定できる．一方，集中法の測定では，著しく回折線強度が低下してゼオライトは検出できなかった．

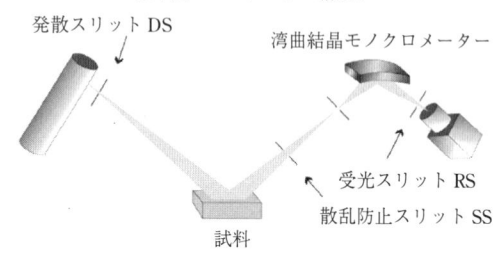

図13.6　ポリキャピラリー平行光学系と集中法の比較

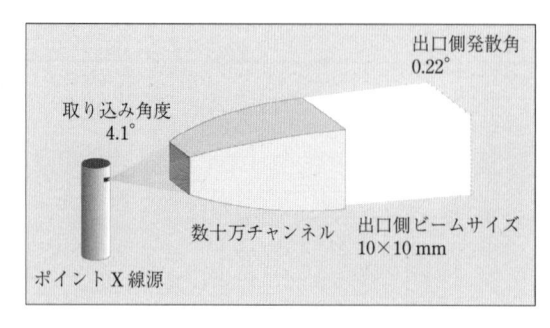

図13.5　ポリキャピラリー平行光学系の概略図

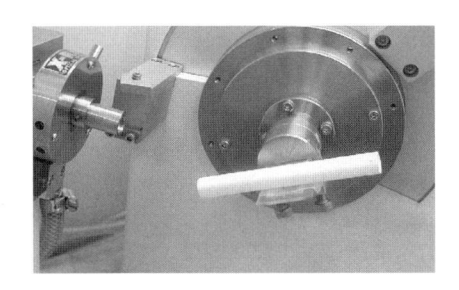

図 13.7 ゼオライト触媒のセッティング外観

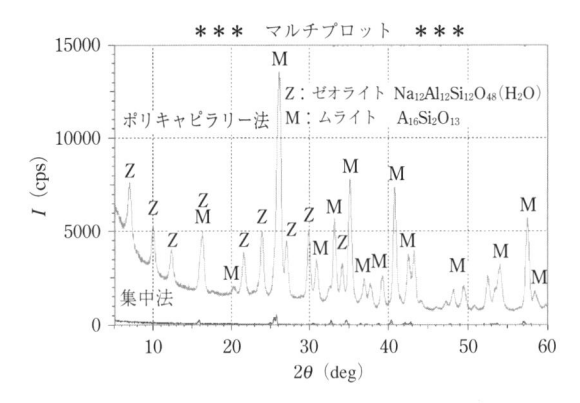

図 13.8 ゼオライト触媒の回折線

(ii) ミニチュアベアリング用鋼球中の残留オーステナイトの定量

鉄系製品では，製造過程で残留した残留オーステナイト（γ-Fe：面心立方構造）が経年的な変化でマルテンサイト（α-Fe：体心立方格子）に戻るが，その際，体積膨張や硬度の低下など，機械的な変化を伴う．したがって，精度が要求される鉄系部品においては，γ-Fe の定量的な管理は非常に重要である．

直径約1mmのミニチュアベアリング用鋼球を試料ホルダーに並べて測定した例を示す．図13.9に両測定法の回折線を示す．集中法では回折線強度が弱く，γ-Fe の回折線は検出できなかった．一方，ポリキャピラリー法では回折強度が約7.5倍向上し，γ-Fe の200, 220 反射が明瞭に検出された．定量値は各回折線の積分強度を求め，強度補正を行う直接比較法で算出した．例えば，γ-Fe の200反射とα-Fe の220反射の積分強度からγ-Fe の濃度は

$$C_\gamma = \frac{100}{1+\{R_\gamma 200 \cdot I_\alpha 220 / R_\alpha 220 \cdot I_\gamma 200\}} \quad (13.1)$$

で求めることができる[3]．ここで，C_γはオーステナイトの質量濃度（%），下付きのγとαはそれぞれγ-Fe とα-Fe，Rはあらかじめ構造パラメーターから計算した変換係数，Iは積分強度を表す．α-Fe とγ-Fe の4本の回折線の組合せから求めた平均値として1.16%の残留オーステナイト量が検出された．

(iii) 溶接ビード部の測定

溶接ビードの腐食部の回折パターンを図13.10に示す．腐食生成物としてはマグネタイト（Fe_3O_4）を主成分として，Fe_2O_3, FeO などの酸化物が検出された．45°付近の回折角にわずかに検出されたα-Fe は母材と推定される．なお，定量値は検索ソフトの標準機能である簡易定量（PDFに記載されているI/I_cコランダム比を用いて計算）で算出した．このような試料面の凹凸が顕著な試料にはポリキャピラリー法が有効であることがわかる．

[関口晴男]

文献

1) N. Gao and I. Y. Ponomarev, *X-Ray Spectrom.*, **32**, 186 (2003).
2) C. A. MacDonald and W. M. Gibson, *X-Ray Spectrom.*, **32**, 258 (2003).
3) B. D. Cullity, "X線回折要論," 松村源太郎訳, アグネ承風社 (1970), p. 396.

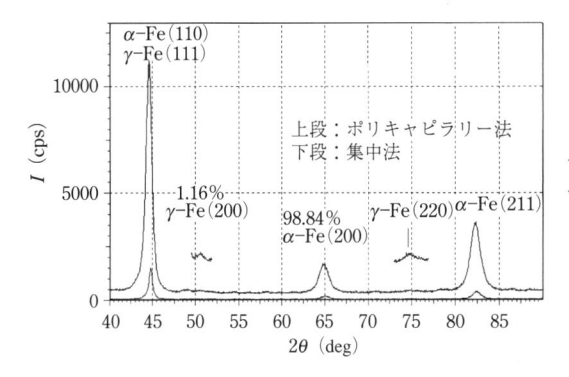

図 13.9 ミニュチュアベアリングの回折線

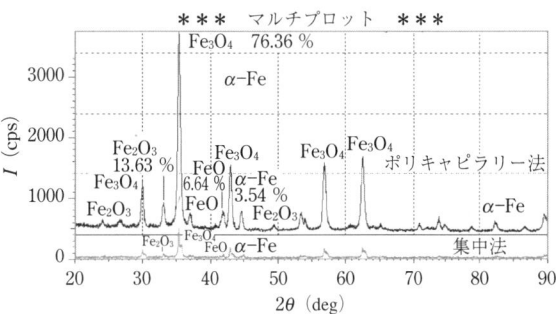

図 13.10 溶接ビート部の回折線

E. X線応力測定

X線応力測定法では，X線回折により結晶格子面間隔を測定し，そのひずみから試料表面の応力値を算出する．本法は各種の結晶性物質に広く適用できる特徴があり，さらに多くの実用部材への活用が期待されている．以下に測定の原理，精度，応用例について述べる．

測定対象物質が，多結晶体と仮定した場合，応力とひずみの方向を図13.11に示す[1]．X線応力測定法で測定される σ_x 方向の応力値は式（13.2）で与えられる．

$$\sigma_x = \frac{E}{1+\nu}\frac{\partial(\varepsilon_{\psi\phi})}{\partial(\sin^2\psi)} = \frac{E}{2(1+\nu)}\cdot\cot\theta_0\cdot\frac{\partial(2\theta_{\psi\phi})}{\partial(\sin^2\psi)} \tag{13.2}$$

$$K = -\frac{E}{2(1+\nu)}\cdot\cot\theta_0\cdot\frac{\pi}{180} \tag{13.3}$$

$$M = \frac{\partial(2\theta_{\psi\phi})}{\partial(\sin^2\psi)} \tag{13.4}$$

ただし，E はヤング率，ν はポアソン比，$\theta_{\psi\phi}$ は図13.11中のOP方向の回折角，θ_0 は無ひずみ状態の材料における回折角を表す．K は応力定数と呼ばれ，傾き M は図13.12に示す 2θ-$\sin^2\psi$ 回帰線の傾きを示している．ここで求められた応力値の精度は回帰線の σ （68.3%）の信頼限界で，次の2つの式で定められている．

$$\sigma_x \pm \Delta\sigma_x = K(M + \Delta M) \tag{13.5}$$

$$\Delta M = t(n-2, \alpha)\sqrt{\frac{\sum_{i=1}^{n}\{Y_i - (A + MX_i)\}^2}{(n-2)\sum_{i=1}^{n}(X_i - \overline{X})^2}} \tag{13.6}$$

ここで，X_i は $\sin^2\psi$，$\overline{X}$ は平均値，Y_i は 2θ，$t(n-2, \alpha)$ は自由度 $n-2$，信頼限界 $1-\alpha$ の t 分布の値を表す．図13.12の例では68.3%の信頼限界を用いた．

応力定数 K はその材料におけるひずみの感度である．K を算出するには2通りの方法がある．実験でX線的弾性定数を求める方法では，X線応力測定法標準に定める板状試験片の裏面にストレーンゲージを貼り，その機械的負荷応力と表面のX線応力を測定し，図13.12のように 2θ を $\sin^2\psi$ に対してプロットする．回帰線の傾きは圧縮応力では右上がりとなり，引張応力では逆の傾きを示す．一定の負荷応力を加えて，各X線応力を測定すると，回帰線は1点で交差する．この交点は弾性定数を ν とすれば，

$$\sin^2\psi = \frac{\nu}{1-\nu} \tag{13.7}$$

と表される．上式と一定負荷応力の傾きから，K が求まる．

式（13.3）中の K に試験機などで求めた機械的弾性定数などを直接代入して応力を求めることもできる．以下の応用例では，鉄材料は第一の方法で求めた K であるが，ダイヤモンドコート材，チタン合金には第二の方法で算出した K 値で応力値を求めた．

現場用の応力測定装置は1970年頃に開発された．当初は主として鉄鋼材料用に使われたが，次第に非鉄金属，セラミックス材料，薄膜材料，電子部品など多様な材料へと適用の範囲が広がった[2]．さらにX線回折装置の自動測定機能と組み合わせた自動分析なども行われている．

金属にセラミックスやダイヤモンドなどの硬質材料を被覆し，耐摩耗性や耐熱性を高める技術はすでに一般化している．WC-Coの素材表面にダイヤモンド膜を被覆した皮膜のX線応力測定の例を図13.13に示す．K（-2028.8 MPa）は E（1054 GPa）と ν（0.3）から算出した．解析の結果，高硬度を示す高い圧縮応力が検出された．

チタンは優れた耐食性，耐熱性を有する金属である

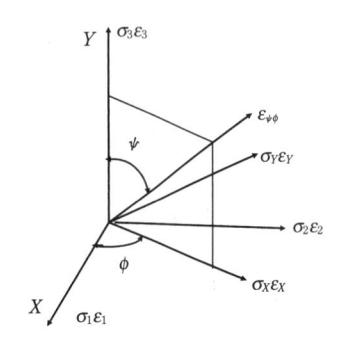

図13.11 応力とひずみの方向

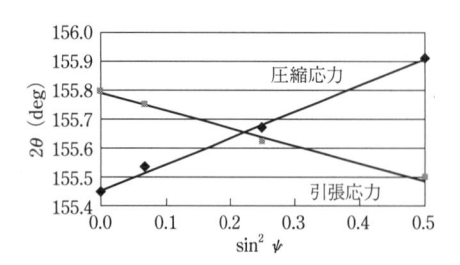

図13.12 $\sin^2\psi$ 線図

E. X線応力測定

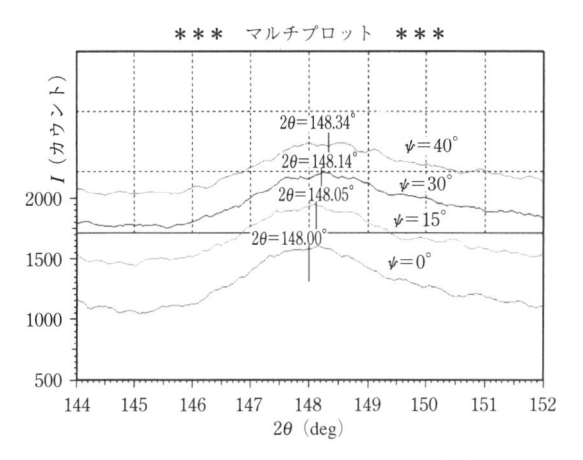

図 13.13 ダイヤモンドコート膜の回折線

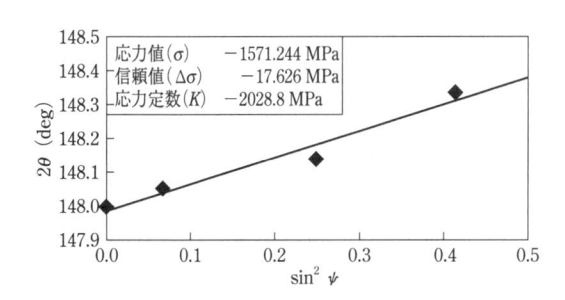

図 13.14 ダイヤモンドコート膜の 2θ-$\sin^2\psi$ プロット

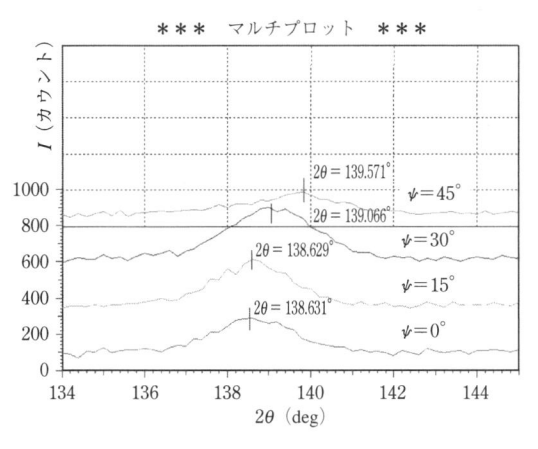

図 13.15 チタン合金の回折線

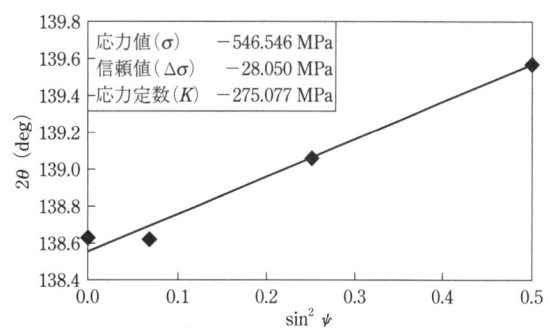

図 13.16 のチタン合金の 2θ-$\sin^2\psi$ 線

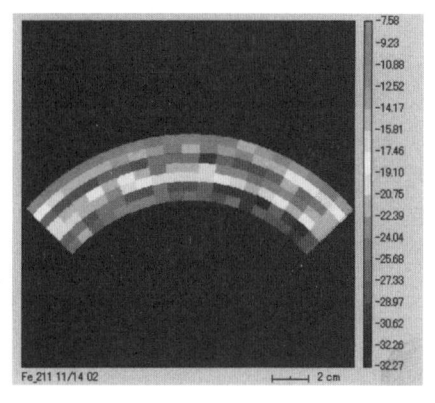

図 13.17 応力マッピング図（カラー口絵9参照）

が，一般的には高強度材料には属さない．表面硬化処理を施し，高強度に改質したチタン合金のX線回折データの測定結果を図 13.15 に示す．測定には Cu $K\alpha$ 特性X線を用い，213反射の d 値から応力を求めた．$K(-275.077$ MPa) は，$E(113.3$ GPa) と $\nu(0.31)$ から算出した．改質部では高い圧縮応力値が検出された．

最後にX線回折装置と試料台を組み合わせた自動応力測定の事例を紹介する．ブレーキロータの磨耗試験後の鉄 ($K=-318.127$ MPa) の応力マッピングの結果を図 13.17 に示す．内周面では高い圧縮応力（青色表示）が残留しているが，外周では圧縮応力が減少し，引張側（赤色表示）に変化している．このように全体の応力分布の傾向を解析するには，本法が有効である．

[関口晴男]

文 献

1) "X線応力測定法標準，" 日本材料学会X線材料強度部門委員会編 (1982).
2) "セラミックスおよびセラミックス複合材料のX線応力測定，" 日本材料学会X線材料強度部門委員会編 (1994).

F. 水酸アパタイトの構造精密化

水酸アパタイト（$Ca_{10}(PO_4)_6(OH)_2$，HAp）の結晶構造中のOH^-イオンは，生体親和性，溶解性，陰イオン交換性，イオン伝導性を決める重要な役割を担うことが知られている．高温，低水蒸気圧下における脱水によりHApは，OH^-サイトに欠陥を生じ，以下の式で示すように可逆的にオキシ・ハイドロキシアパタイト $Ca_{10}(PO_4)_6(OH)_{2-2x}O_x\square_x$（O・HAp；$\square$：欠陥）へ変化することが知られている．

$$Ca_{10}(PO_4)_6(OH)_2$$
$$\rightleftarrows Ca_{10}(PO_4)_6(OH)_{2-2x}O_x\square_x + xH_2O\uparrow \quad (13.8)$$

OH^-サイトの欠陥がある量以上に増加するとアパタイト構造が不安定となり，O・HApはβ-$Ca_3(PO_4)_2$（β-リン酸三カルシウム，β-TCP）と$Ca_4P_2O_9$へ分解する．Fujimoriら[1]はOH^-イオンに敏感なラマン散乱法により約800℃以上で水酸アパタイト中のOH^-イオンが欠損することを明らかにした．ラマン散乱は，OHの振動に関しては感度がよいが，結晶構造は決定できない．そこで，Fujimoriらは実験室系の粉末X線回折データのリートベルト解析を行うことによりアパタイト構造中のOH^-イオンの欠陥と，それに誘起される構造変化を詳しく調べた．

一般に水酸アパタイトの粉末試料の合成方法には，水熱法，固相反応法，錯体重合法（クエン酸ゲル法）などがあげられるが，金属イオンの組成を制御した化学量論アパタイトの合成には，固相反応法ならびに錯体重合法（クエン酸ゲル法）が好ましい．組成が不明な場合には，元素分析などの方法により事前に調査し，その結果をリートベルト解析に取り込む必要がある．

また粗大粒子や針状結晶などによる選択配向の影響を軽減する意味では，微細粒子を合成できる錯体重合法（クエン酸ゲル法）が威力を発揮する．水熱法で合成した試料は針状結晶になりやすいため，粉末X線回折測定では選択配向の影響を軽減するのに何らかの工夫が必要となる．

水酸アパタイトでは，どのような合成ルートを用いたとしても，結晶構造中に炭酸イオンが混入しやすいことが指摘されている．炭酸イオンを含有した水酸アパタイトの場合，X線回折データを用いたリートベルト解析においては，炭酸イオンを含まない構造モデルを用いても，比較的低いR因子を伴って計算が収束してしまう可能性が高い．しかし，構造中に含まれる炭酸イオンの影響で格子定数，金属イオンの分率座標，原子変位パラメーターが変化し，水酸アパタイトの真の構造を評価していないおそれがあるので，注意が必要である．このような危険を回避するためにも，軽元素に敏感なフーリエ変換赤外吸光分析（FT-IR），ラマン散乱，固体NMRなどの手段を用いて炭酸イオン，水などの含有率を定量化し，その結果をリートベルト解析の構造モデルに取り込む必要がある．

本節で用いた試料は，固相反応法により合成した．粉末X線回折の結果からCa過剰時に見られるCaOおよびCa欠損時に見られるβ-TCPはともに検出されなかった．さらにFT-IRスペクトルには炭酸イオンに起因するバンドは認められなかった．以上のことから，合成したHApは無炭酸，化学量論組成（Ca：P=10：6）であると判断した．このHApに対して大気中800～1200℃の温度において式（13.8）での平衡状態に十分達すると考えられる15時間の加熱処理を行い，室温に急冷することにより，OH^-サイトに欠陥を導入した試料を合成した．

こうして得られた欠陥導入試料のすべてに角度補正のための内部標準としてSi粉末（SRM 640c）を混合し，粉末X線回折データを測定した．得られた強度データのリートベルト解析にはプログラムRIETAN-2000を用いた．

X線回折パターンの$2\theta=35.7\sim37.0°$に現れる禁制反射 231, $\bar{2}71$, 212, $\bar{2}52$, 151, $\bar{1}71$ の有無に注目することにより，欠陥のないHApは単斜晶系（$P2_1/b$）[2]，800～1200℃で処理しOH^-サイトに欠陥を導入したO・HApは六方晶系（$P6_3/m$）[3]であることを確認した．結晶構造中の水酸基のみを抜き出した図13.18に示すように，$P2_1/b$では$z=1/4, 3/4$にb映進面が存在するのに対し，$P6_3/m$ではOH^-の無秩序化により映進面は鏡映面となる．HAp中のOH^-サイトの占有率は最大1であるのに対し，O・HApのそれは$1/2$となる．そしてHApの格子定数γはほぼ$120°$であり，bはO・HApのおよそ2倍と考えてよい．またHApではc軸上に2回らせん軸があるのに対して，O・HApではc軸が6回らせん軸となっている．

リートベルト解析の結果，HApの格子定数は$a=9.418(1)$Å，$b=18.836(2)$Å$\approx 2a$，$c=6.8817(1)$Å，$\gamma=119.955(5)°\approx 120°$，大気中1200℃で処理したO・HApの格子定数は$a=9.4067(2)$Å，$c=6.8966(1)$Åであった．HApとO・HApの構造を互いに関連づけ

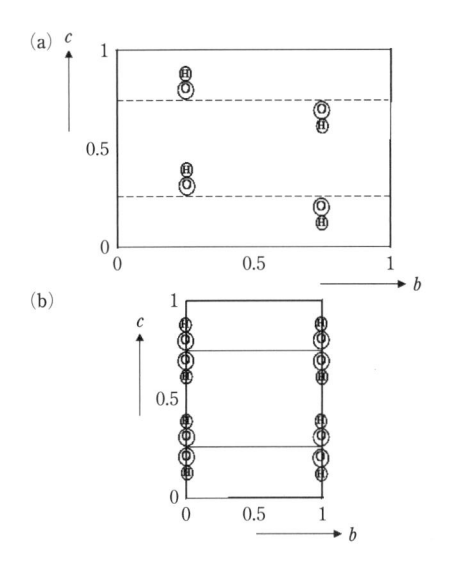

図 13.18 (a) HAp($P2_1/b$) と (b) O·HAp ($P6_3/m$) の構造の比較
結晶構造中の水酸基のみを抜き出して示した.

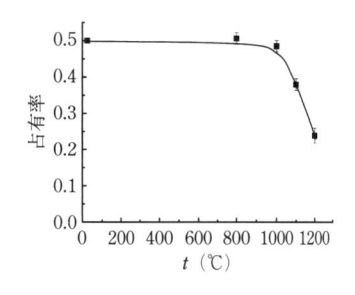

図 13.19 O·HAp 中の OH$^-$ サイトの酸素占有率と熱処理温度との関係

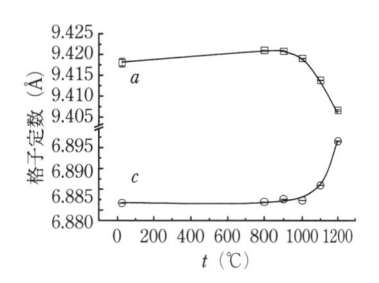

図 13.20 O·HAp の格子定数の熱処理温度依存性

て議論するために，便宜上，HAp の構造を疑六方晶系とみなすことにする．水素と酸素の原子散乱因子は比較的小さく，それらの構造パラメーターを精度よく精密化するのは困難なため，O·HAp の解析では，水素と酸素原子の占有率に対して $(OH)_{2-2x}$ と O_x の化学量論を満足するように線形条件を課すとともに，$(OH)_{2-2x}$ と O_x に相当する酸素原子の分率座標，原子変位パラメーターを共通にした．

図 13.19 に示すように，OH$^-$ サイトの酸素の占有率は，800 ℃ 付近まではほぼ一定であり，それ以上の温度で急激に減少した．この結果は，800 ℃ 以上で脱水により OH 基が脱離し，このサイトに欠陥が生じたことを示している．この傾向はラマン散乱，固体 NMR，TG–DTA/MASS 測定による質量減少，質量数 18 のピークの強度の増加と定性的には一致したが，リートベルト解析の方が欠陥量を少なく見積もっていた．すなわち，原子散乱因子が比較的小さい酸素サイトであっても，占有率の変化の傾向を把握することは可能であった．

格子定数の熱処理温度依存性を図 13.20 に示す．OH 基が脱離すると考えられる 800 ℃ までは格子定数はさほど変化しなかったが，それ以上の温度では格子定数 a は減少し，c は増加した．a の減少は OH 基の脱離により OH$^-$ サイトへ酸化物イオン O^{2-} が導入されたことに起因するのであろう．

本研究におけるリートベルト解析には，高温で生成した O·HAp を室温へ急冷した試料を用いた．図 13.19 に示したように，1200 ℃ 加熱処理試料の OH$^-$ サイトには多量の欠陥が生じている．この構造は室温では不安定であると考えられ，それを安定化させるために，室温では欠陥サイトに結晶構造水が入ることが固体 NMR の結果から示唆されている．欠陥濃度の増加に伴う格子定数 c の増加は，この格子水の存在による立体効果に起因するのかもしれない．また，この格子水の存在により OH$^-$ サイトの欠陥量が実際より少なく見積もられた可能性もある．これを解決するには，水酸基と結晶構造水の存在比率を固体 NMR などの手法により測定し，得られた値をリートベルト解析における構造モデルに導入するといったさまざまな手段を相補的に用いて解析を行う必要がある．

［藤森宏高］

文　献

1) H. Fujimori, H. Toya, K. Ioku, S. Goto, and M. Yoshimura, *Chem. Phys. Lett.*, **325**, 383 (2000).
2) J. C. Elliott, P. E. Mackie, and R. A. Young, *Science*, **180**, 1055 (1973).
3) M. I. Kay, R. A. Young, and A. S. Posner, *Nature*, **204**, 1050 (1964).

G. 鉱物の結晶化学的研究

細粒の鉱物や結晶性の悪い鉱物，化学組成が不均一な鉱物の結晶構造解析のためには，単結晶法にかわって粉末X線回折法あるいは粉末中性子回折法が有力な手段となる．また，鉱物内で複数のイオン置換が起こりうる場合，着目するイオン置換が結晶構造に与える影響を検討するためには，単純な系の固溶体を合成し，その結晶構造を詳しく調べる必要がある．しかし合成実験では，粉末試料は得られても，単結晶構造解析を行うための単結晶を得ることが困難な場合が多く，リートベルト法が最も有力な方法として用いられている．筆者らは，天然の細粒鉱物や合成粉末試料をリートベルト解析することによって造岩鉱物の結晶化学的研究を行ってきた．そのうち3例を紹介する．なおX線リートベルト解析にはRIETAN-2000，中性子リートベルト解析にはRIETAN-TNを用いた．

a. ぶどう石

ぶどう石（$^{VII}Ca_2{}^{VI}Al(^{IV}Si_3{}^{IV}Al)O_{10}(OH)_2$, $Z=2$）は変成作用や熱水変質によって生成する造岩鉱物であり，Alを置換してFe^{3+}が含まれることがある．4配位席にはSiのみに占められる$T1$席と，SiおよびAlが分布する$T2$席がある．本鉱物の空間群は，$T2$でAlとSiが無秩序配列する$Pncm$（対称心あり）と，AlおよびSiが$T2$で秩序配列する$P2cm$あるいは$P2/n$（対称心なし）が報告されてきた．Akasakaら[1]は，島根半島産の鉄を含むぶどう石を用いてこの問題を検討した．本ぶどう石は，幅が数十μmの長柱結晶の球状集合体として産出する．単結晶構造解析に適した試料が得られなかったため，X線リートベルト法を用いて結晶構造を解析した．$Pncm$を標準化した$Pmna$を構造モデルとして結晶構造を精密化した結果の方が，$P2cm$を標準化した$Pma2$を構造モデルとした解析結果よりもR値が低くなった．さらに，メスバウアー分光分析の結果，6配位席のAlを置換するFe^{3+}の四極分裂は極めて小さく，6配位席を含む配位多面体の対称性が高いことがわかった．これらの結果から，本ぶどう石の空間群はより対称性の高い$Pmna$（$Pncm$）と結論された．

b. 緑簾石族鉱物

緑簾石族鉱物（$^XA2^{IX}A1^{VI}M1^{VI}M2^{VI}M3^{IV}T_3O_{12}$(OH), $Z=2$, $P2_1/m$）は変成岩，火成岩，熱水変質岩，スカルン鉱床に産する造岩鉱物である．天然の緑簾石族鉱物は，$A2$席にCa，Sr，希土類元素が入り，6配位席にAl，Fe，Mn，Crなどが分布するため，多くの場合，複雑な化学組成をもつ．そのため，単純な系の合成緑簾石族鉱物を対象として，化学組成と結晶構造の関係が研究されてきた[2]．

NagashimaとAkasaka[3]は緑簾石族鉱物中の6配位席におけるMnの分布と，それが結晶構造に及ぼす影響を検討するために，$Ca_2Al_{3-q}Mn^{3+}{}_qSi_3O_{12}$(OH)（$q=0.5, 0.75, 1.0, 1.1, 1.5, 1.75$）の化学組成の出発物質から200および350 MPa，500℃で計11試料の紅簾石を合成し，X線リートベルト解析を行った．これらの紅簾石における最大Mn含有量は構造式当たりの原子数（atoms per formula unit : a.p.f.u.）にして1.25～1.26であり，それ以上Mnを含む出発物質からは，紅簾石とともに珪灰石（$CaSiO_3$）とビクスビ鉱（Mn_2O_3）が生成した．これらの相の質量分率はリートベルト解析によって定量できる．$M1$，$M2$，$M3$席におけるMn^{3+}の占有率から，Mn^{3+}は主に$M3$席，次いで$M1$席を占め，$M2$席は通常Alに占められること，また，Mn^{3+}は$M3$席に優先的に入るが，紅簾石中のMn^{3+}が1 a.p.f.u.以上になると$M1$席のMn^{3+}が顕著に増加することがわかった．これらの結果は，1.5 GPa，800℃で合成された紅簾石単結晶の単結晶X線構造解析結果[4]と一致する．$Ca_2(Al,Fe^{3+})_3Si_3O_{12}$(OH)-緑簾石では$Fe^{3+}$含有量の増加に伴って格子定数$a, b, c$が直線的に増加するのに対し，紅簾石では$Mn^{3+}$の増加に伴い$a$および$c$が2次曲線的に増加する（図13.21）．$M3$および$M1$席の$Mn^{3+}$が増加すると，それぞれ$M3$-O1結合と$M1$-O1結合が他の結合に比べて著しく長くなり，これらの配位多面体の歪が大きくなっている（図13.22）．したがって，Mn^{3+}含有量に対するaおよびcの非線形的変化は，$M3$および$M1$席中のMn^{3+}の増加に伴うヤーン-テラー効果によるものと結論される．

c. パンペリー石族鉱物

パンペリー石族鉱物（$^{VII}W_8{}^{VI}X_4{}^{VI}Y_8{}^{IV}T_{12}O_{56-n}(OH)_n$, $Z=1$, $A2/m$）は変成岩，熱水変質岩に産する造岩鉱物である．6配位のX席は6配位のY席よりも配位多面体の容積が大きく，変形度が小さい．Y席で卓越する陽イオンに基づいて鉱物名が決定され，X席で最も優勢な陽イオンは接尾辞で示される．Y席がAl^{3+}，Fe^{3+}，Cr^{3+}，Mn^{3+}，V^{3+}に富む種が命名されている．1980年以降，リートベルト法と各種

分光法の併用にみる，パンペリー石族鉱物における遷移元素の酸化数と6配位席における分布に関する研究が進み，それまでの化学式計算法の不具合や，各種遷移元素の6配位席における挙動と構造変化の関係が明らかとなってきた．

Nagashima ら[5]は，島根半島産のパンペリー石におけるFeの酸化数と6配位席における分布をメスバウアー分光法とX線リートベルト法によって決定した．Fe_2O_3 として表した鉄含有量が 9.93 mass% および 15.99 mass% である2試料のメスバウアー分光分析による $Fe^{2+}:Fe^{3+}$ 比はそれぞれ 46:54 および 41.5:58.5 であり，リートベルト解析によって決定された $Fe(X):Fe(Y)$ 比はそれぞれ 27:73 および 22:78 であった．これらの結果と化学分析結果から求めたXおよびY席における陽イオン数（a.p.f.u.）は，前者では $(Mg_{1.24}Fe^{2+}_{0.65}Fe^{3+}_{0.46}Al_{1.66})^X$ $(Al_{6.71}Fe^{3+}_{1.29})^Y$，後者では $(Mg_{0.68}Fe^{2+}_{0.88}Fe^{3+}_{0.77}Al_{1.66})^X(Al_{5.67}Fe^{3+}_{2.34})^Y$ であった．したがって，Y席に対してAlを優先的に割り当て，Alの不足を Fe^{3+} で補充する従来の化学式計算法は正しくない．XおよびY席におけるAlに対する Fe^{3+} の分配係数 K_D $(=(Fe^{3+}/Al)^X/(Fe^{3+}/Al)^Y)$ は，前者では 1.44，後者では 1.12 であり，正しい構造式を求めるためにはこの分配係数を考慮する必要がある．

NagashimaとAkasaka[6]はパンペリー石におけるCrの挙動を解明するため，Crに極めて富むパンペリー石の結晶構造解析を行った．本パンペリー石の6配位席には主にMg, Al, Crが分布する．それぞれの元素の原子散乱因子（MgとAlの識別不可）と干渉性散乱長（AlとCrの識別不可）に基づいて，X席におけるMg+AlとCrの占有率をX線回折データから，MgとCr+Alの占有率を中性子回折データから精密化し，X席とY席における原子分布を $(Mg_{1.92}Cr_{1.28}Al_{0.80})^X(Al_{5.52}Cr_{2.48})^Y$ と決定した．X席とY席におけるAlに対するCrの分配係数 K_D $(=(Cr/Al)^X/(Cr/Al)^Y)$ は 3.56 で，Cr原子はX席を選択する傾向が非常に強い．Crに富むパンペリー石族鉱物であるshuiskiteでは，CrがY席を優先的に占有すると仮定されていたが，本研究結果はこの仮定が成立しないことを示す．

FeあるいはCrに富むパンペリー石の構造解析結果では，Y席における陽イオン置換とY-O結合距離の間にはよい相関がある一方，X席におけるイオン置換とX-O結合距離の間には相関性がない．したがって，格子定数の系統的変化は主にY席における陽イオン置換を反映しており，X席における陽イオン置換は格子定数変化に大きな影響を与えていない．

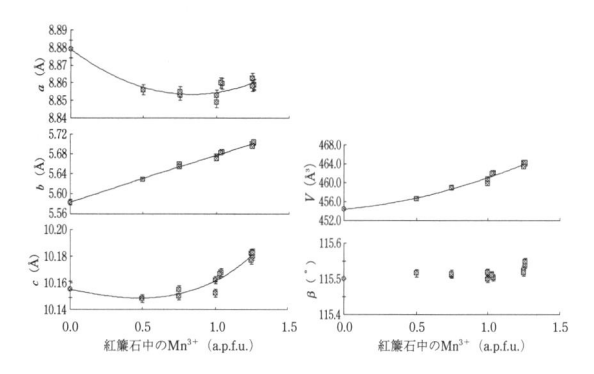

図 13.21 紅簾石中の Mn^{3+} の a.p.f.u. と格子定数との関係

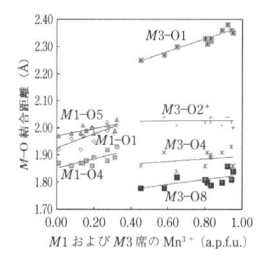

図 13.22 M1とM3席の Mn^{3+} の a.p.f.u. と M-O 距離との関係

X線および中性子リートベルト法は造岩鉱物の研究にとって極めて重要な研究手段であり，MPF法（10.2.3参照）によって電子密度分布の可視化や不規則構造の解析も行えるので，粉末法による構造解析は今後ますます鉱物科学分野において重要な研究手段として利用されるだろう．　　［赤坂正秀・永嶌真理子］

文　献

1) M. Akasaka, H. Hashimoto, K. Makino, and R. Hino, *J. Mineral. Petrol. Sci.*, **98**, 31 (2003).
2) 永嶌真理子・赤坂正秀, 岩石鉱物科学, **33**, 221 (2004).
3) M. Nagashima and M. Akasaka, *Am. Mineral.*, **89**, 1119 (2004).
4) K. Langer, E. Tillmanns, M. Kersten, H. Almen, and R. K. Arni, *Z. Kristallogr.*, **217**, 1 (2002).
5) M. Nagashima, T. Ishida, and M. Akasaka, *Phys. Chem. Miner.*, **33**, 178 (2006).
6) M. Nagashima and M. Akasaka, *Can. Mineral.*, **45**, 837 (2007).

H. 構造材料の構造解析

a. α型窒化ケイ素の化学結合[1,2]

窒化ケイ素（Si_3N_4）の優れた機械的性質は Si-N 原子間の共有結合性の強さと関係があると考えられるが，Si_3N_4 中の化学結合を回折実験から得られる電子密度により調べた研究はほとんどない．ここでは α 型窒化ケイ素（α-Si_3N_4）の放射光粉末回折データのリートベルト解析および電子密度解析例について述べる[1,2]．角度分解能を高くして反射の重なりを少なくするために，アナライザー結晶を用いた放射光粉末回折実験を行った（8.4.1参照）．また，バックグラウンド強度を下げるために反射法により粉末回折データを収集した．あわせて密度汎関数理論（DFT）に基づいて価電子密度分布も計算した．

測定に用いた粉末試料には α-Si_3N_4（空間群 $P31c$）と β-Si_3N_4（$P6_3/m$）の 2 相が含まれていた．放射光粉末回折データのリートベルト解析により得られた信頼度因子は $R_{wp}=5.41\%$（$S=1.34$），$R_p=4.01\%$，α-Si_3N_4 について $R_I=1.86\%$，$R_F=1.26\%$ であった．格子定数は $a=7.7545(1)$ Å，$c=5.62145(6)$ Å，構造パラメーターは表 13.3 のように精密化された．α-Si_3N_4 の 449 個の構造因子について MPF 解析を行った．α-Si_3N_4 に対する信頼度因子がリートベルト解析の $R_I=1.86\%$，$R_F=1.26\%$ から MPF における $R_I=1.03\%$，$R_F=0.74\%$ に向上した．α-Si_3N_4 と β-Si_3N_4 の含量はそれぞれ 97.5 mass% および 2.5 mass% であった．

α 型窒化ケイ素では，Si 原子と N 原子からなる AB 層と CD 層が c 軸に沿って交互に積み重なっている．図 13.23 に AB 層内（$0.3<z<0.7$）の(a) MEM 電子密度および (b) 理論価電子密度分布を ab 面上に投影した図を示す．観測電子密度（図 13.23(a)）と理論価電子密度（図 13.23(b)），それぞれから計算した各原子周りの電子数はほぼ一致していた．観測電子密度分布および理論価電子密度分布において Si-N 間に共有結合が観察される．観測電子密度分布において Si 原子周りの電子数 10.1 は中性 Si 原子の電子数 14 よりも小さい．一方，N 原子周りの電子数 7.8 は中性 N 原子の電子数 7.0 よりも大きい．また，図 13.23(b) に示すように価電子密度は Si 原子付近で小さくなる．これらの結果は Si 原子から N 原子への電荷移動を示している．N 原子周りの三角形状の電子密度は sp^2 混成軌道を示唆している．AB 層，CD 層とも共有結合の 2 次元のネットワークを形成し，結晶構造と同様に c 軸に沿って積み重なっている．Si-N 間の最小電子密度はおおむね結合距離の増加とともに減少する．AB 層と CD 層の間の Si-N 結合間の最小電子密度（平均値：1.3 Å^{-3}）は，AB 層内あるいは CD 層内の最小電子密度（平均値：1.1 Å^{-3}）よりやや高かった．これは DFT 計算により見積もった弾性定数の異方性（$C_{33}>C_{11}$）と対応している．α-Si_3N_4 中の Si-N 結合における最小電子密度（平均値：1.2 Å^{-3}）が Si 中の Si-Si 結合における最小電子密度（$0.5\sim0.69$ Å^{-3}）より高いことは，α-Si_3N_4 の体積弾性率の方が高いことに対応する．

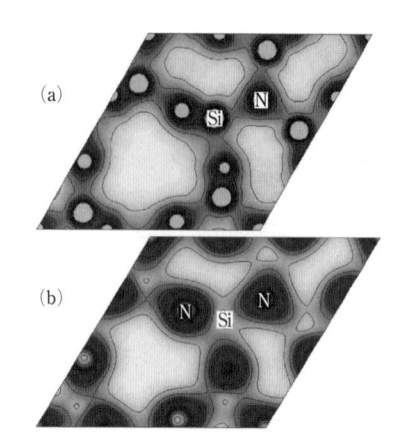

図 13.23 α-Si_3N_4 の AB 層における (a) MEM 電子密度および (b) 理論価電子密度分布を ab 面上に投影した図 ($0.3<z<0.7$)[1,2] (カラー口絵 10 参照)

b. 遷移金属炭化物の構造解析[3]

遷移金属炭化物 MC (M=V, Ti, Nb, Ta, Hf, Zr) は岩塩型構造を有し，強度と耐摩耗性などに優れた構造材料である．遷移金属炭化物材料は硬く，粉末 X 線回折実験に適した粒径をもち，配向がない試

表 13.3 α-Si_3N_4 の結晶構造パラメーター

サイト		x	y	z	U (Å^2)
Si1	$6c$	0.08194(4)	0.51161(4)	0.65788(6)	0.0052(5)
Si2	$6c$	0.25362(4)	0.16730(4)	0.45090	0.0045(5)
N1	$6c$	0.65368(9)	0.6100(1)	0.4301(2)	0.0113(5)
N2	$6c$	0.3159(1)	0.3189(1)	0.6974(2)	0.0093(5)
N3	$2b$	1/3	2/3	0.5990(2)	0.0059(6)
N4	$2a$	0	0	0.4502(3)	0.0095(6)

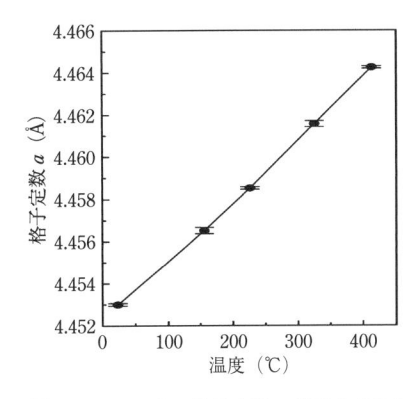

図 13.24 TaC の格子定数の温度依存性[3]

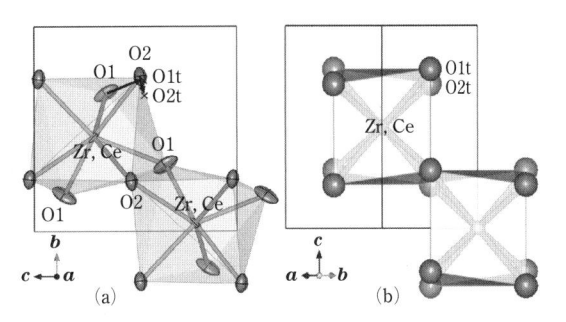

図 13.25 ジルコニア-セリア固溶体 $Zr_{0.9}Ce_{0.1}O_2$ の結晶構造 (a) 単斜相の $0.2<x<0.3$ に存在する陽イオンが形成する $(Zr,Ce)O_7$ 配位多面体, (b) (a) に対応する正方相における $(Zr,Ce)O_8$ 配位多面体.

料を準備するのが難しい. 一方, 中性子回折実験ではそのような苦労がない上, 軽元素である炭素原子の構造パラメーターも決めやすい. 機械部品の設計では熱膨張の情報, すなわち格子定数の温度依存性が重要である. Nakamura と Yashima は, 炭化タンタル TaC の結晶構造の温度依存性を中性子粉末回折データのリートベルト解析により調べた[3].

高温での X 線回折実験で問題になる熱膨張による試料位置のずれに起因する格子定数の系統誤差が中性子回折実験では小さいので容易に格子定数の温度依存性が得られる. しかしゼロ点シフトの取扱いには注意が必要である. ケイ素などの内部標準試料を混ぜた試料の X 線回折測定により, 室温における格子定数をあらかじめ決めておく. 室温における中性子回折データのリートベルト解析において, 格子定数をその値あるいは熱膨張を考慮した値に固定してゼロ点シフトを決めておく. ゼロ点シフトが不適切であると格子定数の確度が低く, 格子定数の温度依存性に不自然な折れ曲がりが生じることもある. 適切なゼロ点シフトを使い, TaC の格子定数の温度依存性を得た (図 13.24). 熱膨張係数は $6.4(3)\times 10^{-6}$ ℃$^{-1}$ と見積もられた. なお, 粉末 X 線回折データの解析では, さらにゼロ点シフトを慎重に取り扱う必要がある.

c. ジルコニアセラミックスの相転移[4]

ジルコニア (ZrO_2) セラミックスは高い靱性と強度を有し, 広く構造材料として使用されている. ジルコニアセラミックスの高い靱性の主たる原因は, 破壊時のクラック伸展などにより準安定正方晶粒子に応力が集中して単斜相への応力誘起変態が起こり, そのときの体積膨張により破壊のエネルギーを吸収するからである. ジルコニアセラミックスの粉末回折データのリートベルト解析により, 単斜相と正方相が混合した試料における各相の結晶構造を調べることができる. 単斜相と正方相が共存する $Zr_{0.9}Ce_{0.1}O_2$ の中性子回折データをリートベルト法により解析して得られた結晶構造を図 13.25 に示す. 単斜 (m) および正方 (t) 相の $Zr_{0.9}Ce_{0.1}O_2$ の単位胞体積 V_m と V_t の比 $V_m/(2V_t)$ は 1.05 であり, 相変態時に体積膨張が起こることが確認された. 単斜 $Zr_{0.9}Ce_{0.1}O_2$ では陽イオンが 7 配位であるのに対し, 正方相では 8 配位である. 相変態時に単斜相の酸素原子 O1 は正方相の O1t へ図 13.25(a) の矢印のように移動する. 単斜相の O2 は正方相の O2t へ移動する. O2 よりも O1 の方が大きく移動する. 変態時に酸素原子が移動する方向は, 酸素原子の熱振動が大きな方向と一致する.

[八島正知]

文 献

1) 八島正知, 日本結晶学会誌, **49**, 354 (2007).
2) M. Yashima, Y. Ando, and Y. Tabira, *J. Phys. Chem. B*, **111**, 3609 (2007).
3) K. Nakamura and M. Yashima, *Mater. Sci. Eng., B*, **148**, 69 (2008).
4) M. Yashima, T. Hirose, S. Katano, Y. Suzuki, M. Kakihana, and M. Yoshimura, *Phys. Rev. B*, **51**, 8018 (1995).

I. 触媒の構造と電子・核密度の解析

触媒の多くはナノサイズの微粉末であるので、粉末回折データの精密構造解析により平均構造と化学結合を調べるのに適している。本節では光触媒 $Sm_2Ti_2S_2O_{4.9}$ の電子密度と排ガス浄化助触媒 $Ce_{0.5}Zr_{0.5}O_2$ の不規則構造を解析した例を紹介する。

a. 光触媒 $Sm_2Ti_2S_2O_{4.9}$ の化学結合[1]

Ruddlesden–Popper 型構造をもつ酸硫化物 $Sm_2Ti_2S_2O_{4.9}$（正方晶系、空間群 $I4/mmm$）は可視光に応答する光触媒の一つであり、水溶液から水素を発生させることができる。$Sm_2Ti_2S_2O_{4.9}$ の放射光粉末回折データの解析と $Sm_2Ti_2S_2O_5$ の密度汎関数理論（DFT）計算を行い、両者を比較検討した[1]。放射光粉末回折データは KEK-PF のビームライン BL-$4B_2$ に設置されている多連装粉末回折計により測定した。この装置は比較的高い角度分解能を有し、6本のカウンターで同時に回折強度を収集することにより測定時間を短縮するよう設計されている。

リートベルト解析の信頼度因子は $R_{wp}=6.89\%$ ($S=1.56$)、$R_I=1.07\%$、$R_F=0.60\%$ であった。MPF 解析により信頼度因子は $R_I=0.80\%$、$R_F=0.49\%$ にまで向上した。格子定数の精密化値は $a=3.82123(2)$ Å、$c=22.96371(12)$ Å であった。

$Sm_2Ti_2S_2O_{4.9}$ は岩塩型 Sm_2S_2 層と ReO_3 型 Ti_2O_5 層からなる（図13.26）。Sm、Ti、S、O1、O2 の bond valence sum はそれぞれ 3.2、3.9、2.0、2.03、1.99 と見積もられた。これは各サイトを占めるイオンが Sm^{3+}、Ti^{4+}、S^{2-}、O^{2-}、O^{2-} であることと合致する。また、O2 席における酸素欠損（占有率=0.944(12)）が示唆された。

図13.26(b)、(c) と図13.27 に示すように、Ti-O 間には Ti 3d と O 2p の重なりによる共有結合が存在する。一方、S と Sm 原子はよりイオン的である。$Sm_2Ti_2S_2O_{4.9}$ 中の S 原子と他の原子との間の結合のイオン結合性が高いことは、S 原子が硫化物イオンとして存在することを明確に示している。図13.27 に示すように、価電子帯の上端の主成分である S 3p および微量成分である O 2p 軌道がバンド幅を広げることが本光触媒の可視光応答性の原因と考えられる。このように、X 線または放射光を用いた電子密度解析により化学結合の性質を理解できる。共有結合とバンドギャ

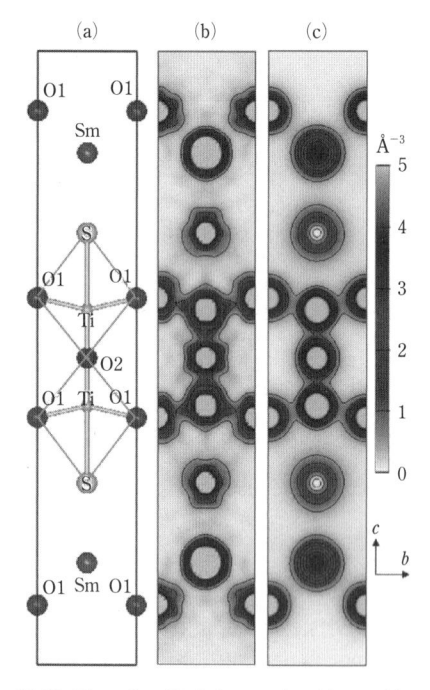

図13.26 $Sm_2Ti_2S_2O_{4.9}$ の bc 面上における (a) 結晶構造、(b) MEM 電子密度分布、(c) $Sm_2Ti_2S_2O_5$ の DFT 価電子密度分布（$x=1/2$）[1]
黒い等高線：$0.5\sim5$ Å^{-3} の範囲で 0.5 Å^{-3} ステップ。長方形は単位胞、(a) のひし形は Ti を中心原子とする八面体を示す。

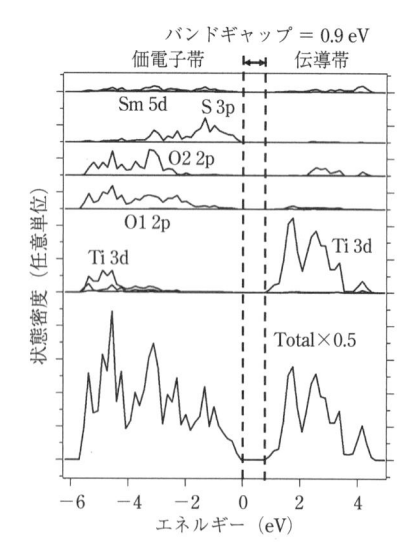

図13.27 DFT 計算により得られた $Sm_2Ti_2S_2O_5$ の電子の状態密度（DOS）と部分状態密度（PDOS）の一部[1]

ップを考察するには電子の状態密度が有用である．ま
た，DFT 価電子密度分布により，MEM 電子密度分
布の信頼性を確認することもできる．

b． 排ガス浄化助触媒 $Ce_{0.5}Zr_{0.5}O_2$ の相転移と不規則構造[2,3]

$Ce_{0.5}Zr_{0.5}O_2$ は自動車排ガス浄化助触媒として幅広
く利用されている．$Ce_{0.5}Zr_{0.5}O_2$ は室温で正方相（空
間群：$P4_2/nmc$）である．正方相の生成機構を理解
するために正方-立方相転移を研究した[2]．立方相は
空間群 $Fm\bar{3}m$ の蛍石型構造をもつ．また，高い触媒
活性の構造的要因を探るために不規則構造を調べ
た[3]．いずれの研究でも，酸素の位置と空間分布を正
確に研究するため，中性子回折データを高温で測定・
解析した．高温中性子回折法は，高温 X 線回折法に
比べて比較的容易に質の高いデータを収集できる．

図 13.28 は，組成が均一な $Ce_{0.5}Zr_{0.5}O_2$ の中性子回
折データのリートベルト解析により得られた，擬立方
格子の格子定数 $a_F (=2^{1/2}a_{tet})$, c_{tet} と，蛍石型構造に
おける酸素原子の理想位置 $(\frac{1}{4}, \frac{1}{4}, \frac{1}{4})$ からの変位
（挿入図の矢印）量の温度依存性を示す．格子定数 a_F，
c_{tet} は温度上昇とともに増加するが，1542 K と 1831
K の間で互いに近づき，立方相では等しくなる．296
K から 1036 K において酸素の変位量は温度上昇とと
もに若干増加するが，1542 K と 1831 K の間で減少し
て 0 になり，軸率 c_{tet}/a_F が 1 の立方相となる．すな
わち，立方→正方相転移は軸率が 1 より大きくなり，
酸素の変位量が 0 より大きくなることにより引き起こ
されることがわかった．

1831 K で測定した $Ce_{0.5}Zr_{0.5}O_2$ の中性子回折デー
タのリートベルト解析における信頼度因子は $R_{wp}=$

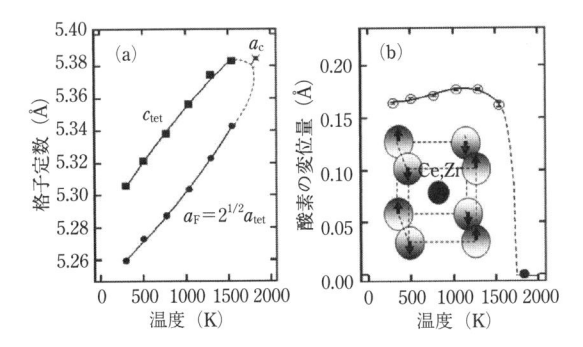

図 13.28 $Ce_{0.5}Zr_{0.5}O_2$ の (a) 格子定数の温度依存性と (b) 酸素変位量の温度依存性[2]
(b) の挿入図の矢印は酸素変位を示す．

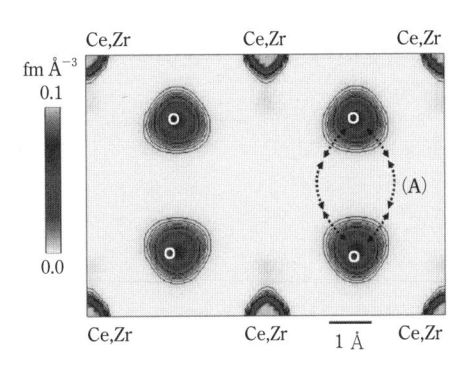

図 13.29 1831 K で測定した $Ce_{0.5}Zr_{0.5}O_2$ の中性子回折データの MPF 解析により得られた (110) 面上における核密度分布[3]
図中の矢印 (A) が推定された酸化物イオンの拡散経路を示す．

8.41 % ($S=6.57$)，$R_I=8.07$ %，$R_F=4.86$ % であ
った．MPF 解析により信頼度因子は $R_I=6.38$ %，
$R_F=2.98$ % に向上した．図 13.29 は MPF 解析によ
り得られた $Ce_{0.5}Zr_{0.5}O_2$（1831 K）の (110) 面上にお
ける核（散乱長）密度分布を示す．酸化物イオンは陽
イオンに比べてより広い空間に分布している．酸素イ
オンは〈111〉方向に大きく広がっており，〈100〉方向
に沿った酸化物イオンの拡散経路 (A) を示唆してい
る．〈100〉方向に沿った酸化物イオンの拡散経路は，
酸化ビスマス固溶体，セリア固溶体など蛍石型構造を
有するイオン伝導体に共通の特徴であると考えられ
る．

CeO_2 に比べて $Ce_{0.5}Zr_{0.5}O_2$ における酸化物イオン
の方がより広がった空間に分布している．この差は酸
化物イオンの拡散および触媒活性の違いに対応する．
酸化物イオンのバルク拡散は $Ce_{0.5}Zr_{0.5}O_2$ の酸素吸蔵
および放出プロセスにおける 1 ステップであることか
ら，$Ce_{0.5}Zr_{0.5}O_2$ の大きな不規則構造が高い触媒活性
と酸化物イオンの高い拡散係数の一因であると考えら
れる．　　　　　　　　　　　　　　　［八島正知］

文　献

1) M. Yashima, K. Ogisu, and K. Domen, *Acta Crystallogr.*, *Sect. B*, **64**, 291 (2008).
2) T. Wakita and M. Yashima, *Acta Crystallogr.*, *Sect. B*, **63**, 384 (2007).
3) T. Wakita and M. Yashima, *Appl. Phys. Lett.*, **92**, 101921 (2008).

J. 熱電変換特性を示す層状炭化物の結晶構造解析

a. 熱電変換材料とは

熱エネルギーから電気エネルギーを効率よく取り出すことができれば，化石燃料の消費量と二酸化炭素排出量の削減に貢献できる．熱電変換材料は，ゼーベック効果を利用して熱エネルギーを電気エネルギーに直接変換するものである．均一な熱電変換材料の両端に温度差 ΔT を与えることで誘起される電圧 V は $\alpha \Delta T$ で表される（α はゼーベック係数）．α の符号は誘起される電界の符号に対応し，キャリアが電子の場合は負（n 型），正孔の場合は正（p 型）になる．

熱エネルギーから電気エネルギーへの変換効率を評価するためのパラメーターを，性能指数 Z（単位：K^{-1}）と呼び，導電率を σ，熱伝導率を κ とすれば，

$$Z = \frac{\alpha^2 \sigma}{\kappa}$$

と表される[1]．すなわち α と σ が大きく，κ が小さいほど，変換効率が高くなる．実際の熱電変換効率は使用温度 T（単位：K）が高いほど向上するので，Z と T の積 ZT を無次元性能指数と呼び，実用化の指標として用いる．

b. 層状構造物質の熱電変換特性

半導体の厚さを電子の量子閉じ込め効果が発現する程度に薄くして2次元量子井戸を形成すると，熱電性能が飛躍的に増大するという材料設計指針が Hicks と Dresselhaus[2] によって示された．スパッタリングによって容易に形成される人工超格子は，高い性能指数が期待される一方で，熱力学的に不安定であり，高温下で起こる拡散や反応のため高温熱電発電への応用には不向きである．そこで熱力学的に安定な自然超格子構造をもつ層状構造物質が注目されている．これらの低次元構造物質群では，層界面でのフォノン散乱によって κ が低下し，結果的に ZT を増加させる効果が期待できる．

c. Zr-Al-C 系層状炭化物の結晶構造

Zr-Al-C 系には2種類の3成分系炭化物 $(ZrC)_2Al_3C_2$ と $(ZrC)_3Al_3C_2$ の存在が知られている[3,4]．これらは一般式が $(ZrC)_mAl_3C_2$（$m=2, 3$）で表されるホモロガス相であり，NaCl 型構造の $[Zr_mC_{m+1}]$ 層と Al_4C_3 結晶構造に類似した $[Al_3C_3]$ 層が c 軸方向に交互に積み重なった層状構造を示す（図13.30）．

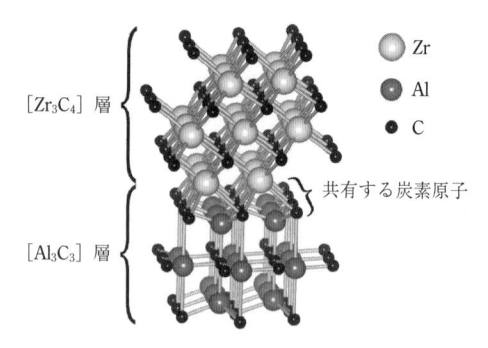

図13.30　$(ZrC)_3Al_3C_2$ の $[Zr_3C_4]$ 層と $[Al_3C_3]$ 層

$[Zr_mC_{m+1}]$ 層は $[Al_3C_3]$ 層と比較して σ が大きく，量子閉じ込め効果によって n 型熱電特性が発現すると考えられる[5]．これら2種類の層は網目状に配列する炭素原子を境界で共有しており，その原子間距離は約 0.335 nm である．一方，ZrC と Al_4C_3 における C-C 距離は，それぞれ 0.330 nm と 0.334 nm で互いにほぼ等しく，これらは $(ZrC)_mAl_3C_2$ の層境界における C-C 距離に近い．すなわち ZrC と Al_4C_3 の C-C 距離がほぼ等しいことが，$(ZrC)_mAl_3C_2$ ホモロガス相が生成する本質的な理由である[4]．

Kidwell ら[6] は Al-Si-C 系において新規な炭化物 Al_8SiC_7（六方晶系）の存在を示した．この化合物の格子定数 a は 0.331 nm であり，ZrC 結晶の C-C 距離とほぼ等しい．ZrC と Al_8SiC_7（Al：Si＝3.56：0.44）が反応することで全く新しい層状炭化物の生成が期待され，実際に新規なホモロガス相 $(ZrC)_n[Al_{3.56}Si_{0.44}]C_3$（$n=2, 3$）の発見に繋がった[7,8]．この炭化物の結晶構造は $[Zr_nC_{n+1}]$ 層と $[Al_{3.56}Si_{0.44}C_4]$ 層からなり，$(ZrC)_mAl_3C_2$ と同様に良好な熱電変換性能を示す．

d. Zr-Al-Si-C 系層状炭化物の合成と構造解析

$(ZrC)_3[Al_{3.56}Si_{0.44}]C_3$（$n=3$）の結晶構造を実験室の X 線粉末回折装置で測定した回折データを用いて決定した[8]．この炭化物は単相を得ることが難しく，つねに $(ZrC)_2[Al_{3.56}Si_{0.44}]C_3$（$n=2$）または ZrC と共存して得られた．NaCl 型構造の ZrC は比較的対称性が高く，回折線の重なりが少ないことから，ZrC が約 9 mol％共存する粉末試料を用いて結晶構造解析を行った．

Cu $K\alpha_1$ 線（45 kV，40 mA）を用いて，3.007°～148.496° の 2θ 範囲で回折強度を測定した．0.5° の固定発散スリットを用いたため，約 15°≦2θ で定量的な

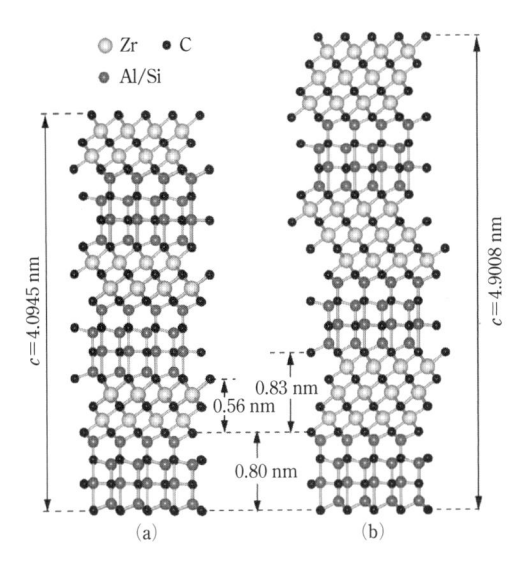

図13.31 $(ZrC)_n[Al_{3.56}Si_{0.44}]C_3$ の層状構造
(a) $n=2$, (b) $n=3$.

表13.4 $(ZrC)_3[Al_{3.56}Si_{0.44}]C_3$ の構造パラメーター

空間群 $R3m$ (No. 160)
$a=0.331389(7)$ nm, $c=4.90084(7)$ nm

	x	y	z	$100 \times B/nm^2$
Zr1	0	0	0.3044 (7)	0.17 (1)
Zr2	0	0	0.6916 (7)	0.48 (5)
Zr3	0	0	0.9165 (7)	0.31 (4)
Al/Si1	0	0	0.0719 (7)	0.42 (3)
Al/Si2	0	0	0.1603 (7)	0.42
Al/Si3	0	0	0.4543 (7)	0.42
Al/Si4	0	0	0.5339 (7)	0.42
C1*	0	0	0	0.36 (4)
C2	0	0	0.1107 (10)	0.36
C3	0	0	0.2196 (6)	0.36
C4	0	0	0.3884 (7)	0.36
C5	0	0	0.4969 (9)	0.36
C6	0	0	0.6094 (2)	0.36

全サイトの同価位置数と Wyckoff 記号は $3a$.
*C1 サイトの z 値は固定.

データが得られる. 構造決定には空間群, 格子定数, 単位胞中に含まれる各原子数（化学式数）が必要である. そこで $3.007° \leq 2\theta \leq 60.000°$ の範囲で Pawley 法を用いて, 格子定数（$a=0.3316$ nm, $c=4.905$ nm）と各反射の積分強度を求めた. $hkil$, $h\bar{h}0l$, $hh2\bar{h}l$, $000l$ に対して, それぞれ $h-k+l \neq 3n$, $-h+l \neq 3n$, $l \neq 3n$, $l \neq 3n$ を満たす反射が系統的に消滅することから, 可能な空間群は $R3$, $R\bar{3}$, $R32$, $R3m$, $R\bar{3}m$ に絞られた. 単位胞中に含まれる各原子数は, Al と Si の原子散乱因子がほぼ等しいことから, これらを区別せずに 9(Zr), 12(Al), 18(C) と設定した.

$2\theta=5.41°$ に強い反射 003 と $00\bar{3}$ が存在することから, $3.007° \leq 2\theta \leq 148.496°$ の範囲で直接法のソフトウェア EXPO2004 を用いて初期構造モデルを構築した. 空間群に $R3m$ を用いた場合にのみ, 結晶化学的に合理的な構造モデルが得られた.

分率座標を RIETAN-FP に組み込まれている STRUCTURE TIDY で標準化した後, $15.000° \leq 2\theta \leq 148.496°$ の範囲でリートベルト法を用いて結晶構造（図13.31(b)）を精密化した（表13.4）. March-Dollase 関数で配向補正を行ったところ, 選択配向ベクトル [001] に対して $r=0.969$ が得られ, (001)面に平行なへき開の存在が示唆された. また定量分析の結果から, ZrC 結晶が 9.3 mol% 含まれることが明らかになった. 試料全体の平均物質量比は Zr:Al:Si:C=27.9:32.0:4.0:54.9 となり, 出発組成とよく一致した. $n=2$ の結晶構造（図13.31(a)）と比較すると, $[Al_{3.56}Si_{0.44}C_4]$ 層は同じ厚さであるが, $[Zr_nC_{n+1}]$ 層では $n=2$ よりも $n=3$ の方が厚い.

層状炭化物の熱電変換特性については, 文献[7,8] を参照されたい. ［福田功一郎］

文 献

1) 日本セラミックス協会・日本熱電学会編, "熱電変換材料," 日刊工業新聞社 (2005), pp. 15-52.
2) L. D. Hicks and M. S. Dresselhaus, *Phys. Rev. B*, **47**, 12727 (1993).
3) Th. M. Gesing and W. Jeitschko, *J. Solid State Chem.*, **140**, 396 (1998).
4) K. Fukuda, S. Mori, and S. Hashimoto, *J. Am. Ceram. Soc.*, **88**, 3528 (2005).
5) M. Yashima, K. Fukuda, Y. Tabira, and M. Hisamura, *Chem. Phys. Lett.*, **451**, 48 (2008).
6) B. L. Kidwell, L. L. Oden, and R. A. McCune, *J. Appl. Crystallogr.*, **17**, 481 (1984).
7) K. Fukuda, M. Hisamura, T. Iwata, N. Tera, and K. Sato, *J. Solid State Chem.*, **180**, 1809 (2007).
8) K. Fukuda, M. Hisamura Y. Kawamoto, and T. Iwata, *J. Mater. Res.*, **22**, 2888 (2007).

K. アシル尿素誘導体の1次相転移ダイナミクスの観察[1]

結晶構造に共通の特徴をもつ，一連のアシル尿素誘導体は側鎖の置換基の違いにより，固相-固相1次相転移の有無がある．相転移を起こす場合，転移温度は350 K 程度でほぼ一定であるが，転移熱は誘導体ごとに大きく異なっている．そこで，このような多様性の原因を明らかにするために，誘導体 1 の相転移前後の粉末構造解析を行った．さらに，動的挙動を明らかにするため，転移点前後の温度領域を細かく温度分割した粉末回折測定を行い，転移機構が単結晶法により知られている誘導体 2 の場合[2]と比較した．

誘導体 1 の転移温度，転移熱はそれぞれ 347 K，17 kJ mol^{-1} である．回折データは SPring-8 BL02B2 ビームラインに設置されている大型デバイ-シェラーカメラを用いて測定した．測定点は 300～340 K は 10 K ごと，340～350 K は 1 K ごとの 15 点である．露光時間は各 15 min である．

粉末回折実験から，340 K までは低温相のみ，341 K から高温相のピークが現れ低温相-高温相の 2 相混合相となり，DSC による転移温度 347 K 以上では低温相が消滅し，高温相のみとなった．

各相の格子定数を粉末パターンから決定した．低温相は単斜晶であり，単結晶構造解析の結果と一致した．一方，高温相は三斜晶であり，単位胞の体積は低温相の 1/2 であった．一般に高温相の対称性は低温相よりも高いことが多いが，この系では単斜晶系から三斜晶系に低下していた．これは単位格子の体積が転移後 1/2 となって周期性がよくなったため，格子の対称性低下が相殺されたことによると考えられる．

低温相の構造は別途，単結晶法により解析したが，高温相の構造は粉末回折データから解析しなくてはならない．そこで 350 K で測定したデータを用い，格子定数，空間群を決定後，DASH を用いて simulated annealing 法により，初期構造モデルを導出した．

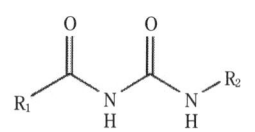

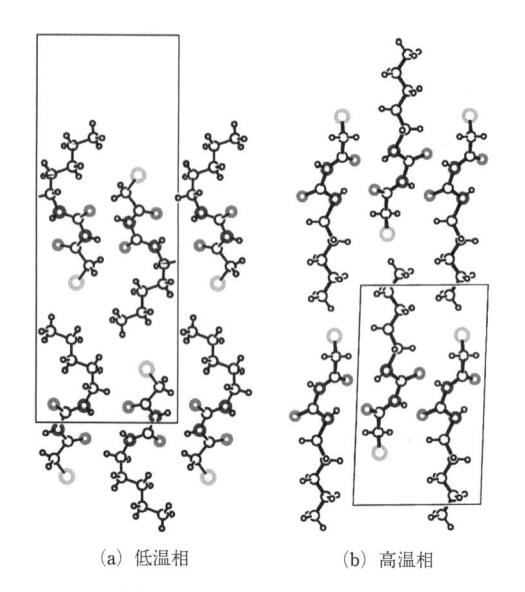

(a) 低温相　　(b) 高温相

図 13.33　誘導体 1 の結晶構造

その結果，構造にゆがみはあるが，妥当な構造が得られた．そこでリートベルト法により構造を精密化した．分子間距離や水素結合のジオメトリーから構造の妥当性を検討した結果，初期構造モデルに見られたゆがみは解消され，正しい構造が得られたと結論した．この構造をもとに各温度の構造も同様に精密化した．

図 13.33 に低温相（300 K）と高温相（350 K）の構造を示す．カルボニル尿素骨格に変化は見られなかったが，側鎖のコンフォメーションは変化し，低温相ではカルボニル尿素平面に垂直だったペンチル基が，高温相では平行に伸びていた．

低温相と高温相，どちらの相においてもアシル尿素誘導体結晶に共通に見られるカルボニル尿素部分による水素結合テープ構造を形成していた．テープの方向性に注目すると，伸長方向が低温相と高温相で異なっていた．つまり，相転移において，テープが積層したブロックが互いに平行になるように回転するか，または水素結合の組換えが起こる必要がある．誘導体 2 ではブロックが界面に沿ってスライドする素過程が相転移に先立って起こり，これが引き金となって分子構造が変化することが見出されている[2]．そこで誘導体 1 でも転移後の構造に向けた分子集団の変化があるのかどうかについて検討した．

低温相の水素結合テープを横から見たのが図 13.34 である．テープが回転すると，図中に示した (201) 面と (010) 面の間隔が変化するはずである．図 13.35 に

1: $R_1 = n$-ペンチル，$R_2 =$ クロロメチル
2: $R_1 = i$-ペンチル，$R_2 =$ エチル

図 13.32　アシル尿素誘導体

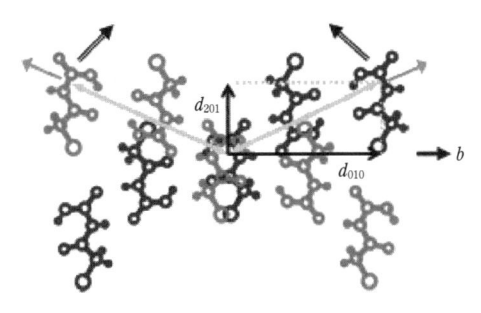

図13.34 水素結合テープ構造
交差しているテープは図13.33(a)で隣り合っているテープ（簡単のためアルキル基は省略）．

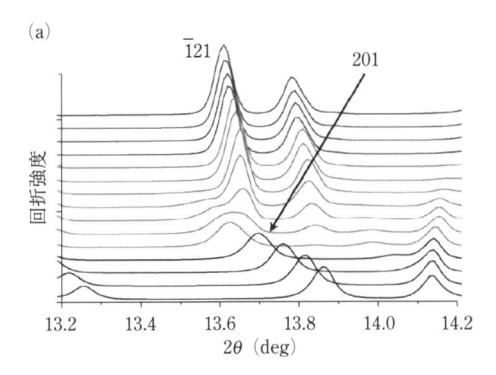

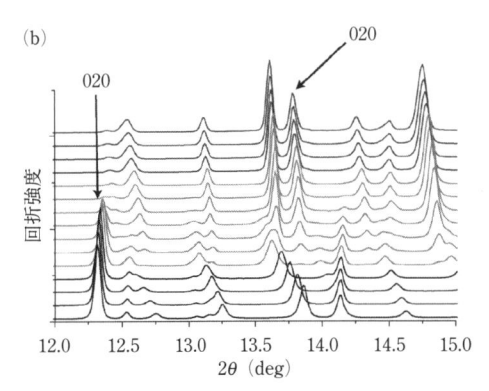

図13.35 構造変化に敏感な反射の温度変化
(a) 201反射，(b) 020反射．回折パターンはいちばん下が300 K，順に高温となり，いちばん上が350 K．下4つが低温相，上4つが高温相であり，これらの間では両相混在．

201反射と020反射の温度変化を示す．温度上昇に従い，201反射は大きく低角側に，020反射は高角側にシフトしていた．これは(201)面の間隔が広がり(010)面の間隔が狭まっており，水素結合テープ構造が図13.34中の矢印の方向に，ハサミのような動きで構造変化していることを示している．したがって，誘導体1においても水素結合テープ構造のブロックは高温相への構造変化に向けて，転移温度以下であっても温度の上昇に伴い，少しずつ動いていることになる．

上述の解析結果から，誘導体1においても相転移は，誘導体2と同様に分子集団としての構造変化が転移温度以下で起こり，転移点近傍でこの構造変化のストレスにより，アルキル基のコンフォメーション変化，水素結合の組換えが起こった後，相転移が完結すると考えられる． ［橋爪大輔］

文 献

1) D. Hashizume, M. Ogawa, and F. Iwasaki, to be published.
2) D. Hashizume, N. Miki, T. Yamazaki, Y. Aoyagi, T. Arisato, H. Uchiyama, T. Endo, M. Yasui, and F. Iwasaki, *Acta Crystallogr.*, *Sect. B*, **59**, 404 (2003).

L. 細孔性ネットワーク錯体の構造解析

ゼオライトなどの無機材料と比べて，錯体や有機物などのやわらかい分子性結晶の非経験的X線構造解析の例は比較的限られている．その一因は試料調製の難しさにある．本節では，柔軟な細孔性ネットワーク錯体の粉末X線構造解析例を紹介する．

一般に細孔性ネットワーク錯体は，「留め金」である金属イオンと「リンカー」である架橋有機配位子から自己集合により構築される．有機合成によりリンカーを修飾することによりさまざまな結晶性細孔体を構築することができる．この高い設計性がネットワーク錯体の大きな特徴であるが，ゼオライトなどと比べてもろい．そのため，メノウ乳鉢などで粉砕して粉末試料を調整することは一般に困難である．

そこで筆者らは，細孔性ネットワーク錯体の瞬間合成法を考案した[1]．本手法は非常に簡便で，$ZnBr_2$とTPTを瞬時に混合するだけで選択的に48％の収率で錯体$[(ZnBr_2)_3(TPT)_2] \cdot n(PhNO_2)$ (**1**)の粉末回折測定に適した微結晶を合成できた（図13.36, 13.37）．

0.3 mmϕのキャピラリーに試料を詰めて，SPring-8のBL19B2の粉末回折装置で回折データを測定した．最終的に解析に成功したデータの測定時のX線波長は1.3 Åであった．1 Åで測定した場合，反射の重なりのために解析には成功しなかった．$ZnBr_2$のかわりにZnI_2を用いても同形の構造が得られるが，吸収の問題から1 Åが最適波長であることがわかった．このように錯体は重原子を含むために実験室系での測定が困難であり，特に格子定数が大きな錯体には波長を調整できる放射光が最適である．

DASHにより，指数付け，Pawley法による格子定数の精密化を行い，simulated annealing (SA)法により構造モデルを構築した．最大の難関は，指数付けである．波長1 Åのデータでは指数付けが困難であったが，波長1.3 Åを用いることにより明確に指数付けを行うことができた．指数付けができたら解析は半分終了したようなものである．

次に，SA法による構造モデル構築へ移行する．試料の元素分析，熱分析，格子定数，空間群などから単位胞中に含まれる独立な構成成分を決定し，モデルを入力する．今回$ZnBr_2$，TPT，溶媒のニトロベンゼンをモデルとして用いた．$ZnBr_2$とTPTは一体のモデルとして扱い，金属-TPT間の二面角に束縛をかけて計算した．自己集合による反応がエネルギー的に安定な方向に収束するかのごとく，SA法により最安定な構造を決定することができた．重原子が含まれている場合は，比較的容易に解を求めることができる．ゲストが規則配列していて回折点として明確に観測されている場合は，軽原子だけのゲストでも最終解が入力方法にかなり影響される．モデルの構築法としては，ケンブリッジ・データベース (CCDC) から

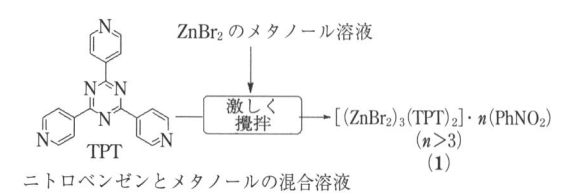

図13.36 錯体**1**の合成スキーム

図13.37 瞬間合成により生成した錯体**1**の微結晶粉末のSEM像

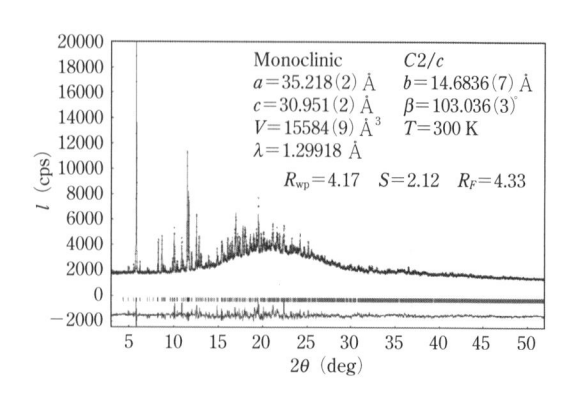

図13.38 錯体**1**の粉末X線回折パターンとリートベルト解析の結果

Monoclinic $C2/c$
$a = 35.218(2)$ Å $b = 14.6836(7)$ Å
$c = 30.951(2)$ Å $\beta = 103.036(3)°$
$V = 15584(9)$ Å^3 $T = 300$ K
$\lambda = 1.29918$ Å
$R_{wp} = 4.17$ $S = 2.12$ $R_F = 4.33$

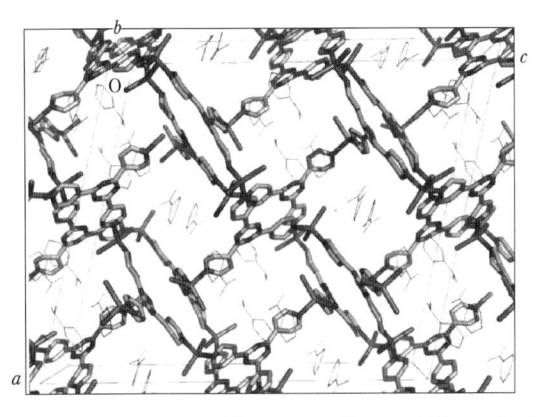

図 13.39 粉末 X 線構造解析により得られた錯体 **1** の結晶構造

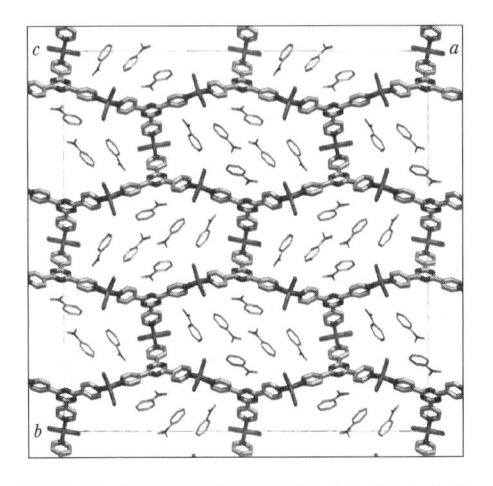

図 13.40 単結晶 X 線構造解析により得られた錯体 **2** の結晶構造

PDB ファイルを入手するのが簡便であるが，理論計算によりモデルを作成することも有効である．CCDC の利点は，結合距離や角度などに関して，統計的にモデルの妥当性をチェックできることである．

SA 法により初期構造を決定した後，RIETAN-FP を用いたリートベルト解析により原子位置の精密化を行った（図 13.38）．精密化の詳細は他章にゆだね，ここでは要点だけを記す．格子定数が大きな場合，反射の重なりが激しいために，精密化が安定しないことが多い．そのため通常の Marquardt 法では精密化が困難で，共役方向法により精密化した．その際には，局所最小値に落ち込みやすいので，最安定構造になっ

ているか否かを確認する必要がある．特に，抑制条件を厳しくかけてしまうと原子がほとんど動かなくなってしまうので，抑制条件は慎重に最適化しなければならない．この点で粉末解析は誤った解に収束してしまうことが多く，また単結晶 X 線構造解析と比べて格段に精密化に時間を要する．RIETAN-FP の優れた特徴は，精密化に共役方向法を適用できること，抑制条件が比較的容易に適用可能なことである．原子間距離，結合角はもちろん，二面角に対する抑制条件も利用できるため，有機物の解析に威力を発揮する．二面角の束縛が可能になったことで，剛体モデルを使う必要性が減った．

錯体 **1**（図 13.39）は単位胞の体積が 15000 Å^3 を超すにもかかわらず粉末解析で柔軟なネットワーク錯体の構造を決定できた初めての例である．錯体 **1** は，2つのネットワークが入れ子状に相互貫入した構造を有している．細孔が [101] および [010] 方向に伸びており，ニトロベンゼンが 5.5 分子包接されている．しかし，粉末解析では 3 分子のみが見出された．これは反射の重なりが激しいために構造情報が一部失われた結果であろう．現在のところ，大きな単位胞体積を有するネットワーク錯体の場合，溶媒分子の位置までを正確に決めることは難しいが，ネットワーク構造を明確に決定することは可能である．

同じ化学量論比・溶媒で二液拡散法により錯体 **1** の単結晶を作製しようとしたところ，意外にも組成が同じで構造が異なる，同じ 1 次元細孔を有するネットワーク錯体 [(ZnBr$_2$)$_3$(TPT)$_2$]・6(PhNO$_2$)（**2**）が収率 75% で単相として得られた（図 13.40）．つまり錯形成の速度により選択的に異なる構造体をつくり分けることができたのである．錯形成を瞬間合成によりすばやく行ったときには，単結晶解析に耐えうる単結晶を得ることは困難であり，粉末法によってのみ構造解析が可能である．従来熱力学的に安定な生成物の構造研究がさかんに行われてきたが，粉末法の発展により速度論支配により生成する新たな構造体の開拓が可能になったといえる．

［河野正規］

文　献

1) M. Kawano, T. Haneda, D. Hashizume, F. Izumi, and M. Fujita, *Angew. Chem., Int. Ed.*, **47**, 1269 (2008).

14章 粉末X線解析に役立つ標準試料とデータベース

ここまでの数章で，粉末X線回折データのさまざまな解析手法について述べた．格子定数の精密化（4章）とリートベルト法（7章）では，それぞれ角度・強度標準試料が必要となる．また結晶子サイズと格子ひずみの解析（4.2, 5.4）では，装置固有のプロファイルを求めるためのプロファイル標準試料を利用する．

また，粉末回折データから未知の結晶構造を解析する場合，何らかの方法で近似構造モデルを導き出さねばならない．その際，類似の結晶構造をもつ物質がわかれば，解析におおいに役立つ．過去に何らかの方法で結晶構造が解析された物質については，結晶データなどがデータベース化されている．

本章では，回折強度データを測定・解析する上で必要となる標準物質と粉末構造解析に役立つデータベースについて概説する．

14.1 標準物質

X線回折法で用いられる標準試料は，NIST (National Institute of Standards and Technology)が提供している（表14.1）．

NISTのWebサイト：http://www.nist.gov/
NIST標準試料Webページ：
http://ts.nist.gov/measurementservices/referencematerials/index.cfm

各標準試料はそれぞれ使用目的が異なる．たとえば640cは角度・プロファイル標準，656が強度標準となる．NISTが製造できる試料の数に制限があるため，在庫切れの試料もあることに注意していただきたい．

4.1で述べたとおり，Siのような硬い物質でも温度

表14.1 NIST粉末X線回折用標準試料一覧

SRM (No.)	試料名	用途	重量および形状	状態
640c	Silicon Powder	角度標準，プロファイル標準	7.5 g	品切れ
640d	Silicon Powder	角度標準，プロファイル標準	7.5 g	入手可能
656	Silicon Nitride	強度標準	(2本セット) α: 10 g β: 10 g	入手可能
660a	Lanthanum Hexaboride Powder	角度標準，プロファイル標準	6 g	品切れ
674b	X-Ray Powder Diffraction Intensity Set	強度標準	(5本セット)	入手可能
	α-Al_2O_3 (corundum)		10 g	
	CeO_2 (fluorite)		10 g	
	Cr_2O_3 (corundum)		10 g	
	TiO_2 (rutile)		10 g	
	ZnO (wurtzite)		10 g	
675	Mica	（低角度用）角度標準	7.5 g	入手可能
676a	α-Al_2O_3 (corundum)	強度標準	20 g	入手可能
1878a	Quartz	強度標準（遊離ケイ酸測定用）	5 g	入手可能
1879a	Cristobalite	強度標準（遊離石綿測定用）	5 g	入手可能
1976	Alumina Plate (α-Al_2O_3)	回折装置校正用	45×45×1.6 mm	品切れ
2910	Calcium Hydroxyapatite	強度標準	5 g	品切れ

表 14.2　NIST SRM 640d シリコン粉末標準試料の格子定数と熱膨張係数 (21～1000 ℃)

X 線波長	1.5405929 Å (Cu $K\alpha_1$)
標準格子定数	5.431590 (±0.000020)
標準測定温度	295.65 K (22.5 ℃)
線膨張率	0.000520 %
格子定数	$L_0 = 5.431562$ Å (293 K)

使用波長：Cu $K\alpha_1$：1.5405929 Å

G. F. M. Holzer, M. Deutsch, J. Hartwig, and E. Forster, *Phys. Rev. A*, **56**, 4554 (1997).

測定温度 (℃)	21.0	21.5	22.0	22.5	23.0	23.5	24.0	24.5	25.0	25.5	26.0
測定温度 (K)	294.2	294.7	295.2	295.7	296.2	296.7	297.2	297.7	298.2	298.7	299.2
線膨張率 (%)	0.000083	0.000229	0.000374	0.000520	0.000665	0.000811	0.000957	0.001103	0.001249	0.001395	0.001541
格子定数 (Å)	5.431566	5.431574	5.431582	5.431590	5.431598	5.431606	5.431614	5.431622	5.431630	5.431638	5.431645

測定温度 (℃)	26.5	27.0	27.5	28.0	28.5	29.0	29.5	30.0	30.5	31.0	31.5
測定温度 (K)	299.7	300.2	300.7	301.2	301.7	302.2	302.7	303.2	303.7	304.2	304.7
線膨張率 (%)	0.001687	0.001833	0.001979	0.002126	0.002272	0.002419	0.002565	0.002712	0.002859	0.003005	0.003152
格子定数 (Å)	5.431653	5.431661	5.431669	5.431677	5.431685	5.431693	5.431701	5.431709	5.431717	5.431725	5.431733

測定温度 (℃)	32.0	32.5	33.0	33.5	34.0	34.5	35.0	35.5	36.0	36.5	37.0
測定温度 (K)	305.2	305.7	306.2	306.7	307.2	307.7	308.2	308.7	309.2	309.7	310.2
線膨張率 (%)	0.003299	0.003446	0.003594	0.003741	0.003888	0.004035	0.004183	0.004330	0.004478	0.004626	0.004773
格子定数 (Å)	5.431741	5.431749	5.431757	5.431765	5.431773	5.431781	5.431789	5.431797	5.431805	5.431813	5.431821

測定温度 (℃)	50.0	100.0	200.0	300.0	400.0	500.0	600.0	700.0	800.0	900.0	1000.0
測定温度 (K)	323.2	373.2	473.2	573.2	673.2	773.2	873.2	973.2	1073.2	1173.2	1273.2
線膨張率 (%)	0.008641	0.023982	0.056767	0.092130	0.129799	0.169500	0.210961	0.253910	0.298074	0.343179	0.388955
格子定数 (Å)	5.432031	5.432864	5.434645	5.436566	5.438612	5.440768	5.443020	5.445353	5.447752	5.450202	5.452688

Y. S. Touloukian, R. K. Kirby, R. E. Taylor, and T. Y. R. Lee, "Thermophysical Properties of Matter, Vol. 13, Thermal Expansion," IFI/Plenum, New York (1977), p. 154.

線膨張率：$\Delta L/L_0 = -0.071 + 1.887 \times 10^{-4} \times T + 1.934 \times 10^{-7} \times T^2 - 4.544 \times 10^{-11} \times T^3$ (293～1600 K) より算出.

表14.3 NIST SRM 640c シリコン粉末標準試料の格子定数と熱膨張係数（+19～-250 ℃）

使用波長：Cu $K\alpha_1$：1.5405929 Å

G. F. M. Holzer, M. Deutsch, J. Hartwig, and E. Forster, *Phys. Rev. A*, **56**, 4554 (1997).

X 線波長	1.5405929 Å (Cu $K\alpha_1$)
標準格子定数	5.431590 (±0.000020)
標準測定温度	295.65 K (22.5 ℃)
線膨張率	0.000520 %
格子定数	L_0 = 5.431562 Å (293 K)

測定温度 (℃)	19.0	18.5	18.0	17.5	17.0	16.5	16.0	15.5	15.0	14.5	14.0
測定温度 (K)	292.2	291.7	291.2	290.7	290.2	289.7	289.2	288.7	288.2	287.7	287.2
線膨張率 (%)	-0.000110	-0.000265	-0.000420	-0.000574	-0.000727	-0.000880	-0.001032	-0.001183	-0.001334	-0.001484	-0.001634
格子定数 (Å)	5.431556	5.431547	5.431539	5.431531	5.431522	5.431514	5.431506	5.431497	5.431489	5.431481	5.431473

測定温度 (℃)	13.5	13.0	12.5	12.0	11.5	11.0	10.5	10.0	9.5	9.0	8.5
測定温度 (K)	286.7	286.2	285.7	285.2	284.7	284.2	283.7	283.2	282.7	282.2	281.7
線膨張率 (%)	-0.001783	-0.001931	-0.002079	-0.002226	-0.002373	-0.002519	-0.002664	-0.002809	-0.002953	-0.003096	-0.003239
格子定数 (Å)	5.431465	5.431457	5.431449	5.431441	5.431433	5.431425	5.431417	5.431409	5.431401	5.431394	5.431386

測定温度 (℃)	0.0	-10.0	-20.0	-30.0	-40.0	-50.0	-60.0	-70.0	-80.0	-90.0	-100.0
測定温度 (K)	273.2	263.2	253.2	243.2	233.2	223.2	213.2	203.2	193.2	183.2	173.2
線膨張率 (%)	-0.005577	-0.008111	-0.010421	-0.012515	-0.014402	-0.016091	-0.017591	-0.018910	-0.020058	-0.021044	-0.021876
格子定数 (Å)	5.431259	5.431121	5.430996	5.430882	5.430780	5.430688	5.430606	5.430535	5.430472	5.430419	5.430374

測定温度 (℃)	-110.0	-120.0	-130.0	-140.0	-150.0	-160.0	-170.0	-180.0	-190.0	-200.0	-250.0
測定温度 (K)	163.2	153.2	143.2	133.2	123.2	113.2	103.2	93.2	83.2	73.2	23.2
線膨張率 (%)	-0.022563	-0.023114	-0.023539	-0.023845	-0.024042	-0.024139	-0.024145	-0.024068	-0.023917	-0.023702	-0.021967
格子定数 (Å)	5.430336	5.430306	5.430283	5.430267	5.430256	5.430251	5.430250	5.430255	5.430263	5.430274	5.430369

Y. S. Touloukian, R. K. Kirby, R. E. Taylor, and T. Y. R. Lee, "Thermophysical Properties of Matter, Vol. 13, Thermal Expansion," IFI/Plenum, New York (1977), p. 154.

線膨張率：$\Delta L/L_0 = -0.021 - 4.149 \times 10^{-5} \times T - 4.620 \times 10^{-8} \times T^2 + 1.482 \times 10^{-9} \times T^3$ (20～293 K) より算出.

変化により格子定数が変化するので，測定する際の温度を必ず測定すべきである．参考として，Si粉末標準試料640cの格子定数と熱膨張係数を表14.2, 14.3に示す．

14.2 データベース

粉末回折データのみから得られる情報には限りがある．そのため，粉末X線解析を行う際，解析対象となる試料に関する種々の情報を入手することが必要不可欠となる．なかでも，測定試料に関する論文・文献調査，他の分析・測定法で得られた情報，粉末回折データと結晶構造のデータベースの利用が特に重要である．

一般的な粉末結晶構造解析の手順を図14.1に示す．解析対象が未知化合物の場合，まずPDF（3.2.1参照）で検索しておく．このとき，主相ばかりでなく，不純物の素性も知っておくべきである．最近の同定ソフトには，PDFに記載されている格子定数に適当な許容範囲を設定して検索する機能も組み込まれており，類似構造をもつ化合物が見つかることも少なくない．

PDF中のデータにはたいてい空間群や格子定数が記載されているものの，リートベルト解析に必要な分率座標，占有率，原子変位パラメーターなどの構造パラメーターは全く含まれていない．そのため回折パターンのシミュレーションやリートベルト解析を行う場合，結晶データが別途必要になる．定性分析で同定した物質や類似構造をもつ物質の結晶構造がすでに文献に報告されているならば，論文や結晶構造データベースから結晶データを取得し，リートベルト解析に用いることができる．

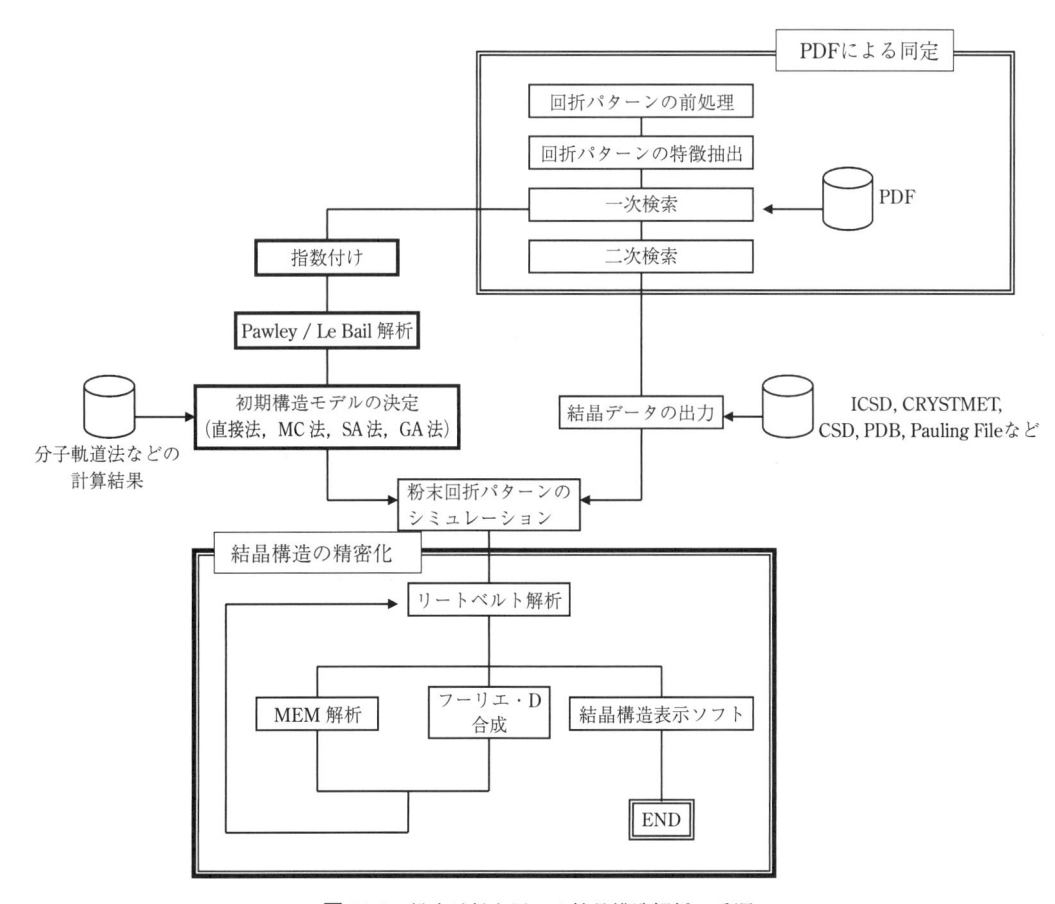

図14.1 粉末試料を用いる結晶構造解析の手順

粉末構造解析の過程では，粉末回折パターンのシミュレーションを必ず行う．従来は，必要なら PDF で類縁構造の化合物を検索した後，結晶構造データベースで当該化合物の結晶データを取得し，結晶データから粉末回折パターンのシミュレーションを行うという手続きをとっていた．Set 70 以降の PDF は ICSD（14.2.1 参照）中の結晶データから計算したデータも収録している．PDF で検索すれば，当該試料そのものか，類縁構造をもつ化合物の ICSD 登録番号が出力される．したがって，ICSD を所有しているならば，登録番号から結晶データがただちに得られる．

通常，結晶構造データベースに付属する検索ソフトウェアは粉末回折パターンのシミュレーションや結晶模型の表示などの機能も備えており，それらを有効活用することのメリットは大きい．以下，各データベースについて簡単に説明する．

a．ICSD

ICSD (Inorganic Crystal Structure Database) は FIZ Karlsruhe が構築している無機化合物の結晶構造データベースである．年に 2 回データが更新される．リリース 2008-2 における収録データセットは 11 万 7058 である．Windows 用検索プログラム FindIt が付属している．国内では化学情報協会（Web サイト：http://www.jaici.or.jp/）が販売している．

b．Pearson's Crystal Data

Pearson's Crystal Data は ASM International と Materials Phases Data System が共同で構築している無機化合物の結晶構造データベースであり，CD-ROM として購入できる．2008 年 9 月時点における収録データセットは 16 万 5000（相の数：10 万以上）である．約 1 万 3000 の実測粉末回折パターンと約 1 万 5000 の計算パターンも含んでいる．Crystal Impact が開発した Windows 用検索ソフトウェアが付属している．

c．CRYSTMET

CRYSTMET (Metals Crystallographic Data File) は Toth Information Systems が構築している金属，合金，金属間化合物などの結晶構造データベースであり，これらの物質のデータを欠く PDF や ICSD を補完している．年に 2 回データが更新される．2008 年 6 月時点の最新版 4.0.0 における収録データセットは約 12 万件であり，検索ソフトウェア環境中に埋め込まれている．国内では化学情報協会が販売している．

d．CSD

CSD (Cambridge Structural Database) は CCDC (Cambridge Crystallographic Data Centre) が構築している有機化合物と金属-有機化合物の結晶構造データベースである．年に 1 回データが更新される．2008 年版の収録データセットは 42 万 3752 である．検索 (ConQuest) はもとより，構造表示 (Mercury CSD)，統計処理 (VISTA)，フォーマット変換 (PreQuest) などのプログラムも含むパッケージとして提供されている．CSD は実空間法（12 章）による構造モデル構築の初期構造用パーツを得るという目的にもよく利用されており，CCDC の商用ソフトウェア DASH とはとりわけ緊密な連携をとることができる．国内では化学情報協会が販売している．

e．PDB

PDB (Protein Data Bank) は RCSB (Research Collaboratory for Structual Bioinfomatics) が構築しているタンパク質の結晶構造データベースである．2008 年 11 月現在，5 万 4466 のデータセットが公開されている．このデータベースは下記の Web サイトで無償利用できる．

RCSB PDB：
http://www.rcsb.org/pdb/home/home.do
日本タンパク質構造データバンク：
http://www.pdbj.org/index_j.html

f．Pauling File

Pauling File は非有機結晶材料のデータベースであり，結晶構造データばかりでなく種々の材料物性，組成，相図などを収録している．粉末回折パターンのシミュレーションも行える．このデータベースは NIMS (National Institute for Materials Science) 物質・材料データベースの Web ページでユーザ登録することにより，Pauling File 以外のデータベースとともに無償で利用できるようになる．

NIMS 物質・材料データベース：
http://mits.nims.go.jp/
Pauling File の Web サイト：
http://crystdb.nims.go.jp/

g．STN International

STN は科学技術情報オンライン情報サービスである．STN Classic, STN on the Web, STN Easy という 3 種類の検索システムが利用できる．ICSD や

CRYSTMET は CD-ROM の形で購入するのが一般的であるが，STN を通してオンライン検索することも可能なので，使用頻度や研究環境にマッチする方を選ぶとよい．日本では化学情報協会が STN 利用サービスを提供している．

［紺谷貴之］

●コラム：ポータブル粉末X線回折計による考古資料のその場分析

1. はじめに

遺跡からの出土遺物など考古試料の分析で第一に必要なことは，その物質が何であるかを明らかにする"同定"作業である．同定の一番の手がかりは物質の化学組成で，この目的のためには蛍光X線分析が広く用いられている．さらに，対象が結晶性物質である場合は，粉末X線回折法が大きな役割を演じる．ところが，エジプトなどでは出土遺物の国外への持ち出しが禁止されている．また日本国内でも，博物館などの保存施設の貴重な資料を館外に持ち出して分析することには大きな制限を伴う．このような問題に対して最も有効な解決方法はポータブル分析装置を直接，発掘現場，収蔵現場に持ち込むことである．そこで，われわれは軽量で操作性に優れた，ポータブル粉末X線回折装置を（株）X線技術研究所と共同で開発し，国内外の遺跡の発掘現場や博物館の収蔵施設に持ち込み，出土遺物の分析調査を行っている[1〜3]．

2. ポータブル回折計の構成

開発した最新モデル[2,3]の全体写真を図1に示す．

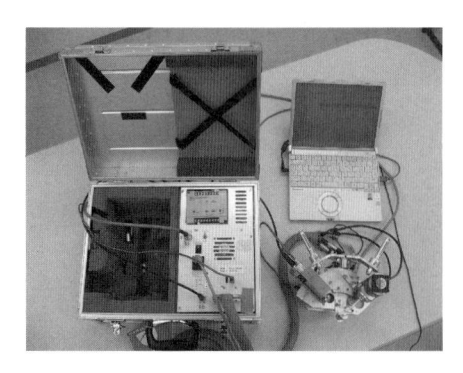

図1 ポータブル粉末回折計

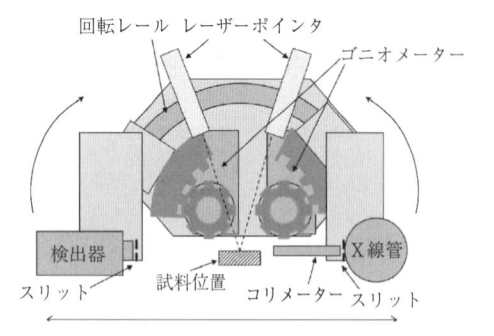

図2 ゴニオメーターの駆動機構

本装置はゴニオメーター部（図右下），測定コントローラ部（図左側のアルミケースの右半分に組み込まれている），制御用のラップトップコンピュータからなる．持ち運ぶときは，配線ケーブルも含めてすべてアルミ製のトランクケース（439W×340D×210H mm）の左側のくぼみと上蓋に収納できる．総重量は約15 kgで，トランクに収納されるので片手で持つことができ，従来の装置[1]より軽量化されて機内持ち込み手荷物としてどこにでも持ち運ぶことができる．管球は空冷式のCu管球で，θ軸を中心にX線源と検出器が万歳型に回転する（図2）[2]．X線はコリメーターを通して試料に照射し，試料上2 mmϕ程度の照射面積なのでピンポイントで回折データを収集できる．一方，検出器へのSi-PINの採用により，$K\alpha$線のみを検出できるので，散乱によるバックグラウンドの上昇を抑え，S/N比のよい回折データが得られる．さらに，蛍光X線スペクトルが測定できるので，回折情報と組成情報が同一試料の同一測定点から得られ，物質同定に有利である[3]．またθ軸（回転中心）が，装置と干渉しないゴニオメーター本体から離れた空間（図2の試料位置を参照）にあることから，ガラス板試料ホルダーをはずすと，大型試料や壁画なども非破壊非接触で分析できる．この場合，あらかじめθ軸上の試料のX線照射位置と2本のレーザーポインタ（図2）からの2本の光が交差する点を一致させておくことで，大型の立体的な試料の特定点の分析が可能となる．

3. エジプトの遺跡出土遺物のその場分析

応用例として，まず始めに早稲田大学エジプト調査隊（隊長：吉村作治教授）が発掘しているアブシール南丘陵遺跡[3]の調査隊施設での分析結果を紹介する．同遺跡から青色彩文土器という新王国時代（BC15〜13 C）に特徴的な鮮やかな青や赤色で彩色された土器が出土している（図3写真）．その青色顔料のX線回折パターンを図3(a)に，同時に測定した蛍光X線スペクトルを図3(b)に示す．回折パターンより，不純物を除外するとスピネル構造をもつ物質であることがわかる．組成的には図3(b)にみられるように，遷移金属のMn, Fe, Co, Ni, Znを特徴的に含み，スピネルMAl$_2$O$_4$のMサイトをこれらの元素が置換した大変ユニークな組成をもつコバルトブルーと呼ばれる合成顔料であることがわかった．このように，古代エジプトには3500年たっても色あせない鮮やかな青色顔料のスピネルを合成する技術があったことは，驚異的と

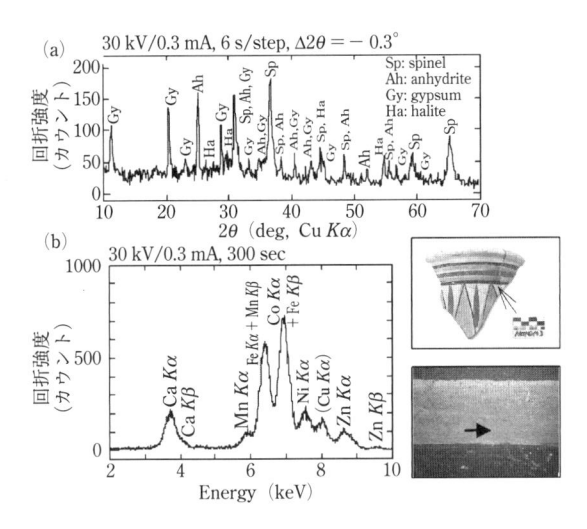

図3 彩文土器の青色顔料（右下写真矢印）の（a）回折パターンと（b）蛍光X線スペクトル

いえよう．考古資料を分析していると古代人の優れた装飾技術に驚かされることがしばしばある．

図4は，ギザのピラミッドを造った人々の村の遺跡の発掘調査（米国調査隊：M. レーナー隊長）で出土した青色の小型の彫像を非破壊で測定している写真である．ホルスアミュレットといわれるハヤブサ神護符で，末期王朝時代の遺物と推定される．図4の左下角に試料の写真を挿入した．試料を載せた小型のアルミ製ラボジャッキを動かしてレーザーポインタの交点に試料上のX線照射位置をセットすればよいので，位置決めも容易で不定形の試料でも難なくセットすることができた．測定結果を表1に示す（$2\theta<70°$の$d=1.336$ Åまでの25本の回折線に指数付けができ，表1には$d>2.0$ Åの回折データを掲載した）．検索した結果，PDF 12-512のクプロリヴァイト cuprorivaite（$CaCuSi_4O_{10}$）と一致し，格子定数$a=7.289(18)$ Å，$c=15.25(3)$ Åで文献値$a=7.30$ Å，$c=15.12$ Åとよく一致した．この物質もエジプシャンブルーと呼ばれる古代エジプトの鮮やかな合成青色顔料である．

なお補正については，原点（$2\theta=0°$）のずれに対しては，実測2θ値から一定のシフト量を差し引くことで，実用的な補正が可能である．本データの測定現場は砂漠の中のピラミッドの裏に建てられた小屋の中であった．このような発掘現場の厳しい環境では回折計の厳密な調整は難しく，同定の目的には簡便で実用的な補正法といえるだろう．その他，本装置を中国の博物館に持ち込み，収蔵された文化財のひすいなどの宝飾品や貴石，彫像など様々な試料の分析をこれまでに行っている．同様の装置でツタンカーメンの黄金のマスクも分析されている[4]．ポータブル粉末回折計は，地球科学試料，環境試料，鑑識試料など様々な試料のその場分析に有用であり，今後も普及・活用が期待されている．　　　　　　　　　　　　　　　　　［中井　泉］

文　　献

1) 前尾修司，中井　泉，野村恵章，山尾博行，谷口一雄，X線分析の進歩，**34**，125（2003）．
2) 中井　泉，前尾修司，田代哲也，K. タンタラカーン，宇高　忠，谷口一雄，X線分析の進歩，**38**，371（2007）．
3) 阿部善也，K. タンタラカーン，中井　泉，前尾修司，宇高　忠，谷口一雄，X線分析の進歩，**39**，209（2008）．
4) 山下大輔，石崎温史，宇田応之，分析化学，**58**，347（2009）．

図4　アミュレットの非破壊分析

表1　アミュレットの回折データとPDFデータとの比較

ホルスアミュレット		エジプシャンブルー（PDF：12-512）		
d（Å）	強度	d（Å）	強度	hkl
7.69	11	7.63	40	002
5.27	7	5.22	15	102
3.78	100	3.78	90	004
3.64	12	3.66	25	200
3.35	71	3.36	80	104
3.31	68	3.29	100	202
3.20	27	3.19	50	211
3.02	48	3.05	40	114
2.99	47	3.00	90	212
		2.736	5	213
2.62	28	2.629	40	204
2.58	25	2.585	40	220
		2.518	5	006
		2.471	5	214
2.38	16	2.386	20	106
		2.321	30	302
2.26	34	2.270	50	116
		2.136	10	224
		2.069	5	206
2.01	16	2.007	20	321

付録1 有効イオン半径 r

出典：R. D. Shannon, *Acta Crystallogr.*, Sect. A, **32**, 751 (1976).

単位はオングストローム，LS：低スピン，HS：高スピン，4sq：平面正方形，3py：三角錐，4py：正方錐．

イオン	配位数	スピン	r	イオン	配位数	スピン	r	イオン	配位数	スピン	r	イオン	配位数	スピン	r
Ac^{3+}	6		1.12		6		0.45	Cl^{5+}	3 py		0.12		8		1.19
Ag^+	2		0.67	Bi^{3+}	5		0.96	Cl^{7+}	4		0.08	Dy^{3+}	6		0.912
	4		1.00		6		1.03		6		0.27		7		0.97
	4 sq		1.02		8		1.17	Cm^{3+}	6		0.97		8		1.027
	5		1.09	Bi^{5+}	6		0.76	Cm^{4+}	6		0.85		9		1.083
	6		1.15	Bk^{3+}	6		0.96		8		0.95	Er^{3+}	6		0.890
	7		1.22	Bk^{4+}	6		0.83	Co^{2+}	4	HS	0.58		7		0.945
	8		1.28		8		0.93		5		0.67		8		1.004
Ag^{2+}	4 sq		0.79	Br^-	6		1.96		6	LS	0.65		9		1.062
	6		0.94	Br^{3+}	4 sq		0.59			HS	0.745	Eu^{2+}	6		1.17
Ag^{3+}	4 sq		0.67	Br^{5+}	3 py		0.31		8		0.90		7		1.20
	6		0.75	Br^{7+}	4		0.25	Co^{3+}	6	LS	0.545		8		1.25
Al^{3+}	4		0.39		6		0.39			HS	0.61		9		1.30
	5		0.48	C^{4+}	3		−0.08	Co^{4+}	4		0.40		10		1.35
	6		0.535		4		0.15		6	HS	0.53	Eu^{3+}	6		0.947
Am^{2+}	7		1.21		6		0.16	Cr^{2+}	6	LS	0.73		7		1.01
	8		1.26	Ca^{2+}	6		1.00			HS	0.80		8		1.066
	9		1.31		7		1.06	Cr^{3+}	6		0.615		9		1.120
Am^{3+}	6		0.975		8		1.12	Cr^{4+}	4		0.41	F^-	2		1.285
	8		1.09		9		1.18		6		0.55		3		1.30
Am^{4+}	6		0.85		10		1.23	Cr^{5+}	4		0.345		4		1.31
	8		0.95		12		1.34		6		0.49		6		1.33
As^{3+}	6		0.58	Cd^{2+}	4		0.78		8		0.57	F^{7+}	6		0.08
As^{5+}	4		0.335		5		0.87	Cr^{6+}	4		0.26	Fe^{2+}	4	HS	0.63
	6		0.46		6		0.95		6		0.44		4 sq	HS	0.64
At^{7+}	6		0.62		7		1.03	Cs^+	6		1.67		6	LS	0.61
Au^+	6		1.37		8		1.10		8		1.74			HS	0.780
Au^{3+}	4 sq		0.68		12		1.31		9		1.78		8	HS	0.92
	6		0.85	Ce^{3+}	6		1.01		10		1.81	Fe^{3+}	4	HS	0.49
Au^{5+}	6		0.57		7		1.07		11		1.85		5		0.58
B^{3+}	3		0.01		8		1.143		12		1.88		6	LS	0.55
	4		0.11		9		1.196	Cu^+	2		0.46			HS	0.645
	6		0.27		10		1.25		4		0.60		8	HS	0.78
Ba^{2+}	6		1.35		12		1.34		6		0.77	Fe^{4+}	6		0.585
	7		1.38	Ce^{4+}	6		0.87	Cu^{2+}	4		0.57	Fe^{6+}	4		0.25
	8		1.42		8		0.97		4 sq		0.57	Fr^+	6		1.80
	9		1.47		10		1.07		5		0.65	Ga^{3+}	4		0.47
	10		1.52		12		1.14		6		0.73		5		0.55
	11		1.57	Cf^{3+}	6		0.95	Cu^{3+}	6	LS	0.54		6		0.620
	12		1.61	Cf^{4+}	6		0.821	D^+	2		−0.10	Gd^{3+}	6		0.938
Be^{2+}	3		0.16		8		0.92	Dy^{2+}	6		1.07		7		1.00
	4		0.27	Cl^-	6		1.81		7		1.13		8		1.053

付録1 有効イオン半径 r

イオン	配位数	スピン	r	イオン	配位数	スピン	r	イオン	配位数	スピン	r	イオン	配位数	スピン	r
	9		1.107	Mg^{2+}	4		0.57		12		1.27		5		0.73
Ge^{2+}	6		0.73		5		0.66	Ni^{2+}	4		0.55		6		0.775
Ge^{4+}	4		0.390		6		0.720		4 sq		0.49		8		0.94
	6		0.530		8		0.89		5		0.63	Pd^{+}	2		0.59
H^{+}	1		-0.38	Mn^{2+}	4	HS	0.66		6		0.690	Pd^{2+}	4 sq		0.64
	2		-0.18		5	HS	0.75	Ni^{3+}	6	LS	0.56		6		0.86
Hf^{4+}	4		0.58		6	LS	0.67		6	HS	0.60	Pd^{3+}	6		0.76
	6		0.71			HS	0.830	Ni^{4+}	6	LS	0.48	Pd^{4+}	6		0.615
	7		0.76		7	HS	0.90	No^{2+}	6		1.1	Pm^{3+}	6		0.97
	8		0.83		8		0.96	Np^{2+}	6		1.10		8		1.093
Hg^{+}	3		0.97	Mn^{3+}	5		0.58	Np^{3+}	6		1.01		9		1.144
	6		1.19		6	LS	0.58	Np^{4+}	6		0.87	Po^{4+}	6		0.94
Hg^{2+}	2		0.69			HS	0.645		8		0.98		8		1.08
	4		0.96	Mn^{4+}	4		0.39	Np^{5+}	6		0.75	Po^{6+}	6		0.67
	6		1.02		6		0.530	Np^{6+}	6		0.72	Pr^{3+}	6		0.99
	8		1.14	Mn^{5+}	4		0.33	Np^{7+}	6		0.71		8		1.126
Ho^{3+}	6		0.901	Mn^{6+}	4		0.255	O^{2-}	2		1.35		9		1.179
	8		1.015	Mn^{7+}	4		0.25		3		1.36	Pr^{4+}	6		0.85
	9		1.072		6		0.46		4		1.38		8		0.96
	10		1.12	Mo^{3+}	6		0.69		6		1.40	Pt^{2+}	4 sq		0.60
I^{-}	6		2.20	Mo^{4+}	6		0.650		8		1.42		6		0.80
I^{5+}	3 py		0.44	Mo^{5+}	4		0.46	OH^{-}	2		1.32	Pt^{4+}	6		0.625
	6		0.95		6		0.61		3		1.34	Pt^{5+}	6		0.57
I^{7+}	4		0.42	Mo^{6+}	4		0.41		4		1.35	Pu^{3+}	6		1.00
	6		0.53		5		0.50		6		1.37	Pu^{4+}	6		0.86
In^{3+}	4		0.62		6		0.59	Os^{4+}	6		0.630		8		0.96
	6		0.800		7		0.73	Os^{5+}	6		0.575	Pu^{5+}	6		0.74
	8		0.92	N^{3-}	4		1.46	Os^{6+}	5		0.49	Pu^{6+}	6		0.71
Ir^{3+}	6		0.68	N^{3+}	6		0.16		6		0.545	Ra^{2+}	8		1.48
Ir^{4+}	6		0.625	N^{5+}	3		-0.104	Os^{7+}	6		0.525		12		1.70
Ir^{5+}	6		0.57		6		0.13	Os^{8+}	4		0.39	Rb^{+}	6		1.52
K^{+}	4		1.37	Na^{+}	4		0.99	P^{3+}	6		0.44		7		1.56
	6		1.38		5		1.00	P^{5+}	4		0.17		8		1.61
	7		1.46		6		1.02		5		0.29		9		1.63
	8		1.51		7		1.12		6		0.38		10		1.66
	9		1.55		8		1.18	Pa^{3+}	6		1.04		11		1.69
	10		1.59		9		1.24	Pa^{4+}	6		0.90		12		1.72
	12		1.64		12		1.39		8		1.01		14		1.83
La^{3+}	6		1.032	Nb^{3+}	6		0.72	Pa^{5+}	6		0.78	Re^{4+}	6		0.63
	7		1.10	Nb^{4+}	6		0.68		8		0.91	Re^{5+}	6		0.58
	8		1.160		8		0.79		9		0.95	Re^{6+}	6		0.55
	9		1.216	Nb^{5+}	4		0.48	Pb^{2+}	4 py		0.98	Re^{7+}	4		0.38
	10		1.27		6		0.64		6		1.19		6		0.53
	12		1.36		7		0.69		7		1.23	Rh^{3+}	6		0.665
Li^{+}	4		0.590		8		0.74		8		1.29	Rh^{4+}	6		0.60
	6		0.76	Nd^{2+}	8		1.29		9		1.35	Rh^{5+}	6		0.55
	8		0.92		9		1.35		10		1.40	Ru^{3+}	6		0.68
Lu^{3+}	6		0.861	Nd^{3+}	6		0.983		11		1.45	Ru^{4+}	6		0.620
	8		0.977		8		1.109		12		1.49	Ru^{5+}	6		0.565
	9		1.032		9		1.163	Pb^{4+}	4		0.65	Ru^{7+}	4		0.38

イオン	配位数	スピン	r	イオン	配位数	スピン	r	イオン	配位数	スピン	r	イオン	配位数	スピン	r
Ru^{8+}	4		0.36		9		1.31		5		0.51		5		0.46
S^{2-}	6		1.84		10		1.36		6		0.605		6		0.54
S^{4+}	6		0.37		12		1.44		8		0.74	W^{4+}	6		0.66
S^{6+}	4		0.12	Ta^{3+}	6		0.72	Tl^{+}	6		1.50	W^{5+}	6		0.62
	6		0.29	Ta^{4+}	6		0.68		8		1.59	W^{6+}	4		0.42
Sb^{3+}	4 py		0.76	Ta^{5+}	6		0.64		12		1.70		5		0.51
	5		0.80		7		0.69	Tl^{3+}	4		0.75		6		0.60
	6		0.76		8		0.74		6		0.885	Xe^{8+}	4		0.40
Sb^{5+}	6		0.60	Tb^{3+}	6		0.923		8		0.98		6		0.48
Sc^{3+}	6		0.745		7		0.98	Tm^{2+}	6		1.03	Y^{3+}	6		0.900
	8		0.870		8		1.040		7		1.09		7		0.96
Se^{2-}	6		1.98		9		1.095	Tm^{3+}	6		0.880		8		1.019
Se^{4+}	6		0.50	Tb^{4+}	6		0.76		8		0.994		9		1.075
Se^{6+}	4		0.28		8		0.88		9		1.052	Yb^{2+}	6		1.02
	6		0.42	Tc^{4+}	6		0.645	U^{3+}	6		1.025		7		1.08
Si^{4+}	4		0.26	Tc^{5+}	6		0.60	U^{4+}	6		0.89		8		1.14
	6		0.400	Tc^{7+}	4		0.37		7		0.95	Yb^{3+}	6		0.868
Sm^{2+}	7		1.22		6		0.56		8		1.00		7		0.925
	8		1.27	Te^{2-}	6		2.21		9		1.05		8		0.985
	9		1.32	Te^{4+}	3		0.52		12		1.17		9		1.042
Sm^{3+}	6		0.958		4		0.66	U^{5+}	6		0.76	Zn^{2+}	4		0.60
	7		1.02		6		0.97		7		0.84		5		0.68
	8		1.079	Te^{6+}	4		0.43	U^{6+}	2		0.45		6		0.740
	9		1.132		6		0.56		4		0.52		8		0.90
	12		1.24	Th^{4+}	6		0.94		6		0.73	Zr^{4+}	4		0.59
Sn^{4+}	4		0.55		8		1.05		7		0.81		5		0.66
	5		0.62		9		1.09		8		0.86		6		0.72
	6		0.690		10		1.13	V^{2+}	6		0.79		7		0.78
	7		0.75		11		1.18	V^{3+}	6		0.640		8		0.84
	8		0.81		12		1.21	V^{4+}	5		0.53		9		0.89
Sr^{2+}	6		1.18	Ti^{2+}	6		0.86		6		0.58				
	7		1.21	Ti^{3+}	6		0.670		8		0.72				
	8		1.26	Ti^{4+}	4		0.42	V^{5+}	4		0.355				

付録 2　ファンデルワールス半径 r

出典：A. Bondi, *J. Phys. Chem.*, **68**, 441 (1964).

上段：元素，下段：ファンデルワールス半径．単位は Å．

1	2	10	11	12	13	14	15	16	17	18
H 1.20†										He 1.40
Li 1.82						C 1.70†	N 1.55	O 1.52	F 1.47	Ne 1.54
Na 2.27	Mg 1.73					Si 2.10	P 1.80	S 1.80	Cl 1.75	Ar 1.88
K 2.75		Ni 1.63	Cu 1.4	Zn 1.39	Ga 1.87	Ge 2.1	As 1.85	Se 1.90	Br 1.85	Kr 2.02
		Pd 1.63	Ag 1.72	Cd 1.58	In 1.93	Sn 2.17	Sb 2.1	Te 2.06	I 1.98	Xe 2.16
		Pt 1.75	Au 1.66	Hg 1.55	Tl 1.96	Pb 2.02				

† 芳香環の水素および炭素原子についてはそれぞれ，1.00，1.774 Å である．

金属原子の値は有機金属化合物中における概略値である．

付録3　bond valence parameter, l_0

出典：R. E. Brese and M. O'Keeffe, *Acta Crystallogr.*, Sect. B, **47**, 192 (1991).
単位は Å.

すべて陽イオン–酸素の組合せに対する値である．なお，ここに収録した以外のパラメーターは，編者(泉)のホームページ http://homepage.mac.com/fujioizumi/index.html 中の本書のページから CIF 形式のファイルとしてダウンロードできる．

陽イオン	l_0	陽イオン	l_0	陽イオン	l_0
Ac^{3+}	2.24	Gd^{3+}	2.065	Re^{7+}	1.97
Ag^+	1.805	Ge^{4+}	1.748	Rh^{3+}	1.791
Al^{3+}	1.651	H^+	0.95	Ru^{4+}	1.834
Am^{3+}	2.11	Hf^{4+}	1.923	S^{4+}	1.644
As^{3+}	1.789	Hg^+	1.90	S^{6+}	1.624
As^{5+}	1.767	Hg^{2+}	1.93	Sb^{3+}	1.973
Au^{3+}	1.833	Ho^{3+}	2.023	Sb^{5+}	1.942
B^{3+}	1.371	I^{5+}	2.00	Sc^{3+}	1.849
Ba^{2+}	2.29	I^{7+}	1.93	Se^{4+}	1.811
Be^{2+}	1.381	In^{3+}	1.902	Se^{6+}	1.788
Bi^{3+}	2.09	Ir^{5+}	1.916	Si^{4+}	1.624
Bi^{5+}	2.06	K^+	2.13	Sm^{3+}	2.088
Bk^{3+}	2.08	La^{3+}	2.172	Sn^{2+}	1.984
Br^{7+}	1.81	Li^+	1.466	Sn^{4+}	1.905
C^{4+}	1.39	Lu^{3+}	1.971	Sr^{2+}	2.118
Ca^{2+}	1.967	Mg^{2+}	1.693	Ta^{5+}	1.920
Cd^{2+}	1.904	Mn^{2+}	1.790	Tb^{3+}	2.049
Ce^{3+}	2.151	Mn^{3+}	1.760	Te^{4+}	1.977
Ce^{4+}	2.028	Mn^{4+}	1.753	Te^{6+}	1.917
Cf^{3+}	2.07	Mn^{7+}	1.79	Th^{4+}	2.167
Cl^{7+}	1.632	Mo^{6+}	1.907	Ti^{3+}	1.791
Cm^{3+}	2.23	N^{3+}	1.361	Ti^{4+}	1.815
Co^{2+}	1.692	N^{5+}	1.432	Tl^+	2.172
Co^{3+}	1.70	Na^+	1.80	Tl^{3+}	2.003
Cr^{2+}	1.73	Nb^{5+}	1.911	Tm^{3+}	2.000
Cr^{3+}	1.724	Nd^{3+}	2.117	U^{4+}	2.112
Cr^{6+}	1.794	Ni^{2+}	1.654	U^{6+}	2.075
Cs^+	2.42	Os^{4+}	1.811	V^{3+}	1.743
Cu^+	1.593	P^{5+}	1.604	V^{4+}	1.784
Cu^{2+}	1.679	Pb^{2+}	2.112	V^{5+}	1.803
Dy^{3+}	2.036	Pb^{4+}	2.042	W^{6+}	1.921
Er^{3+}	2.010	Pd^{2+}	1.792	Y^{3+}	2.014
Eu^{2+}	2.147	Pr^{3+}	2.135	Yb^{3+}	1.985
Eu^{3+}	2.076	Pt^{2+}	1.768	Zn^{2+}	1.704
Fe^{2+}	1.734	Pt^{4+}	1.879	Zr^{4+}	1.937
Fe^{3+}	1.759	Pu^{3+}	2.11		
Ga^{3+}	1.730	Rb^+	2.26		

付録4　知っていると便利な粉末X線の関連情報

粉末X線回折法を活用する上で役立つ情報（本やURL）をまとめる．URLは変更されることがあるので，その場合にはkeyword検索を勧める．

1. International Tablesの活用法

International Tablesとは"International Tables for Crystallography"の略で，結晶学の代表的なハンドブックである．国際結晶学連合（International Union of Crystallography：IUCr）が委員会をつくって編集したもので，結晶解析にたずさわる研究者の座右の書となっている．IUCrのホームページはhttp://ww1.iucr.org/index.htmlである．

International Tablesの第I～IV巻が，1970年代半ばまでにまとめられた．その後に新版が企画され，現在ではVol. A～GとVol. A1の計8冊が入手可能である．1冊当たりの価格は220～310ユーロである．なお，個人使用の場合には，その半額程度で購入できる．

また2006年からは，オンライン版がSpringerによりhttp://it.iucr.org/で公開されている．完全セットでのオンラインアクセスには1,600ユーロかかる．IUCrジャーナルと同様，大学や研究所によっては最初に包括契約を結んでおり，その場合にはIDとパスワードの表示が現れず，自由にアクセスできる．とりあえず，International Tablesのホームページにアクセスしてみるとよい．ナビゲーションがあり，本の内容が簡単にわかる．Contentsで，目次が誰にでも自由に見られるようになっているほか，各巻に16～59ページのサンプルページが提供されている．そのため，ここでは各巻の内容を簡単に紹介するのにとどめる．

(1) Vol. A：Space-group symmetry

面群と空間群の図表とその導入（記号の説明など），結晶変換，空間群の定義，結晶格子，点群，対称操作など．

(2) Vol. A1：Symmetry relations between space groups

空間群と部分群，面群と空間群に対する最高位の部分群，その部分群とWyckoff位置の関係図表など．

(3) Vol. B：Reciprocal space

教科書に近いものであり，以下の項目の説明が載っている．逆空間，構造因子，フーリエ変換，逆空間での対称性，結晶構造解析と逆空間（統計法，直接法，パターソン法，同型置換法，異常分散法，電子線回折，電子顕微鏡など），結晶計算，散漫散乱，動力学回折理論など．

(4) Vol. C：Mathematical, physical and chemical tables

結晶幾何学，回折幾何学（単結晶回折，粉末回折，小角散乱，トポグラフ，中性子回折，電子線回折など），試料準備，放射線の生成と特徴，格子定数の決定，回折強度測定，検出器と測定法，構造の精密化，構造パラメーターなどの解析，結合距離，放射線防御など．

(5) Vol. D：Physical properties of crystals

主に結晶と物性との関係を扱っている．構造物性とテンソル表示，光子や電子の励起と対称性，ラマン散乱，ブリリアン散乱，相転移や双晶・ドメインと対称性など．

(6) Vol. E：Subperiodic groups

準周期的な群を扱っている．結晶を特殊な条件で（たとえば輪切りに）切ったときに対応する7種のFrieze群，75種のrod群，80種のlayer群についての（いわゆる空間）群図表．上述の群の走査(scanning)図表など．

(7) Vol. F：Crystallography of biological macromolecules

高分子結晶学の基礎，結晶化，タンパク質結晶，X線・中性子光学，検出器，放射光結晶学，強度測定，低温結晶学，データ処理，直接法などの構造解析，モデル構築と計算機グラフィックス，構造の精密化，計算機シミュレーション，構造の理解，データベース，ソフトウェアなど．

(8) Vol. G: Definition and exchange of crystallographic data

標準データや結晶データの変換，ソフトウェア開発など，結晶情報のハンドリングについて扱っている．STARファイル，CIF/CBF/ファイル，CIFデータの定義，Data Dictionary，利用例など．

ほかに，International Tablesを活用するためのツールを提供しているサイトを若干紹介する．

(1) 空間群の等価位置など：
http://www.cryst.ehu.es (Bilbao Crystallographic Server).

(2) 点群，乗積表など：
http://www.webqc.org/symmetry.php (WebQC Chemical Portal).

(3) 空間群の座標や軸変換など：
http://cci.lbl.gov/cctbx/index.html (Computational Crystallography Toolbox, cctbx, Lawrence Berkeley National Laboratory).

2. X線関連データ

○原子散乱因子

RIETAN-FPには，原子散乱因子を指数関数の多項式で近似したWaasmaier-Kirfelの表がデータベース・ファイルasfdcとして含まれており，通常の利用では原子散乱因子を直接入力する必要はない．Hartree-Fock法などの波動関数から求めたオリジナルの原子散乱因子は，$\sin\theta/\lambda$の関数として同書の表6.1.1.1に収録されている．ただし，これらの表は完全ではなく，表に掲載されていないようなイオンの散乱因子が必要な場合が出てくる．このようなときには，http://lipro.msl.titech.ac.jp/sinram/sinram.htmlでFukamachiの表 (Tech. Rep. ISSP, B 12, Univ. Tokyo, pp. 1-62, 1971) やSasakiの表 (KEK Internal Rep., 87-3, Natl. Lab. High Energy Phys., pp. 46-109, 1987) を探してみるとよい．

○異常散乱因子

特性X線波長での異常散乱因子の表は，International Tables, Vol. C (3rd ed.), 表4.2.6.8に掲載されている．放射光実験などで任意の波長での値がほしい場合には，http://lipro.msl.titech.ac.jp/scatfac/scatfac.htmlにCromer-Liberman法で計算されたSasakiの表 (KEK Rep., 88-14, Natl. Lab. High Energy Phys., pp. 1-136, 1989) がある．

○X線吸収係数

特性X線波長でのX線吸収係数は，International Tables, Vol. C (3rd ed.), 表4.2.4.3に掲載されている．任意の波長での値がほしい場合には，http://lipro.msl.titech.ac.jp/abcoeff/abcoeff2.htmlにSasakiの表 (KEK Rep., 90-16, Natl. Lab. High Energy Phys., pp. 1-143, 1990) がある．この表は，自己無撞着場Dirac-Slater型波動関数で求めた吸収断面積に散乱効果の補正を加えたものである．

○その他

Touloukianら ("Thermophysical Properties of Matter," Vol. 12-13, IFI/Prenum, 1977) に記載されている熱膨張係数は充実しており，標準物質の格子定数の温度変化を求めるのに役立つ (表14.2, 14.3参照)．

Lawrence Berkeley国立研究所から出版されたX-Ray Data Bookletは放射光研究者になじみ深いミニデータ本だが，同様の内容がホームページhttp://xdb.lbl.gov/から入手できる．中性子版のNeutron Data BookletもInstitut Laue-Langevin (ILL) から出ているが，こちらは有償となっている．

3. 結晶学，粉末回折，結晶化学の参考書

(1) 桜井敏雄，"X線結晶解析の手引き，"裳華房 (1983).

(2) "実験物理学講座5 構造解析，"藤井保彦編，丸善 (2001).

(3) "第5版 実験化学講座11 物質の構造III 回折，"日本化学会編，丸善 (2006).

(4) C. Giacovazzo, H. L. Monaco, G. Artioli, D. Viterbo, G. Ferraris, G. Gilli, G. Zanotti, and M. Catti, "Fundamentals of Crystallography," 2nd ed., ed. by C. Giacovazzo, Oxford Univ. Press, New York (2005).

(5) "Modern Powder Diffraction," ed. by D. L. Bish and J. E. Post, Mineral. Soc. Am., Washington, D.C. (1989).

(6) D. Cox, "Synchrotron Radiation Crystallography," ed. by P. Coppens, Academic Press, London (1992), Chap. 9.

(7) "The Rietveld Method," ed. by R. A. Young, Oxford Univ. Press, Oxford (1995).

(8) R. Jenkins and R. L. Snyder, "Introduction to X-Ray Diffractometry," Wiley, New York

(1996).
(9) B. D. Cullity and S. R. Stock "Elements of X-Ray Diffraction," 3rd ed., Prentice Hall (2001).
(10) W. Parrish and J. I. Langford, "International Tables for Crystallography," Vol. C, 1st online ed. (2006), pp. 42-79.
(11) V. K. Pecharsky and P. Y. Zavalij, "Fundamentals of Powder Diffraction and Structural Characterization of Materials," Springer, New York (2009).
(12) "Structure Determination from Powder Diffration Data," ed. by W. I. F. David, K. Shankland, L. B. McCusker, and Ch. Baerlocher, Oxford Univ. Press, Oxford (2002).
(13) A. R. West, "Basic Solid State Chemistry," 2nd ed., Wiley, Chichester (1999).
(14) U. Müller, "Inorganic Structural Chemistry," 2nd ed., Wiley, Chichester (2007).

付録5 粉末解析に必要な数学の基礎

ここでは，結晶の3次元周期性とX線の波動的性質，そしてそれらのかかわりあいとしてのX線回折やX線粉末解析に必要な数学をとりあげる．

A-1 三角関数の意味と基本公式

三角関数は図 A.1 から以下のように定義される．

$$\sin\theta = AB/OA$$
$$\cos\theta = OB/OA$$
$$\tan\theta = OB/AB = \sin\theta/\cos\theta$$
$$\mathrm{cosec}\,\theta = 1/\sin\theta$$
$$\sec\theta = 1/\cos\theta$$
$$\cot\theta = 1/\tan\theta \tag{A.1}$$

また，四角形 OCAB は長方形であるから，

$$\sin\theta = \cos(\pi/2 - \theta) = OC/OA$$
$$\cos\theta = \sin(\pi/2 - \theta) = AC/OA \tag{A.2}$$

が得られ，正弦と余弦が関係づけられる．$\sin 0 = 0$, $\sin(\pi/2) = 1$, $\sin\pi = 0$, $\sin(3\pi/2) = -1$, $\cos 0 = 1$, $\cos(\pi/2) = 0$, $\cos\pi = -1$, $\cos(3\pi/2) = 0$, $\sin(-\theta) = -\sin\theta$, $\cos(-\theta) = \cos\theta$, $\sin(2\pi+\theta) = \sin\theta$, $\cos(2\pi+\theta) = \cos\theta$ である．以下に三角関数の基本公式をまとめる．

$$\sin^2\theta + \cos^2\theta = 1 \tag{A.3}$$
$$\sin(A\pm B) = \sin A \cos B \pm \cos A \sin B$$
$$\cos(A\pm B) = \cos A \cos B \mp \sin A \sin B \tag{A.4}$$

式 (A.4) から，和・差と積の関係式が求まる．

$$\sin A + \sin B = 2\sin\{(A+B)/2\}\cos\{(A-B)/2\}$$
$$\sin A - \sin B = 2\cos\{(A+B)/2\}\sin\{(A-B)/2\}$$
$$\cos A + \cos B = 2\cos\{(A+B)/2\}\cos\{(A-B)/2\}$$
$$\cos A - \cos B = -2\sin\{(A+B)/2\}\sin\{(A-B)/2\} \tag{A.5}$$
$$\sin A \sin B = -\{\cos(A+B) - \cos(A-B)\}/2$$
$$\sin A \cos B = \{\sin(A+B) + \sin(A-B)\}/2$$
$$\cos A \cos B = \{\cos(A+B) + \cos(A-B)\}/2 \tag{A.6}$$

この特殊な場合として，

$$\sin^2\theta = (1-\cos 2\theta)/2$$
$$\cos^2\theta = (1+\cos 2\theta)/2$$
$$\sin 2\theta = 2\sin\theta\cos\theta$$
$$\cos 2\theta = \cos^2\theta - \sin^2\theta \tag{A.7}$$

がよく使われる．また，三角関数はべき級数に展開することができ，

$$\sin\theta = \theta - \theta^3/3! + \theta^5/5! - \cdots$$
$$\cos\theta = 1 - \theta^2/2! + \theta^4/4! - \cdots \tag{A.8}$$

となる．

三角関数の微分と積分は，

$$d(\sin\theta)/d\theta = \cos\theta$$
$$d(\cos\theta)/d\theta = -\sin\theta$$
$$\int \sin\theta\, d\theta = -\cos\theta$$
$$\int \cos\theta\, d\theta = -\sin\theta \tag{A.9}$$

である．

A-2 指数関数と複素数

定数 e $(= 2.7182818\cdots)$ に対する関数

$$f(x) = e^x = \exp(x) \tag{A.10}$$

を指数関数という．指数関数の公式をまとめると，

$$e^x e^y = e^{x+y}$$
$$e^x/e^y = e^{x-y}$$
$$(e^x)^y = e^{xy}$$
$$e^x = 1 + x + x^2/2! + x^3/3! + \cdots$$
$$e^0 = 1 \tag{A.11}$$

である．指数関数の微分と積分は，

$$d(e^{\alpha x})/dx = \alpha e^{\alpha x} \quad (\alpha = 定数) \tag{A.12}$$
$$\int e^{\alpha x} dx = (1/\alpha)e^{\alpha x} \quad (\alpha = 定数; \alpha \neq 0) \tag{A.13}$$

である．

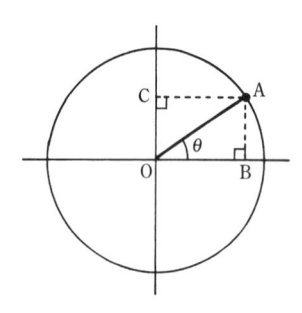

図 A.1 円と三角関数

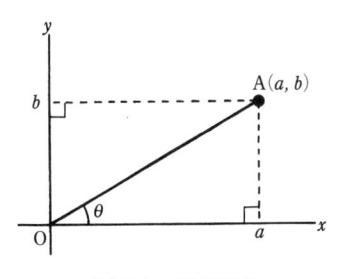

図 A.2 複素平面

指数関数の逆関数を自然対数 $\ln x$ と表す。すなわち、式 (A.10) に対し、
$$x = \ln\{f(x)\} \tag{A.14}$$
である。自然対数関数の公式をまとめると、
$$\ln x^y = y \ln x$$
$$\ln xy = \ln x + \ln y$$
$$\ln(x/y) = \ln x - \ln y$$
$$\ln(x+1) = x - x^2/2 + x^3/3 - \cdots \tag{A.15}$$
である。自然対数関数の微分と積分は、
$$d(\ln x)/dx = 1/x$$
$$\int (1/x)\,dx = \ln x \tag{A.16}$$
である。

複素数とは、虚数単位 $i\,(=\sqrt{-1})$ と2つの実数 a, b を用いて
$$c = a + ib \tag{A.17}$$
と定義される数である。歴史的には、2次方程式の根を求めるために複素数が導入された。複素平面で複素数を表すと、直角座標 xy 平面上の座標 (a, b) にある点 A と、複素数 $a + ib$ とが 1:1 に対応づけられる（図 A.2）。

図 A.2 で、線分 OA と実軸との間の角を θ とすると、
$$a = \mathrm{OA}\cos\theta$$
$$b = \mathrm{OA}\sin\theta \tag{A.18}$$
であるから、式 (A.17) を三角関数で示すと
$$c = a + ib = \mathrm{OA}(\cos\theta + i\sin\theta)$$
$$= \sqrt{a^2 + b^2}(\cos\theta + i\sin\theta) \tag{A.19}$$
となる。$c = a + ib$ に対し、$c^* = a - ib$ を共役複素数という。指数関数の級数展開、式 (A.11) を $x = i\theta$ に代入するとオイラーの公式が求まる。
$$e^{i\theta} = 1 + i\theta - \theta^2/2! - i\theta^3/3! + \cdots$$
$$= (1 - \theta^2/2! + \theta^4/4! - \cdots)$$
$$+ i(\theta - \theta^3/3! + \theta^5/5! - \cdots)$$
$$= \cos\theta + i\sin\theta \tag{A.20}$$
$$c = a + ib = \mathrm{OA}\,e^{i\theta} \tag{A.19'}$$
オイラーの公式から三角関数と指数関数との関係が導きだせる。
$$\sin\theta = (e^{i\theta} - e^{-i\theta})/2i$$
$$\cos\theta = (e^{i\theta} + e^{-i\theta})/2 \tag{A.21}$$

A-3 ベクトルと内積, 外積

大きさと方向によって定義される量をベクトルという。図 A.3 のように、始点 O から終点 A に向うベクトルを $\overrightarrow{\mathrm{OA}}$ または $\boldsymbol{a}$ で表す。ベクトルの始点を3次元座標系の原点に置くと、ベクトルの頂点成分は、3次元座標 (a_1, a_2, a_3) で表すことができる。ベクトルでは、交換則、結合則、分配則が成り立つ。

2つのベクトルを $\boldsymbol{a} = (a_1, a_2, a_3)$, $\boldsymbol{b} = (b_1, b_2, b_3)$ とすると、$\boldsymbol{a}$ と $\boldsymbol{b}$ のベクトルの和は
$$\boldsymbol{a} + \boldsymbol{b} = (a_1 + b_1, a_2 + b_2, a_3 + b_3) \tag{A.22}$$
で定義され、$\boldsymbol{a}$ と $\boldsymbol{b}$ の内積（スカラー積）は
$$\boldsymbol{a} \cdot \boldsymbol{b} = a_1 b_1 + a_2 b_2 + a_3 b_3 \tag{A.23}$$
で定義されるスカラー量である。図 A.4 のように、$\boldsymbol{a}$ と $\boldsymbol{b}$ のなす角を θ とすると、三角関数の余弦則から
$$|\boldsymbol{b} - \boldsymbol{a}|^2 = |\boldsymbol{a}|^2 + |\boldsymbol{b}|^2 - 2|\boldsymbol{a}||\boldsymbol{b}|\cos\theta \tag{A.24}$$
となる。一方、ベクトル成分で表すと
$$|\boldsymbol{b} - \boldsymbol{a}|^2 = (b_1 - a_1)^2 + (b_2 - a_2)^2 + (b_3 - a_3)^2$$
$$= (b_1 + b_2 + b_3)^2 + (a_1 + a_2 + a_3)^2$$
$$- 2(a_1 b_1 + a_2 b_2 + a_3 b_3)$$
$$= |\boldsymbol{b}|^2 + |\boldsymbol{a}|^2 - 2(\boldsymbol{a} \cdot \boldsymbol{b}) \tag{A.25}$$
となり、内積と三角関数との関係式

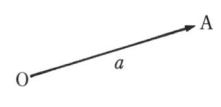

図 A.3 ベクトル $\boldsymbol{a}$

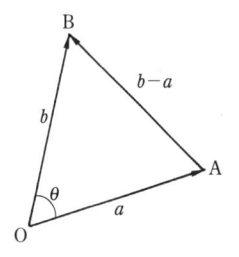

図 A.4 2つのベクトル $\boldsymbol{a}$ と $\boldsymbol{b}$

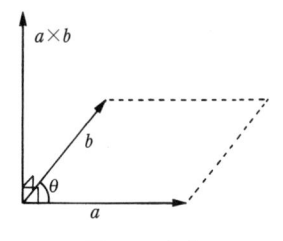

図 A.5 外積

$$\boldsymbol{a}\cdot\boldsymbol{b}=|\boldsymbol{a}||\boldsymbol{b}|\cos\theta \quad (A.26)$$

が得られる．内積については次の関係が成り立つ．

$$\boldsymbol{a}\cdot\boldsymbol{b}=\boldsymbol{b}\cdot\boldsymbol{a}$$
$$\boldsymbol{a}\cdot(\boldsymbol{b}+\boldsymbol{c})=\boldsymbol{a}\cdot\boldsymbol{b}+\boldsymbol{a}\cdot\boldsymbol{c}$$
$$\alpha(\boldsymbol{a}\cdot\boldsymbol{b})=(\alpha\boldsymbol{a})\cdot\boldsymbol{b} \quad (\alpha：スカラー) \quad (A.27)$$

一方，$\boldsymbol{a}$ と $\boldsymbol{b}$ の外積（ベクトル積）は

$$\boldsymbol{a}\times\boldsymbol{b}=(a_2b_3-a_3b_2, a_3b_1-a_1b_3, a_1b_2-a_2b_1) \quad (A.28)$$

で定義される．図 A.5 に示すように，$\boldsymbol{a}$ と $\boldsymbol{b}$ に垂直で $\boldsymbol{a}$ から $\boldsymbol{b}$ へまわした右ネジの進む方向のベクトルである．

$$\boldsymbol{a}\times\boldsymbol{b}=-\boldsymbol{b}\times\boldsymbol{a} \quad (A.29)$$

外積の大きさは，$\boldsymbol{a}$ と $\boldsymbol{b}$ を辺とする平行四辺形の面積に等しい．$\boldsymbol{a}$ と $\boldsymbol{b}$ とのなす角を θ とすると，

$$|\boldsymbol{a}\times\boldsymbol{b}|=|\boldsymbol{a}||\boldsymbol{b}|\sin\theta \quad (A.30)$$

である．外積については次の関係が成り立つ．

$$\boldsymbol{a}\times(\boldsymbol{b}+\boldsymbol{c})=\boldsymbol{a}\times\boldsymbol{b}+\boldsymbol{a}\times\boldsymbol{c}$$
$$\alpha(\boldsymbol{a}\times\boldsymbol{b})=(\alpha\boldsymbol{a})\times\boldsymbol{b} \quad (\alpha：スカラー) \quad (A.31)$$

ここで，実際の結晶について考えてみよう．結晶の各格子点へのベクトル $\boldsymbol{t}$ は，単位格子の基本ベクトル $\boldsymbol{a}$，$\boldsymbol{b}$，$\boldsymbol{c}$ を用いて

$$\boldsymbol{t}=n_1\boldsymbol{a}+n_2\boldsymbol{b}+n_3\boldsymbol{c} \quad (n_1, n_2, n_3：整数) \quad (A.32)$$

と表す．単位格子内の原子の位置ベクトル $\boldsymbol{p}$ は，原子座標を (x, y, z) として

$$\boldsymbol{p}=x\boldsymbol{a}+y\boldsymbol{b}+z\boldsymbol{c} \quad (A.33)$$

である．一方，回折の条件は，内積を用いて

$$(\boldsymbol{s}_1-\boldsymbol{s}_0)\cdot\boldsymbol{r}=n\lambda \quad (n：整数) \quad (A.34)$$

と書ける（式 (6.3) 参照）．ここで，$\boldsymbol{s}_0$ と $\boldsymbol{s}_1$ は入射および回折 X 線の単位ベクトル，$\boldsymbol{r}$ は 2 電子間のベクトル，λ は X 線波長である．長さ $1/\lambda$ のベクトル

$$\boldsymbol{k}=\boldsymbol{s}/\lambda=h\boldsymbol{a}^*+k\boldsymbol{b}^*+l\boldsymbol{c}^* \quad (A.35)$$

は逆格子ベクトルと呼ばれる．ただし，

$$\boldsymbol{a}^*=\frac{\boldsymbol{b}\times\boldsymbol{c}}{\boldsymbol{a}\cdot(\boldsymbol{b}\times\boldsymbol{c})}, \quad \boldsymbol{b}^*=\frac{\boldsymbol{c}\times\boldsymbol{a}}{\boldsymbol{b}\cdot(\boldsymbol{c}\times\boldsymbol{a})}, \quad \boldsymbol{c}^*=\frac{\boldsymbol{a}\times\boldsymbol{b}}{\boldsymbol{c}\cdot(\boldsymbol{a}\times\boldsymbol{b})} \quad (A.36)$$

である．なお分母の 3 重積 $\boldsymbol{a}\cdot(\boldsymbol{b}\times\boldsymbol{c})$ は $\boldsymbol{a}$，$\boldsymbol{b}$，$\boldsymbol{c}$ を辺とする平行六面体（単位格子）の体積に等しい．

A-4　マトリックス（行列）

mn 個の実数あるいは複素数 a_{ij}（$i=1, 2, \cdots, m$；$j=1, 2, \cdots, n$）を，次のように縦横に配列したものを (m, n) マトリックス（行列）という．

$$A=(a_{ij})=\begin{pmatrix} a_{11} & a_{12} & a_{13} & \cdots & a_{1n} \\ a_{21} & a_{22} & a_{23} & \cdots & a_{2n} \\ & & \cdots\cdots\cdots & & \\ & & \cdots\cdots\cdots & & \\ a_{m1} & a_{m2} & a_{m3} & \cdots & a_{mn} \end{pmatrix} \quad (A.37)$$

a_{ij} をマトリックス A の (i, j) 成分または (i, j) 要素といい，成分を横方向に並べたものを行（row），縦に並べたものを列（column）という．例えば，式 (A.37) の $(a_{21}\ a_{22}\ a_{23}\cdots a_{2n})$ は第 2 行である．式 (A.37) の (m, n) 行列に対し，行と列を入れ換えた (n, m) 行列

$$^tA=(a_{ji}) \quad (A.38)$$

を転置マトリックスといい，記号 t を左肩につける．このとき，(m, n) マトリックス A と (n, k) マトリックス B の間に

$$^t(AB)={}^tB{}^tA \quad (A.39)$$

が成立する．

ここで，(m, n) マトリックス $A=(a_{ij})$ と (m, n) マトリックス $B=(b_{ij})$ の演算を以下のように定義する．

$$A+B=(a_{ij}+b_{ij})$$
$$\alpha A=(\alpha a_{ij}) \quad (\alpha：実数あるいは複素数) \quad (A.40)$$

また，(m, n) マトリックス $A=(a_{ij})$ と (n, k) マトリックス $B=(b_{nk})$ との積は，(m, k) マトリックスとなる．

$$AB=(c_{mk}) \quad (A.41)$$

ただし，$c_{mk}=\sum_n a_{mn}b_{nk}$ である．(m, n)，(n, o)，(o, p) マトリックス A, B, C に対し

$$(AB)C=A(BC)$$
$$A(B+C)=AB+AC \quad (A.42)$$

が，(m, n)，(m, n)，(n, k) マトリックス A, B, C に対し

$$(A+B)C=AC+BC \quad (A.43)$$

が成り立つ．

(m, m) マトリックスの逆マトリックス A^{-1} は

$$AA^{-1}=A^{-1}A=E \quad (A.44)$$

と定義される．ただし，E は対角項がすべて 1，非対

角項がすべて0の単位マトリックスである．

ベクトルxの座標変換は
$$x' = (a_{ij})x \quad (A.45)$$
と定義できる．ここでは，直交座標系の座標軸a, b, cを原点の周りに回転させて，新しい座標系をつくることを考える．そのときの新しい座標軸a', b', c'は

$$\begin{pmatrix} a' \\ b' \\ c' \end{pmatrix} = \begin{pmatrix} a_{11} & a_{12} & a_{13} \\ a_{21} & a_{22} & a_{23} \\ a_{31} & a_{32} & a_{33} \end{pmatrix} \begin{pmatrix} a \\ b \\ c \end{pmatrix} \quad (A.46)$$

$$(a'\ b'\ c') = (a\ b\ c) \begin{pmatrix} c_{11} & c_{12} & c_{13} \\ c_{21} & c_{22} & c_{23} \\ c_{31} & c_{32} & c_{33} \end{pmatrix} \quad (A.47)$$

となり，マトリックスで表現できる．結晶格子の格子軸変換は，上式の回転の特殊例である．式（A.46）を展開すると
$$\begin{aligned} a' &= a_{11}a + a_{12}b + a_{13}c \\ b' &= a_{21}a + a_{22}b + a_{23}c \\ c' &= a_{31}a + a_{32}b + a_{33}c \end{aligned} \quad (A.48)$$
となり，式（A.47）を展開すると
$$\begin{aligned} a' &= c_{11}a + c_{21}b + c_{31}c \\ b' &= c_{12}a + c_{22}b + c_{32}c \\ c' &= c_{13}a + c_{23}b + c_{33}c \end{aligned} \quad (A.49)$$
となる．

A-5 基本テンソル

物理法則はいくつかの物理量の間の関係を表したもので，おのおのの物理量は数値もしくは数値化できる形式で与えられる．多くの物理量は何個かの数値の組で表現され，その数値は座標軸のとり方によって変化する．1つのベクトルは直交座標系で(x, y, z)の3成分で定義される．座標軸の交換により(x, y, z)が(x', y', z')になったとすると，この変換は，

$$\begin{pmatrix} x' \\ y' \\ z' \end{pmatrix} = (\chi_{ij}) \begin{pmatrix} x \\ y \\ z \end{pmatrix} \quad (A.50)$$

で表される．(χ_{ij})は3行3列のマトリックスで，これをテンソルという．また，χ_{ij}をテンソル成分という．物理量は，座標変換の法則によって，いろいろな次数のテンソルに分類される．ここで問題にしている物理量は，座標軸の選び方とは無関係な客観的な量であるから，2つの座標軸での物理量の表現には一貫性（変換法則）が存在する．

ベクトルの座標変換は，式（A.45）のように，成分が座標と同じ形で変換されるので，ベクトル$x = (x_1/x_2/x_3)$の成分は
$$x'_i = \sum_j \chi_{ij} x_j \quad (i, j = 1, 2, 3) \quad (A.51)$$
で変換される．これをテンソルの表現法では
$$x'_i = \chi_{ij} x_j \quad (A.52)$$
と書く．式（A.52）において，重複する同じ添字が前後にあるとき，これらについて和をとることを意味する．

2次のテンソルは，9個の数値の組$t_{ik}(i, k = 1, 2, 3)$が代表する量であり，
$$t'_{ik} = \chi_{ij} \chi_{km} t_{jm} \quad (A.53)$$
と変換される．

結晶全体を回転させても格子自体は変わらない．よって，方向によらない量で結晶格子を表すと便利なことがある．すなわち
$$\begin{aligned} G &= \begin{pmatrix} a \cdot a & a \cdot b & a \cdot c \\ b \cdot a & b \cdot b & b \cdot c \\ c \cdot a & c \cdot b & c \cdot c \end{pmatrix} \\ &= \begin{pmatrix} a^2 & ab\cos\gamma & ac\cos\beta \\ ba\cos\gamma & b^2 & ba\cos\alpha \\ ca\cos\beta & cb\cos\alpha & c^2 \end{pmatrix} \end{aligned} \quad (A.54)$$

と簡単に表現できる．これを格子の基本テンソルという．同様に逆格子の基本テンソルも

$$G^* = \begin{pmatrix} a^* \cdot a^* & a^* \cdot b^* & a^* \cdot c^* \\ b^* \cdot a^* & b^* \cdot b^* & b^* \cdot c^* \\ c^* \cdot a^* & c^* \cdot b^* & c^* \cdot c^* \end{pmatrix} \quad (A.55)$$

と定義でき，Gとの間には
$$G^* = G^{-1} \quad (A.56)$$
の関係が成り立つ．

非等方性温度因子もテンソル量で
$$\begin{aligned} T = & h^2 \beta_{11} + k^2 \beta_{22} + l^2 \beta_{33} + 2hk\beta_{12} \\ & + 2hl\beta_{13} + 2kl\beta_{23} \end{aligned} \quad (A.57)$$
と表されるが，テンソル表示では
$$T = (h\ k\ l) \begin{pmatrix} \beta_{11} & \beta_{12} & \beta_{13} \\ \beta_{21} & \beta_{22} & \beta_{23} \\ \beta_{31} & \beta_{32} & \beta_{33} \end{pmatrix} \begin{pmatrix} h \\ k \\ l \end{pmatrix} \quad (A.58)$$

と書ける．この3行3列のマトリックスがテンソルである．

ここで，結晶の対称性と物性テンソル（物質固有の量）の関係を考えてみる．どのような結晶の物性であっても，その物性の対称性は，最低限，その結晶がもつ点群の対称性をもっている（ノイマンの原理）．い

ま、電気伝導率 σ_{ij}（2階のテンソル）を x, y, z 方向で測定する場合を例にとると、試料に電圧をかけて電流値を測ることになる。このとき、電流密度 J_i と電界の大きさ E_j の間には、

$$\begin{pmatrix} J_1 \\ J_2 \\ J_3 \end{pmatrix} = \begin{pmatrix} \sigma_{11} & \sigma_{12} & \sigma_{13} \\ \sigma_{21} & \sigma_{22} & \sigma_{23} \\ \sigma_{31} & \sigma_{32} & \sigma_{33} \end{pmatrix} \begin{pmatrix} E_1 \\ E_2 \\ E_3 \end{pmatrix} \quad (A.59)$$

の関係がある。

測定する結晶が点群 222 をもつ場合、その電気伝導率のテンソル成分には、どのような関係が生じるであろうか。点群 222 は、任意の 2 つの結晶軸に沿った 2 回回転軸が存在すると定義される。いま、その 2 回回転軸を C_2（z 軸回転）および C_2'（y 軸回転）とする。

$$C_2 = (c_{ij}) = \begin{pmatrix} -1 & 0 & 0 \\ 0 & -1 & 0 \\ 0 & 0 & 1 \end{pmatrix}$$

$$C_2' = (c_{ij}') = \begin{pmatrix} -1 & 0 & 0 \\ 0 & 1 & 0 \\ 0 & 0 & -1 \end{pmatrix} \quad (A.60)$$

とする。式 (A.53) を使って回転軸による変換を行い、テンソル成分の関係を見る。その変換は、

$$\sigma_{ij} = c_{ik} c_{jl} \sigma_{kl}$$
$$\sigma_{ij} = c_{ik}' c_{jl}' \sigma_{kl} \quad (A.61)$$

であり、z 軸と y 軸に沿った 2 回回転を行った結果の電気伝導率は

$C_2 \sigma_{ij} C_2^{-1}$

$$= \begin{pmatrix} -1 & 0 & 0 \\ 0 & -1 & 0 \\ 0 & 0 & 1 \end{pmatrix} \begin{pmatrix} \sigma_{11} & \sigma_{12} & \sigma_{13} \\ \sigma_{21} & \sigma_{22} & \sigma_{23} \\ \sigma_{31} & \sigma_{32} & \sigma_{33} \end{pmatrix} \begin{pmatrix} -1 & 0 & 0 \\ 0 & -1 & 0 \\ 0 & 0 & 1 \end{pmatrix}$$

$$= \begin{pmatrix} \sigma_{11} & \sigma_{12} & -\sigma_{13} \\ \sigma_{21} & \sigma_{22} & -\sigma_{23} \\ -\sigma_{31} & -\sigma_{32} & \sigma_{33} \end{pmatrix} \quad (A.62)$$

$C_2' \sigma_{ij} C_2'^{-1}$

$$= \begin{pmatrix} -1 & 0 & 0 \\ 0 & 1 & 0 \\ 0 & 0 & -1 \end{pmatrix} \begin{pmatrix} \sigma_{11} & \sigma_{12} & \sigma_{13} \\ \sigma_{21} & \sigma_{22} & \sigma_{23} \\ \sigma_{31} & \sigma_{32} & \sigma_{33} \end{pmatrix} \begin{pmatrix} -1 & 0 & 0 \\ 0 & 1 & 0 \\ 0 & 0 & -1 \end{pmatrix}$$

$$= \begin{pmatrix} \sigma_{11} & -\sigma_{12} & \sigma_{13} \\ -\sigma_{21} & \sigma_{22} & -\sigma_{23} \\ \sigma_{31} & -\sigma_{32} & \sigma_{33} \end{pmatrix} \quad (A.63)$$

で表される。テンソルであり、変換結果が変換前と同じになるためには、

$$\sigma_{12} = -\sigma_{12}, \quad \sigma_{13} = -\sigma_{13}, \quad \sigma_{23} = -\sigma_{23} \quad (A.64)$$

となり、この関係式が成立するためには、これらのテンソル成分はすべてゼロにならなければならない。

結晶の対称性と物性テンソルとの関係については、便利な Nye の表がある[1,2]。

A-6 群の定義と空間群

空間群とは、1 つの結晶構造をそれ自身に重ね合わせるすべての対称操作がつくる集合である。対称操作を元とし、この操作を連続して行うことを結合と定義すれば、対称操作の集合は群をなす。

いまここで、与えられた図形 X（結晶構造の一部あるいは全部）をそれ自身に重ね合わせるすべての対称操作の集合を $\mathbf{G}$ とする。$\mathbf{G}$ の任意の元を 2 つ選び、a と b とすれば、$a(X) = X, b(X) = X$ であるから、$b(a(X)) = b(X) = X$ が成立する。この $b(a(X))$ の意味は、X を写像（対称操作）a で写し、引き続き写像（対称操作）b で写すことである。これを結合と定義すれば、結合 ba は $ba(X) = X$ となり、ba も $\mathbf{G}$ の元になる。

集合 $\mathbf{G}$ が群をなす条件とは、以下の (1)～(4) を満たすことである。

(1) $\mathbf{G}$ に含まれる任意の元で結合が定義でき、結合の結果もその集合の元になる。すなわち、$\mathbf{G}$ の任意の 2 つの元の結合は、$\mathbf{G}$ の中に存在している。

$$a \in \mathbf{G}, b \in \mathbf{G} \text{ ならば、} ab \in \mathbf{G} \quad (A.65)$$

(2) $\mathbf{G}$ の元の結合について結合則が成り立つ。

$$(ab)c = a(bc) \quad (A.66)$$

(3) 恒等変換といわれる単元が存在する。図形 X に 1 回回転軸が存在することが対応する。

$$ae = ea = e \quad (e : 単元) \quad (A.67)$$

(4) $\mathbf{G}$ の任意の元 a に対し、逆元 y が $\mathbf{G}$ の中に存在する。

$$a \in \mathbf{G}, \ y \in \mathbf{G}, \ ay = e \quad (y : 逆元) \quad (A.68)$$

群 $\mathbf{G}$ に含まれる $\mathbf{G}$ の部分集合が、$\mathbf{G}$ と同じ結合によって群をなすとき、$\mathbf{G}$ の部分群 $\mathbf{H}$ といい、$\mathbf{H} < \mathbf{G}$ で表す。空間群 $\mathbf{G}$ の中で、格子並進の操作の集合を $\mathbf{G}_T$ とすれば、$\mathbf{G}_T < \mathbf{G}$ である。この $\mathbf{G}_T$ は並進の正規部分群という無限群で、無限に広がった結晶格子を表す。第 6 章の図 6.11 の（イ）（ロ）（ハ）で示された空間群図は、因子群 $\mathbf{G}/\mathbf{G}_T$ により無限の繰り返しが相殺されている。このように部分群は、空間群の 1 つの並進部分群を法とする剰余群を導くことで得られる。

部分群は 2 つの型に分類される。一つは Type I といい、空間群から部分群へ移行する際に、単位格子や

並進の正規部分群が保持されるもので，胞を同じくする部分群（zellengleiche subgroups）または並進を同じくする部分群（translationengleiche subgroups）といわれる．このときの部分群は，もとの空間群が属していた点群（晶族）とは異なる点群に属する．図6.12の空間群テーブルには，部分群表示の左端に，Type I を意味する"I"の記号がついている．

もう一つの部分群は，部分群へ移行するとき，点群行列は保持されるが並進部分群が縮小されるもので，空間群と同じ点群に属する．類を同じくする部分群（klassengleiche subgroups）といわれる．図6.12の空間群テーブルでは，Type IIa を意味する"IIa"が表示されている．

A-7　周期関数とフーリエ級数

関数 $f(x)$ がすべての x に対し
$$f(x)=f(x+t) \quad (A.69)$$
となるような正の定数をもつとき，t を周期，$f(x)$ を周期関数という．結晶の場合には，t が単位格子の長さになる（図A.6）．

その周期関数は三角関数の和で表される．この三角関数の和は，19世紀前半にフランスの数学者フーリエ（Fourier）によって熱伝導解析中に見出されたため，フーリエ級数と呼ばれる．ここでは，周期 t をもつ関数の集まりを使って周期関数 $f(x)$ を表現する．そうすると $f(x)$ はいろいろな周波数をもった sin と cos の波の和として以下のように表すことができる．

$$f(x)=\frac{a_0}{2}+\sum_{n=1}^{\infty}\left(a_n \cos \frac{2\pi nx}{t}+b_n \sin \frac{2\pi nx}{t}\right) \quad (A.70)$$

ここで，a_n, b_n はそれぞれの周波数に対応する三角関数の波の振幅であり，フーリエ係数と呼ばれ，以下のように導かれる．詳しい導入は省くが，a_n については式 (A.70) の両辺に $\cos(2\pi mx/t)$ $(m=0,1,2,\cdots)$ を掛け，b_n については式 (A.70) の両辺に $\sin(2\pi mx/t)$ $(m=1,2,3,\cdots)$ を掛けて，x について $-t/2$ から $+t/2$ まで積分する．その結果をまとめると，よく知られた

$$a_n=\frac{2}{t}\int_{-t/2}^{t/2} f(x)\cos\frac{2\pi nx}{t}\,dx \quad (n=0,1,2,\cdots) \quad (A.71)$$

$$b_n=\frac{2}{t}\int_{-t/2}^{t/2} f(x)\sin\frac{2\pi nx}{t}\,dx \quad (n=1,2,3,\cdots) \quad (A.72)$$

が得られる．ここで，式 (A.70) をフーリエ級数という．フーリエ係数の収束性はディリクレ条件として知られている．

A-8　フーリエ変換

前節では周期関数について考えたが，ここでは周期的でない関数にまで拡大する．周期的でない関数には，周期が無限大であると考え，フーリエ級数の周期を $t\to\infty$ とみなし，フーリエ積分を行う．

式 (A.71)，(A.72) を式 (A.70) に代入し，$t\to\infty$ の極限を考えると，

$$f(x)=\frac{1}{\pi}\left(\int_0^{\infty}\cos kx\,dk\int_{-\infty}^{\infty}f(r)\cos kr\,dr \right. $$
$$\left. +\int_0^{\infty}\sin kx\,dk\int_{-\infty}^{\infty}f(r)\sin kr\,dr\right) \quad (A.73)$$

が求まる．k と r は積分変数である．この式を

$$f(x)=\frac{1}{\pi}\int_0^{\infty}dk\int_{-\infty}^{\infty}dr\,f(r)\cos k(x-r) \quad (A.74)$$

と変形すれば，フーリエ積分公式になる．この式を複素数で表すと，

$$f(x)=\frac{1}{\pi}\int_{-\infty}^{\infty}dk\int_{-\infty}^{\infty}dr\,f(r)e^{-ik\cdot r(x-r)} \quad (A.75)$$

となり，フーリエ変換

$$F(k)=\int_{-\infty}^{\infty}f(r)e^{-ik\cdot r}\,dr \quad (A.76)$$

とフーリエ逆変換

$$f(x)=\frac{1}{2\pi}\int_{-\infty}^{\infty}F(k)e^{ik\cdot x}\,dk \quad (A.77)$$

の関係が導かれる．一般には，$F(k)$ と $f(x)$ の相互の変換をフーリエ変換と呼ぶ．

A-9　フーリエ合成とフーリエ変換の限界

式 (6.9) で示した結晶構造因子を計算することは，結晶中の電子密度のフーリエ成分を求めることに対応する．まず，単位格子中の電子密度を $\rho(\boldsymbol{r})$，そのフーリエ変換を結晶構造因子 $F(\boldsymbol{k})$ とし，フーリエ変換の式 (A.76) と (A.77) を再定義する．すなわち，変

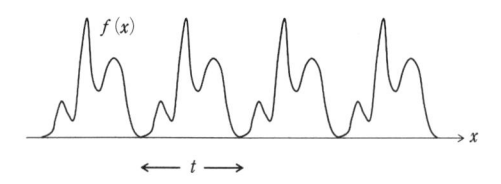

図A.6　周期関数

数 r を位置座標，k を波数成分としたとき，本文の式 (6.7) を式 (6.71) に対応させて，

$$F(\boldsymbol{k}) = \int_{-\infty}^{\infty} \rho(\boldsymbol{r}) e^{2\pi i \boldsymbol{k}\cdot\boldsymbol{r}} d\boldsymbol{r}$$

$$\rho(\boldsymbol{r}) = \int_{-\infty}^{\infty} F(\boldsymbol{k}) e^{-2\pi i \boldsymbol{k}\cdot\boldsymbol{r}} d\boldsymbol{r} \quad (A.78)$$

と書く．ここでは，反射球を $1/\lambda$ で考える結晶学の習慣に合わせ，式 (6.7) の $\exp(2\pi i \boldsymbol{k}\cdot\boldsymbol{r})$ のように位相因子に 2π をつけて表す．

フーリエ合成とは式 (6.72)，すなわち，

$$\rho(x, y, z) = \frac{1}{V}\sum_h\sum_k\sum_l F(hkl) e^{-2\pi i (hx+ky+lz)} \quad (A.79)$$

のフーリエ級数を計算して，電子密度 $\rho(x, y, z)$ を求めることである．ここで注目すべきは，原子が周期的に並んだ結晶の場合，逆格子点のみのフーリエ係数 $F(hkl)$ を足すだけで $\rho(x, y, z)$ が完全に求まることである．フーリエ変換は周期的でない関数にも適用できることを前節で述べたが，周期関数のフーリエ変換はフーリエ級数になる．このため，逆格子空間全体の情報がなくても逆格子点の $F(hkl)$ から結晶構造が解ける．一方で，1個の原子しかない場合には，すなわち，1個の原子の散乱振幅の情報からフーリエ変換で原子位置を復元するには，連続的な関数のすべての位置でフーリエ逆変換を行う必要がある．現在，自由電子レーザ（XFEL）の利用研究と関連して，注目を浴びている．

フーリエ変換では，一方の空間に何らかの制限を加えると，逆の空間に影響が出る．たとえば，フーリエ合成で電子密度を求めるとき，級数打ち切りのゴーストピークが現れるのも一例である．また，観測範囲が

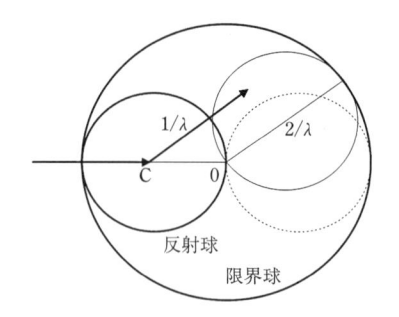

図 A.7 限界球と反射球

限定される反射強度データをフーリエ変換するため，フーリエ合成図の分解能が決まってしまう．無数にある逆格子点のうちで実際に回折を起こし観測できるのは半径 $2/\lambda$ の限界球（λ：波長）の中の逆格子点に限られる（図 A.7）．単結晶 X 線回折法の場合，測定法によって限界球内の一部が観測にかかるが，粉末法の場合，限界球内のすべてが観測できる．限界球の直径は $4/\lambda$ であり，その外側を無視してフーリエ変換した電子密度は，$\lambda/4$ の整数倍の位置だけで値が決まる．すなわち，短波長の Mo ターゲットを使って測定した回折データでも，0.2 Å 程度の間隔で電子密度を式 (A.79) で計算すれば十分で，それ以上細かく刻んでも，見栄えはよくなるが新しい情報は増えない．ただし，この話は電子密度図の分解能についてであり，原子間距離がどの精度で求まるかという話とは異なる．

文　献

1) J. F. Nye, "Physical Properties of Crystals," 1st ed., Oxford Univ. Press (1960).
2) 小川智哉, "結晶物理工学," 裳華房 (1976).

付録6　主要粉末回折用ソフトウェア

(1) PowderX
C. Dong, *J. Appl. Crystallogr.*, **32**, 838 (1999).
http://www.ccp14.ac.uk/tutorial/powderx/

(2) Powder 4
N. Dragoe, *J. Appl. Crystallogr.*, **34**, 535 (2001).
http://www.ccp14.ac.uk/ccp/web-mirrors/ndragoe/

(3) WinPLOTR
T. Roisnel and J. Rodríguez-Carvajal, *Mater. Sci. Forum*, **321-324**, 118 (2000).
http://www-llb.cea.fr/winplotr/

(4) ITO
J. W. Visser, *J. Appl. Crystallogr.*, **2**, 89 (1969).
http://ccp14.sims.nrc.ca/ccp/ccp14/ccp14-by-program/ito/

(5) TREOR90
P.-E. Werner, L. Eriksson, and M. Westdahl, *J. Appl. Crystallogr.*, **18**, 367 (1985).
http://ccp14.sims.nrc.ca/ccp/ccp14/ccp14-by-program/treor/

(6) N-TREOR（EXPO 2004 に内蔵）
A. Altomare, C. Giacovazzo, A. Guagliardi, A. G. G. Moliterni, R. Rizzi, and P.-E. Werner, *J. Appl. Crystallogr.*, **33**, 1180 (2000).
http://www.ic.cnr.it/

(7) DICVOL06
A. Boultif and D. Louër, *J. Appl. Crystallogr.*, **37**, 724 (2004).
http://www.ccp14.ac.uk/solution/indexing/

(8) EXPO2004
A. Altomare, R. Caliandro, M. Camalli, C. Cuocci, C. Giacovazzo, A. G. G. Moliterni, and R. Rizzi, *J. Appl. Crystallogr.*, **37**, 1025 (2004).
http://www.ic.cnr.it/

(9) DASH
W. I. F. David, K. Shankland, J. van de Streek, E. Pidcock, W. D. S. Motherwell, and J. C. Cole, *J. Appl. Crystallogr.*, **39**, 910 (2006).
http://www.ccdc.cam.ac.uk/

(10) FOX
V. Favre-Nicolin and R. Cerny, *J. Appl. Crystallogr.*, **35**, 734 (2002).
http://vincefn.net/Fox/FoxWiki

(11) RIETAN-FP
F. Izumi and K. Momma, *Solid State Phenom.*, **130**, 15 (2007).
http://homepage.mac.com/fujioizumi/

(12) GSAS
A. C. Larson and R. B. Von Dreele, "General Structure Analysis System (GSAS)," Los Alamos National Laboratory Report LAUR 86-748 (2004).
http://www.ccp14.ac.uk/solution/gsas/

(13) FullProf
J. Rodríguez-Carvajal, *Physica B*, **192**, 55 (1993).
http://www.ill.eu/sites/fullprof/

(14) Superflip
L. Palatinus and G. Chapuis, *J. Appl. Crystallogr.*, **40**, 786 (2007).
http://superspace.epfl.ch/

(15) PRIMA
F. Izumi and R. A. Dilanian, "Recent Research Developments in Physics," Vol. 3, Part II, Transworld Research Network, Trivandrum (2002), pp. 699-726.
http://homepage.mac.com/fujioizumi/

(16) ALBA
泉　富士夫, "第5版 実験化学講座 11," 日本化学会編, 丸善 (2006), 4.6節.
http://homepage.mac.com/fujioizumi/

(17) VESTA
K. Momma and F. Izumi, *J. Appl. Crystallogr.*, **41**, 653 (2008).
http://www.geocities.jp/kmo_mma/

(18) McMaille
A. Le Bail, *Powder Diffr.*, **19**, 249 (2004).

(19) X-Cell
M. A. Neumann, *J. Appl. Crystallogr.*, **36**, 356 (2003).
(20) PSSP
P. W. Stephens and A. Huq, *Trans. Am. Crystallogr. Assoc.*, **27**, 127 (2002).
(21) PowderSolve
G. E. Engel, S. Wilke, O. König, K. D. M. Harris, and F. J. J. Leusen, *J. Appl. Crystallogr.*, **32**, 1169 (1999).
(22) EAGER
K. D. M. Harris and E. Y. Cheung, *Chem. Soc. Rev.*, **33**, 526 (2004).

索　引

ア　行

アスベスト　232
圧縮応力　70
アナライザー結晶　143, 205
アパタイト　240
アモサイト　232
アンブレラ効果　20, 32, 137, 146, 204

イオン結合半径　188
イオン置換　242
イオン伝導体　176
異常散乱　208
異常散乱因子　77, 268
異常分散　109
位相　7, 169
1次相転移　250
1次プロファイルパラメーター　120
位置敏感型検出器　204
位置不規則性　175
一定照射幅補正因子　118
一般位置　94
一般同価位置　183
異方性原子変位パラメーター　119, 185
異方性ミクロひずみ　121
イメージングプレート　27, 74, 143, 205

打ち切り効果　169, 173
運動量空間　88

映進面　90, 183, 240
エジプシャンブルー　261
X線　1
　　――の散乱　76
　　――の波長　1
X線応力　238
X線応力測定法　258
X線回折　87, 238
X線回折装置　9, 18, 238
X線管球　23, 35, 38
X線吸収係数　268
X線散乱強度　100
X線的弾性定数　238
X線分散補正　118
エピタキシャル膜　80

エワルド球　12, 88
オイラーの公式　271
応力測定装置　238
応力定数　238
応力分布　239
応力マッピング　239
重み付き残差二乗和　115
温度因子　108, 118

カ　行

外殻電子　169
外積　271
回折-吸収法　67
回折強度　9
回折強度抽出　223
回折指数　4, 186
回折写真　7
回折線のプロファイル　14
回折像　12
回折の条件　87
外挿法　60
回転　90
回転行列　183
回転軸　183
回転試料台　47
回転対陰極型X線源　79
回転対陰極式X線発生装置　36
回反　90
回反軸　183
界面粗さ　77
ガウス関数　120
化学種　155
拡散経路　247
核散乱振幅　112
拡張 March-Dollase 選択配向関数　119
角度分解能　144
角度分散X線回折　115
角度分散型回折装置　217
角度分散型回折法　147
角度分散型粉末中性子回折　218
核密度　168
仮想化学種　155
数え落とし　29, 139
干渉性散乱長　118, 184, 243
観測積分強度　125

ガンドルフィカメラ　21, 74
幾何学的トポロジー　203
基底標準吸収補正　232
ギニエ光学系　21
擬フォークト関数　83, 116, 120, 157
基本テンソル　118
　　逆格子の――　273
　　格子の――　273
逆空間　17, 88
逆空間法　194, 224
逆格子　10, 88
逆格子定数　11
逆格子点　10
　　粉末試料の――　13
逆格子ベクトル　88, 118, 121
逆マトリックス　272
キャピラリー　140, 143
吸収因子　116, 117
吸収端　38
球状粒子モデル　132
球棒模型　187
鏡映　90
鏡映面　240
強制条件　129
強度データファイル　151
共役方向法　124, 128, 253
共有結合　219, 244, 246
共有結合半径　188
行列　272
局所的プロファイルフィッティング　130
極点図　72
均質等方多結晶体　70
禁制反射　240
金属結合半径　188

空間群　6, 89, 105, 156, 211, 274
　　――の決定　208, 221, 225
　　――の判定　194
空間群記号　92
空間群検索　106
空間群図　93
空間群テーブル　93
空間格子　181
空間充填模型　187
屈折　77
屈折率　77

組立式管球　24
クリソタイル　232
グループ化　168
クロシドライト　232
群　274

蛍光X線　204
計算機シミュレーション　202
系統誤差　32
結合角　128, 162, 215
結合距離　162
結晶　2
結晶化学的研究　242
結晶系　3
結晶構造　86
結晶構造因子　9, 88, 102, 116, 118
結晶構造像　127
結晶構造パラメーター　115
結晶子　107
結晶軸の変換　93, 97
結晶子サイズ　38, 61, 81, 121, 136
結晶性の評価　145
結晶多形分析　70
結晶面　86, 89
結晶溶媒　141
限界球　276
原子間距離　128, 215
原子座標　86
原子散乱因子　2, 100, 118, 184, 241, 243, 268
　　水素原子の——　101
原子変位パラメーター　108, 161, 176, 212
検出器　26
元素情報　231

考古資料　260
格子タイプ　6
格子定数　3, 8, 11, 59, 115, 136, 159, 206, 221, 231, 241
格子点　2
格子ひずみ　38, 62, 75, 81, 121, 136
格子面　3, 186
格子面間隔　8
合成波　89
構造因子　183
構造決定　191
構造材料　244
構造振幅　169
構造の精密化　196
構造パラメーター　159, 187, 231
構造モデル　194
　　——の推定・修正　216
高速検出器　234
高速集中法　30
鉱物科学　243
紅簾石　242

光路差　77
古典電子半径　77
ゴニオメーター半径　20, 33
コバルトブルー　260
個別プロファイルフィッティング　129
固溶体　38, 127, 186
コランダム比　237
コンフォメーション　250

サ 行

再結晶　140
最高位の部分群　96
細孔性ネットワーク錯体　252
最小二乗法　60, 149
最大エントロピーパターソン法　174, 210
最大エントロピー法　168, 202
最低位の超群　96
サイト　99, 107
差フーリエ合成　111
三角関数　270
酸化ジルコニウムナノ粒子　179
3軸性応力　72
3軸性残留応力　72
散乱振幅　100
散乱スリット　19
散乱波　89
残留応力　70
残留オーステナイト　237

シェラー定数　81
シェラーの式　81
シェラー法　63
磁気形状因子　113
磁気散乱　113
磁気散乱振幅　113
磁気ディスク　80
軸発散　122
軸変換　268
自己集合　252
指数関数　270
指数付け　127, 193, 206, 221, 225, 231
自然超格子構造　248
実空間　17, 88
実空間法　194, 202, 213, 223
実格子　89
質量吸収係数　132
質量分率　131
磁鉄鉱　15
自動応力測定　239
自動検索　55
自動検索ソフト　230
自動測定機能　238
自動ピークサーチ　211
自動分析　238

シミュレーション　15, 164
尺度因子　116, 157
周期関数　275
集合組織　70, 72
修正 Williamson-Hall プロット　85
集中型光学系　18
集中光学系　30
集中法　18, 230, 236
集中法光学系　19, 37, 236
　　ブラッグ-ブレンターノの——　18
受光スリット　19, 33, 137
瞬間合成法　252
照射幅　137
消衰効果　169
乗積表　268
情報エントロピー　168, 174
消滅則　14, 94, 104, 221
除外 2θ 領域　162
初期構造モデル導出　223
触媒　246
シリコンストリップ検出器　29, 30
試料支持材　76
試料調製　44, 134
試料の厚み　36, 138
試料の偏心　21
試料板　45
試料表面　36
試料ホルダー　45
ジルコニア　245
人工格子　23
針状結晶　240
シンチレーション計数管　26
シンチレーター　26
侵入深さ　77
信頼限界　238
信頼度因子　166

水温の変動　26
水素結合　224, 250
水素結合形成　224
水素結合半径　188
推定標準偏差　187
ステップ間隔　48, 139
ステップ幅　126, 170
ステレオ投影　72
スピナー　205
スミアマウント法　46
スラグ　235
スリット　146

制限視野電子回折　127
生成元　94
静的不規則性　175
性能指数　248
精密化の指標　154
精密度　189
ゼオライト　236

索引　　*281*

席　107
席選択　108
積層不整　38, 85
席対称　94, 108
積分強度　9, 125
積分強度抽出　225
積分幅　62
積分反射強度　106
セッティングエラー　236
セメント　234
セラミックス　238
ゼロ点誤差　35, 137
ゼロ点シフト　157, 245
遷移金属炭化物　244
全回折パターンフィッティング　61
全回折パターン分解　198
線吸収係数　76, 131
線形制約条件式　161
線源　152, 155
選択配向　74, 119, 145, 204, 240, 249
選択配向関数　116, 119, 156
選択配向ベクトル　119
せん断応力　72
全反射　77, 236
占有不規則性　175
占有率　108, 118, 159, 240

造岩鉱物　242
双晶　220
層状ケイ酸塩　211
層状炭化物　248
双晶不整　85
相転移　247
粗大結晶　37, 44, 145
粗大粒子　70, 204, 240
ソーラースリット　19, 20, 34, 204

タ 行

対称操作　90, 183
対称中心　183, 184
対称プロファイル関数　120
対称面　183
対称要素　90
体心格子　6, 181
体心立方格子　5, 237
ダイヤモンド　238
ダイヤモンドコート材　238
ダイヤモンド膜　238
多重度　94, 116
単位格子　2, 86
単位マトリックス　273
単結晶　70
単結晶 X 線回折計　9
単純格子　6, 181
弾性散乱　100
弾性定数　238

置換　231
置換不規則性　175
チタン合金　238
窒化ケイ素　244
秩序配列　242
中性子　112
中性子回折　147, 217
中性子核散乱振幅　112
中性子粉末回折測定　147
長尺平行スリット　23
直接法　201, 210, 225

定時計数法　139
底心格子　6, 181
ディフラクトメーター円　19
定量分析　65, 131, 137
データベース　51, 257
デバイ-シェラーカメラ　13, 205, 250
デバイ-シェラー環　74, 107, 145
デバイ-シェラー光学系　20, 117, 204
デバイ-シェラー法　46, 107, 136
デバイ-ワラー因子　37, 118, 184
転位　84
電荷移動　244
電荷分布　128, 190
電気伝導率　274
点群　90, 268
電子・核密度　176
電子状態計算　170
電子密度　168
電子密度解析　246
電子密度分布　215-217
テンソル　273
転置マトリックス　272

同価位置　181, 182
等価位置　268
等価点　93
同価等方性原子変位パラメーター　187
等価反射　208
透過法　138, 143
統計変動　29
同定　51
動的な位置不規則性　178
動的不規則性　175
等方性原子変位パラメーター　37, 118, 185
　　共通の——　185
特殊位置　94, 183
トムソン散乱　2, 100
取り出し角度　25

ナ 行

内殻電子　169
内積　271

内標準法　66
内部標準物質　132
ナイロンループ　142, 146

2 D 法　72
2 次元検出器　69
2 次消衰効果　117
2 次プロファイルパラメーター　121
二面角　128, 226
入力ファイル　152

ネスト　153
熱散漫散乱　171, 186
熱振動　108, 176, 184
熱振動楕円体　185, 187
熱中性子　112
熱電変換材料　248
熱変位　184
熱膨張係数　268

ノイマンの原理　273

ハ 行

バイアス　24, 32
配位数　188
配位多面体　188
配位多面体模型　187
排ガス浄化助触媒　247
配向　37, 70, 135
配向不規則性　175
白色パルス中性子　112
パターソン関数　174, 210
パターソン法　210
パターンフィッティング　198
パターン分解　129
波長　1, 146
罰金関数法　128
バックグラウンド　177, 204
バックグラウンド関数　120, 157
バックグラウンド除去　49
発散スリット　19, 34, 137
ハナワルト法　54
パラメーター数　195
反射　77
　　——の出現条件　94, 96
　　——の多重度　15
反射球　88
反射強度　194
反射法　143
反射率　77
反転　90
半導体検出器　28, 204
半値全幅　120, 126
半値幅　62, 231
パンペリー石族鉱物　242

ピアソンVII関数　120
光触媒　246
非干渉性散乱　218
非局在電子　172
ピーク位置シフト　157
ピーク位置の移動　123
ピークサーチ　50, 205
飛行時間型回折法　148
飛行時間法　112
微小角入射X線回折　77
非晶質　234
微少試料　74
微小部回折　69
ひずみ解析　61
非線形最小二乗法　162
非線形抑制条件　163
非対称回折法　78
非対称関数　122
非対称単位　94, 118, 183
非対称ヨハンソンモノクロメーター　204
非調和熱振動　172
引張り応力　71
非等方性温度因子　109, 273
標準試料　47, 254
標準添加法　66
標準物質　136, 254
標準偏差　126
表面粗さ補正因子　117
表面硬化処理　239
ピラミッド　261
比例計数管　27

ファンデルワールス半径　188, 227, 265
封入式管球　24
フォークト関数　120
不規則構造　172, 176, 215, 247
不規則性　175
不規則分布　172
複合格子　90, 181, 184
複合バックグラウンド関数　120
複合六方格子　181
複素数　270
物性テンソル　273
ぶどう石　242
部分群　96
部分構造　131
　　──の推定　216
部分プロファイル緩和　124, 157
フラグメント　214
ブラッグ角　81, 116, 118
ブラッグの条件　8
ブラッグの条件式　12
ブラッグの法則　87
ブラッグ-ブレンターノ光学系　30, 117, 204

ブラベー格子　6, 90
フーリエ級数　275
フーリエ係数　275
フーリエ合成　10, 110, 169, 173, 276
フーリエ変換　88, 169, 174, 275
フーリエマップ　215
フリーデル則　109
フリーデル対　109, 119, 208
プリプロセッサー　152
プロファイル関数　116, 120, 156, 209, 226
プロファイルの非対称化　122
プロファイルパラメーター　209
プロファイルフィッティング法　75, 203
分解能　76, 144
文化財　261
分割擬フォークト関数　122, 159
分割原子モデル　176
分割ピアソンVII関数　122, 159
分割プロファイル関数　122, 125, 159
粉砕　134
分散染色-位相差顕微鏡法　232
分子間相互作用　139, 227
分子モデルの構築　195
分配係数　243
粉末X線回折計　9
粉末X線回折装置　18
粉末回折データ　192
粉末結晶構造解析　220
粉末未知構造解析　191
分率座標　4, 118, 160

平滑化　49
平滑化処理　206
平均コントラスト因子　84
平均二乗変位　185, 187
平均変位　109
平行スリット　33
平行ビーム　236
平行ビーム光学系　18, 23, 33
並進位置　181
並進操作　182
並進部分群　274
並進ベクトル　183
並進を同じくする部分群　275
平面群　92
へき開　249
ベクトル　271
ヘテロポリ酸　215
ペナルティー項　129
ペナルティーパラメーター　163
ペロブスカイト　96
ペロブスカイト型イオン伝導体　176
偏極中性子　113
変形不整　85
偏光因子　106

偏心誤差　36, 137

ポアソン比　238
ポイントフォーカス　25
放射光　23, 79, 142
放射光実験　144
放射線損傷　146
放物面多層膜ミラー　78
胞を同じくする部分群　276
ポータブル粉末X線回折計　260
ホモガス相　248
ポリキャピラリー型平行光学系　236
ポリキャピラリー法　236

マ　行

マグネタイト　237
マトリックス　272
マトリックスフラッシング法　67
マルテンサイト　237

未知構造解析　197
密度汎関数理論　178, 244
ミニチュアベアリング用鋼球　237
ミラー指数　3, 8

無秩序配列　242
無定形成分　132
無反射試料板　46
ムライト　236

メカノケミカル　145
メスバウアー分光　242
面間隔　87
面心格子　6, 181
面心立方構造　237
面内回折　79, 80
面内回転試料台　205

モノクロメーター　21, 23, 137
モノクロメーター法　42
モンテカルロ法　203, 206

ヤ　行

ヤング率　238
ヤーン-テラー効果　242
有機結晶　139, 146, 220
有効イオン半径　128, 189, 262
有効配位数　128, 190

ヨウ化銅　176
揺動　72
抑制条件　127, 128

ラ 行

ラインフォーカス　24
ラウエ関数　81, 102
ラウエ群　90
ラウエの条件　87
ラグランジュの未定乗数法　168
らせん軸　90, 183

リートベルト解析　164, 231
リートベルト法　14, 75, 115
粒径　134
硫酸銅　110
粒子吸収因子　132
量子井戸　248
菱面体格子　5
菱面体単純格子　98
緑簾石族鉱物　242
臨界角　77

類似構造　230
類を同じくする部分群　275

ロッキングカーブ　47, 135
ローレンツ因子　106
ローレンツ関数　120
ローレンツ・偏光因子　116, 119

欧 文

ALBA　174, 277

Bayes 推定　209
bond valence parameter　190, 214, 266
bond valence sum　128, 190, 246

$CaTiO_3$　96, 103
CCD　27
CCP　202
charge flipping 法　201, 215
CIF ファイル　215
CRYSTMET　258
CSD　224, 258

$\Delta d/d$ 分解能　144
D 合成　111
DASH　277
DFT　178, 244
DICVOL 06　277
disorder　227
Durbin-Watson の d 統計値　126

EAGER　278
EDM　210
EXPO2004　210, 227, 277

FA　72
Fe_3O_4　16
FOM　198, 207
FOX　214, 277
FullProf　277

GA 法　195, 213
Go to　153
GS 法　195, 206
GSAS　277

histogram-matching　215

ICDD　51
ICSD　51, 258
If ブロック　153
International Tables　92, 208, 267
IP　205
ITO　277

JAEA　151
J-PARC　218
Johnson/Vand 法　56
JRR-3 M　217

$K\alpha_2$ 成分の除去　50
$K\beta$ フィルター法　40
KCl　15

Ladell 法　50
Le Bail 法　127, 129, 174, 208
$LiMn_2O_4$　6, 13, 16

March-Dollase 関数　119
Marquardt 法　253
MC 法　213
McMaille　277
MD　72
MEM　168, 171, 175, 177, 216
MEM/リートベルト解析　127
MEM/リートベルト法　172, 216
microabsorption　132
MPF　171, 173, 175, 216
MSGC　27
MWPC　27

N-TREOR　277
ND　72
NIST　51, 254

Pauling File　258
Pawley 法　127, 129, 174, 208, 252
pCF 法　202, 215
PDB　258
PDF　51, 131, 230, 257
Pearson's Crystal Data　258
PHA　42

PLATON　227
Powder Solve　278
Powder 4　277
PowderX　277
PPP　158
PRIMA　170, 172, 277
PSD　27
PSPC　13, 27
PSSP　278
PT 法　213

R 因子　125, 127
Rachinger の方法　50
RD　72
REMEDY サイクル　173, 178
RIETAN　15, 82
RIETAN-FP　149, 172, 227, 253, 277
rigid-body refinement 法　226
Round Robin 試験　230

SA 法　195, 213, 223, 252
SANDMAN　56
SC　26
SDD　28
SDPDRR-2　214
Select ブロック　153
Si/Al 秩序度　75
Si-PIN　260
simulated annealing 法　211
$\sin^2 \psi$ 法　70
SIR　210
Sonneveld-Visser 法　49
SPD　29
SPP　158
SSD　28, 29
STN International　258
Superflip　215, 277

TCH の擬フォークトプロファイル関数　158
TD　72
TDS　171
TREOR90　277

VESTA　172, 174, 187, 277

Williamson-Hall 法　63, 83
Wilson 統計　130, 209
WinPLOTR　277
Wyckoff 位置　94
Wyckoff の記号　182

X-Cell　278

z-matrix 形式　215

粉末 X 線解析の実際 第 2 版　　　　　定価はカバーに表示

2002 年 2 月 10 日　初　版第 1 刷
2008 年 4 月 30 日　　　　第 9 刷
2009 年 7 月 10 日　第 2 版第 1 刷
2018 年 9 月 25 日　　　　第 9 刷

編集者　中　井　　　泉

泉　　富　士　夫

発行者　朝　倉　誠　造

発行所　株式会社　朝　倉　書　店

東京都新宿区新小川町 6-29
郵便番号　162-8707
電話　03(3260)0141
FAX　03(3260)0180
http://www.asakura.co.jp

〈検印省略〉

© 2009 〈無断複写・転記を禁ず〉　　　　　　　　　　　Printed in Korea

ISBN 978-4-254-14082-8　C 3043

JCOPY　〈(社)出版者著作権管理機構　委託出版物〉

本書の無断複写は著作権法上での例外を除き禁じられています．複写される場合は，そのつど事前に，(社)出版者著作権管理機構（電話 03-3513-6969，FAX 03-3513-6979, e-mail: info@jcopy.or.jp）の許諾を得てください．

理科大 中井　泉編

蛍光 X 線分析の実際

14072-9　C3043　　　　B 5 判 248頁 本体5700円

試料調製，標準物質，蛍光X線装置スペクトル，定量分析などの基礎項目から，土壌・プラスチック・食品中の有害元素分析，毒物混入飲料の分析，文化財などへの非破壊分析等の応用事例，さらに放射光利用分析，などについて平易に解説

慶大 大場　茂・前奈良女大 矢野重信編著
化学者のための基礎講座12

X 線 構 造 解 析

14594-6　C3343　　　　A 5 判 184頁 本体3200円

低分子～高分子化合物の構造決定の手段としてのX線構造解析について基礎から実際を解説。〔内容〕X線構造解析の基礎知識／有機化合物や金属錯体の構造解析／タンパク質のX線構造解析／トラブルシューティング／CIFファイル／付録

佐々木義典・山村　博・掛川一幸・
山口健太郎・五十嵐香者
基本化学シリーズ12

結 晶 化 学 入 門

14602-8　C3343　　　　A 5 判 192頁 本体3500円

広範囲な学問領域にわたる結晶化学を図を多用し平易に解説。〔内容〕いろいろな結晶をながめる／結晶構造と対称性／X線を使って結晶を調べる／粉末X線回折の応用／結晶成長／格子欠陥／結晶に関する各種データとその利用法／付表

名工大 津田孝雄・広島大 廣川　健編著

機 器 分 析 化 学

14067-5　C3043　　　　B 5 判 216頁 本体3800円

大学理工系の学部，高専で初めて機器分析を学ぶ学生のための教科書。〔内容〕分離／電磁波を用いた分離法／温度を用いた分析法／化学反応を利用した分析法／電子移動・イオン移動を伴う分析法／NMR／電子スピン共鳴法／表面計測／他

日本分析化学会編

分析化学実験の単位操作法

14063-7　C3043　　　　B 5 判 292頁 本体4800円

研究上や学生実習上，重要かつ基本的な実験操作について，〔概説〕〔機器・器具〕〔操作〕〔解説〕等の項目毎に平易・実用的に解説。〔主内容〕てんびん／測容器の取り扱い／濾過／沈殿／抽出／滴定法／容器の洗浄／試料採取・溶解／機器分析／他

東大 渡辺　正編著
化学者のための基礎講座6

化 学 ラ ボ ガ イ ド

14588-5　C3343　　　　A 5 判 200頁 本体3200円

化学実験や研究に際し必要な事項をまとめた。〔内容〕試薬の純度／有機溶媒／融点／冷却・加熱／乾燥／酸・塩基／同位体／化学結合／反応速度論／光化学／電気化学／クロマトグラフィー／計算化学／研究用データソフト／データ処理

日本化学会監修　前北大 松永義夫編著

化学英語のスタイルガイド

14073-6　C3043　　　　A 5 判 176頁 本体3000円

化学の基本英単語の用法や用例をアルファベット順に記載。英語論文作成に必要な文法知識や注意点，具体的な実例を付して，わかりやすくまとめた。また，日本人が間違えやすい点を解説。学生から院生・研究者の必携書。

早大 竜田邦明著

天 然 物 の 全 合 成
－華麗な戦略と方法－

14074-3　C3043　　　　B 5 判 272頁 本体5600円

本書は，著者らがこれまでに完成した約85種の天然物の全合成を中心に解説。そのうち80種については世界最初の全合成であるので，同一あるいは同様の天然物を他の研究者が追随して報告した全合成研究もあわせて紹介し，相違も明確にした。

東大 渡辺　正監訳

元 素 大 百 科 事 典

14078-1　C3543　　　　B 5 判 712頁 本体26000円

すべての元素について，元素ごとにその性質，発見史，現代の採取・生産法，抽出・製造法，用途と主な化合物・合金，生化学と環境問題等の面から平易に解説。読みやすさと教育に強く配慮するとともに，各元素の冒頭には化学的・物理的・熱力学的・磁気的性質の定量的データを掲載し，専門家の需要に耐えるデータブック的役割も担う。"科学教師のみならず社会学・歴史学の教師にとって金鉱に等しい本"と絶賛されたP. Enghag著の翻訳。日本が直面する資源問題の理解にも役立つ。

日本分析化学会編

機 器 分 析 の 事 典

14069-9　C3543　　　　A 5 判 360頁 本体12000円

今日の科学の発展に伴い測定機器や計測技術は高度化し，測定の対象も拡大，微細化している。こうした状況の中で，実験の目的や環境，試料に適した機器を選び利用するために測定機器に関する知識をもつことの重要性は非常に大きい。本書は理工学・医学・薬学・農学等の分野において実際の測定に用いる機器の構成，作動原理，得られる定性・定量情報，用途，応用例などを解説する。〔項目〕ICP-MS／イオンセンサー／走査電子顕微鏡／等速電気泳動装置／超臨界流体抽出装置／他

上記価格（税別）は 2018 年 8月現在